SolidWorks 软件应用认证指导用书

SolidWorks 高级应用教程
（2014 版）

北京兆迪科技有限公司　编著

中国水利水电出版社
www.waterpub.com.cn

内 容 提 要

本书是进一步学习 SolidWorks 2014 中文版高级功能的书籍，内容包括高级草图设计、零件设计高级功能、高级曲面设计、高级装配设计、高级工程图、模型的外观设置与渲染、运动仿真及动画、模具设计、逆向工程、齿轮设计、凸轮设计和有限元结构分析等。

书中讲解中所选用的范例、实例或应用案例覆盖了不同行业，具有很强的实用性和广泛的适用性。本书附带 2 张多媒体 DVD 学习光盘，制作了 182 个 SolidWorks 高级应用技巧和具有针对性实例的教学视频并进行了详细的语音讲解，时间长达 11.7 个多小时（706 分钟），光盘还包含本书所有的素材源文件以及 SolidWorks 2014 软件的配置文件，另外，为方便低版本读者的学习，光盘中特提供了 SolidWorks 2010-2013 版本的素材源文件。在内容安排上，书中结合大量的范例对 SolidWorks 高级功能中的一些抽象概念、使用方法和技巧进行讲解，这些范例都是实际工程设计中具有代表性的例子，这样安排能使读者较快地进入设计实战状态；在写作方式上，本书紧贴软件的实际操作界面，使初学者能够尽快地上手，提高学习效率。通过对本书的学习，读者将能掌握更多的 SolidWorks 高级设计功能和技巧，进而能够从事复杂产品的设计工作。

本书可作为技术人员的 SolidWorks 高级自学教程和参考书籍，也可作为大中专院校学生和各类培训学校学员的 SolidWorks 课程上课或上机练习教材。

图书在版编目（CIP）数据

SolidWorks高级应用教程 ：2014版 / 北京兆迪科技有限公司编著. -- 北京 ：中国水利水电出版社，2014.3
SolidWorks软件应用认证指导用书
ISBN 978-7-5170-1800-1

Ⅰ. ①S… Ⅱ. ①北… Ⅲ. ①计算机辅助设计－应用软件－教材 Ⅳ. ①TP391.72

中国版本图书馆CIP数据核字(2014)第046570号

策划编辑：杨庆川　　责任编辑：宋俊娥　　封面设计：梁　燕

书　　名	SolidWorks 软件应用认证指导用书 SolidWorks 高级应用教程（2014 版）
作　　者	北京兆迪科技有限公司　编著
出版发行	中国水利水电出版社 （北京市海淀区玉渊潭南路 1 号 D 座　100038） 网址：www.waterpub.com.cn E-mail：mchannel@263.net（万水） sales@waterpub.com.cn 电话：（010）68367658（发行部）、82562819（万水）
经　　售	北京科水图书销售中心（零售） 电话：（010）88383994、63202643、68545874 全国各地新华书店和相关出版物销售网点
排　　版	北京万水电子信息有限公司
印　　刷	北京蓝空印刷厂
规　　格	184mm×260mm　16 开本　27 印张　565 千字
版　　次	2014 年 3 月第 1 版　2014 年 3 月第 1 次印刷
印　　数	0001—4000 册
定　　价	59.80 元（附 2 张 DVD）

前　　言

SolidWorks 是由美国 SolidWorks 公司推出的功能强大的三维机械设计软件系统，自 1995 年问世以来，以其优异的性能、易用性和创新性，极大地提高了机械工程师的设计效率，在与同类软件的激烈竞争中已经确立了其市场地位，成为三维机械设计软件的标准，其应用范围涉及航空航天、汽车、机械、造船、通用机械、医疗器械和电子等诸多领域。

SolidWorks 2014 版本在设计创新、易学易用性和提高整体性能等方面都得到了显著的加强，包括增强了大装配处理能力、复杂曲面设计能力，以及专门为中国市场的需要而进一步增强的中国国标（GB）内容等。

本书是进一步学习 SolidWorks 2014 高级功能的书籍，其特色如下：

- 内容丰富，涉及众多的 SolidWorks 高级模块，图书的性价比较高。
- 范例丰富，对软件中的主要命令和功能，先结合简单的范例进行讲解，然后安排一些较复杂的综合范例帮助读者深入理解、灵活运用。
- 讲解详细，条理清晰，保证自学的读者能独立学习和运用 SolidWorks 2014 软件。
- 写法独特，采用 SolidWorks 2014 中文版中真实的对话框和按钮等进行讲解，使初学者能够直观、准确地操作软件，从而大大地提高学习效率。
- 附加值高，本书附带 2 张多媒体 DVD 学习光盘，制作了 182 个高级技巧和具有针对性实例的教学视频并进行了详细的语音讲解，时间长达 11.7 个小时（706 分钟），2 张 DVD 光盘教学文件容量共计 7.0GB，可以帮助读者轻松、高效地学习。

本书主要参编人员来自北京兆迪科技有限公司，詹迪维承担本书的主要编写工作，参加编写的人员还有周涛、黄红霞、尹泉、李行、詹超、尹佩文、赵磊、王晓萍、陈淑童、周攀、吴伟、王海波、高策、冯华超、周思思、黄光辉、党辉、冯峰、詹聪、平迪、管璇、王平、李友荣。该公司专门从事 CAD/CAM/CAE 技术的研究、开发、咨询及产品设计与制造服务，并提供 SolidWorks、ANSYS、ADAMS 等软件的专业培训及技术咨询。在本书编写过程中得到了该公司的大力帮助，在此表示衷心的感谢。读者在学习本书的过程中如果遇到问题，可通过访问该公司的网站 http://www.zalldy.com 来获得帮助。

编　者

本书导读

为了能更好地学习本书的知识，请您仔细阅读下面的内容。

读者对象

本书是进一步学习 SolidWorks 高级功能的书籍，可作为工程技术人员进一步学习 SolidWorks 的高级自学教程和参考书，也可作为大专院校学生和各类培训学校学员的 SolidWorks 课程上课或上机练习教材。

写作环境

本书使用的操作系统为 Windows 7 专业版，系统主题采用 Windows 经典主题。

本书采用的写作蓝本是 SolidWorks 2014 中文版。

光盘使用

为方便读者练习，特将本书所有素材文件、已完成的范例文件、配置文件和视频语音讲解文件等放入随书附带的光盘中，读者在学习过程中可以打开相应素材文件进行操作和练习。

本书附赠多媒体 DVD 光盘 2 张，建议读者在学习本书前，先将 2 张 DVD 光盘中的所有文件复制到计算机硬盘的 D 盘中，然后再将第二张光盘 sw14.2-video2 文件夹中的所有文件复制到第一张光盘的 video 文件夹中。在 D 盘上 sw14.2 目录下共有 4 个子目录：

（1）sw14_system_file 子目录：包含一些系统配置文件。

（2）work 子目录：包含本书讲解中所有的教案文件、范例文件和练习素材文件。

（3）video 子目录：包含本书讲解中的视频录像文件。读者学习时，可在该子目录中按顺序查找所需的视频文件。

（4）before 子目录：包含 SolidWorks 2010、SolidWorks 2011、SolidWorks 2012 和 SolidWorks 2013 版本主要章节的素材源文件，以方便 SolidWorks 低版本用户和读者学习。

光盘中带有“ok”扩展名的文件或文件夹表示已完成的范例。

本书约定

- 本书中有关鼠标操作的简略表述说明如下：
  - ☑ 单击：将鼠标指针移至某位置处，然后按一下鼠标的左键。
  - ☑ 双击：将鼠标指针移至某位置处，然后连续快速地按两次鼠标的左键。
  - ☑ 右击：将鼠标指针移至某位置处，然后按一下鼠标的右键。
  - ☑ 单击中键：将鼠标指针移至某位置处，然后按一下鼠标的中键。
  - ☑ 滚动中键：只是滚动鼠标的中键，而不能按中键。

- ☑ 选择（选取）某对象：将鼠标指针移至某对象上，单击以选取该对象。
- ☑ 拖移某对象：将鼠标指针移至某对象上，然后按下鼠标的左键不放，同时移动鼠标，将该对象移动到指定的位置后再松开鼠标的左键。

- 本书中的操作步骤分为 Task、Stage 和 Step 三个级别，说明如下：
  - ☑ 对于一般的软件操作，每个操作步骤以 Step 字符开始，例如，下面是在草绘环境中绘制椭圆操作步骤的表述：

    Step1. 选择下拉菜单 工具(T) → 草图绘制实体(K) → 椭圆(长短轴)(E) 命令（或单击“草图”工具栏中的按钮）。

    Step2. 定义椭圆中心点。在图形区某位置单击，放置椭圆的中心点。

    Step3. 定义椭圆长轴。在图形区某位置单击，定义椭圆的长轴和方向。

    Step4. 确定椭圆大小。移动鼠标指针，将椭圆拉至所需形状并单击以定义椭圆的短轴。
  - ☑ 每个 Step 操作视其复杂程度，其下面可含有多级子操作，例如 Step1 下可能包含（1）、（2）、（3）等子操作，（1）子操作下可能包含①、②、③等子操作，①子操作下可能包含 a）、b）、c）等子操作。
  - ☑ 如果操作较复杂，需要几个大的操作步骤才能完成，则每个大的操作冠以 Stage1、Stage2、Stage3 等，Stage 级别的操作下再分 Step1、Step2、Step3 等操作。
  - ☑ 对于多个任务的操作，则每个任务冠以 Task1、Task2、Task3 等，每个 Task 操作下则可包含 Stage 和 Step 级别的操作。
- 已建议读者将随书光盘中的所有文件复制到计算机硬盘的 D 盘中，所以书中在要求设置工作目录或打开光盘文件时，所述的路径均以“D:”开始。

技术支持

本书主要参编人员来自北京兆迪科技有限公司，该公司专门从事 CAD/CAM/CAE 技术的研究、开发、咨询及产品设计与制造服务，并提供 SolidWorks、ANSYS、ADAMS 等软件的专业培训及技术咨询，读者在学习本书的过程中如果遇到问题，可通过访问该公司的网站 http://www.zalldy.com 来获得技术支持。

咨询电话：010-82176248，010-82176249。

目　录

第 1 章　高级草图设计

本章提要　本章主要介绍了草图环境中的一些高级命令，在绘制草图时使用这些高级命令能够帮助设计师节省大量的设计时间，提高工作效率。主要包括以下内容：

- 样条曲线的绘制。
- 抛物线的绘制。
- 面部曲线的创建。
- 转折线的创建。
- 交叉曲线的创建。
- 3D 草图的创建。
- 动态草图的编辑。

1.1　草图环境设置

本节将针对绘制草图前的准备工作进行详细讲解，包括草图环境中工具按钮的定制方法及设置几何关系的捕捉。

1.1.1　草图环境中工具按钮的定制

打开 SolidWorks 2014 进入草图设计环境，在草图设计界面中会出现草图设计所需要的各种工具按钮。可根据个人操作习惯或设计需要对草图设计环境中的工具栏进行自定义。下面介绍将草图工具添加到“草图（K）”工具栏中的一般过程。

Step1. 选择命令。进入草图环境后，选择下拉菜单 工具(T) → 自定义(Z)... 命令，系统弹出“自定义”对话框。

Step2. 单击“自定义”对话框中的 命令 选项卡，此时“自定义”对话框显示出各种命令，如图 1.1.1 所示。

Step3. 添加“命令”按钮。在 命令 选项卡的 类别(C): 区域中选择 草图 选项，在对话框的右侧出现所有的草图工具。

Step4. 此时可根据需要，将快捷按钮直接拖拽到图 1.1.2 所示的“草图（K）”工具栏中，结果如图 1.1.3 所示。

说明：此方法也可以用于在“特征”、“曲面”等工具栏中添加快捷命令按钮。

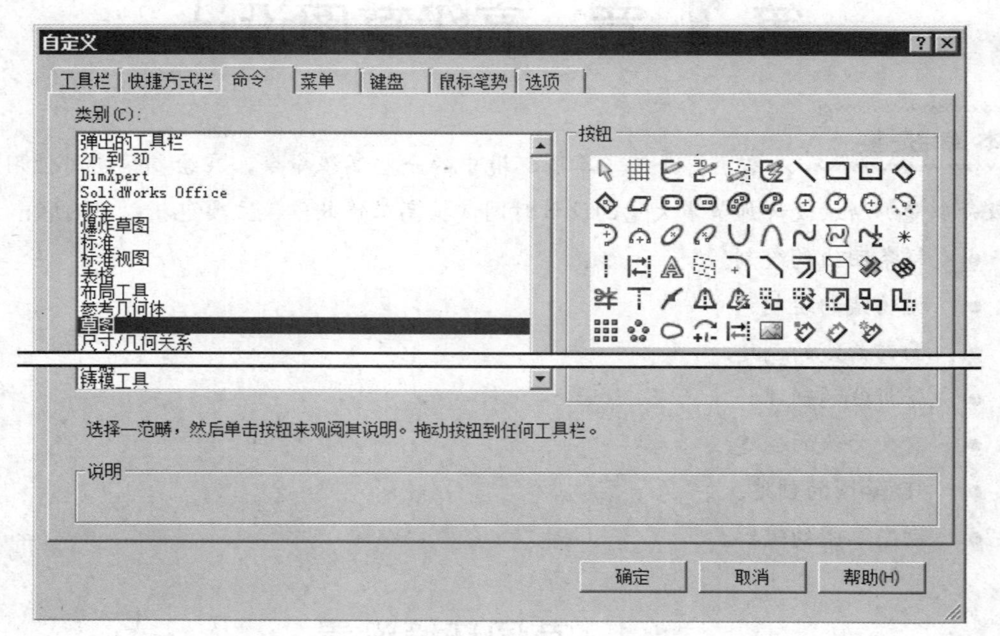

图 1.1.1 “自定义”对话框

图 1.1.2 添加快捷命令按钮前

图 1.1.3 添加快捷命令按钮后

1.1.2 几何关系的捕捉

选择“工具”下拉菜单中的“选项”命令，在弹出的“系统选项”对话框的“系统选项”选项卡左边的列表框中选择 几何关系/捕捉 选项，在对话框的右侧区域中选中所有选项，可以设置在创建草图过程中自动创建约束。在草图设计过程中通过系统自动创建约束，可以减少手动添加约束，从而大大提高了设计效率。

下面详细介绍在系统选项中设置几何关系/捕捉的操作步骤。

Step1. 选择命令。选择下拉菜单 工具(T) → 选项(P)... 命令，系统弹出“系统选项(S)-普通” 对话框。

Step2. 在“系统选项（S）-普通”对话框的 系统选项(S) 选项卡左侧的列表框中单击 几何关系/捕捉 选项，选中图 1.1.4 所示的所有自动捕捉选项，在 ☑ 角度(A) 复选框下的捕捉角度:后的文本框中，可根据自己的实际情况输入角度值。

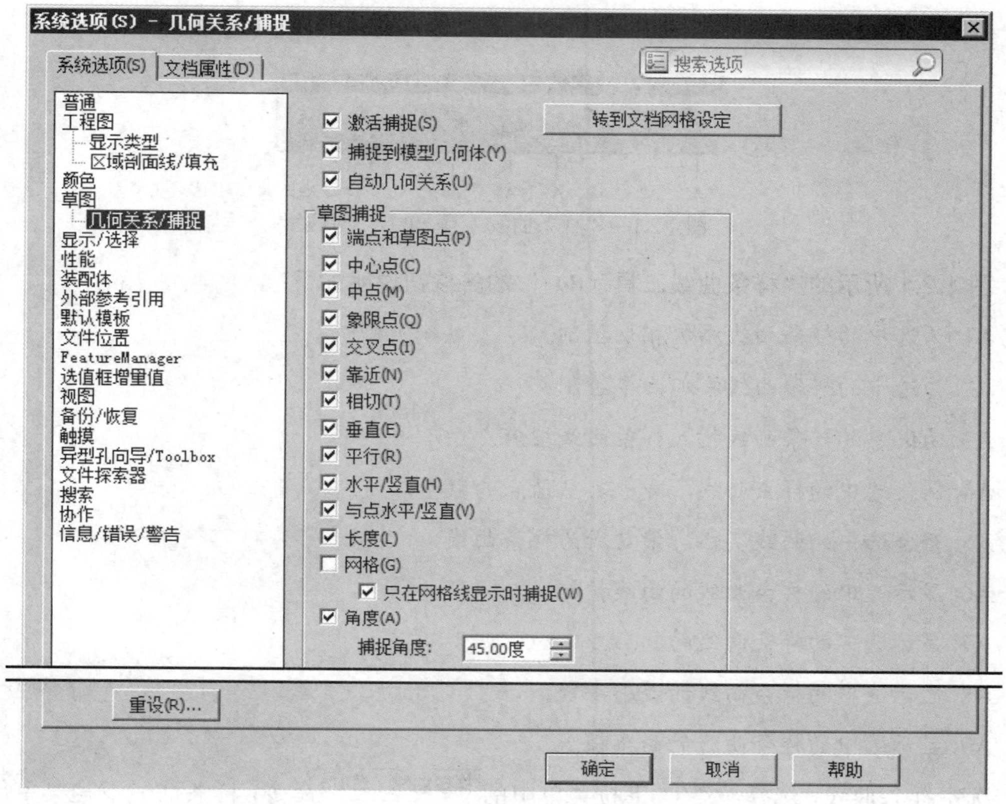

图 1.1.4　“系统选项（S）-几何关系/捕捉”对话框

Step3. 如不设置其他系统选项，单击 确定 按钮，关闭“系统选项（S）-几何关系/捕捉”对话框，完成系统选项的设置。

1.2　草图的绘制

草图绘制是零件设计的第一步，一般草图的绘制比较简单，但为了减少特征的数量，在草图的绘制过程中就不得不绘制比较复杂繁琐的草图。本节介绍一些复杂草图的绘制工具及方法。

1.2.1　样条曲线

样条曲线是通过两个或多个点的平滑曲线。除了通过样条曲线工具来绘制样条曲线外，还可以将一般连续的草图实体转换为样条曲线。

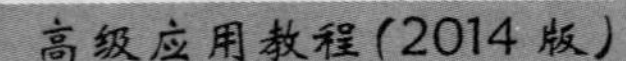

1. 样条曲线工具

进入草图环境后，可调出图 1.2.1 所示的“样条曲线工具（P）”工具栏。

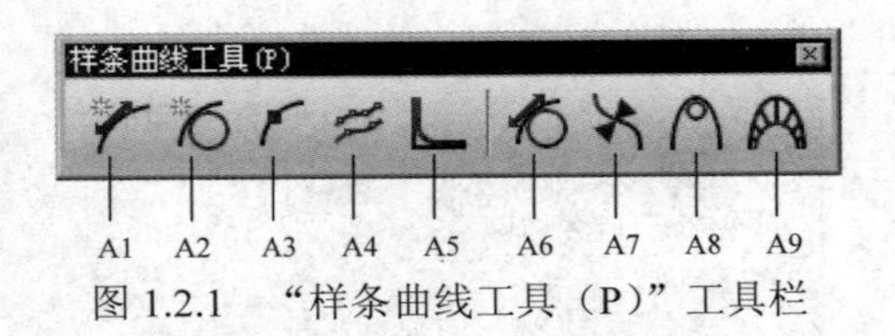

图 1.2.1 “样条曲线工具（P）”工具栏

图 1.2.1 所示的“样条曲线工具（P）”的各按钮说明如下：

A1: 为选中的样条曲线添加相切控制。

A2: 为选中的样条曲线添加曲率控制。

A3: 为选中的样条曲线插入样条曲线型值点。

A4: 简化选中的样条曲线，减少其型值点的数量。

A5: 套合选中的曲线实体，使之成为样条曲线。

A6: 显示选中的样条曲线的曲线控标。

A7: 显示选中的样条曲线的拐点。

A8: 显示选中的样条曲线的最小半径。

A9: 显示选中的样条曲线的曲率梳。

选中样条曲线，选择 工具(T) 下拉菜单中的 样条曲线工具(I) 命令，样条曲线下拉菜单如图 1.2.2 所示。

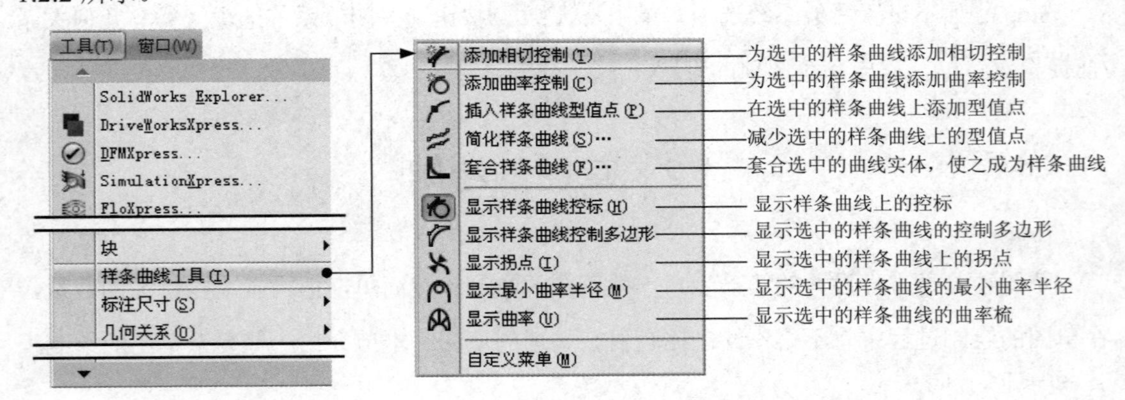

图 1.2.2 “样条曲线”下拉菜单

2. 套合样条曲线

套合样条曲线是使用“套合样条曲线”工具将已存在的草图线段、模型边线等合成为样条曲线。通过套合样条曲线工具，可以将多个曲线实体转换成单一的样条曲线，并将样条曲线链接到草图实体，当草图实体发生改变时，样条曲线也会发生相应的改变。

下面通过实例来介绍套合样条曲线工具的使用方法。

Stage1. 将草图线段套合到样条曲线

Step1. 打开文件 D:\sw14.2\work\ch01.02.01\fit_spline.SLDPRT。

Step2. 选择命令。选择下拉菜单 工具(T) → 样条曲线工具(I) → 套合样条曲线(F)… 命令（或单击“样条曲线（P）”工具栏中的按钮），系统弹出“套合样条曲线”对话框，如图 1.2.3 所示。

Step3. 选取要套合的对象。在图形区选取图 1.2.4 所示的草图实体作为要套合的对象。

Step4. 设置套合样条曲线的参数。在 参数(P) 区域取消选中 闭合的样条曲线(L) 复选框，选中 约束(C) 单选按钮，在 公差(T) 区域 后的文本框中输入值 5.0。

Step5. 单击按钮，完成套合样条曲线的创建，如图 1.2.5 所示。

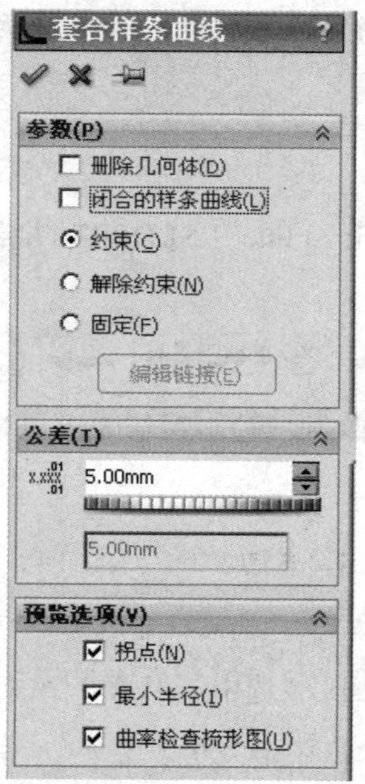

图 1.2.3　“全套合样条曲线”对话框

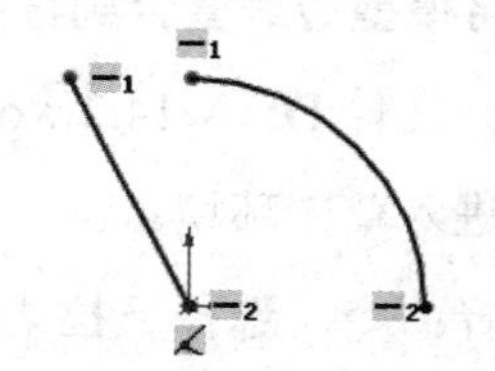

图 1.2.4　要套合的对象

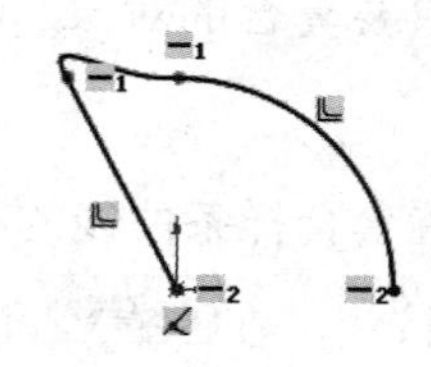

图 1.2.5　套合样条曲线 1

图 1.2.3 所示的“套合样条曲线”对话框中的各选项说明如下：

- 参数(P) 区域：在此区域中可设置套合样条曲线的约束类型。
  - ☑ 删除几何体(D) 复选框：当套合样条曲线时，选中此选项删除原有的套合对象；反之，则将原有的套合对象保留为与样条曲线分开的构造几何线，且 约束(C)、解除约束(N)、固定(F) 单选按钮可选。
  - ☑ 闭合的样条曲线(L) 复选框：选中此选项时，生成一个闭合轮廓的样条曲线，如图 1.2.6 所示。
  - ☑ 约束(C) 单选按钮：选中此项时，将套合样条曲线通过 公差(T) 区域所设置的参数链接到定义几何体，如图 1.2.7 所示。

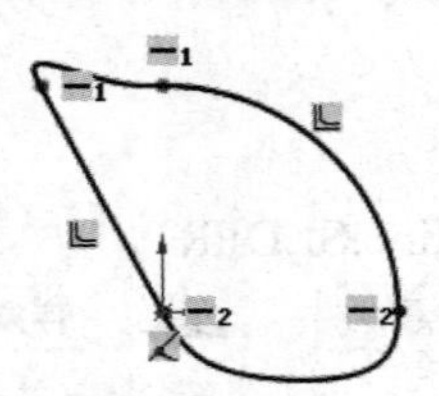

图 1.2.6　套合样条曲线 2

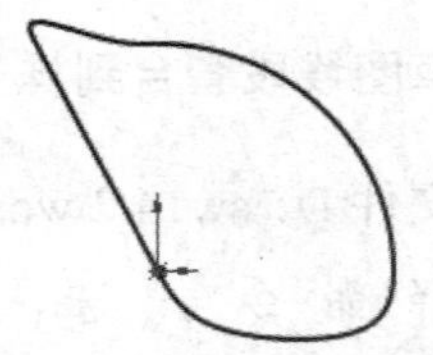

图 1.2.7　套合样条曲线 3

☑ 解除约束(N) 单选按钮：选中此项时，生成与所选对象相同形状的套合样条曲线，没有几何约束。可标注尺寸、约束或任意拖动样条曲线。

☑ 固定(F) 单选按钮：选中此项时，生成与定义几何体形状相同的套合样条曲线，且固定在空间中。

- 公差(T) 区域：在此区域中设置样条曲线套合公差。

☑ （公差）文本框：在该文本框中输入的数值用于指定从原有草图线段套合样条曲线所允许的最大误差。

Stage2. 将模型边线套合到样条曲线

Step1. 打开文件 D:\sw14.2\work\ch01.02.01\fit_spline_1.SLDPRT，并选择任意模型表面作为草图平面进入草图环境。

Step2. 选择命令。选择下拉菜单 工具(T) → 样条曲线工具(I) → 套合样条曲线(F)… 命令（或单击"样条曲线工具（P）"工具栏中的按钮），系统弹出"套合样条曲线"对话框。

Step3. 选取要套合的对象。在图形区选取图 1.2.8 所示的三条模型边线作为要套合的对象。

Step4. 设置套合样条曲线的参数。在 参数(P) 区域选中 ☑ 闭合的样条曲线(L) 复选框，选中 ⊙ 约束(C) 单选按钮，在 公差(T) 区域后的文本框中输入值 5.0。

Step5. 单击按钮，完成套合样条曲线的创建，如图 1.2.9 所示。

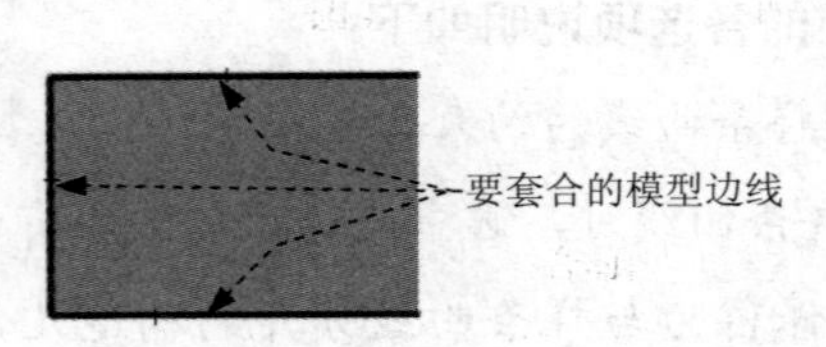

图 1.2.8　要套合的对象

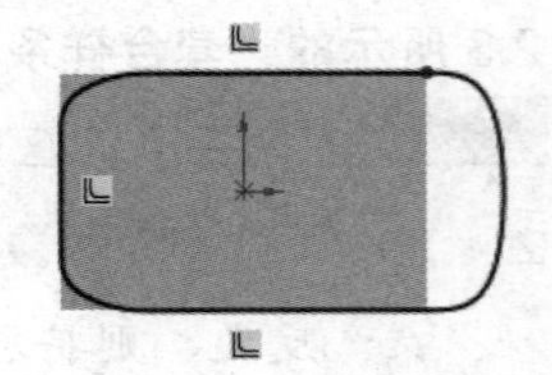

图 1.2.9　套合样条曲线 4

3. 简化样条曲线

样条曲线的平滑程度是由样条曲线上的型值点所决定的，型值点越少，样条曲线就越平滑，所以，可以通过添加或减少型值点的数量来确定样条曲线的平滑度。通过"简化样条曲线”工具可以快速地减少样条曲线上型值点的数量，以提高样条曲线的平滑度。简化样条曲线工具除了简化在草图中绘制的样条曲线外，还可以简化输入的模型或其他间接得到的样条曲线（如转换实体引用、等距实体、交叉曲线以及面部曲线所生成的样条曲线）。

下面通过实例来介绍简化样条曲线工具的使用方法。

Step1. 打开文件 D:\sw14.2\work\ch01.02.01\simplify_spline.SLDPRT。

Step2. 选择命令。在图形区选中图 1.2.10 所示的样条曲线，选择下拉菜单 工具(T) → 样条曲线工具(I) → 简化样条曲线(S)... 命令（或单击“样条曲线工具（P）”工具栏中的按钮），系统弹出图 1.2.11 所示的“简化样条曲线”对话框。

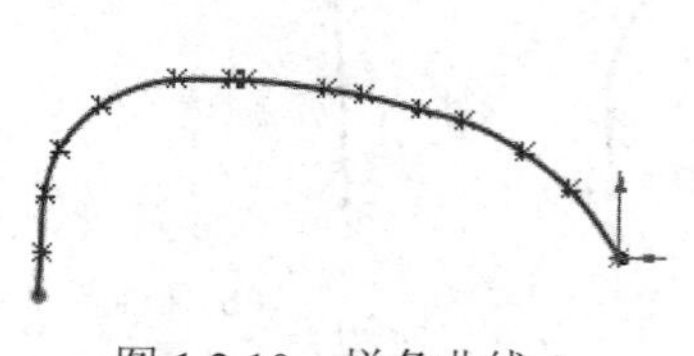

图 1.2.10 样条曲线 1

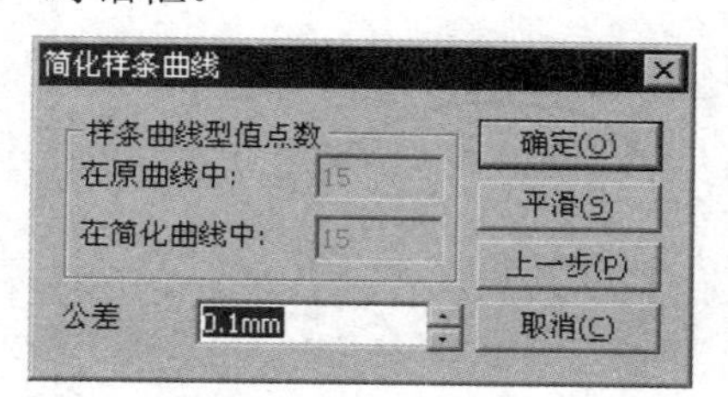

图 1.2.11 “简化样条曲线”对话框

Step3. 定义样条曲线的平滑度。在“简化样条曲线”对话框 公差 后的文本框中输入值 0.1mm，连续重复单击 平滑(S) 按钮，直至 在简化曲线中: 后的数值显示为 2。

Step4. 单击 确定(O) 按钮，关闭“简化样条曲线”对话框，此时系统弹出图 1.2.12 所示的 SolidWorks 对话框，单击 是(Y) 按钮，完成简化样条曲线，此时被简化的样条曲线如图 1.2.13 所示。

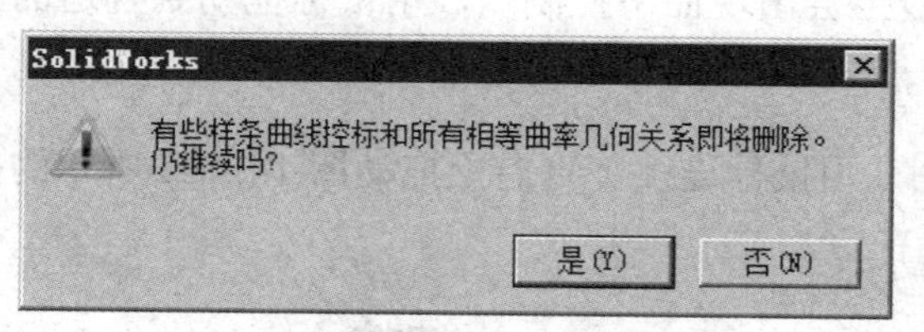

图 1.2.12 SolidWorks 对话框

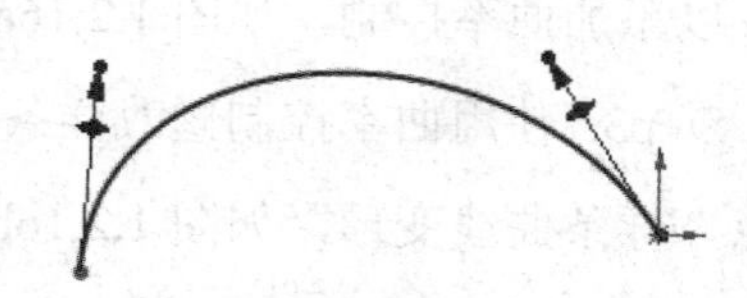

图 1.2.13 样条曲线 2

说明：在图 1.2.11 所示的“简化样条曲线”对话框中，输入的公差决定样条曲线上型值点的初始值。单击 平滑(S) 按钮可减少样条曲线上的型值点，但至少会有两个型值点；单击 上一步(P) 按钮，可退回单击 平滑(S) 按钮的操作，直至回到原始的样条曲线为止。

4. 添加控制到样条曲线

为了能得到满足需要的样条曲线，还需要对样条曲线添加一些相应的控制，如添加相切约束、添加曲率控制及插入样条曲线型值点，下面将对其分别进行介绍。

Stage1. 添加相切约束

Step1. 打开文件 D:\sw14.2\work\ch01.02.01\adding_controls_to_splines. SLDPRT。

Step2. 选择命令。在图形区选中图 1.2.14 所示的样条曲线，选择下拉菜单 工具(T) → 样条曲线工具(I) → 添加相切控制(T) 命令（或单击“样条曲线工具（P）”工具栏中的按钮）。

Step3. 添加相切约束。在样条曲线上会出现约束控标，选中端点并用鼠标拖动到合适的位置单击，以添加相切约束，如图 1.2.15a 所示。

Step4. 使用相切约束控制样条曲线。用鼠标分别向两端拖动约束控标上图 1.2.15a 所示的两点，样条曲线变形，如图 1.2.15b 所示。

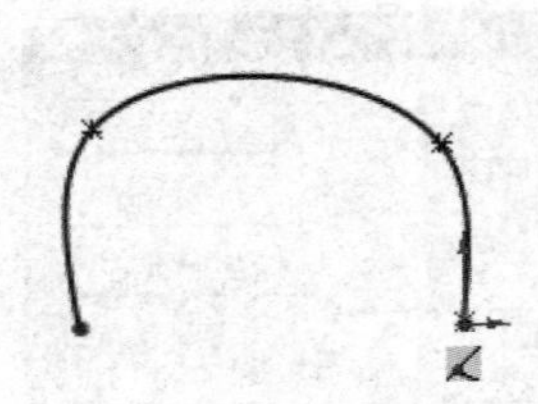

图 1.2.14　样条曲线 3

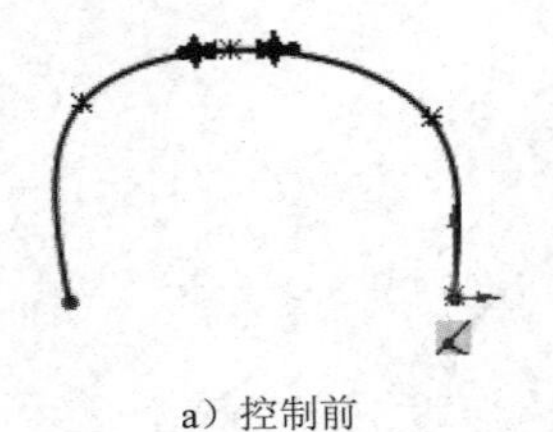

a）控制前

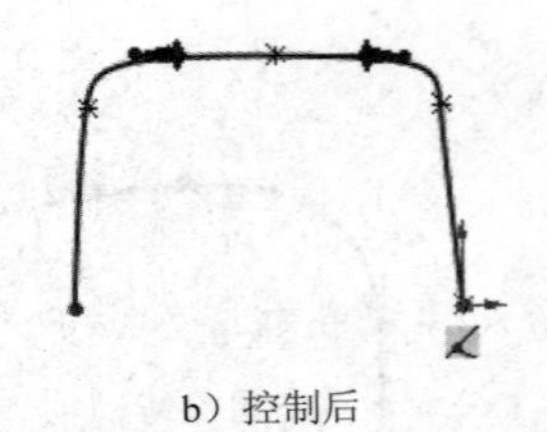

b）控制后

图 1.2.15　添加相切约束控制样条曲线

Stage2. 添加曲率控制

Step1. 选择命令。在图形区选中图 1.2.15b 所示的样条曲线，选择下拉菜单 工具(T) → 样条曲线工具(I) → 添加曲率控制(C) 命令（或单击“样条曲线工具（P）”工具栏中的按钮）。

Step2. 添加曲率控制。在样条曲线上会出现曲率控制点，用鼠标拖动到合适的位置单击，以添加曲率控制，如图 1.2.16a 所示。

Step3. 使用曲率控制修改样条曲线。用鼠标连续竖直向上拖动图 1.2.16a 所示的控标上的点，样条曲线变形，如图 1.2.16b 所示。

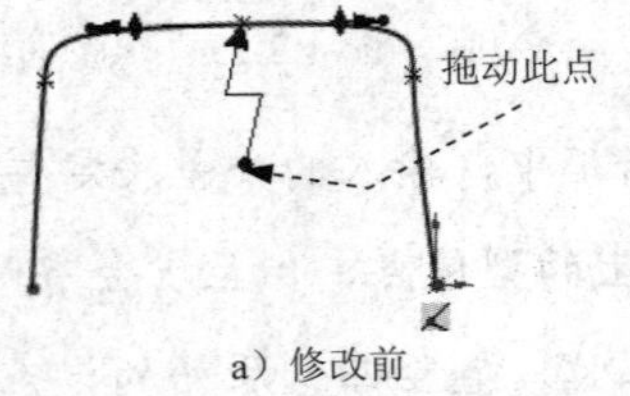

a）修改前

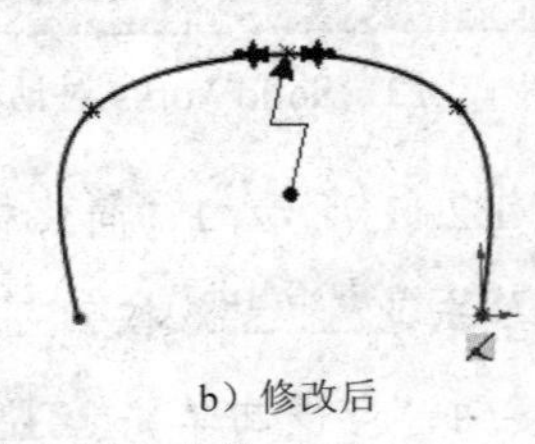

b）修改后

图 1.2.16　添加曲率控制修改样条曲线

Stage3. 插入样条曲线型值点控制样条曲线

Step1. 选择命令。选择下拉菜单 工具(T) → 样条曲线工具(I) → 插入样条曲线型值点(P) 命令（或单击“样条曲线工具（P）”工具栏中的按钮）。

Step2. 添加型值点。在需要添加型值点的位置单击，如图 1.2.17a 所示（如果需要继续

添加，在样条曲线上需要添加的位置继续单击即可）。

Step3. 使用型值点控制样条曲线。用鼠标水平向右拖动图 1.2.17a 所示的型值点，样条曲线变形，如图 1.2.17b 所示。

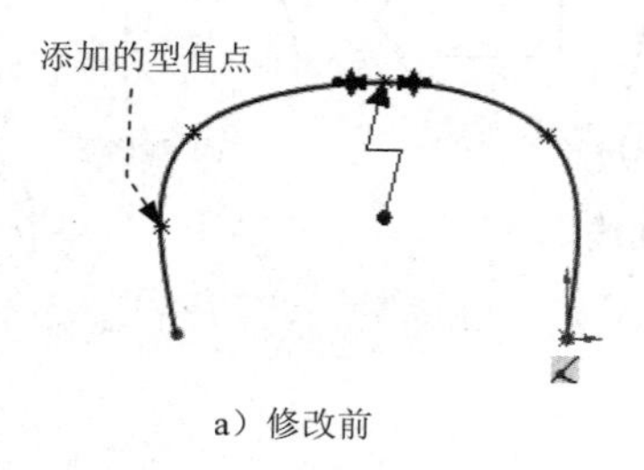

a）修改前

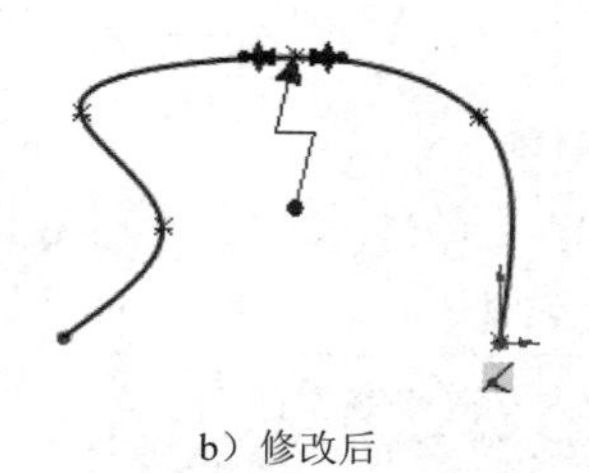

b）修改后

图 1.2.17 添加型值点修改样条曲线

5. 修改样条曲线的基本方法

样条曲线的修改方法主要有三种：拖动样条曲线点、拖动控制多边形上的控标以及选择样条曲线控标并操作特定的控标。

Stage1. 拖动样条曲线点来编辑样条曲线

在图形区绘制图 1.2.18a 所示的样条曲线，用鼠标单击并拖动图 1.2.18a 所示的点到点 1 的位置，松开鼠标后样条曲线的形状如图 1.2.18b 所示。

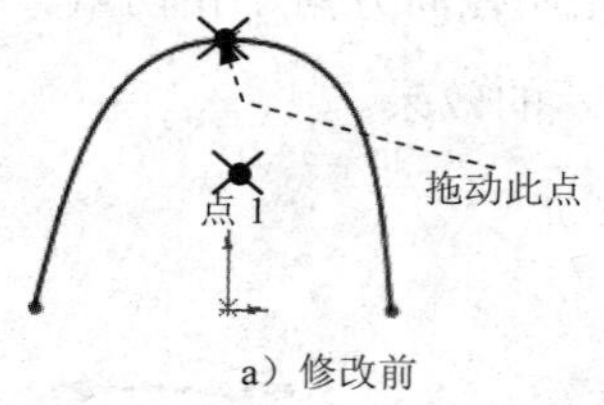

a）修改前

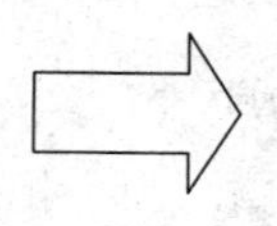

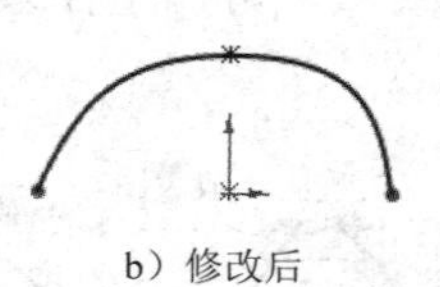

b）修改后

图 1.2.18 修改样条曲线 1

注意： *在拖动样条曲线上的点的同时，可以看到在图形区左侧的“点”对话框中的点的坐标值在变化，所以选中要拖动的点，在“点”对话框中输入点的坐标，也可以快速地编辑样条曲线，这种方法虽然能快速地调整样条曲线的形状，但是不能准确地把握精确度。*

Stage2. 拖动控制多边形上的控标来编辑样条曲线

在图形区绘制图 1.2.19a 所示的样条曲线，选择下拉菜单 工具(T) → 样条曲线工具(I) → 显示样条曲线控制多边形 命令，此时在样条曲线上会显示图 1.2.19b 所示的样条曲线多边形。单击激活控制样条曲线多边形上的点，会显示图 1.2.20 所示的“样条曲线多边形”对话框，拖动样条曲线控制多边形上的点，使样条曲线的曲线形状达到图 1.2.19c 所示的效果。

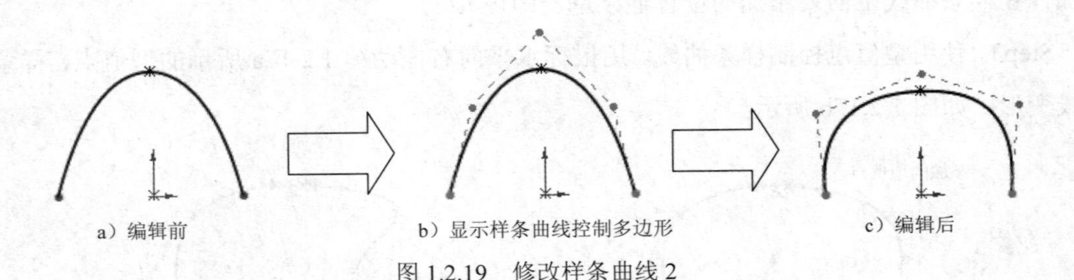

图 1.2.19　修改样条曲线 2

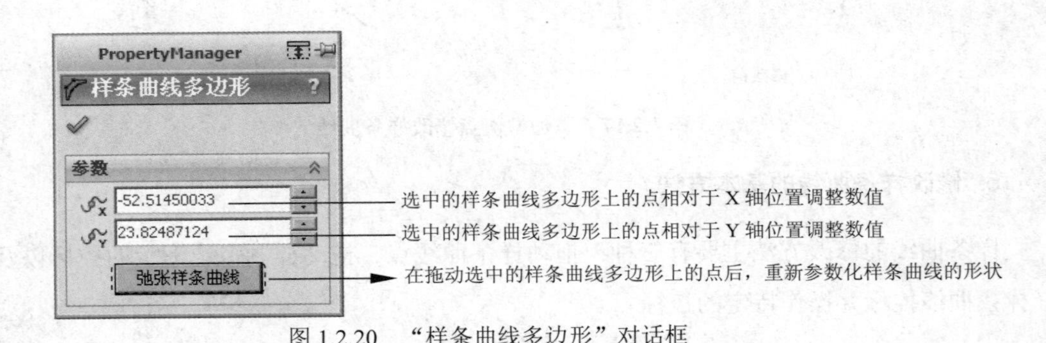

图 1.2.20　“样条曲线多边形”对话框

Stage3. 通过控标的操作编辑样条曲线

在图形区绘制图 1.2.21a 所示的样条曲线，单击要编辑的型值点，此时在型值点上会出现图 1.2.21a 所示的控标。用鼠标拖动图 1.2.21a 所示的相切径向方向、相切量、相切径向方向及相切量，可调整样条曲线的形状达到图 1.2.21b 所示的效果。

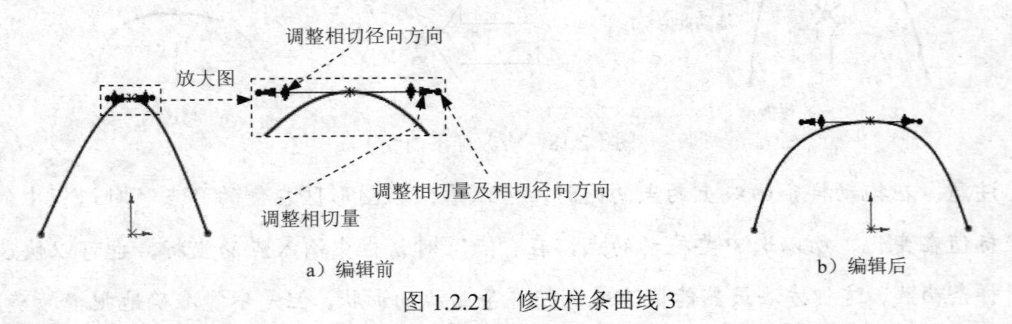

图 1.2.21　修改样条曲线 3

说明：在拖动样条曲线控标的时候，图形区左侧的“样条曲线多边形”对话框中的向量在变化，同时还可以调整型值点的坐标。这种调整样条曲线的方法的实质就是通过调整曲线上的点的切线向量来调整曲线的形状，因而这种调整样条曲线的方法很费时，却能达到精确的效果。

6. 为样条曲线控标标注尺寸

样条曲线是自由曲线，通过对样条曲线上的控标的标注，可以实现对样条曲线的形状

及大小约束。下面通过实例来介绍样条曲线尺寸的标注。

Step1. 打开文件 D:\sw14.2\work\ch01.02.01\dimensioning_to_spline_ handles.SLDPRT。

Step2. 显示要标注的控标。在视图区选取图 1.2.22a 所示的样条曲线，在左侧弹出的“样条曲线”对话框的 参数 区域选中 ☑ 相切驱动(T) 复选框，此时样条曲线中显示相切控标。

Step3. 添加标注。选择智能尺寸标注命令，分别单击图 1.2.22b 所示的直线和控标。然后在图 1.2.22b 所示的点 1 位置处单击放置尺寸，在弹出的“修改”对话框中输入角度尺寸值 90.0；在图 1.2.22b 所示的控标上的箭头处单击，然后在图 1.2.22b 所示的点 2 位置处单击放置尺寸，在弹出的“修改”对话框中输入控标长度值 120.0，完成尺寸标注后的效果如图 1.2.22c 所示（此时样条曲线显示控标的一端与水平直线相垂直）。

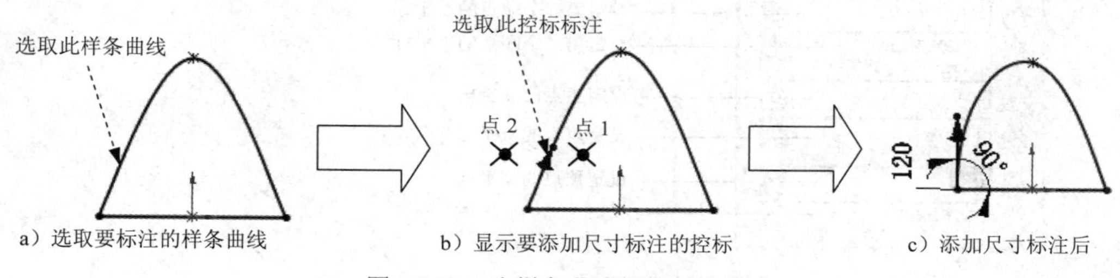

图 1.2.22　为样条曲线控标标注尺寸

1.2.2　抛物线的绘制

抛物线是一条具有参数的曲线，在绘制时，应先确定抛物线的焦点，然后指定其顶点，最后给定起始点与终止点。下面以绘制图 1.2.23 所示的抛物线为例，讲解绘制抛物线的一般过程。

Step1. 选择命令。选择下拉菜单 工具(T) ➡ 草图绘制实体(K) ➡ 抛物线(B) 命令（或单击“草图”工具栏中的 按钮）。

Step2. 定义抛物线的焦点。在图形区的某位置单击，放置抛物线的焦点。

Step3. 定义抛物线的顶点。在图形区的某位置单击，放置抛物线的顶点。

Step4. 定义抛物线的端点。在图 1.2.23 所示的第一个端点（第一点）处单击，然后沿系统显示处的抛物线的虚线拖动鼠标到达抛物线的第二个端点（第二点）处单击。

Step5. 编辑抛物线。当确定抛物线的第二个端点后系统会弹出图 1.2.24 所示的“抛物线”对话框，在 参数 区域可确定抛物线的第一点坐标、第二点坐标、焦点坐标和顶点坐标。

Step6. 单击 ✔ 按钮，完成抛物线的绘制，如图 1.2.23 所示。

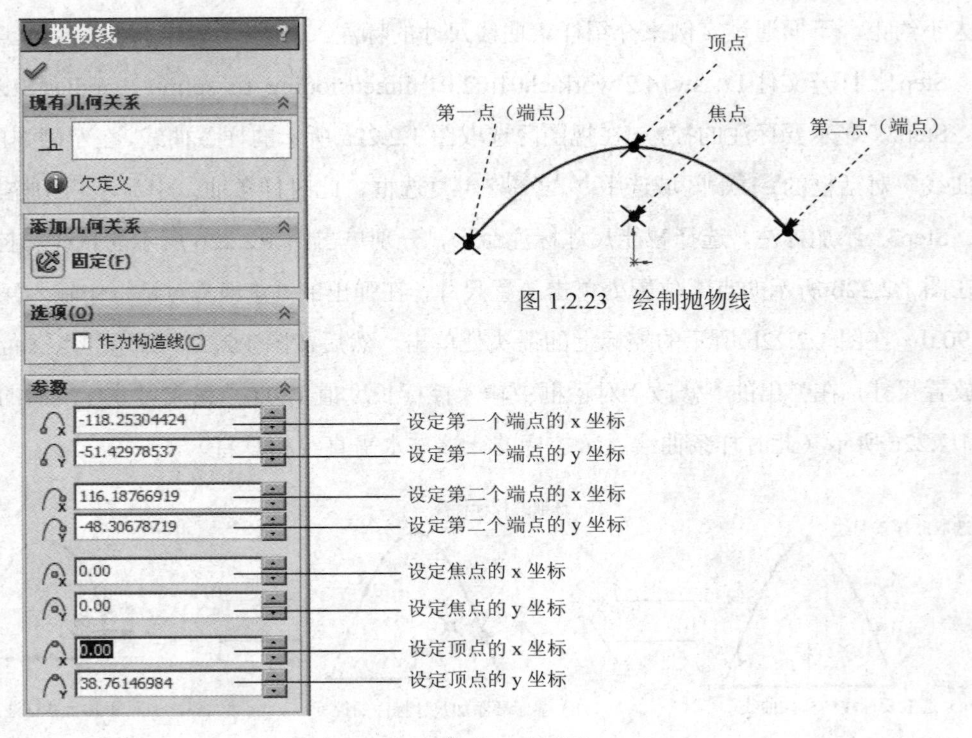

图 1.2.23　绘制抛物线

图 1.2.24　“抛物线”对话框

1.2.3　转折线的绘制

转折线工具可以在已有直线上添加一个凸出的部分或凹进的缺口，并自动添加部分几何约束。转折线工具的使用，可减少直线的绘制和手工添加几何约束，使得绘制草图的效率大大提高，但需要注意，转折线的操作对象必须是直线。下面通过一个实例来介绍转折线工具的操作方法。

Step1. 打开文件 D:\sw14.2\work\ch01.02.03\breakover_line.SLDPRT。

Step2. 选择命令。选择下拉菜单 工具(T) → 草图工具(T) → 转折线(J) 命令。

Step3. 定义转折起始位置。在图 1.2.25a 所示的直线上某一位置单击，确定转折起始位置。

Step4. 定义转折结束位置。在图形区不在直线上的某一位置单击，以确定转折结束位置，完成转折。在使用转折工具的同时，系统自动添加了部分几何约束，如图 1.2.25b 所示。

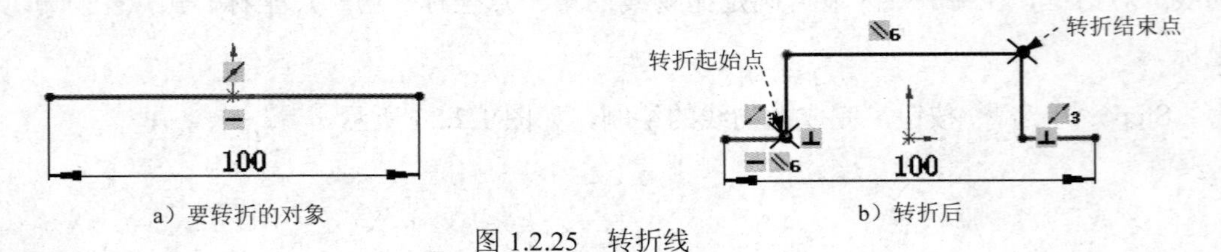

a）要转折的对象　　b）转折后

图 1.2.25　转折线

1.2.4 构造几何线

SolidWorks 中构造几何线的作用是作为辅助线，以点画线的形式显示。草图和工程图中的直线、圆弧、样条线等实体都可以转化为构造线。将普通草图实体转化为构造几何线的方法有两种：第一种方法是通过直接修改实体属性来实现，第二种方法是通过使用构造几何线工具来实现。下面通过一个实例，详细介绍构造几何线工具的使用方法。

Step1. 打开文件 D:\sw14.2\work\ch01.02.04\construction_geometry. SLDPRT。

Step2. 选择命令。选择下拉菜单 工具(T) → 草图工具(T) → 构造几何线(T) 命令（或单击"草图"工具栏中的按钮）。

Step3. 选取要转化为构造几何线的对象。在图形区分别单击图 1.2.26a 所示的草图实体，此时被选的草图实体直接转化为构造几何线，如图 1.2.26b 所示。

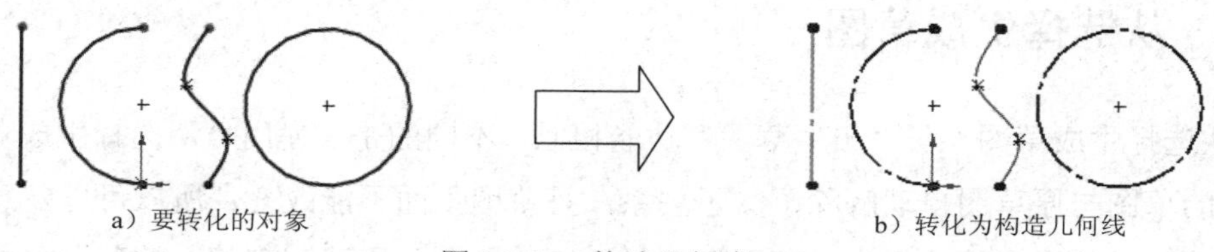

a）要转化的对象　　b）转化为构造几何线

图 1.2.26 构造几何线

1.2.5 派生草图

派生草图是将零件或装配体的一个草图复制到该零件或装配体的另外平面。派生草图与原草图将保持相同的特性，对原草图所作的更改将会同步反映到派生草图上。派生草图中不能添加或删除任何草图实体，它是一个单一的实体，只能通过尺寸约束或几何约束将其固定在一个基准面上。下面通过图 1.2.27 所示的实例来介绍如何从同一零件的草图派生草图。

Step1. 打开文件 D:\sw14.2\work\ ch01.02.05\derived_sketch.SLDPRT。

Step2. 创建派生草图。

（1）选取原草图。在设计树中选取 草图2，按住 Ctrl 键。

（2）选取放置派生草图的基准面。在图形区选取 基准面1 为放置派生草图的基准面 1。

（3）选择命令。选择下拉菜单 插入(I) → 派生草图(V) 命令，系统进入草图环境。

（4）为派生草图添加图 1.2.28 所示的尺寸约束。

Step3. 退出草图环境。选择下拉菜单 插入(I) → 退出草图 命令，退出草图环境。

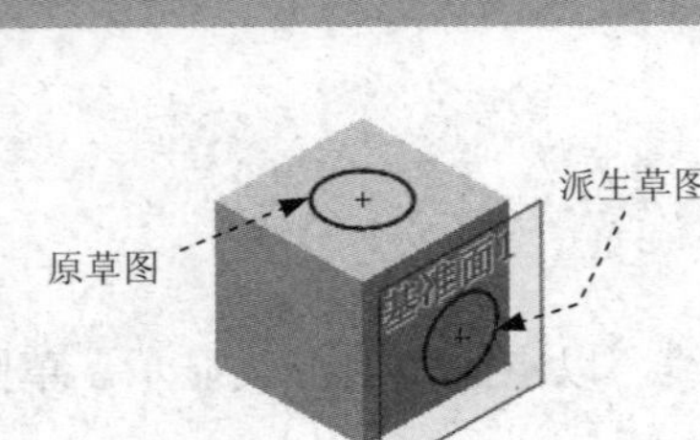

图 1.2.27 派生草图（草图 1）

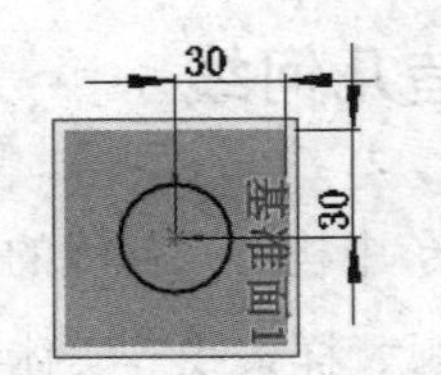

图 1.2.28 添加尺寸约束

说明：

- 如果想对派生的草图进行编辑，必须解除派生草图与原草图之间的父子关系。方法为：在设计树中右击派生草图，在弹出的快捷菜单中选择 解除派生 (C) 命令，即可解除父子关系。
- 在装配体中创建派生草图的方法与在零件中创建派生草图的方法相同，只是在选择放置派生草图的零件后，系统会进入该零件的编辑状态。

1.2.6 从选择生成草图

“从选择生成草图”与“派生草图”功能相似，不同的是，使用“从选择生成草图”工具绘制的草图与原草图自动解除了父子关系，且草图平面不能改变，所以可以随意地对草图进行编辑；使用“从选择生成草图”工具绘制的草图与原草图有相同的草图平面，在更改原草图的草图平面时，在“从选择生成草图”中的草图平面不同步更新。

下面通过图 1.2.29 所示的实例来介绍“从选择生成草图”命令的使用方法。

Step1. 打开文件 D:\sw14.2\work\ch01.02.06\create_sketch_from_ selections.SLDPRT。

Step2. 从选择生成草图实体。

（1）选择要“从选择生成草图”的草图实体。在设计树中右击 草图2，在弹出的快捷菜单中单击按钮，进入草图环境，选取图 1.2.30 所示的草图 2 作为要“从选择生成草图”的草图实体。

（2）选择命令。选择下拉菜单 工具(T) → 草图工具 (T) → 从选择生成草图 命令，此时系统自动在设计树中生成一个与原草图重合的草图 3。

（3）编辑生成的草图。退出草图 2，选择草图 3 并进入草图环境，为生成的草图 3 添加图 1.2.31 所示的尺寸约束。

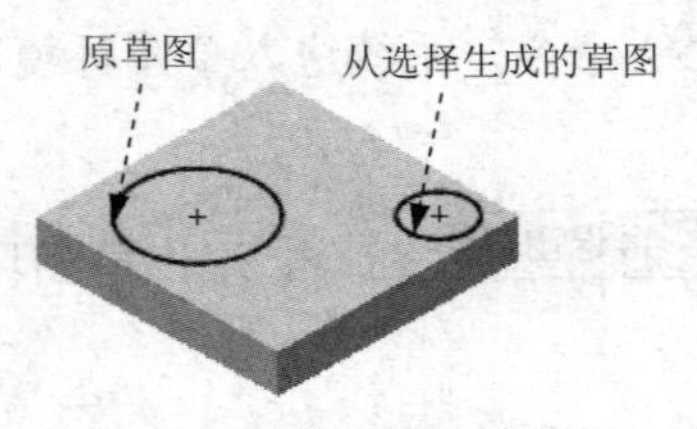

图 1.2.29 从选择生成草图

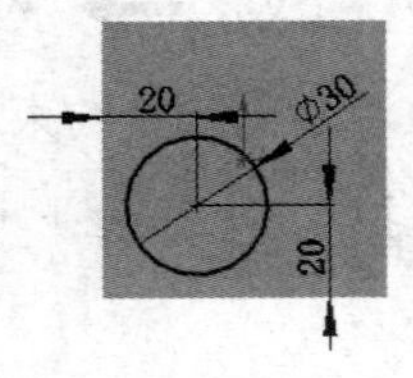

图 1.2.30 草图 2

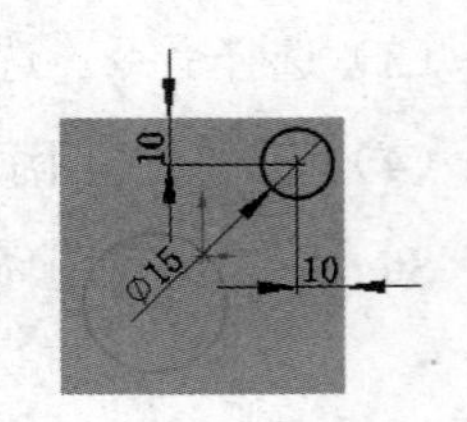

图 1.2.31 添加约束

Step3．退出草图环境。选择下拉菜单 插入(I) → 退出草图 命令，退出草图环境。

1.2.7　通过图片生成草图

通过图片生成草图是将图片插入草图中，然后根据图片轮廓生成草图。用来制作草图的图片扩展名必须为*.bmp、*.gif、*.jpg、*.jpeg、*.tif或*.wmf，并且最好是高分辨率、轮廓颜色对比度明显的图片。下面通过一实例来介绍使用图片制作草图的过程。

Step1．激活 Autotrace 插件。选择下拉菜单 工具(T) → 插件(D)... 命令，系统弹出“插件”对话框。选中 Autotrace 复选框，单击 确定 按钮，完成Autotrace插件的激活。

Step2．新建一个零件文件，进入建模环境。

Step3．创建草图1。

（1）选择命令。选择下拉菜单 插入(I) → 草图绘制 命令，选取前视基准面作为草图平面，系统进入草图绘制环境。

（2）插入图片。选择下拉菜单 工具(T) → 草图工具(T) → 草图图片(P)... 命令，系统弹出“打开”对话框，选择 D:\sw14.2\work\01.02.07\toy.tif，单击 打开(O) 按钮，打开图1.2.32所示的图片文件，同时系统弹出图1.2.33所示的“草图图片”对话框（一）。

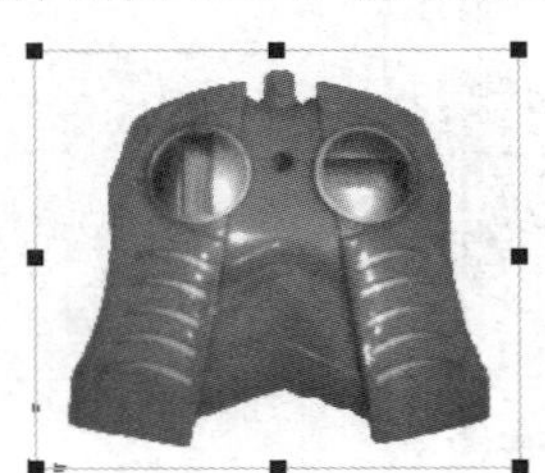

图1.2.32　插入图片

（3）定义图片的位置和大小。在 属性(P) 区域中选中 锁定高宽比例 复选框，在后的文本框中输入值800.0，其他参数采用系统默认设置。

（4）在“草图图片”对话框中单击按钮，系统弹出图1.2.34所示的“草图图片”对话框（二）。

说明：只有打开Autotrace插件，才能在“草图图片”对话框中显示按钮。

图1.2.33所示的“草图图片”对话框（一）中的各选项说明如下：

- 属性(P) 区域：用于定义插入图片的大小。
  - ☑ 文本框：定义图片原点的X坐标。
  - ☑ 文本框：定义图片原点的Y坐标。
  - ☑ 文本框：定义图片旋转角度，当输入正角度值时逆时针旋转图片。

☑ 文本框：定义图片宽度值。

☑ 文本框：定义图片高度值。

☑ 锁定高宽比例 复选框：选中该复选框时，图片保持固定的宽度和高度比例。

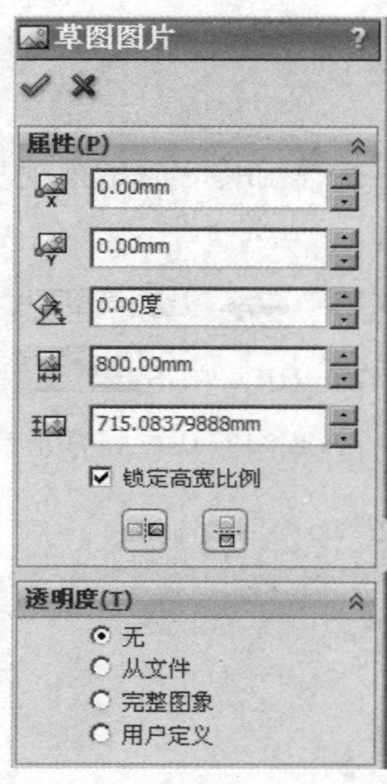

图 1.2.33 “草图图片”对话框（一）

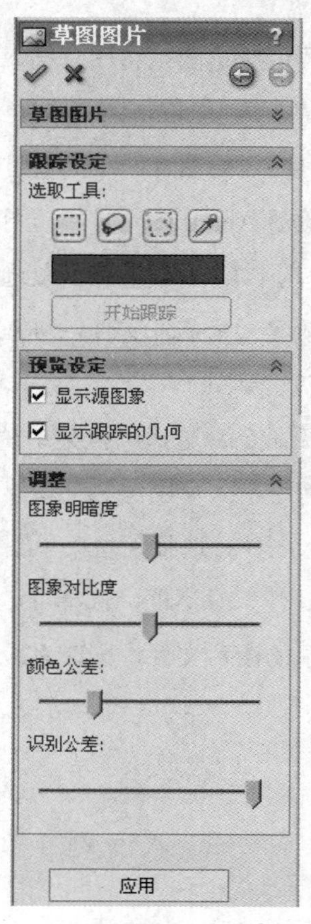

图 1.2.34 “草图图片”对话框（二）

- 透明度(T) 区域：设定图片的透明度。

☑ 无 选项：选中该选项时，图片不使用透明度特性。

☑ 从文件 选项：保留文件中已有的透明度特性。

☑ 完整图象 选项：将整个图像设置为透明的，选中该选项，在 透明度(T) 区域中会出现图 1.2.35 所示的选项，通过在文本框中直接输入或拖动滑块设置图片的透明度。

☑ 用户定义 选项：用户自定义图像的透明度。选中该选项时，在 透明度(T) 区域中会出现图 1.2.36 所示的选项，可从图像中选择一种颜色，定义该颜色的公差级别，然后将透明度级别应用到图像。

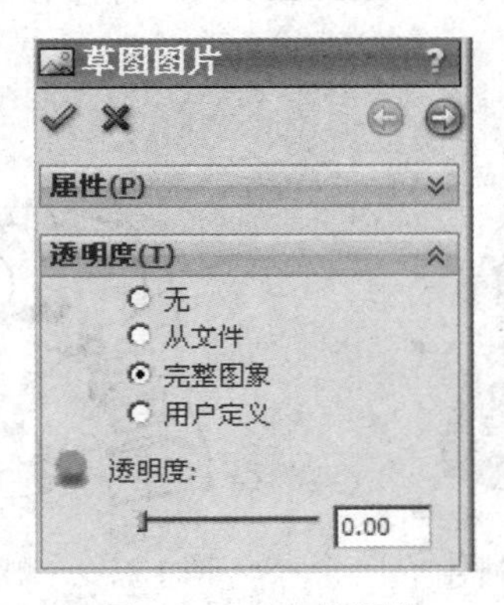

图 1.2.35 完整图像

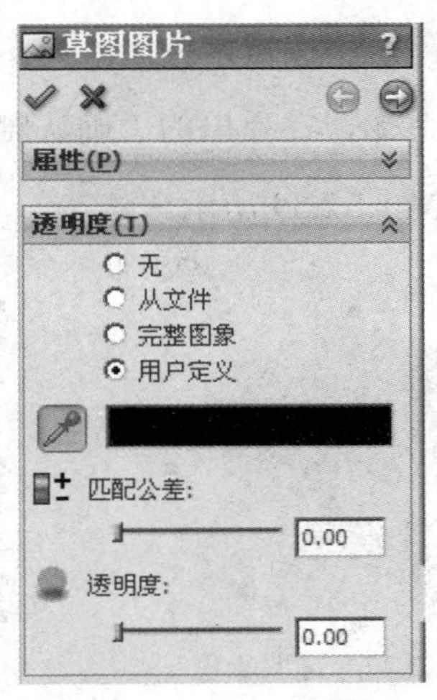

图 1.2.36 用户定义

图 1.2.34 所示的“草图图片”对话框（二）中各选项的说明如下：

- 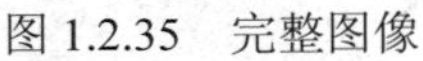跟踪设定区域：通过选定区域或颜色区域跟踪选择结果。
  - ☑ 选取工具:下拉列表：使用选取工具按钮可选中矩形区域，可通过按钮跟踪连续直线和曲线来选取形状不规则的区域，使用按钮可通过跟踪连续直线来选取多边形区域，通过按钮工具可根据颜色选取区域。
  - ☑ 开始跟踪按钮：单击该按钮，将显示跟踪的结果。
- 预览设定区域：设定图像预览。
  - ☑ 显示源图象复选框：选中该选项时显示源图像，取消选中该复选框时，在草图编辑状态下不再显示插入的图片。
  - ☑ 显示跟踪的几何复选框：选中该复选框时，显示所跟踪的区域。
- 调整区域：调整所跟踪的区域的图像属性。
  - ☑ 图象明暗度滑块：通过拖动其下方的滑块调整图像的明暗度。
  - ☑ 图象对比度滑块：通过拖动其下方的滑块调整图像的颜色对比度。
  - ☑ 颜色公差:滑块：通过拖动其下方的滑块调整跟踪区域的颜色公差。
  - ☑ 识别公差:滑块：通过拖动其下方的滑块调整跟踪区域的识别公差。
  - ☑ 应用按钮：单击该按钮应用调整的结果。

（5）跟踪设定。在跟踪设定区域中单击“选取颜色”按钮，然后在图 1.2.37 所示的位置选取颜色，单击开始跟踪按钮，系统按所选颜色边界生成草图几何体；在调整区域中调整颜色公差:下的滑块（即调整颜色跟踪的敏感度），直至图形中的草图几何体大致如图 1.2.38 所示。

（6）单击✔按钮，关闭“草图图片”对话框，右击图片，在弹出的快捷菜单中选择 ✕ 删除(D)命令，在弹出的“确认删除”对话框中单击 是(Y) 按钮，将图片删除，剩下草图轮廓如图 1.2.39 所示。

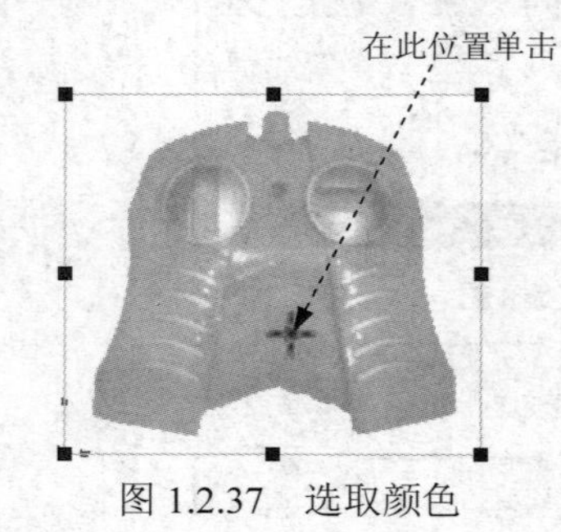

图 1.2.37　选取颜色

图 1.2.38　草图几何体

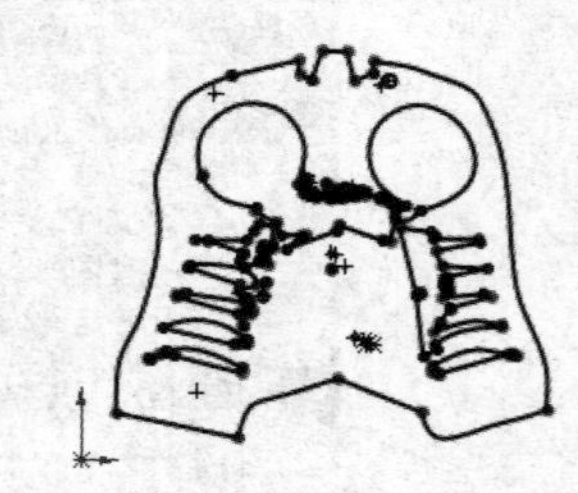

图 1.2.39　删除图片

Step4. 创建图 1.2.40 所示的特征——凸台-拉伸 1。

（1）选取图 1.2.41 所示的草图轮廓为横断面草图，输入拉伸深度值 80.0，其他参数采用系统默认设置。

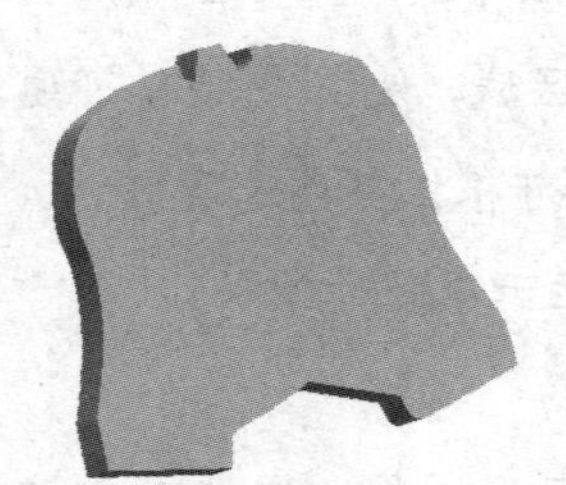

图 1.2.40　凸台-拉伸 1

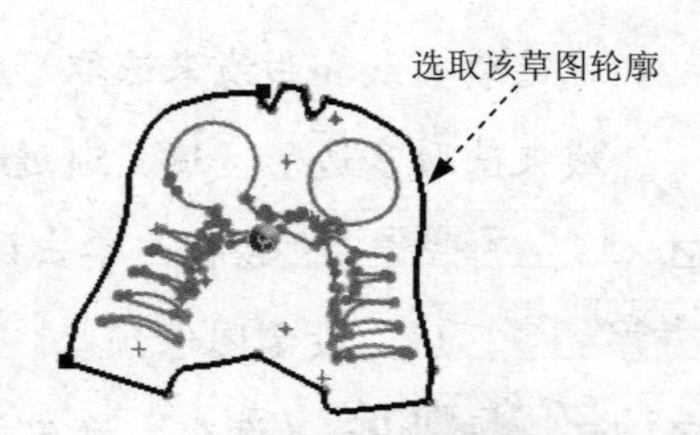

图 1.2.41　横断面草图

（2）单击✔按钮，完成凸台-拉伸 1 的创建。

1.3　3D　草　图

在建模过程中，有时需要在空间内直接生成一张草图作为扫描路径、放样的中心线、放样引导线或管道系统中的关键实体等。SolidWorks 2014 中提供了多种创建 3D 草图的方法，包括基准面上的 3D 草图、曲面上的样条曲线、面部曲线和交叉曲线等。本节将对其中的几种作详细介绍。

1.3.1　基准面上的 3D 草图

使用“基准面上的 3D 草图”命令，可以在绘制草图过程中切换草图平面，从而实现在空间内绘制草图的目的。下面将具体介绍其绘制方法。

Step1. 新建一个零件文件，进入草图环境。

Step2. 选择命令。选择下拉菜单 插入(I) → 3D 草图 命令（或在工具栏中单击“编辑 3D 草图”按钮）。

Step3. 绘制参考实体。在正视于上视基准面的 3D 草图环境中绘制图 1.3.1 所示的矩形，并添加几何约束和尺寸约束（约束边线 1 沿 Z 方向，边线 2 沿 X 方向，约束矩形中心与坐标原点重合）。

Step4. 创建图 1.3.2 所示的 3D 草图平面 1。

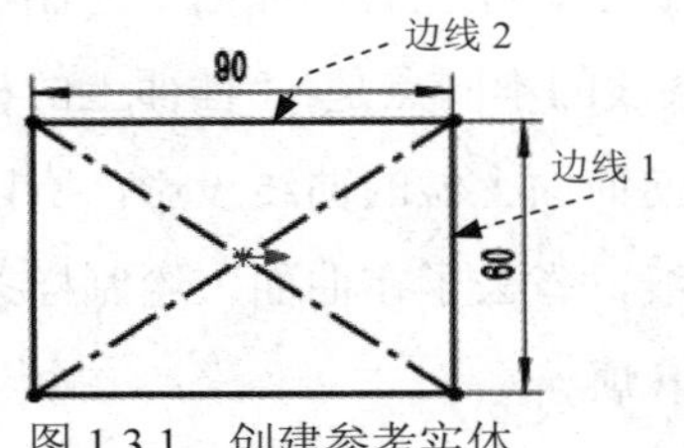

图 1.3.1 创建参考实体

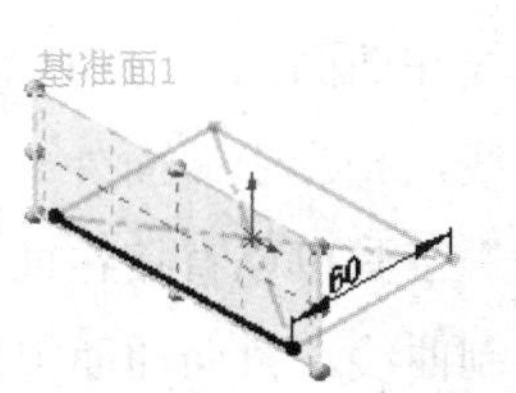

图 1.3.2 3D 草图平面 1

（1）选择命令。在工具栏中单击“基准面”按钮，系统弹出图 1.3.3 所示的“草图绘制平面”对话框。

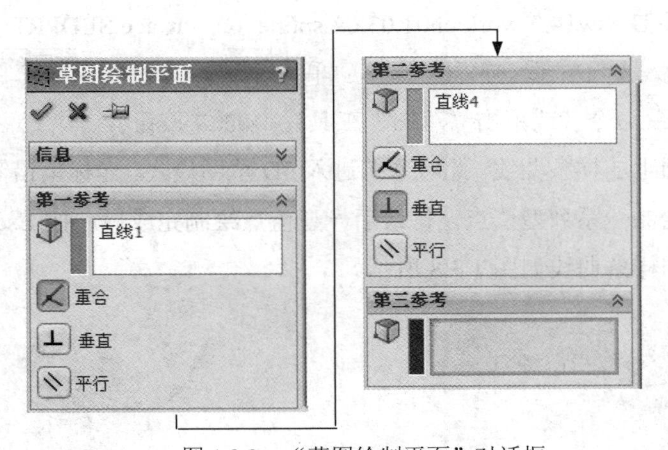

图 1.3.3 “草图绘制平面”对话框

（2） 定义 3D 草图平面 1。在图 1.3.4 所示的草图中选取边线 1 作为 第一参考，单击按钮，选取图 1.3.4 所示的边线 2 为 第二参考，单击“垂直”按钮。

（3）单击对话框中的按钮，完成“3D 基准面 1”的创建。

Step5. 在基准面上绘制草图。正视于基准面 1，在基准面 1 上创建图 1.3.5 所示的样条曲线和直线，并添加相应的约束。

Step6. 选择下拉菜单 插入(I) → 3D 草图 命令，完成 3D 草图的绘制，如图 1.3.6 所示。

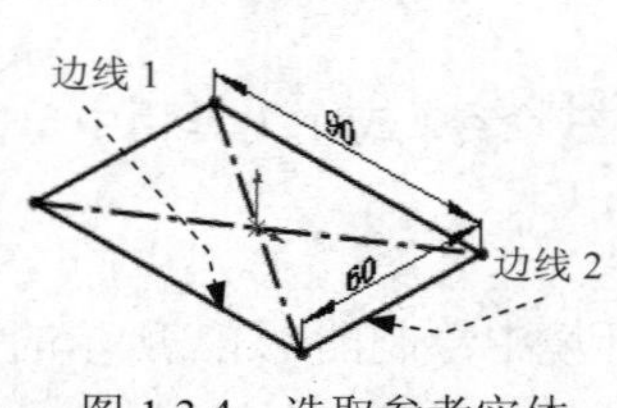

图 1.3.4　选取参考实体

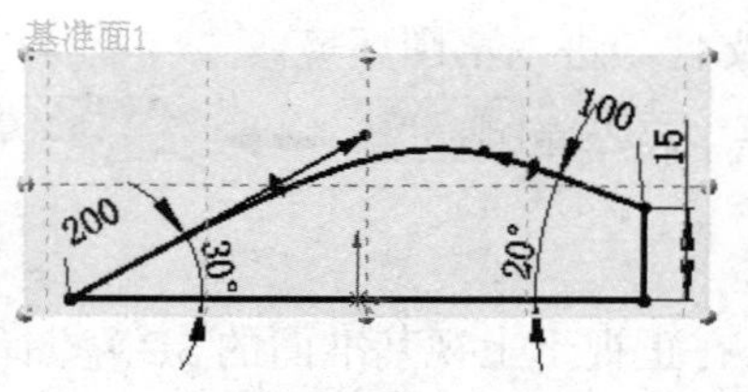

图 1.3.5　绘制草图

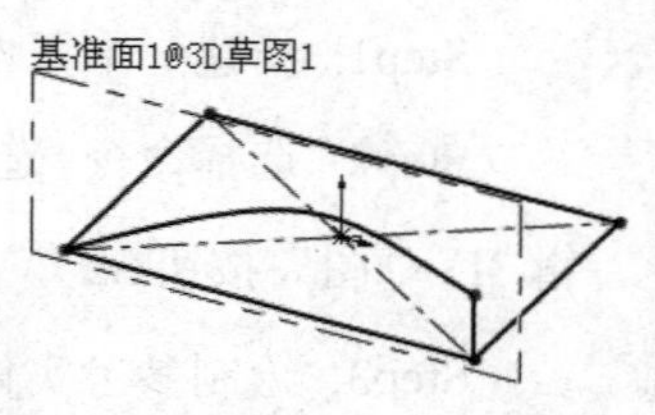

图 1.3.6　基准面上的 3D 草图

1.3.2　曲面上的样条曲线

绘制“曲面上的样条曲线”是在 3D 草图模式下，在已有的曲面上绘制样条曲线，绘制出的样条曲线在曲面上。与 3D 草图中绘制样条线的不同点是：“曲面上的样条曲线”工具绘制的样条线，相当于曲面外一平面上的草图向曲面上做的曲线投影，所以使用“曲面上的样条曲线”工具可以直接在曲面上绘制样条线，省去了在曲面上绘制样条线时先在一基准平面上绘制曲线，再向曲面上做投影曲线的麻烦。

在零件设计和模具设计中，利用“曲面上的样条曲线”工具可以生成更精确、更直观的分型线或分割线，在复杂的扫描特征中利用“曲面上的样条曲线”工具还可以生成受几何体限制的引导线。下面通过一实例来介绍“曲面上的样条曲线”工具的使用方法。

Step1. 打开文件 D:\sw14.2\work\ch01.03.02\spline_on_surface.SLDPRT。

Step2. 选择命令。选择下拉菜单 工具(T) → 草图绘制实体(K) → 曲面上的样条曲线(F) 命令（或单击“草图”工具栏中的按钮）。

Step3. 绘制曲面上的样条曲线。此时系统进入 3D 草图模式，光标呈铅笔状，在图 1.3.7 所示的曲面上单击绘制一系列型值点，待最后一型值点绘制完成后，按 Esc 键结束绘制，完成绘制的曲面上的样条曲线如图 1.3.8 所示。

图 1.3.7　曲面

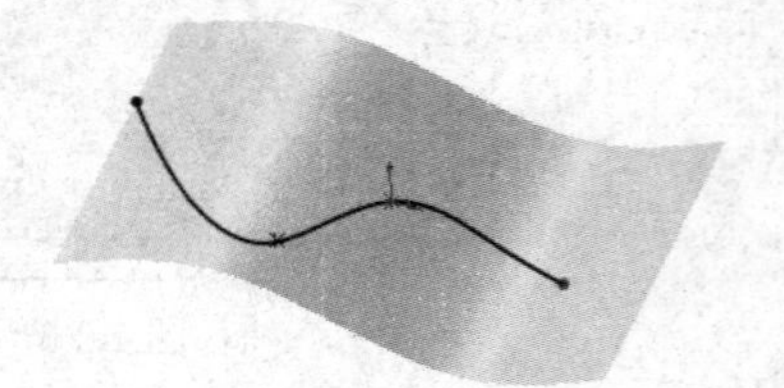

图 1.3.8　曲面上的样条曲线

说明： 当样条曲线的最后一个型值点在曲面的边线上，此时继续插入型值点，则系统自动结束样条曲线的绘制；型值点在曲面外，系统会停止样条曲线的绘制，之前的在曲面上的一个型值点为样条线的终点。

1.3.3　面部曲线的绘制

面部曲线是从已有的曲面或面中提取 3D 参数曲线。生成的曲线以单个 3D 草图为单位，

如图 1.3.9 所示，所以利用面部曲线工具可以一次生成多个独立的 3D 草图。

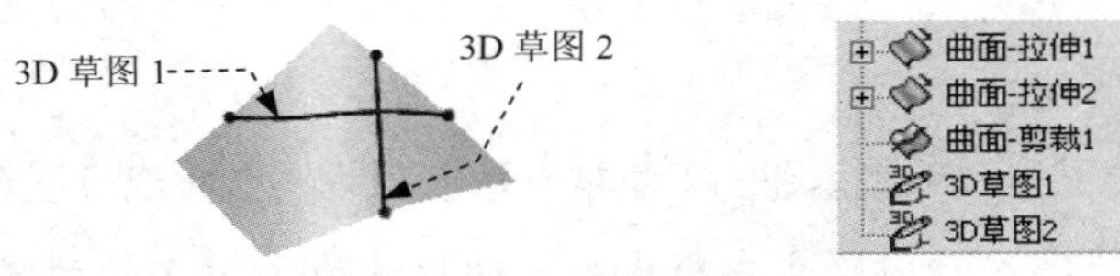

图 1.3.9　草图和设计树

下面将通过一个实例介绍利用面部曲线提取 3D 草图的一般过程。

Step1. 打开文件 D:\sw14.2\work\ch01.03.03\curve_on_surface.SLDPRT。

Step2. 选择命令。选择下拉菜单 工具(T) ➡ 草图工具(T) ➡ 面部曲线 命令，系统弹出图 1.3.10 所示的“面部曲线”对话框。

Step3. 定义面部曲线的类型。在 选择(S) 区域选中 ⊙ 位置(P) 单选按钮。

Step4. 定义提取面。在图形区选取图 1.3.11 所示的曲面 1 为要提取的曲面。

Step5. 定义面部曲线位置参数。在“方向 1”位置文本框中输入值 60.0，在方向 2 位置文本框中输入值 40.0，在 选项(O) 区域选中 ☑ 约束于模型(C) 和 ☑ 忽视孔(H) 复选框。

Step6. 单击 ✔ 按钮，完成面部曲线的绘制，如图 1.3.12 所示。

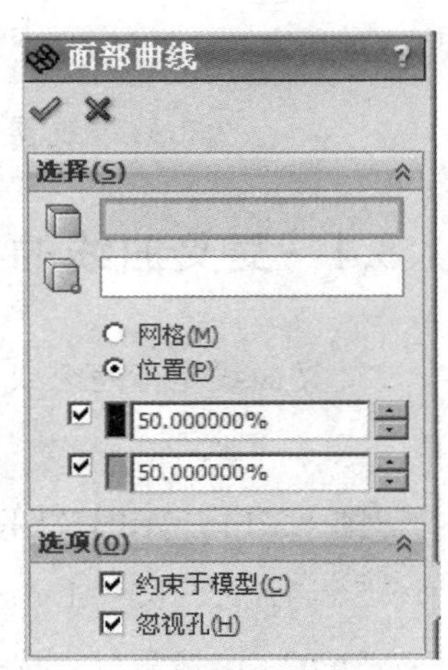

图 1.3.10　“面部曲线”对话框

图 1.3.10 所示的“面部曲线”对话框中各选项的说明如下：

- 选择(S) 区域：在此区域中定义选择面、顶点、生成曲线的方式等。
  - ☑ 选取面：选取一面，然后再以此面提取参数 3D 曲线。
  - ☑ 选取顶点：选取曲面上一点为两 3D 曲线的交点。
  - ☑ ⊙ 网格(M) 选项：均匀放置 3D 草图，选中两个方向时，两个方向的 3D 曲线相互交叉，如图 1.3.13 所示。

图 1.3.11　曲面 1

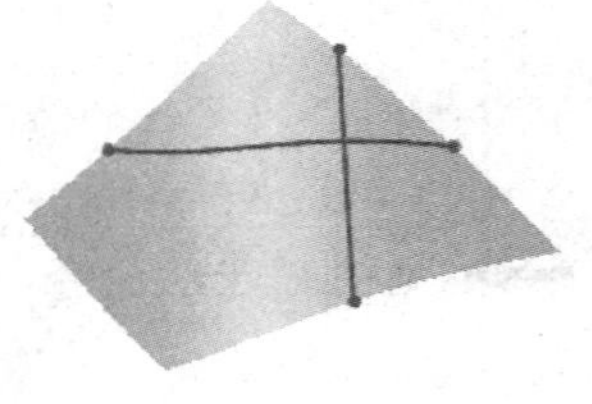

图 1.3.12　面部曲线

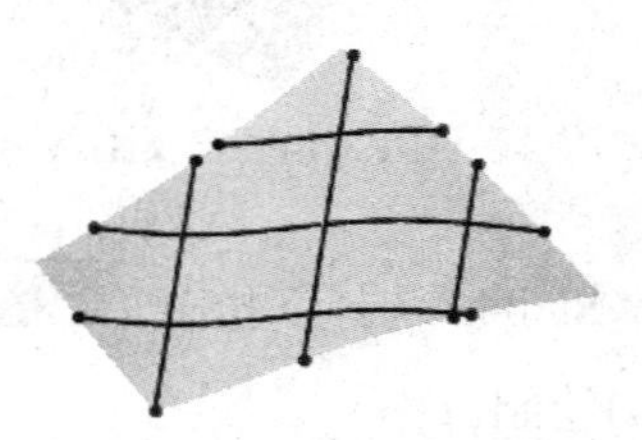

图 1.3.13　面部曲线（网格）

  - ☑ ⊙ 位置(P) 选项：定义两曲线的相交处的百分比距离。

☑ 50.000000% 文本框：以底部为基准到方向 1 曲线位置的百分比距离，当选中 网格(M) 选项时，文本框中填入的数值为方向 1 的曲线数。如果不需要曲线，则取消。

☑ 50.000000% 文本框：以右部为基准到方向 2 曲线位置的百分比距离，当选中 网格(M) 选项时，文本框中填入的数值为方向 2 的曲线数。如果不需要曲线，则取消。

● 选项(O) 区域：在此区域中包含 约束于模型(C) 和 忽视孔(H) 复选框，用于定义模型与生成曲线的关系。

☑ 约束于模型(C) 复选框：当选中此复选框时，曲线随模型更改而更改。

☑ 忽视孔(H) 复选框：取消选中此复选框时，如果面上有孔，曲线的端点将与孔的边线重合；当选中此项时，曲线通过孔的边线。

1.3.4 交叉曲线的绘制

交叉曲线是指两个或多个相交特征的交线。交叉曲线可以是平面草图，也可以是空间草图。

图 1.3.14 所示的草图是使用交叉曲线工具绘制的，下面介绍其创建过程。

Step1. 打开文件 D:\sw14.2\work\ch01.03.04\cross_curve.SLDPRT。

Step2. 选择命令。选择下拉菜单 工具(T) → 草图工具(T) → 交叉曲线 命令，系统进入 3D 草图环境。

Step3. 选择交叉面。选取图 1.3.15 所示的两个相交的曲面，单击 ✔ 按钮，在两曲面的相交处，系统自动生成一条曲线。

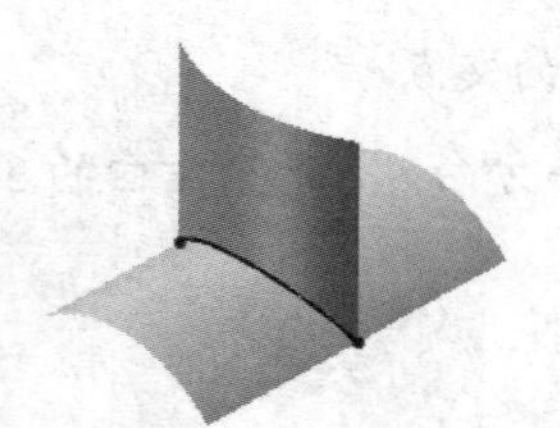

图 1.3.14 交叉曲线

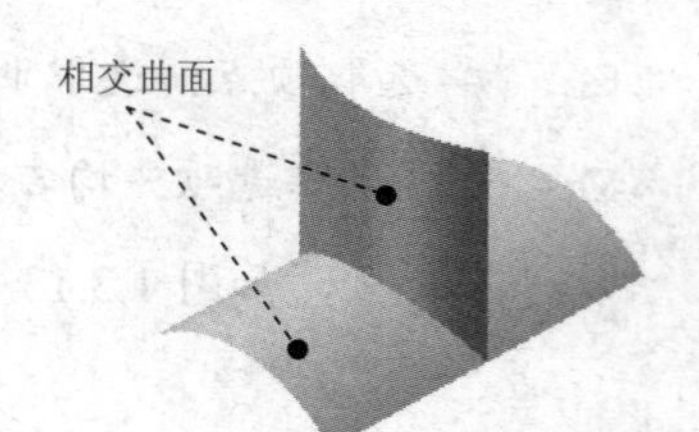

图 1.3.15 选取相交特征

Step4. 选择下拉菜单 插入(I) → 3D 草图 命令，退出 3D 草图环境，完成交叉曲线的绘制。

1.4 草图的编辑

1.4.1 动态镜像草图实体

动态镜像草图实体与镜像草图实体的不同点是：动态镜像草图实体先选择镜像中心线，然后再绘制要镜像的草图实体，在绘制草图实体的同时将以镜像中心线为对称中心，动态地镜像所绘制的草图实体。在使用动态镜像草图实体时，镜像中心线必须是线性草图实体，如中心线、直线、线性模型边线以及线性工程图边线等。

下面通过一实例来介绍动态镜像实体工具的用法。

Step1. 新建一个零件模型，选取前视基准面进入草图环境。

Step2. 绘制镜像所要围绕的实体。在图形区绘制图 1.4.1 所示的一条中心线。

Step3. 选择命令。选择下拉菜单 工具(T) → 草图工具(T) → 动态镜向 命令，系统在左侧的“镜像”对话框中弹出 请选择镜向所绕的草图线或线性模型边线 提示。

Step4. 选取镜像所要围绕的实体。在图形区选取图 1.4.1 所示的绘制的中心线为镜像所要围绕的实体，此时中心线如图 1.4.2 所示。

图 1.4.1　中心线　　　　图 1.4.2　镜像中心线

Step5. 绘制要镜像的草图实体。在图 1.4.2 所示的中心线的左侧绘制图 1.4.3 所示的圆，此时，在中心线的右侧自动生成一个圆，如图 1.4.3 所示（此时选择其他草图工具，同时执行动态镜像命令）。

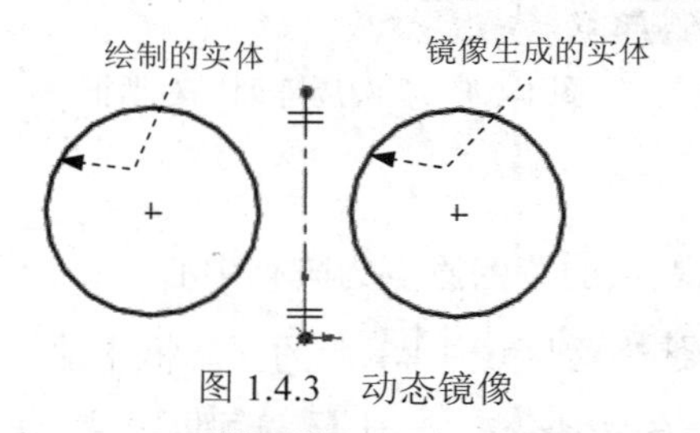

图 1.4.3　动态镜像

Step6. 退出命令。选择下拉菜单 工具(T) → 草图工具(T) → 动态镜向 命令，系统退出动态镜像命令。

1.4.2 圆周草图阵列

圆周草图阵列是指围绕草图平面内某一点，以给定的角度和给定的点到实体之间的距离复制草图实体，复制的草图实体围绕该点呈环状排列。因此，在绘制环状排列的草图实体时，使用圆周草图阵列工具可以提高工作效率。下面通过一实例来介绍圆周草图阵列的使用方法。

Step1. 打开文件 D:\sw14.2\work\ch01.04.02\circular_sketch_ patterns.SLDPRT。

Step2. 选择命令。选择下拉菜单 工具(T) → 草图工具(T) → 圆周阵列(C)... 命令，系统弹出图 1.4.4 所示的“圆周阵列”对话框。

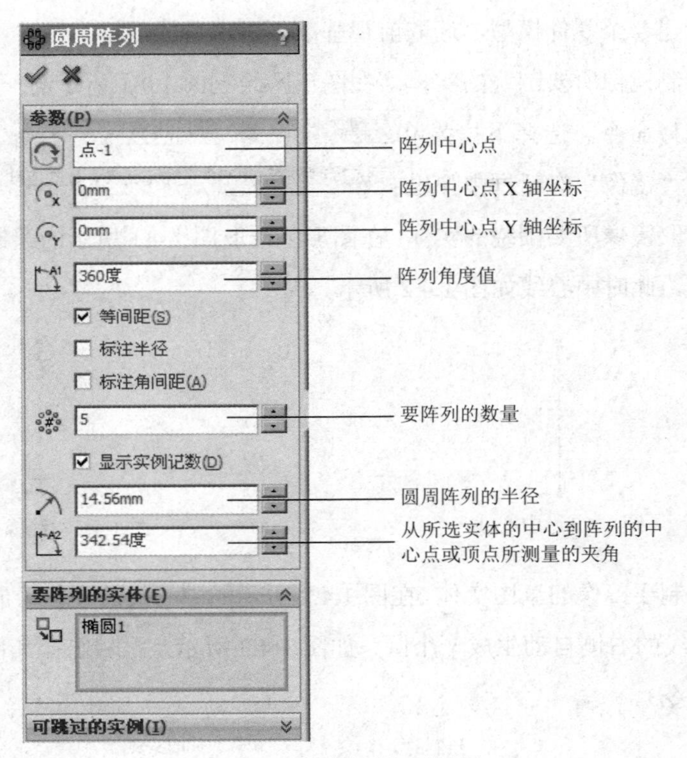

图 1.4.4 “圆周阵列”对话框

Step3. 设置阵列参数。

(1) 选择阵列中心。以默认的草图原点为阵列中心。

(2) 设置阵列参数。在 参数(P) 区域中 后的文本框中输入阵列角度值 360.0，在 后的文本框中输入阵列草图实体数值 5，选中 ☑ 等间距(S) 复选框，取消选中 □ 标注半径 、□ 标注角间距(A) 复选框。

Step4. 选取要阵列的实体。单击激活 要阵列的实体(E) 区域的选择区域，选择图 1.4.5 所

示的椭圆为要阵列的草图实体。

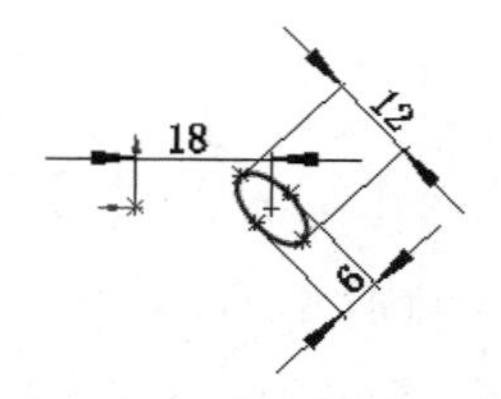

图 1.4.5 要阵列的草图实体

说明：因为系统采用了默认的原点作为阵列中心，所以当选中阵列实体后，系统会自动计算出阵列半径和阵列角度。

Step5. 单击✔按钮，完成圆周草图阵列，如图 1.4.6 所示。

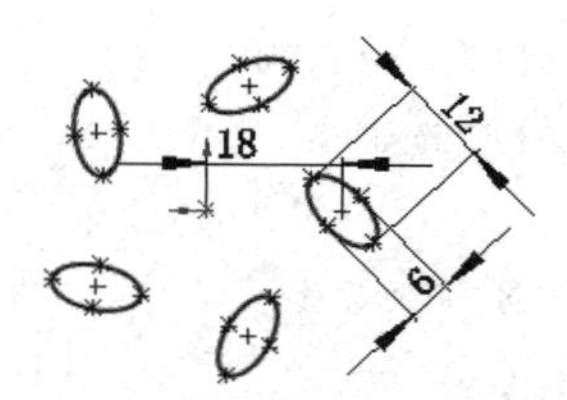

图 1.4.6 圆周草图阵列

1.4.3 线性草图阵列

线性草图阵列是指沿指定线性实体复制草图，阵列方向可以沿指定线性草图实体平行方向或垂直方向，所复制的草图沿线性实体排列。下面详细介绍线性草图阵列的使用方法。

Step1. 打开文件 D:\sw14.2\work\ch01.04.03\linear_sketch_patterns.SLDPRT。

Step2. 选择命令。选择下拉菜单 工具(T) → 草图工具(T) → 线性阵列(L)... 命令，系统弹出图 1.4.7 所示的“线性阵列”对话框。

Step3. 设置阵列参数。

（1）设置 方向 1 参数。以默认的 X 轴方向为 方向 1 的参考方向，在 D1 后的文本框中输入方向 1 的阵列间距值 10.0，选中 ☑ 标注 X 间距(D) 尺寸复选框，在 后的文本框中输入方向 1 的阵列草图实体数值 4，在 A1 后的文本框中输入方向 1 阵列的相对角度值 180。

（2）设置 方向 2 参数。以默认的 Y 轴方向为 方向 2 的参考方向，在 D2 后的文本框中输入方向 2 的阵列间距值 10.0，在 后的文本框中输入方向 2 的阵列草图实体数值 3，选中 ☑ 标注 Y 间距(M) 尺寸复选框，在 A2 后的文本框中输入方向 1 阵列的相对角度值 115.0，选中 ☑ 在轴之间添加角度尺寸(A) 复选框。

Step4. 选取要阵列的实体。单击激活 要阵列的实体(E) 区域中的选择区域，选取图 1.4.8 所示的圆为要阵列的实体。

Step5. 单击✓按钮，完成线性草图阵列的操作，如图 1.4.9 所示。

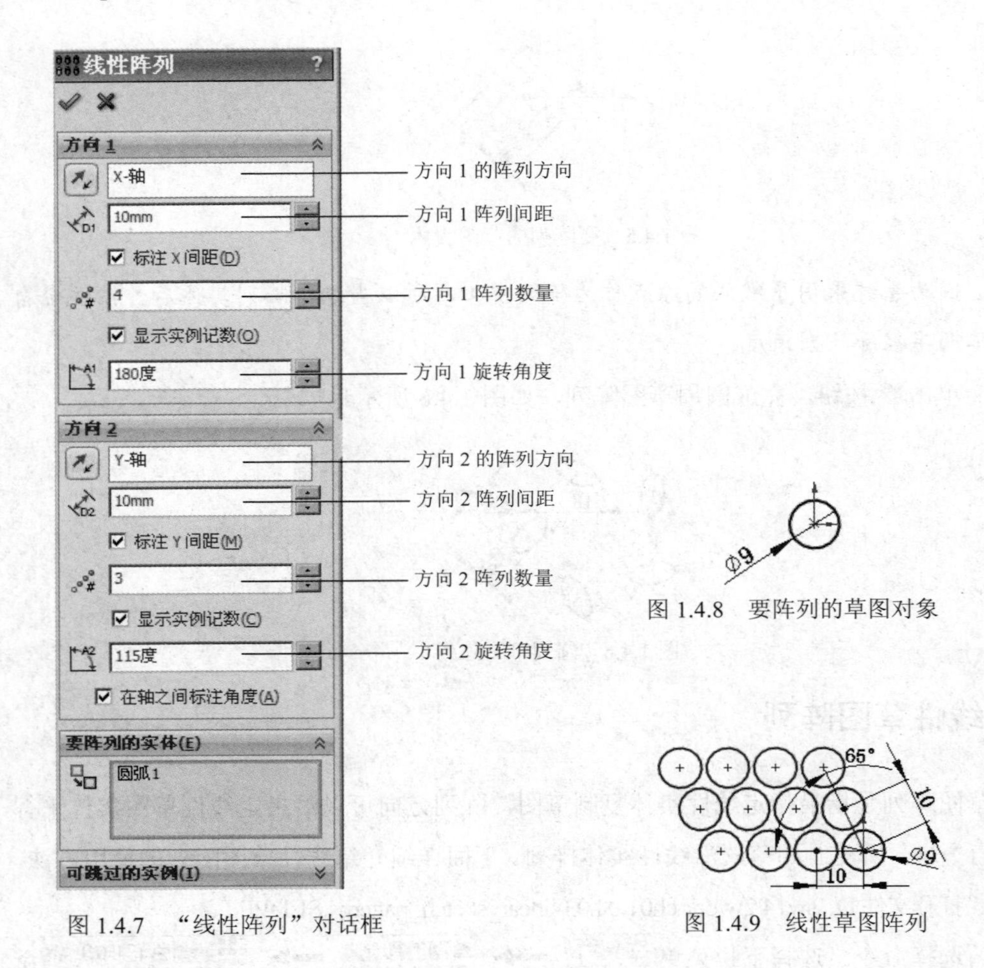

图 1.4.7 “线性阵列”对话框

图 1.4.8 要阵列的草图对象

图 1.4.9 线性草图阵列

1.5 草图的约束

1.5.1 完全定义草图

通过“完全定义草图”工具，系统可以自动为草图实体添加所需要的尺寸约束和几何约束，使草图实体处于完全定义状态。当对复杂草图添加重要的尺寸约束和几何约束后，添加次要的几何约束和尺寸约束则变得非常繁琐，此时就可以利用完全定义草图工具计算并自动添加。

下面通过一个实例来介绍完全定义草图工具的使用方法。

Step1. 新建一个零件文件，进入草图环境。

Step2. 绘制草图并添加重要约束。选取前视基准面绘制图 1.5.1 所示的草图，并添加重要约束。

Step3. 选择命令。选择下拉菜单 工具(T) → 标注尺寸(S) → 完全定义草图(F)... 命令，系统弹出图 1.5.2 所示的“完全定义草图”对话框。

Step4. 定义要完全定义的实体。在 要完全定义的实体(E) 区域选中 ⊙ 草图中所有实体(K) 单选按钮。

Step5. 定义要应用到的几何关系。在 ☑ 几何关系(R) 区域选中 ☑ 选择所有 复选框。

Step6. 定义尺寸方案和尺寸放置位置。在 ☑ 尺寸(D) 区域的 水平尺寸方案(L): 下拉列表中选择 基准 选项，在 竖直尺寸方案(I): 下拉列表中选择 基准 选项，水平方向和竖直方向均以原点为基准，在 尺寸放置: 下选中 ⊙ 在草图之上(A) 和 ⊙ 草图左侧(F) 单选按钮。

Step7. 计算结果。在 要完全定义的实体(E) 区域中单击 计算(U) 按钮，计算草图约束。

Step8. 单击 ✔ 按钮，完成完全定义草图的操作，结果如图 1.5.3 所示。

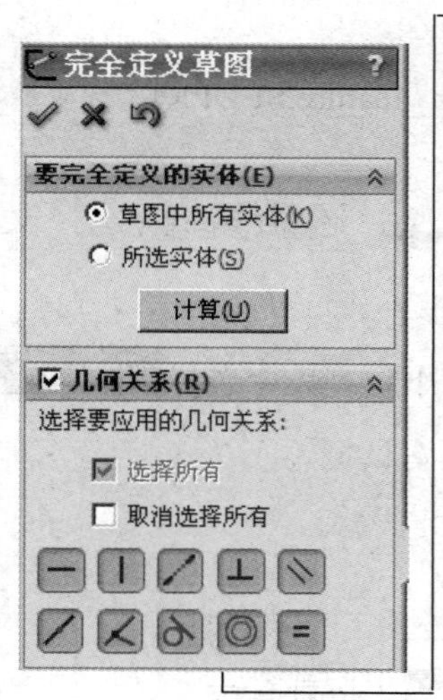

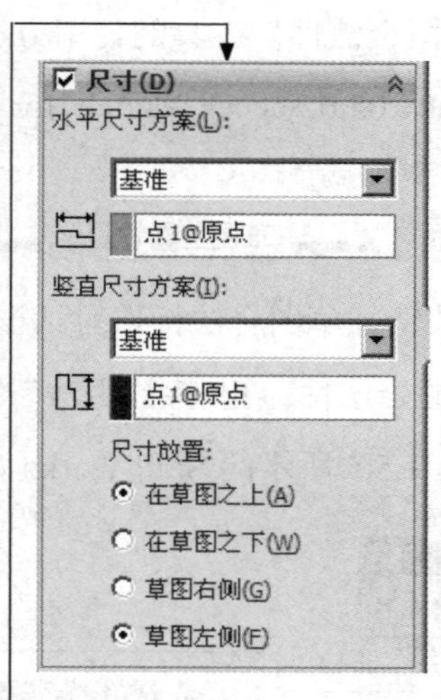

图 1.5.2　“完全定义草图”对话框

图 1.5.1　完全定义草图前

图 1.5.3　完全定义草图后

图 1.5.2 所示的“完全定义草图”对话框的说明如下：

- 要完全定义的实体(E) 区域：指定要完全定义的实体。
  - ☑ ⊙ 草图中所有实体(K)：将完全定义实体应用到草图中所有的草图实体。
  - ☑ ○ 所选实体(S)：将完全定义实体应用到选择的特定草图实体。
- ☑ 几何关系(R) 区域：定义在完全定义草图时可添加的几何关系。
  - ☑ ☐ 选择所有：选中此项时，在计算结果中包括所有几何关系。
  - ☑ ☐ 取消选择所有：选中此项时，在计算结果中省略所有几何关系。

- ☑ 尺寸(D) 区域：定义尺寸基准的选择方式和尺寸放置的方式。
  - ☑ 水平尺寸方案(L)：水平方向基准生成的尺寸方案，包括基准尺寸、坐标尺寸和链尺寸三种方案。
  - ☑ 竖直尺寸方案(I)：竖直方向基准生成的尺寸方案，包括基准尺寸、坐标尺寸和链尺寸三种方案。
  - ☑ 尺寸放置：尺寸放置的方式。

1.5.2 检查草图的合法性

为了避免在创建草图后因草图不合法而使得创建特征失败，需要确认草图中是否有不能生成特征的因素。如在拉伸实体、旋转实体时，实体的轮廓草图必须是闭合的草图。在复杂草图中，草图是否满足特征所需一般很难观察，此时可以使用“检查草图合法性”工具对草图进行检查。

下面通过一个实例来介绍“检查草图合法性”工具的使用方法。

Step1. 打开文件 D:\sw14.2\work\ch01.05.02\check_sketch_for_ feature.SLDPRT。

Step2. 检查草图的合法性。

（1）选择命令。选择下拉菜单 工具(T) → 草图工具(T) → 检查草图合法性(K)... 命令，系统弹出图 1.5.4 所示的“检查有关特征草图合法性”对话框。

（2）选中特征用法并检查特征草图的合法性。在“特征用法”下拉列表中选择 基体拉伸 选项，单击 检查(C) 按钮，系统弹出图 1.5.5 所示的 SolidWorks 对话框。

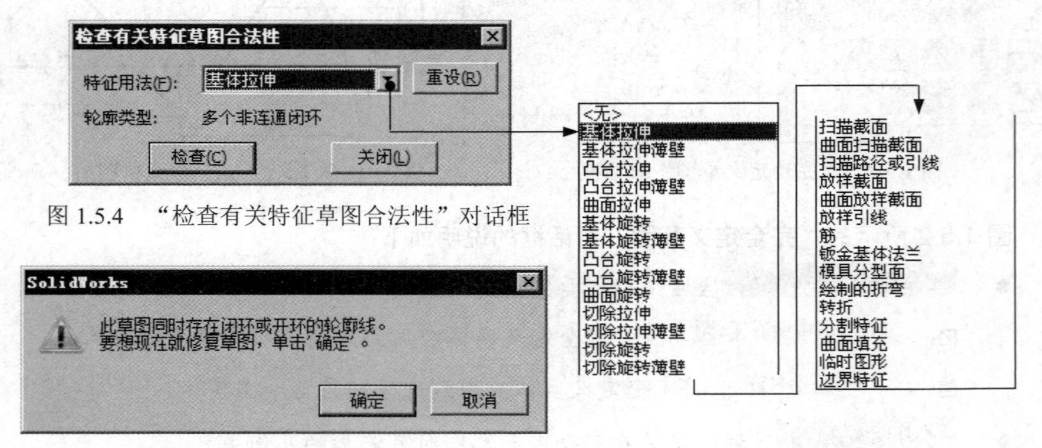

图 1.5.4 “检查有关特征草图合法性”对话框

图 1.5.5 SolidWorks 对话框

（3）根据提示判断错误。根据图 1.5.5 所示的 SolidWorks 对话框判断此草图包含闭环或开环的轮廓线，单击 确定 按钮关闭 SolidWorks 对话框，同时系统会弹出图 1.5.6 所示的“修复草图”对话框，此时草图发生错误的地方是加亮的，直接关闭该对话框，使用“局部放大”工具查看加亮处，如图 1.5.7 所示。

图 1.5.6　“修复草图”对话框

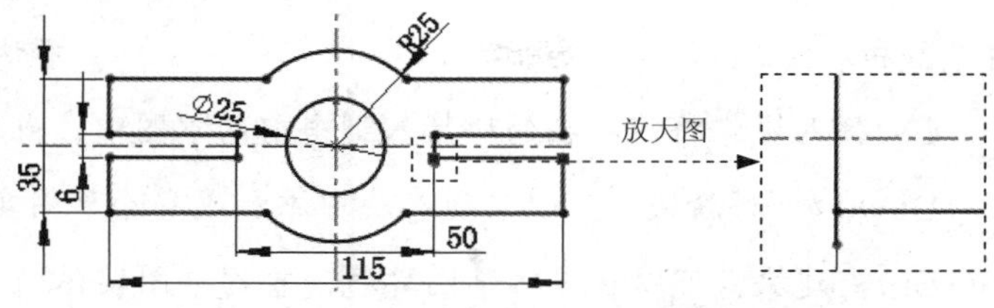

图 1.5.7　放大查看不合法草图

Step3. 修改草图错误。使用剪裁工具，将图 1.5.7 所示的多余的线段剪裁掉。

Step4. 再次检查草图。依照 Step2 中的步骤再次检查草图，当检查结果为图 1.5.8 所示的 SolidWorks 对话框时，说明此草图合法，此时可将该草图作为拉伸特征的轮廓草图创建拉伸特征。

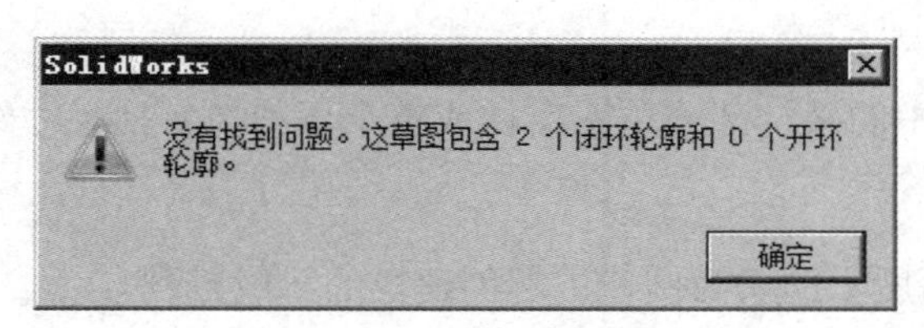

图 1.5.8　SolidWorks 对话框

Step5. 单击 确定 按钮，关闭 SolidWorks 对话框，单击 关闭(L) 按钮，关闭“检查有关特征草图合法性”对话框，完成检查草图的合法性。

1.6　块　操　作

在 SolidWorks 草图环境绘制复杂草图时，对一些常用且多次出现的草图实体，也可以同 AutoCAD 中一样，将这些常用的重复出现的草图实体做成块保存起来，在需要时将它们插入到草图中。所以，“块”的使用可节省产品设计时在草图中花费的时间，从而提高工作效率。除此之外，在实体建模、装配和工程图环境中都可以进行“块”操作。“块”工具条如图 1.6.1 所示。

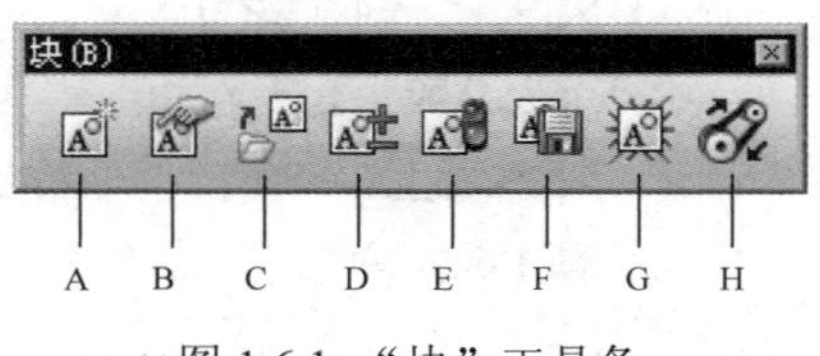

图 1.6.1　“块”工具条

图 1.6.1 所示“块”工具条中的按钮说明如下：

A：制作块。可以对任何单个草图实体或多个草图实体的组合进行块的制作，单独保存每个块可使以后的设计工作提高效率。

B：编辑块。用于编辑块，可以添加、移除或修改块中的草图实体，以及更改现有几何关系和尺寸。

C：插入块。将已存在的块插入到当前的草图中，或浏览找到并插入先前保存的块。

D：添加/移除块。可以从现有块中添加或移除草图实体。

E：重建块。可以在编辑草图环境下重建草图实体。

F：保存块。将制作的块保存到指定的目录。

G：爆炸块。可以从任意草图实体中解散块。

H：皮带/链。可以在多个圆形实体草图间添加皮带或者链。

1.6.1 创建块的一般过程

创建块是将草图中的某一部分草图实体或整个草图（包括尺寸约束和几何约束）制作成一个单位体保存。

下面将以图 1.6.2 所示的块为例，讲解创建块的一般过程。

Step1. 新建一个零件文件，选取前视基准面为草图平面，进入草图环境。

Step2. 绘制草图。在草图环境下绘制图 1.6.3 所示的草图。

Step3. 创建块。

（1）选择要创建块的草图实体。选择下拉菜单 工具(T) → 块(B) → 制作(M) 命令，系统弹出“制作块”对话框，选取图中的所有草图实体作为块实体。

（2）显示插入点。展开 插入点(I) 区域，同时，图形中显示出插入点，如图 1.6.4 所示。

（3）定义插入点。将插入点拖动到和原点重合，结果如图 1.6.4 所示。

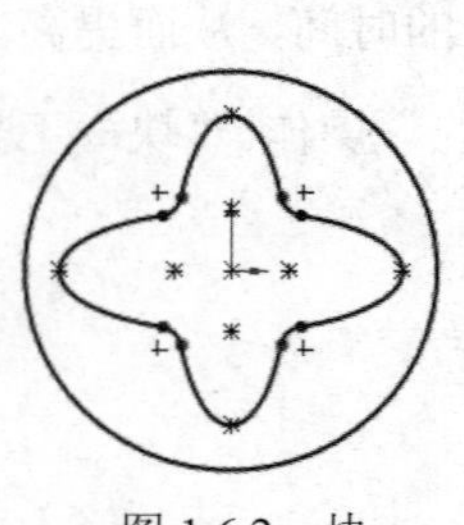

图 1.6.2　块

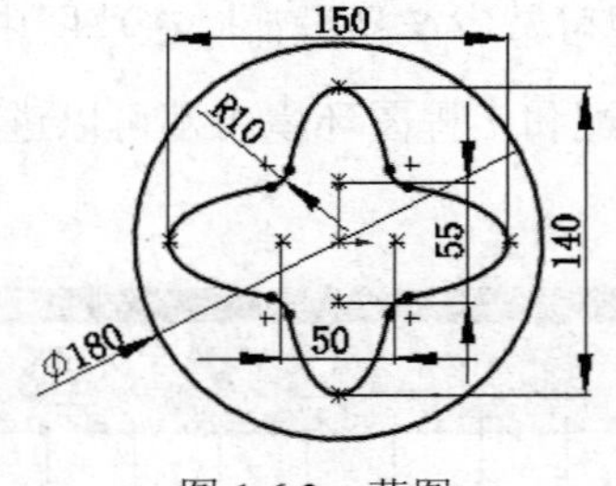

图 1.6.3　草图

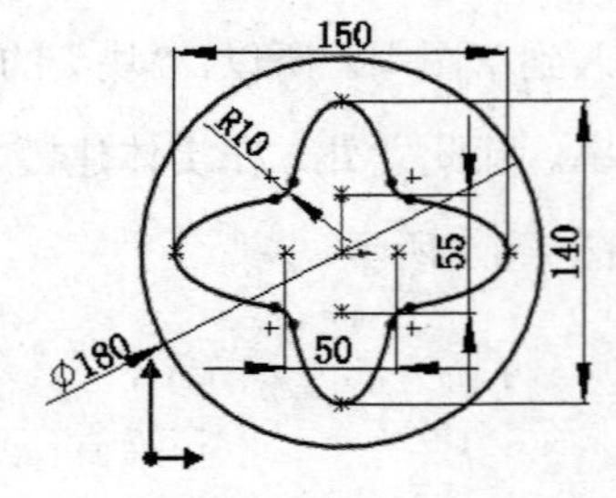

图 1.6.4　显示插入点

注意：插入点是在草图中插入块时用来作基准定位的一个点，以插入点为基准点拖动块并添加约束。在插入块时，进行对块比例缩放或旋转块时，都是以此点为基准来完成的，

所以确定好块的插入点，对块的操作非常重要。

（4）单击对话框中的✔按钮，完成块的创建。

（5）选择下拉菜单 插入(I) → 退出草图 命令，退出草图设计环境。

Step4. 保存块。在设计树中选中 块1-1，选择下拉菜单 工具(T) → 块(B) → 保存(S)... 命令，在弹出的“另存为”对话框中输入文件名 block，即可保存块。

说明：此时块的保存类型为 SolidWorks Blocks（其扩展名为 sldblk），此时保存的块可以在以后的草图中直接应用。

1.6.2 插入块

下面讲解插入块的操作过程。

Step1. 新建一个零件文件并进入草图环境。

Step2. 插入块。

（1）选择命令。选择下拉菜单 工具(T) → 块(B) → 插入(I)... 命令，系统弹出“插入块”对话框，如图 1.6.5 所示。

（2）选择块。在“插入块”对话框中单击 浏览(B)... 按钮，在系统弹出的“打开”对话框中选择文件 D:\sw14.2\work\ch01.06\block.SLDBLK，然后单击 打开(O) 按钮。

（3）调整块的大小和比例。在图 1.6.5 所示的“插入块”对话框 参数 区域下 后的文本框中输入插入块的缩放比例值 1，在 后的文本框中输入插入块的旋转角度值 90.0。

（4）放置块。在图形区空白处任意位置单击以放置块（鼠标指针所在的位置即为块的插入点），结果如图 1.6.6 所示。

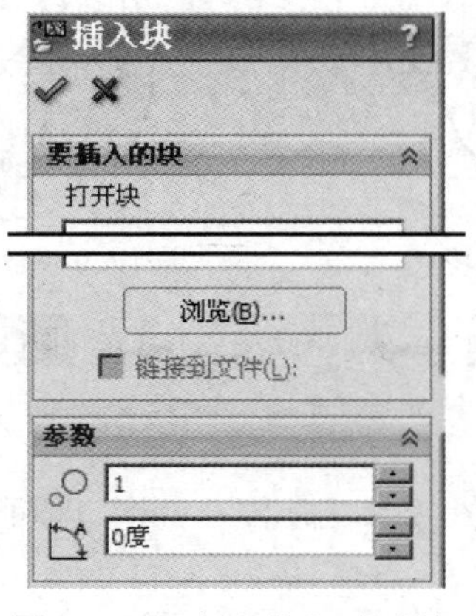

图 1.6.5 “插入块”对话框

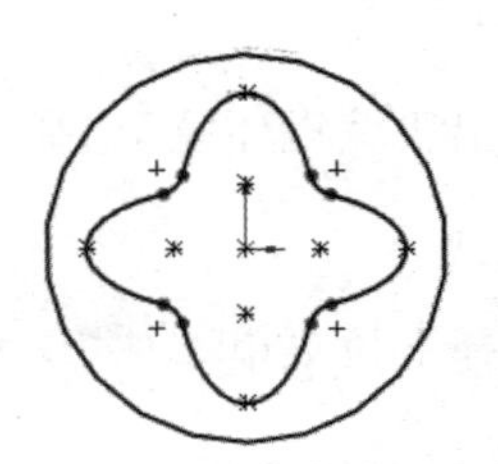

图 1.6.6 插入的块

（5）单击对话框中的✔按钮，完成块的插入。

（6）选择下拉菜单 插入(I) → 退出草图 命令，退出草图环境。

Step3. 选择下拉菜单 文件(F) → 保存(S) 命令，命名为 insert，即可保存草图。

说明： 如果在当前草图中存在块，则可以拖动块并在图形区域中单击以放置。如果块在以前保存，在“插入块”对话框中单击 浏览(B)... 按钮，可以浏览之前保存的块。

当在同一草图中同时插入多个相同的块时，在插入第一个块并约束定位后，可选中此块，按住 Ctrl 键拖动到其他位置完成块复制，再对块进行旋转、缩放及约束定位。

1.6.3 编辑块

1. 块实体的编辑

下面讲解编辑块的操作过程。

Step1. 新建一个零件文件并进入草图环境。

Step2. 插入块。选择下拉菜单 工具(T) → 块(B) → 插入(I)... 命令，系统弹出“插入块”对话框， 单击 浏览(B)... 按钮，在系统弹出的“打开”对话框中选择文件 D:\sw14.2\work\ch01.06\block.SLDBLK，然后单击 打开(O) 按钮，在图形区原点上单击以放置块，单击对话框中的 ✓ 按钮，完成块的插入，结果如图 1.6.7 所示。

Step3. 在设计树中右击 block-1 节点，在弹出的快捷菜单中选择 编辑块 (B) 命令，进入块编辑环境，如图 1.6.8 所示。

Step4. 编辑尺寸约束。将插入的块的尺寸约束修改为图 1.6.9 所示的尺寸。

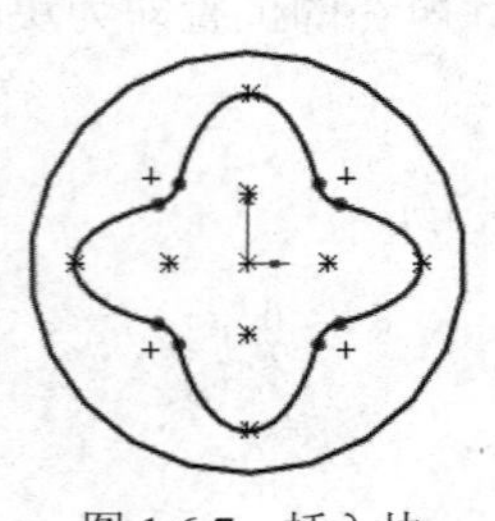

图 1.6.7 插入块

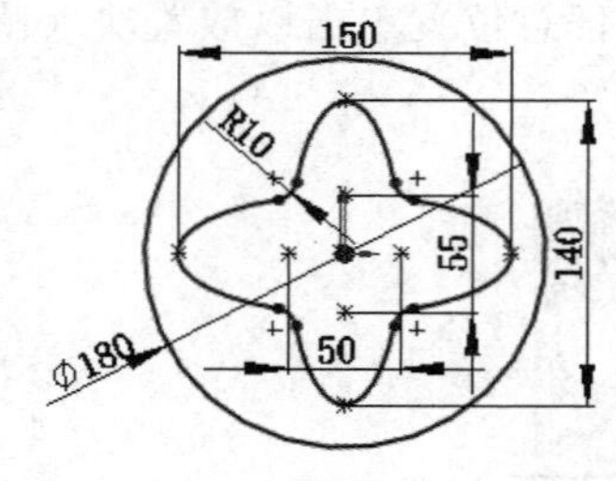

图 1.6.8 块编辑环境

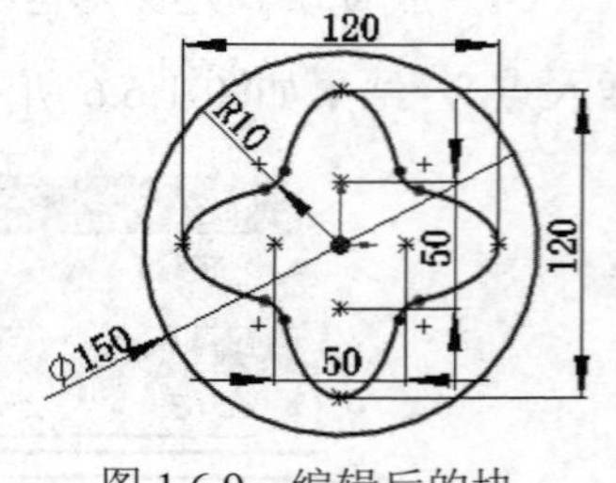

图 1.6.9 编辑后的块

Step5. 退出块编辑环境。选择下拉菜单 工具(T) → 块(B) → 编辑(E) 命令，退出块编辑环境。

Step6. 选择下拉菜单 文件(F) → 保存(S) 命令，命名为 edit，即可保存草图。

2. 块实体的添加/删除

下面以图 1.6.10 所示的删除块实体为例，具体讲解块实体的添加/删除的操作过程。

Step1. 新建一个零件文件并进入草图环境。

Step2. 插入块。选择下拉菜单 工具(T) → 块(B) → 插入(I)... 命令，系统弹出“插入块”对话框，单击 浏览(B)... 按钮，在系统弹出的“打开”对话框中选择D:\sw14.2\work\ch01.06\block.SLDBLK，然后单击 打开(O) 按钮，在图形区原点上单击以放置块；单击对话框中的 ✔ 按钮，完成块的插入，选择下拉菜单 插入(I) → 退出草图 命令，退出草图环境。

Step3. 在设计树中右击 block-1 节点，在弹出的快捷菜单中选择 编辑块 (B) 命令，进入块编辑环境。

Step4. 选择下拉菜单 工具(T) → 块(B) → 添加/移除实体(A)... 命令，系统弹出“添加/移除实体”对话框，如图 1.6.11 所示。

Step5. 在“添加/移除实体”对话框的 块实体(B) 区域中选择“椭圆 1”、“椭圆 2”、“椭圆 3”和“椭圆 4”并右击，从弹出的快捷菜单中选择 删除 (B) 命令，即从当前块实体中移除椭圆（此时，椭圆 1、椭圆 2、椭圆 3、椭圆 4 并没有被删除，只是从块层移动到草图层）。

Step6. 单击对话框中的 ✔ 按钮，完成块的删除，结果如图 1.6.10 所示。

Step7. 退出块编辑环境，若再次进入草图环境，则草图如图 1.6.12 所示。

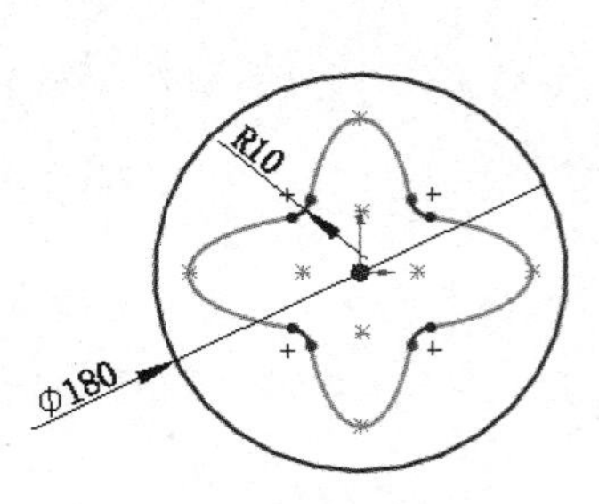

图 1.6.10 删除块实体

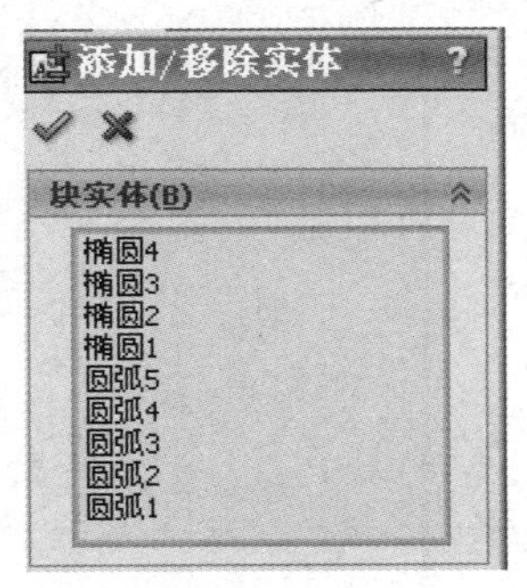

图 1.6.11 “添加/移除实体”对话框

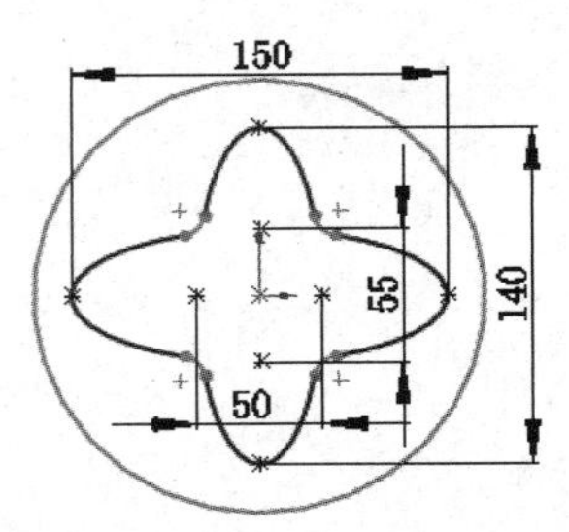

图 1.6.12 删除块实体后的草图

Step8. 选择下拉菜单 文件(F) → 保存(S) 命令，命名为 delete，即可保存草图。

1.6.4 爆炸块

下面讲解爆炸块的操作过程。

Step1. 新建一个零件文件并进入草图环境。

Step2. 插入块。选择下拉菜单 工具(T) → 块(B) → 插入(I)... 命令，系统

弹出“插入块”对话框，单击浏览(B)...按钮，在系统弹出的“打开”对话框中选择文件 D:\sw14.2\work\ch01.06\block.SLDBLK，然后单击打开(O)按钮，在图形区原点上单击以放置块。

Step3. 在设计树中右击 block-1 节点，在弹出的快捷菜单中选中 爆炸块(E) 命令，block-1 实体解散（此时，块实体又恢复为草图实体），如图 1.6.13 所示。

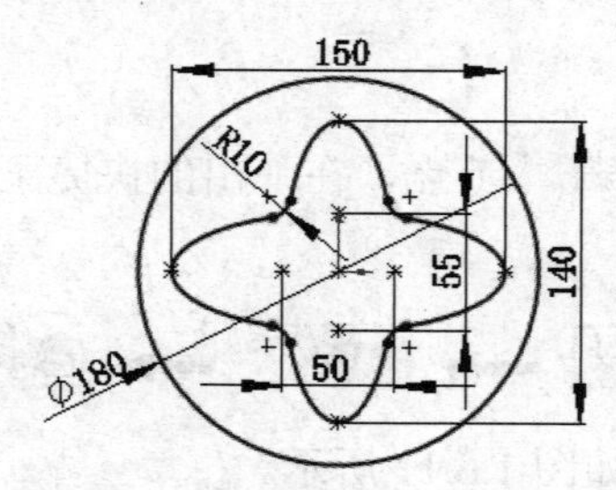

图 1.6.13　爆炸块

Step4. 选择下拉菜单 文件(F) → 保存(S) 命令，命名为 explode，即可保存草图。

第 2 章 零件设计高级功能

本章提要 本章主要介绍了 SolidWorks 一些高级建模特征的使用，在进行零件设计时，这些特征一般不常用到，但在实际产品设计中，有些零件的外形比较奇特，通过一般的命令很难创建，这时就要用到一些变形工具以节省时间，提高设计效率。本章主要讲述了一些高级特征的创建过程，包括以下内容：

- 扣合特征。
- 自由形特征。
- 压凹特征。
- 弯曲特征。
- 包覆特征。
- 实体分割特征。
- 变形特征。
- 使用方程式建模。
- 库特征。

2.1 扣 合 特 征

扣合特征是在产品设计时，为了方便产品的装配，提高产品的设计效率而创建的特征，该特征在塑料产品中的运用最为广泛。扣合特征包括装配凸台、弹簧扣、弹簧扣凹槽及通风口等，下面将分别对其进行介绍。

2.1.1 装配凸台

图 2.1.1 所示是一个塑料外壳上的装配凸台特征。装配凸台在模型装配时起到定位和支撑等作用，在建模时如果使用其他基础特征来做，需要很多步才能完成。SolidWorks 软件中带有专门生成装配凸台的工具，只要指定装配凸台的定位点，并给定凸台其他参数，即可直接生成装配凸台特征。下面通过一个实例来详细介绍。

Step1. 打开文件 D:\sw14.2\work\ch02.01.01\crust.SLDPRT，如图 2.1.2 所示。

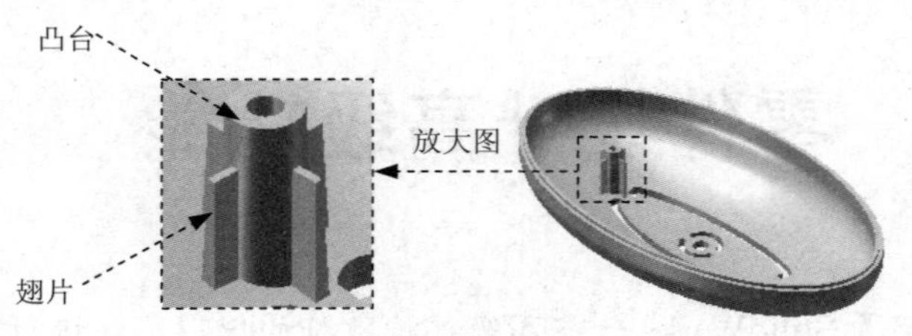

图 2.1.1 装配凸台 1

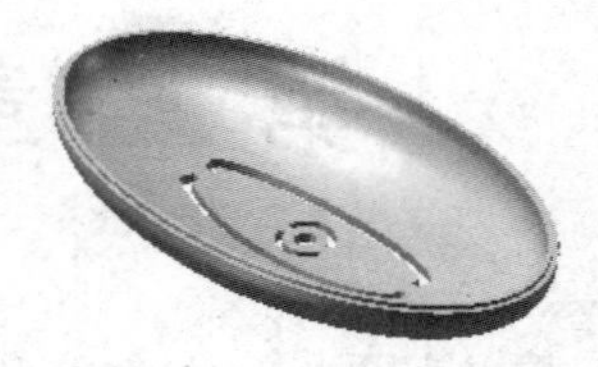
图 2.1.2 打开模型

Step2. 创建装配凸台的定位点（3D 草图 1）。图 2.1.3 所示的 3D 草图 1（一个点）为图中曲面上的点，且该点与草图中的圆是同心约束。

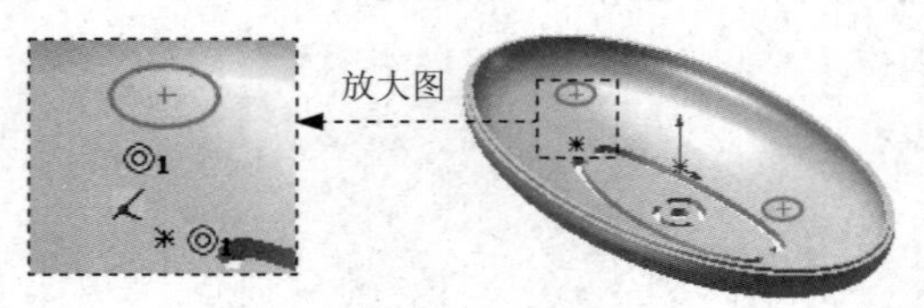

图 2.1.3 3D 草图 1

Step3. 创建图 2.1.1 所示的装配凸台。

（1）选择命令。选择下拉菜单 插入(I) → 扣合特征(T) → 装配凸台(B) 命令，系统弹出图 2.1.4 所示的“装配凸台”对话框。

（2）定位装配凸台。在图 2.1.4 所示的“装配凸台”对话框 定位(S) 区域中 后的文本框中选取图 2.1.3 所示的 3D 草图为装配凸台的定位点；在 定位(S) 区域中单击以激活 后的文本框，选取图 2.1.5 所示的模型表面为装配凸台的参考方向；激活 后的文本框，选取图 2.1.6 所示草图中的圆为参考边线。

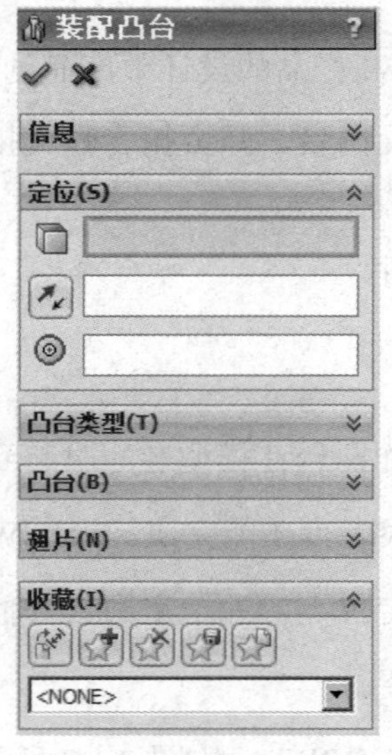

图 2.1.4 “装配凸台”对话框

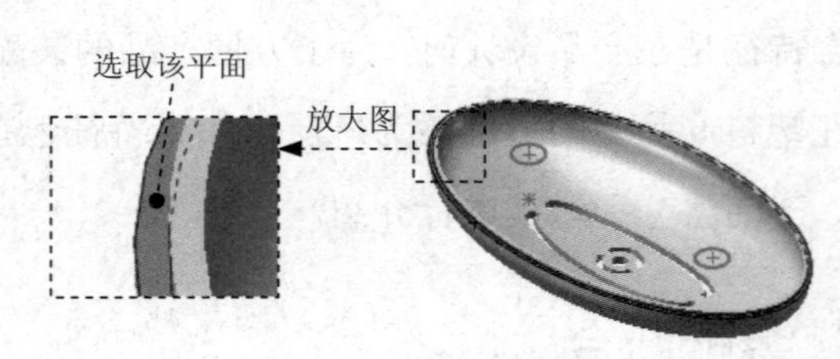

图 2.1.5 参考方向

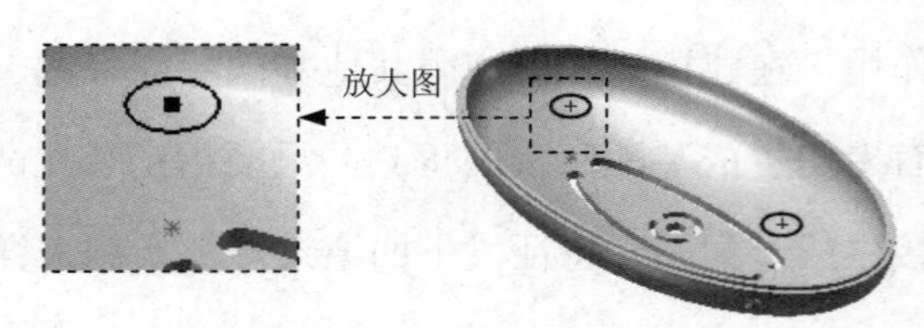

图 2.1.6 参考边线

（3）定义凸台类型。在 凸台类型(T) 下拉列表中选中 销凸台 单选按钮，然后单击“孔”

按钮。

（4）定义凸台参数。在凸台(B)区域选中 ⊙ 输入凸台高度(H) 与 ⊙ 输入直径(E) 单选按钮，然后设置图 2.1.7 所示的参数。

（5）定义翅片参数。在“装配凸台”对话框翅片(N)区域中激活后的文本框，选择右视基准面为翅片方向的参考向量；在后的文本框中输入翅片数 4，然后设置图 2.1.8 所示的参数。

（6）单击按钮，完成装配凸台的创建。

图 2.1.4 所示的“装配凸台”对话框各选项的说明如下：

- 定位(S)区域（图 2.1.4）：用于定义装配凸台的放置位置。
  - ☑ 文本框：选择一个面或控件来放置装配凸台。选择面时，系统自动在所选的位置生成一个 3D 草图定位点，在特征生成后可以对该点进行编辑约束，也可以绘制一个 3D 草图点来定位。
  - ☑ 文本框：选择一圆形边线来定位装配凸台的中心轴。
- 凸台类型(T)
  - ☑ ⊙ 硬件凸台单选按钮：用于创建硬件凸台，包括“头部”按钮和“螺纹线”按钮，分别用于创建螺钉和螺纹。
  - ☑ ⊙ 销凸台单选按钮：用于创建销凸台，包括“销钉”按钮和“孔”选项，分别用于创建销钉和孔。如果在本节范例 Step3 操作中选中“销钉”按钮，则凸台(B)区域显示图 2.1.9 所示的界面，在该界面中可以设置与“孔”配合的“销钉”参数。
- 凸台(B)区域（图 2.1.7）：用于定义凸台的参数。
  - ☑ ⊙ 输入凸台高度(H)单选按钮：选择此单选按钮时，在凸台高度文本框中输入凸台的高度。
  - ☑ ○ 选择配合面(M)单选按钮：选择此单选按钮时，凸台高度文本框处于关闭状态，此时可以选择一参考来确定装配凸台的高度。
- 翅片(N)区域（图 2.1.8）：用于定义翅片的参数。
  - ☑ 文本框：单击以激活其后的文本框，选取模型的一个边线或面来指定一翅片的方向，单击此按钮可以改变翅片的方向。
  - ☑ 文本框：输入翅片的数量。

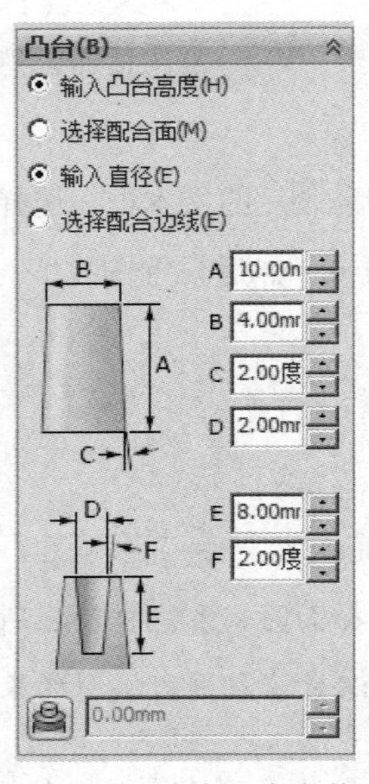

图 2.1.7　定义凸台参数

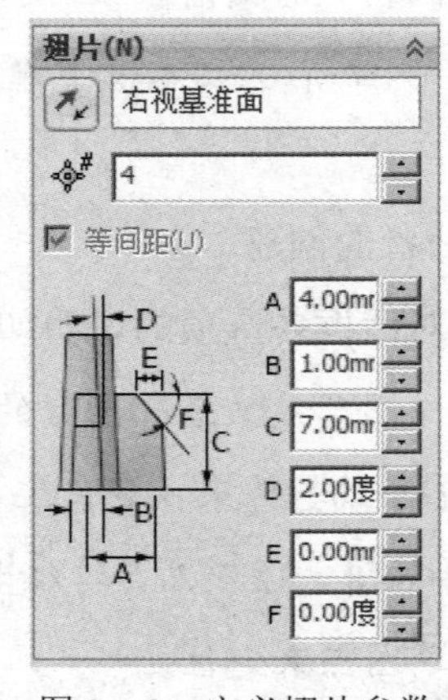

图 2.1.8　定义翅片参数

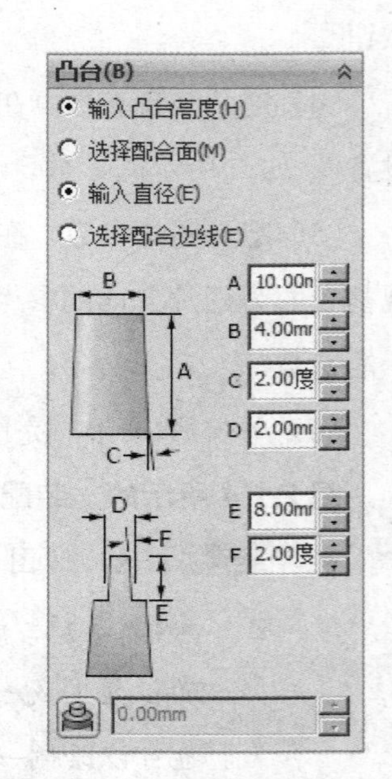

图 2.1.9　定义“销钉”的参数

Step4. 创建图 2.1.10 所示的镜像 1。

（1）选择下拉菜单 插入(I) → 阵列/镜向(E) → 镜向(M)... 命令。

（2）定义镜像基准面。选取右视基准面作为镜像基准面。

（3）定义镜像对象。选择 装配凸台1 作为镜像 1 的对象。

（4）单击 ✔ 按钮，完成镜像 1 的创建。

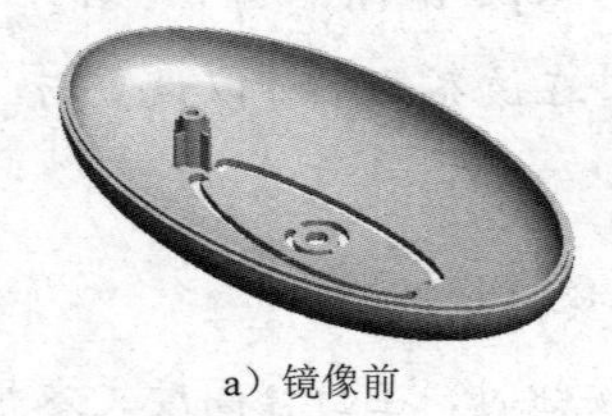

a）镜像前

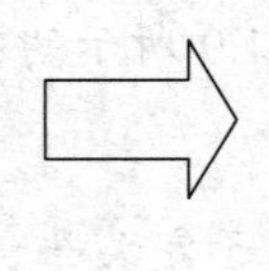

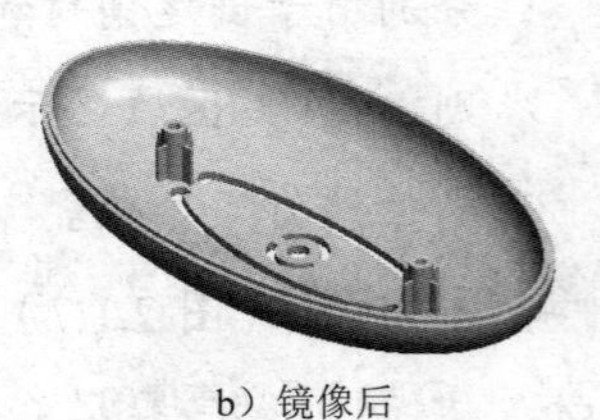

b）镜像后

图 2.1.10　镜像 1

Step5. 至此，零件模型创建完毕，保存零件模型。

2.1.2　弹簧扣

由于弹簧扣在产品装配和拆卸时都非常方便快捷，所以被广泛应用于各类产品中。图 2.1.11 所示为一个外壳模型上的弹簧扣特征。下面通过一实例来详细介绍弹簧扣的创建方法。

Step1. 打开文件 D:\sw14.2\work\ch02.01.02\snap_hook.SLDPRT，如图 2.1.12 所示。

Step2. 创建图 2.1.11 所示的弹簧扣特征。

（1）选择命令。选择下拉菜单 插入(I) ➡ 扣合特征(T) ➡ 弹簧扣(H) 命令，系统弹出图 2.1.13 所示的“弹簧扣”对话框。

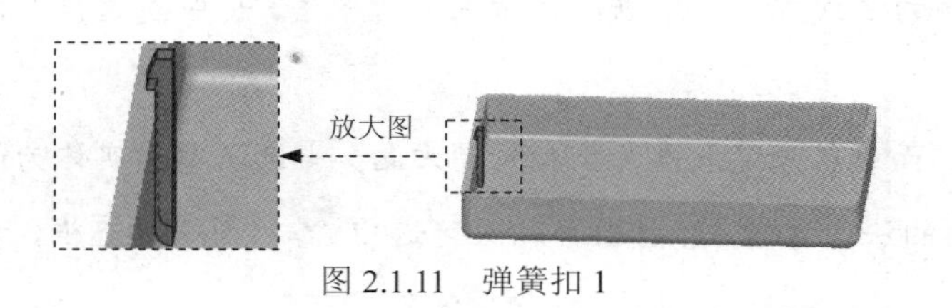

图 2.1.11 弹簧扣 1

图 2.1.12 打开模型

（2）弹簧扣定位。在 弹簧扣选择(S) 区域中单击以激活后的文本框，选择图 2.1.14 所示的面为弹簧扣的位置定位面；激活后的文本框，选取图 2.1.15 所示的面为弹簧扣的竖直方向参考；激活后的文本框，选取图 2.1.16 所示的面为弹簧扣的水平方向参考，选中 ☑ 反向(E) 复选框；激活后的文本框，选取图 2.1.16 所示的面为弹簧扣实体的配合面；选中 ⊙ 输入实体高度(H) 单选按钮。

图 2.1.13 “弹簧扣”对话框

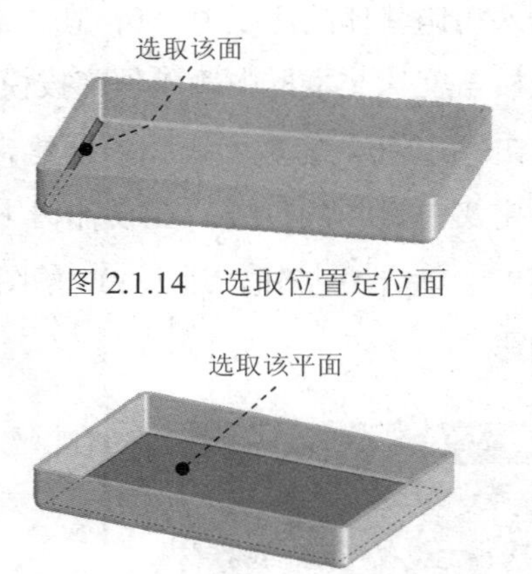

图 2.1.14 选取位置定位面

图 2.1.15 选取竖直方向参考

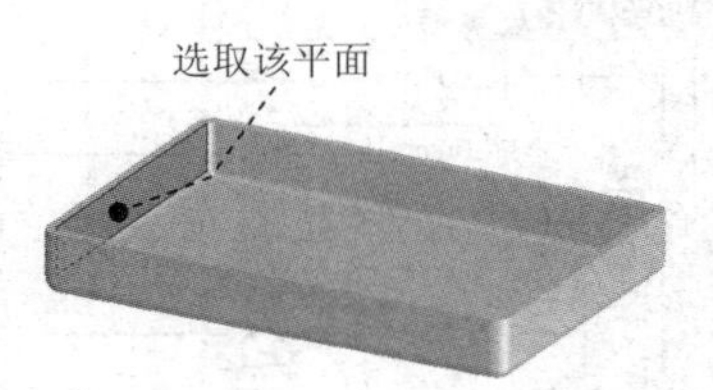

图 2.1.16 选取水平方向参考

图 2.1.13 所示的“弹簧扣”对话框的各选项说明如下：

- 文本框：选取一个面或边线确定弹簧扣的放置位置，在生成弹簧扣后自动确定为 3D 草图上一点，此点为弹簧扣截面的中心，完成弹簧扣的创建后，可在 3D 草图中编辑该点的位置，也可以在生成弹簧扣之前绘制一草图，选取草图中的点直接定位弹簧扣。

- 文本框：选取一边线、面或轴来定义弹簧扣的竖直方向。当选取面为参考实体时，弹簧扣的方向为该面的法线方向。根据具体情况可选中☑ 反向(R)复选框，调整弹簧扣的方向。
- 文本框：选取一边线、面或轴来定义弹簧扣扣钩的方向。当选取参考实体为面时，弹簧扣的方向为该面的法线方向。根据具体情况可选中☑ 反向(E)复选框，调整弹簧扣扣钩的方向。
- 文本框：选取一面为弹簧扣扣钩底部的重合面。

（3）定义弹簧扣参数。在图 2.1.17 所示的弹簧扣数据(D)区域的“扣钩顶部深度”文本框中输入扣钩顶部的深度值 2.0；在“扣钩高度”文本框中输入扣钩高度值 4.00；在“扣钩唇缘高度”文本框中输入扣钩唇缘高度值 1.5；在“实体高度”文本框中输入弹簧扣的高度值 20.0；在“扣钩悬垂片长度”文本框中输入扣钩悬垂片的长度值 1.0；在“扣钩基体深度”文本框中输入扣钩基体的深度值 2.0；在“总宽度”文本框中输入弹簧扣的总宽度值 3.0；在“顶部拔模角度”文本框中输入顶部拔模角度值 3.0。

（4）单击按钮，完成弹簧扣的创建。

Step3. 定义弹簧扣的位置。在设计树中右击弹簧扣1节点下的(-) 3D草图1，在弹出的快捷菜单中单击按钮，进入 3D 草图环境，为草图添加图 2.1.18 所示的尺寸约束，退出 3D 草图。

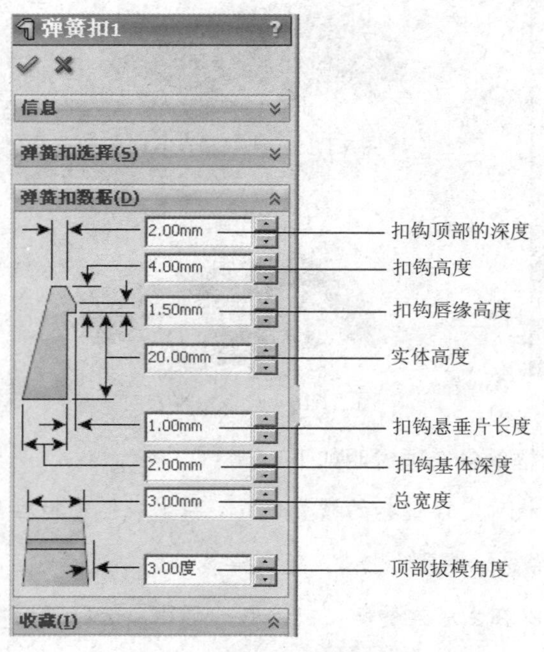

图 2.1.17　定义弹簧扣参数

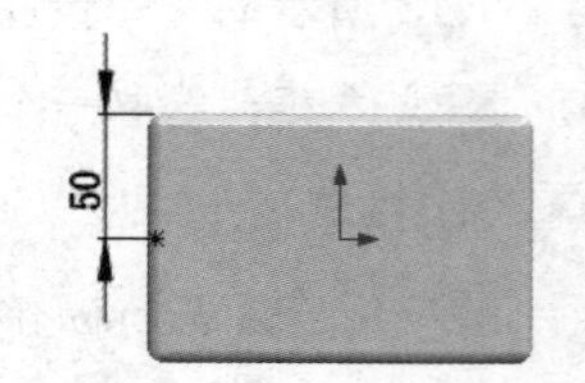

图 2.1.18　3D 草图 1（草图 1）

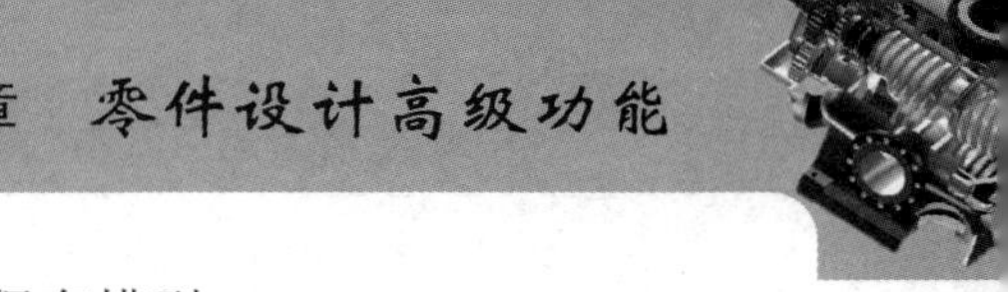

Step4. 选择下拉菜单 文件(F) → 保存(S) 命令，保存模型。

2.1.3 弹簧扣凹槽

图 2.1.19 所示的是一个在装配时与弹簧扣相配合的弹簧扣凹槽特征。它在一个整体模型中是与弹簧扣成对存在的。下面详细讲解弹簧扣凹槽特征的创建过程。

Step1. 打开文件 D:\sw14.2\work\ch02.01.03\snap_hook_groove.SLDPRT，如图 2.1.20 所示。

Step2. 创建图 2.1.19 所示的弹簧扣特征。

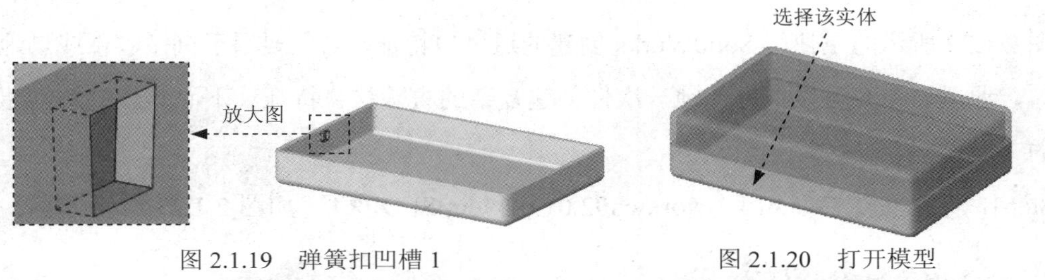

图 2.1.19　弹簧扣凹槽 1　　　　图 2.1.20　打开模型

（1）选择命令。选择下拉菜单 插入(I) → 扣合特征(T) → 弹簧扣凹槽(G) 命令，系统弹出图 2.1.21 所示的“弹簧扣凹槽”对话框。

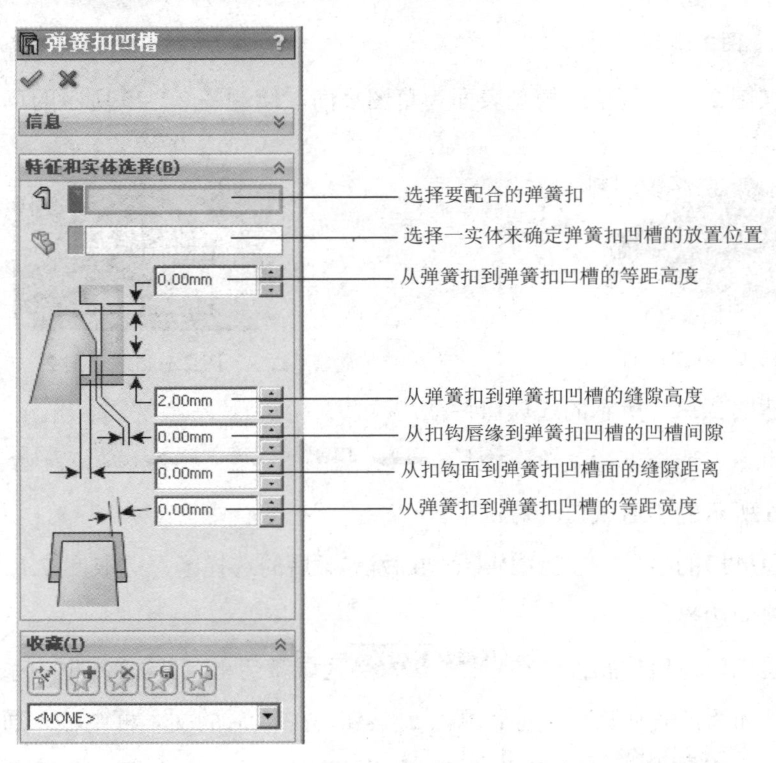

图 2.1.21　“弹簧扣凹槽”对话框

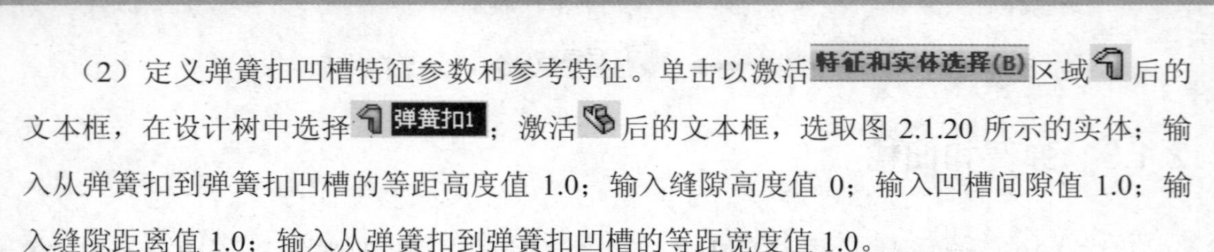

（2）定义弹簧扣凹槽特征参数和参考特征。单击以激活 特征和实体选择(B) 区域后的文本框，在设计树中选择 弹簧扣1；激活后的文本框，选取图 2.1.20 所示的实体；输入从弹簧扣到弹簧扣凹槽的等距高度值 1.0；输入缝隙高度值 0；输入凹槽间隙值 1.0；输入缝隙距离值 1.0；输入从弹簧扣到弹簧扣凹槽的等距宽度值 1.0。

（3）单击按钮，完成弹簧扣凹槽 1 的创建。

Step3. 选择下拉菜单 文件(F) → 保存(S) 命令，保存模型。

2.1.4 通风口

图 2.1.22 所示的是使用 SolidWorks 创建的通风口特征，它主要用于机械零件或场地的散热口，通风口命令可以很方便地一次性创建复杂的去除材料特征。下面具体讲解创建通风口的一般过程。

Step1. 打开文件 D:\sw14.2\work\ch02.01.04\vent.SLDPRT，如图 2.1.23 所示。

图 2.1.22 通风口 1

图 2.1.23 打开文件

Step2. 选取图 2.1.24 所示的模型表面为草图平面，绘制图 2.1.25 所示的草图 2。

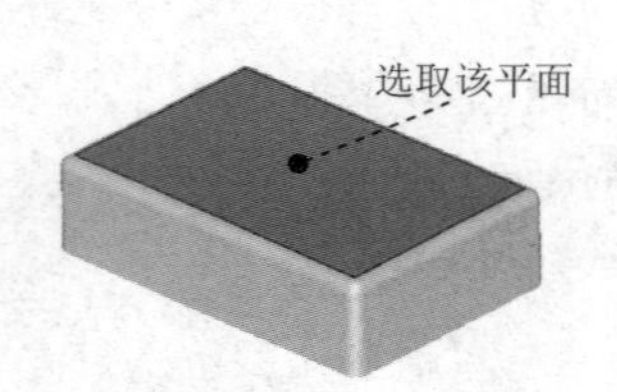

图 2.1.24 草图平面

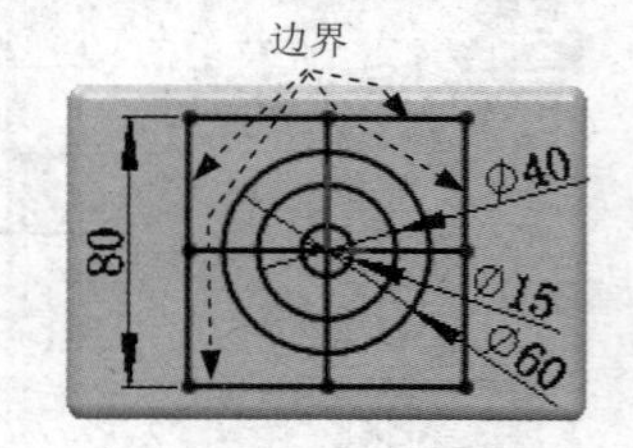

图 2.1.25 草图 2

Step3. 创建图 2.1.22 所示的通风口特征。

（1）选择命令。选择下拉菜单 插入(I) → 扣合特征(T) → 通风口(V) 命令，系统弹出图 2.1.26 所示的“通风口”对话框。

（2）定义通风口的边界。在 边界(B) 区域激活后的选择区，选取图 2.1.25 所示的四条边线为通风口的边界。

（3）定义通风口几何体属性。在 几何体属性(E) 区域激活后的文本框中系统自动选取草图 2 的草图平面为放置通风口的面；单击按钮，在后的文本框中输入通风口的拔模角度值 1.0，选中 向内拔模(D) 复选框；在后的文本框中输入通风口的圆角半径值 1.0。

（4）定义通风口筋的参数。激活 筋(R) 区域的选择区（图 2.1.27），选取图 2.1.28 所示的直线为通风口的筋；在 后的文本框中输入筋的深度值 1.0；在 后的文本框中输入筋的宽度值 5.0；在 后的文本框中输入从曲面到筋的等距距离值 0。

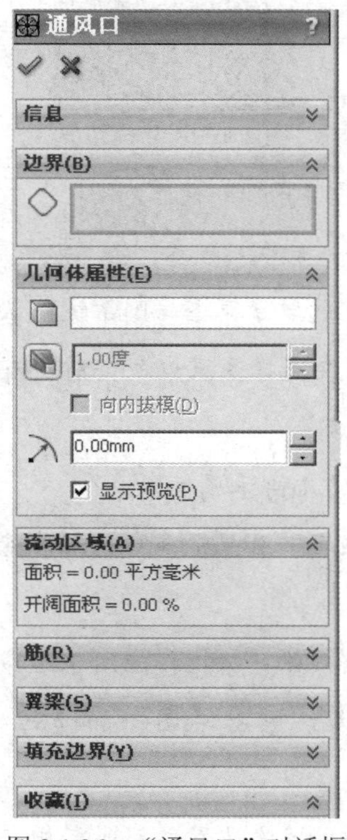

图 2.1.26　“通风口”对话框

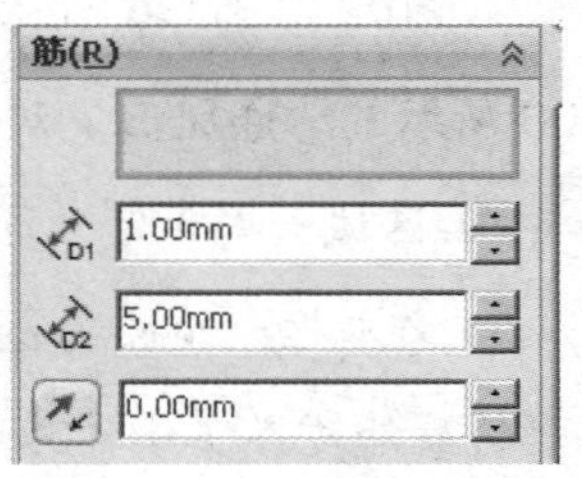

图 2.1.27　“筋”区域

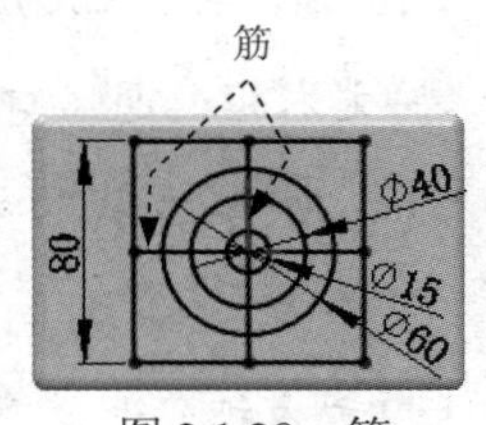

图 2.1.28　筋

（5）定义通风口翼梁属性。激活 翼梁(S) 区域的选择区（图 2.1.29），选取图 2.1.30 所示的直径值为 40 和 60 的两个圆为通风口的翼梁；在 后的文本框中输入通风口翼梁的深度值 1.0；在 后的文本框中输入通风口翼梁的宽度值 5.0；在 后的文本框中输入从曲面到翼梁的等距距离值 0。

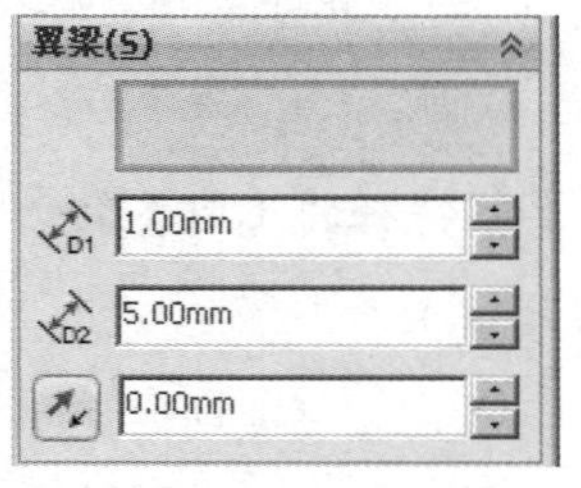

图 2.1.29　“翼梁”区域

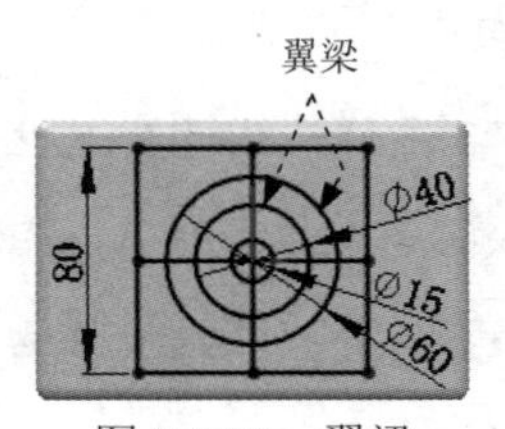

图 2.1.30　翼梁

（6）定义通风口的填充边界。激活 填充边界(Y) 区域的选择区（图 2.1.31），选取图 2.1.32 中直径值为 15 的圆弧为通风口的填充边界，在 后的文本框中输入填充边界支撑区域的

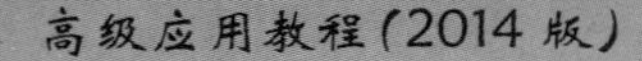

深度值 5.0；在后的文本框中输入支撑区域的等距距离值 0。

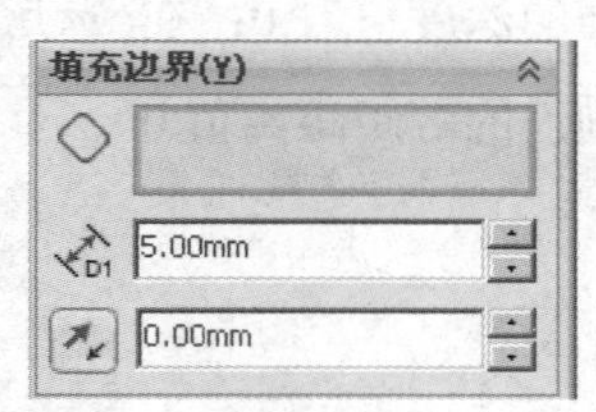

图 2.1.31 “填充边界” 区域

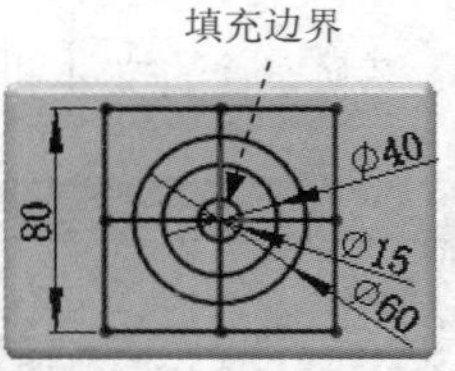

图 2.1.32 填充边界

图 2.1.26 所示的“通风口”对话框中各选项说明如下：

- 边界(B) 区域：用于定义通风口的外部边界。
  ☑ 文本框：如果在选择通风口命令前已选取了草图，则系统默认选取该草图的最外边界实体作为通风口边界；如果在选择通风口命令前没有选取草图，则需要选择一闭合轮廓作为通风口的边界。
- 几何体属性(E) 区域：用于定义生成的通风口的几何体属性。
  ☑ 文本框：选取一容纳通风口的空间或面，如果通风口边界在模型表面，则默认该草图平面为容纳通风口的面。
  ☑ 文本框：通风口的拔模角度。单击该按钮可将拔模应用于边界、填充边界以及所有的筋和翼梁；平面上的通风口则以草图平面开始拔模，选中 ☑ 向内拔模(D) 时向内拔模。
  ☑ 文本框：设定通风口边界、筋、翼梁和填充边界之间所有相交处的圆角半径值。
- 筋(R) 区域：用于定义生成的通风口中筋特征的几何参数。
  ☑ 文本框：输入筋的深度值（厚度值）。
  ☑ 文本框：输入筋的宽度值。
  ☑ 文本框：输入从容纳通风口的面到筋的等距距离值，根据需要调整等距方向。
- 翼梁(S) 区域：用于定义生成的通风口中翼梁特征的几何参数。
  ☑ 文本框：输入翼梁的深度值（厚度值）。
  ☑ 文本框：输入翼梁的宽度值。
  ☑ 文本框：输入从容纳通风口的面到翼梁的等距距离值，根据需要调整等距方向。
- 填充边界(Y) 区域：用于定义生成的通风口中填充边界的几何参数。

☑ 文本框：输入填充边界的深度值（厚度值）。

☑ 文本框：输入从容纳通风口的面到填充边界的等距距离值，根据需要单击该按钮调整等距方向。

（7）单击 按钮，完成通风口 1 的创建。

Step4. 选择下拉菜单 文件(F) → 保存(S) 命令，保存模型。

2.1.5 唇缘/凹槽

图 2.1.33 所示的是使用 SolidWorks 创建的唇缘/凹槽特征，它主要用于塑料件上的上盖与下盖的配合，唇缘/凹槽命令可以很方便地一次性创建复杂的去除材料特征。下面具体讲解创建唇缘/凹槽的一般过程。

Step1. 打开文件 D:\sw14.2\work\ch02.01.05\groove.SLDPRT，如图 2.1.34 所示。

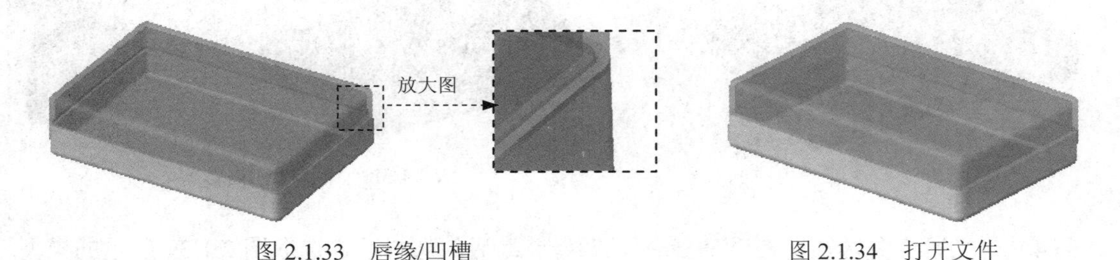

图 2.1.33 唇缘/凹槽　　图 2.1.34 打开文件

Step2. 创建图 2.1.33 所示的唇缘/凹槽特征。

（1）选择命令。选择下拉菜单 插入(I) → 扣合特征(T) → 唇缘/凹槽 命令，系统弹出图 2.1.35 所示的“唇缘/凹槽”对话框。

图 2.1.35 “唇缘/凹槽”对话框

（2）定义实体。在 实体/零件选择(P) 区域激活 后的选择区，选取图 2.1.36 所示的实体为凹槽实体；激活 后的选择区，选取图 2.1.36 所示的实体为唇缘实体；激活 后的选择

区，选取前视基准面为唇缘/凹槽放置方向。

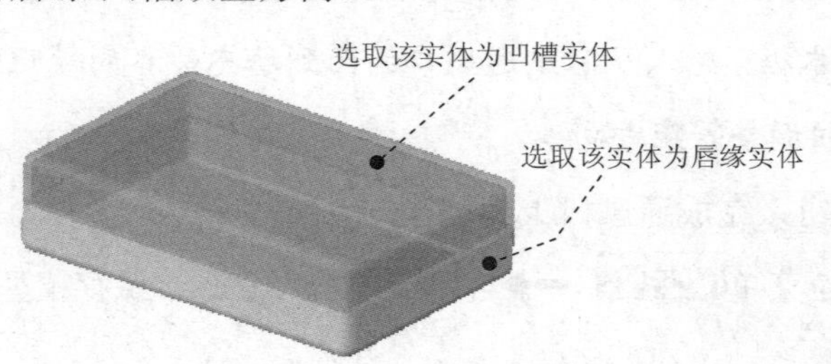

图 2.1.36　定义实体

（3）定义凹槽参数。在凹槽选择(G)区域激活后的选择区，选取图 2.1.37 所示的模型表面为凹槽生成面，激活后的选择区，选取图 2.1.38 所示的边线为凹槽内边线，选中☑ 切线延伸(A)复选框。

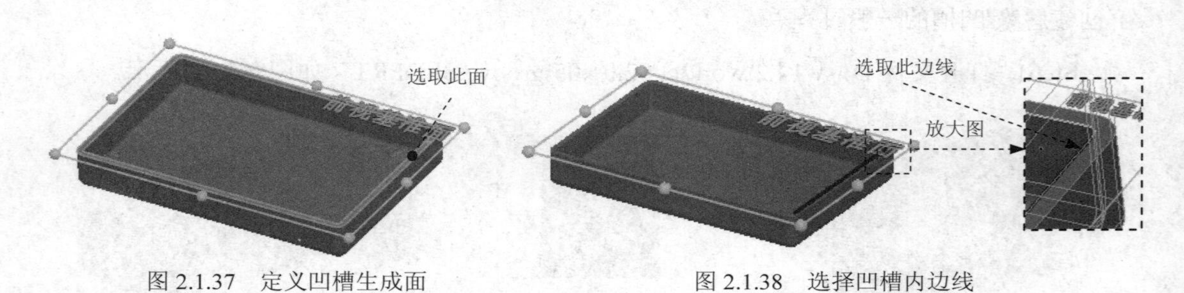

图 2.1.37　定义凹槽生成面　　　图 2.1.38　选择凹槽内边线

（4）定义唇缘参数。在唇缘选择(L)区域激活后的选择区，选取图 2.1.39 所示的模型表面为唇缘生成面，激活后的选择区，选取图 2.1.40 所示的边线为唇缘外边线，选中☑ 切线延伸(A)复选框。

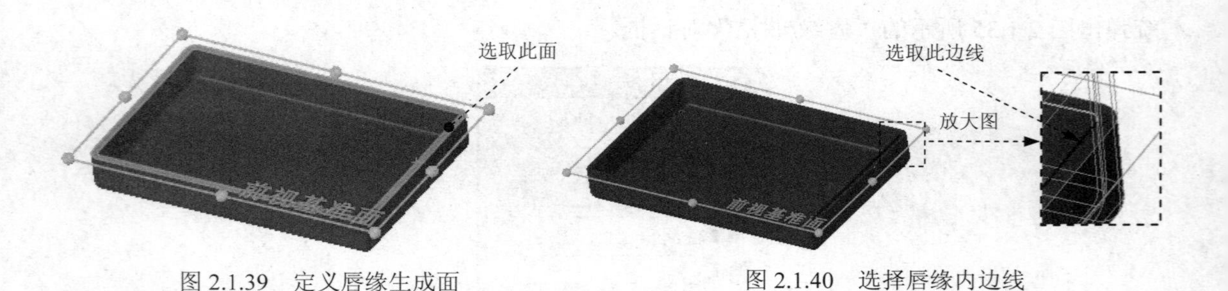

图 2.1.39　定义唇缘生成面　　　图 2.1.40　选择唇缘内边线

说明：在选择唇缘和凹槽边线时，一定要选取两实体中位置相同或对应的边线。

（5）定义唇缘/凹槽参数。在参数(E)区域（图 2.1.41）的“凹槽宽度”文本框中输入凹槽宽度值 1.50；在“唇缘和凹槽间距”文本框中输入间距值 0.0；在“凹槽拔模角度”文本框中输入拔模角度值 5.0；在“唇缘和凹槽之间的上部缝隙”文本框中输入缝隙值 0.30；在“唇缘高度”文本框中输入唇缘高度值 1.50；在“唇缘宽度”文本框中输入唇缘宽度值 1.50；

在“唇缘和凹槽之间的缝隙”文本框中输入缝隙值 0.30。

（6）单击✔按钮，完成唇缘/凹槽的创建。

Step3. 选择下拉菜单 文件(F) ➡ 保存(S) 命令，保存模型。

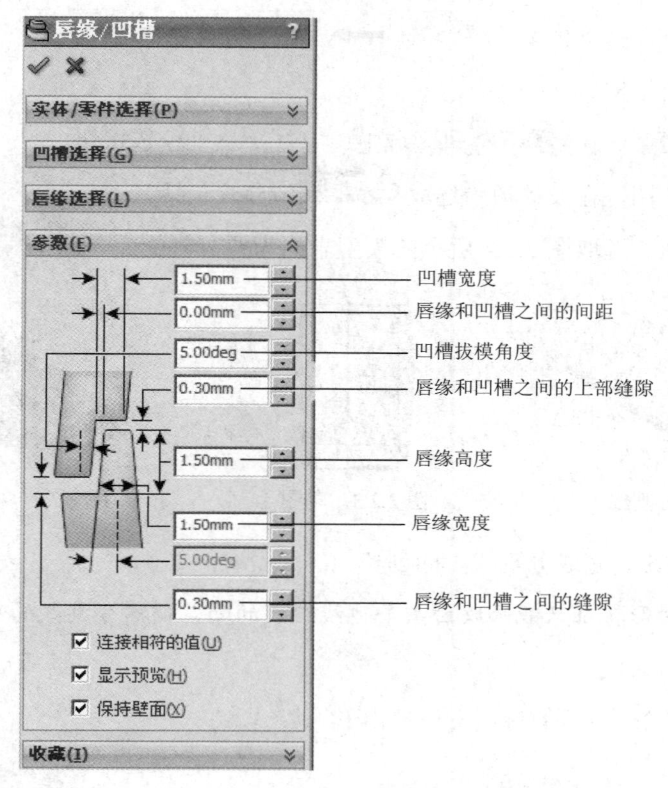

图 2.1.41　定义“唇缘/凹槽”参数

2.2　自　由　形

自由形命令是通过修改四边形面上点的位置，使曲面实体的表面自由凹陷或凸起，以改变实体表面的形状。该命令所完成的效果是使用扫描及放样等命令难以实现的。值得注意的是：自由形命令所修改的面只能是由四条边组成的曲面，另外自由形命令不生成曲面，所以它不会影响模型的拓扑运算。

下面以图 2.2.1 所示的模型为例，介绍创建“自由形”特征的一般过程。

a）修改前　　　　b）抽壳并使用自由形命令

图 2.2.1　自由形

Step1. 打开文件 D:\sw14.2\work\ch02.02\free_shape.SLDPRT。

Step2. 创建图 2.2.2 所示的分割线 1。

(1) 选取上视基准面为草图平面，绘制图 2.2.3 所示的草图 4（设计树中略去草图 3)。

(2) 选择命令。选择下拉菜单 插入(I) ➡ 曲线(U) ➡ 分割线(S)... 命令，系统弹出“分割线”对话框。

(3) 确定分割类型。在 分割类型(T) 区域中选中 ⊙ 投影(P) 单选按钮。

(4) 定义投影草图。在设计树中选取 草图4 为分割工具。

(5) 定义分割面。选取图 2.2.4 所示的模型表面为要分割的面，选中 ☑ 单向(D) 复选框。

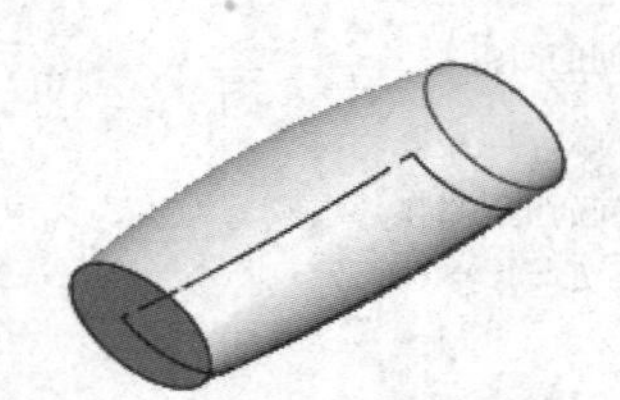

图 2.2.2　分割线 1

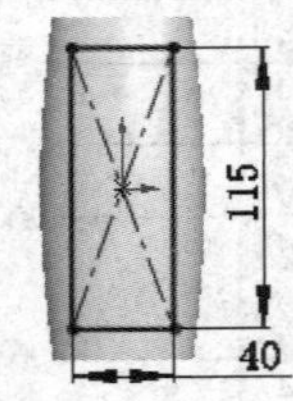

图 2.2.3　草图 4

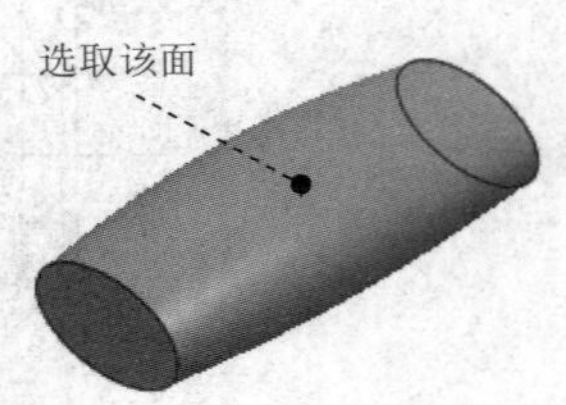

图 2.2.4　要分割的面

(6) 单击 ✔ 按钮，完成分割线 1 的创建。

说明： 由于自由形特征只能修改由四条边线组成的面，创建分割线的目的是为了创建由四条边线组成的面。

Step3. 创建图 2.2.5 所示的特征——自由形 1。

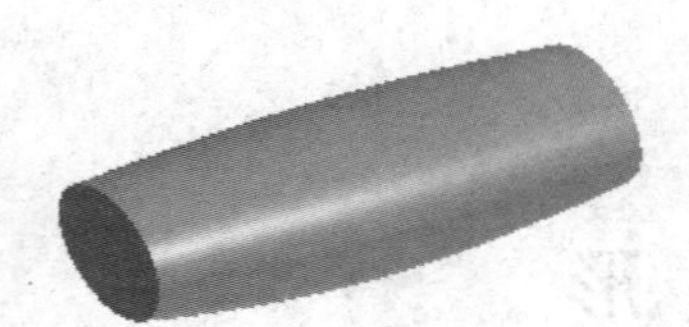

a) 创建前

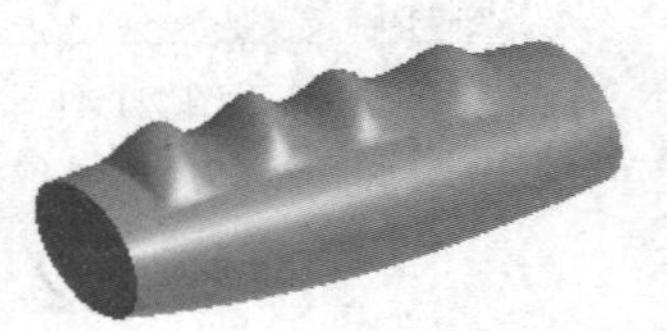

b) 创建后

图 2.2.5　自由形 1

(1) 选择命令。选择下拉菜单 插入(I) ➡ 特征(F) ➡ 自由形(M)... 命令，此时系统弹出“自由形”对话框，如图 2.2.6 所示。

图 2.2.6 所示的“自由形”对话框的说明如下：

➢ 面设置(E) 区域：用于定义要变形的面。

- 文本框（要变形的面）：选取一个四边形的面作为要变形的面。
- ☑ 方向1 对称(1) 和 ☑ 方向 2 对称：若要变形的面只在一个方向上对称，则 ☑ 方向1 对称(1) 与 ☑ 方向 2 对称 复选框将只有一个处于激活状态。若变形的面在两个方向都对称时，两个选项将同时被激活。选中一个或同时选中两个选项时，系统会在模型上显示出一个或两个假想的对称面，调整对称面一侧的模型表面形状，另一侧的模型表面对称地发生变化。

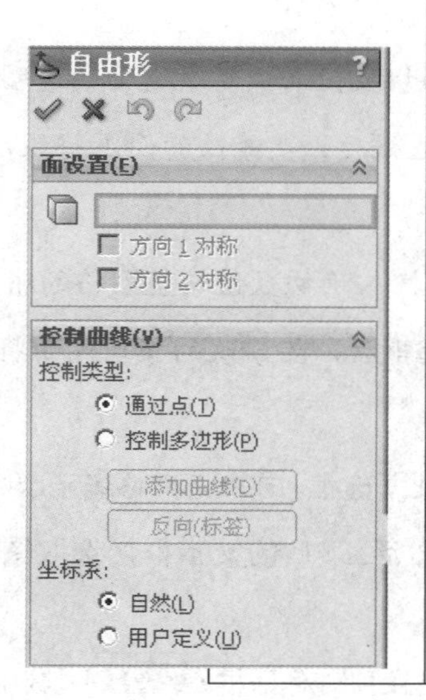

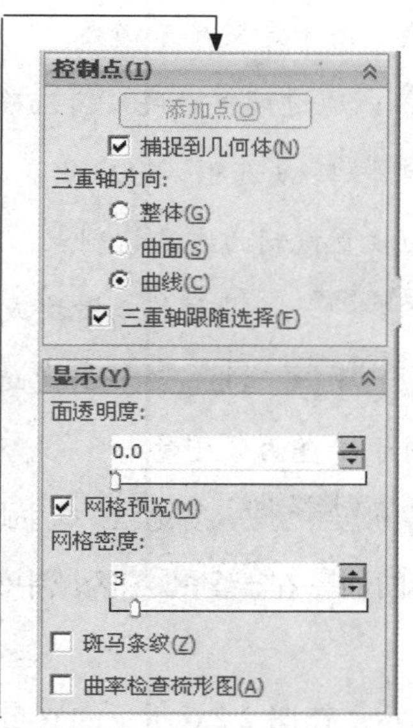

图 2.2.6 “自由形”对话框

➢ 控制曲线(V) 区域：用于定义受控制的曲线。

● 控制类型：控制曲线的类型，包括 通过点(T) 和 控制多边形(P) 两种类型。

☑ 通过点(T) 单选按钮：通过拖动曲线上的点修改面。

☑ 控制多边形(P) 单选按钮：在曲线上生成多边形，通过拖动多边形修改面。

● 添加曲线(D) 按钮：单击此按钮，可以在要修改的曲面上创建曲线。

● 反向(标签) 按钮：单击此按钮，可以在水平和竖直方向之间切换曲线的放置位置。

➢ 控制点(I) 区域：用于定义受控制的点。

● 添加点(O) 按钮：单击此按钮，可以在创建的曲线上创建控制点。

☑ 捕捉到几何体(N) 复选框：选中此复选框后，可以在拖动三重轴时将三重轴的原点捕捉到已有几何体上。

● 三重轴方向：用于精确移动控制点三重轴的方向。

☑ 整体(G) 单选按钮：设定三重轴和零件的轴匹配。

☑ 曲面(S) 单选按钮：设定三重轴 Z 轴和要修改的曲面垂直。

☑ 曲线(C) 单选按钮：设定三重轴 Z 轴和要修改的曲线垂直。

☑ ☑ 三重轴跟随选择(F) 复选框：选中此复选框时，三重轴的位置随选择的控制点变化而变化。

➢ 显示(Y) 区域：用于定义显示模式。

- 面透明度：通过调整滑块或输入确切数值来调整所选面的透明度。
- ☑ 网格预览(M) 复选框：选中此复选框后，要修改的面上将显示出网格线，用于帮助放置控制曲线和控制点。

  ☑ 网格密度：通过拖动滑块或输入确切数值调整网格的密度。
- ☐ 斑马条纹(Z) 复选框：选中此复选框后，要修改的模型表面将显示出斑马条纹，用于检查曲面质量。
- ☑ 曲率检查梳形图(A) 复选框：选中此复选框，可以沿网格线显示曲率检查梳形图。

（2）定义要变形的面。在 面设置(E) 区域中激活 后的文本框，选取图 2.2.7 所示的面作为要变形的面。

（3）设置网格显示。在图 2.2.6 所示的“自由形”对话框 显示(Y) 区域中 面透明度：下的文本框中输入值 0.8，选中 ☑ 网格预览(M) 复选框，在 网格密度：下的文本框中输入值 3，此时在图 2.2.7 所示的面上会显示网格（第一方向为 7 条，第二方向为 2 条），如图 2.2.8 所示。

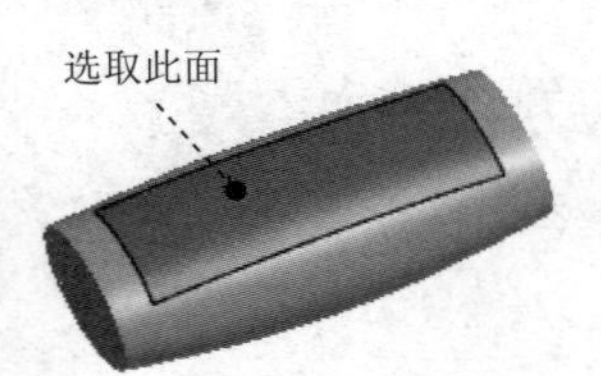

图 2.2.7　要变形的面

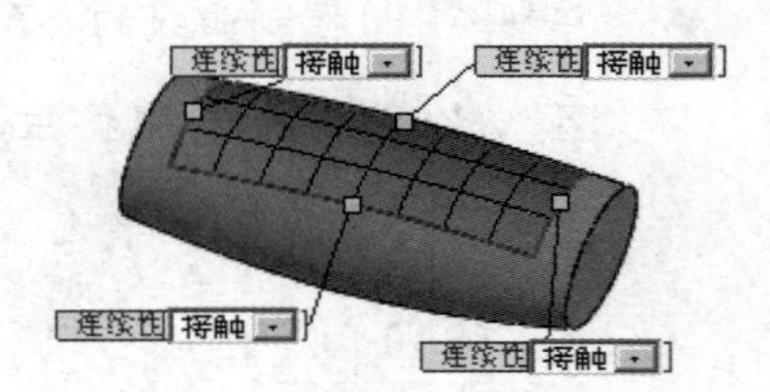

图 2.2.8　显示网格

（4）编辑边界条件。分别在图 2.2.9a 所示的所选面边界处引线引出的“边界条件”标签的下拉列表中选择“相切”选项，编辑后的结果如图 2.2.9b 所示。

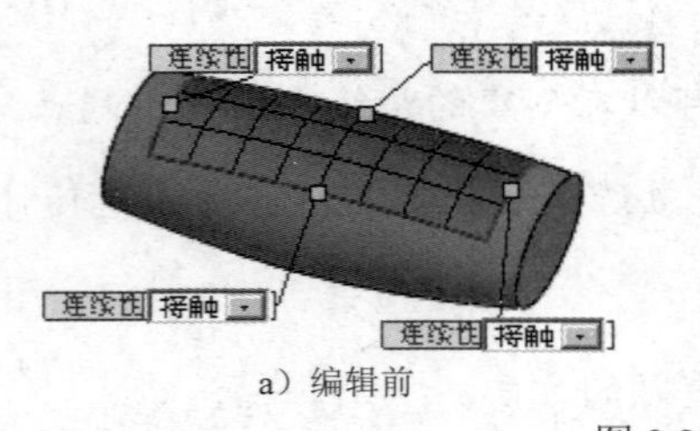

a）编辑前

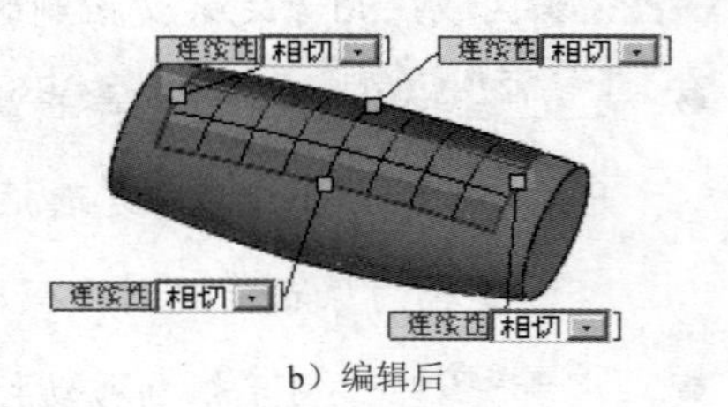

b）编辑后

图 2.2.9　编辑边界条件

说明：“自由形”特征的四周边界条件决定了完成后的曲面相对于原始曲面的关系。自由形边界条件包括以下五种类型：

- 接触：新面与原始面沿边界保持接触关系，不会自动添加其他约束。
- 相切：新面与原始面沿边界始终保持相切关系。
- 曲率：新面与原始面边界保持原始曲率不变。
- 可移动：新面与原始面边界可以移动，移动的同时会改变新面和原始面的连接关系。
- 可移动/相切：新面与原始面边界可以移动，同时会保持新面和原始面平行的相切关系。

（5）创建控制曲线。

① 创建第一方向的控制曲线。在控制曲线(V)区域中的控制类型:下选中◉ 通过点(T)单选按钮。单击添加曲线(D)按钮，依照所选面上的网格排布，在网格线上均匀地创建七条曲线。

② 创建第二方向的控制曲线。在控制曲线(V)区域中单击反向(标签)按钮，在另一方向按照所选面上的网格排布，在曲面的中间位置单击创建一条控制曲线，完成后，鼠标指针变成样式，单击鼠标右键，完成控制曲线的创建。

（6）定义控制点。

① 定义控制点的位置。在控制点(I)区域中单击添加点(O)按钮，在两个方向的控制曲线相交的位置单击即可创建控制点，如图 2.2.10 所示；再次单击添加点(O)按钮终止控制点的创建，在图 2.2.10 所示的第一点的位置（两个方向的控制曲线相交的位置）单击两次鼠标，在“自由形”对话框的控制点(I)区域中出现图 2.2.11 所示的三个文本框，选中☑ 三重轴跟随选择(F)复选框，在三个文本框中依次输入值 0、8.5、0。

说明：控制点(I)区域中的三个文本框分别用于设置控制点 X、Y、Z 方向的位置。红色的为 X 轴方向，绿色的为 Y 轴方向，蓝色的为 Z 轴方向。

② 参照①的操作编辑图 2.2.9 所示的其余三个控制点。第二个控制点的位置为 0、9、0；第三个控制点的位置为 0、9.5、0；第四个控制点的位置为 0、10、0；编辑完成后的结果如图 2.2.12 所示。

说明：在定义控制点位置时，除了使用确切的数值来确定控制点的位置外，还可以拖动三重轴的三个方向的拖动臂来确定控制点的位置，当向上拖动其中一个点时，临近固定点外侧的曲线将随之下凹。如果要创建一个局部的变形，为了尽可能地缩小波纹的影响，可以先将曲面分割成小面，然后在小面上操作使其变形，达到理想的变形目的。

（7）单击✔按钮，完成自由形 1 的创建。

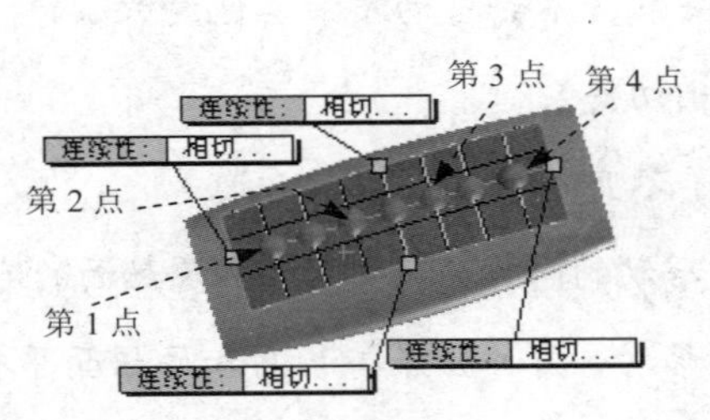

图 2.2.10　控制点

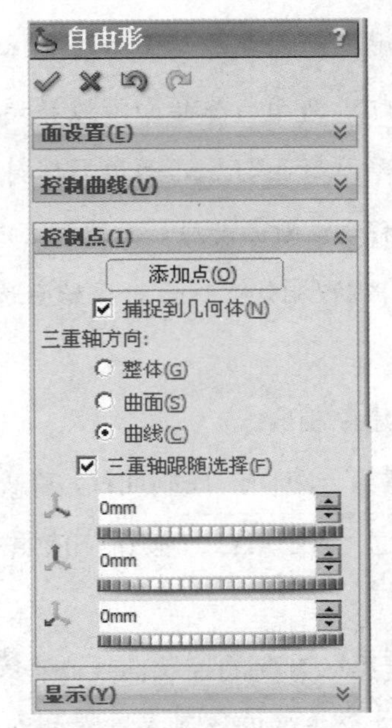

图 2.2.11　控制点

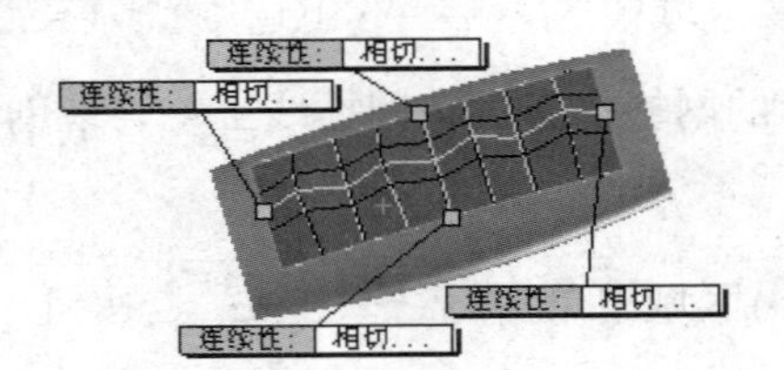

图 2.2.12　编辑控制点

Step4. 创建图 2.2.13b 所示的零件特征——抽壳 1。

（1）选择命令。选择下拉菜单 插入(I) → 特征(F) → 抽壳(S)... 命令。

（2）定义要移除的面。选取图 2.2.13a 所示的模型表面为要移除的面。

（3）定义抽壳 1 的参数。在“抽壳”对话框 参数(P) 区域的文本框中输入壁厚值 2.0。

（4）单击对话框中的 ✓ 按钮，在弹出的 SolidWorks 2014 对话框中单击 确定 按钮，完成抽壳 1 的创建。

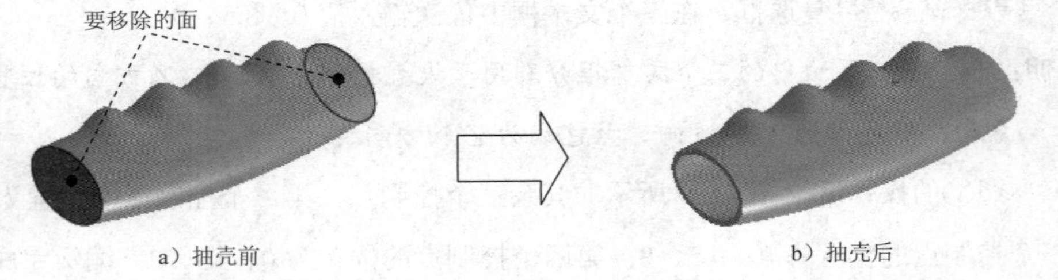

图 2.2.13　抽壳 1

Step5. 创建图 2.2.14 所示的分割线 2。

（1）选取上视基准面为草图平面，绘制图 2.2.15 所示的草图 5。

（2）选择命令。选择下拉菜单 插入(I) → 曲线(U) → 分割线(S)... 命令，系统弹出“分割线”对话框。

（3）确定分割类型。在 分割类型 区域中选择 ⊙ 投影(P) 单选按钮，并选中 ☑ 单向(D) 和 ☑ 反向(R) 复选框。

（4）定义特征的拔模方向。在设计树中选取(-) 草图5为分割工具。

（5）定义分割面。选取图 2.2.16 所示的模型表面为要分割的面。

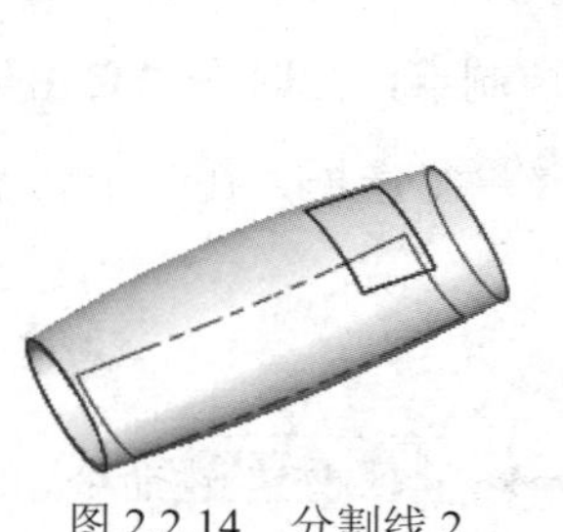
图 2.2.14 分割线 2

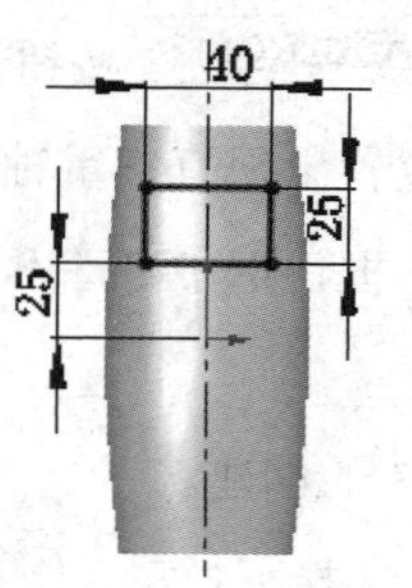

图 2.2.15 草图 5

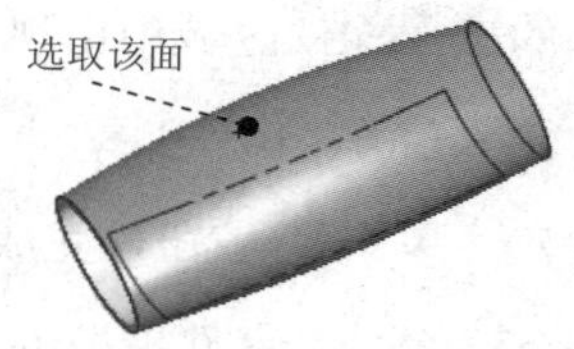

图 2.2.16 要分割的面

（6）单击按钮，完成分割线 2 的创建。

Step6. 创建图 2.2.17 所示的特征——自由形 2。

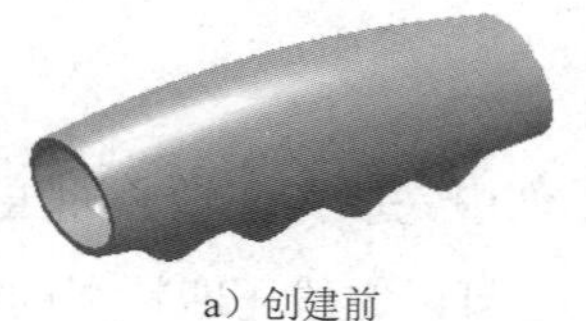
a）创建前

b）创建后

图 2.2.17 自由形 2

（1）选择命令。选择下拉菜单 插入(I) → 特征(F) → 自由形(F)... 命令，此时系统弹出“自由形”对话框。

（2）定义要变形的面。在 面设置(E) 区域中激活后的文本框，选取图 2.2.18 所示的面作为要变形的面。

（3）设置网格显示。在“自由形”对话框 显示(Y) 区域中 面透明度: 下的文本框中输入值 0.8，选中 ☑ 网格预览(M) 复选框，在 网格密度: 下的文本框中输入值 1，此时在图 2.2.18 所示的面上会显示网格（第一方向和第二方向各有一条），如图 2.2.19 所示。

（4）编辑边界条件。分别在图 2.2.19 所示的所选面边界处引线引出的“边界条件”标签的下拉列表中将边界条件改为“相切”，编辑后的结果如图 2.2.20 所示。

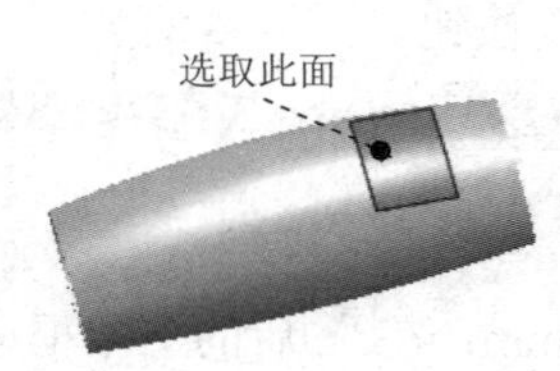

图 2.2.18 要变形的面

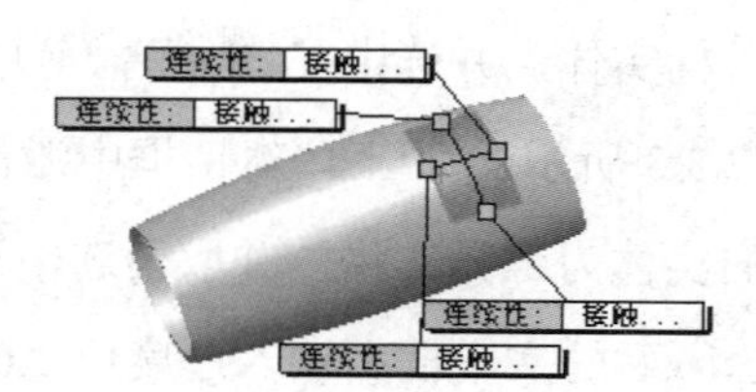

图 2.2.19 显示网格

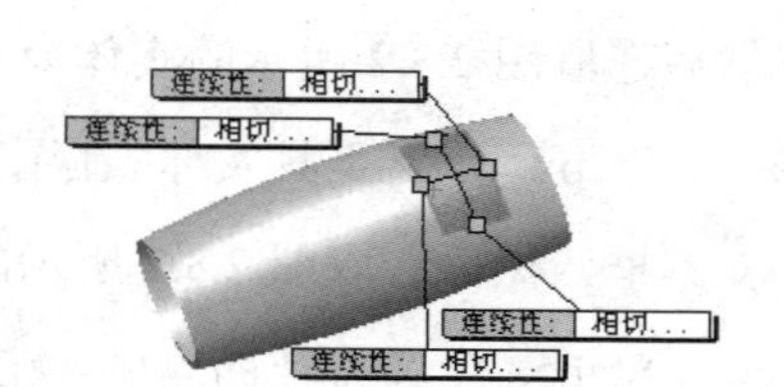

图 2.2.20 编辑边界条件

（5）创建控制曲线。在 控制曲线(V) 区域中的 控制类型: 下选择 ⊙ 通过点(T) 单选按钮；单击 添加曲线(D) 按钮，依照所选面上的网格排布，在网格线上创建一条曲线；单击

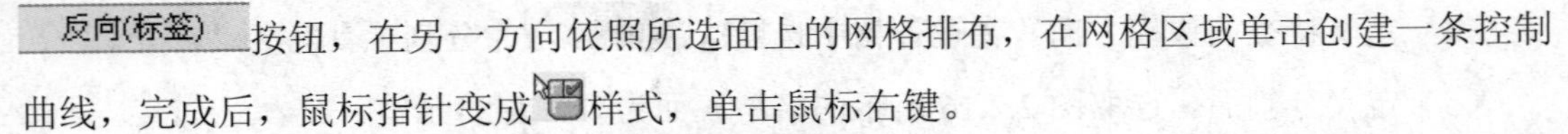

反向(标签) 按钮，在另一方向依照所选面上的网格排布，在网格区域单击创建一条控制曲线，完成后，鼠标指针变成样式，单击鼠标右键。

（6）定义控制点的位置。单击 添加点(O) 按钮，在两个方向的控制曲线相交的位置单击两次鼠标，在两控制曲线交叉位置出现有三重轴附着的控制点，同时在“自由形”对话框的 控制点(I) 区域中出现三个文本框，选中 三重轴跟随选择(F) 复选框，在三个文本框中依次输入值 0、10、0。

（7） 单击按钮，完成自由形 2 的创建。

Step7. 至此，零件模型创建完毕。选择下拉菜单 文件(F) → 保存(S) 命令，即可保存模型。

2.3 压　　凹

压凹特征是使用一个工具体和一个目标体在实体零件中完成类似钣金冲压的效果，如图 2.3.1b 所示。只有在模型中存在多个实体的情况下，才可以完成压凹特征的创建。

a）压凹前（两个实体）

b）压凹后（隐藏工具实体）

图 2.3.1　压凹特征

下面以图 2.3.1 所示的模型为例，讲解“压凹”命令的操作方法。

Step1. 打开文件 D:\sw14.2\work\ch02.03\indents.SLDPRT，如图 2.3.2 所示。

Step2. 选择下拉菜单 插入(I) → 特征(F) → 压凹(N) 命令，系统弹出图 2.3.3 所示的“压凹”对话框。

Step3. 定义目标实体。在图 2.3.3 所示的“压凹”对话框中激活 选择 区域的文本框，然后选取图 2.3.2 所示的实体为目标实体，并选中 保留选择(K) 单选按钮。

Step4. 定义工具实体。在图 2.3.3 所示的“压凹”对话框中激活 选择 区域的 工具实体区域: 文本框，然后选取图 2.3.2 所示的实体为工具实体，并取消选中 切除(C) 复选框。

Step5. 定义特征的厚度。在后的文本框中输入厚度值 2.00mm；在后的文本框中输入数值 0。

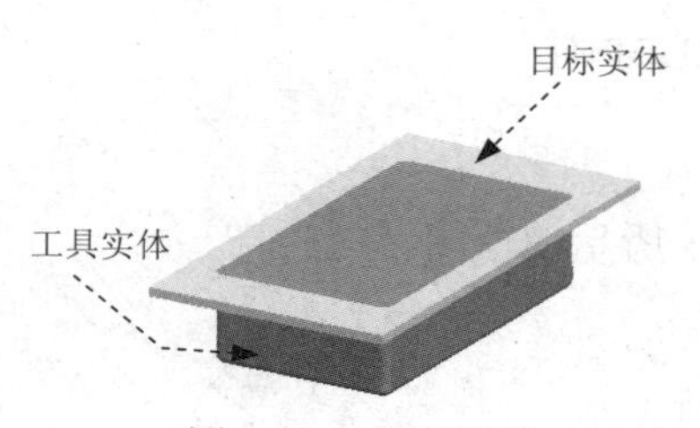

图 2.3.2 打开模型

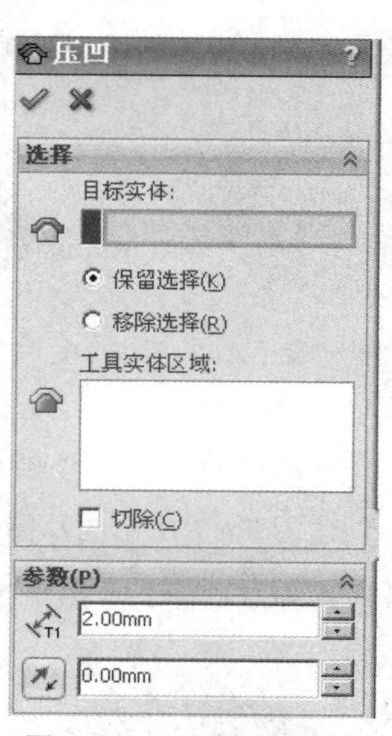

图 2.3.3 “压凹”对话框

Step6. 单击✔按钮，完成压凹特征的创建。

说明： 保留选择(K) 与 移除选择(R) 这两个单选按钮，用于定义工具实体冲压目标实体的方向。本例使用了 保留选择(K) 选项，若使用 移除选择(R) 选项，其结果如图 2.3.4 所示。若选中 切除(C) 复选框，则会移除工具体与目标体交叉的区域区，如图 2.3.5 所示，这种情况下，只有“间隙”参数可用。

图 2.3.4 选择“移除选择”结果（剖视图）

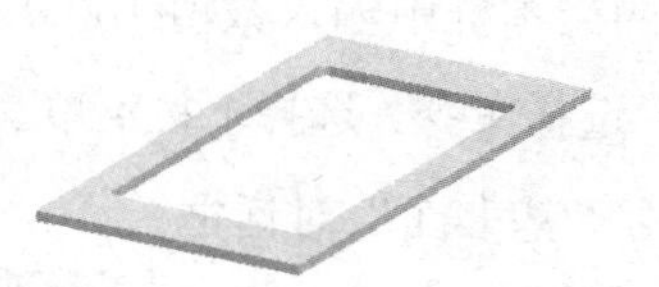

图 2.3.5 选择“切除”结果

Step7. 隐藏工具实体。在设计树中单击 实体(2) 节点前的“+”，展开该节点，右击 圆角1，从弹出的快捷菜单中选择命令，隐藏工具实体。

Step8. 保存模型。选择下拉菜单 文件(F) → 保存(S) 命令，保存模型。

2.4 包 覆

包覆特征是将闭合的草图沿其基准面的法线方向投影到模型的表面，然后根据投影后曲线在模型的表面生成凹陷或突起的形状。

图 2.4.1 所示就是创建包覆特征的一般过程：先选取模型表面或创建一个基准面作为闭合草图的草图平面，再在草图平面创建闭合草图，最后选取模型的表面作为投影面进行投

影。下面以图 2.4.1c 所示的模型为例，详细讲解“包覆”特征的创建过程。

a）“包覆”前

b）创建草体基准面并绘制闭合草图

c）“包覆”后

图 2.4.1 包覆

Step1. 打开文件 D:\sw14.2\work\ch02.04\text.SLDPRT

Step2. 创建图 2.4.2 所示的草图平面 1。

（1）选取右视基准面为草图平面，绘制图 2.4.3 所示的草图。

图 2.4.2 基准面 1

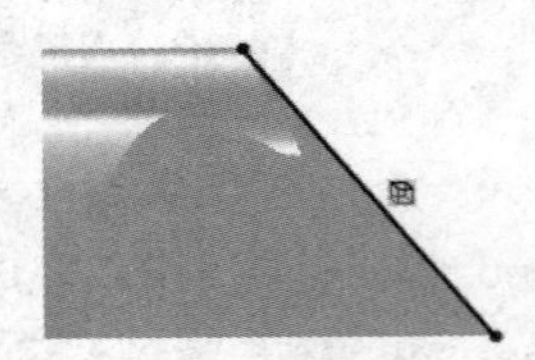

图 2.4.3 草图

（2）创建图 2.4.4 所示的参考实体点 1。选择下拉菜单 插入(I) → 参考几何体(G) → 点(O)...，选取图 2.4.3 所示的草图为参考实体，单击按钮，选中 距离(D) 单选按钮，在后的文本框中输入数值 100.0，单击按钮，完成点 1 的创建。

（3）选择命令。选择下拉菜单 插入(I) → 参考几何体(G) → 基准面(P)... 命令，系统弹出“基准面”对话框。

（4）定义参考实体。选取 点1 和图 2.4.5 所示的面作为参考实体。

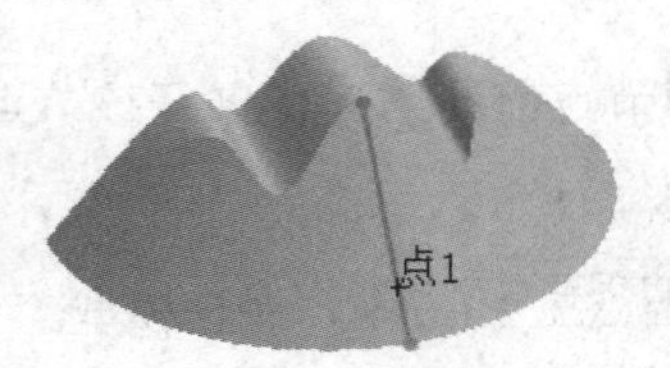

图 2.4.4 点 1

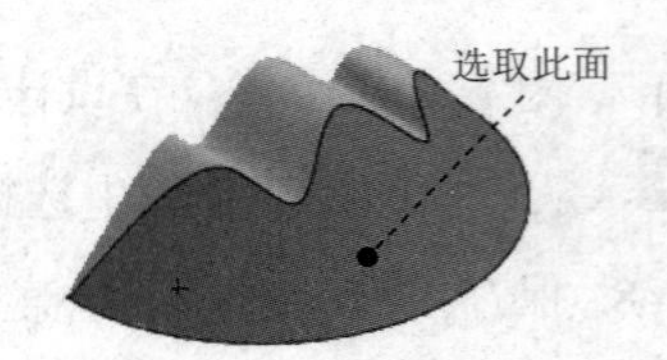

图 2.4.5 模型表面

（5）单击按钮，完成基准面 1 的创建。

Step3. 创建包覆特征。

（1）选择下拉菜单 插入(I) → 特征(F) → 包覆(W)... 命令，系统弹出图 2.4.6 所示的“信息”对话框。

（2）进入草图环境。在设计树中选择 基准面1 为草图平面，进入草图环境。

（3）创建文字草图。

① 绘制文字草图。选择下拉菜单 工具(T) → 草图绘制实体(K) → 文本(T)... 命令（或单击草图工具栏中的按钮），系统弹出“草图文字”对话框，在 文字(T) 区域的文本框中输入文字“兆迪科技”，取消选中 使用文档字体(U) 复选框。

② 定义文字格式。在“草图字体”对话框中将宽度因子设置为 120%，间距设置为 100%，单击 字体(F)... 按钮，系统弹出“选择字体”对话框，设置文字的字体为隶书，文字样式为“斜体”，高度为 30.00mm；在“选择字体”对话框中单击 确定 按钮，完成字体的设置。

（4）定位闭合草图。闭合草图插入点的尺寸标注，如图 2.4.7 所示。

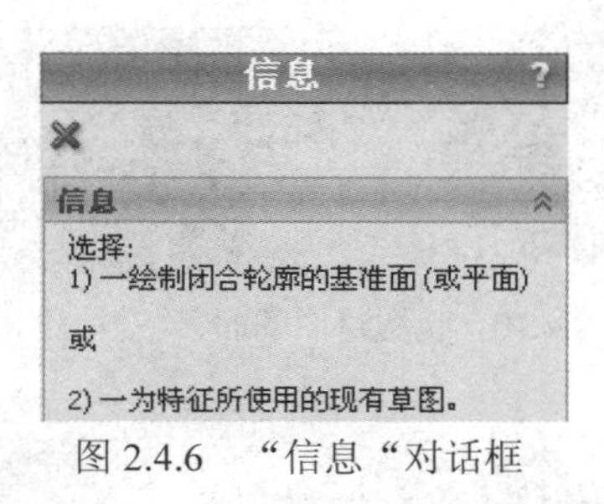

图 2.4.6 “信息“对话框

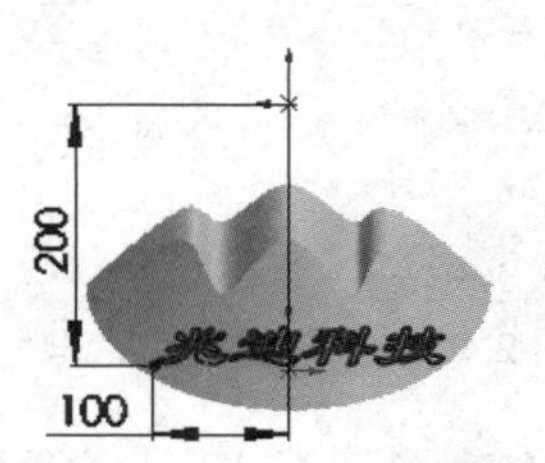

图 2.4.7 创建文字草图

（5）退出草图后系统弹出图 2.4.8 所示的“包覆”对话框。

（6）在 包覆参数(W) 区域中选中 浮雕(M) 单选按钮，激活后的文本框，在模型上选取图 2.4.9 所示的模型表面为包覆草图的面，在后的文本框中输入包覆草图的厚度值 3.0，取消选中 反向(R) 复选框，单击按钮完成包覆特征的创建，如图 2.4.10 所示。

图 2.4.8 所示的“包覆”对话框中的各区域说明如下：

- 包覆参数(W) 区域中包括以下三种包覆类型：
  - ☑ 浮雕(M) 单选按钮：在模型的表面生成突起的特征。
  - ☑ 蚀雕(D) 单选按钮：在模型的表面生成凹陷的特征，如图 2.4.11 所示。
  - ☑ 刻划(S) 单选按钮：在模型的表面生成草图轮廓印记，如图 2.4.12 所示。
  - ☑ 文本框（包覆草图的面）：用于定义包覆特征的生成面。
  - ☑ 文本框（厚度）：用于定义更改生成包覆特征的高度方向。
  - ☑ 反向(R) 复选框：用于更改生成包覆的方向。
- 拔模方向(P) 区域中的文本框：用于定义包覆特征的拔模方向，可以选取直线或线性边线。
- 源草图(O) 区域中的文本框：用于定义包覆特征的闭合草图。

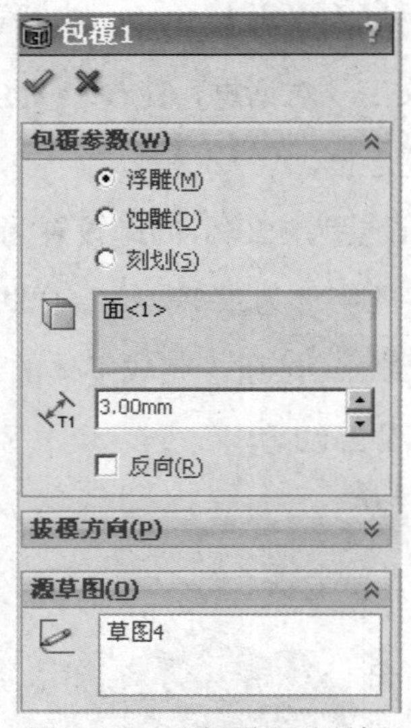

图 2.4.8 “包覆”对话框

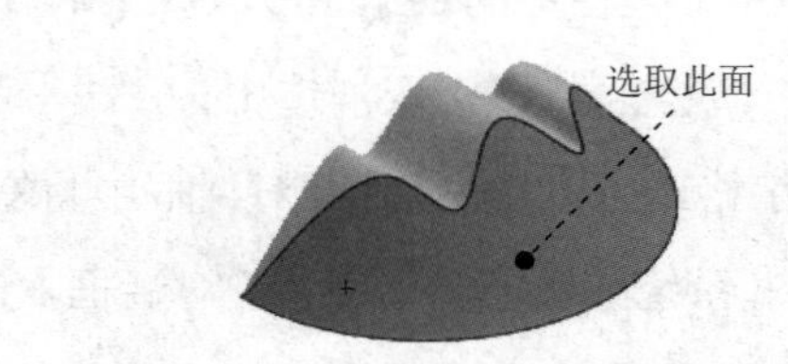

图 2.4.9 包覆草图的面

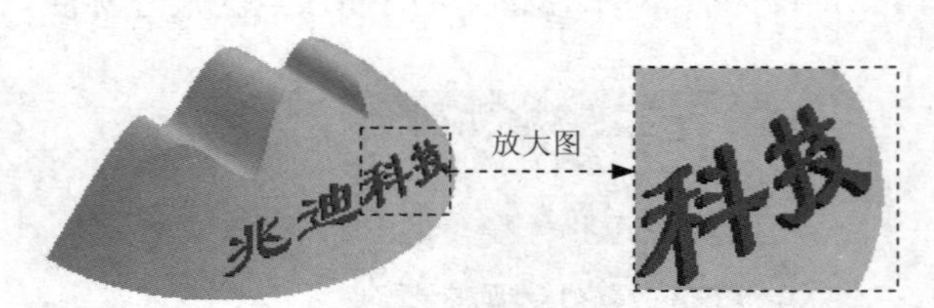

图 2.4.10 包覆草图的面

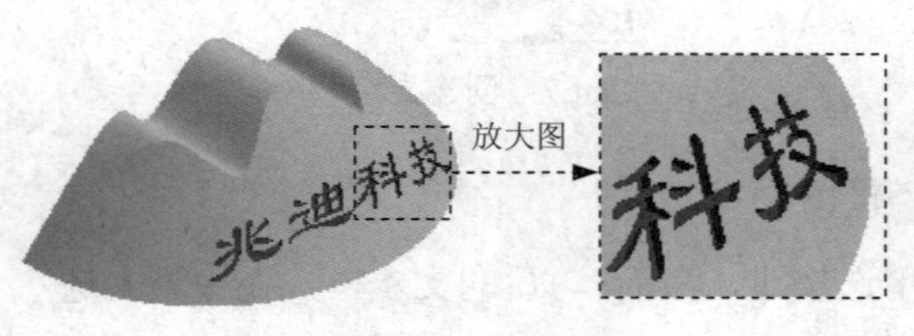

图 2.4.11 “蚀雕”效果

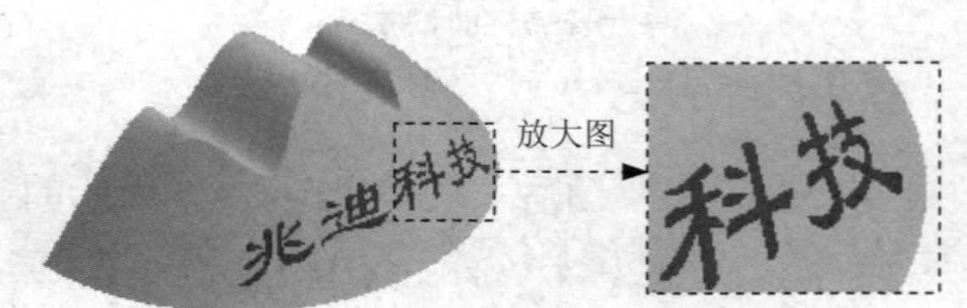

图 2.4.12 “刻划”效果

2.5 实体分割

实体分割是将一个整体模型通过基准面或曲面割分成两个或多个模型，将分割后的模型单独保存并进行细节建模，最后在整体模型中打开成为一个包含多个实体的整体，最后生成装配体。该特征可用于外形美观并且要求配合紧密的产品设计中。

以图 2.5.1 所示的一个肥皂盒的设计为例，其设计思路为：首先设计图 2.5.1a 所示的整体模型，然后将整体模型分割为图 2.5.1b 和图 2.5.1c 所示的两部分，最后将分割后的模型经过细节设计装配起来，形成最终产品，如图 2.5.1d 所示。

下面以图 2.5.1 所示的模型为例，详细介绍使用分割命令进行设计的过程。

Step1. 打开文件 D:\sw14.2\work\ch02.05\soap_box.SLDPRT，如图 2.5.2 所示。

Step2. 选择下拉菜单 插入(I) → 特征(F) → 分割(L)... 命令，系统弹出“分割”对话框，如图 2.5.3 所示。

Step3. 在设计树中选取 上视基准面 为剪裁工具，单击 切除零件(C) 按钮，此时系统会自动将整体模型分割成两个部分，如图 2.5.4 所示（光标移动到模型上方的时候，单个实体会高亮显示）。

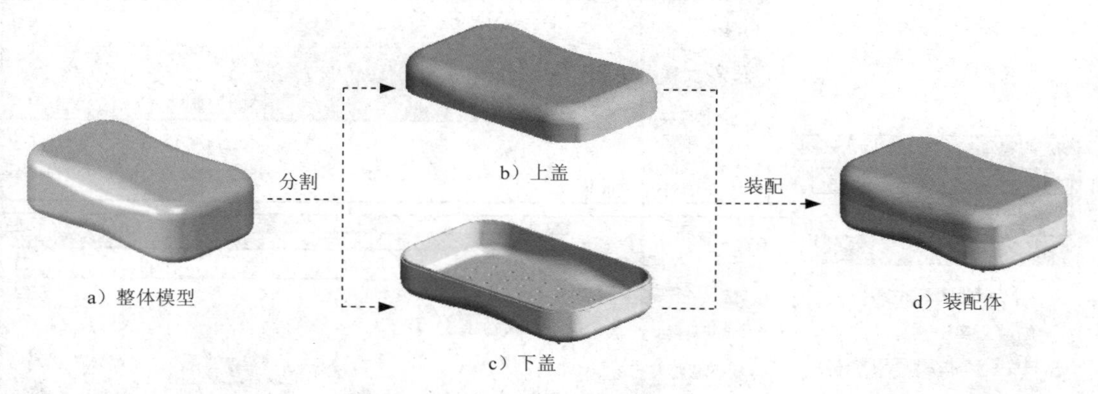

图 2.5.1　零件分割装配设计过程

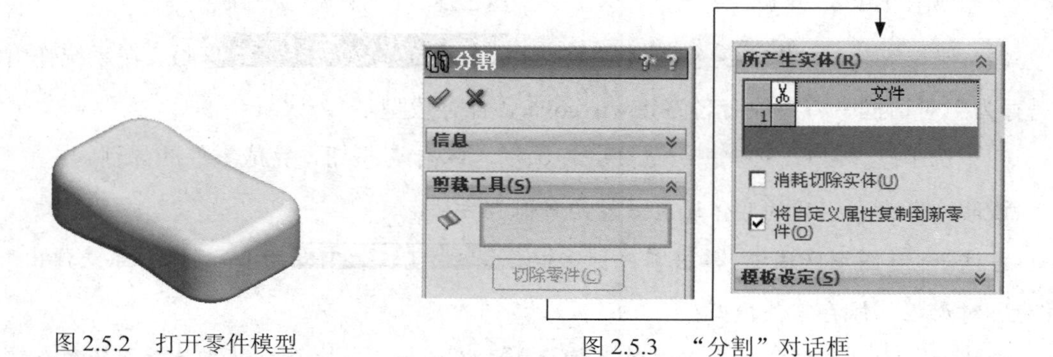

图 2.5.2　打开零件模型　　图 2.5.3　“分割”对话框

说明： 在分割零件时，剪裁工具可以是草图、平面、基准面和曲面等。在本例中，除了使用上视基准面做剪裁工具外，还可以选取右视基准面创建图 2.5.5 所示的草图或创建图 2.5.6 所示的曲面作剪裁工具。值得注意的是，在用曲面作为剪裁工具的时候，剪裁工具必须贯穿于要剪裁的零件模型，否则无法剪裁。

图 2.5.4　分割零件

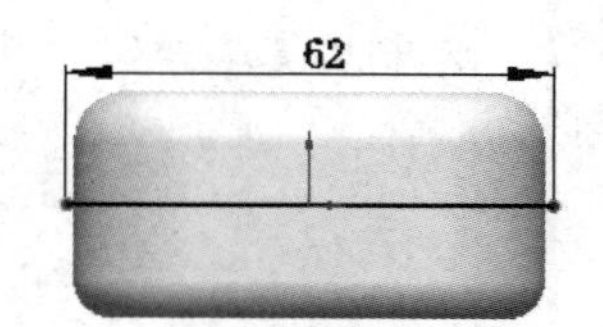

图 2.5.5　草图作剪裁工具

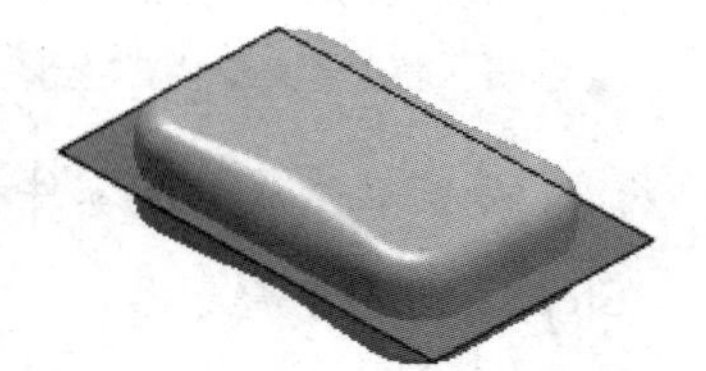

图 2.5.6　曲面作剪裁工具

Step4. 保存实体。

(1)保存上盖实体。在图 2.5.7 所示的 所产生实体(R) 区域中双击 1 <无> 区域，系统弹出图 2.5.8 所示的“另存为”对话框，将其命名为 top_cover，保存模型。

说明： 在保存实体时，如果出现 SolidWorks 对话框提示模板无效，应先单击 取消 按钮，再单击 确定 按钮，然后在弹出的“新建 SolidWorks 文件”对话框中选择零件

模板，单击 确定 按钮，然后系统才会弹出图 2.5.8 所示的“另存为”对话框。

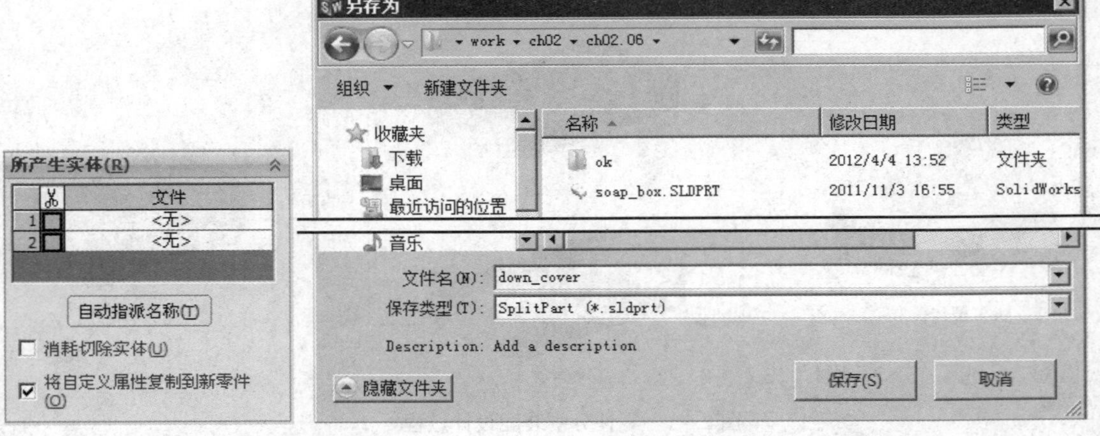

图 2.5.7 “所产生实体”区域　　图 2.5.8 “另存为”对话框

（2）保存下盖。在 所产生实体(R) 区域中双击 2 <无> 区域，在系统弹出的“另存为”对话框中将零件命名为 down_cover，保存模型。

（3）选中 将自定义属性复制到新零件(O) 复选框，单击 ✔ 按钮，完成零件的分割。

说明：保存分割后的实体还有另外两种保存方法。

方法一：在图形区域中，单击零件标注框 实体 2: 2 <无> 的名称区域，系统弹出“另存为”对话框，保存零件模型。

方法二：在“分割”对话框中单击 保存所有实体(V) 按钮，系统会自动为所分割的两个零件命名，且保存在与被分割的模型相同的目录下。

对图 2.5.7 所示的 所产生实体(R) 区域的说明如下：

- 消耗切除实体(U)：取消选中该复选框，可在源零件中显示实体；如果选中此复选框，生成的零件只有一部分，另一部分零件在分割的时候被“消耗”。
- 将自定义属性复制到新零件(O)：选中此复选框时，将会把模型的自定义属性复制到分割后生成的新零件模型中。

Step5. 创建上盖。

（1） 打开上盖零件模型。选择下拉菜单 窗口(W) → top_cover.sldprt * 命令，打开上盖零件模型，如图 2.5.9 所示。

（2）创建抽壳特征。选择下拉菜单 插入(I) → 特征(F) → 抽壳(S)... 命令，选取图 2.5.10 所示的模型表面为要移除的面，抽壳厚度值为 1.5，结果如图 2.5.11 所示。

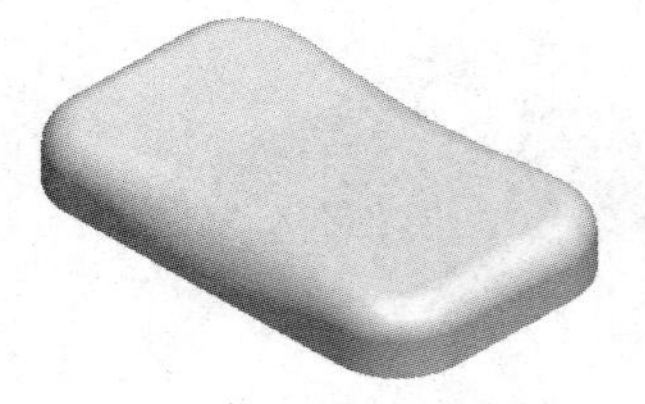

图 2.5.9 上盖零件模型

图 2.5.10 要移除的面

图 2.5.11 抽壳结果

（3）创建图 2.5.12 所示的特征——切除-扫描 1。

① 创建扫描路径。选取模型的内侧闭合的边线，创建图 2.5.13 所示的组合曲线 1。

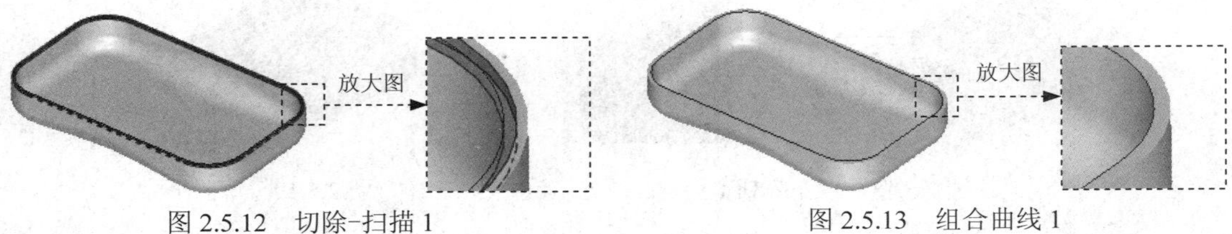

图 2.5.12 切除-扫描 1

图 2.5.13 组合曲线 1

② 创建扫描轮廓。选取右视基准面为草图平面，绘制图 2.5.14 所示的草图 1。

③ 选择命令。选择下拉菜单 插入(I) → 切除(C) → 扫描(S)... 命令，系统弹出“切除-扫描”对话框。

④ 选取图 2.5.14 所示的草图 1 为切除-扫描 1 的轮廓，选取图 2.5.13 所示的组合曲线 1 为路径。

⑤ 单击对话框中的 ✔ 按钮，完成切除-扫描 1 的创建。

（4）至此，上盖零件模型创建完毕。选择下拉菜单 文件(F) → 保存(S) 命令，即可保存模型。

Step6. 创建下盖。

（1）打开下盖零件模型。选择下拉菜单 窗口(W) → down_cover.sldprt * 命令，打开下盖零件模型，如图 2.5.15 所示。

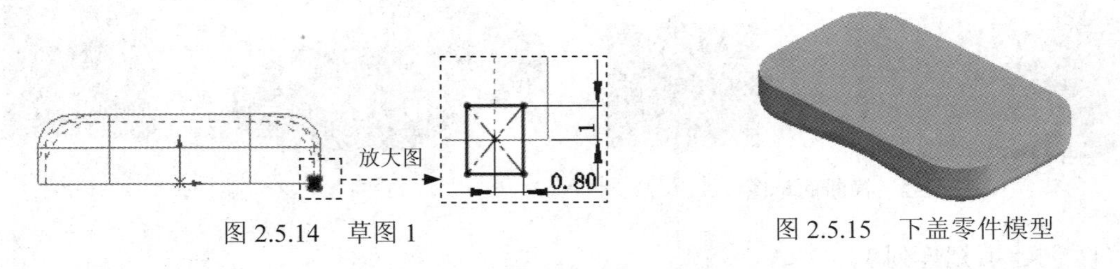

图 2.5.14 草图 1

图 2.5.15 下盖零件模型

（2）创建抽壳特征。选择下拉菜单 插入(I) → 特征(F) → 抽壳(S)... 命令，选取图 2.5.16 所示的模型表面为要移除的面，抽壳厚度值为 1.5，结果如图 2.5.17 所示。

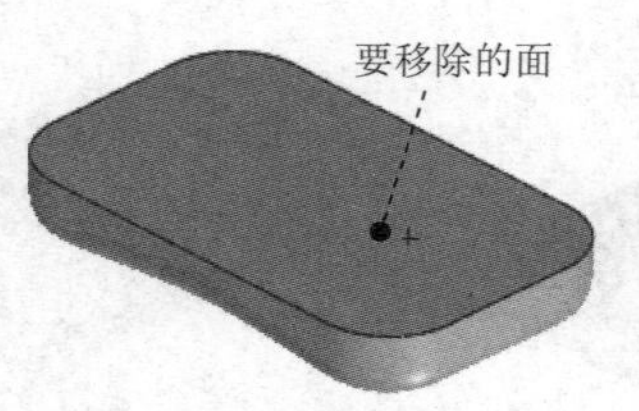

图 2.5.16　要移除的面

图 2.5.17　抽壳结果

（3）创建图 2.5.18 所示的特征——填充阵列 1。

① 创建填充边界。选取图 2.5.19 所示的模型表面为草图平面，绘制图 2.5.20 所示的草图。

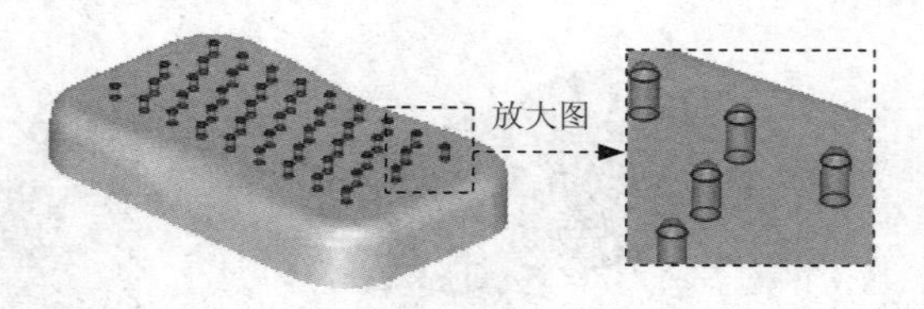

图 2.5.18　填充阵列 1

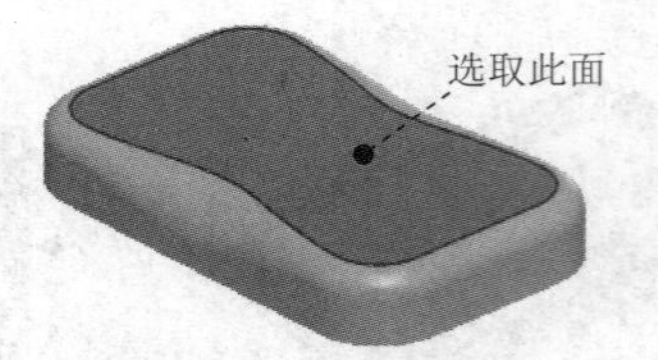

图 2.5.19　草图平面

② 创建要阵列的特征 1——凸台-拉伸 1，如图 2.5.21 所示。选取图 2.5.19 所示的模型表面为草图平面，绘制图 2.5.22 所示的横断面草图；定义 方向 1 方向的拉伸终止条件为 给定深度，采用默认的拉伸方向，拉伸深度值为 3.0。

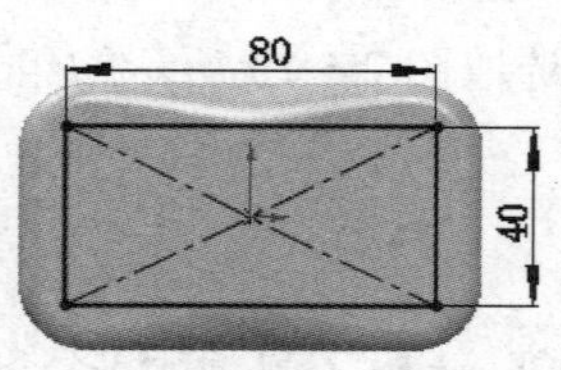

图 2.5.20　草图 1

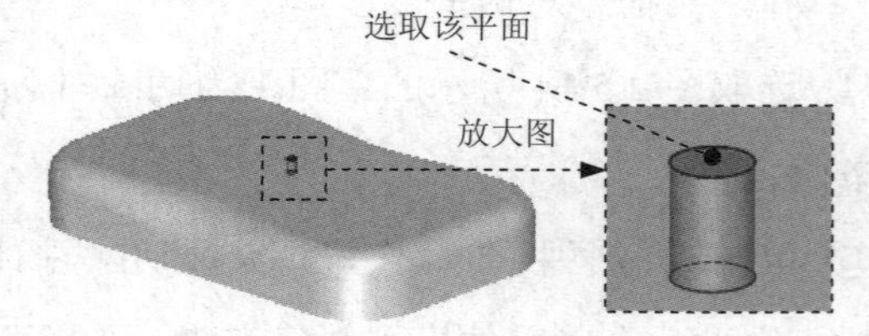

图 2.5.21　凸台-拉伸 1

③ 创建要阵列的特征 2——圆顶 1，如图 2.5.23 所示。选择下拉菜单 插入(I) → 特征(F) → 圆顶(O)... 命令，选取图 2.5.21 所示的面为创建圆顶的面，使用默认的圆顶方向，到圆顶的距离值为 1.0。

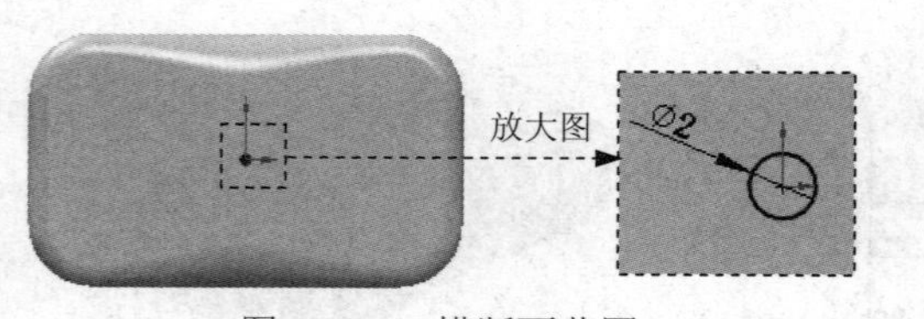

图 2.5.22　横断面草图

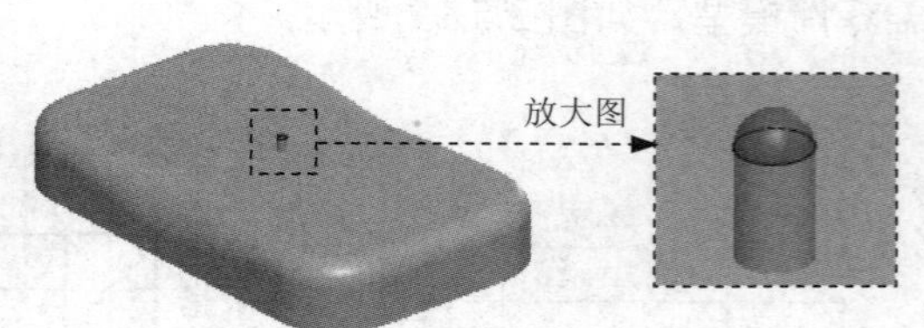

图 2.5.23　圆顶 1

④ 创建填充阵列 1。

a）选择命令。选择下拉菜单 插入(I) → 阵列/镜向(E) → 填充阵列(F)... 命令。

b）定义阵列的填充边界。激活 填充边界(L) 区域的文本框，选取“草图 1”为阵列的填充边界。

c）定义阵列模式。在对话框的 阵列布局(O) 区域中单击（穿孔）按钮。

d）定义阵列尺寸。在按钮后的文本框中输入数值 9.0，在后的文本框中输入数值 60.0，在后的文本框中输入数值 0。

e）定义阵列方向。激活后的文本框，在模型中选取图 2.5.24 所示的草图 1 上的直线作为阵列方向。

f）选择要阵列的特征。在 要阵列的特征(F) 区域中选中 ⊙ 所选特征(U) 单选按钮，在设计树中选择 凸台-拉伸1 和 圆顶1 为要阵列的对象。

g）单击对话框中的按钮，完成填充阵列 1 的创建。

（4）创建图 2.5.25 所示特征——填充阵列 2。

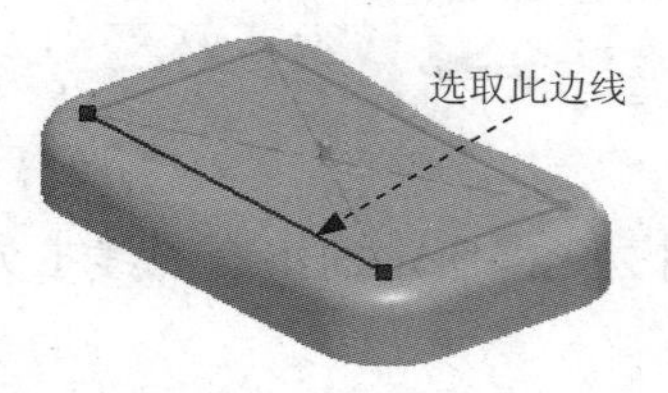

图 2.5.24 阵列方向

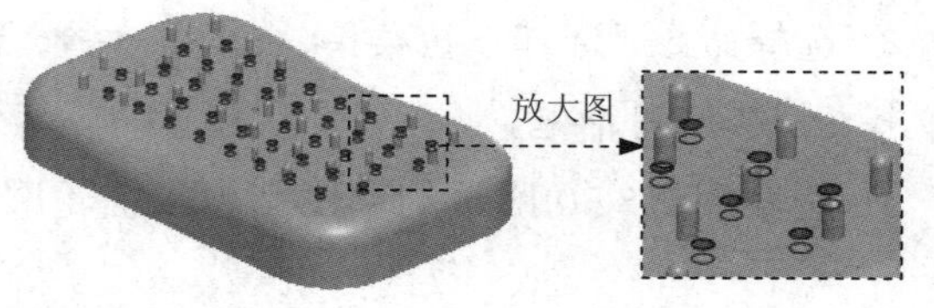

图 2.5.25 填充阵列 2

① 创建要阵列的特征 1——切除-拉伸 1，如图 2.5.26 所示。选取图 2.5.19 所示的模型表面为草图平面，创建图 2.5.27 所示的横断面草图；定义 方向 1 方向的拉伸终止条件为 完全贯穿 选项。

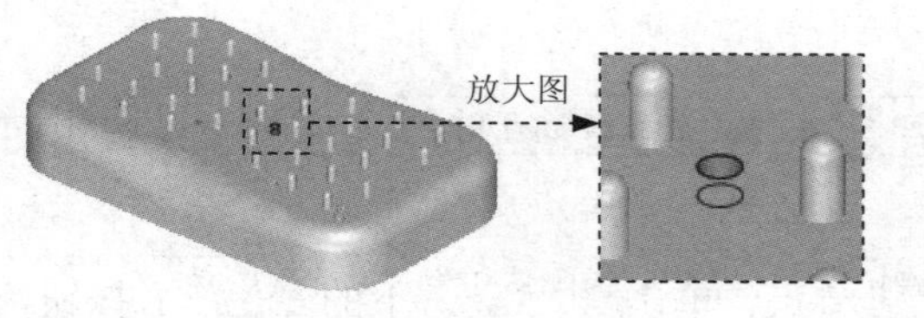

图 2.5.26 切除-拉伸 1

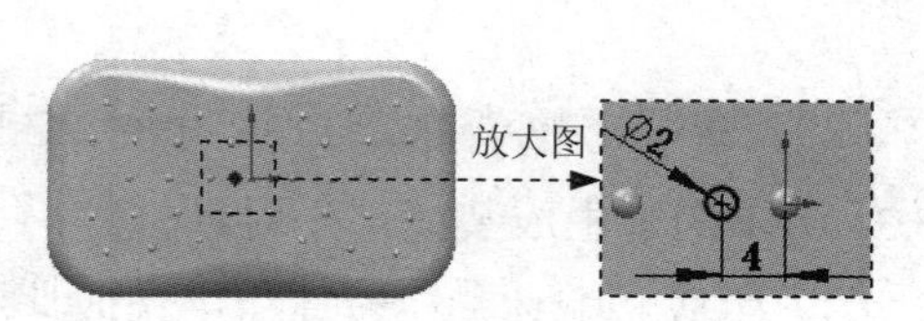

图 2.5.27 横断面草图

② 创建填充阵列 2。

a）选择命令。选择下拉菜单 插入(I) → 阵列/镜向(E) → 填充阵列(F)... 命令。

b）定义阵列的填充边界。激活 填充边界(L) 区域的文本框，选取“草图 1”为阵列的填充边界。

c）定义阵列模式。在对话框的 阵列布局(O) 区域中单击（穿孔）按钮。

d）定义阵列尺寸。在按钮后的文本框中输入数值 9.0，在后的文本框中输入数值 60.0，在后的文本框中输入数值 0。

e）定义阵列方向。激活后的文本框，在模型中选取图 2.5.24 所示的草图 1 上的直线作为阵列方向。

f）选取要阵列的特征。在 要阵列的特征(F) 区域中选中 ⊙ 所选特征(U) 单选按钮，在设计树中选取 切除-拉伸1 为要阵列的对象。

g）单击对话框中的✔按钮，完成填充阵列 2 的创建。

（5）创建图 2.5.28 所示的特征——扫描 1。

① 创建扫描路径。选取模型的内侧闭合的边线，创建图 2.5.29 所示的组合曲线 1。

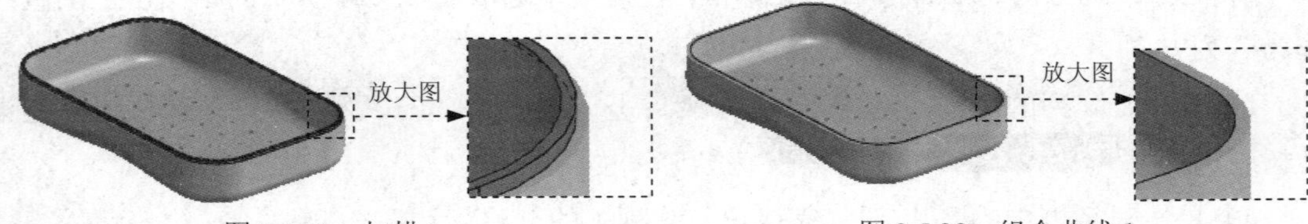

图 2.5.28　扫描 1　　　　图 2.5.29　组合曲线 1

② 创建扫描轮廓。选取右视基准面为草图平面，绘制图 2.5.30 所示的草图 2。

③ 选择命令。选择下拉菜单 插入(I) → 凸台/基体(B) → 扫描(S)... 命令，系统弹出“扫描”对话框。

④ 选取图 2.5.30 所示的草图 2 为扫描轮廓，选取图 2.5.29 所示的组合曲线 1 为扫描路径。

⑤ 单击对话框中的✔按钮，完成扫描 1 的创建。

（6）至此，下盖零件模型创建完毕。选择下拉菜单 文件(F) → 保存(S) 命令，即可保存模型。

Step7. 生成装配体。

（1）打开零件模型。选择下拉菜单 窗口(W) → soap_box.SLDPRT 命令，打开整体零件模型。

（2） 选择下拉菜单 插入(I) → 特征(F) → 生成装配体(C)... 命令，系统弹出图 2.5.31 所示的“生成装配体”对话框。

（3）生成装配体。在设计树中选取 分割1 节点，单击 装配体文件 下的 浏览(W)... 按钮，系统弹出“另存为”对话框，命名为 soap_box 后，单击 保存(S) 按钮保存装配体。单击“生成装配体”对话框中的✔按钮，完成装配体的创建，生成的装配体如图 2.5.32 所示。

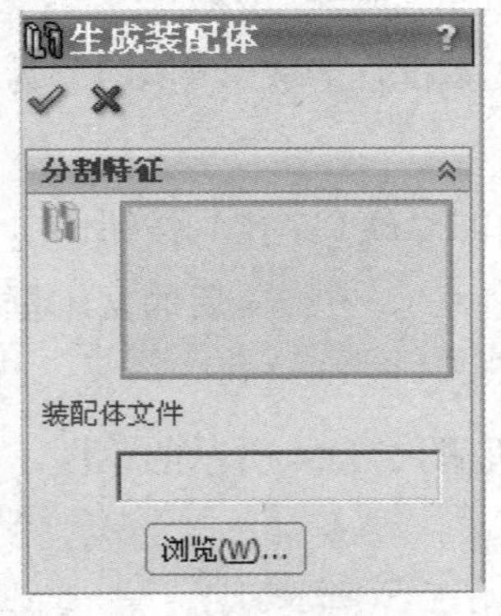

图 2.5.31　“生成装配体”对话框

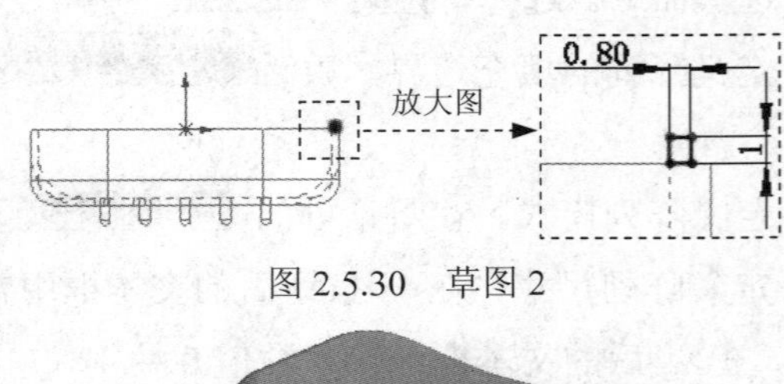

图 2.5.30　草图 2

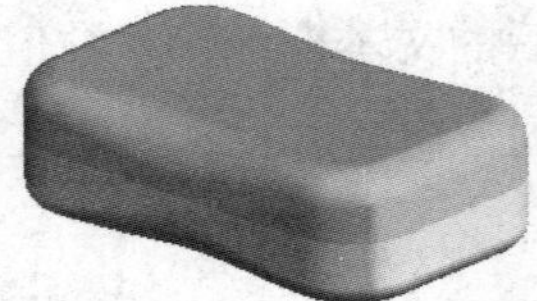

图 2.5.32　生成的装配体

2.6 变　　形

变形特征用于改变模型的局部或整体形状，改变形状时不考虑生成模型的草图或特征的约束。使用一般命令来精确改变模型的形状比较复杂，而使用变形特征却很容易实现，只是不能达到精确改变形状的目的。变形有点变形、曲线到曲线变形和曲面推进变形三种类型，下面将分别对其进行讲解。

2.6.1　点变形

点变形是通过选取边线、模型表面或曲面上的点、顶点或空间中的一点，指定其控制变形的距离和变形的球形半径来实现的。下面通过实例来详细介绍。

Step1. 打开文件 D:\sw14.2\work\ch02.06.01\defrom_point.SLDPRT。

Step2. 选择命令。选择下拉菜单 插入(I) → 特征(F) → 变形(E)... 命令，系统弹出“变形”对话框。

Step3. 定义变形类型。在“变形”对话框的 变形类型(D) 区域中选中 ⊙ 点(P) 单选按钮，此时“变形”对话框如图 2.6.1 所示。

Step4. 定义点变形参数。

（1）定义变形点。在 变形点(P) 区域激活 后的文本框，选取图 2.6.2 所示的模型上的顶点为变形点；激活 后的文本框，选取上视基准面为推进方向参考；在 后的文本框中输入变形的高度值 35.0。

（2）定义变形的区域。在 变形区域(R) 区域 后的文本框中输入变形的半径值 100.0，其他参数采用系统默认设置。

（3）单击 按钮，完成变形的创建，变形后的模型如图 2.6.3 所示。

Step5. 保存模型。

图 2.6.1 所示的“变形”对话框中的各区域说明如下：

- 变形类型(D) 区域：在此区域中可以选择不同的变形类型。
  - ☑ ⊙ 点(P) 单选按钮：通过点对模型进行变形。
  - ☑ ⊙ 曲线到曲线(C) 单选按钮：通过曲线到曲线对模型变形。
  - ☑ ⊙ 曲面推进(F) 单选按钮：通过曲面推进对模型变形。
- 变形点(P) 区域：用于定义变形点的参数。
  - ☑ 文本框：选取一点为变形点。当选取面上的点时，默认的变形方向与该

面垂直；当选取边线上的点时，默认的变形方向为两个相邻面的法线之间的平均值；当选取一个顶点时，默认的变形方向为所有相邻面的法线之间的平均值。

☑ 文本框：变形的高度值。

● 变形区域(R) 区域：用于定义要变形的区域。

☑ 文本框：变形的宽度值。

☑ 变形区域(D) 复选框：当选中该复选框时，激活和后面的两个文本框，可以通过选取面将变形限制在被所选面周边所闭合的区域内。

☑ 文本框：当模型中包含多个实体，要将多个实体变形时，可选取多个实体通过变形点变形。

● 形状选项(O) 区域：用于定义变形的最终形状。

☑ 文本框：当 变形区域(D) 复选框未被选中时，可选取一线性边线、草图直线或平面或基准面为变形轴来控制变形的形状。

☑ 文本框：点变形的刚度层次：最小，如图 2.6.4 所示。

☑ 文本框：点变形的刚度层次：中等，如图 2.6.3 所示。

☑ 文本框：点变形的刚度层次：最大，如图 2.6.5 所示。

☑ 滑块：变形的形状精度。通过移动右侧的滑块来控制变形的形状精度。

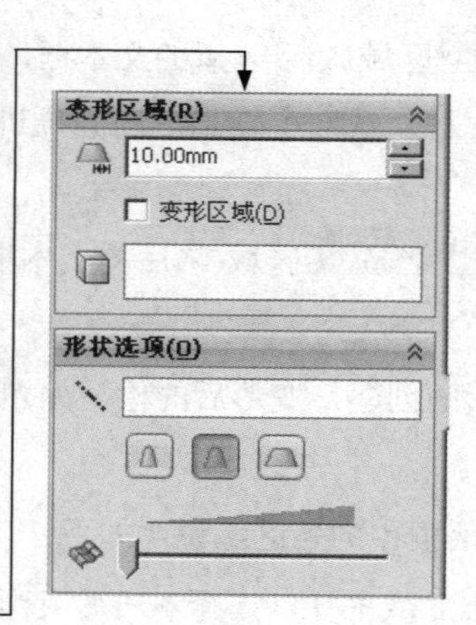

图 2.6.1 “变形”对话框

变形点

图 2.6.2 变形前的模型

图 2.6.3 变形后的模型

图 2.6.4 刚度层次（最小）

图 2.6.5 刚度层次（最大）

2.6.2 曲线到曲线变形

曲线到曲线变形是通过一条初始曲线和一条目标曲线，使弯曲的或线性的实体变成形状复杂的实体。下面通过实例详细介绍。

Step1. 打开文件 D:\sw14.2\work\ch02.06.02\curve_to_curve.SLDPRT。

Step2. 定义初始曲线。选取图 2.6.6 所示的模型表面为草图平面，绘制图 2.6.7 所示的草图 2。

Step3. 定义目标曲线。选取前视基准面为草图平面，绘制图 2.6.8 所示的草图 3。

Step4. 创建变形特征。

(1) 选择命令。选择下拉菜单 插入(I) → 特征(F) → 变形(E)... 命令，系统弹出“变形”对话框。

(2) 定义变形类型。在“变形”对话框 变形类型(D) 区域中选择 ⊙ 曲线到曲线(C) 单选按钮，此时“变形”对话框如图 2.6.9 所示。

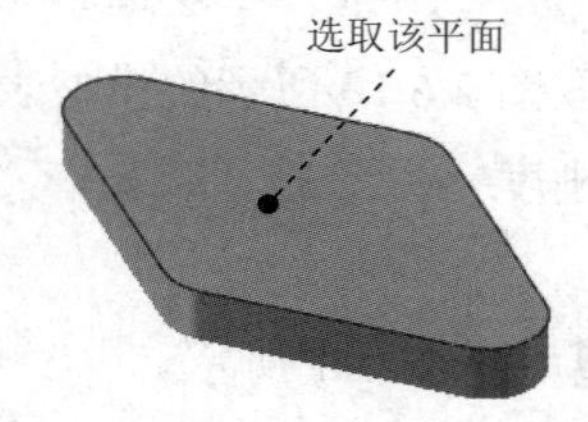

图 2.6.6 草图平面（草图 1）

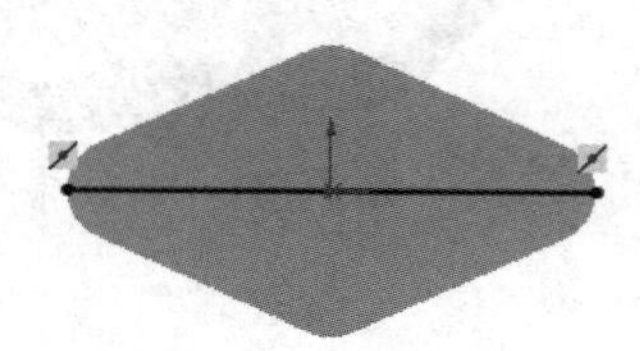

图 2.6.7 草图 2

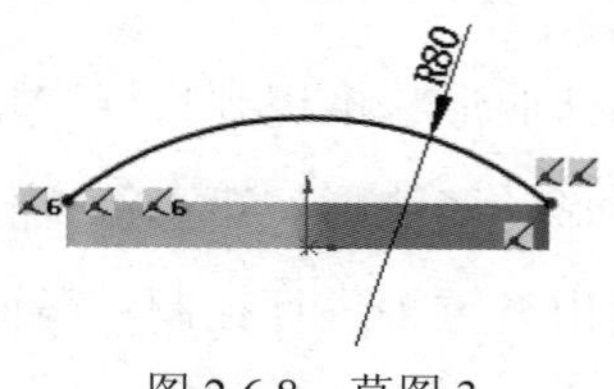

图 2.6.8 草图 3

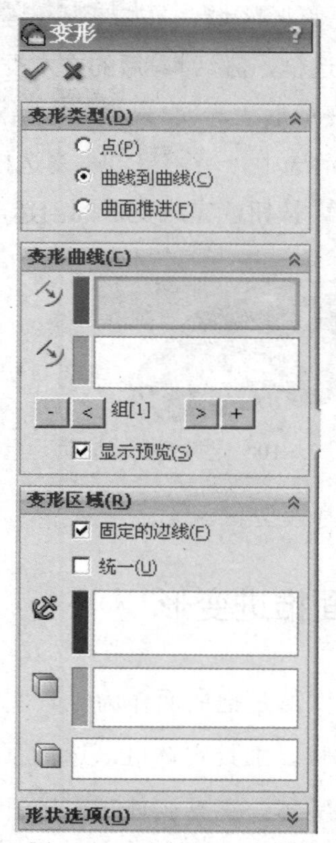

图 2.6.9 “变形”对话框

图 2.6.9 所示的“变形”对话框中的各区域说明如下：

- 变形曲线(C) 区域：用于定义要变形的曲线。
  - ☑ 文本框：初始曲线。可选取一条或多条连续的曲线或边线为一组初始曲线。
  - ☑ 文本框：目标曲线。可选取一条或多条连续的曲线或边线为一组目标曲线。
- 变形区域(R) 区域：用于定义要变形的区域。
  - ☑ ☑ 固定的边线(F) 复选框：选中该复选框时，可防止所选的曲线、边线在变形过程中被移动。
  - ☑ ☐ 统一(U) 复选框：选中此复选框时，在变形过程中尝试保持原模型的特性。
  - ☑ 文本框：固定所选的边线、面、曲线在变形过程中移动、变形。
  - ☑ 文本框：在变形过程中选取额外的面，如不选取任何面，则在变形过程中影响到整个模型。
  - ☑ 文本框：定义要变形的实体。
- 形状选项(O) 区域：用于定义变形的最终形状。

（3）选取初始曲线。激活后的文本框，选取草图 2 为初始曲线。

（4）选取目标曲线。激活后的文本框，选取草图 3 为目标曲线。

（5）定义变形区域。在 变形区域(R) 区域中选中 ☑ 固定的边线(F) 复选框，取消选中 ☐ 统一(U) 复选框，激活后的文本框，在模型中选取图 2.6.10 所示的模型表面。

（6）定义变形形状选项。在 形状选项(O) 中单击（刚度-中等）按钮，选中 ⊙ 曲面相切(T) 单选按钮，取消选中 ☐ 反转相切(R) 复选框。

（7）单击按钮，完成变形的创建，变形后的模型如图 2.6.11 所示。

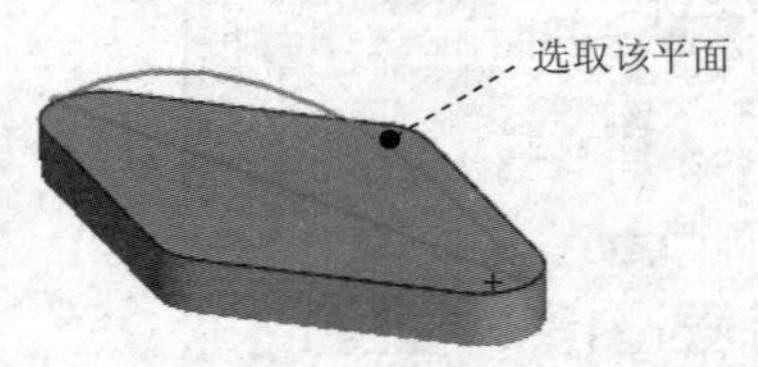

图 2.6.10　定义要变形的面

图 2.6.11　变形

Step5. 保存模型。

2.6.3　曲面推进变形

曲面推进变形是把曲面作为工具实体，使工具实体的形状推进到目标实体，以改变目标实体的形状。工具实体可以选择系统预定义的球形、多边形、矩形等实体，也可以选择自定义的实体。工具实体相对于目标实体的位置由三重轴进行控制。下面通过实例详细介绍。

Step1. 打开文件 D:\sw14.2\work\ch02.06.03\surfac_push_ examples.SLDPRT。

Step2. 选择命令。选择下拉菜单 插入(I) → 特征(F) → 变形(E)... 命令，系统弹出“变形”对话框。

（1）定义变形类型。在“变形”对话框的 变形类型(D) 区域中选中 ⊙ 曲面推进(F) 单选按钮，此时“变形”对话框如图 2.6.12 所示，同时，在绘图区会出现图 2.6.13 所示的三重轴。

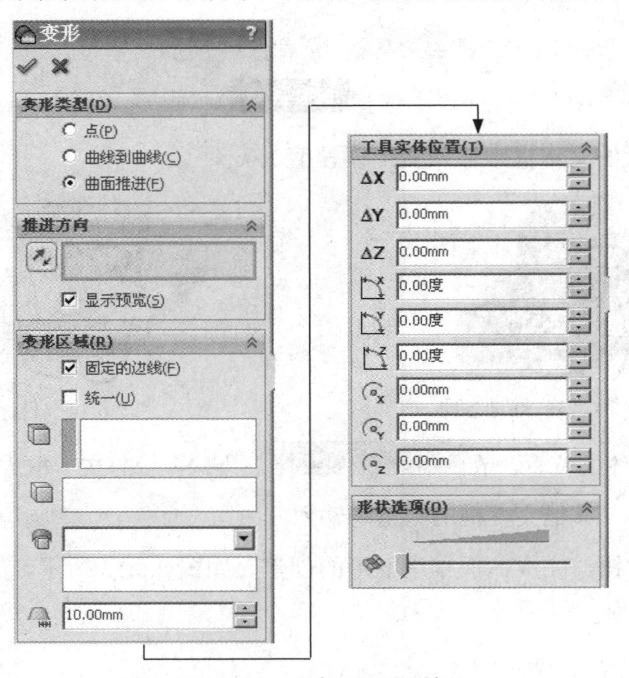

图 2.6.12　“变形”对话框

图 2.6.12 所示的“变形”对话框说明如下：

- 推进方向 区域：变形时推进的方向。当选取面时，推进的方向与所选面垂直；当选取边线时，推进方向为两个相邻面的法线之间的平均值。
- 变形区域(R) 区域：用于定义要变形的区域。
  - ☑ 文本框：选取要变形的面，如果在此处未选中任何面，则相对于整个实体变形。
  - ☑ 文本框：选取要变形的实体。
  - ☑ 文本框：选取要推进的工具实体。
  - ☑ 文本框：为工具实体与目标面或实体相交的相交处指定圆角状半径的变形误差值。
- 工具实体位置(T) 区域：用于精确定位工具实体的位置。
  - ☑ ΔX、ΔY、ΔZ 文本框：沿 X、Y、Z 方向移动工具实体的距离值。

☑ 、、文本框：工具实体沿 X、Y、Z 轴旋转的角度值。

☑ 、、文本框：三重轴 X 轴、Y 轴、Z 轴旋转的角度值。

（2）定义推进方向。激活推进方向区域的文本框，选择图 2.6.13 所示的面为推进方向，单击按钮。

（3） 定义变形区域。在变形区域(R)区域激活后的文本框，选取图 2.6.14 所示的实体为目标实体，在后的下拉列表中选择选择实体选项，选取图 2.6.15 所示的曲面实体为工具实体，在后的文本框中输入变形误差值 1.0。

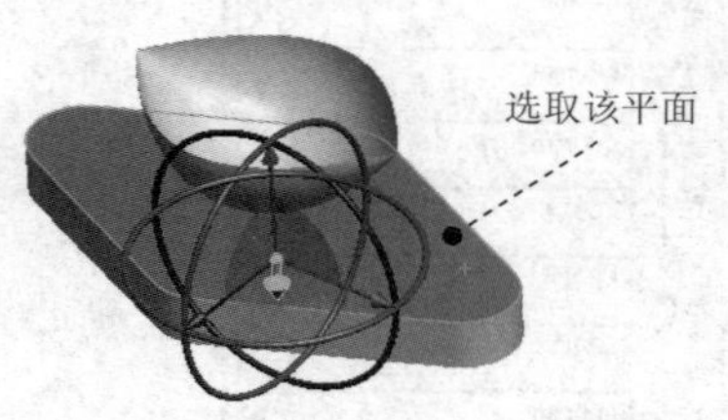

图 2.6.13 推进方向

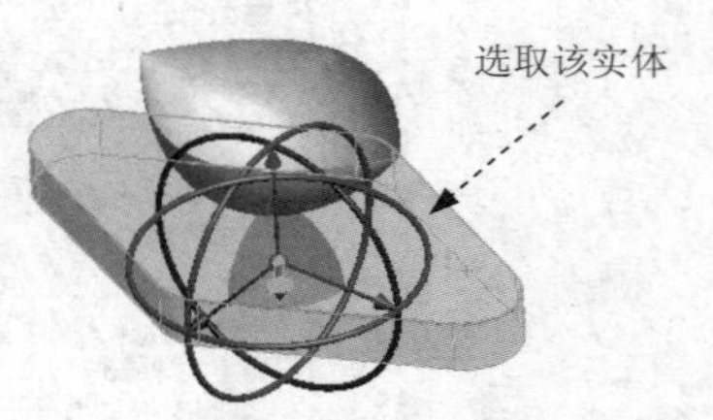

图 2.6.14 目标实体

（4）定义工具体的位置。在工具实体位置(T)区域ΔY后的文本框中输入工具体沿 Y 轴移动的距离值-30.0，其他文本框的数值均输入 0。

（5）单击按钮，完成曲面推进变形的创建，如图 2.6.16 所示。

Step3. 保存模型。

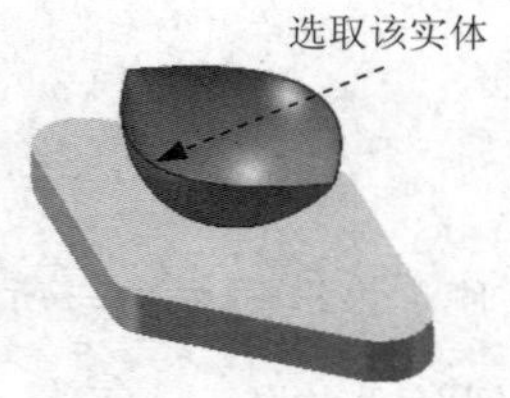

图 2.6.15 工具实体

图 2.6.16 曲面推进的变形

2.7 外部参照

外部参照是指在一个模型中插入并使用另外一个模型。如果插入的模型与源模型不断开连接，当改变源模型的属性时，插入的模型与源模型同步改变；当断开连接时，它们会成为独立的几何体。下面通过一个实例来介绍在新建的模型中应用外部参照的过程。

Step1. 新建一个零件文件。

Step2. 插入外部参照。

（1）选择命令。选择下拉菜单插入(I) → 零件(A)…命令，系统弹出“打开”对

话框。

（2）选择文件。打开文件 D:\sw14.2\work\ch02.07\peg.SLDPRT，单击 打开(O) 按钮，系统弹出图 2.7.1 所示的“插入零件”对话框。

（3）定义转移项。在 转移(T) 区域选中所有复选框，在弹出的 SolidWorks 对话框中单击 确定 按钮。

（4）定义插入零件位置。在 找出零件(L) 区域选中 ☑ 以移动/复制特征找处零件(M) 复选框。

（5）在 链接(K) 区域中取消选中 ☐ 断开与原有零件的连接(R) 复选框。

（6）单击 ✔ 按钮，关闭“插入零件”对话框，此时零件自动定位在原点位置，如图 2.7.2 所示。此时，系统弹出“找出零件”对话框，如图 2.7.3 所示。

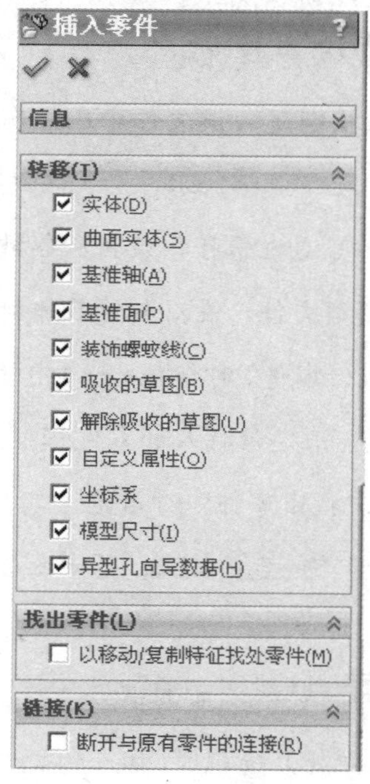

图 2.7.1　“插入零件”对话

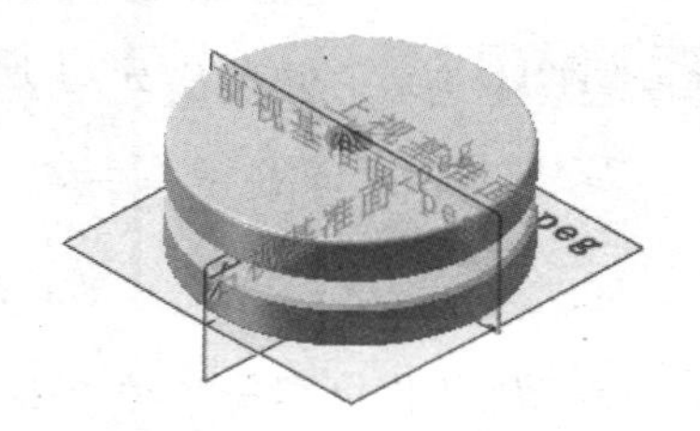

图 2.7.2　插入外部参照

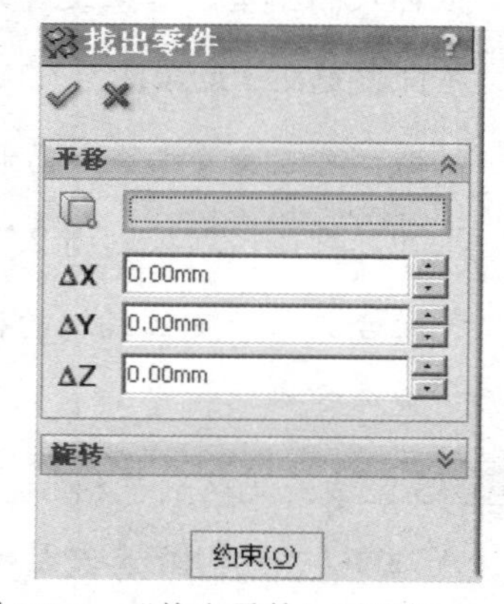

图 2.7.3　“找出零件”对话框（一）

（7）单击“找出零件”对话框中的 ✖ 按钮，关闭该对话框，完成插入外部参照。

Step3. 选择下拉菜单 文件(F) ➡ 保存(S) 命令，将模型命名为 peg_ok。

图 2.7.1 所示的“插入零件”对话框中的各选项说明如下：

- 转移(T) 区域：用于定义要转移的实体类型。
  - ☑ ☑ 实体(D) 复选框：选中此复选框时，插入模型中的所有实体。
  - ☑ ☑ 曲面实体(S) 复选框：选中此复选框时，插入模型中的所有曲面实体。
  - ☑ ☑ 基准轴(A) 复选框：选中此复选框时，插入模型中的所有基准轴。

☑ ☑ 基准面(P) 复选框：选中此复选框时，插入模型中的所有基准面。

☑ ☑ 装饰螺蚊线(C) 复选框：选中此复选框时，插入模型中的所有装饰螺纹线。

☑ ☑ 吸收的草图(B) 复选框：选中此复选框时，插入模型中的所有吸收的草图。

☑ ☑ 解除吸收的草图(U) 复选框：选中此复选框时，插入模型中的所有解除吸收的草图。

☑ ☑ 自定义属性(O) 复选框：选中此复选框时，插入模型中所有的自定义属性，如模型的颜色等。

☑ ☑ 坐标系 复选框：选中此复选框时，插入模型中的所有坐标系。

☑ ☑ 模型尺寸(I) 复选框：选中此复选框时，插入模型中的所有尺寸。

- **找出零件(L)** 区域：此区域包括 ☑ 启动移动对话(M) 复选框。

  ☑ ☑ 启动移动对话(M) 复选框：当要插入模型时，该文件中已经有创建的基体特征，选中此复选框，启动移动对话，在完成插入零件后，系统会弹出图 2.7.3 所示的“找出零件”对话框（一）。可通过平移、旋转和各种配合关系来定位插入的模型，如果文件是新建的模型文件，没有创建基体特征，可取消选中此复选框；激活图 2.7.3 所示的“找出零件”对话框（一）中的 **平移** 和 **旋转** 区域，通过设置平移距离和旋转角度，来定位插入的零件模型；单击 约束(O) 按钮，对话框切换到图 2.7.4 所示的“找出零件”对话框（二），通过设置各种配合关系来定位插入的模型，单击 平移/旋转(R) 按钮，返回图 2.7.3 所示的“找出零件”对话框（一）。

- **连接(K)** 区域：此区域包括 ☐ 断开与原有零件的连接(R) 复选框。

  ☑ ☐ 断开与原有零件的连接(R) 复选框：选中此复选框时，插入的文件与源模型相关联，改变源模型中的形状、大小和基准面等，插入的文件也会跟着变化。如果取消选中该复选框，两个文件不再关联。

说明：本例中，如果在“插入零件”对话框中取消选中 ☐ 断开与原有零件的连接(R) 复选框，要想使插入的零件与源零件模型断开连接，可在模型树中右击 ⊞ peg -> 节点，在弹出的快捷菜单中选择 列举外部参考引用... (C) 命令，在弹出的图 2.7.5 所示的“此项的外部参考：peg”对话框中单击 全部断开(B) 按钮，可断开所有连接。

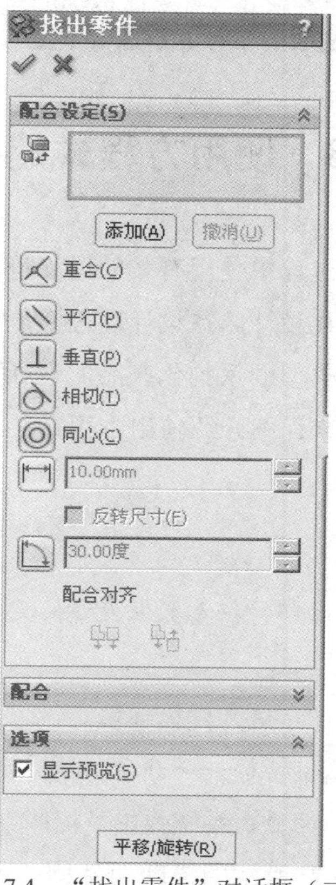

图 2.7.4 “找出零件”对话框（二）

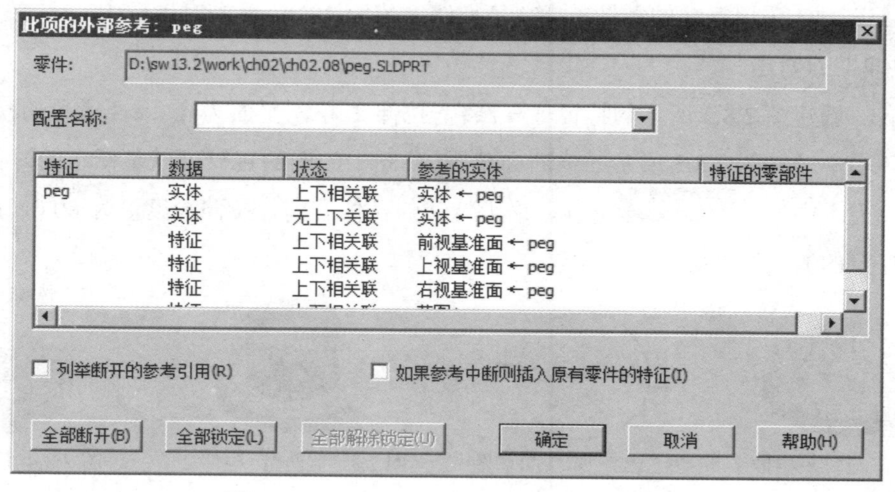

图 2.7.5 “此项的外部参照：peg”对话框

图 2.7.5 所示的“此项的外部参考:peg”对话框的各按钮说明如下：

- 全部断开(B)：单击此按钮，插入的外部参照与源文件模型断开连接，此时改变源文件时，外部参照文件不会改变。
- 全部锁定(L)：单击此按钮，插入的模型文件被锁定。此时无法在此插入一个外部参照文件，单击全部解除锁定(U)按钮时，解除锁定。

2.8 使用方程式建模

使用方程式建模就是在建模过程中使用有效的运算符、函数和常量等，为建模过程中模型的参数创建关系，实现参数化设计。在设计过程中，可以通过修改参数值来改变整体模型的形状。参数化设计是一种典型的系列化产品的设计方法，它使产品的更新换代更加快捷、方便。本节通过两个范例来详细介绍使用方程式参数化设计的全过程。

2.8.1 范例 1

本范例中主要介绍应用模型内部特征参数做变量，定义方程式设计的过程。在建模过程中，应注意变量的引用。

Step1. 新建一个零件模型文件，进入建模环境。

Step2. 创建图 2.8.1 所示的基础特征——凸台-拉伸 1。选择下拉菜单插入(I) → 凸台/基体(B) → 拉伸(E)...命令，系统弹出“拉伸”对话框；选取上视基准面为草图平面，在草图环境中绘制图 2.8.2 所示的横断面草图；在方向 1区域的下拉列表中选择给定深度选项，采用默认的拉伸方向，拉伸深度值为 20.0；单击对话框中的✔按钮，完成凸台-拉伸 1 的创建。

Step3. 创建图 2.8.3 所示的特征——凸台-拉伸 2。草图平面为图 2.8.4 所示的模型表面，在草图环境中绘制图 2.8.5 所示的横断面草图（草图中的圆的直径可以是任意的）；在方向 1区域下拉列表中选择给定深度选项，采用默认的拉伸方向，拉伸深度值为 80.0（此深度值可以是任意的）。

图 2.8.1 凸台-拉伸 1

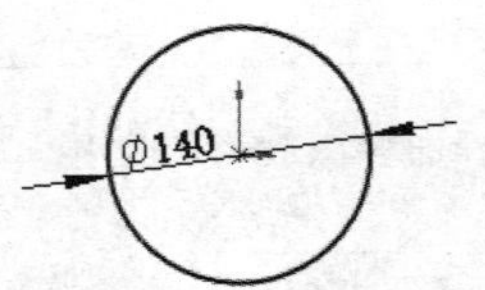

图 2.8.2 横断面草图

图 2.8.3 凸台-拉伸 2

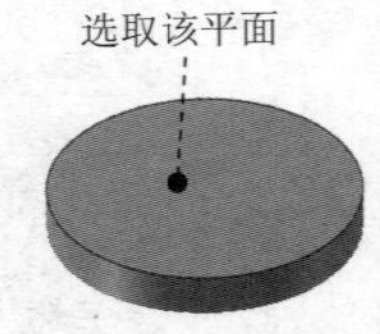

图 2.8.4 草图平面

Step4. 在模型树中右击 注解节点，在弹出的快捷菜单中选择显示特征尺寸 (C)命令，在图形区显示出特征尺寸，如图 2.8.6 所示。

Step5. 创建方程式。

（1）选择下拉菜单工具(T) → 方程式(Q)...命令，系统弹出图 2.8.7 所示的“方程式、整体变量、及尺寸”对话框。

图 2.8.5　横断面草图

图 2.8.6　显示尺寸

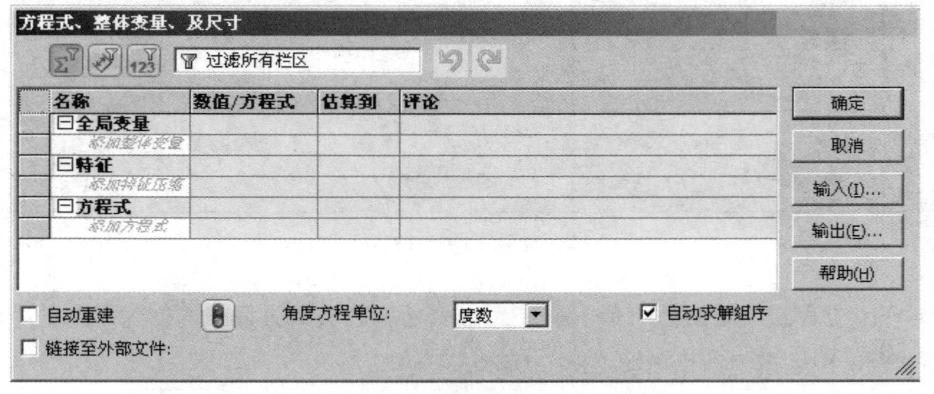

图 2.8.7　“方程式、整体变量、及尺寸”对话框

（2）创建方程式 1。在“方程式、整体变量、及尺寸”对话框中“方程式”下的文本框中单击以激活该文本框。在图形区选取直径尺寸“Ø80”，单击草图 1 中的圆弧直径“Ø140”，再输入值“-30”，确认此时的文本框中的方程式为"D1@草图2" = "D1@草图1" - 30，如图 2.8.8 所示。在“估算到”下的列表中单击，完成方程式 1 的创建。

方程式、整体变量、及尺寸

过滤所有栏区

名称	数值/方程式	估算到	评论
全局变量			
添加整体变量			
特征			
添加特征压缩			
方程式			
"D1@草图2"	= "D1@草图1" - 30	110mm	
添加方程式			

确定　取消　输入(I)...　输出(E)...　帮助(H)

自动重建　角度方程单位: 度数　自动求解组序

链接至外部文件:

图 2.8.8　创建方程式 1

（3）创建方程式 2。在“方程式、整体变量、及尺寸”对话框中“方程式”下的文本框中单击以激活该文本框。在图形区选取“拉伸 2”的拉伸深度值“80”，再单击拉伸 1 的拉伸深度值“20”，输入“*4”，确认此时的文本框中的方程式为"D1@凸台-拉伸2" = "D1@凸台-拉伸1" * 4，在“估算到”下的列表中单击，完成方程式 2 的创建，如图 2.8.9 所示。

方程式、整体变量、及尺寸

过滤所有栏区

名称	数值/方程式	估算到	评论
⊟全局变量			
添加整体变量			
⊟特征			
添加特征压缩			
⊟方程式			
"D1@草图2"	= "D1@草图1" - 30	110mm	
"D1@凸台-拉伸2"	= "D1@凸台-拉伸1" * 4	40mm	
添加方程式			

确定　取消　输入(I)...　输出(E)...　帮助(H)

☐ 自动重建　角度方程单位: 度数　☑ 自动求解组序

☐ 链接至外部文件:

图 2.8.9　创建方程式 2

（4）在“方程式”对话框中单击 确定 按钮，完成方程式的创建，单击“重建模型”按钮，再生模型结果如图 2.8.10 所示。

Step6. 创建图 2.8.11 所示的特征——切除-拉伸 1。选择下拉菜单 文件(F) → 切除(C) → 拉伸(E)... 命令，选取图 2.8.12 所示的模型表面为草图平面，进入草图环境，绘制图 2.8.13 所示的横断面草图；退出草图环境，在 方向 1 区域下拉列表中选择 完全贯穿 选项，采用默认的拉伸方向，单击✔按钮，完成切除-拉伸 1 的创建；在绘图区双击要修改的尺寸值“Ø90”，系统弹出图 2.8.14 所示的“修改”对话框；在尺寸文本框中输入“=”，在图形区单击草图 2 中的圆弧直径“Ø110”，再输入值“-20”，确认此时的文本框中的公式为 = "D1@草图2" - 20 ，单击✔按钮，完成方程式 3 的创建，结果如图 2.8.15 所示。

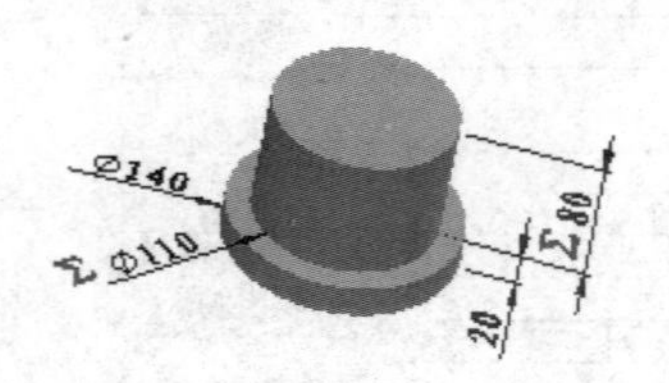

图 2.8.10　再生模型

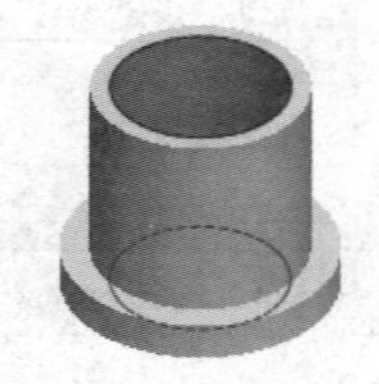

图 2.8.11　切除-拉伸 1

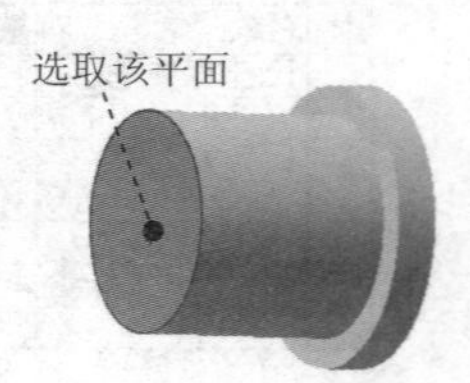

图 2.8.12　草图平面

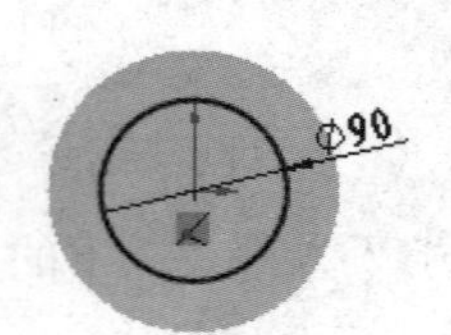

图 2.8.13　横断面草图

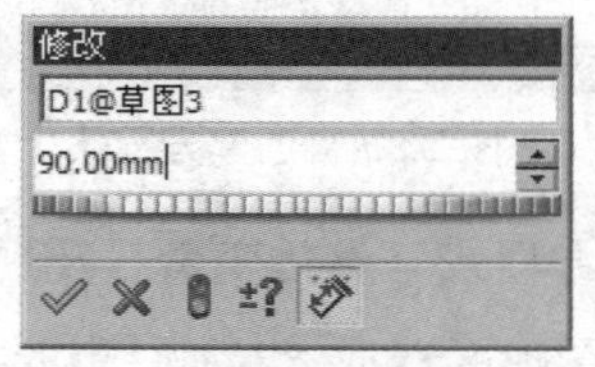

图 2.8.14　“修改”对话框

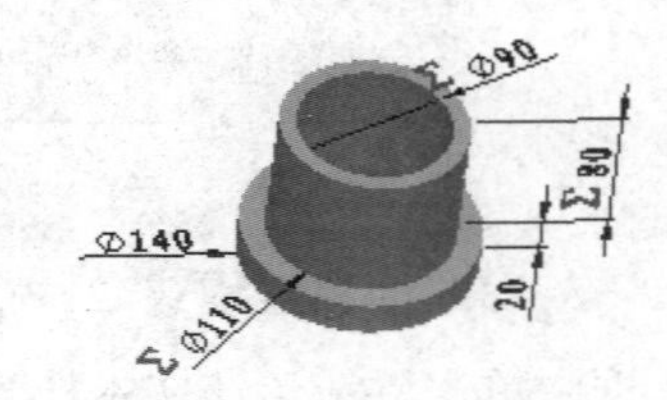

图 2.8.15　横断面草图

Step7. 在设计树中右击 凸台-拉伸1，在弹出的快捷菜单中单击按钮，将凸台-拉伸 1 的拉伸深度值改为“10”，单击✔按钮退出特征编辑环境，此时整个模型的尺寸如图 2.8.16b 所示。

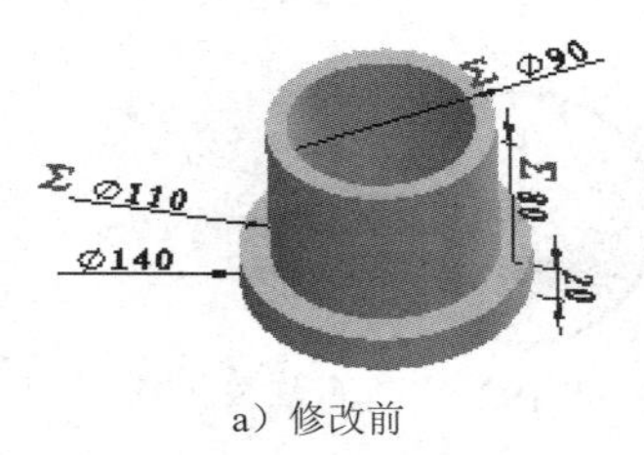

a）修改前

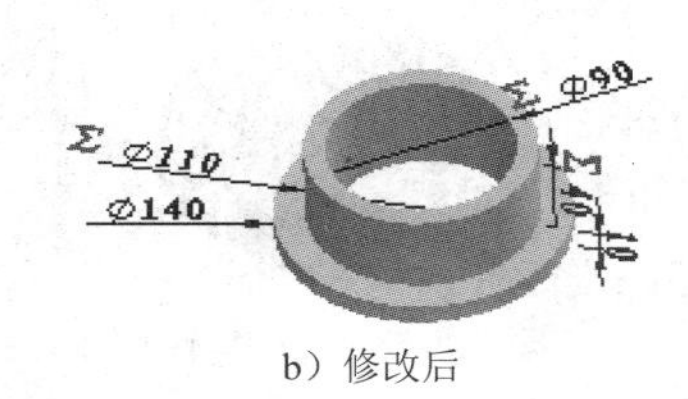

b）修改后

图 2.8.16 修改特征尺寸

Step8. 保存文件。选择下拉菜单 文件(F) ➡ 保存(S) 命令，将模型命名为 sleeve，保存模型。

2.8.2 范例 2

本范例中主要介绍了参数化蜗杆的设计方法，希望读者认真推敲，重点掌握参数化设计思路和蜗杆的设计方法，而不是单纯地学习操作过程。

Step1. 新建一个零件模型文件，进入建模环境。

Step2. 创建方程式 1。选择下拉菜单 工具(T) ➡ Σ 方程式(Q)... 命令；在“方程式、整体变量、及尺寸”对话框“全局变量”下的列表中单击将其激活；在激活的文本框中输入文字“外径”，完成后按 Tab 键将光标移至“数值/方程式”下的文本框中，输入数值“40”并按 Tab 键，完成方程式 1 的创建；参照方程式 1 的创建方法来创建方程式 2“模数”=3 和方程式 3“长度”=150，结果如图 2.8.17 所示。单击 确定 按钮，关闭该对话框。

方程式、整体变量、及尺寸

过滤所有栏区

名称	数值/方程式	估算到	评论
⊟全局变量			
"外径"	= 40	40	
"模数"	= 3	3	
"长度"	= 150	150	
添加整体变量			
⊟特征			
添加特征压缩			
⊟方程式			
添加方程式			

确定　取消　输入(I)...　输出(E)...　帮助(H)

☐ 自动重建　角度方程单位: 度数　☑ 自动求解组序

☐ 链接至外部文件:

图 2.8.17 创建方程式

Step3. 创建图 2.8.18 所示的基础特征——凸台-拉伸 1。选择下拉菜单 插入(I) ➡ 凸台/基体(B) ➡ 拉伸(E)... 命令，系统弹出“拉伸”对话框；选取前视基准面为草图平面，在草图环境中绘制图 2.8.19 所示的横断面草图（圆弧直径任意）；在 方向 1 区域的下拉列表中选择 给定深度 选项，采用默认的拉伸方向，拉伸深度值任意；单击对话框中的 ✔ 按钮，完成凸台-拉伸 1 的创建。

图 2.8.18　凸台-拉伸 1

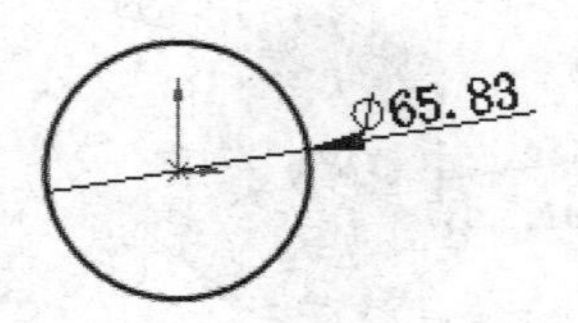

图 2.8.19　横断面草图（草图 1）

Step4. 在模型树中右击 注解 节点，在弹出的快捷菜单中选择 显示特征尺寸 (C) 命令，在图形区显示出特征尺寸，如图 2.8.20 所示。

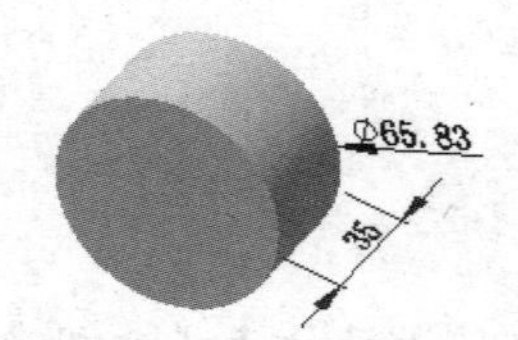

图 2.8.20　显示特征尺寸

Step5. 链接拉伸尺寸。在绘图区双击要修改的尺寸值“25”，系统弹出“修改”对话框，如图 2.8.21 所示；在尺寸文本框中输入“=”，在系统弹出的下拉列表中选择 全局变量 → 长度 (150) 命令，此时尺寸文本框中变为“长度”，如图 2.8.21 所示。单击 ✓ 按钮，完成尺寸的链接；参照尺寸“25”的链接操作，链接尺寸“Ø65.83”等于“外径”；单击“重建”按钮，再生模型结果如图 2.8.22 所示。

Step6. 选取前视基准面为草图平面，绘制图 2.8.23 所示的草图 2。

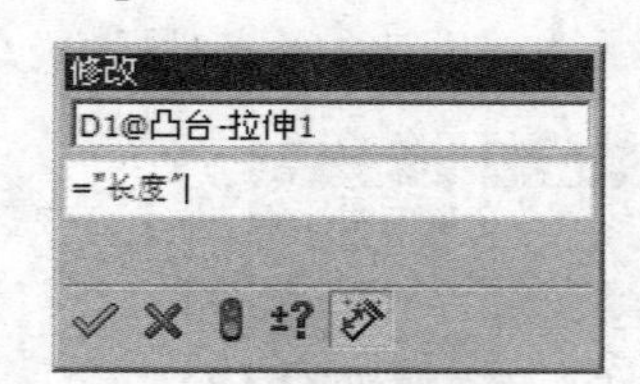

图 2.8.21　“修改”对话框

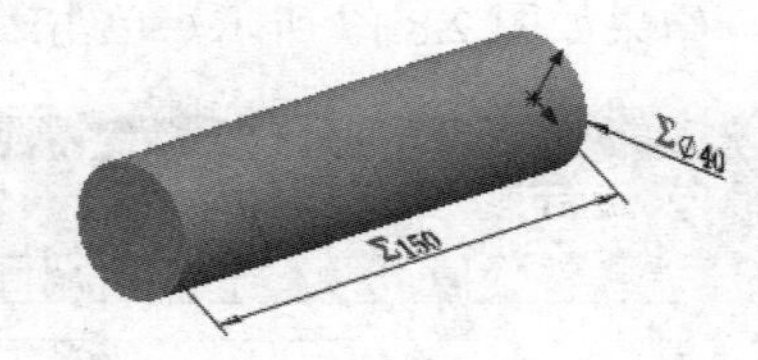

图 2.8.22　再生结果

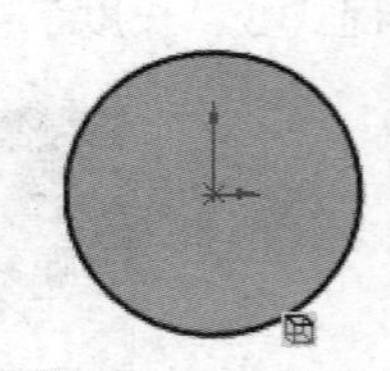

图 2.8.23　草图 2

Step7. 创建图 2.8.24 所示的螺旋线 1。选择下拉菜单 插入(I) → 曲线(U) → 螺旋线/涡状线(H)... 命令；选取草图 2 作为螺旋线的横断面；在 定义方式(D): 区域的下拉列表中选择 高度和螺距 选项；选择旋转方向为 ⊙ 顺时针(C)，起始角为 0 度，在 高度(H): 文本框中输入数值 50，在 螺距(I): 文本框中输入数值 40，其他参数均按系统默认设置；单击 ✓ 按钮，完成螺旋线 1 的创建。

Step8. 创建方程式。双击图 2.8.24 中的尺寸“40”，系统弹出“修改”对话框，在尺寸文本框中输入“= pi * "模数"”，单击 ✓ 按钮，完成方程式的创建；双击图 2.8.24 中的尺寸“50”，系统弹出“修改”对话框，在尺寸文本框中输入“= "长度"”，单击 ✓ 按钮，完成方程式的创建；单击“重建”按钮，再生模型结果如图 2.8.25 所示。

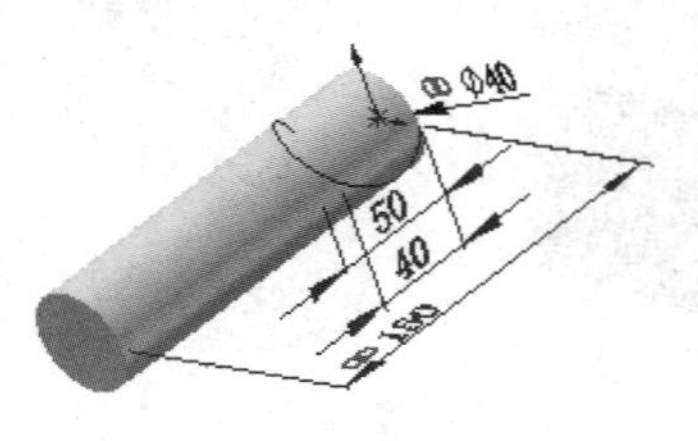

图 2.8.24 螺旋线 1

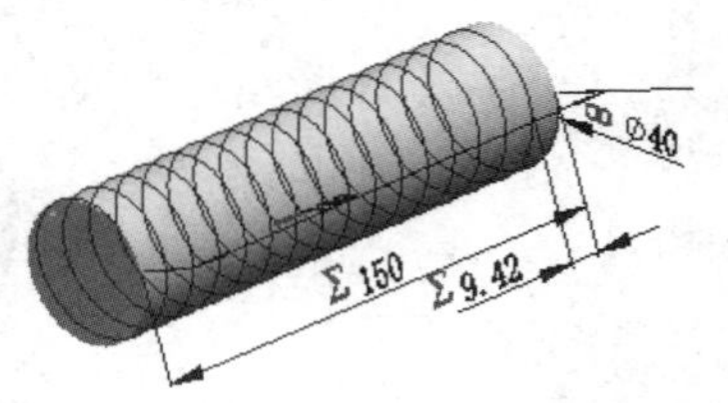

图 2.8.25 再生结果

Step9. 选择上视基准面为草图平面，绘制图 2.8.26 所示的草图 3。绘制图 2.8.26a 所示的草图，创建相应的几何约束；双击图 2.8.26b 所示的尺寸“4.71”，系统弹出“修改”对话框，在尺寸文本框中输入“= (pi * "模数") / 2”，单击✔按钮；依次创建图 2.8.26b 所示的其他尺寸的方程式，图中尺寸“16.70”的方程式为“= ("外径" − 2.2 * "模数") / 2”，尺寸“18.20”的方程式为“= ("外径" − 1.2 * "模数") / 2”，角度尺寸值“20”固定给出。

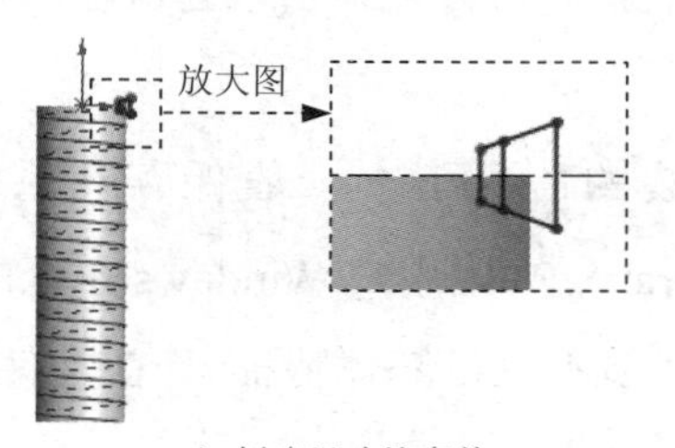

a）创建尺寸约束前

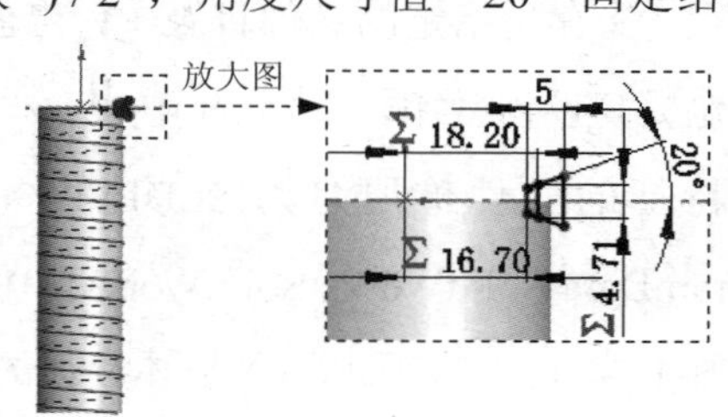

b）创建尺寸约束后

图 2.8.26 草图 3

Step10. 以草图 3 为参考实体，选择上视基准面为草图平面，绘制图 2.8.27 所示的草图 4。

Step11. 创建图 2.8.28 所示的切除-扫描 1。选择下拉菜单 插入(I) ➡ 切除(C) ➡ 扫描(S)... 命令，系统弹出“切除-扫描”对话框；在设计树中选择 草图4 为“切除-扫描 1”的轮廓；在设计树中选择 螺旋线/涡状线1 为“切除-扫描 1”的扫描路径；单击✔按钮，完成切除-扫描 1 的创建。

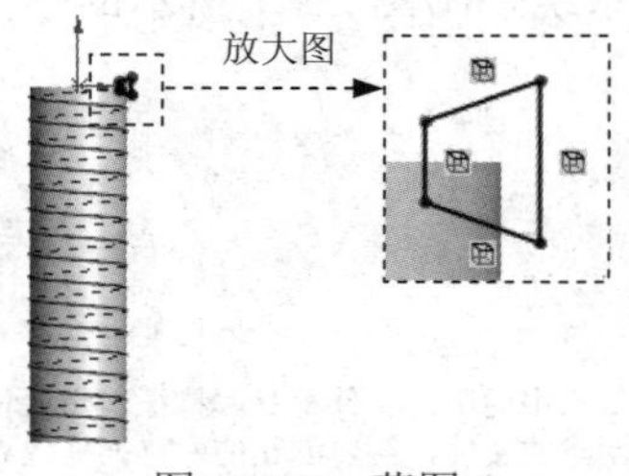

图 2.8.27 草图 4

图 2.8.28 切除-扫描 1

Step12. 将“草图 1”中圆的直径改为“60.0”，单击按钮，重建后的模型如图 2.8.29 所示。

Step13. 保存文件。选择下拉菜单 文件(F) ➡ 保存(S) 命令，将模型命名为 wron，保存模型。

图 2.8.29　重建后的模型

2.9　库　特　征

库特征（Library Feature）与块特征相似，是一组常用的或标准的特征，创建这些常用的特征后，保存到指定的文件目录中，当创建其他文件时，可方便地引入已保存的库特征，能有效地提高设计效率。

库特征的文件扩展名为.SLDLFP，在正常安装的情况下，一般保存在系统目录 C:\ProgramData\SolidWorks\SolidWorks 2014\design library 中（因用户 Windows 系统的区别，可能有所不同）。库特征由加入基体特征的特征组成（但不包括基体特征）。在文件中插入库特征时，文件中必须包含一个有效的基体特征。

零件文件和装配体文件都可以作为设计库的文件使用，但它们只用于单一情况下。将零件文件和装配体文件用于建模时所需的造型，常常会出现不能定位或定位不方便而引起特征创建失败的情况，因而在 SolidWorks 设计库文件中，要使用定位方便的库特征文件（扩展名为.SLDLFP）。

由于库特征包含于 SolidWorks 软件的设计库中，所以在学习库特征之前，我们先要对设计库有一定的了解。

单击 SolidWorks 界面任务对话框中的按钮，系统弹出图 2.9.1 所示的任务对话框。

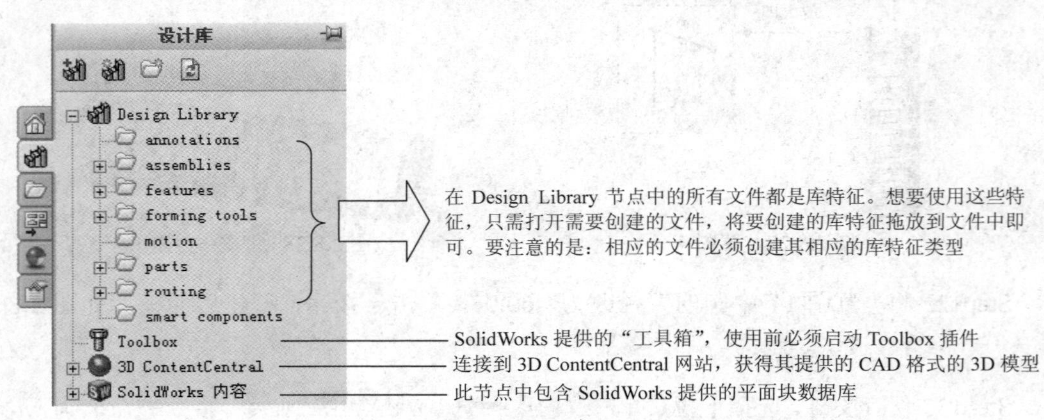

图 2.9.1　设计库的组成

图 2.9.1 所示设计库中各文件所包含内容的作用如下：

annotations	包含常用的注记和公用的标准块，主要在工程图中使用
assemblies	包含装配体和其相关文件，在需要时可直接创建该文件夹中的装配体文件
features	包含所有的库特征文件，是本节所要讲解的重点。其扩展名必须是. SLDLFP
forming tools	包含钣金成形工具
parts	包含一些常用的标准零件
routing	包含管线有关文件

2.9.1 使用库特征建模

使用库特征建模是在有基体特征或基准面的文件中插入库特征文件进行建模。下面以一个实例来介绍使用库特征文件建模的过程。

Step1. 打开文件 D:\sw14.2\work\ch02.9.01\axostyle.SLDPRT，如图 2.9.2 所示。

Step2. 打开设计库。单击右侧任务窗格上的按钮，展开“设计库”窗口，单击右上角的“图钉”按钮，钉住窗口，使其不随操作自动关闭。

Step3. 单击展开设计库节点 design library，单击展开节点 features，选中 metric 节点下的 keyways 文件夹，此时在窗口下侧出现几种常用键槽预览图。

说明： *在 features 文件夹中包含 SolidWorks 提供的所有库特征文件，其中有三个文件夹：inch（英制）、metri（米制）和 Sheetmetal（钣金），这些都是相关的各种库特征。这些文件夹中还包括 hole patterns（孔阵列）、keyways（常用键槽）、retaining ring grooves（扣环槽）及 fluid power ports（沉孔）等，这些文件夹中的文件必须是库特征文件。*

Step4. 创建键槽特征。

（1）选择要创建的键槽类型。选中预览区的文件 keyway (bs 4235 - part i)，按住鼠标左键不放，将其拖到视图区后松开鼠标，此时系统弹出图 2.9.3 所示的“keyway (bs 4235 - part i)”对话框（一）。

（2）选择方位基准面。单击激活 方位基准面(P) 区域下的文本框，选择图 2.9.2 所示的模型表面为库特征的方位基准面。

（3）选择配置类型。在 配置(C): 区域单击 > 58-65mm OD (18x11 key) 选项，此时在视图区出现图 2.9.4 所示的预览窗口。

（4）选择参考边线。选择图 2.9.5 所示的边线为放置键槽的参考边线，此时预览窗口自动关闭。

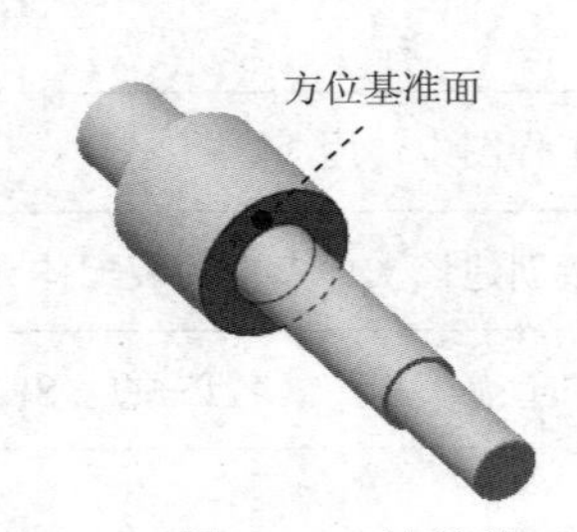

图 2.9.2　轴零件

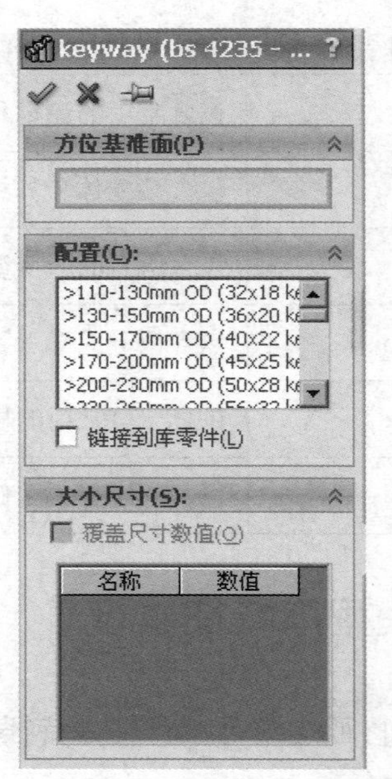

图 2.9.3　“keyway (bs 4235 - part i)”对话框（一）

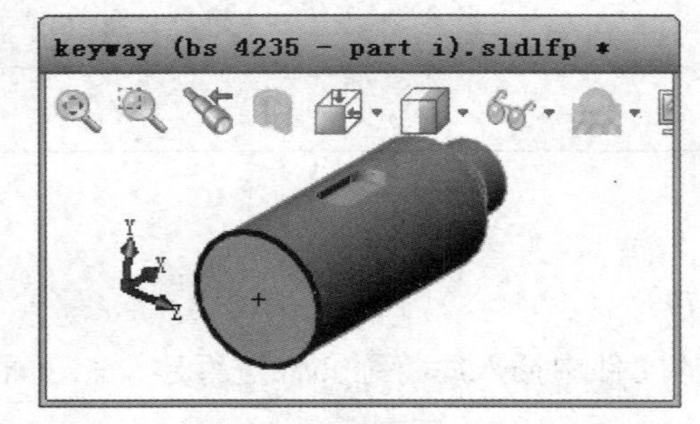

图 2.9.4 预览窗口

（5）修改定位尺寸。在图 2.9.6 所示的对话框的 定位尺寸(L): 区域的列表中单击 Distance from end face 后的数值，将其修改为 25.0。

（6）单击对话框中的 按钮，完成库特征键槽 keyway (bs 4235 - part i)<1>的创建，结果如图 2.9.7 所示。

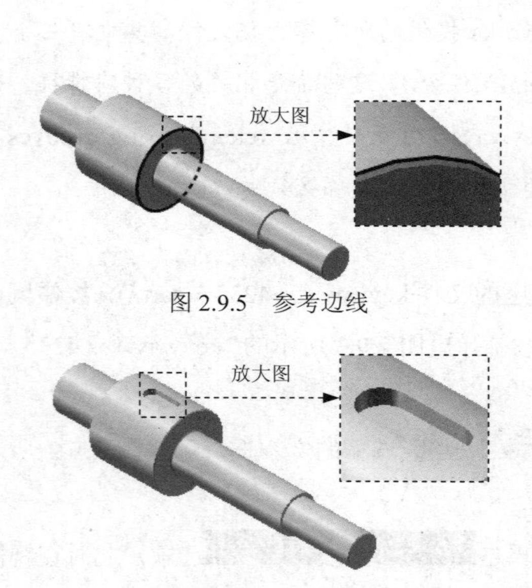

图 2.9.5　参考边线

图 2.9.7　键槽

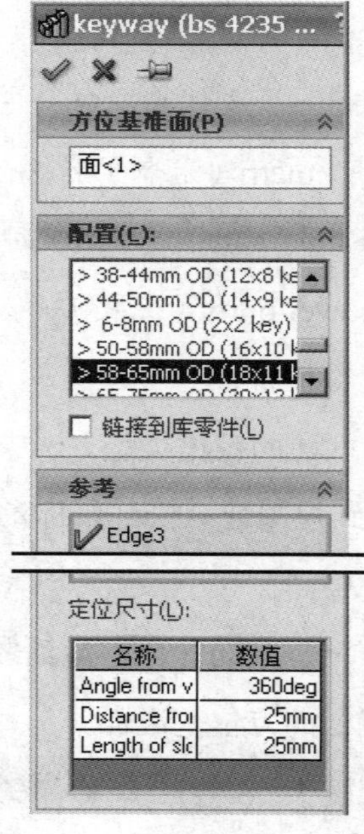

图 2.9.6　“keyway (bs 4235 - part i)”对话框（二）

Step5. 单击展开设计库中的节点 metric，单击展开 o-ring grooves 节点，选中 bs 4518 文件夹，此时在窗口下侧出现几种槽的预览图。

Step6. 创建槽特征。

（1）选择要创建的槽类型。选中预览区的文件 pneumatic seal ，按住鼠标左键不放，将其拖到视图区松开鼠标，此时系统弹出“pneumatic seal”对话框。

（2）选择配置类型。在 配置(C): 区域任意选中一选项，此时在视图区出现图 2.9.8 所示的预览窗口。

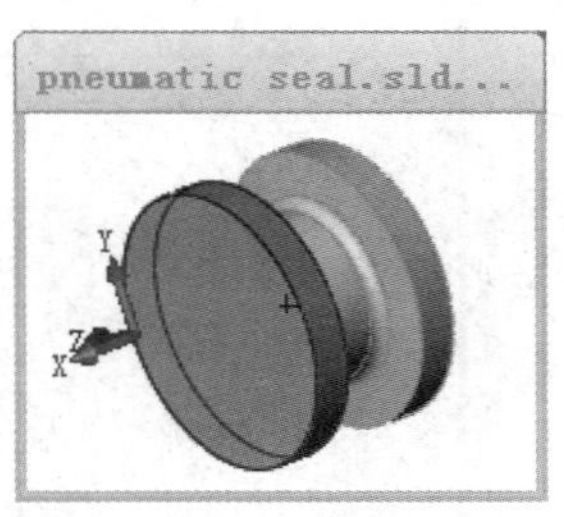

图 2.9.8 预览窗口（选取参考面）

（3）选择参考面。选择图 2.9.9 所示的模型表面为库特征的参考面，此时预览窗口自动转换为图 2.9.10 所示的预览窗口。

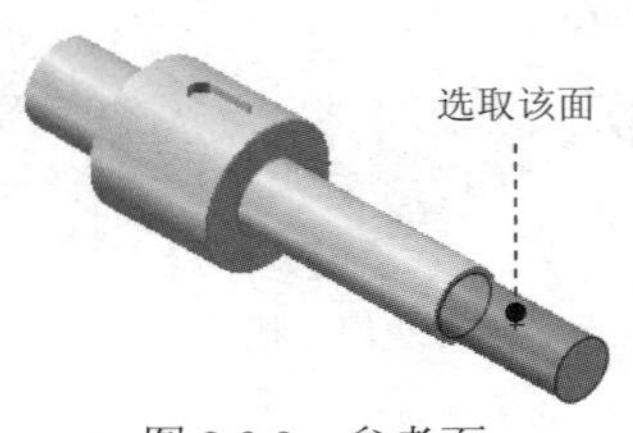

图 2.9.9 参考面

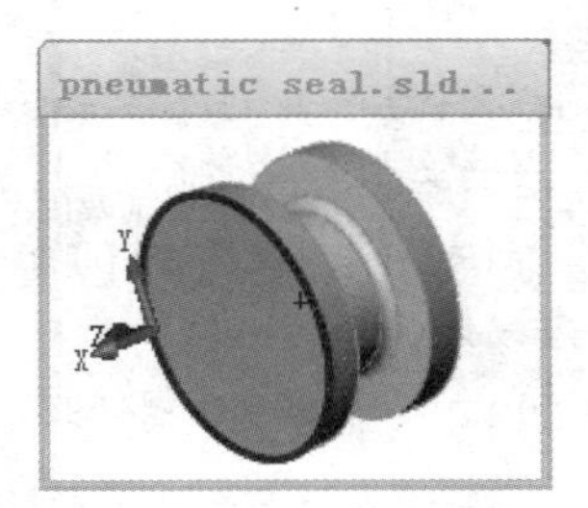

图 2.9.10 预览窗口（选取参考边线）

（4）选择参考边线。选择图 2.9.11 所示的边线为参考边线，此时预览窗口自动关闭。

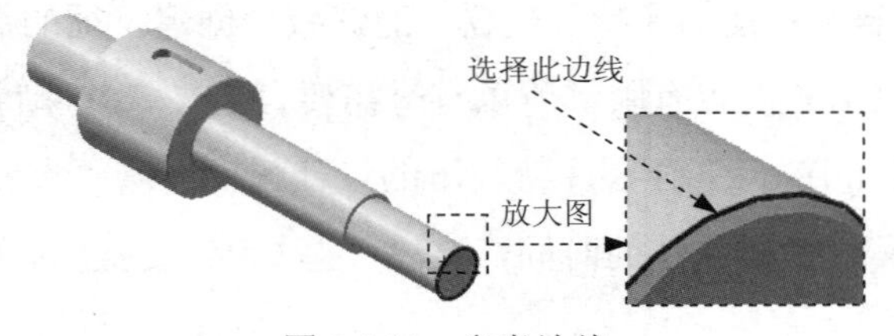

图 2.9.11 参考边线

（5）修改定位尺寸。在图 2.9.12 所示的对话框的 定位尺寸(L): 下的列表中单击 Location 后的数值，将其修改为 88.0。

（6）修改库特征的大小尺寸。在 大小尺寸(S): 区域选中 ☑ 覆盖尺寸数值(O) 复选框，此时 大小尺寸(S): 区域中的所有表格被激活，将表格中的数值修改为图 2.9.12 所示的对话框中的值。

（7）单击对话框中的 ✓ 按钮，完成库特征键槽 pneumatic seal<1>的创建，如图 2.9.13 所示。

Step7. 保存文件。选择下拉菜单 文件(F) → 保存(S) 命令，保存模型。

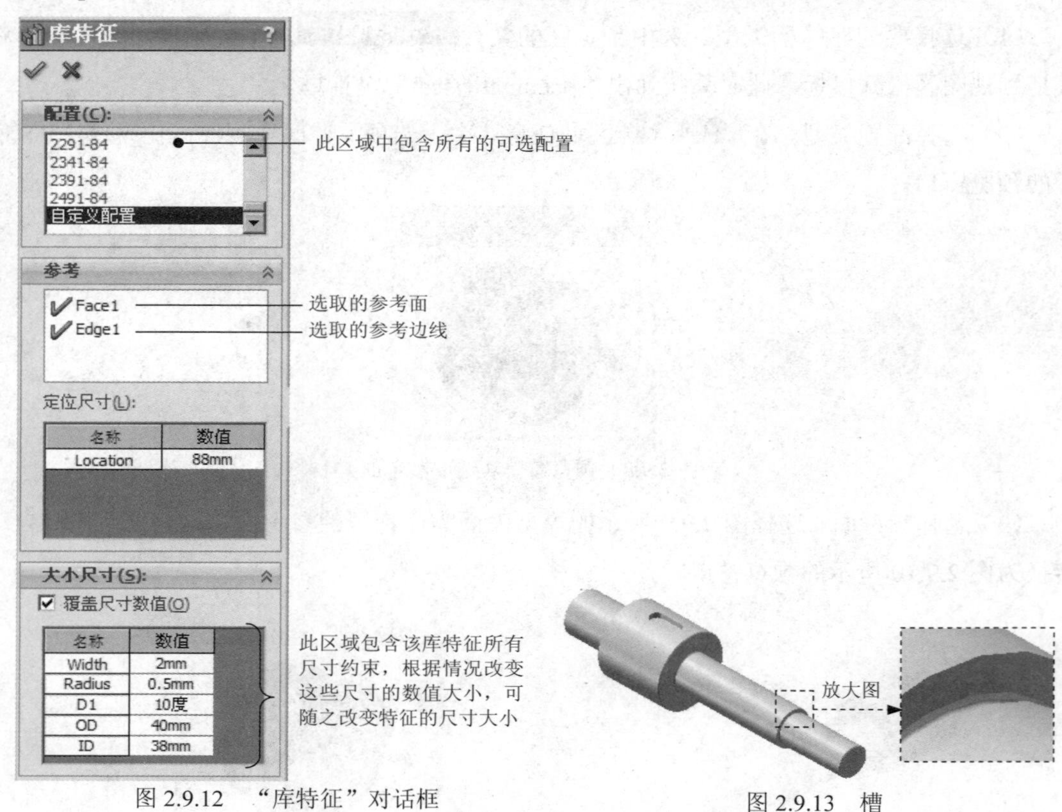

图 2.9.12 “库特征”对话框　　　　图 2.9.13 槽

2.9.2 新建库特征

从 2.9.1 节中我们了解到：使用库特征建模，能够减少创建特征的数量，以提高设计效率。由于系统设计库中包括的内容有限，所以有时需要自定义一些库特征文件。

当新建库特征时，SolidWorks 会在库特征下的设计树中新增“参考”和“尺寸”属性选项，而且为了减少定义库特征属性的时间，减少一些标准件创建的次数，还需要为库特征创建更多的配置。

参考：在文件中插入库特征时，需要定义库特征的参照，如放置面或基准面等。库特征至少包含一个参照，即放置特征的基准面。可在基体特征的尺寸标注中标注要创建为库特征的特征，或在创建库特征时加入约束条件。

尺寸：在库特征设计树中的尺寸分为一般尺寸、找出尺寸和内部尺寸三种。“一般尺寸”是指在插入库特征时出现在 大小尺寸(S): 区域中的尺寸，当选中 ☑ 覆盖尺寸数值(O) 复选框时，可以重新定义库特征大小；“找出尺寸”指用于指定库特征位置的尺寸；内部尺寸是指在插入库特征时，不希望更改其大小的尺寸。将一般尺寸变为找出尺寸或内部尺寸，只需在设

计树中将其选中，然后拖放到其相应的文件夹中即可。

配置：对同类且不同大小的标准特征，如钻孔、标准螺纹孔、键槽等配置，在插入库特征时，只需在 配置(C): 区域选择合适的配置而不用再改变其参数。

将一个或多个特征制作成一个库特征，除在建模时能够大大节约时间，还可以确保模型的一致性，下面通过实例来介绍新建库特征并使用其建模的过程。

Step1. 在 C:\Documents and Settings\All Users\Application Data\SolidWorks\SolidWorks 2014\design library\features 目录下，创建名为“user_defined”的文件夹。

说明： 创建此文件夹是为了方便存放用户自定义的库特征，若不需要，则此步可省去。

Step2. 新建一个零件文件。

Step3. 创建图 2.9.14 所示的基体特征——旋转 1。

（1）定义草图。选取前视基准面为草图平面，绘制图 2.9.15 所示的横断面草图 1，并创建旋转轴。

图 2.9.14　旋转 1

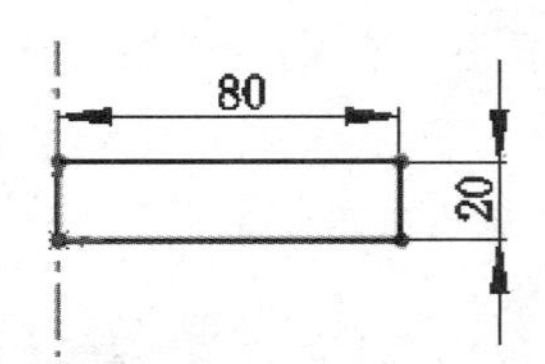

图 2.9.15　横断面草图

（2）定义旋转属性。选取草图中创建的中心线为旋转轴，旋转角度值为 360.0。

Step4. 创建图 2.9.16 所示的特征——切除-拉伸 1。

（1）定义横断面草图。选择图 2.9.17 所示的模型表面为草图平面，在草图环境中绘制图 2.9.18 所示的横断面草图 2。

注意： 在绘制图 2.9.18 所示的横断面草图时，应注意几何约束的创建，避免与原点创建相关的几何约束。如果已创建，则需要以其他几何约束代替，否则创建的库特征会增加不必要的参考元素。本例中为了创建边线作为参考，需要使用草图中圆弧与模型边线同心约束替代圆弧的圆心与原点重合约束。

（2）定义拉伸属性。退出草图后，在弹出的“切除-拉伸”对话框的 方向 1 区域下拉列表中选择 成形到下一面 选项。

（3）单击 ✓ 按钮，完成切除-拉伸 1 的创建。

图 2.9.16　切除-拉伸 1

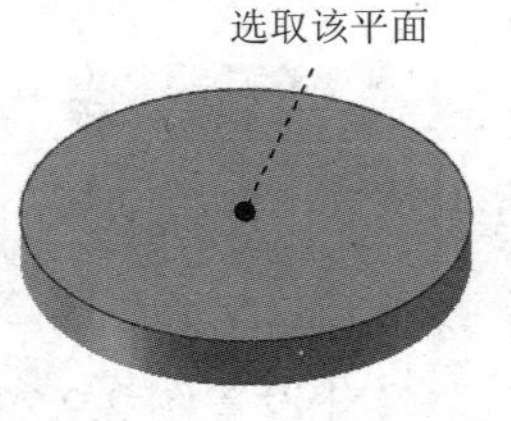

图 2.9.17　草图平面

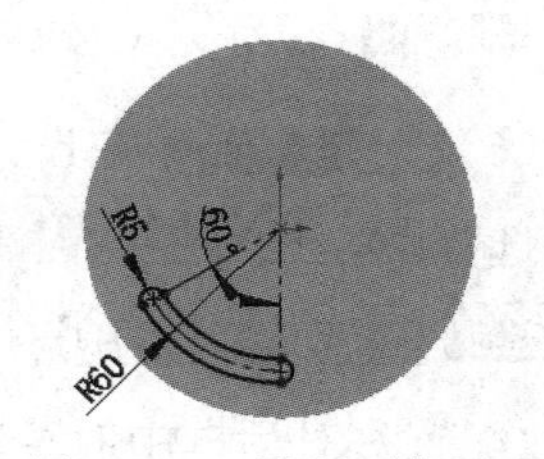

图 2.9.18　横断面草图 2

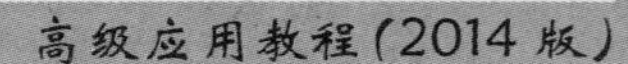

Step5. 创建图 2.9.19b 所示的特征——圆角 1。

（1）选择命令。选择下拉菜单 插入(I) → 特征(F) → 圆角(F)... 命令，系统弹出“圆角”对话框。

（2）定义要圆角的对象。选取图 2.9.19a 所示的面为要圆角的对象。

（3）定义圆角半径。在后的文本框中输入圆角半径值 2.0。

（4）单击按钮，完成圆角 1 的创建。

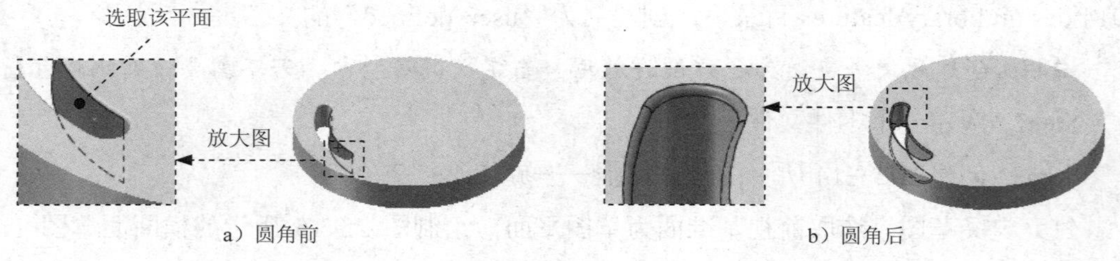

a）圆角前　　b）圆角后

图 2.9.19　圆角 1

Step6. 为草图 1 分别创建图 2.9.20、图 2.9.21 和图 2.9.22 所示的三个配置，并删除默认配置。

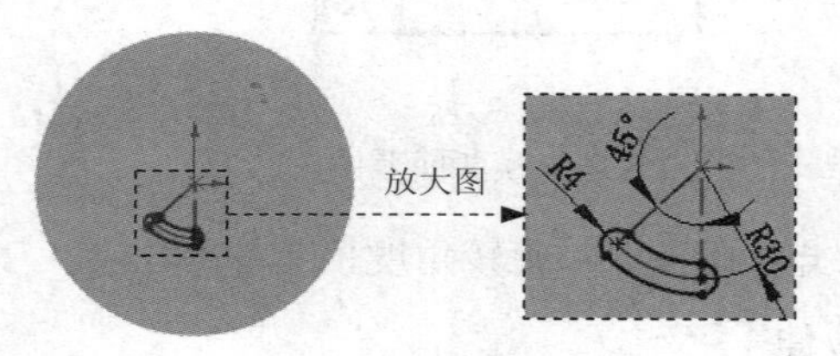

图 2.9.20　配置 1

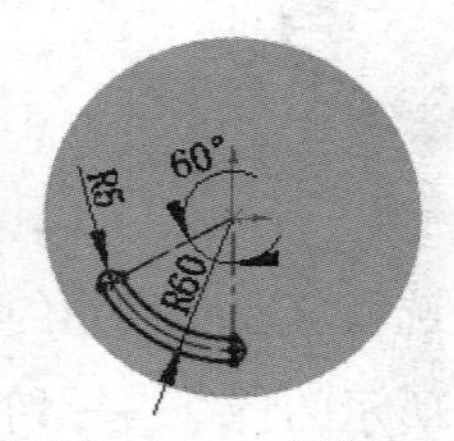

图 2.9.21　配置 2

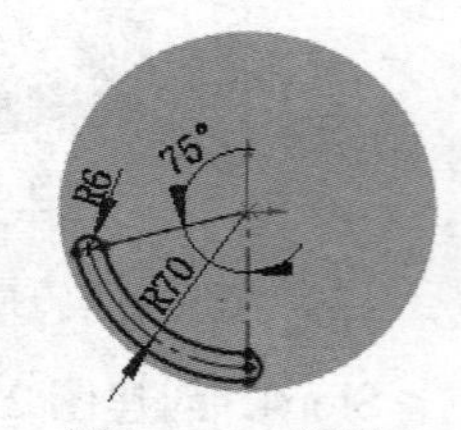

图 2.9.22　配置 3

（1）单击设计树顶部的配置选项卡，系统显示配置区域；在配置区域中右击 零件1 配置，在弹出的快捷菜单中选择 添加配置... (E) 命令，系统弹出“创建配置”对话框。

（2）在“创建配置”对话框 配置属性 区域的 配置名称(N): 下的文本框中输入配置名称“配置 1”，其他参数采用系统默认设置。

（3）单击按钮，完成配置 1 的创建。

（4）依照“配置 1”的创建方法，依次创建“配置 2”和“配置 3”。

（5）删除默认配置。在配置对话框右击 默认[零件1]，在弹出的快捷菜单中选择 删除 (D) 命令，删除默认配置。

（6）创建配置。在设计树中右击 切除-拉伸1 节点下的 草图2，在弹出的快捷菜单中选择 配置特征 (K) 命令，系统弹出“修改配置”对话框；选中“修改配置”对话框 草图2 下拉列表中的所有复选框，参照图 2.9.20、图 2.9.21 和图 2.9.22 所示的尺寸值，在“修改配置”对话框中对草图 2 的三个尺寸设置图 2.9.23 所示的配置，单击 确定(O) 按钮，关闭“修改配置”对话框。

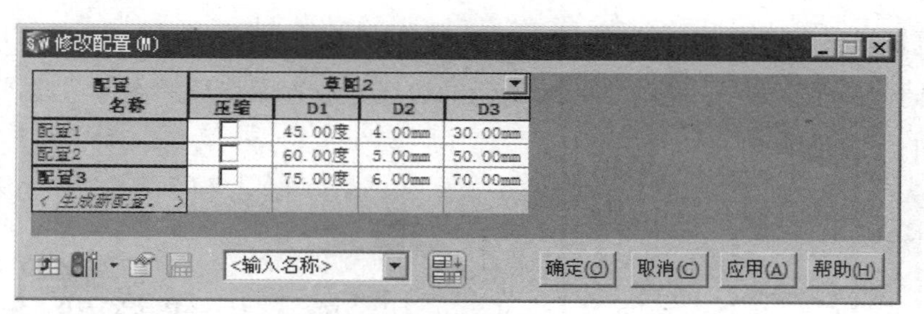

图 2.9.23 “修改配置”对话框

Step7. 保存库特征。按住 Ctrl 键，在设计树中选择 切除-拉伸1 和 圆角1 ，在右侧的“设计库”窗口中单击 按钮，系统弹出“添加到库”对话框；在 保存到(S) 区域 文件名称: 下的文本框中输入要保存的文件名 user_defined_groove，在 设计库文件夹: 下单击展开 design library 节点，选中 features 节点下的 user_defined 文件夹；单击 按钮，保存库特征。

Step8. 定义尺寸。

（1）在右侧的“设计库”窗口中，双击打开 Step6 中保存的库特征 user_defined_groove.sldflp。

（2）在设计树中单击展开 尺寸 文件夹，将图 2.9.24 所示的圆弧半径的尺寸拖放至 找出尺寸 中，将 D1@圆角1 拖放至 内部尺寸 中。

Step9. 保存修改。选择下拉菜单 文件(F) ➡ 保存(S) 命令，保存修改，完成后关闭文件窗口。

Step10. 打开文件 D:\sw14.2\work\ch02.9.02\wheel.SLDPRT，如图 2.9.25 所示。

Step11. 打开设计库。单击右侧任务窗格中的 按钮，系统展开“设计”对话框。

Step12. 单击展开设计库 design library ，单击展开节点 features ，选中 user_defined 文件夹，此时在任务对话框出现预览图。

Step13. 创建库特征。

（1）选择要创建的库特征。选中预览区的库特征 user_defined_groove.sldflp，按住鼠标左键不放，将其拖到视图区松开鼠标，此时系统弹出 user_defined_groove 对话框。

（2）选择方位基准面。单击以激活 方位基准面(P) 区域下的文本框，选取图 2.9.26 所示的模型表面为库特征的方位基准面。

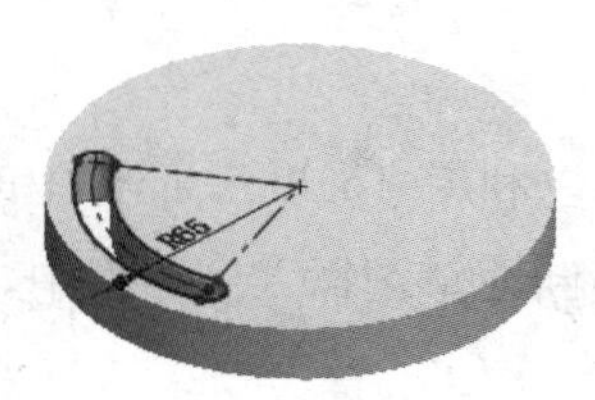

图 2.9.24 找出尺寸

图 2.9.25 打开文件

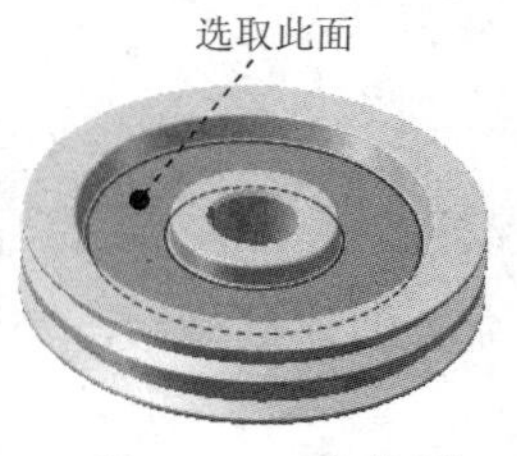

图 2.9.26 方位面

（3）选择配置类型。在 配置(C): 区域单击 配置2 选项，此时在视图区出现图 2.9.27 所示的预览窗口。

（4）选择参考边线。选取图 2.9.28 所示的边线为放置库特征的参考边线，此时预览窗口自动关闭。

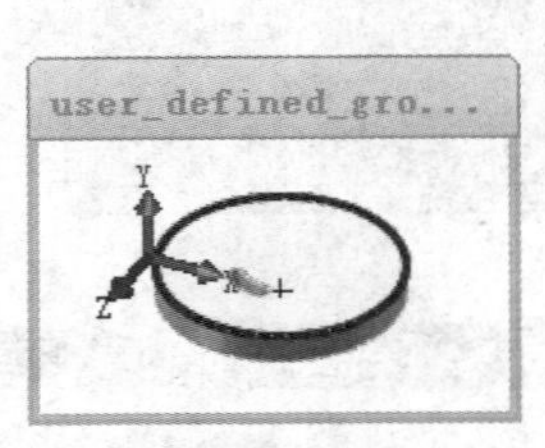

图 2.9.27 预览窗口

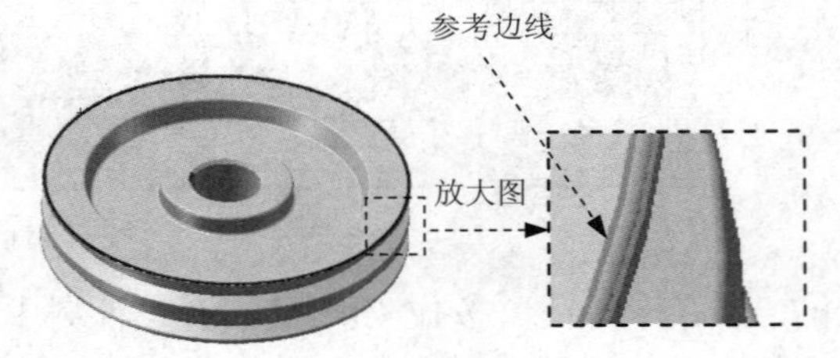

图 2.9.28 参考边线

（5）单击对话框中的 ✓ 按钮，完成库特征键槽 user_defined_groove<1>的创建。

Step14. 创建图 2.9.29b 所示的库特征阵列（圆周）1。

（1）选择命令。选择下拉菜单 插入(I) → 阵列/镜向(E) → 圆周阵列(C)... 命令。

（2）定义阵列轴。显示临时轴，选取图 2.9.29a 所示的轴为阵列轴。

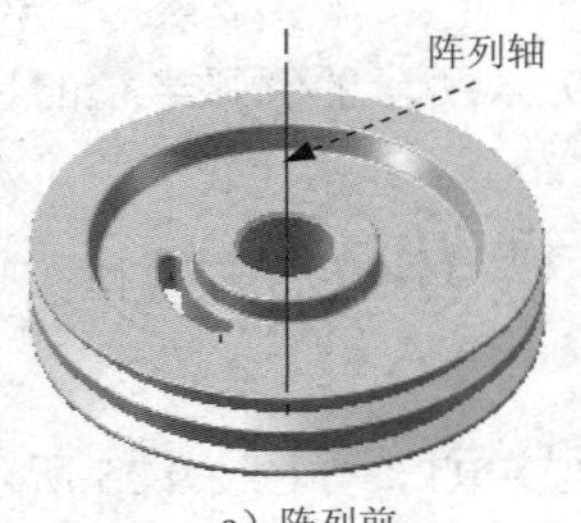

a）阵列前

b）阵列后

图 2.9.29 阵列（圆周）1

（3）定义阵列参数。在 参数(P) 区域的 后的文本框中输入阵列角度值 360，在 后的文本框中输入阵列实例数 3。

（4）定义要阵列的对象。在设计树中选择 user_defined_groove<1>(配置2) 为要阵列的对象。

（5）单击对话框中的 ✓ 按钮，完成阵列（圆周）1 的创建。

Step15. 选择下拉菜单 文件(F) → 保存(S) 命令，保存模型。

2.10 结 构 钢

在设计过程中，当用户需要使用结构钢（型钢）时，可以利用 Toolbox 插件中的“结构钢”命令创建结构钢，其创建过程是先将所需结构钢的横断面草图插入到零件中，该草

图具有完整的尺寸标注并且符合工业标准，然后通过拉伸命令来生成结构钢实体。

使用 Toolbox 插件插入结构钢之前，先选择下拉菜单 工具(T) → 插件(D)... 命令，在弹出的“插件”对话框中选中 ☑ SolidWorks Toolbox 复选框，单击 确定 按钮，打开 Toolbox 插件。下面介绍在零件中插入结构钢的一般步骤。

Step1. 新建零件模型文件，进入建模环境。

Step2. 选择命令。选择下拉菜单 Toolbox → 结构钢(S)... 命令，系统弹出图 2.10.1 所示的“结构钢”对话框。

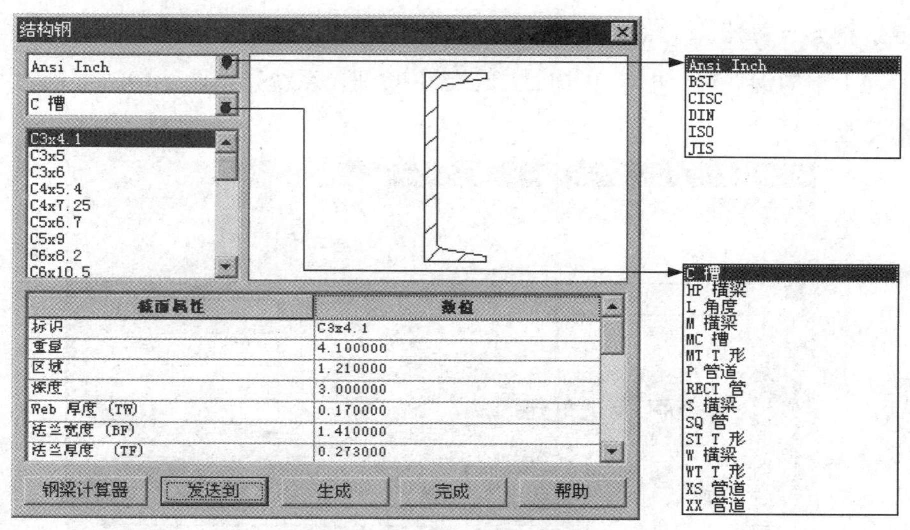

图 2.10.1 “结构钢”对话框

图 2.10.1 所示的“结构钢”对话框中的各选项说明如下：

- 第一个下拉列表用来选择结构钢的标准。
- 第二个下拉列表用来选择结构钢的种类，总体分为：槽钢、横梁（工字钢）、角钢、T 形钢、圆形钢管和矩形钢管，如表 2.11.1 所示。

表 2.11.1 结构钢种类

槽钢	横梁（工字钢）	角钢
T 形钢	圆形钢管	矩形钢管

- 第二个下拉列表下方的列表框中可选择结构钢的尺寸规格。
- 对话框中下部的表格区域显示所选结构钢的具体参数。
- 钢梁计算器：单击此按钮，可打开“钢梁计算器”对话框。
- 发送到：单击此按钮，系统弹出“发送到选项”对话框，将所选结构钢的参数输出到打印机或文件。
- 生成：单击此按钮，在零件环境中将生成所选结构钢的横断面草图。
- 完成：单击此按钮，将关闭“结构钢”对话框。

Step3. 钢梁计算器。

（1）在“结构钢”对话框中单击钢梁计算器按钮，系统弹出图 2.10.2 所示的“钢梁计算器”对话框。

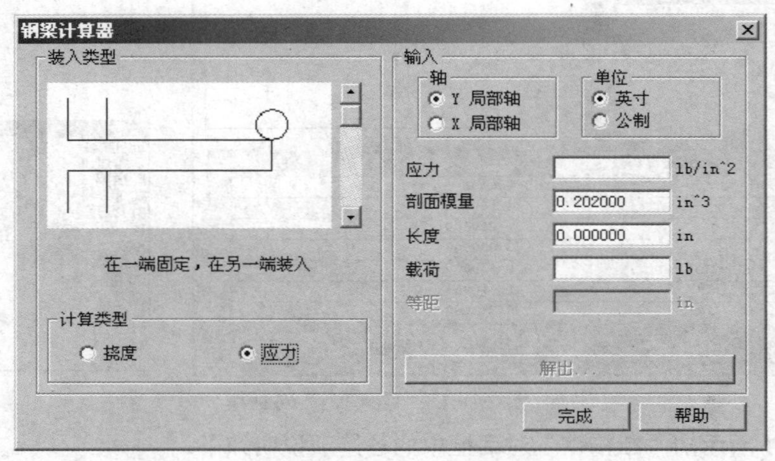

图 2.10.2 “钢梁计算器”对话框

图 2.10.2 所示的“钢梁计算器”对话框中的各选项说明如下：

- 装入类型区域：在该区域中拖动图形预览区域的滑块，可选择所需的装入（受力）类型。在计算类型区域中可选择所需的计算类型，分为挠度和应力两个单选按钮。
- 输入区域：在该区域中的轴区域可设置坐标轴的类型，分为Y 局部轴和X 局部轴两个单选按钮；在单位区域中可选择所需的单位类型，分为英寸和公制两个单选按钮；在文本框区域中输入已知的数据后，单击解出...按钮，计算出待求的数据。

（2）在“钢梁计算器”对话框中添加图 2.10.3 所示的设置（删除原始的惯性动量数据），单击解出...按钮，计算出惯性动量值为 1915.7，单击完成按钮，关闭“钢梁计算器”对话框。

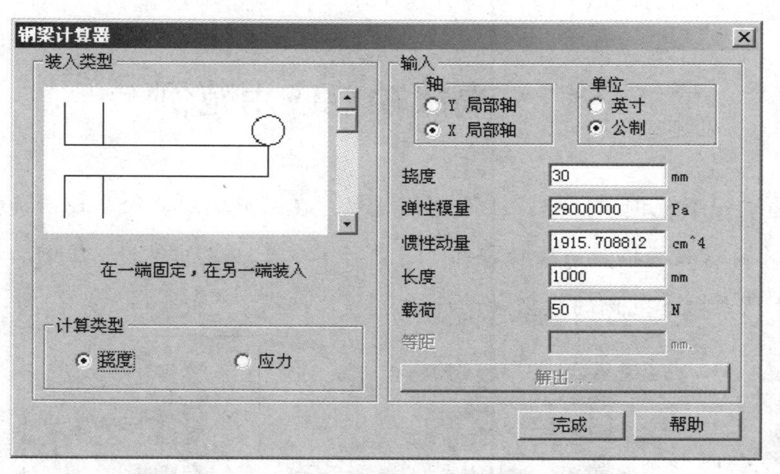

图 2.10.3 在“钢梁计算器”对话框中创建设置

Step4. 选择结构钢。根据在“钢梁计算器”中得出的惯性动量值，在“结构钢”对话框中选取图 2.10.4 所示的结构钢，单击 生成 按钮，在零件环境中生成图 2.10.5 所示的横断面草图，单击 完成 按钮，关闭“钢梁计算器”对话框。

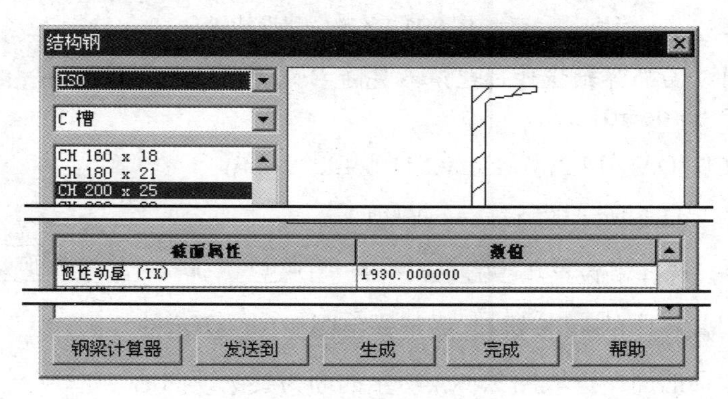

图 2.10.4 “结构钢”对话框

Step5. 生成结构钢实体。选择下拉菜单 插入(I) → 凸台/基体(B) → 拉伸(E)... 命令，在设计树中选取 (-) 草图1 作为横断面草图，在“凸台-拉伸”对话框中输入拉伸深度值 300.0，其他参数采用系统默认设置值。单击 ✓ 按钮，生成图 2.10.6 所示的结构钢实体。

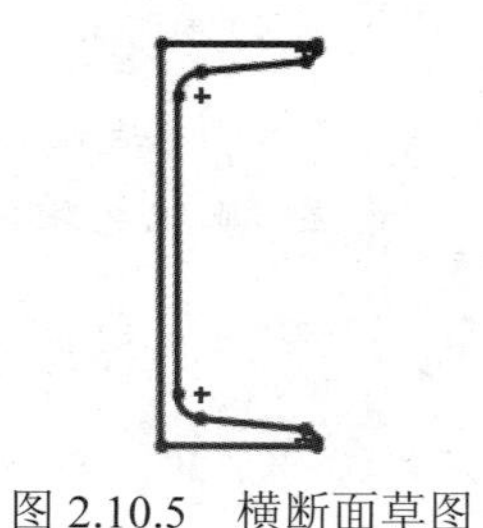

图 2.10.5 横断面草图

图 2.10.6 结构钢实体

Step6. 关闭并保存零件模型，将零件模型命名为 box_iron_02。

2.11　高级功能应用范例

本节是通过一个范例来介绍产品设计的过程。在本范例中，除了使用旋转、拉伸、阵列（圆周）、圆角以及扫描等一般特征外，还复习了本章讲述的包覆、压凹和圆顶等高级特征。图 2.11.1 所示为本范例的模型和设计树。

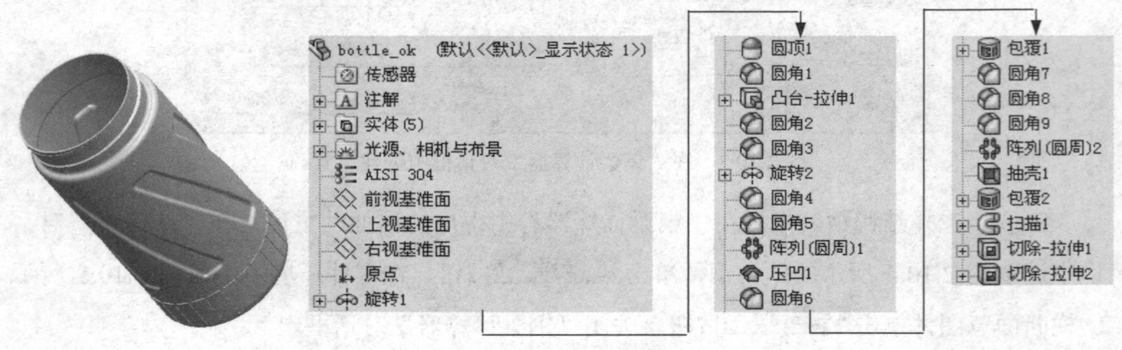

图 2.11.1　模型和设计树

说明：本应用前面的详细操作过程请参见随书光盘中 video\ch02.11\reference\文件下的语音视频讲解文件 bottle-r01.avi。

Step1. 打开文件 D:\sw14.2\work\ch02.11\bottle_ex.prt。

Step2. 创建图 2.11.2 所示的特征——圆顶 1。

（1）选择命令。选择下拉菜单 插入(I) → 特征(F) → 圆顶(O)... 命令（或单击“特征（F）”工具栏中的按钮），系统弹出图 2.11.3 所示的“圆顶 1”对话框。

（2）定义到圆顶的面。选取图 2.11.4 所示的面为要圆顶的面。

图 2.11.2　圆顶 1

图 2.11.4　要圆顶的面

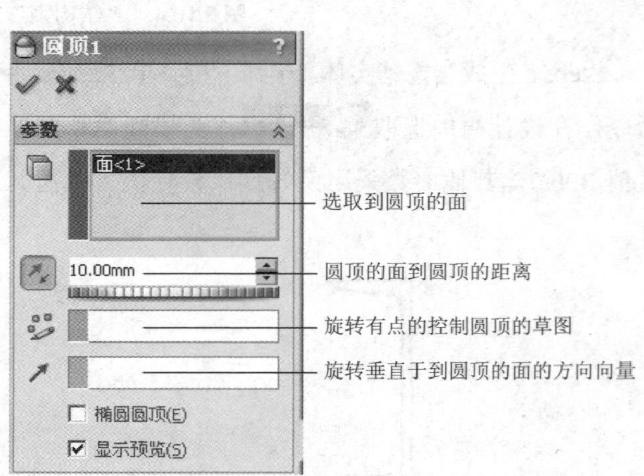

图 2.11.3　“圆顶 1”对话框

（3）定义到圆顶的距离。在后的文本框中输入到圆顶的距离值 10.0，单击按钮，使圆顶类型为凹陷。

（4）单击“圆顶”对话框中的按钮，完成圆顶 1 的创建。

Step3. 创建图 2.11.5b 所示的圆角 1。选取图 2.11.5a 所示的边线为要圆角的对象，圆角半径值为 8.0。

a）圆角前

b）圆角后

图 2.11.5 圆角 1

Step4. 创建图 2.11.6 所示的特征——凸台-拉伸 1。选择下拉菜单 插入(I) → 凸台/基体(B) → 拉伸(E)... 命令；选取图 2.11.7 所示的模型表面作为草图平面；在草绘环境中绘制图 2.11.8 所示的横断面草图；采用系统默认的深度方向；在“凸台-拉伸”对话框 方向 1 区域的下拉列表中选择 给定深度 选项，输入深度值 12.0；单击按钮，完成凸台-拉伸 1 的创建。

图 2.11.6　凸台-拉伸 1

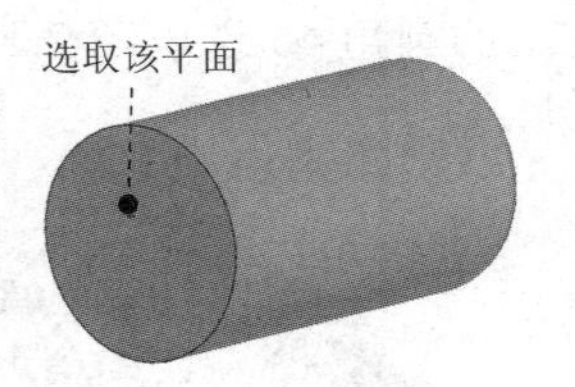

图 2.11.7　草图平面

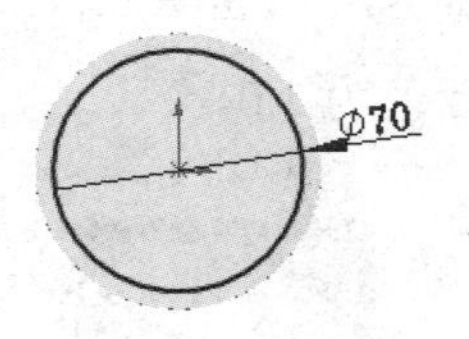

图 2.11.8　横断面草图

Step5. 创建图 2.11.9b 所示的圆角 2。选取图 2.11.9a 所示的边线为要圆角的对象，圆角半径值为 3.0。

a）圆角前

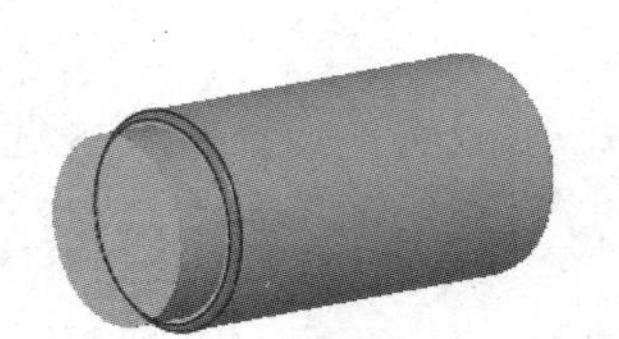

b）圆角后

图 2.11.9　圆角 2

Step6. 创建图 2.11.10b 所示的圆角 3。选取图 2.11.12a 所示的边线为要圆角的对象，圆角半径值为 2.0。

Step7. 创建图 2.11.11 所示的特征——旋转 2。

（1）选择命令。选择下拉菜单 插入(I) → 凸台/基体(B) → 旋转(R)... 命令（或单击“特征”工具栏中的按钮），系统弹出“旋转”对话框。

a）圆角前　　　　b）圆角后

图 2.11.10　圆角 3

（2）定义特征的横断面草图。选取右视基准面作为草图平面，绘制图 2.11.12 所示的横断面草图（包括旋转中心线）。

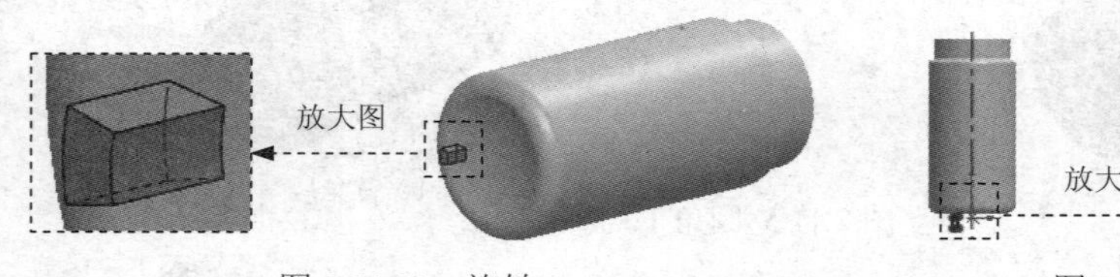

图 2.11.11　旋转 2

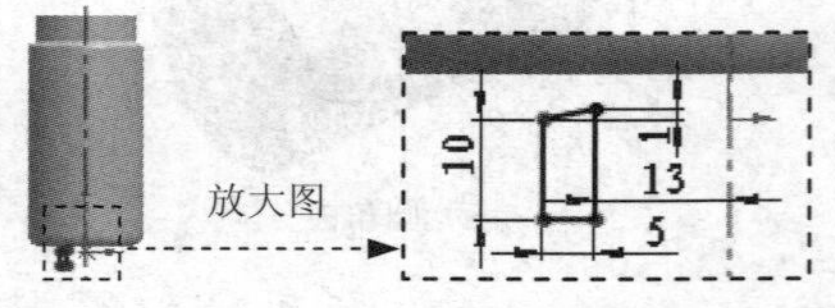

图 2.11.12　横断面草图

（3）定义旋转属性。定义旋转方向：采用草图中绘制的中心线作为旋转轴线；在“旋转”对话框中方向1区域的下拉列表中选择两侧对称选项，采用系统默认的旋转方向；在方向1区域的文本框中输入数值 25.0，取消选中 □ 合并结果(M) 复选框。

（4）单击“旋转”对话框中的✔按钮，完成旋转 2 的创建。

Step8. 创建图 2.11.13b 所示的圆角 4。选取图 2.11.13a 所示的边线为要圆角的对象，圆角半径值为 1.0。

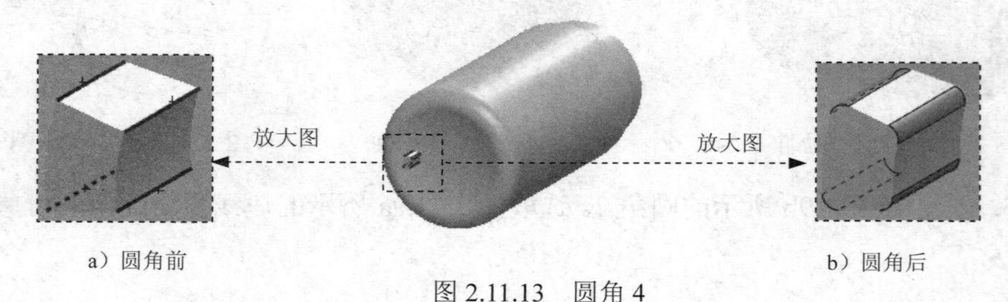

a）圆角前　　　　b）圆角后

图 2.11.13　圆角 4

Step9. 隐藏实体。在视图区选取图 2.11.14a 所示的实体，单击鼠标右键，在弹出的快捷菜单中单击按钮以隐藏实体，隐藏后的效果如图 2.11.14b 所示。

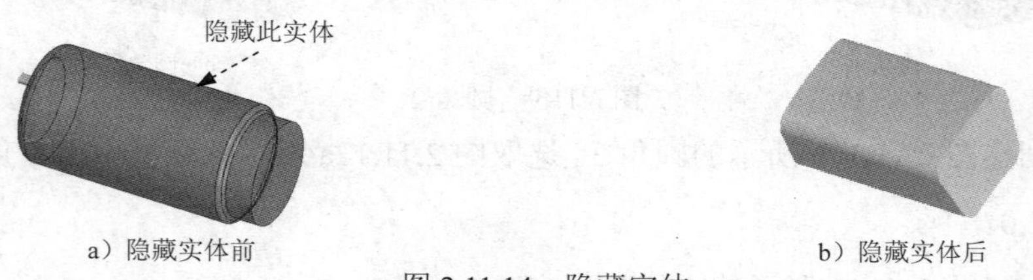

a）隐藏实体前　　　　b）隐藏实体后

图 2.11.14　隐藏实体

Step10. 创建图 2.11.15b 所示的圆角 5。选取图 2.11.15a 所示的边线为要圆角的对象，圆角半径值为 1.0。

a）圆角前

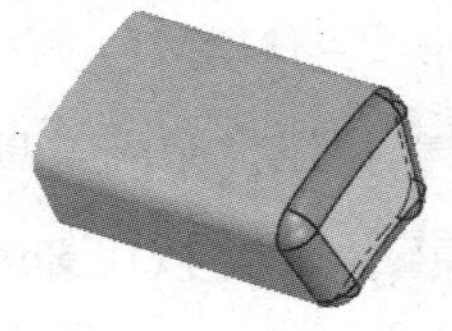

b）圆角后

图 2.11.15　圆角 5

Step11. 显示实体。在设计树中单击展开 实体(2)，选中 圆角3 节点，右击，在弹出的快捷菜单中单击按钮，显示实体。

Step12. 创建图 2.11.16 所示的阵列（圆周）1。

（1）选择下拉菜单 插入(I) → 阵列/镜向(E) → 圆周阵列(C)... 命令，系统弹出“圆周阵列”对话框。

（2）定义阵列轴。选择下拉菜单 视图(V) → 临时轴(X) 命令，然后在图形区选取临时轴作为阵列轴，如图 2.11.17 所示。

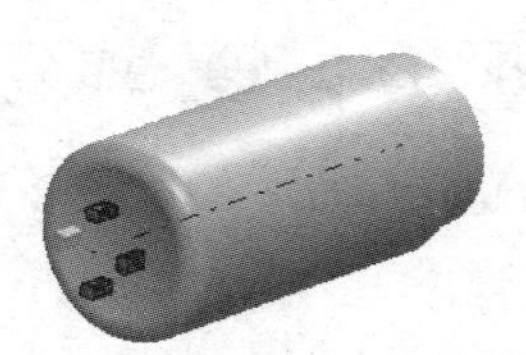

图 2.11.16　阵列（圆周）1

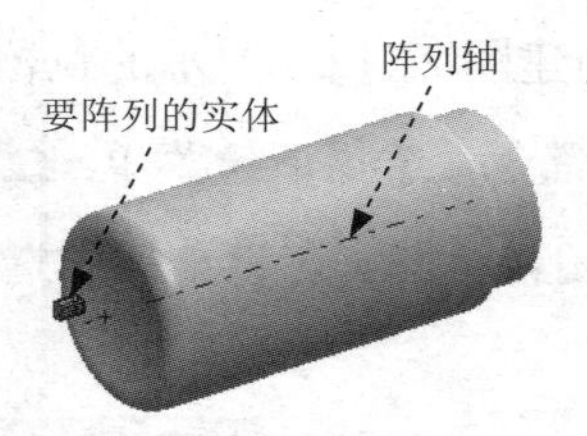

图 2.11.17 阵列轴

（3）定义阵列间距。选中 等间距(E) 复选框，在按钮后的文本框中输入数值 360.0。

（4）定义阵列实例数。在按钮后的文本框中输入数值 4。

（5）定义阵列源特征。激活 要阵列的实体(B) 区域中的文本框，选取图 2.11.17 所示的实体作为阵列的实体。

（6）单击对话框中的按钮，完成阵列（圆周）1 的创建。

Step13. 创建图 2.11.18 所示的压凹 1。

（1）选择命令。选择下拉菜单 插入(I) → 特征(F) → 压凹(N) 命令，系统弹出“压凹”对话框。

（2）定义目标实体。选取图 2.11.19 所示的实体为目标实体，选择 移除选择(R) 单选按钮。

（3）定义工具实体。选取图 2.11.20 所示的实体为工具实体，选中 切除(C) 复选框。

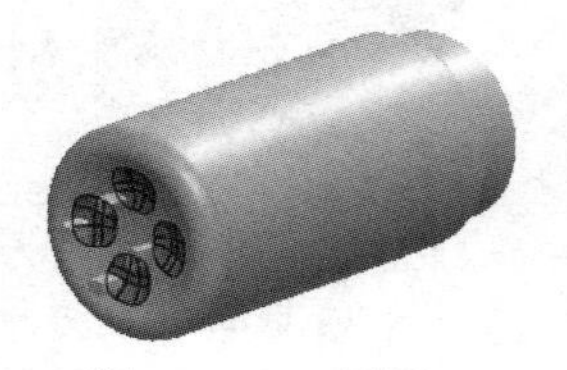

图 2.11.18　压凹 1

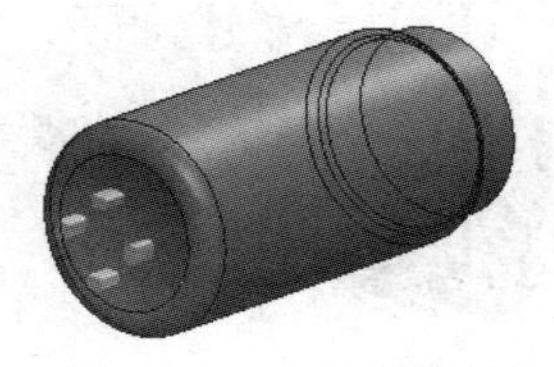

图 2.11.19　目标实体

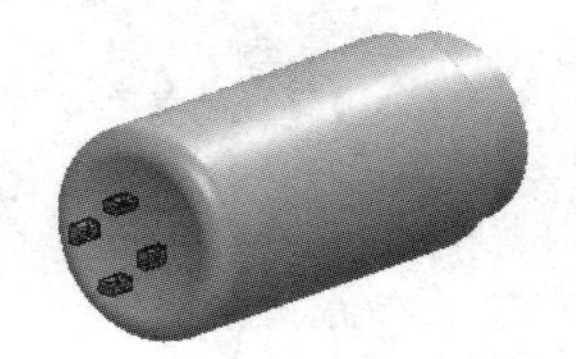

图 2.11.20　工具实体

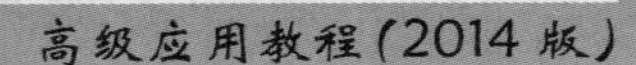

（4）定义特征的厚度。在后的文本框中输入间隙值 10.0。

（5）单击按钮，完成压凹 1 的创建。

Step14. 隐藏实体。按住 Shift 键，在设计树中依次选取圆角5和阵列(圆周)1[3]，单击鼠标右键，在弹出的快捷菜单中单击按钮，隐藏实体。

Step15. 创建图 2.11.21b 所示的圆角 6。选择图 2.11.21a 所示的边线为要圆角的对象，圆角半径值为 4.0。

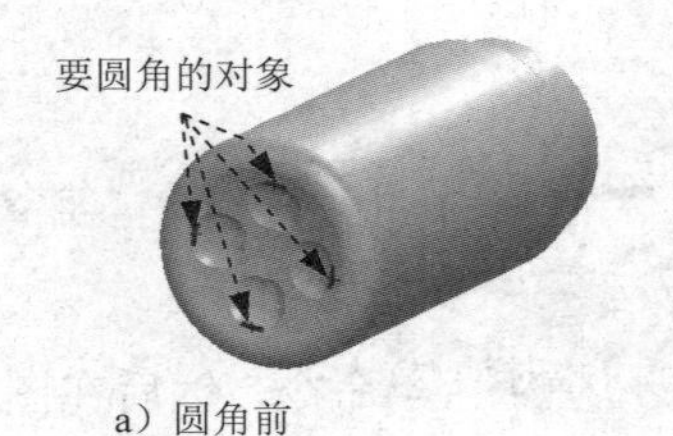

a）圆角前　　b）圆角后

图 2.11.21 圆角 6

Step16. 创建图 2.11.22 所示的包覆 1。

（1）选中命令。选择下拉菜单 插入(I) → 特征(F) → 包覆(W)... 命令。

（2）定义闭合草图。在设计树中选取前视基准面为草图平面，绘制图 2.11.23 所示的闭合草图。

（3）定义包覆属性。在 包覆参数(W) 区域中选择 ⊙ 蚀雕(D) 单选按钮，激活后的文本框，在模型上选取图 2.11.24 所示的模型表面为包覆草图的面，在后的文本框中输入包覆的厚度值 2.0，取消选中 □ 反向(R) 复选框。

（4）单击按钮，完成包覆特征的创建。

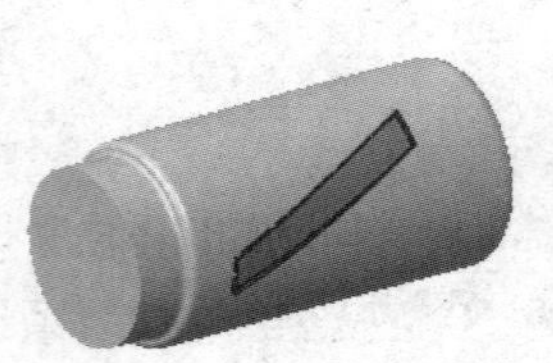

图 2.11.22　包覆 1

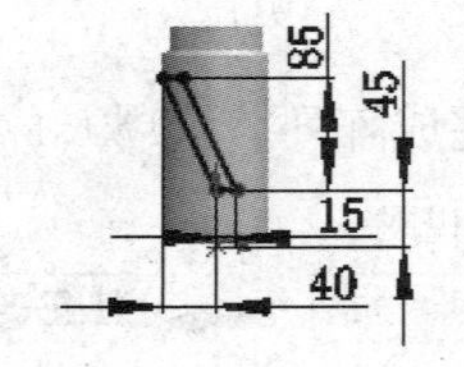

图 2.11.23　闭合草图

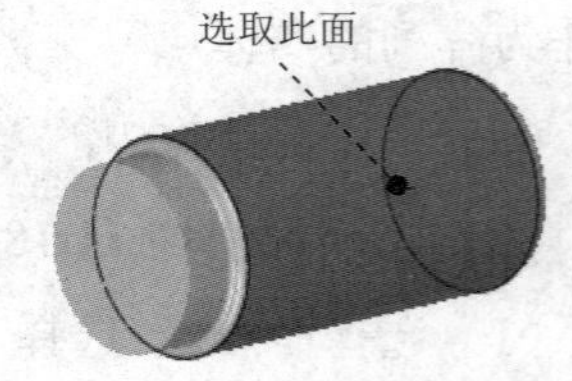

图 2.11.24 包覆草图的面

Step17. 创建图 2.11.25b 所示的圆角 7。选取图 2.11.25a 所示的四条边线为要圆角的对象，圆角半径值为 3.0。

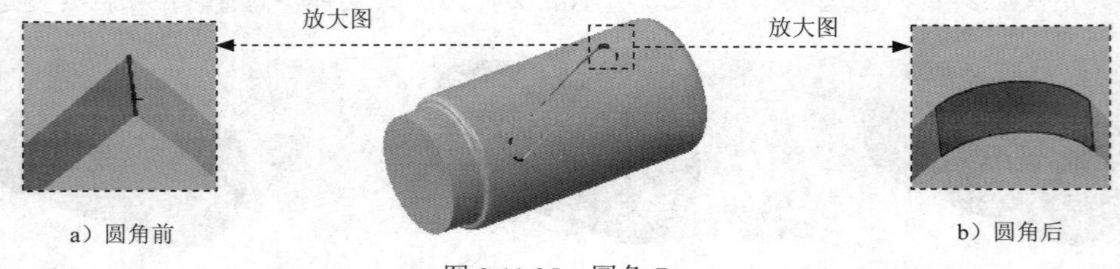

a）圆角前　　b）圆角后

图 2.11.25　圆角 7

Step18. 创建图 2.11.26b 所示的阵列（圆周）2。

（1）选择下拉菜单 插入(I) → 阵列/镜向(E) → 圆周阵列(C)... 命令，系统弹出“圆周阵列”对话框。

（2）定义阵列轴。显示临时轴，选取图 2.11.26a 所示的临时轴作为阵列轴。

（3）定义阵列间距。选中 ☑ 等间距(E) 复选框，在按钮后的文本框中输入数值 360.0。

（4）定义阵列实例数。在按钮后的文本框中输入数值 6。

（5）定义阵列源特征。激活 要阵列的特征(F) 区域中的文本框，在设计树中选取 包覆1 和 圆角7 作为阵列的源特征。

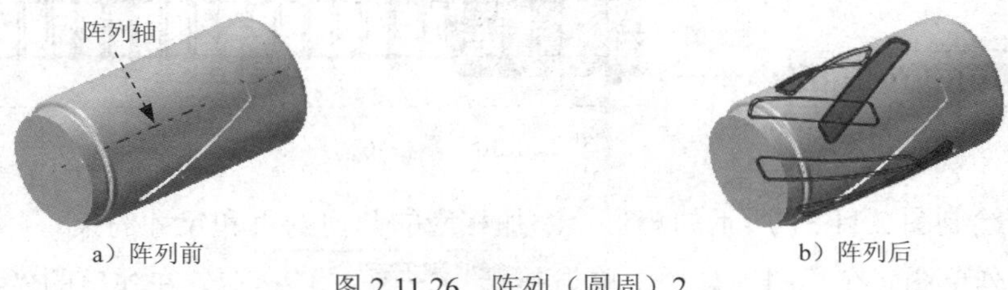

a）阵列前　　b）阵列后

图 2.11.26　阵列（圆周）2

Step19. 创建图 2.11.27b 所示的圆角 8。选取图 2.11.27a 所示的六条边线为要圆角的对象，圆角半径值为 2.0。

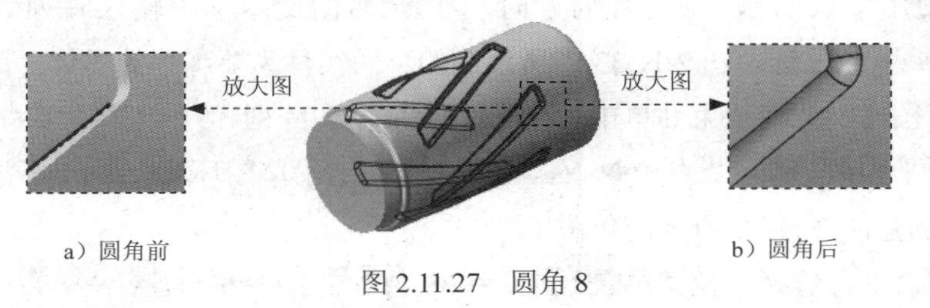

a）圆角前　　b）圆角后

图 2.11.27　圆角 8

Step20. 创建图 2.11.28b 所示的圆角 9。选取图 2.11.28a 所示的边线为要圆角的对象，圆角半径值为 2.0。

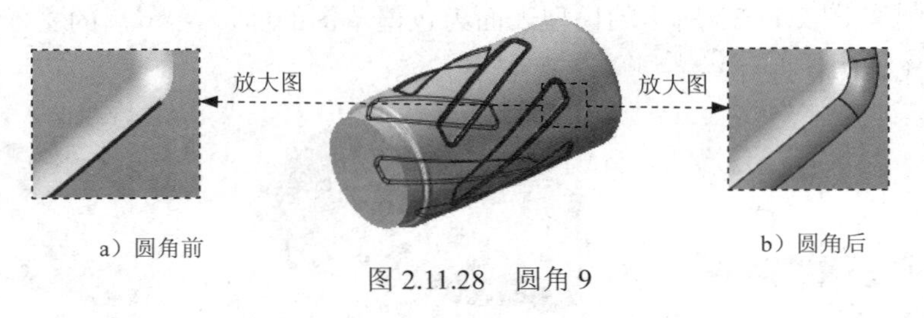

a）圆角前　　b）圆角后

图 2.11.28　圆角 9

Step21. 创建图 2.11.29b 所示的零件特征——抽壳 1。

（1）选择命令。选择下拉菜单 插入(I) → 特征(F) → 抽壳(S)... 命令。

（2）定义要移除的面。选取图 2.11.29a 所示的模型表面为要移除的面。

（3）定义抽壳 1 的参数。在“抽壳 1”对话框 参数(P) 区域的文本框中输入壁厚值 1.0。

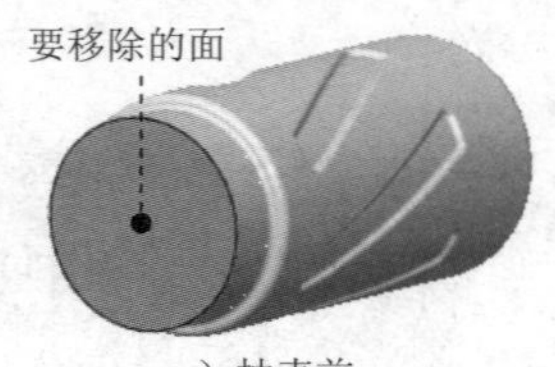

a）抽壳前

b）抽壳后

图 2.11.29　抽壳 1

（4）单击对话框中的✔按钮，完成抽壳 1 的创建。

Step22. 在设计树中选取前视基准面为草图平面，绘制图 2.11.30 所示的草图 6。

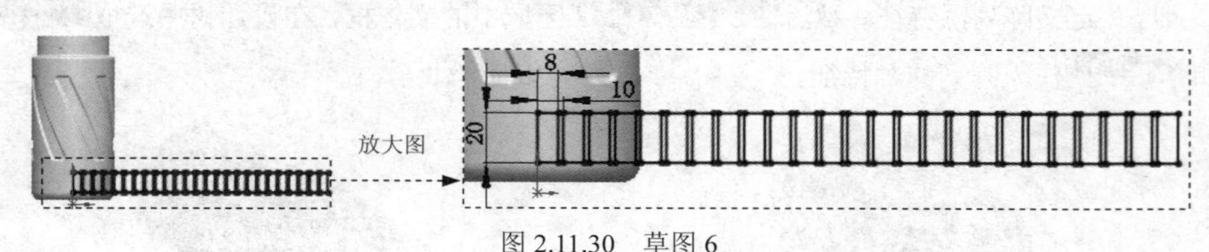

图 2.11.30　草图 6

（1）先绘制图 2.11.31 所示的矩形，添加相应的几何约束和尺寸约束。

（2）阵列草图。在草图工具栏中单击 线性草图阵列 按钮，在弹出的“线性阵列”对话框的 方向 1 区域中使用默认的 X 轴方向为阵列方向，在 D1 后的文本框中输入阵列间距值 10.0，在 # 后的文本框中输入阵列数量 25，在 A1 后的文本框中输入旋转角度值 0；在 方向 2 区域使用默认的 Y 轴为阵列方向，在 # 后的文本框中输入阵列数量 1；激活 要阵列的实体(E) 区域，选中图 2.11.33 中所绘制的草图实体为要阵列的实体。

（3）为草图添加几何约束并单击✔按钮，完成草图阵列。

（4）选择下拉菜单 插入(I) ➡ 退出草图，退出草图环境。

Step23. 创建图 2.11.32 所示的包覆 1。

（1）选中命令。选择下拉菜单 插入(I) ➡ 特征(F) ➡ 包覆(W)... 命令。

（2）定义要包覆的草图。选取草图 6 作为要包覆的草图。

（3）定义包覆属性。在 包覆参数(W) 区域中选择 ⊙ 浮雕(M) 单选按钮，激活 后的文本框，在模型上选取图 2.11.33 所示的模型表面为包覆草图的面，在 T1 后的文本框中输入包覆的厚度值 0.5，取消选中 □ 反向(R) 复选框。

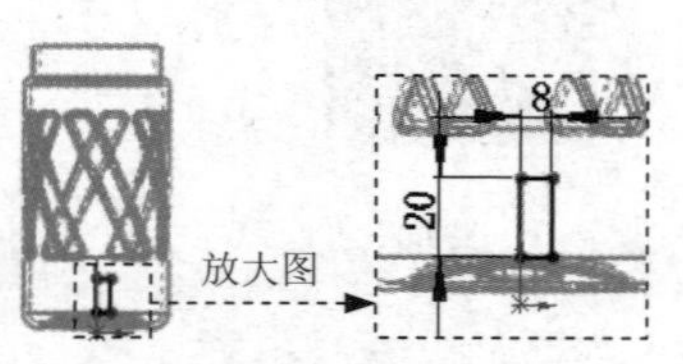

图 2.11.31　闭合草图

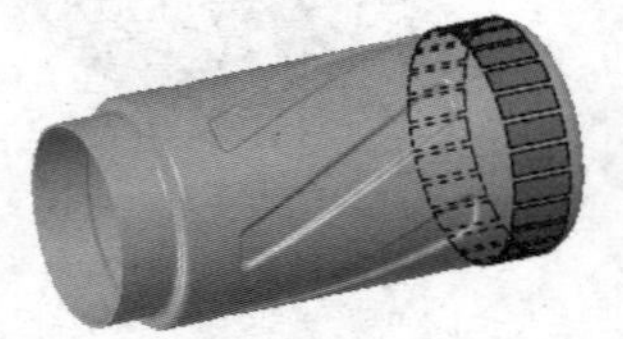
图 2.11.32　包覆 1

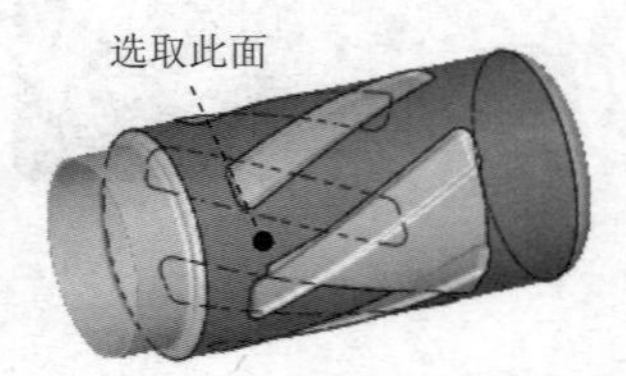

图 2.11.33　包覆草图的面

（4）单击对话框中的✔按钮，完成包覆特征的创建。

Step24. 创建图 2.11.34 所示的螺旋线 1。

（1）选择图 2.11.35 所示的模型表面为草图平面，绘制图 2.11.36 所示的草图 7 作为螺旋线 1 的横断面草图。

说明：绘制草图 7 时，直接使用“转换实体引用”命令将瓶口内边线作为截面草图。

图 2.11.34 螺旋线 1

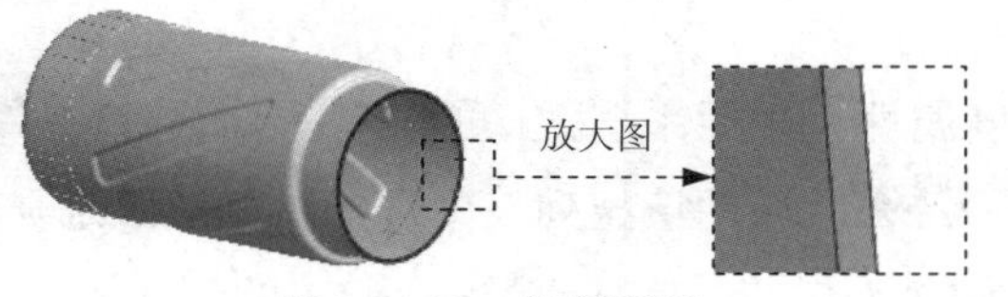

图 2.11.35 草图平面

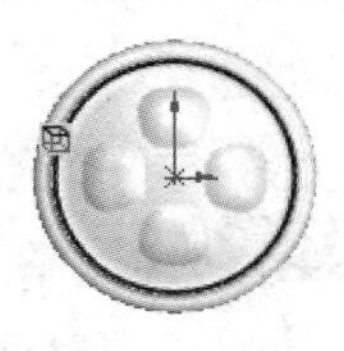

图 2.11.36 草图 7

（2）选择命令。选择下拉菜单 插入(I) → 曲线(U) → 螺旋线/涡状线(H)... 命令。

（3）定义螺旋线的横断面。选取图 2.11.36 所示的草图 7 为螺旋线的横断面草图。

（4）定义螺旋线的定义方式。在 定义方式(D): 区域的下拉列表中选择 螺距和圈数 选项。

（5）定义螺旋线的参数。在 参数(P) 区域选择螺旋线类型为 可变螺距(L)，在 区域参数(G): 列表中定义图 2.11.37 所示的螺旋线参数；选中 反向(V) 复选框，在 起始角度(S): 下的文本框中输入螺旋线的起始角度值 90，选择旋转方向为 顺时针(C)。

（6）单击 ✓ 按钮，完成螺旋线 1 的创建。

Step25. 选择右视基准面为草图平面，在草图环境绘制图 2.11.38 所示的草图 8。

区域参数(G):

	螺距	圈数	高度	直径
1	5mm	0	0mm	68mm
2	6mm	1	5.5mm	72mm
3	5mm	1.5	8.25mm	68mm
4				

图 2.11.37 螺旋线参数

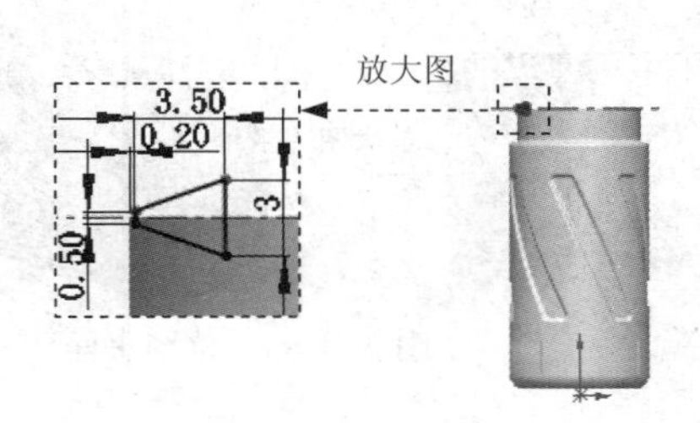

图 2.11.38 草图 8

Step26. 创建图 2.11.39 所示的零件特征——扫描 1。选择下拉菜单 插入(I) → 凸台/基体(B) → 扫描(S)... 命令，系统弹出“扫描”对话框；在设计树中选取“草图 8”作为扫描 1 特征的轮廓；在设计树中选取 螺旋线/涡状线1 作为扫描 1 特征的路径；单击 ✓ 按钮，完成扫描 1 的创建。

Step27. 创建图 2.11.40 所示的零件特征——切除-拉伸 1。

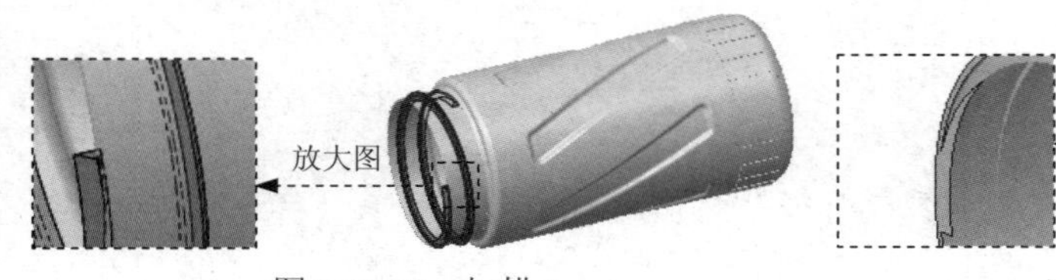

图 2.11.39 扫描 1

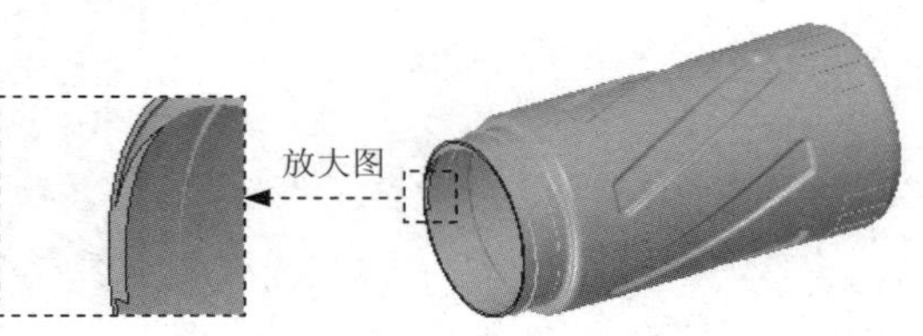

图 2.11.40 切除-拉伸 1

（1）选择命令。选择下拉菜单 插入(I) → 切除(C) → 拉伸(E)... 命令。

（2）定义特征的横断面草图。选取右视基准面为草图平面；在草绘环境中绘制图 2.11.41 所示的横断面草图；选择下拉菜单 插入(I) → 退出草图 命令，完成横断面草图的创建。

（3）定义切除深度属性。采用系统默认的切除方向，在 方向 1 区域的下拉列表中选择 完全贯穿 选项，在 ☑ 方向 2 区域的下拉列表中选择 完全贯穿 选项。

（4）单击对话框中的 ✔ 按钮，完成切除-拉伸 1 的创建。

Step28. 创建图 2.11.42 所示的零件特征——切除-拉伸 2。选择下拉菜单 插入(I) → 切除(C) → 拉伸(E)... 命令；选取图 2.11.43 所示的模型表面为草图平面，绘制图 2.11.44 所示的横断面草图，采用系统默认的切除方向，在 方向 1 区域的下拉列表中选择 给定深度 选项，输入拉伸深度值 30.0；单击对话框中的 ✔ 按钮，完成切除-拉伸 2 的创建。

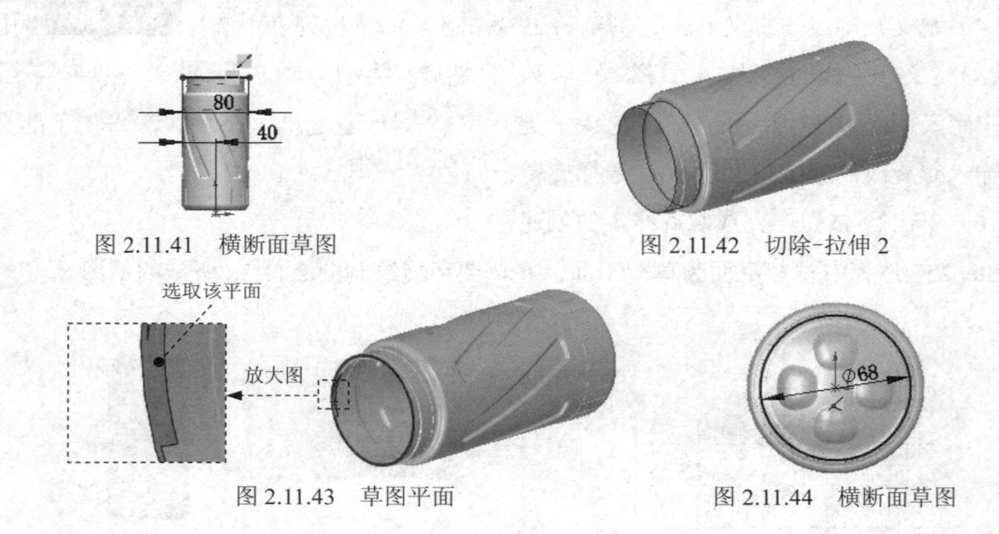

图 2.11.41　横断面草图

图 2.11.42　切除-拉伸 2

图 2.11.43　草图平面

图 2.11.44　横断面草图

Step29. 保存文件。选择下拉菜单 文件(F) → 保存(S) 命令，将模型文件命名为 bottle，保存模型。

第3章 高级曲面设计

本章提要 随着时代的进步，人们的生活水平和生活质量都在不断地提高，追求完美日益成为时尚。对消费产品来说，人们除了要求其具有完备的功能外，越来越追求外形的美观。因此，产品设计者在很多时候需要用复杂的曲面来表现产品外观。本章将介绍曲面设计的高级功能，主要内容包括：曲面和实体间的相互转换，曲面的高级编辑功能，输入的几何体，接合与修补曲面等。

3.1 各类曲面的数学概念

随着数学相关研究领域的不断深入，曲面造型技术得到长足的进步，多种曲线、曲面被广泛应用。在此主要介绍其中最基本的一些曲面的理论及构造方法，使读者在原理、概念上有一个大致的了解。

3.1.1 曲面参数化

SolidWorks 中所有的曲面都可以用一系列参数化的曲线网格来描述，我们通常称这些参数为 ISO 参数或 U-V 曲线。把沿四边曲面中某条边线方向的曲线作为 U 曲线，那么另一垂直方向的曲线就是 V 曲线，通过对边线上各点位置的数字描述就可得到曲面的参数，数字描述在 0 到 1 之间取值；如果把 U-V 曲线看作一个曲面的坐标系，那么图 3.1.1 所示的$U_{0.5}V_{0.5}$即为曲面的参数中心。

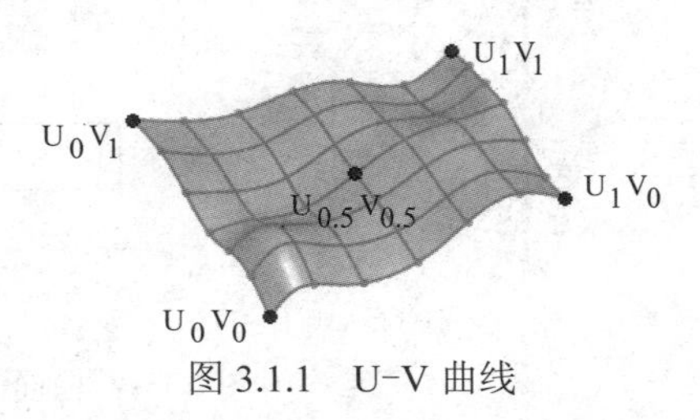

图 3.1.1 U-V 曲线

通过选择 工具(T) 下拉菜单 草图工具(T) 子列表中的 面部曲线 命令，可以查看曲面的 U-V 网格，该命令使网格曲线转换为对应的 3D 草图，读者可以设置网格的密度，也可以将任一方向的网格线定位于所选点的位置；如“放样曲面”、“边界曲面”、“填充曲面”和“圆顶”等特征都可以实现网格预览；当操作出现错误时，显示网格对于解决问题有很大的帮助。

3.1.2 NURBS 曲面

NURBS 是 Non-Uniform Rational B-Splines（非统一有理 B 样条）的缩写，具体解释如下：

- Non-Uniform（非统一）：指一个控制顶点的影响力的范围能够改变。当创建一个不规则曲面的时候，这一点非常有用。同样，统一的曲线和曲面在透视投影下也不是无变化的，对于交互的 3D 建模来说，这是一个严重的缺陷。
- Rational（有理）：指每一个 NURBS 物体都可以用数字表达式来定义。
- B-Splines（B 样条）：指用路线来构建一条曲线，在一个或多个点之间以内插值替换。

NURBS 技术提供了对标准解析几何和自由曲线、曲面的统一数学描述方法，它可通过调整控制顶点和因子，方便地改变曲面的形状，因此 NURBS 方法已成为曲线和曲面建模中最为流行的技术，被广泛应用于 CAD 行业中。NURBS 曲线通过参数化的 U-V 曲线来定义，这些 U-V 曲线都是样条曲线，在这些样条曲线间插值形成曲面。

带有正交曲线网格的曲面往往都是四边曲面，但是也有不是四边的曲面。当曲面的一条或多条边线的长度为零，并且某一方向的曲线交汇于一点，该点通常被称为“奇点”，该曲面通常被称为“退化曲面”，如图 3.1.2 所示；这样的问题常常是“圆角”、“抽壳”和“等距”等操作形成的，但是，当将一个四边曲面剪裁成图 3.1.3b 所示的形状后，网格的方向不会发生实质的改变，这也是通过剪裁四边曲面来得到三边曲面和五边曲面等多边曲面的理论基础。

图 3.1.2　退化曲面

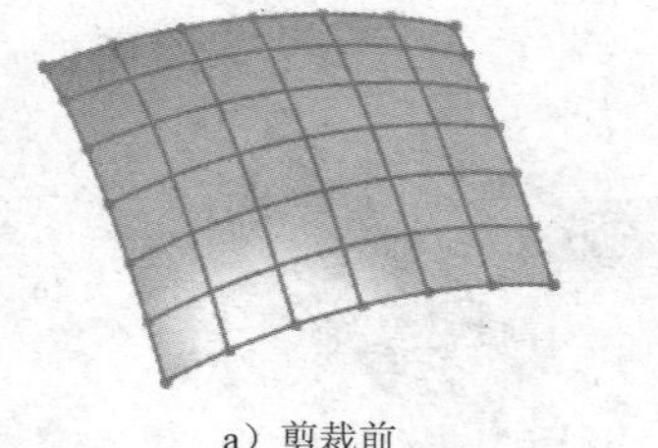

a）剪裁前

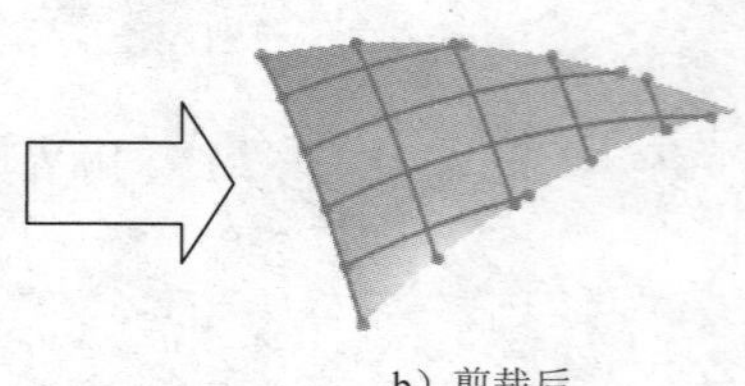

b）剪裁后

图 3.1.3　曲面-剪裁

3.1.3 曲面的类型

曲面可分为很多种，下面介绍常见的几种类型。

- 代数曲面：可用简单的代数公式来描述的曲面称为代数曲面，如平面、圆柱面、

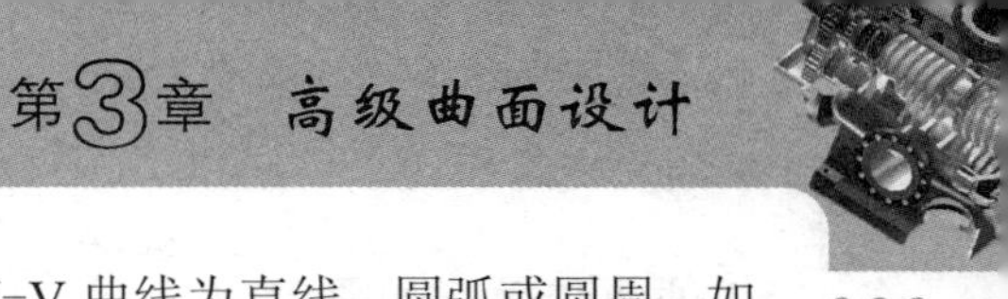

球面、圆锥面等都为代数曲面，代数曲面中的 U-V 曲线为直线、圆弧或圆周，如图 3.1.4 所示。

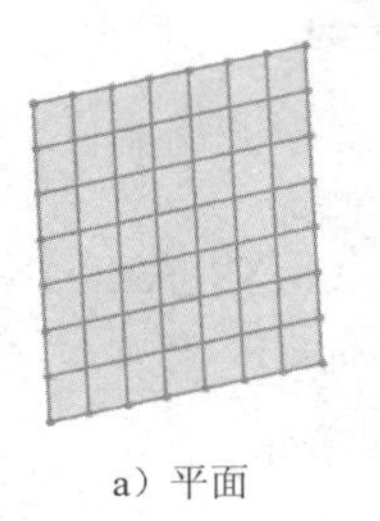
a）平面

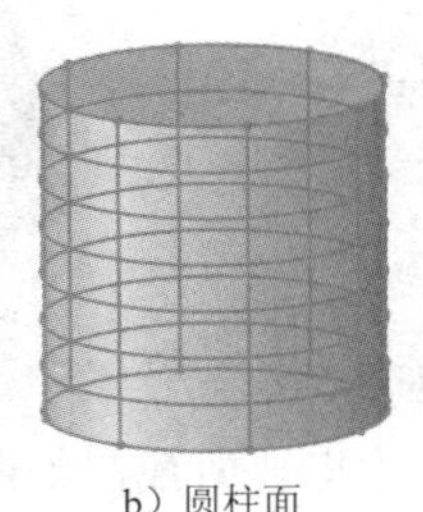
b）圆柱面

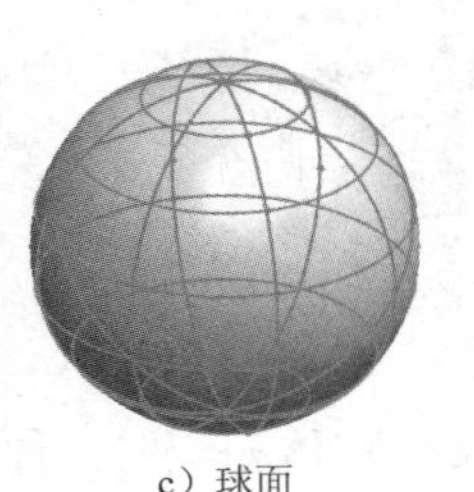
c）球面

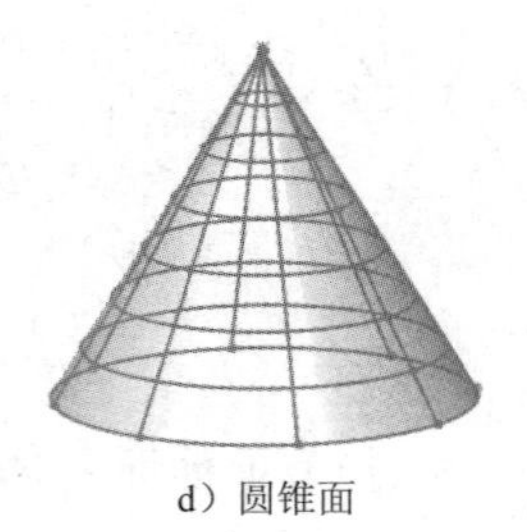
d）圆锥面

图 3.1.4 代数曲面

- 直纹曲面：直纹曲面上所有的点都位于直线上，如图 3.1.5 所示。

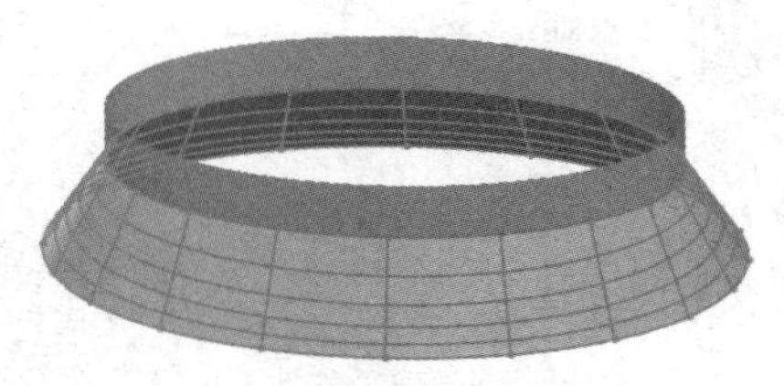
图 3.1.5 直纹曲面

- 可展曲面：可展曲面是直纹曲面的子集，可以在没有被拉伸的情况下自由展开，如平面、圆柱面和圆锥面等，如图 3.1.4a、图 3.1.4b 和图 3.1.4d 所示。

3.2 曲面和实体间的相互转换

在设计过程中，有时为了提高建模效率，需要在实体和曲面之间相互转换，但是曲面与实体之间频繁地转换也会使设计者将大部分时间浪费在重新建模上，所以在设计前要求设计者熟练掌握曲面和实体间相互转换的操作方法，以便适时地转换模型来提高设计效率。

3.2.1 替换面和使用曲面切除

在建模过程中，"替换面"和"使用曲面切除"命令都可以用新曲面实体来替换指定实体表面，但二者在建模原理和适用范围又有各自的特点。下面分别介绍使用"替换面"和"使用曲面切除"命令建模的操作过程。

1. 替换面

使用替换面时，当替换曲面实体在原有实体之外，原有实体将延伸并剪裁到指定的替换曲面实体，如图 3.2.1 所示。

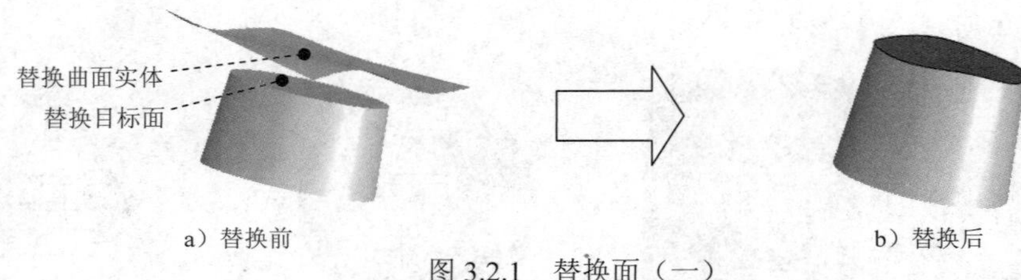

a）替换前　　b）替换后

图 3.2.1　替换面（一）

当替换曲面实体与原有实体相交时，原有实体将被剪裁，如图 3.2.2 所示。

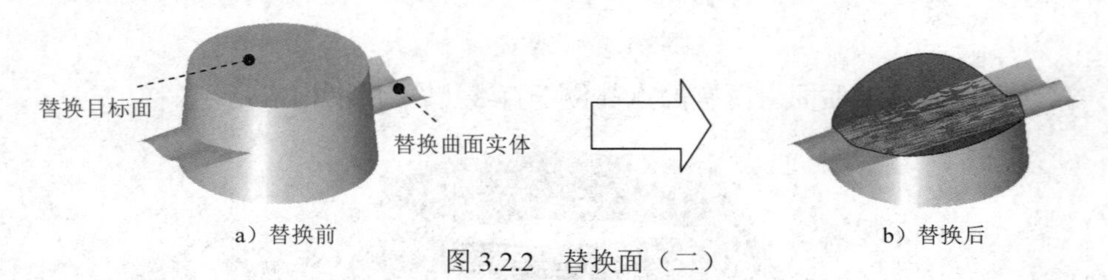

a）替换前　　b）替换后

图 3.2.2　替换面（二）

2．使用曲面切除

使用曲面切除是以曲面或基准面为切除工具来切除实体模型，与替换面不同的是，使用曲面切除中切除的所选曲面必须贯穿于被切除实体，如图 3.2.3 所示。

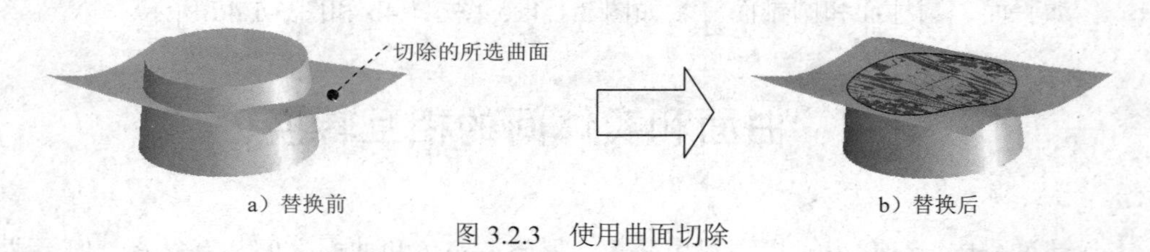

a）替换前　　b）替换后

图 3.2.3　使用曲面切除

说明：综合上面的例子可以看出，虽然使用“替换面”和“使用曲面切除”命令都可以达到同样的切除效果，但也有所不同。使用“替换面”命令时，替换曲面既可以在实体之外，也可以在实体内部，并且替换曲面可以比要替换的目标面小，替换面也可以用来替换曲面；使用“使用曲面切除”命令时，切除曲面只能切除实体，切除曲面必须与实体相交，并且必须大于实体边界。

3.2.2　将曲面转换为实体

下面介绍曲面转换为实体的操作方法。

1．开放曲面的加厚

Step1．打开图 3.2.4 所示的模型文件 D:\sw14.2\work\ch03.02.02\thicken_feature.SLDPRT。

Step2. 选择命令。选择下拉菜单 插入(I) → 凸台/基体(B) → 加厚(T)... 命令，系统弹出“加厚”对话框。

Step3. 定义加厚参数。在设计树中选取 曲面-缝合1 作为要加厚的曲面，在 T1 后的文本框中输入厚度值 2.0，其他参数采用系统默认设置值。

Step4. 在“加厚”对话框中单击 ✔ 按钮，完成曲面的加厚，即完成曲面到实体的转换，如图 3.2.5 所示。

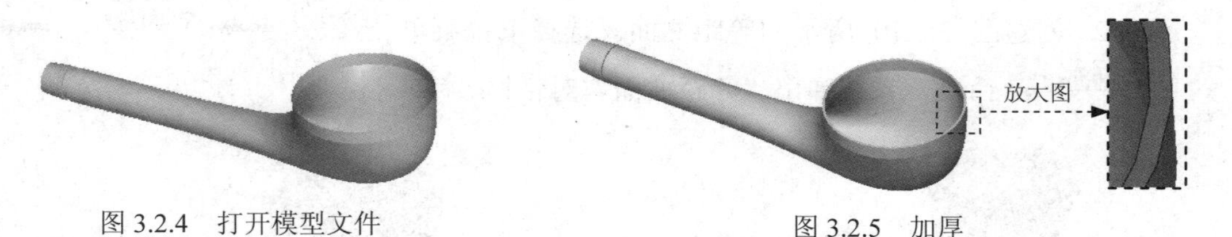

图 3.2.4 打开模型文件　　　　图 3.2.5 加厚

2. 闭合曲面的实体化

Step1. 打开文件 D:\sw14.2\work\ch03.02.02\knit_surface.SLDPRT，该模型文件与图 3.2.4 所示相同。

Step2. 创建图 3.2.6 所示的曲面-基准面 1。选择下拉菜单 插入(I) → 曲面(S) → 平面区域(P)... 命令，系统弹出“平面”对话框。

Step3. 定义边界实体。选取图 3.2.7 所示的边线为边界实体，单击 ✔ 按钮，完成曲面-基准面 1 的创建。

图 3.2.6 曲面-基准面 1　　　　图 3.2.7 定义边界实体

Step4. 缝合曲面。选择下拉菜单 插入(I) → 曲面(S) → 缝合曲面(K)... 命令，系统弹出“缝合曲面”对话框。

Step5. 在图形区选取所有的曲面为要缝合的曲面，选中 ☑ 尝试形成实体(T) 复选框。

Step6. 在“缝合曲面”对话框中单击 ✔ 按钮，完成曲面到实体的转换，如图 3.2.8 所示。

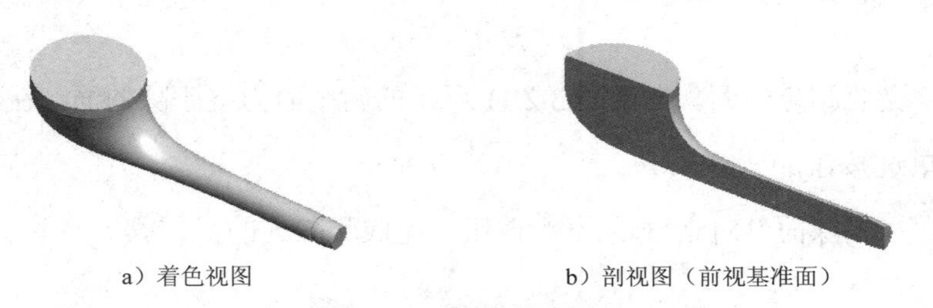

a）着色视图　　　　b）剖视图（前视基准面）

图 3.2.8 曲面-缝合 2

3.2.3 将实体转换为曲面

1. 等距曲面

Step1. 打开图 3.2.9 所示的模型文件 D:\sw14.2\work\ch03.02.03\offset_surface.SLDPRT。

Step2. 创建图 3.2.10 所示的等距曲面。选择下拉菜单 插入(I) → 曲面(S) → 等距曲面(O)... 命令，系统弹出“等距曲面”对话框。

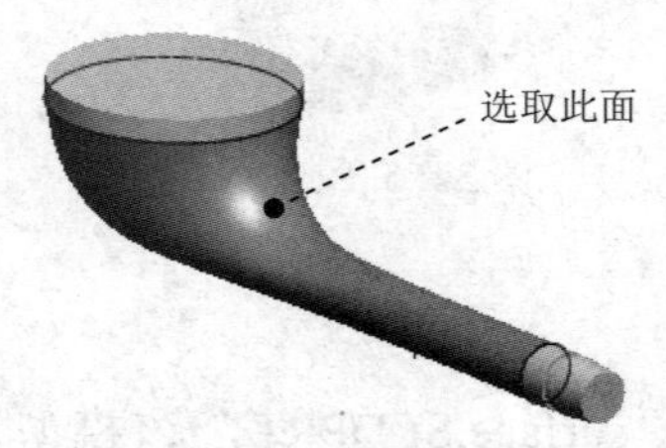

图 3.2.9 打开模型文件

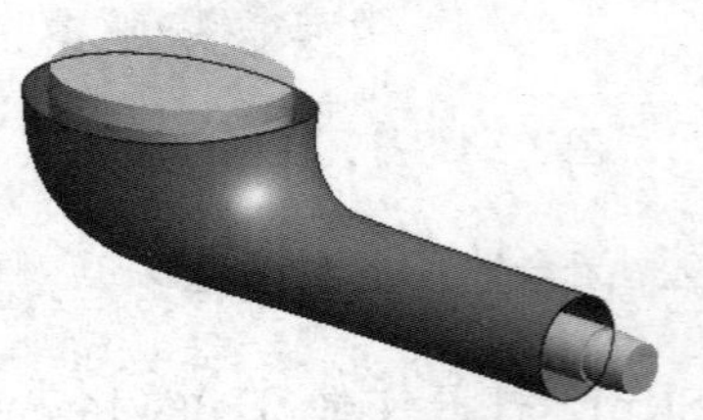

图 3.2.10 曲面-等距

Step3. 定义等距参数。在图形区中选取图 3.2.9 所示的模型表面作为要等距的面，在 后的文本框中输入等距值 10.0。

Step4. 在“等距曲面”对话框中单击 按钮，完成等距曲面的创建。

2. 删除面

Step1. 打开模型文件 D:\sw14.2\work\ch03.02.03\delete_face.SLDPRT，如图 3.2.11 所示。

Step2. 创建图 3.2.12 所示的删除面。选择下拉菜单 插入(I) → 面(F) → 删除(D)... 命令，系统弹出“删除面”对话框。

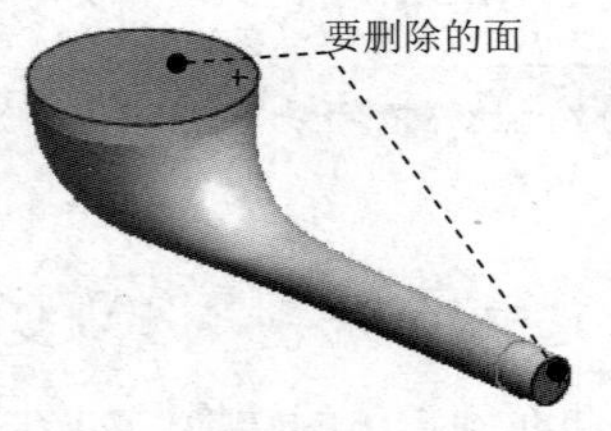

图 3.2.11 打开模型文件

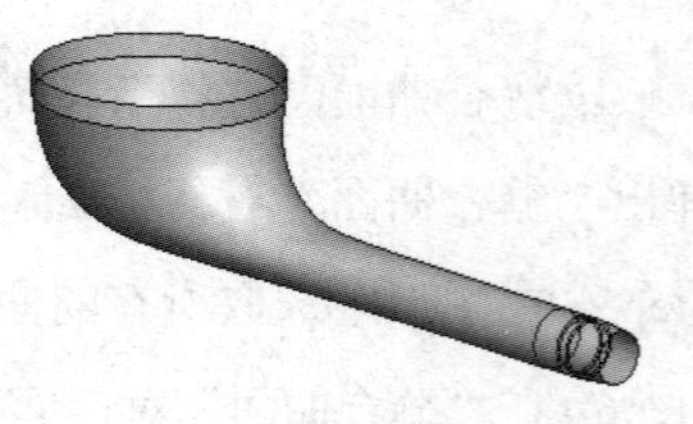

图 3.2.12 删除面

Step3. 定义要删除的面。选取图 3.2.11 所示的两个面为要删除的面，在 选项(O) 区域中选中 删除 单选按钮。

Step4. 在“删除面”对话框单击 按钮，完成删除面的操作。

3.2.4　曲面和实体间转换范例

本范例通过运用“删除面”和“加厚”命令，介绍了曲面和实体间的相互转换。零件模型及相应的设计树如图 3.2.13 所示。

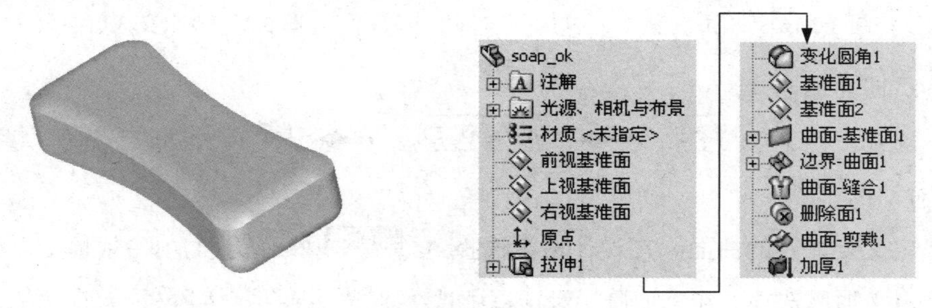

图 3.2.13　零件模型及设计树

Step1. 打开文件 D:\sw14.2\work\ch03.02.04\soap.SLDPRT，如图 3.2.14 所示。

Step2. 创建图 3.2.15 所示的删除面 1。

（1）选择命令。选择下拉菜单 插入(I) → 面(F) → 删除(D)... 命令，系统弹出“删除面”对话框。

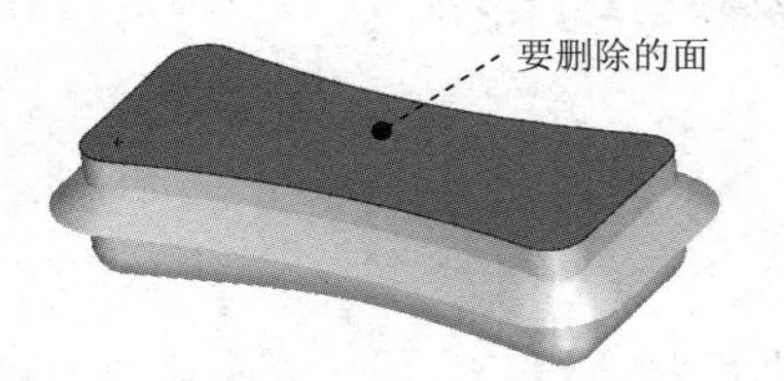

图 3.2.14　打开模型文件

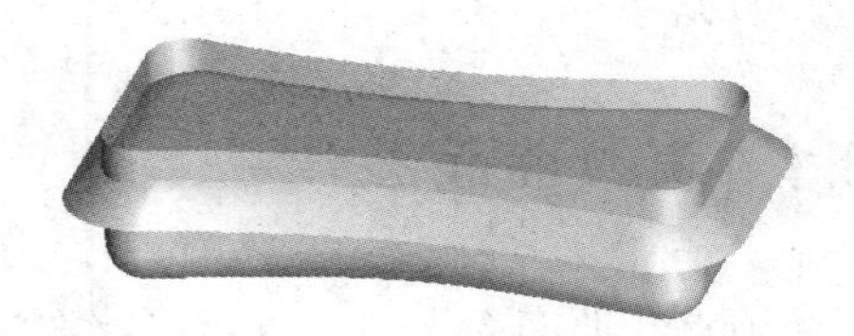

图 3.2.15　删除面 1

（2）定义要删除的面。选取图 3.2.14 所示的面为要删除的面，在 选项(O) 区域中选中 删除 单选按钮。

（3）在“删除面”对话框单击 ✓ 按钮，此时模型由实体转换成曲面。

Step3. 创建图 3.2.16 所示的曲面-剪裁 1。

（1）选择下拉菜单 插入(I) → 曲面(S) → 剪裁曲面(T)... 命令，系统弹出“剪裁曲面”对话框。

（2）定义剪裁类型。在对话框的 剪裁类型(T) 区域中选择 相互(M) 单选按钮。

（3）定义剪裁参数。

① 定义剪裁工具。在设计树中选取 删除面1 和 曲面-缝合1 为剪裁工具。

② 定义选择方式。选择 移除选择(R) 选项，然后选取图 3.2.17 所示的曲面为需要移除的部分。

（4）单击对话框中的✔按钮，完成曲面-剪裁 1 的创建。

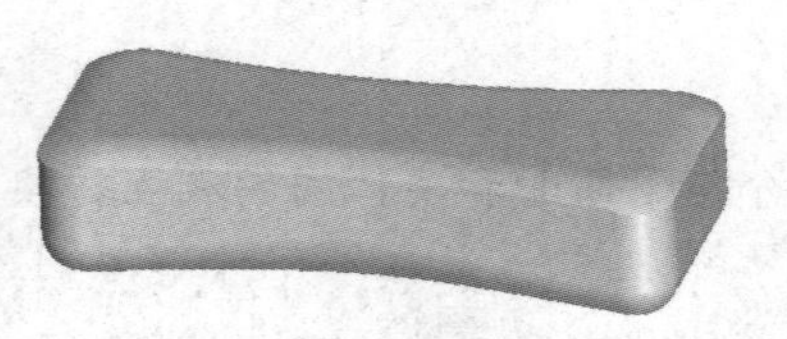
图 3.2.16　曲面-剪裁 1

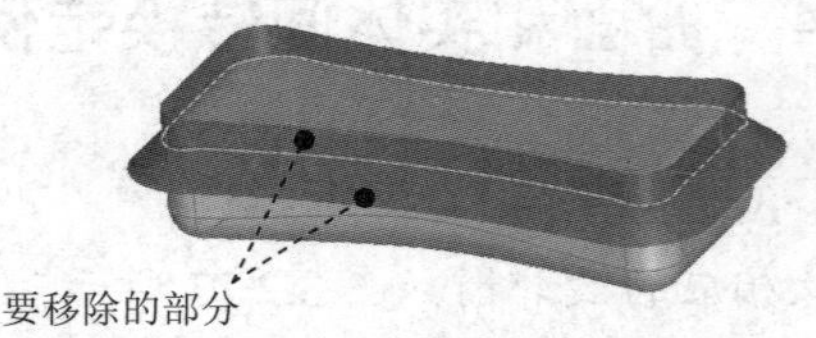

图 3.2.17　定义裁剪参数

Step4. 曲面加厚。

（1）选择下拉菜单 插入(I) → 凸台/基体(B) → 加厚(T)... 命令，系统弹出“加厚”对话框。

（2）定义要加厚的曲面。在设计树中选择 曲面-剪裁1 作为要加厚的曲面。

（3）定义加厚选项。在“加厚”对话框中选中 ☑ 从闭合的体积生成实体(C) 复选框，将曲面转化为实体。

（4）单击对话框中的✔按钮，完成加厚 1 的创建。

Step5. 保存并关闭零件模型。

3.3　曲面的高级编辑功能

3.3.1　直纹曲面

使用直纹曲面命令，可以沿已存在零件实体或曲面的边线，生成一个与之垂直或成一定锥度的曲面，该曲面常用于模具中的分型面。下面介绍创建直纹曲面的一般操作步骤。

Step1. 打开文件 D:\sw14.2\work\ch03.03.01\face_cover.SLDPRT，如图 3.3.1 所示。

Step2. 沿已存在的模型边线生成图 3.3.2 所示的直纹曲面。

（1）选择命令。选择下拉菜单 插入(I) → 曲面(S) → 直纹曲面(L)... 命令，系统弹出图 3.3.3 所示的“直纹曲面”对话框。

（2）在“直纹曲面”对话框的 类型(T) 区域中选中 ⊙ 相切于曲面 单选按钮，在 距离/方向(D) 区域的 文本框中输入距离值 10.00，单击以激活 边线选择(E) 区域的文本框，选取图 3.3.4 所示的边线，其他参数采用系统默认设置值。

图 3.3.1　零件模型

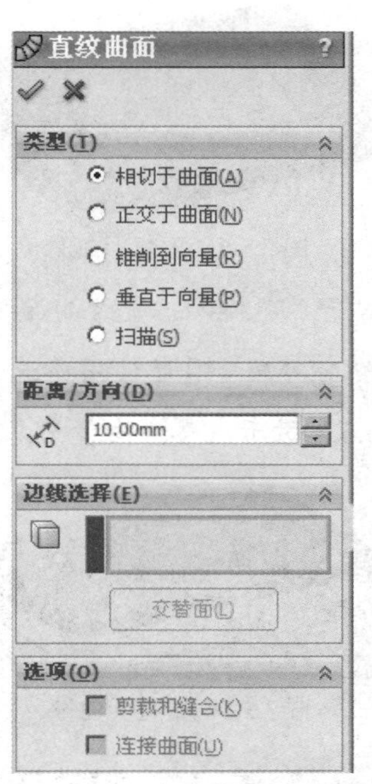

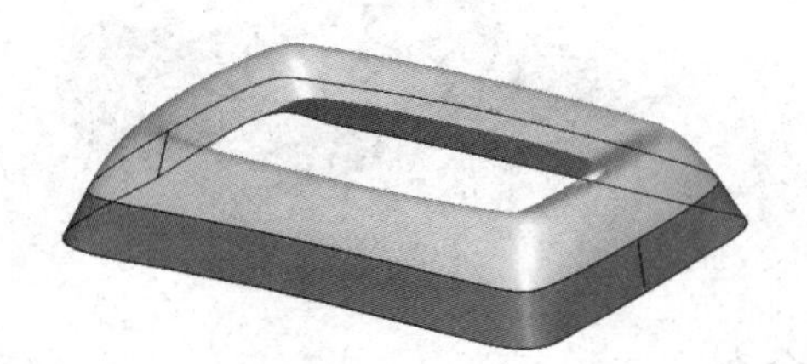

图 3.3.2　生成的直纹曲面

图 3.3.3　“直纹曲线”对话框

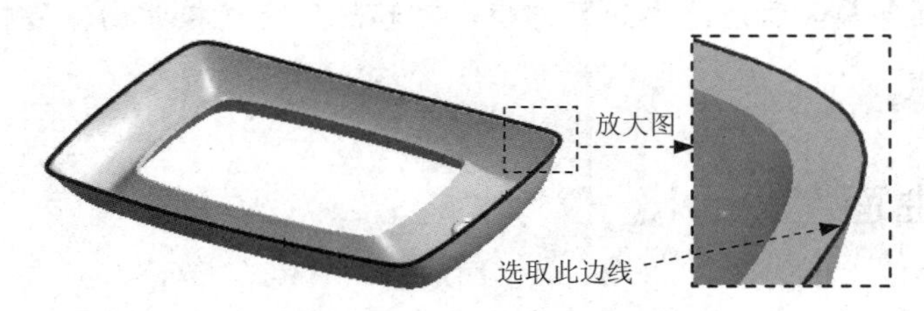

图 3.3.4　选取边线

Step3. 单击✔按钮，生成的直纹曲面如图 3.3.2 所示。

图 3.3.3 所示“直纹曲面”对话框的各选项的功能说明如下：

- ⊙ 相切于曲面：直纹曲线相切于共用所选边线的曲面。
- ⊙ 正交于曲面(N)：直纹曲线垂直于共用所选边线的曲面，如图 3.3.5 所示，在该区域中显示按钮，单击按钮可反转直纹曲面垂直的方向。
- ⊙ 锥削到向量(R)：直纹曲面与指定向量成锥形，如图 3.3.6 所示；单击以激活后的文本框，在图形区选择参考向量（图 3.3.6 所示的参考向量为“基准面 4”），参考向量可以是模型表面或基准面，也可以是模型或草图的边线，单击按钮可反转参考向量的方向；在后的文本框中可输入锥形的角度值。

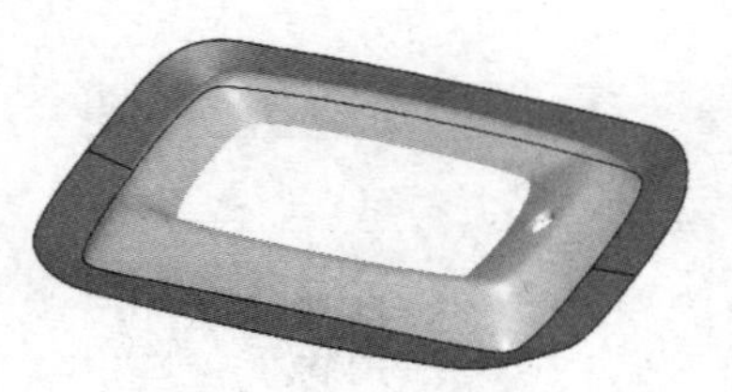

图 3.3.5　正交于曲面

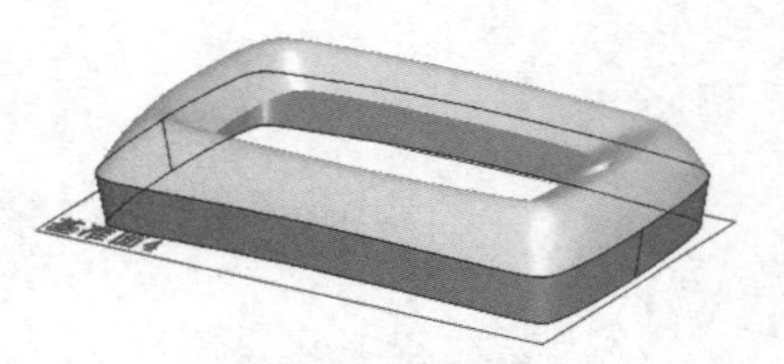

图 3.3.6　锥削到向量

- ⊙ 垂直于向量(P)：直纹曲面垂直于指定向量，如图 3.3.7 所示，参考向量为基准面 4。
- ⊙ 扫描(S)：通过使用所选边线为引导线来生成一扫描曲面创建直纹曲面，如图 3.3.8 所示，参考向量为基准面 4。

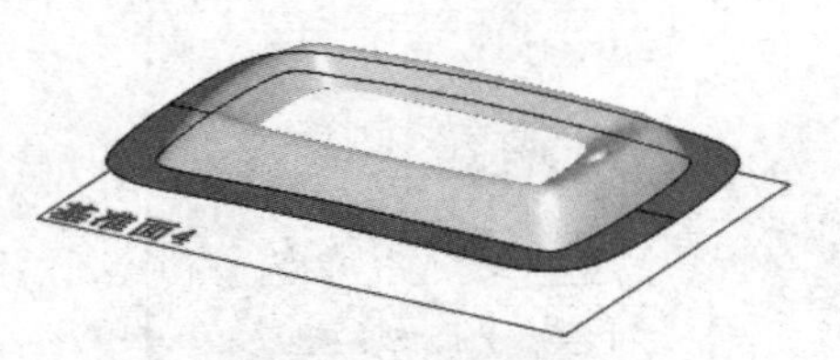

图 3.3.7　垂直于向量

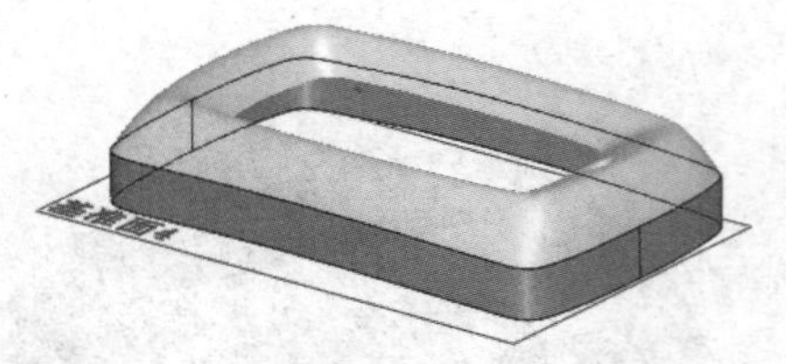

图 3.3.8　扫描

- ☑ 剪裁和缝合(K)：系统将自动裁剪和缝合直纹曲面。
- ☑ 连接曲面(U)：取消选中此复选框，可移除所有连接曲面；连接曲面通常在尖角之间形成。

3.3.2　延展曲面

使用延展曲面命令，可以通过沿指定平面方向延展所选边线来生成曲面。下面介绍创建延展曲面的一般操作步骤。

Step1. 打开图 3.3.9 所示的模型文件 D:\sw14.2\work\ch03.03.02\ gas_oven_switch.SLDPRT。

Step2. 创建图 3.3.10 所示的曲面-延展 1。

图 3.3.9　打开模型文件

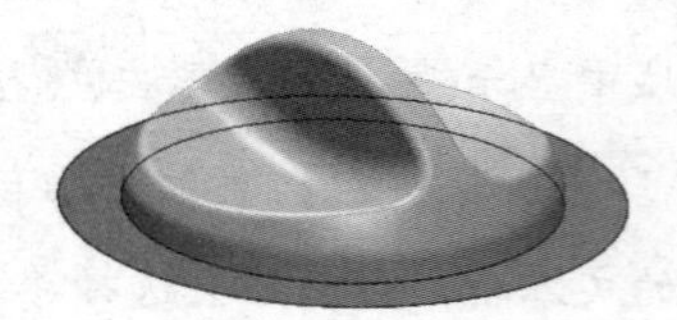

图 3.3.10　曲面-延展 1

（1）选择命令。选择下拉菜单 插入(I) ➡ 曲面(S) ➡ 延展曲面(A)... 命令，系统弹出图 3.3.11 所示的“延展曲面”对话框。

（2）定义延展参数。单击以激活后的文本框，选取上视基准面作为延展方向参考，单击以激活后的文本框，选取图 3.3.12 所示的模型边线为要延展的边线，其他参数采用

系统默认值。

说明：通过选取不同的延展方向参考，可更改延展曲面的延展方向。

Step3. 单击✔按钮，完成曲面-延展 1 的创建。

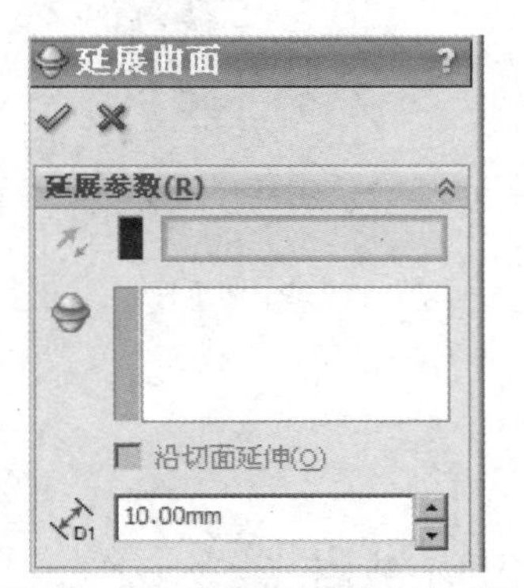

图 3.3.11　“延展曲面”对话框

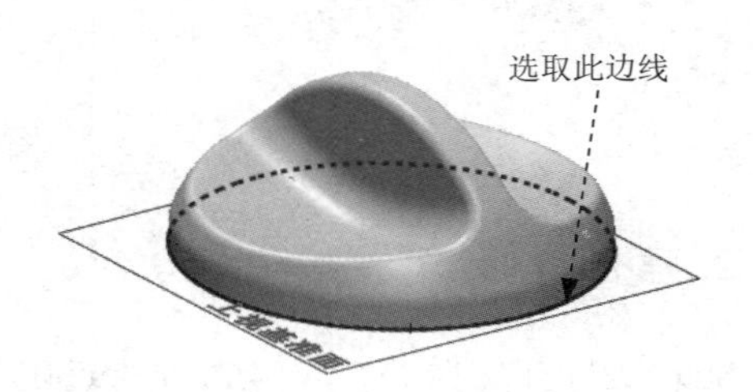

图 3.3.12　定义延展参数

3.3.3　剪裁曲面和面圆角

在曲面设计过程中，有时在曲面间创建面圆角同样可以达到剪裁曲面的效果，下面用两个例子来介绍二者的关系。

1. 剪裁曲面

Step1. 打开文件 D:\sw14.2\work\ch03.03.03\trim_surface.SLDPRT。

Step2. 创建图 3.3.13 所示的曲面-剪裁 1。

（1）选择下拉菜单 插入(I) → 曲面(S) → 剪裁曲面(T)... 命令，系统弹出“剪裁曲面”对话框。

（2）定义剪裁类型。在对话框的 剪裁类型(T) 区域中选中 相互(M) 单选按钮。

（3）定义剪裁参数。在设计树中选取 曲面-拉伸1 和 曲面-拉伸2 为剪裁工具。选中 保留选择(K) 单选按钮，然后选取图 3.3.14 所示的曲面为需要保留的部分。

（4）单击对话框中的✔按钮，完成曲面-剪裁 1 的创建。

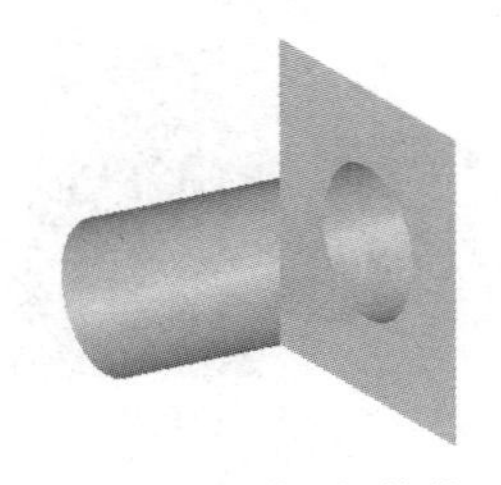

图 3.3.13　曲面-剪裁 1

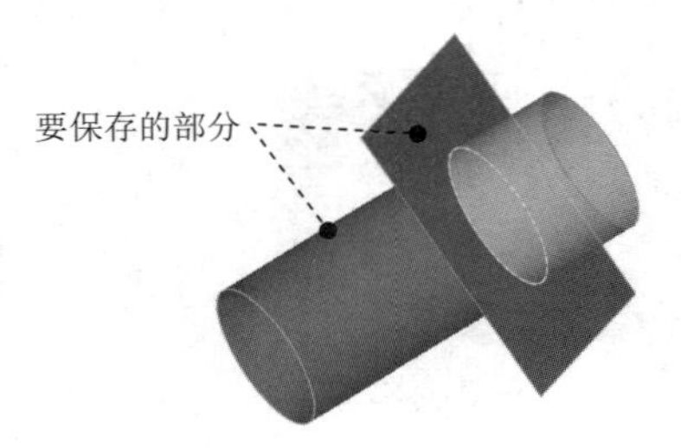

图 3.3.14　定义裁剪参数

Step3. 创建图 3.3.15b 所示的圆角 1。选取图 3.3.15a 所示的模型边线为圆角对象，圆角半径值为 10.0。

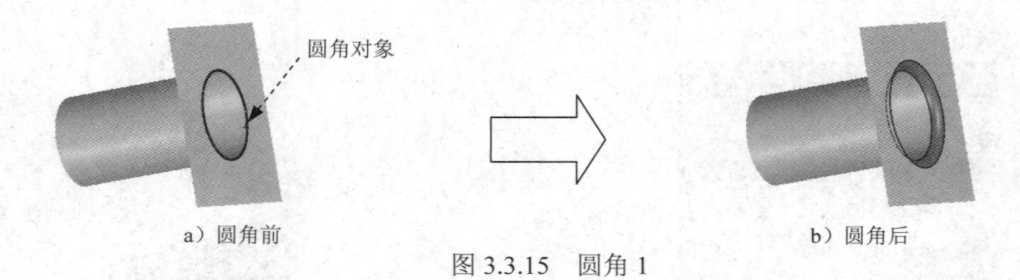

图 3.3.15 圆角 1

2. 面圆角

Step1. 打开文件 D:\sw14.2\work\ch03.03.03\fillet_surface.SLDPRT。

Step2. 创建图 3.3.16b 所示的圆角 1。

（1）选择下拉菜单 插入(I) → 曲面(S) → 圆角(F)... 命令，系统弹出“圆角”对话框。

（2）在 圆角类型(Y) 区域中选中 面圆角(L) 单选按钮；在 圆角项目(I) 区域中 后的文本框中输入圆角半径值 10.0，单击以激活“面组 1”文本框，选取图 3.3.16a 所示的面 1 为“面组 1”，单击“反转面法向”按钮；单击以激活“面组 2”文本框，选取图 3.3.16a 所示的面 2 为“面组 2”，单击“反转面法向”按钮。

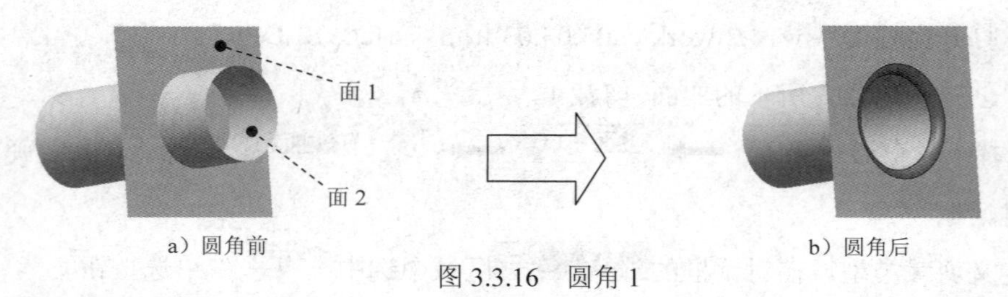

图 3.3.16 圆角 1

（3）单击 按钮，完成圆角 1 的创建。

说明：使用“面圆角”命令还可以在两个不相交的曲面间生成圆角，如图 3.3.17 所示。圆角前的模型文件参见随书光盘 D:\sw14.2\work\ch03.03.03\ok\fillet_surface_ ok.SLDPRT。

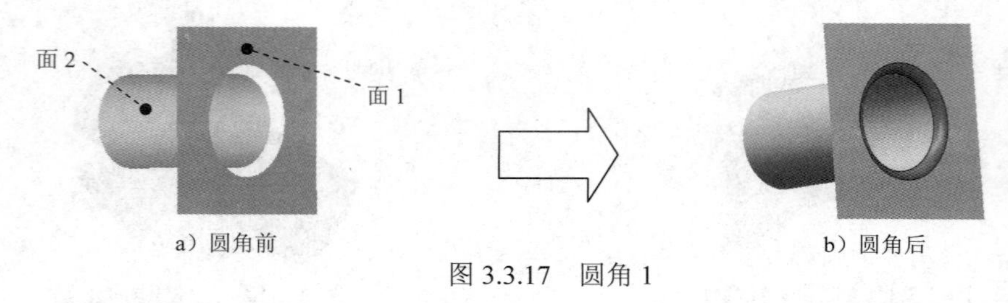

图 3.3.17 圆角 1

3.4 输入的几何体

在工程实践中，常常需要将模型从一种CAD系统转换至另一种CAD系统。在转换过程中，模型很容易出现错误的特征（如出现缺口或面与边的变形）。对于实体模型文件，用户在选择输入文件格式的类型时，可优先考虑Parasolid、ACIS和STEP格式，其中SolidWorks不需要转换操作就可以直接读取Parasolid格式的文件；虽然Parasolid格式支持系统间实体数据的转换，但这些数据仅仅定义实体本身，不包含创建过程的历史数据，所以在数据转换之后，还需要进行特征识别。在模具设计过程中，可以将模型从其他CAD系统中直接输入SolidWorks软件中，经过相应的处理即可用于模具型腔的设计。

3.4.1 输入数据常见问题和解决方法

1. 输入数据出错的原因

了解输入数据出错的原因，对检查输入错误并最终修复模型有很大帮助，不同的CAD系统使用了不同的数学表示和运算规则，这是输入数据出错的主要原因。具体的出错原因如下：

（1）精度不同：由于各CAD系统精度运算的不同，常常导致输入数据失败；在建模前了解相关的参数设置，预先调整好建模精度，将降低导入文件出错的概率。

（2）实体缺失：输入数据时，有时候会出现丢失面的现象；如果该错误不能通过系统自动修复工具修复，用户需手动修复该错误。

（3）转换特征映射失败：某些特征在各CAD系统间并不通用，也是导致出错的常见原因。例如，接收系统不支持“圆顶”特征，转换就可能失败，或转换后的模型会存在一些缺陷。

2. 修复模型

对于模型输入过程中出现的错误，通常有以下几种修复方法。

（1）改变输入文件的格式：当一种输入格式不能得到满意的效果，应该尝试另一种文件格式。

（2）改变精度：输入数据的精度不要超过系统默认的范围。

（3）输入为曲面：如果通过自动修复不能生成实体，可将该模型的输入设置为曲面，然后自动和手动修复错误面，直到生成一个实体。

（4）删除曲面：对于一些较难修复的曲面，可直接将其删除，用另一个更合适的面来替代被删除的面。

（5）剪裁曲面：通过手动剪裁去掉曲面的超出部分。

（6）延伸曲面：当曲面太短而无法达到缝合要求时，可通过延伸曲面来解决此问题。

（7）填充曲面：通过填充曲面可修复封闭模型的缺口。

3.4.2 修复输入的几何体

虽然输入几何体后有部分特征完全丢失，但用户还可以利用剪裁曲面、延伸曲面和填充曲面等命令来编辑和修复丢失的特征。下面介绍修复输入几何体的一般过程。

Step1. 打开文件。选择下拉菜单 文件(F) → 打开 命令，系统弹出“打开”对话框，在 文件类型(T): 下拉列表中选择 所有文件 (*.*) 选项，打开图 3.4.1 所示的模型文件 D:\sw14.2\work\ch03.04.02\car.stp。

Step2. 输入诊断。在系统弹出的“输入诊断”对话框中单击 是(Y) 按钮，系统弹出图 3.4.2 所示的“输入诊断”对话框。

Step3. 尝试愈合所有。在“输入诊断”对话框中单击 尝试愈合所有(H) 按钮，系统修复了三个错误面，还有一个未能自动修复，如图 3.4.3 所示。

图 3.4.1 打开零件模型

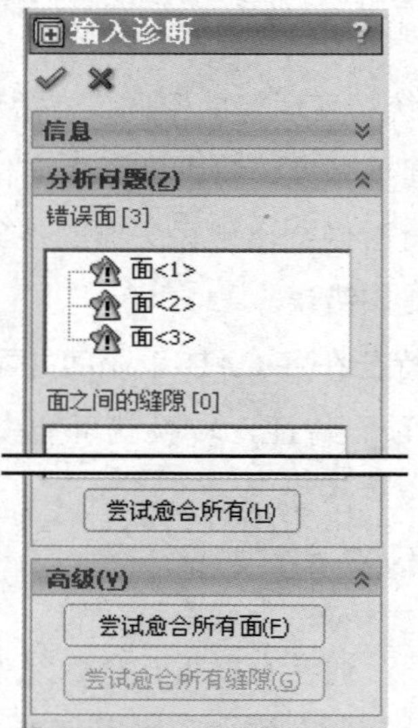

图 3.4.2 “输入诊断”对话框（一）

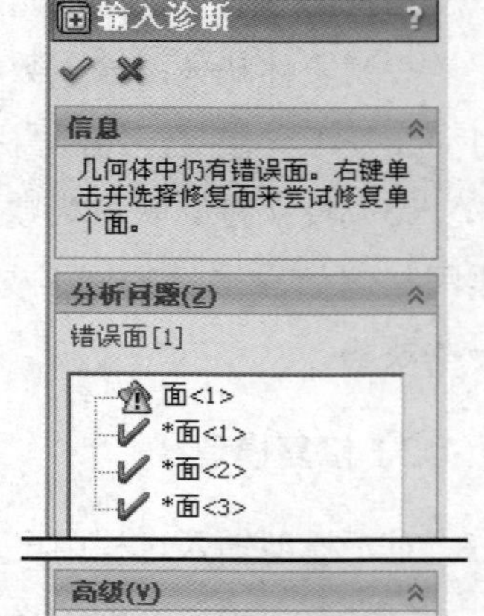

图 3.4.3 “输入诊断”对话框（二）

Step4. 自动修复剩余的错误面。在 分析问题(Z) 区域的 错误面[1] 文本框中右击 面<1>，在弹出的快捷菜单中选择 修复面 命令，系统修复了一个错误面，还有一个未能自动修复，如图 3.4.4 所示；继续右击 面<1>，在弹出的快捷菜单中选择 修复面 命令，此时“输入诊断”对话框的 信息 区域中出现手动修复的提示，如图 3.4.5 所示。

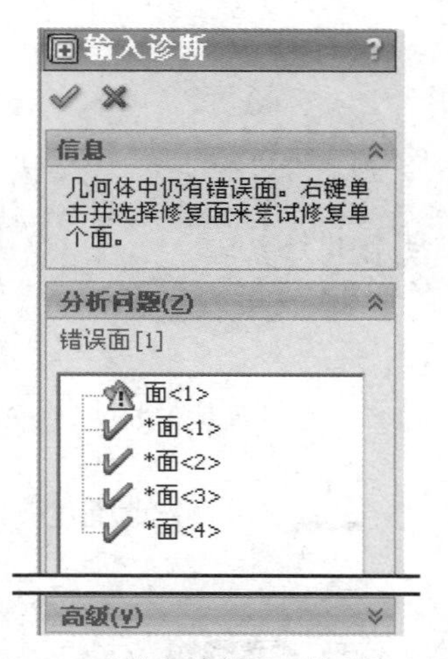

图 3.4.4　“输入诊断”对话框（三）

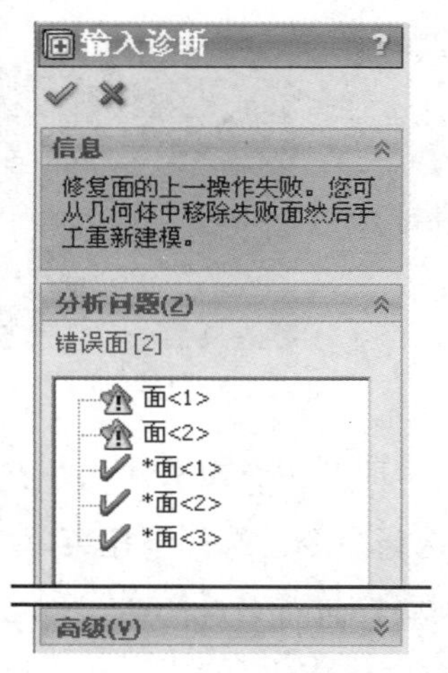

图 3.4.5　“输入诊断”对话框（四）

Step5．手动修复剩余的错误面。

（1）删除面。先在 分析问题(Z) 区域的 错误面 [2] 文本框中右击 面<2>，在弹出的快捷菜单中选择 放大所选范围 命令，在图形区放大错误面，如图 3.4.6a 所示；然后继续右击 面<2>，在弹出的快捷菜单中选择 删除面 命令，“面 2”将被删除，如图 3.4.6b 所示；单击 ✓ 按钮，退出“输入诊断”对话框。

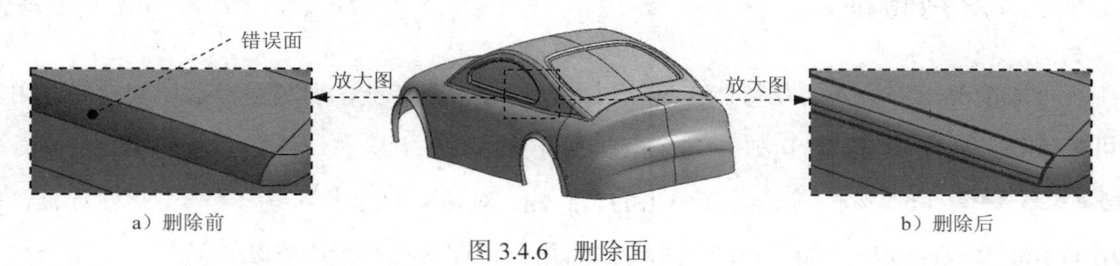

a）删除前　　b）删除后

图 3.4.6　删除面

说明：“面 2”被删除后，模型由实体变为曲面，并在被删除部分形成一个缺口；为了方便查看图形，建议采用“带边线上色”视图显示模型。

（2）修补缺口。

① 选择命令。选择下拉菜单 插入(I) → 曲面(S) → 边界曲面(B)... 命令，系统弹出“边界-曲面”对话框。

② 定义方向 1 的边界曲线。选取图 3.4.7 所示的两条曲线作为 方向1 上的边界曲线，并设置曲线 1 和曲线 2 的相切类型均为 与面相切。

③ 定义方向 2 的边界曲线。选取图 3.4.7 所示的两条曲线作为 方向2 上的边界曲线，其他参数采用系统默认值。

④ 单击 ✓ 按钮，完成边界-曲面 1 的创建。

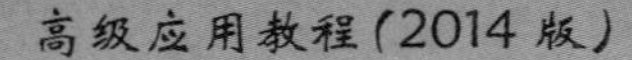

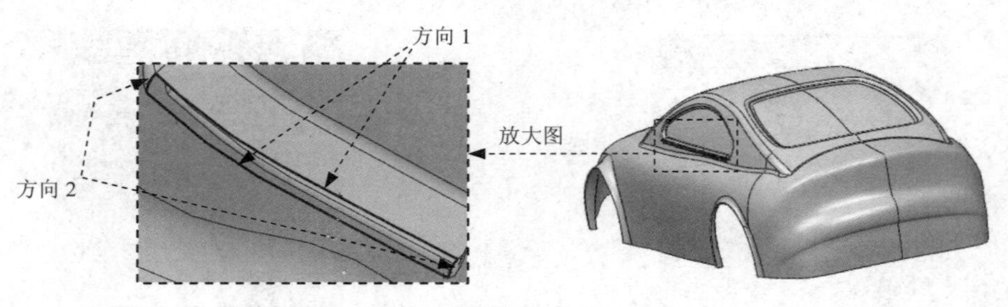

图 3.4.7　边界-曲面 1

（3）将曲面转换为实体。

① 选择命令。选择下拉菜单 插入(I) → 曲面(S) → 缝合曲面(K)... 命令，系统弹出“缝合曲面”对话框。

② 定义缝合对象。在设计树中选取 边界-曲面1 和 曲面-输入1 为缝合对象，选中 ☑ 尝试形成实体(T) 复选框。

③ 单击对话框中的 ✔ 按钮，完成曲面-缝合 1 的创建。此时，模型已由曲面重新转换为实体，读者可使用“剖面视图”进行查看。

Step6. 至此，模型已输入并修复完成，保存模型文件。

3.4.3　识别特征

一般情况下，输入的几何体在设计树上仅包含一个特征，但利用特征识别功能，用户可将零部件分成多个单独特征；在进行识别特征操作之前，先选择下拉菜单 工具(T) → 插件(D)... 命令，在弹出的“插件”对话框中选中 ☑ FeatureWorks 复选框，启用 FeatureWorks 插件，如果系统提示无法启用，请读者在系统中安装该插件。下面介绍识别特征的一般过程。

Step1. 打开图 3.4.8 所示的模型文件。选择下拉菜单 文件(F) → 打开 命令，系统弹出“打开”对话框，在 文件类型(T): 下拉列表中选择 所有文件 (*.*) 选项，打开模型文件 D:\sw14.2\work\ch03.04.03\turntable.igs。

Step2. 输入诊断。在系统弹出的“输入诊断”对话框中单击 是(Y) 按钮，系统弹出的“输入诊断”对话框的 信息 区域中提示 几何体中无错误面或缝隙存留。，单击 ✔ 按钮。

Step3. 特征识别。

（1） 在图 3.4.9 所示的 FeatureWorks 对话框中单击 选项(O)... 按钮，系统弹出图 3.4.10 所示的“FeatureWorks 选项”对话框，单击对话框中的 普通 选项，选中 ⊙ 生成新文件(R) 单选按钮和 ☑ 零件打开时提示识别特征(P) 复选框；单击 尺寸/几何关系 选项，在 几何关系 区域选中

☑ 给草图添加约束(N)复选框；单击高级控制选项，在诊断区域选中☑ 允许失败的特征生成(A)和☑ 进行实体区别检查(Y)复选框，在孔区域选中☑ 识别孔为异形孔向导孔(W)复选框，单击确定按钮，在 FeatureWorks 对话框中单击是(Y)按钮，系统弹出图 3.4.11 所示的 FeatureWorks 对话框。

图 3.4.8 打开零件模型

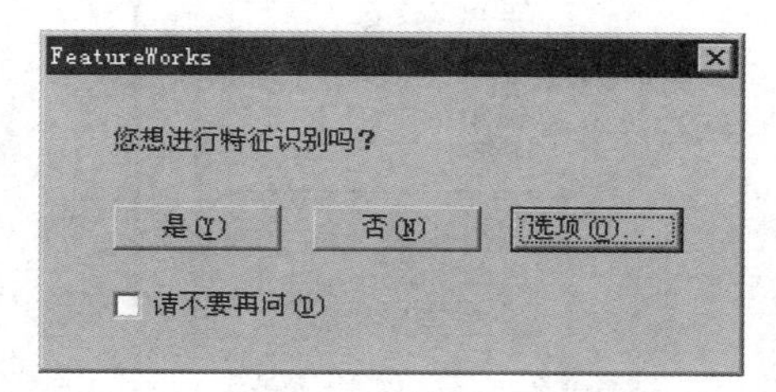

图 3.4.9 “FeatureWorks”对话框

（2）在 FeatureWorks 对话框中的自动特征(M)区域选中所有复选框（图 3.4.11），单击按钮，系统开始自动识别特征。

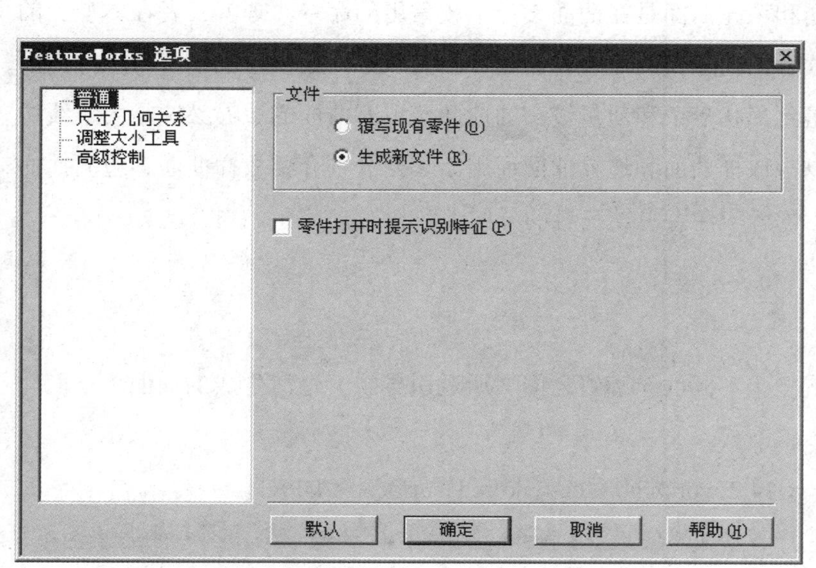

图 3.4.10 “FeatureWorks 选项”对话框

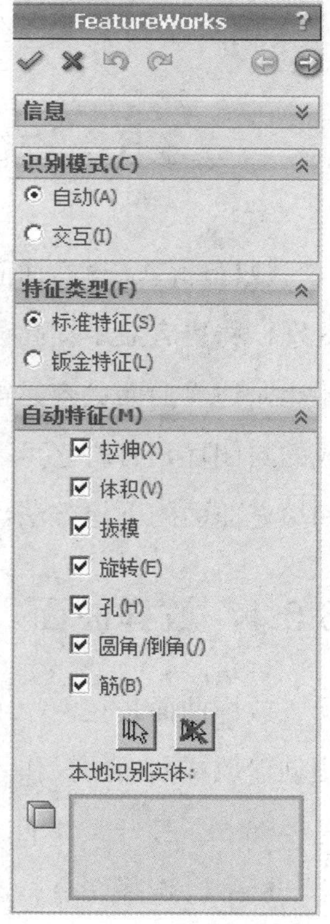

图 3.4.11 “FeatureWorks”对话框

（3）系统自动识别完毕后，弹出图 3.4.12 所示的“FWORKS-中级阶段”对话框，在该对话框中单击✔按钮，完成特征识别，此时设计树如图 3.4.13 所示。

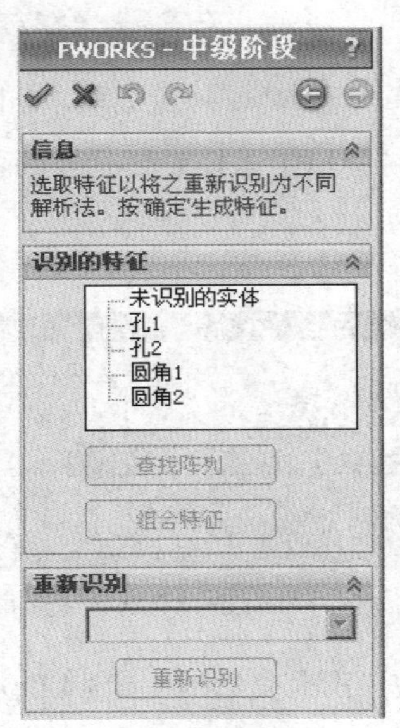

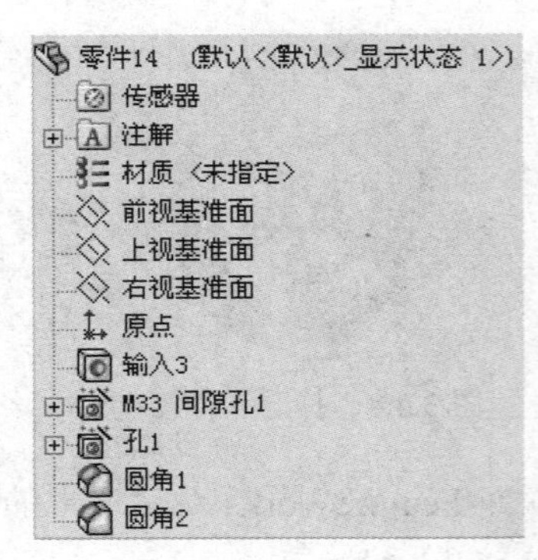

图 3.4.12 “FWORKS-中级阶段”对话框

图 3.4.13 设计树

Step4. 保存模型文件，将零件模型命名为 turntable_ok.sldprt。

3.5 放样曲面、边界曲面和填充曲面的比较

放样曲面、边界曲面和填充曲面是在曲面设计中较常用的命令，理解三者在本质上的区别，将更有益于提高读者曲面建模的速度和创建曲面的质量。通常情况下，与放样曲面相比，边界曲面更容易得到形状复杂和质量较高的曲面；填充曲面的边界必须是由边线构成的封闭环，有时它可以与放样曲面和边界曲面通用。下面分别介绍放样曲面、边界曲面和填充曲面的创建方法，读者应注意总结三者的异同。

3.5.1 放样曲面

放样曲面是在两个或多个不同的轮廓线之间（通过引导线）过渡生成的曲面。下面介绍创建放样曲面的操作步骤。

Step1. 打开文件 D:\sw14.2\work\ch03.05.01\lofted_surface.SLDPRT。

Step2. 选择命令。选择下拉菜单 插入(I) → 曲面(S) → 放样曲面(L)... 命令，系统弹出图 3.5.1 所示的“曲面-放样”对话框。

Step3. 定义轮廓线。选取图 3.5.2a 所示的两条线为轮廓线，其他参数采用系统默认值。

Step4. 单击 ✓ 按钮，完成放样曲面的创建，其结果如图 3.5.2b 所示。

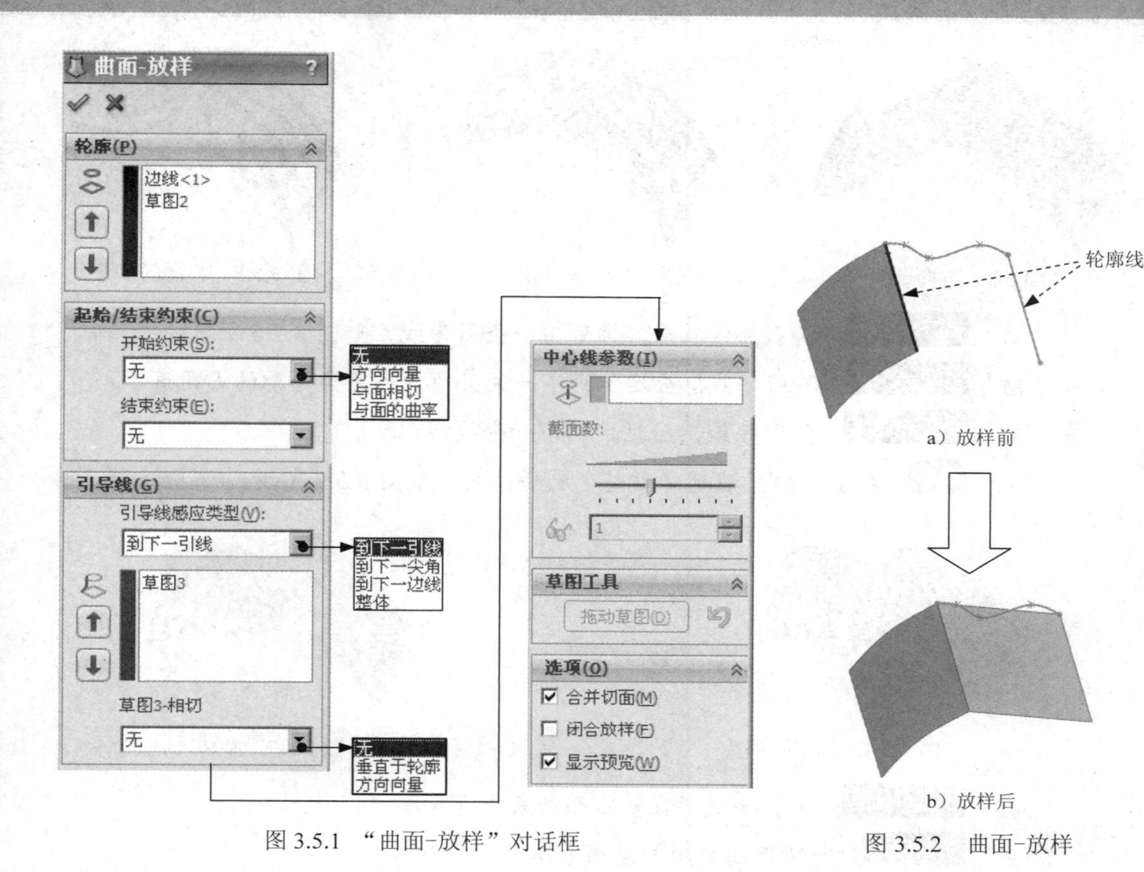

图 3.5.1　“曲面-放样”对话框

图 3.5.2　曲面-放样

图 3.5.1 所示的“曲面-放样”对话框的各选项说明如下：

- 起始/结束约束(C) 区域：包括 开始约束(S): 和 结束约束(E): 下拉列表。
  - ☑ 无：在起始边线或结束边线未使用相切约束，如图 3.5.2b 所示。
  - ☑ 方向向量：在确定方向向量时，当所选实体为一个模型表面或基准面时，方向向量为所选平面的法向方向；当所选实体为一个边线或轴时，方向向量的指向将沿所选边线。单击按钮，可反转向量方向，图 3.5.3 所示为以“上视基准面”为“开始约束”和“结束约束”的方向向量。
  - ☑ 与面相切：使放样曲面与开始或结束处轮廓线的相邻面相切，在后的文本框中输入相切感应，单击按钮，反转相切方向；图 3.5.4 所示为在“开始约束”设置“与面相切”，并显示斑马条纹后的效果。
  - ☑ 与面的曲率：在开始或结束的轮廓处，用平滑、更具美感的曲率连续曲面。图 3.5.5 所示为在“开始约束”处设置“与面的曲率”，并显示斑马条纹后的效果。同“与面相切”的斑马条纹相比，“与面的曲率”在与相邻面的连接处过渡得更加平滑。
- 引导线(G) 区域：在其下拉列表中可以定义引导线的类型。

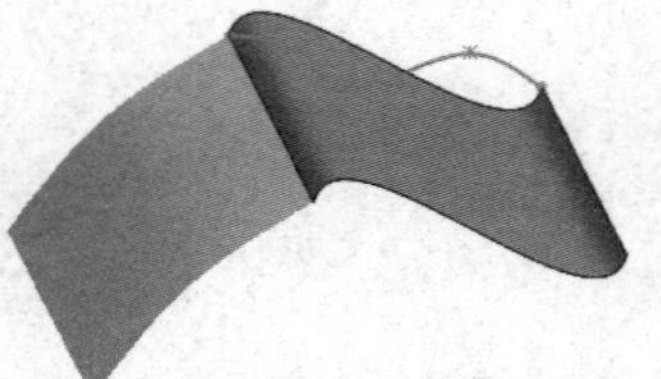

图 3.5.3　方向向量

图 3.5.4　与面相切

图 3.5.5　与面的曲率

☑ 到下一引线：将引导线感应延伸到下一条引导线，如图 3.5.6 所示。

☑ 到下一尖角：将引导线感应延伸到下一条尖角；尖角为轮廓的尖角落。

☑ 到下一边线：将引导线感应延伸到下一条边线。

☑ 整体：将引导线感应延伸到整个放样曲面，如图 3.5.7 所示。

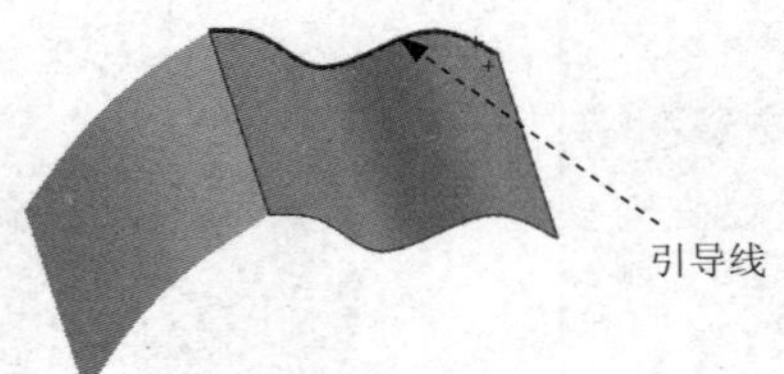

图 3.5.6　到下一引线

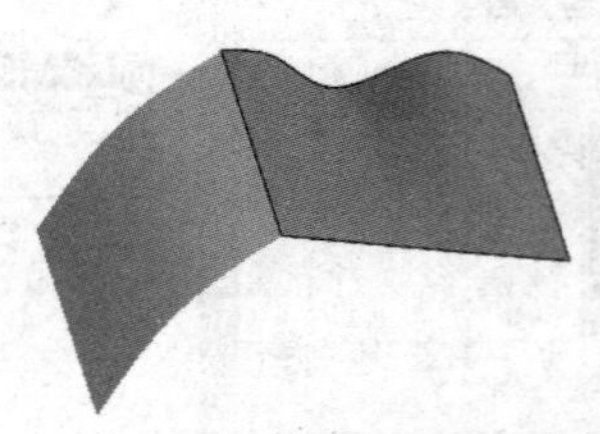

图 3.5.7　整体

☑ 垂直于轮廓：与引导线所在基准面约束垂直。

☑ 方向向量：与所选的方向向量约束垂直。

● 中心线参数(I) 区域：利用中心线引导放样形状。

☑ 后的文本框用于显示作为中心线的草图。

☑ 截面数：在轮廓之间并绕中心线添加截面，移动滑块可调整截面数，单击按钮以显示放样截面。

● 草图工具 区域：当激活拖动模式后，读者可拖动任何放样曲面已定义 3D 草图的线段、点或基准面，拖动时，系统将动态地更新放样曲面。

● 选项(O) 区域：

☑ 合并切面(M)：合并放样曲面中相切的曲面，如图 3.5.8 所示。

a）合并前

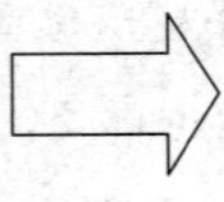

b）合并后

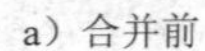

图 3.5.8　合并切面

☑ 闭合放样(F)：沿放样方向闭合放样曲面，如图 3.5.9 所示。

☑ 显示预览(W)：选中此复选框，可以动态地观察生成的放样曲面。

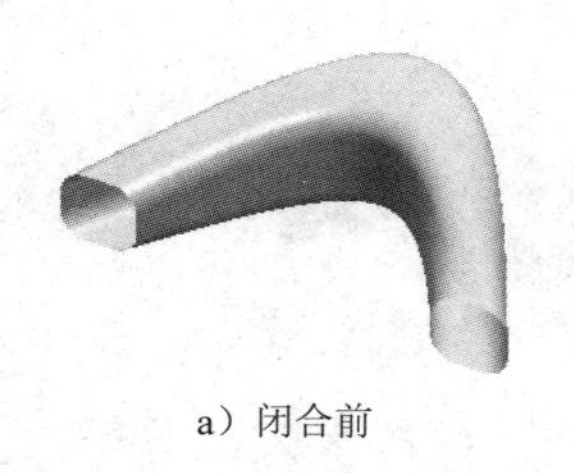
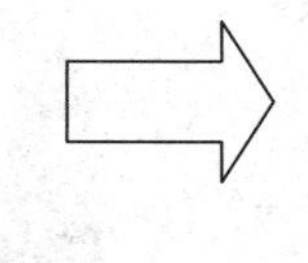
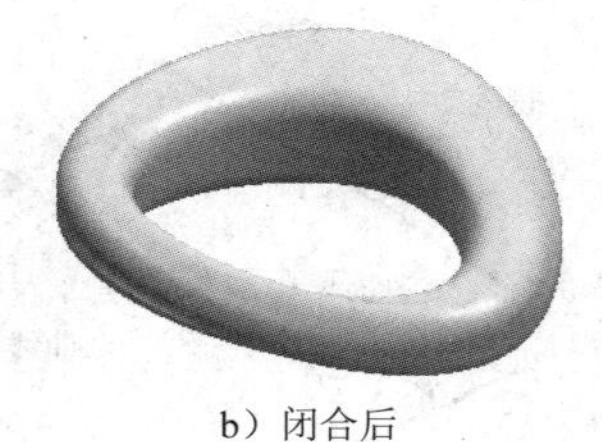

a）闭合前　　b）闭合后

图 3.5.9　闭合放样

3.5.2　边界曲面

边界曲面可用于生成在两个方向上（曲面所有的边）相切或曲率连续的曲面。下面介绍创建边界曲面的操作步骤。

Step1. 打开文件 D:\sw14.2\work\ch03.05.02\boundary_surface.SLDPRT。

Step2. 选择命令。选择下拉菜单 插入(I) → 曲面(S) → 边界曲面(B)... 命令，系统弹出图 3.5.10 所示的“边界–曲面”对话框。

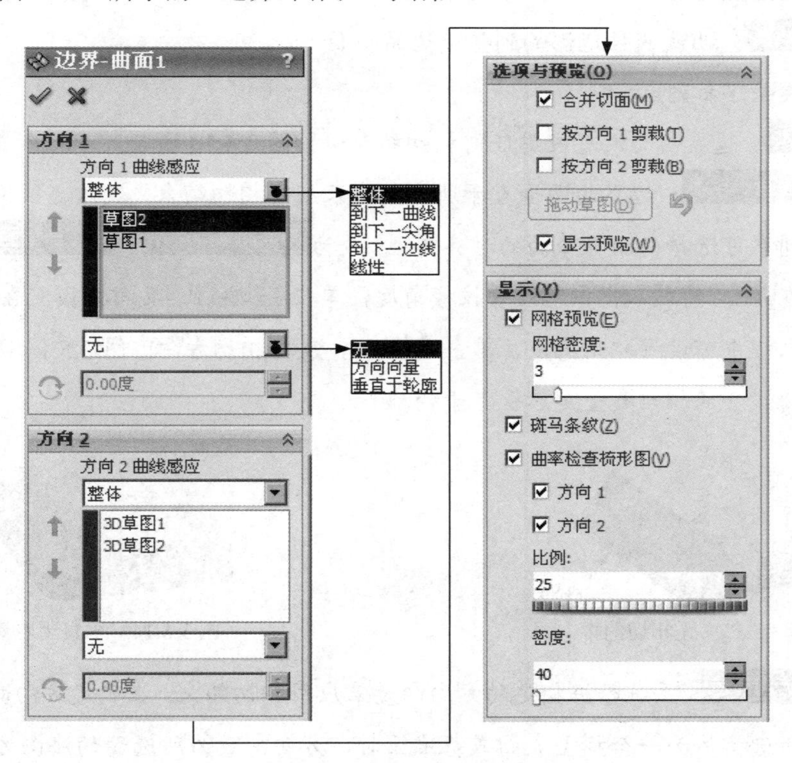

图 3.5.10　“边界–曲面”对话框

Step3. 定义边界曲线。选取图 3.5.11 所示的曲线 1 和曲线 2 为方向 1 的边界曲线，选取曲线 3 和曲线 4 为方向 2 的边界曲线，其他参数采用系统默认值。

Step4. 单击 ✔ 按钮，完成边界曲面的创建，如图 3.5.12 所示。

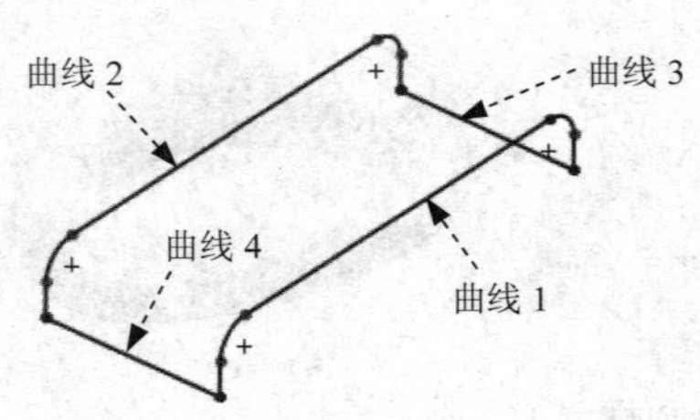

图 3.5.11　定义边界曲线　　　图 3.5.12　边界-曲面

图 3.5.10 所示的“边界-曲面”对话框的各选项的功能说明如下：

- 方向 1 和 方向 2 区域中 方向 1 曲线感应 和 方向 2 曲线感应 的下拉列表：
  - ☑ 整体：选择此选项，引导线将影响整个边界-曲面。
  - ☑ 到下一曲线：曲线对生成的边界-曲面的影响延伸到下一曲线。
  - ☑ 到下一尖角：曲线对生成的边界-曲面的影响延伸到下一尖角（相交但不相切、曲率也不相等的草图实体）。
  - ☑ 到下一边线：曲线对生成的边界-曲面的影响延伸到下一边线。
  - ☑ 线性：曲线线性地影响到整个边界曲面。
- 相切类型下拉列表：
  - ☑ 无：边界曲面没有应用任何相切约束，如图 3.5.13 所示。
  - ☑ 垂直于轮廓：边界曲面垂直于所选曲线来应用相切约束，在该选项下方的下拉列表可选择曲面与截面的对齐类型，分为 与截面垂直对齐 和 与下一截面对齐 两种；在 后的文本框中可设置拔模角度，单击 按钮，反向拔模；在 后的文本框中可设置相切感应，单击 按钮，反转相切方向；图 3.5.14 所示为设置曲线 2 的相切类型是“垂直于轮廓”。

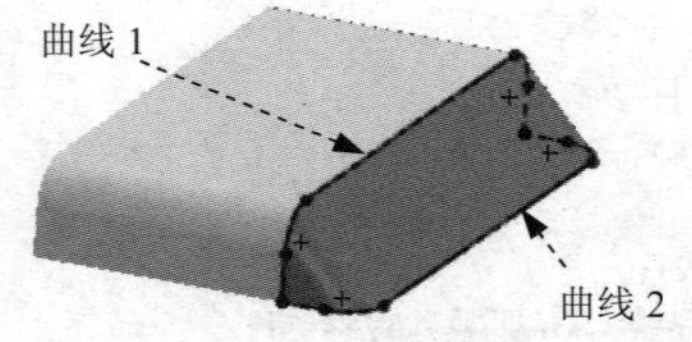

图 3.5.13　无相切约束　　　图 3.5.14　垂直于轮廓

  - ☑ 方向向量：系统根据指定的方向向量来应用相切约束；在确定方向向量时，当所选实体为一个模型表面或基准面时，方向向量为所选面的法向方向，当所选实体为一个边线或轴时，方向向量的指向将沿所选边线；在 后的文本框中可设置拔模角度，单击 按钮，反转拔模方向；在 后的文本框中可设置相切感应，单击 按钮，可反转向量方向。图 3.5.15 所示是以“上视基准面”为曲线 2 的方向向量。

☑ 与面相切：当模型中包括多个曲面时，控制边界曲面与所选曲线的相邻面相切；读者可根据需要更改拔模方向和角度，单击按钮，反转相切方向；如图 3.5.16 所示，曲线 1 的相切类型为“与面相切”。

☑ 与面的曲率：当模型中包括多个曲面时，控制生成的曲面和已有曲面之间通过曲率过渡，使生成的曲面和已有面结合得更平滑，可以通过设置相切感应来更改曲率，如图 3.5.17 所示。

图 3.5.15　方向向量

图 3.5.16　与面相切

图 3.5.17　与面的曲率

● 选项与预览(V) 区域：用于定义显示预览。

☑ 合并切面(M)：合并边界曲面中相切的曲面，如图 3.5.18 所示。

a）合并前

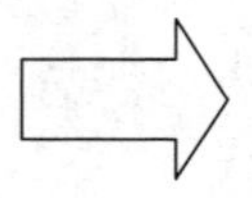

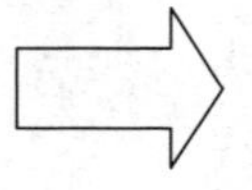

b）合并后

图 3.5.18　合并切面

☑ 显示预览(W)：选中此复选框可以动态地观察生成的边界-曲面，当生成的曲面较复杂时，建议取消选中此复选框。

● 显示(Y) 区域：用于定义模型显示方式。

☑ 网格预览(W)：在编辑边界曲面时显示网格，在其下的文本框中可设置网格的行数。

☑ 斑马条纹：在编辑边界曲面时，显示斑马条纹。

☑ 曲率检查梳形图：在编辑边界曲面时，显示曲率检查梳形图，读者可以根据需要切换“方向 1”和“方向 2”梳形图的显示，并设置梳形图的比例和密度。

3.5.3 填充曲面

填充曲面是将现有模型的边线、草图或曲线（如组合曲线）定义为边界，在其内部构建任何边数的曲面。填充曲面的操作步骤如下：

Step1. 打开文件 D:\sw14.2\work\ch03.05.03\filled_surface.SLDPRT。

Step2. 选择命令。选择下拉菜单 插入(I) → 曲面(S) → 填充(I)... 命令，系统弹出图 3.5.19 所示的“填充曲面”对话框。

Step3. 定义曲面的修补边界。选取图 3.5.20a 所示的边线为曲面的修补边界，其他参数采用系统默认值。

Step4. 单击 ✔ 按钮，完成曲面填充的创建，其结果如图 3.5.20b 所示。

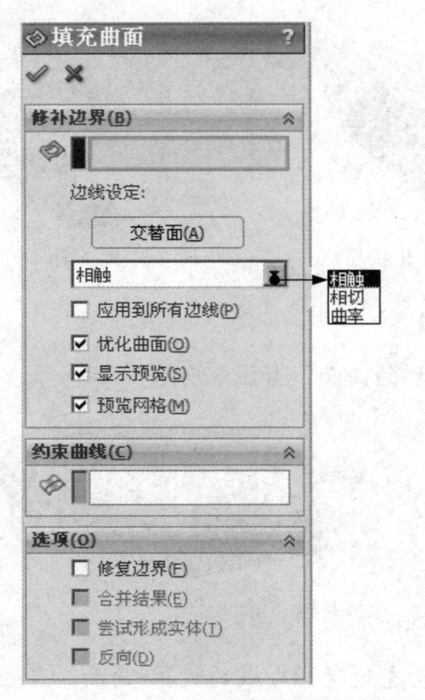

图 3.5.19 “填充曲面”对话框

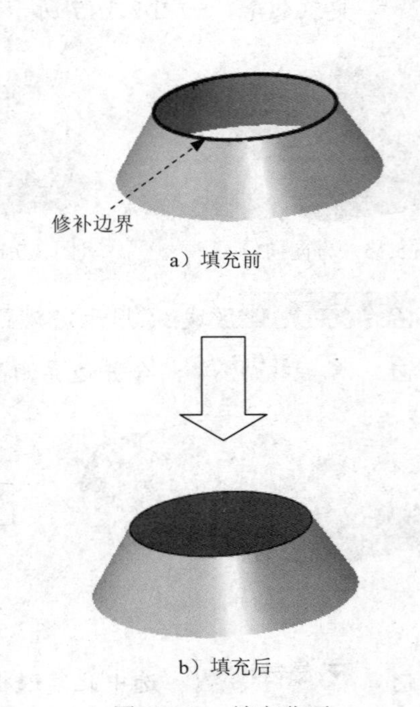

图 3.5.20 填充曲面

图 3.5.19 所示的“填充曲面”对话框中各选项的功能说明如下：

- 修补边界(B) 区域：用于定义要修补的边界和修补类型。
  - ☑ 文本框：在其后的文本框中显示定义的修补边界，修补边界可以是曲面或实体边线，也可以是草图或组合曲线。其中，当以草图为修补边界时，只可以选择“相触”为曲率控制类型。
  - ☑ 相触：在所选边界内生成填充曲面，此选项为系统默认选项。
  - ☑ 相切：生成与所选边界所在面相切的填充曲面，如图 3.5.21 所示。
  - ☑ 曲率：在所选边界上生成与边界相邻曲面的曲率相连续的填充曲面，如图 3.5.22b 所示。
  - ☑ 应用到所有边线(P)：将相同的曲率控制类型应用到所有边线。
  - ☑ 优化曲面(O)：优化的曲面修补可缩短曲面重建时间，在与其他特征一起使

用时可增强稳定性，但使用此功能生成的曲面类似于放样曲面，会生成退化曲面。所以当需要生成四边形面时，应取消选中此复选框。

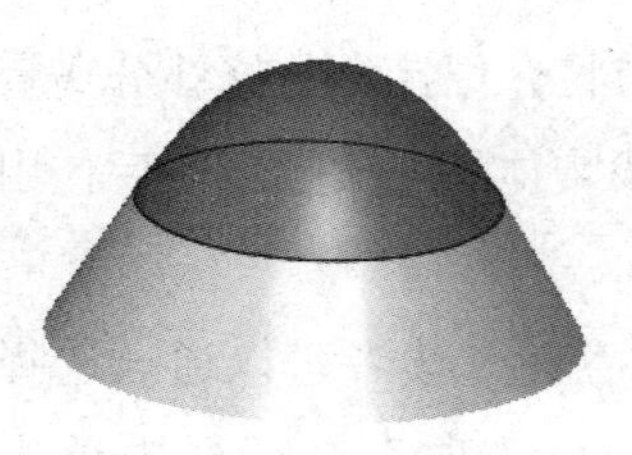

图 3.5.21　相切

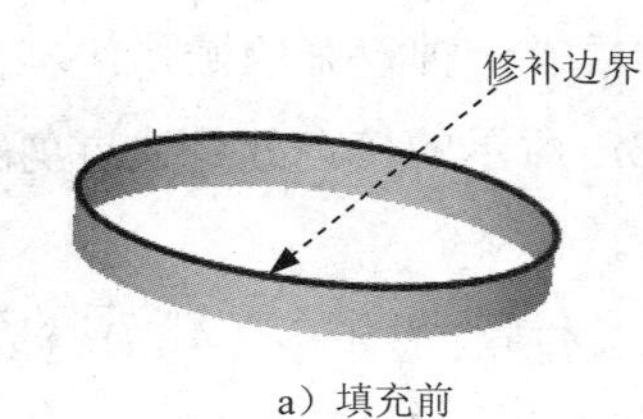

a）填充前

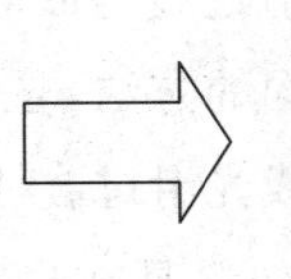

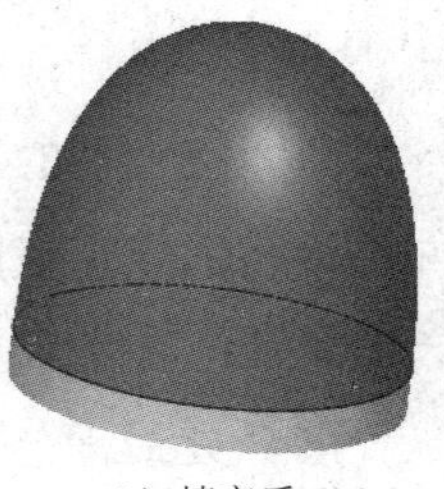

b）填充后

图 3.5.22　曲率

☑ ☑ 显示预览(S)：显示填充曲面的上色预览。

☑ ☑ 预览网格(M)：在曲面上显示网格线，可更直观地查看曲率，☑ 预览网格(M) 只在选中 ☑ 显示预览(S) 时可用。

☑ 反转曲面(R)：反转曲面的修补方向。

● 约束曲线(C) 区域：在该区域的文本框中可定义约束曲线，约束曲线用来控制填充曲面的形状，其通常被用来给修补添加斜面控制，图 3.5.23b 所示为以图 3.5.23a 所示的曲线为约束曲线，曲率控制类型为“相切”的填充曲面。

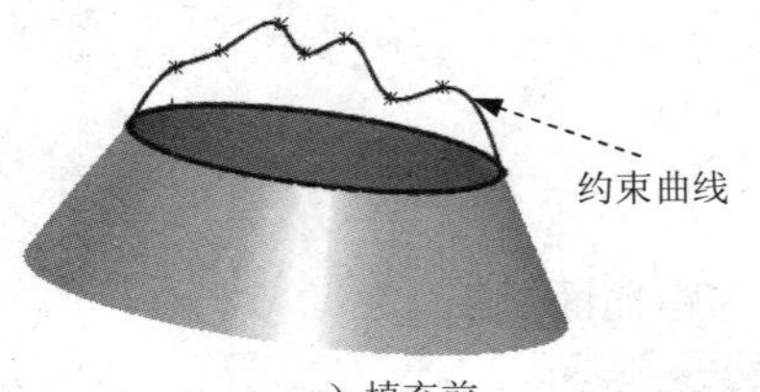

a）填充前

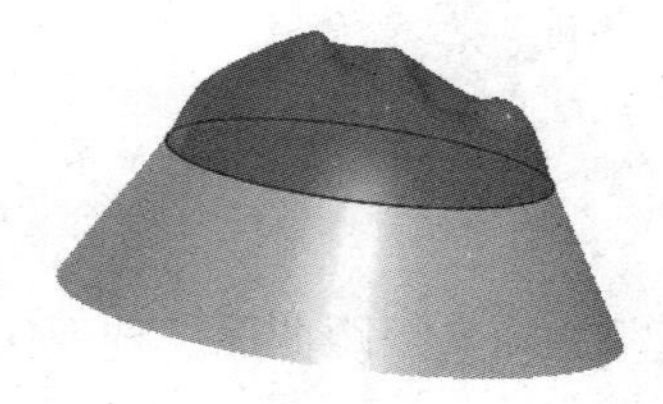

b）填充后

图 3.5.23　约束曲线

● 选项(O) 区域：定义修补边界的其他选项。

☑ ☑ 修复边界(F)：系统将自动修复填充边界的遗失部分或裁剪超出部分，从而得到完整的填充边界。

☑ ☑ 合并结果(E)：填充曲面会与边线所属的曲面进行缝合。

☑ ☑ 尝试形成实体(T)：在填充曲面时，将封闭的曲面形成实体。

☑ ☑ 反向(D)：在填充曲面时，如果填充曲面的方向不符合要求，可选中此复选框进行纠正。

3.6 接合与修补曲面

曲面接合处的平滑过渡是曲面建模中一种较难的操作，本节将介绍接合与修补分离管件并最终生成完整曲面的方法。图3.6.1所示的接合处是通过剪裁实体的交叉区域然后使用一些特征组合命令形成光滑过渡曲面。

接合处最理想的效果是在高反射材质状态下看不出有缝隙存在。读者可以通过选择工具(T)下拉菜单中的选项(P)...命令，在系统弹出的“系统选项”对话框中单击文档属性(D)选项卡，然后选择图像品质选项，在图像品质区域中设置图像的显示品质，当相邻的曲面被缝合后，提高显示品质以查看曲面的过渡情况。

下面以图3.6.2所示的模型为例，介绍接合与修补曲面的具体操作过程。

Step1. 打开文件 D:\sw14.2\work\ch03.06\thread_pipe.SLDPRT，如图3.6.2所示。

Step2. 创建图3.6.3所示的曲面-等距1。

（1）选择命令。选择下拉菜单插入(I) → 曲面(S) → 等距曲面(O)...命令。

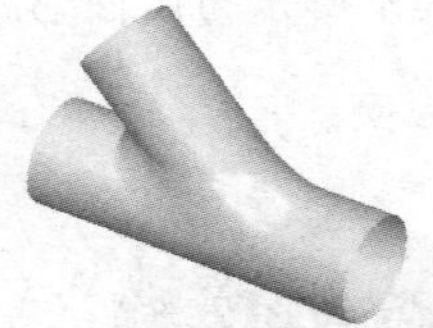

图3.6.1 接合与修补曲面

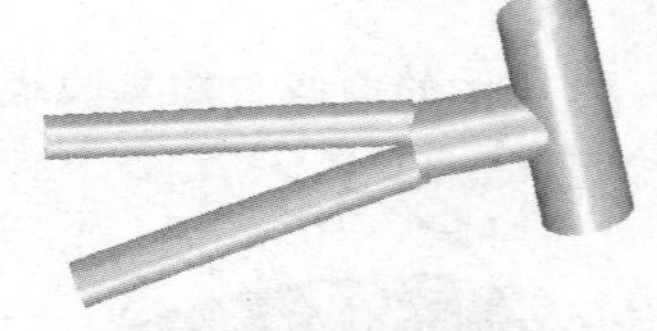

图3.6.2 打开模型文件

（2）定义等距曲面。选取图3.6.4所示的曲面为等距曲面。

（3）定义等距参数。在“等距曲面”对话框的等距参数(O)区域中单击按钮，在后的文本框中输入等距距离值2.0。

（4）单击按钮，完成曲面-等距1的创建。

Step3. 创建曲面-剪裁1。

（1）选择下拉菜单插入(I) → 曲面(S) → 剪裁曲面(T)...命令，系统弹出“剪裁曲面”对话框。

（2）定义剪裁类型。在对话框的剪裁类型(T)区域中选中标准(D)单选按钮。

（3）定义剪裁参数。

① 定义剪裁工具。在设计树中选取曲面-等距1为剪裁工具。

② 定义选择方式。选中保留选择(K)单选按钮，然后选取图3.6.5所示的曲面为需要保留的部分。

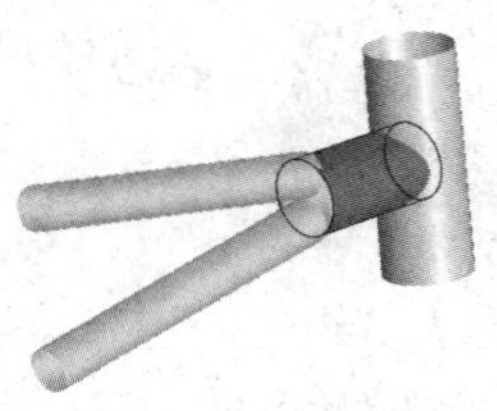
图 3.6.3　曲面-等距 1

图 3.6.4　定义等距曲面

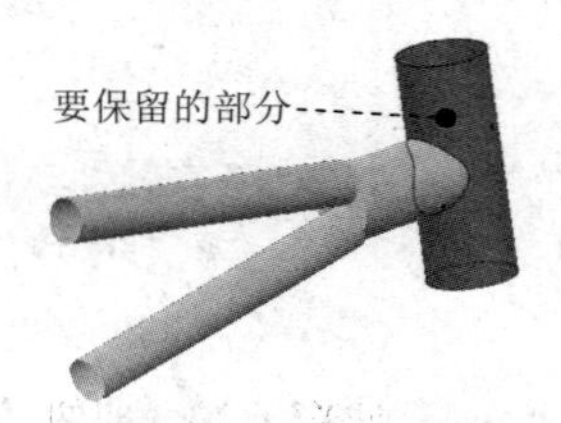

图 3.6.5　定义剪裁参数

（4）单击对话框中的 ✔ 按钮，完成曲面-剪裁 1 的创建。

Step4. 隐藏曲面-等距 1。在设计树中右击 曲面-等距1，在弹出的快捷菜单中单击 按钮，完成曲面-等距 1 的隐藏，如图 3.6.6 所示。

Step5. 创建草图 5。选取上视基准面作为草图平面，绘制图 3.6.7 所示的草图 5。

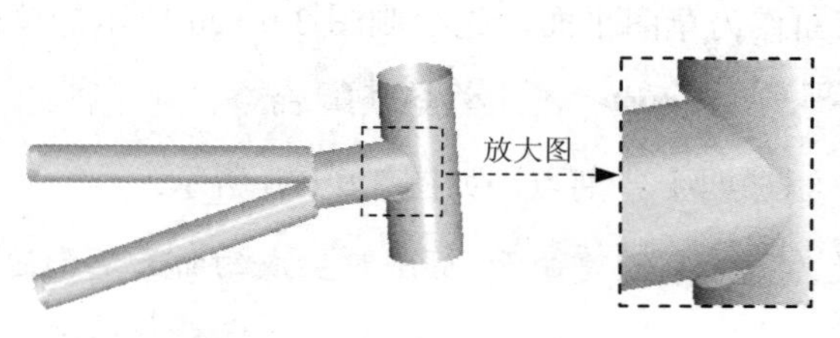

图 3.6.6　隐藏曲面-等距 1

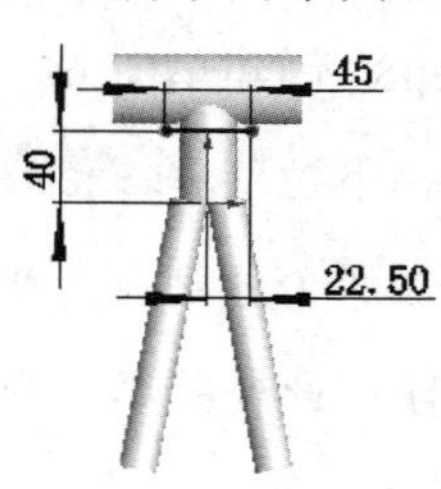

图 3.6.7　草图 5

Step6. 创建图 3.6.8 所示的曲面-剪裁 2。

（1）选择下拉菜单 插入(I) → 曲面(S) → 剪裁曲面(T)... 命令，系统弹出“剪裁曲面”对话框。

（2）在对话框的 剪裁类型(T) 区域中选择 ⊙ 标准(D) 单选按钮，在设计树中选取 草图5 为剪裁工具，选择 ⊙ 保留选择(K) 单选按钮，然后选取图 3.6.9 所示的曲面为需要保留的部分。

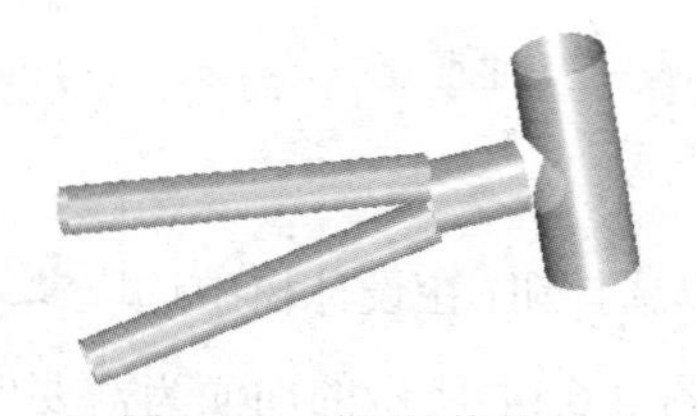
图 3.6.8　曲面-剪裁 2

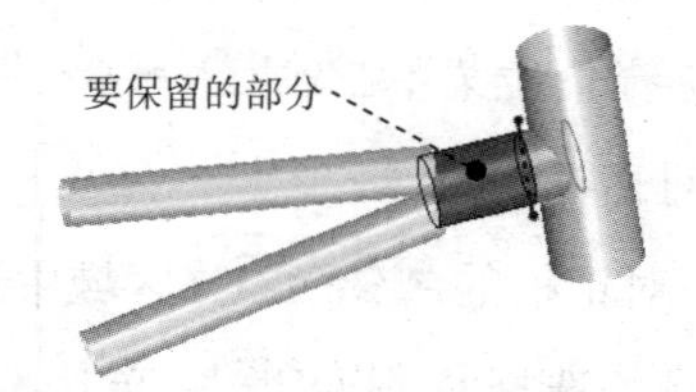

图 3.6.9　定义剪裁参数

（3）单击对话框中的 ✔ 按钮，完成曲面-剪裁 2 的创建。

Step7. 创建图 3.6.10 所示的曲面-放样 1。

（1）选择命令。选择下拉菜单 插入(I) → 曲面(S) → 放样曲面(L)... 命令，系统弹出“曲面-放样”对话框。

（2）定义轮廓线。选取图 3.6.11 所示的边线 1 和边线 2 为轮廓线。

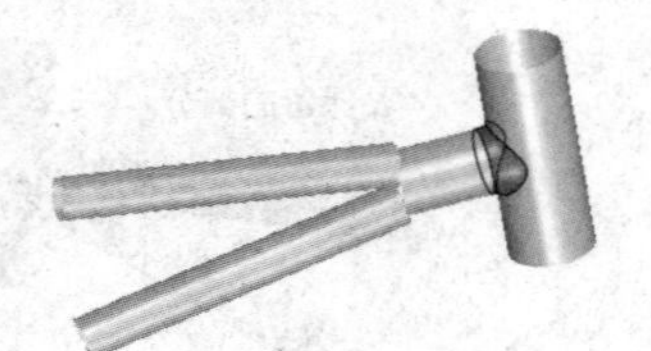
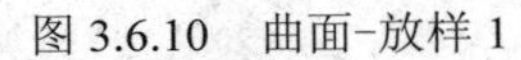

图 3.6.10　曲面-放样 1

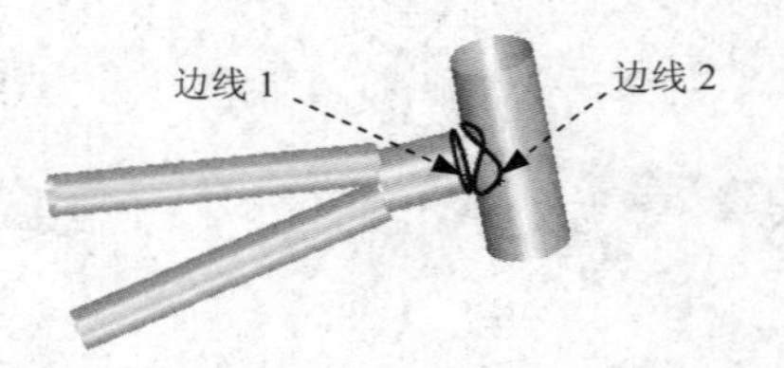

图 3.6.11　定义轮廓线

（3）定义约束类型。在**起始/结束约束(C)**区域的开始约束(S):下拉列表中选择与面相切选项，选中☑ 应用到所有(A)复选框；在结束约束(E):下拉列表中选择与面相切选项，选中☑ 应用到所有(A)复选框，其他参数采用系统默认值。

（4）单击✔按钮，完成曲面-放样 1 的创建。

Step8. 创建草图 6。选取上视基准面作为草图平面，先绘制图 3.6.12a 所示的草图 6，然后选择下拉菜单工具(T) ➡ 草图工具(T) ➡ 分割实体(I)命令，在上部的样条曲线上添加两个分割点，在下部的直线上添加四个分割点，如图 3.6.12b 所示。

说明：此处将草图分割成多段，是为了分割创建曲面-剪裁时生成的曲面环形边界。

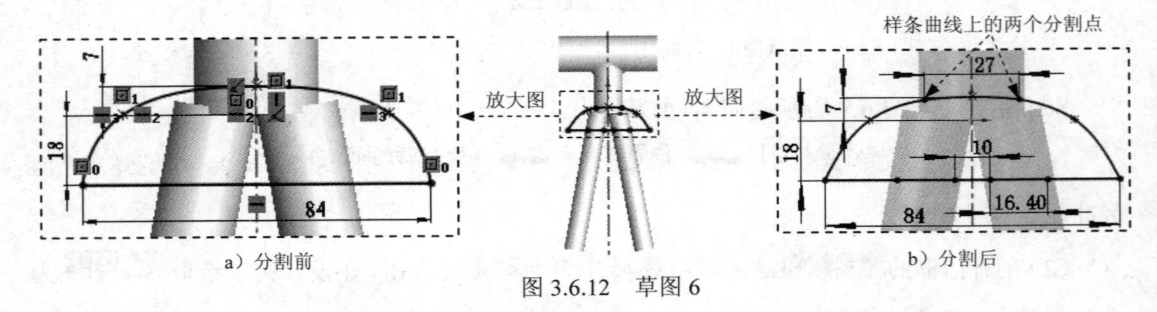

a）分割前　　b）分割后

图 3.6.12　草图 6

Step9. 创建图 3.6.13 所示的曲面-剪裁 3。

（1）选择下拉菜单插入(I) ➡ 曲面(S) ➡ 剪裁曲面(T)...命令，系统弹出“剪裁曲面”对话框。

（2）在对话框的**剪裁类型(T)**区域中选择⊙ 标准(D)单选按钮，在设计树中选取(-) 草图6为剪裁工具，选择⊙ 保留选择(K)单选按钮，然后选取图 3.6.14 所示的曲面为需要保留的部分。

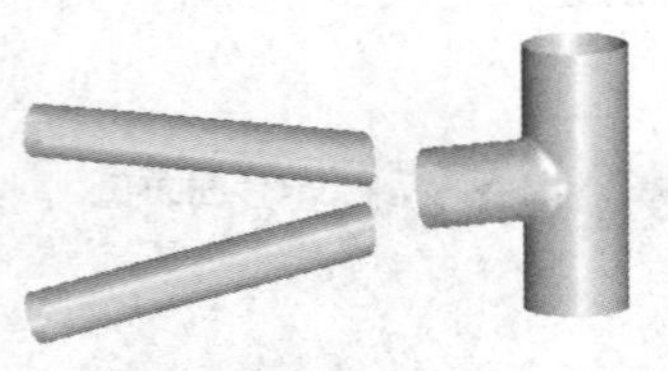

图 3.6.13　曲面-剪裁 3

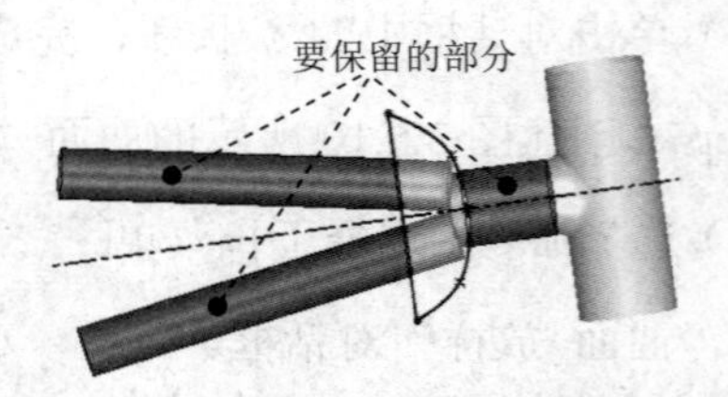

图 3.6.14　定义剪裁参数

（3）单击对话框中的✔按钮，完成曲面-剪裁 3 的创建。

Step10. 创建图 3.6.15 所示的曲面-放样 2。

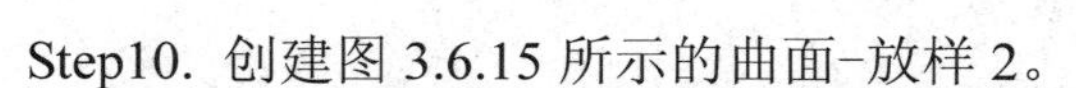

（1）选择命令。选择下拉菜单 插入(I) → 曲面(S) → 放样曲面(L)... 命令，系统弹出“曲面-放样”对话框。

（2）定义轮廓线。选取图 3.6.16 所示的两条边线为轮廓线。

图 3.6.15 曲面-放样 2　　图 3.6.16 定义轮廓线

（3）定义约束类型。在 起始/结束约束(C) 区域的 开始约束(S): 下拉列表中选择 与面相切 选项，选中 ☑ 应用到所有(A) 复选框；在 结束约束(E): 下拉列表中选择 与面相切 选项，选中 ☑ 应用到所有(A) 复选框，其他参数采用系统默认值。

（4）单击 ✔ 按钮，完成曲面-放样 2 的创建。

Step11. 创建图 3.6.17 所示的曲面-放样 3。选取图 3.6.18 所示的两条边线为轮廓线，在 起始/结束约束(C) 区域的 开始约束(S): 下拉列表中选择 与面相切 选项，选中 ☑ 应用到所有(A) 复选框；在 结束约束(E): 下拉列表中选择 与面相切 选项，选中 ☑ 应用到所有(A) 复选框，其他参数采用系统默认值。

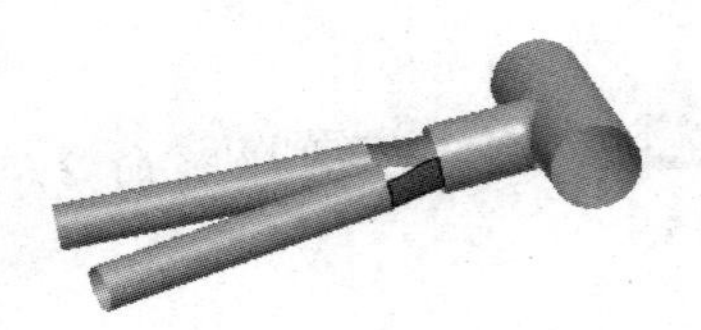

图 3.6.17 曲面-放样 3

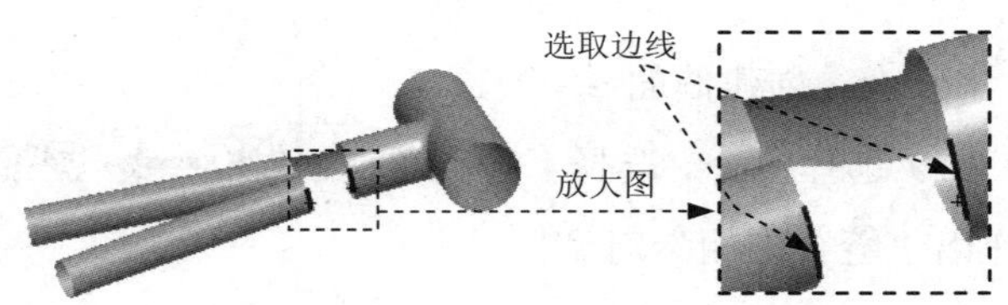

图 3.6.18 定义轮廓线

Step12. 创建图 3.6.19 所示的曲面-放样 4。选取图 3.6.20 所示的边线 1 和边线 2 为轮廓线，在 起始/结束约束(C) 区域的 开始约束(S): 下拉列表中选择 与面相切 选项，在 后的文本框中输入相切长度值 3.0，选中 ☑ 应用到所有(A) 复选框；在 结束约束(E): 下拉列表中选择 与面相切 选项，在 后的文本框中输入相切长度值 3.0，选中 ☑ 应用到所有(A) 复选框，其他参数采用系统默认值。

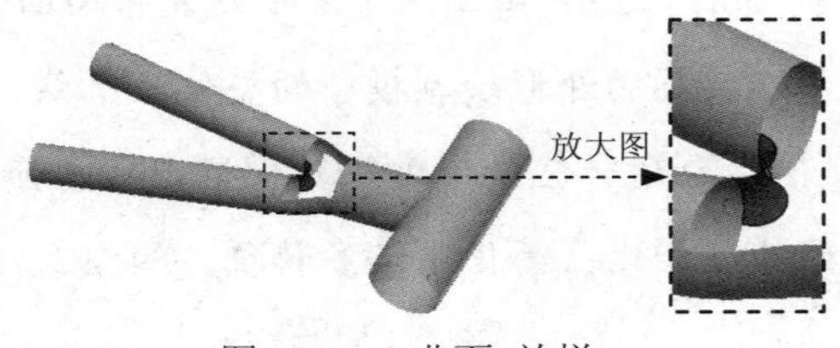

图 3.6.19 曲面-放样 4

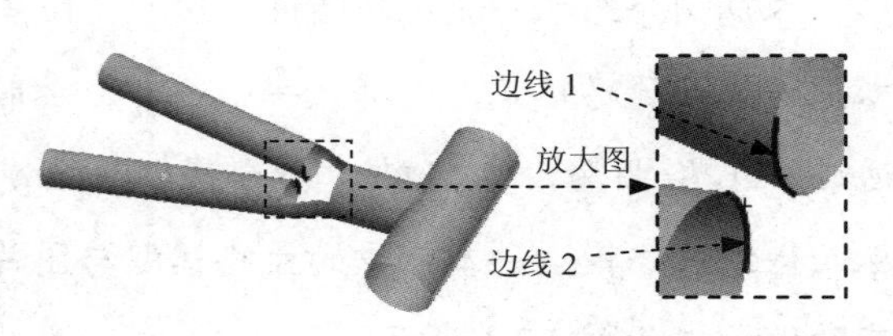

图 3.6.20 定义轮廓线

Step13. 创建图 3.6.21 所示的曲面填充 1。

（1）选择下拉菜单 插入(I) → 曲面(S) → 填充(I)... 命令，系统弹出“填充曲面”对话框。

（2）定义曲面的修补边界。选取图 3.6.22 所示的边链为曲面的修补边界，选中所有边线，然后在 边线设定: 下拉列表中选择 曲率 选项，取消选中 □ 优化曲面(O) 复选框。

（3）单击对话框中的 ✔ 按钮，完成曲面填充 1 的创建。

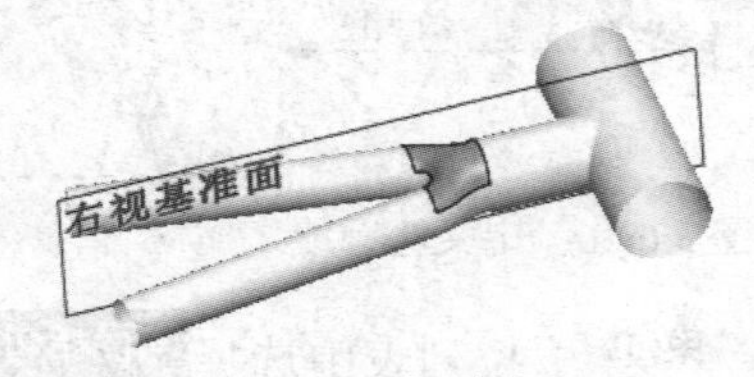

图 3.6.21　曲面填充 1

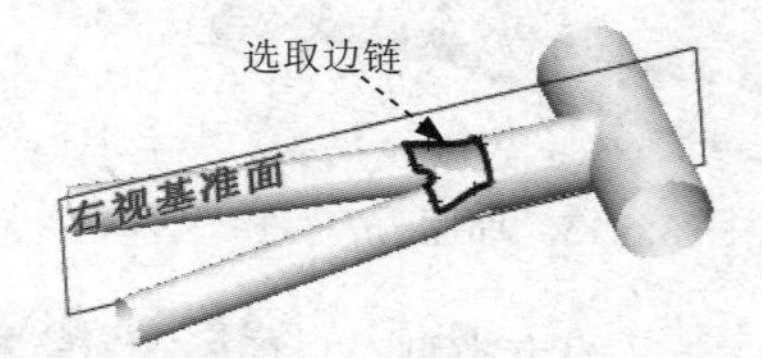

图 3.6.22　定义修补边界

Step14. 创建图 3.6.23 所示的曲面填充 2。选取图 3.6.24 所示的边链为曲面的修补边界，在 边线设定: 下拉列表中选择 曲率 选项，取消选中 □ 优化曲面(O) 复选框。

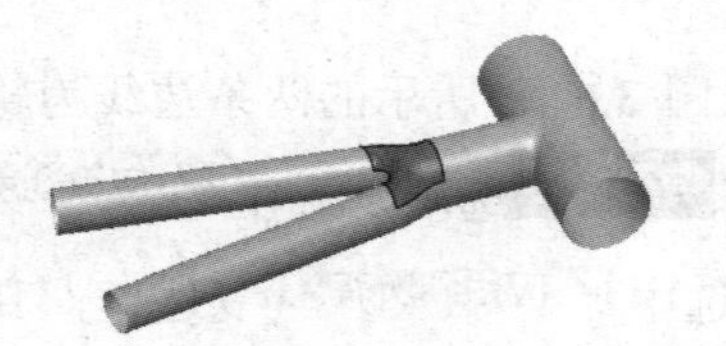
图 3.6.23　曲面填充 2

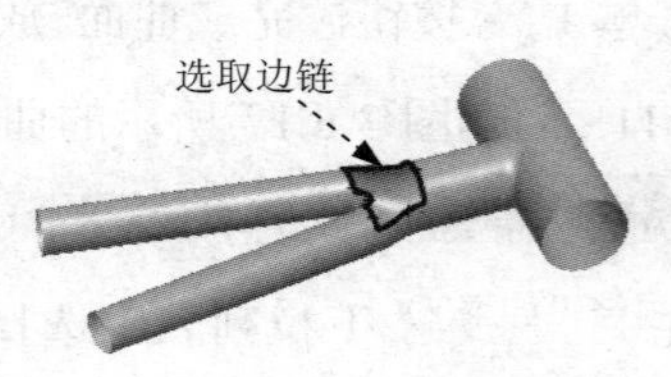

图 3.6.24　定义修补边界

Step15. 创建曲面-缝合 1。

（1）选择命令。选择下拉菜单 插入(I) → 曲面(S) → 缝合曲面(K)... 命令，系统弹出“缝合曲面”对话框。

（2）定义缝合对象。在图形区中选取所有的曲面作为缝合对象。

（3）单击对话框中的 ✔ 按钮，完成曲面-缝合 1 的创建。

3.7 应用范例

范例概述：

本范例介绍了一款玩具的设计过程，难点在于使用“边界-曲面”命令创建复杂曲面。本范例的设计思路是，先插入一张图片，参照图片中玩具的外形绘制模型的整体轮廓线，通过“边界-曲面”和“镜像”命令得到基础模型，然后利用一些命令对基础模型进行修饰，从而得到最终模型。本例中的最终模型与图片中的模型相比，简化了许多特征。模型及相应的设计树如图 3.7.1 所示。

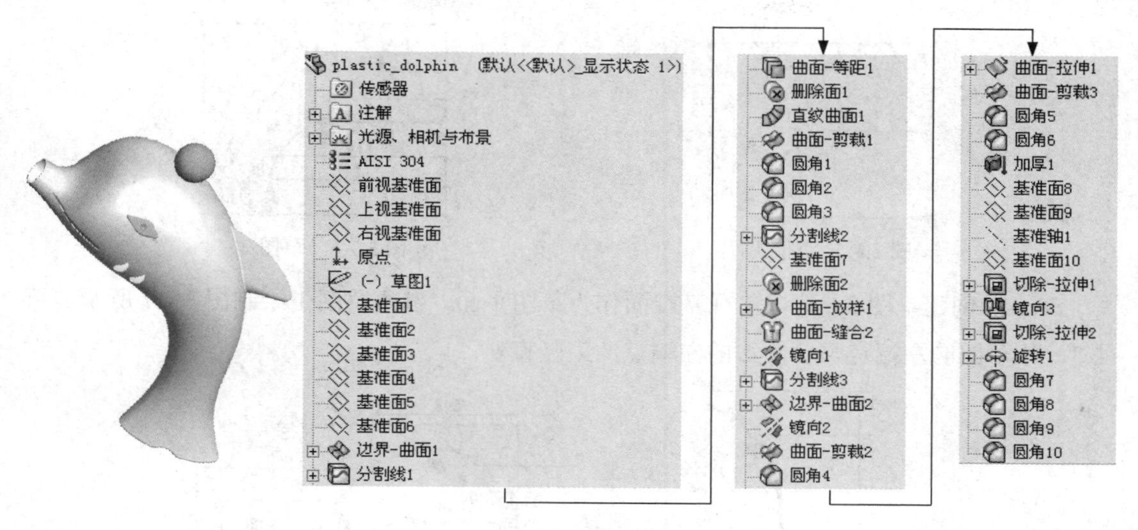

图 3.7.1 模型及设计树

Step1. 新建一个零件文件，进入建模环境。

Step2. 创建草图 1。选择下拉菜单 插入(I) ➡ 草图绘制 命令，选取前视基准面作为草图平面，系统进入草图环境；选择下拉菜单 工具(T) ➡ 草图工具(T) ➡ 草图图片(P)... 命令，在系统弹出的“打开”对话框中，打开文件 D:\sw14.2\work\ch03.07\plastic_dolphin.tif，如图 3.7.2 所示，系统弹出“草图图片”对话框（一），在后的文本框中输入宽度值 1000.0，其他参数采用系统默认值，在对话框中单击按钮，系统弹出“草图图片”对话框（二）；在 跟踪设定 区域中单击“选取颜色”按钮，然后在图 3.7.3 所示的位置选取颜色，单击 开始跟踪 按钮，系统按所选颜色边界生成草图几何体；在 调整 区域中调整 颜色公差: 和 识别公差: 下的滑块（即调整颜色跟踪的敏感度，调整输入图像与自动输出几何体的轮廓误差），直至图形中的草图几何体大致如图 3.7.4 所示；单击✔按钮，关闭“草图图片”对话框，右击图片，在弹出的快捷菜单中选择 ✕ 删除(P) 命令，在弹出的“确认删除”对话框中单击 是(Y) 按钮，将图片删除，如图 3.7.5 所示。

说明：只有打开 Autotrace 插件，才能在“草图图片”对话框中显示按钮。

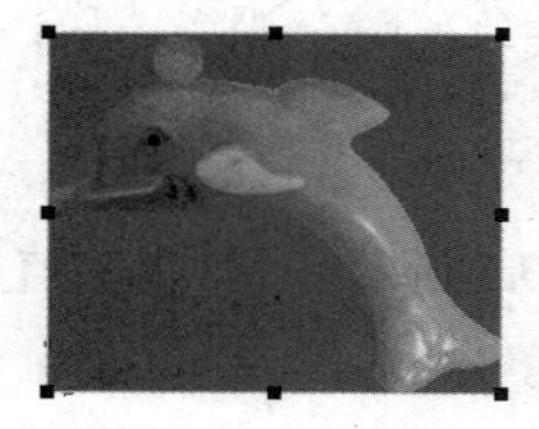

图 3.7.2 插入图片

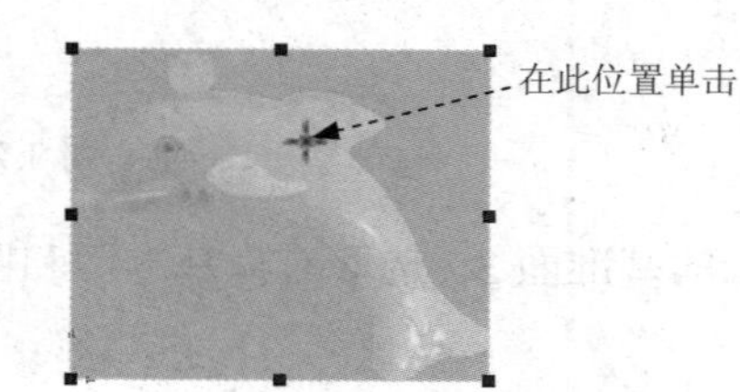

图 3.7.3 选取颜色

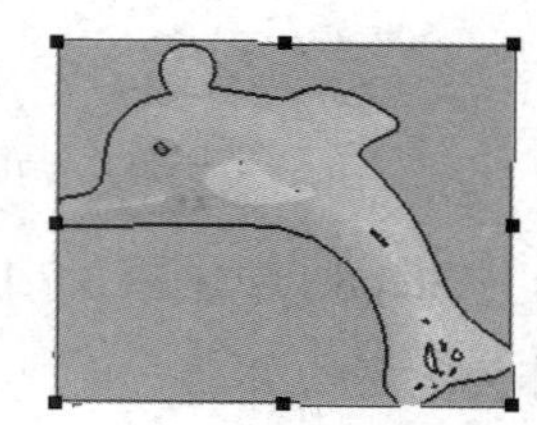

图 3.7.4 草图几何体

Step3. 创建草图 2。选取前视基准面作为草图平面，参照草图 1 绘制图 3.7.6 所示的草

图 2。

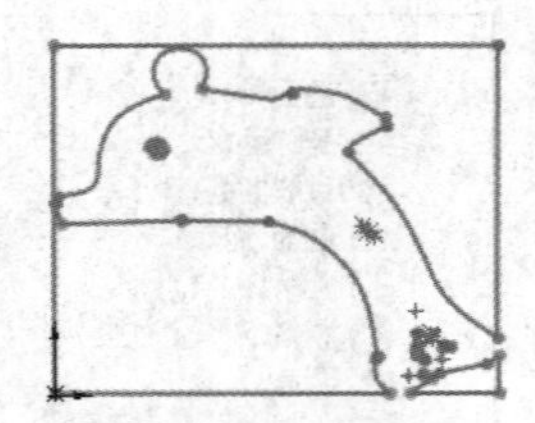

图 3.7.5　删除图片

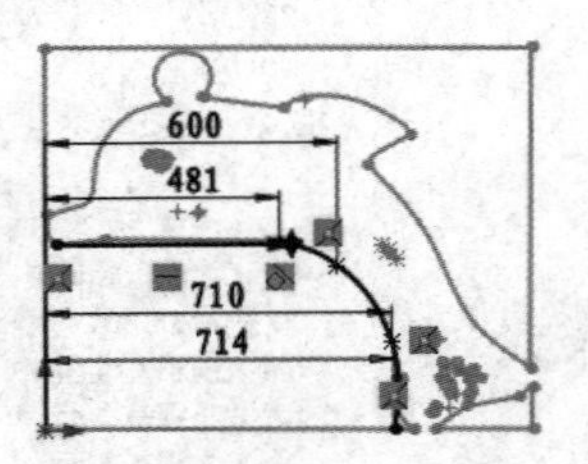

图 3.7.6　草图 2

Step4. 创建草图 3。选取前视基准面作为草图平面，参照草图 1 绘制图 3.7.7 所示的草图 3，该草图的左端点与草图 2 的左端点约束竖直。

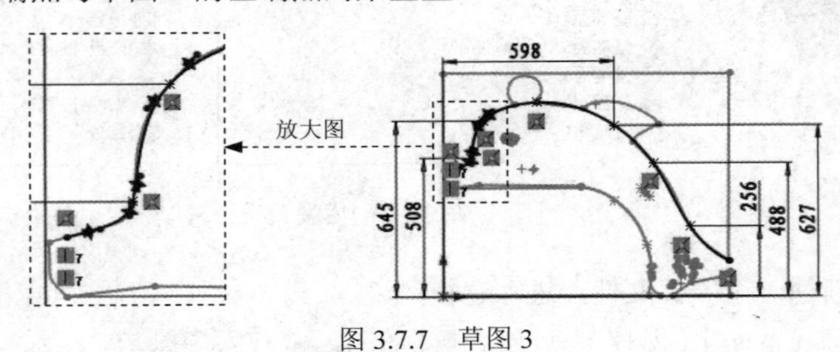

图 3.7.7　草图 3

Step5. 隐藏草图 1。在设计树中右击 (-) 草图1，在弹出的快捷菜单中单击按钮，完成草图 1 的隐藏。

Step6. 创建图 3.7.8 所示的基准面 1。选择下拉菜单 插入(I) → 参考几何体(G) → 基准面(P)... 命令；选取右视基准面和草图 2 的左端点作为参考实体，如图 3.7.8 所示；单击 ✔ 按钮，完成基准面 1 的创建。

Step7. 创建图 3.7.9 所示的基准面 2。选择下拉菜 插入(I) → 参考几何体(G) → 基准面(P)... 命令；选取右视基准面和图 3.7.7 所示草图 3 的型值点作为参考实体；单击 ✔ 按钮，完成基准面 2 的创建。

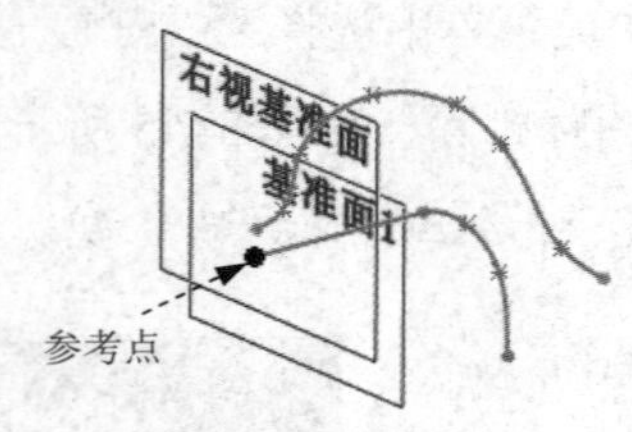

图 3.7.8　基准面 1

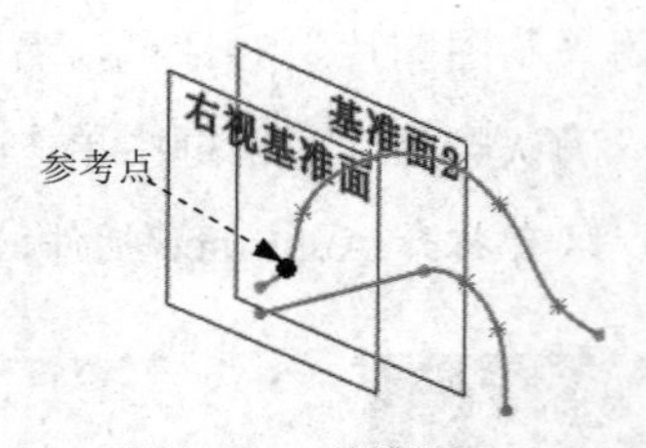

图 3.7.9　基准面 2

Step8. 创建图 3.7.10 所示的基准面 3。选取右视基准面和图 3.7.7 所示草图 3 的型值点作为参考实体。

Step9. 创建图 3.7.11 所示的基准面 4。选取图 3.7.7 所示草图 3 的型值点和草图 3 作为参考实体。

Step10. 创建图 3.7.12 所示的基准面 5。选取图 3.7.7 所示草图 3 的型值点和草图 3 作为参考实体。

Step11. 创建图 3.7.13 所示的基准面 6。选取图 3.7.13 所示点和曲线作为参考实体。

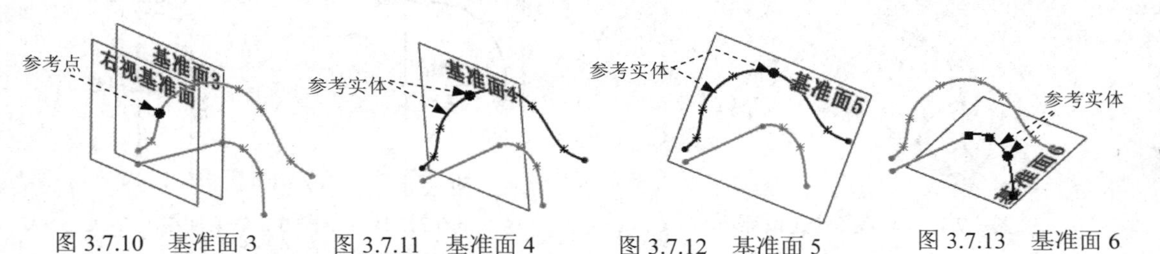

图 3.7.10 基准面 3　　图 3.7.11 基准面 4　　图 3.7.12 基准面 5　　图 3.7.13 基准面 6

Step12. 创建图 3.7.14 所示的草图 4。选取基准面 1 作为草图平面，绘制图 3.7.15 所示的草图 4，该草图的上端点和草图 3 约束穿透，下端点和草图 2 约束穿透，分别约束草图两个端点的控标水平。

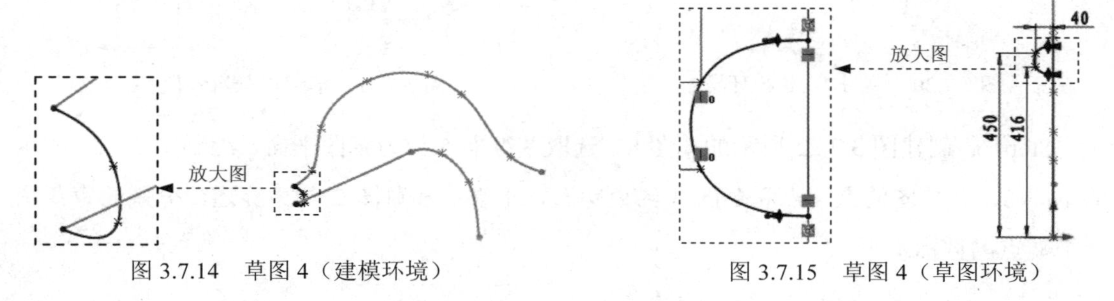

图 3.7.14 草图 4（建模环境）　　图 3.7.15 草图 4（草图环境）

Step13. 创建图 3.7.16 所示的草图 5。选取基准面 2 作为草图平面，绘制图 3.7.17 所示的草图 5，该草图的上端点和草图 3 约束穿透，下端点和草图 2 约束穿透，分别约束草图两个端点的控标水平。

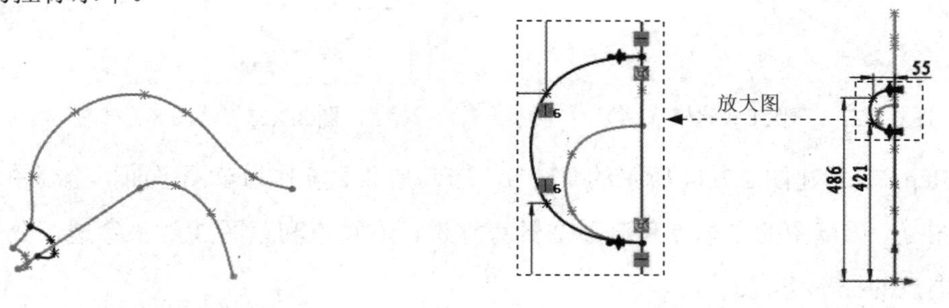

图 3.7.16 草图 5（建模环境）　　图 3.7.17 草图 5（草图环境）

Step14. 创建图 3.7.18 所示的草图 6。选取基准面 3 作为草图平面，绘制图 3.7.19 所示的草图 6，该草图的上端点和草图 3 约束穿透，下端点和草图 2 约束穿透，分别约束草图两个端点的控标水平。

Step15. 创建图 3.7.20 所示的草图 7。选取基准面 4 作为草图平面，绘制图 3.7.21 所示

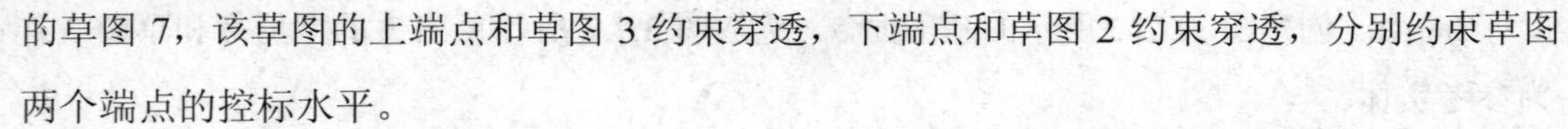

的草图 7，该草图的上端点和草图 3 约束穿透，下端点和草图 2 约束穿透，分别约束草图两个端点的控标水平。

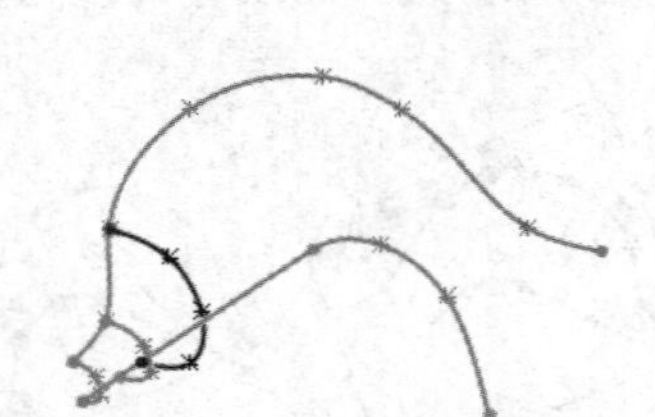

图 3.7.18　草图 6（建模环境）

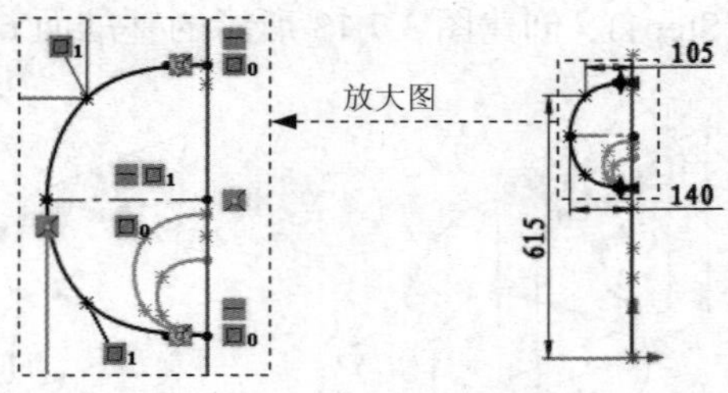

图 3.7.19　草图 6（草图环境）

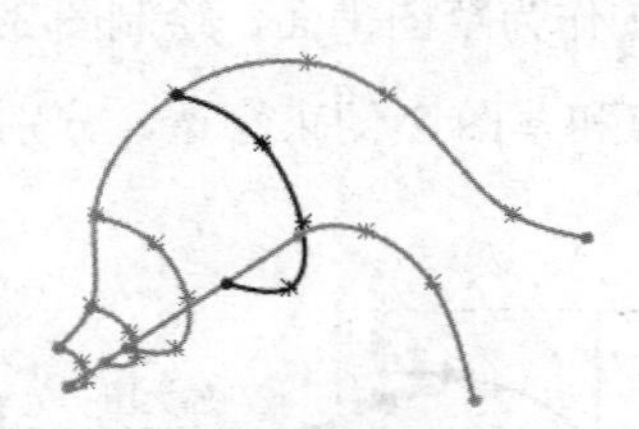

图 3.7.20　草图 7（建模环境）

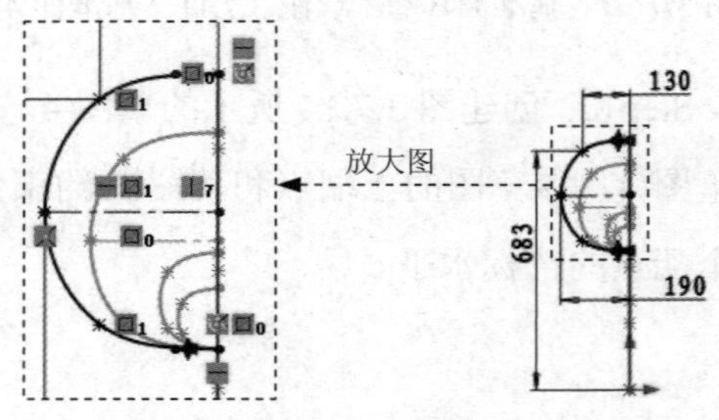

图 3.7.21　草图 7（草图环境）

Step16. 创建图 3.7.22 所示的草图 8。选取基准面 5 作为草图平面，绘制图 3.7.23 所示的草图 8，该草图的上端点和草图 3 约束穿透，下端点和草图 2 约束穿透，分别约束草图两个端点的控标水平。

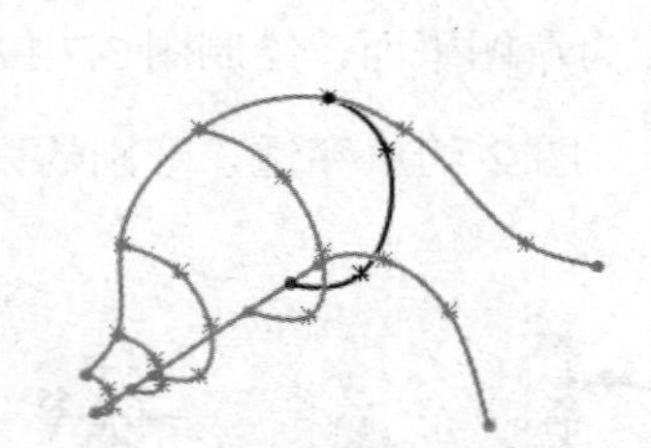

图 3.7.22　草图 8（建模环境）

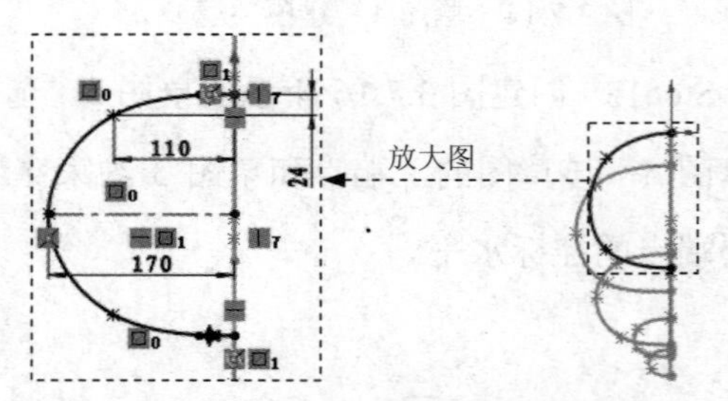

图 3.7.23　草图 8（草图环境）

Step17. 创建图 3.7.24 所示的草图 9。选取基准面 6 作为草图平面，绘制图 3.7.25 所示的草图 9，该草图的左端点和草图 2 约束穿透，右端点和草图 3 约束穿透，分别约束草图两个端点的控标竖直。

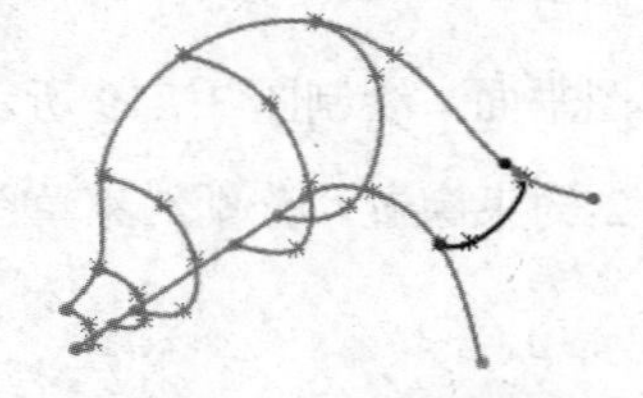

图 3.7.24　草图 9（建模环境）

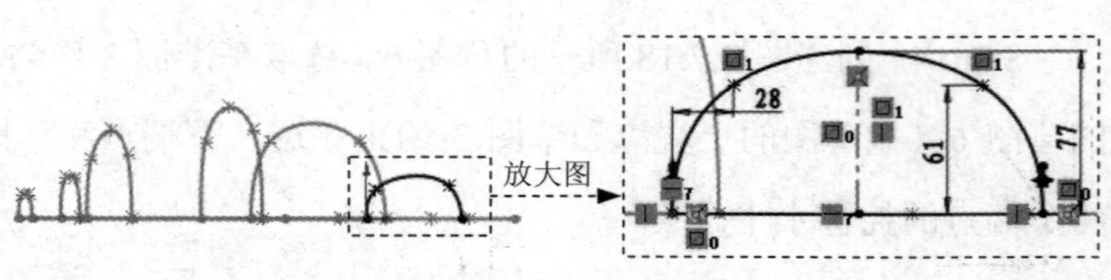

图 3.7.25　草图 9（草图环境）

Step18. 创建图 3.7.26 所示的边界-曲面 1。选择下拉菜单 插入(I) → 曲面(S) → 边界曲面(B)... 命令，系统弹出“边界-曲面”对话框；选取草图 2 和草图 3 作为 方向 1 上的边界曲线，并设置草图 2 和草图 3 的相切类型均为 垂直于轮廓，其他参数采用系统默认值；选取草图 4、草图 5、草图 6、草图 7、草图 8 和草图 9 作为 方向 2 上的边界曲线，其他参数采用系统默认值；单击 ✔ 按钮，完成边界-曲面 1 的创建。

Step19. 创建草图 10。选取前视基准面作为草图平面，绘制图 3.7.27 所示的草图 10。

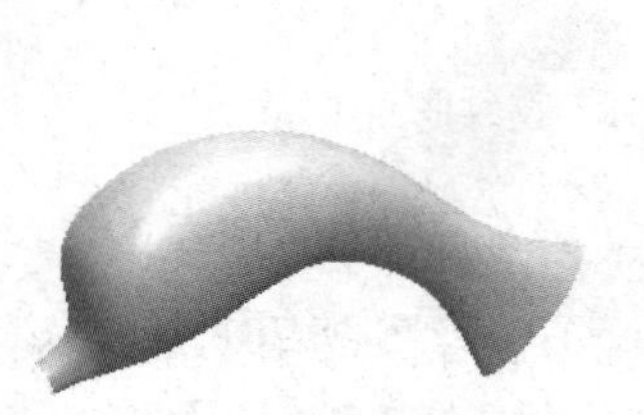

图 3.7.26 边界-曲面

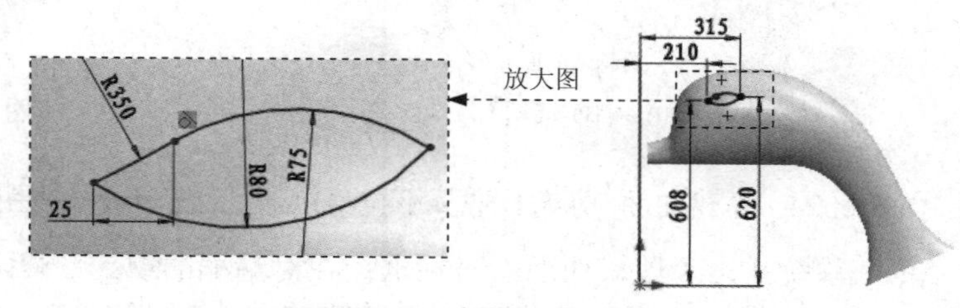

图 3.7.27 草图 10

Step20. 创建图 3.7.28 所示的分割线 1。选择下拉菜单 插入(I) → 曲线(U) → 分割线(S)... 命令；在 分割类型(T) 区域选中 ⊙ 投影(P) 单选按钮；在设计树中选择 (-) 草图10 为要投影的草图，选取图形区中的曲面作为要分割的面，分别选中 ☑ 单向(D) 和 ☑ 反向(R) 复选框；单击 ✔ 按钮，完成分割线 1 的创建。

Step21. 创建曲面-等距 1。选择下拉菜单 插入(I) → 曲面(S) → 等距曲面(O)... 命令；选取图 3.7.29 所示的曲面为要等距的曲面；在“曲面-等距”对话框的 等距参数(O) 区域的 后的文本框中输入等距值 5.0，调整等距方向使曲面朝外偏距；单击 ✔ 按钮，完成曲面-等距 1 的创建。

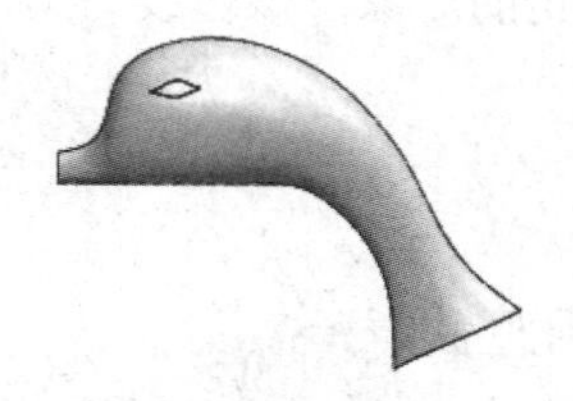

图 3.7.28 分割线 1

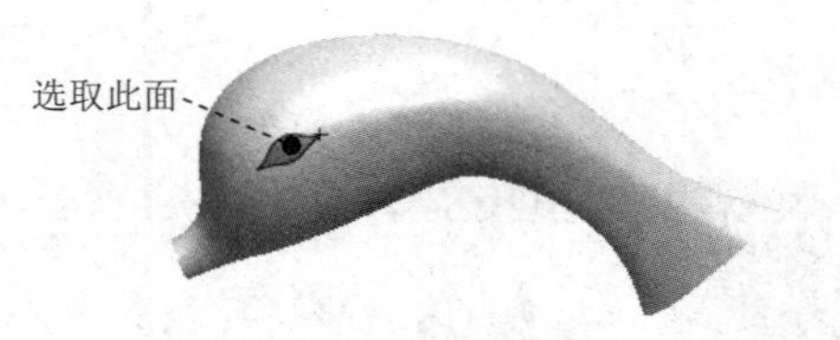

图 3.7.29 曲面-等距 1

Step22. 创建删除面 1。选择下拉菜单 插入(I) → 面(F) → 删除(D)... 命令；选择图 3.7.30 所示的面为要删除的面；在“删除面”对话框中的 选项(O) 区域中选择 ⊙ 删除 单选按钮；单击对话框中的 ✔ 按钮，完成删除面 1 的创建。

Step23. 创建图 3.7.31 所示的直纹曲面 1。选择下拉菜单 插入(I) → 曲面(S) → 直纹曲面(U)... 命令，系统弹出“直纹曲面”对话框；在“直纹曲面”对话框的 类型(T) 区域中选中 ⊙ 正交于曲面(N) 单选按钮，在 距离/方向(D) 区域的文本框中输入距离值 10.0，单击

以激活 边线选择(E) 区域的文本框，选取图 3.7.32 所示的边线（该边线为曲面-等距 1 的边线），在 选项(O) 区域中选中 ☑ 剪裁和缝合(K) 复选框，其他参数采用系统默认值；单击 ✔ 按钮，完成直纹曲面 1 的创建。

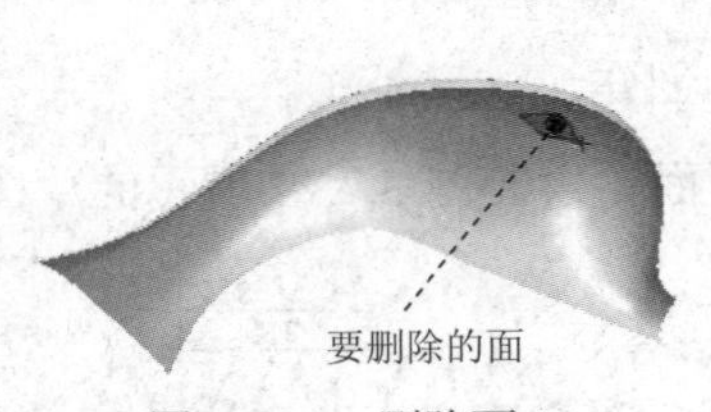

图 3.7.30 删除面 1

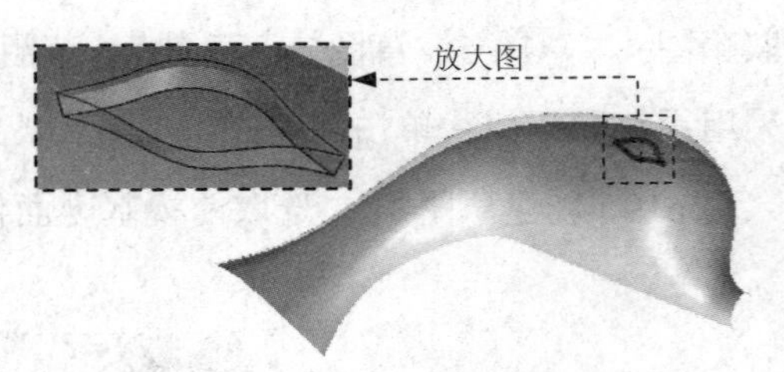

图 3.7.31 直纹曲面 1

Step24. 创建曲面-剪裁 1。选择下拉菜单 插入(I) → 曲面(S) → 剪裁曲面(T)... 命令，系统弹出“剪裁曲面”对话框；在对话框的 剪裁类型(T) 区域中选择 ⊙ 相互(M) 单选按钮；在设计树中选取 曲面-等距1、删除面1 和 直纹曲面1 为剪裁工具，选择 ⊙ 保留选择(K) 单选按钮，然后选取图 3.7.33 所示的曲面为需要保留的部分；单击对话框中的 ✔ 按钮，完成曲面-剪裁 1 的创建。

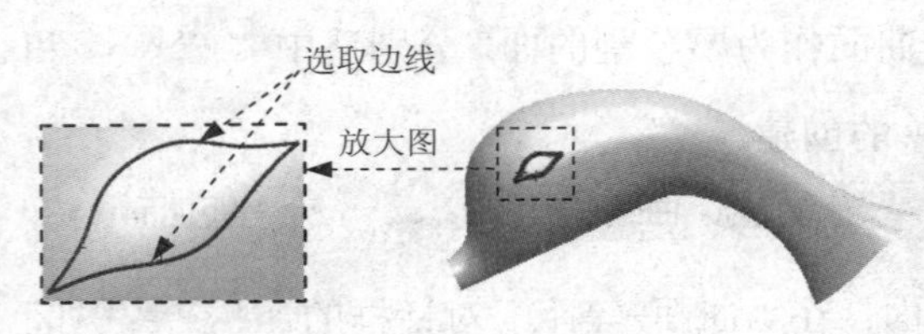

图 3.7.32 选取边线

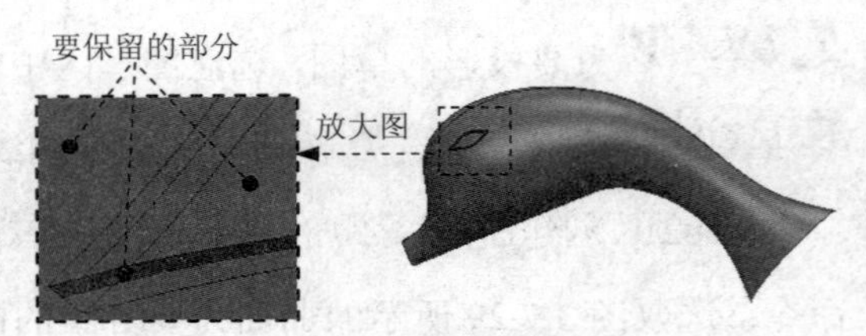

图 3.7.33 曲面-剪裁 1

Step25. 创建圆角 1。选取图 3.7.34 所示的两条边线为要圆角的对象，圆角半径值为 2.0。

Step26. 创建圆角 2。选取图 3.7.35 所示的边线为要圆角的对象（该边线为上边线），圆角半径值为 2.0。

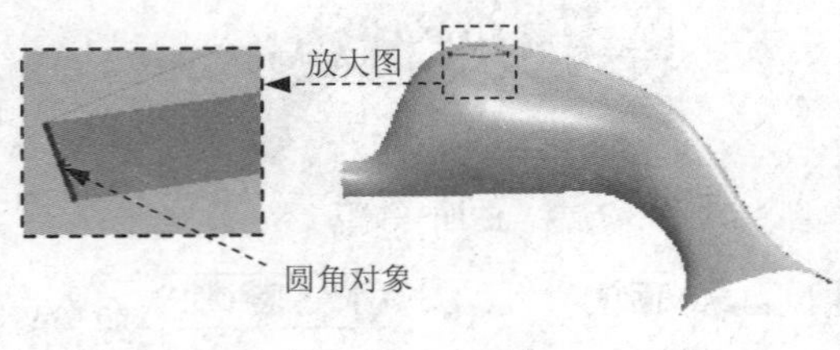

图 3.7.34 圆角 1

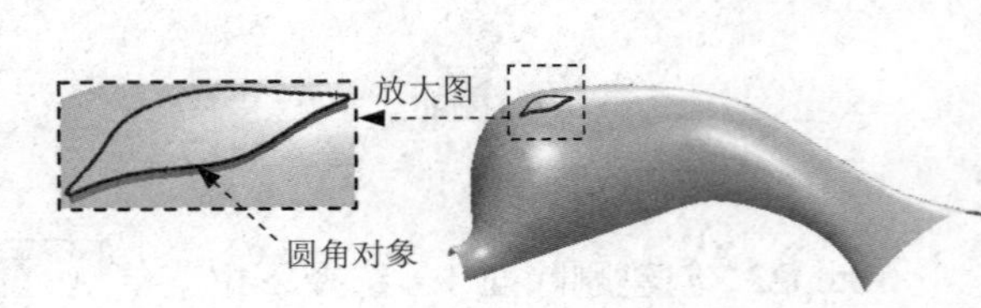

图 3.7.35 圆角 2

Step27. 创建圆角 3。选取图 3.7.36 所示的边线为要圆角的对象（该边线为下边线），圆角半径值为 2.0。

Step28. 创建草图 11。选取前视基准面作为草图平面，绘制图 3.7.37 所示的草图 11。

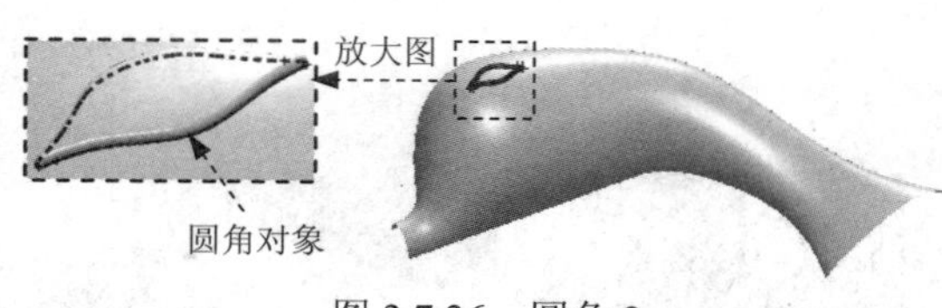

图 3.7.36　圆角 3

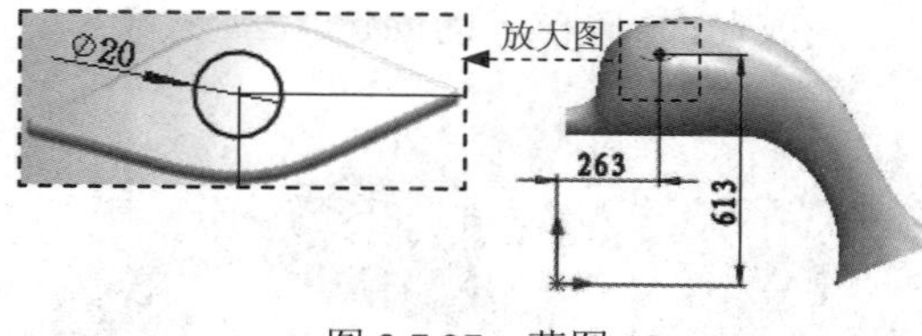

图 3.7.37　草图 11

Step29. 创建图 3.7.38 所示的分割线 2。选择下拉菜单 插入(I) → 曲线(U) → 分割线(S)... 命令；在 分割类型(T) 区域选中 ⊙ 投影(P) 单选按钮；在设计树中选择 (-) 草图11 为要投影的草图，选取图 3.7.39 所示的面作为要分割的面，分别选中 ☑ 单向(D) 和 ☑ 反向(R) 复选框；单击 ✔ 按钮，完成分割线 2 的创建。

Step30. 创建图 3.7.40 所示的基准面 7。选取右视基准面作为参考实体，在 ⟷ 后的文本框中输入等距距离值 263.0。

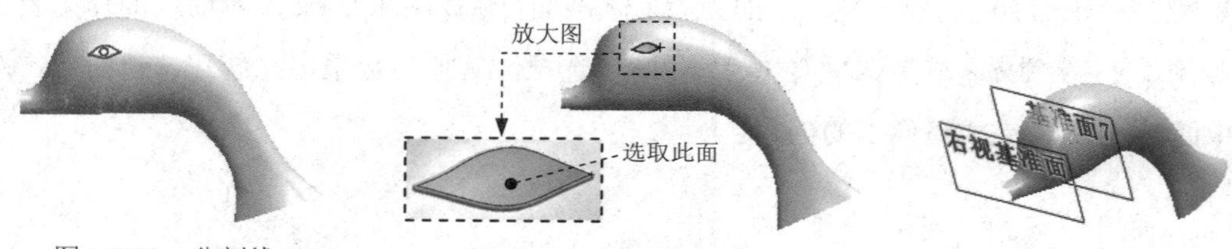

图 3.7.38　分割线 2　　图 3.7.39　定义要分割的面　　图 3.7.40　基准面 7

Step31. 创建删除面 2。选择下拉菜单 插入(I) → 面(F) → 删除(D)... 命令；选择图 3.7.41 所示的面为要删除的面；在“删除面”对话框的 选项(O) 区域中选择 ⊙ 删除 单选按钮；单击对话框中的 ✔ 按钮，完成删除面 2 的创建。

Step32. 创建草图 12。选取基准面 7 作为草图平面，绘制图 3.7.42 所示的点。

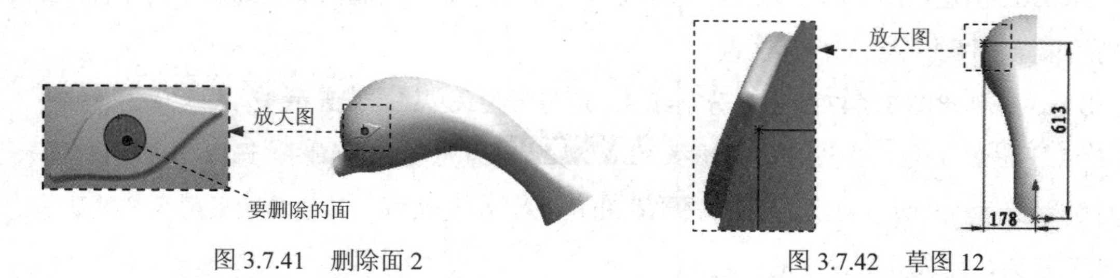

图 3.7.41　删除面 2　　图 3.7.42　草图 12

Step33. 创建图 3.7.43 所示的曲面-放样 1。选择下拉菜单 插入(I) → 曲面(S) → 放样曲面(L)... 命令，系统弹出“曲面-放样”对话框；选取图 3.7.44 所示的边线和设计树中的 (-) 草图12 为轮廓线；在 起始/结束约束(C) 区域的 开始约束(S): 下拉列表中选择 与面相切 选项，选中 ☑ 应用到所有(A) 复选框，其他参数采用系统默认值，在 结束约束(E): 下拉列表中选择 方向向量 选项，在设计树中选取 前视基准面 作为方向向量，在 后的文本框中输入相切长度值 2.0，选中 ☑ 应用到所有(A) 复选框，其他参数采用系统默认值；单击 ✔ 按钮，完成曲面-放样 1 的创建。

图 3.7.43　曲面-放样 1　　　　图 3.7.44　定义轮廓线

Step34. 创建曲面-缝合 1。选择下拉菜单 插入(I) → 曲面(S) → 缝合曲面(K)... 命令，系统弹出“缝合曲面”对话框；在设计树中选取 删除面2 和 曲面-放样1 为缝合对象；单击对话框中的 ✔ 按钮，完成曲面-缝合 1 的创建。

Step35. 创建图 3.7.45b 所示的镜像 1。选择下拉菜单 插入(I) → 阵列/镜向(E) → 镜向(M)... 命令；选取前视基准面为镜像基准面；选取图 3.7.45a 所示的曲面作为要镜像的实体。在 选项(O) 区域中选中 ☑ 缝合曲面(K) 复选框，其他参数采用系统默认值；单击对话框中的 ✔ 按钮，完成镜像 1 的创建。

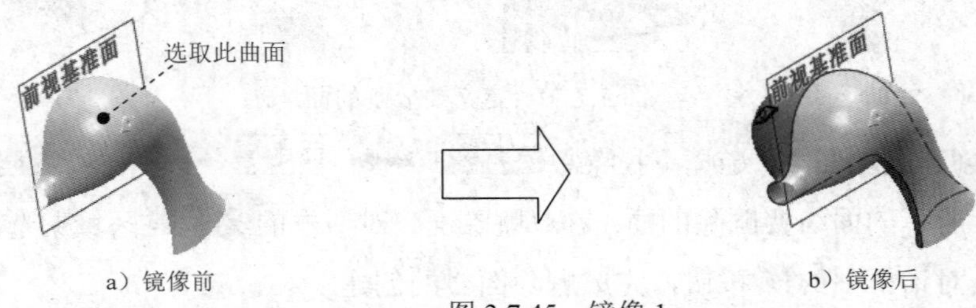

图 3.7.45　镜像 1

Step36. 创建草图 13。选取上视基准面作为草图平面，绘制图 3.7.46 所示的草图 13，分别约束草图两个端点的控标竖直。

Step37. 创建图 3.7.47 所示的分割线 3。选择下拉菜单 插入(I) → 曲线(U) → 分割线(S)... 命令。在设计树中选择 (-) 草图13 为要投影的草图，选取图 3.7.48 所示的面作为要分割的面，依次选中 ☑ 单向(D) 和 ☑ 反向(R) 复选框，其他参数采用系统默认值；单击 ✔ 按钮，完成分割线 3 的创建。

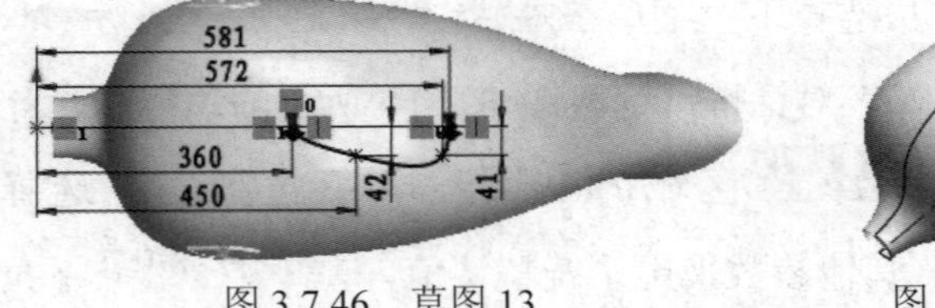

图 3.7.46　草图 13

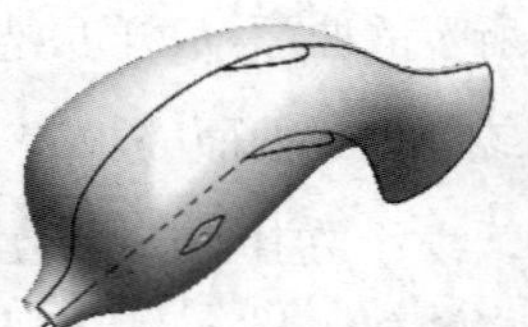

图 3.7.47　分割线 3

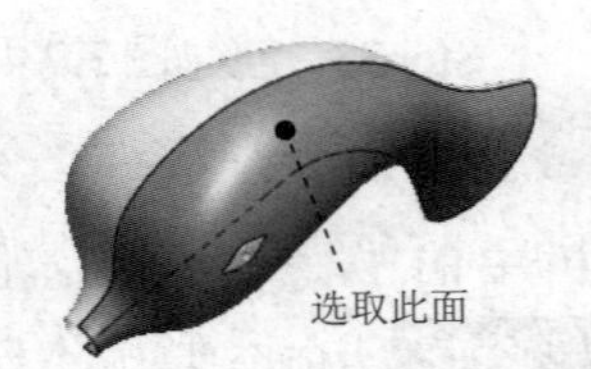

图 3.7.48　定义要分割的面

Step38. 创建草图 14。选取前视基准面作为草图平面，绘制图 3.7.49 所示的草图 14，此草图的两个端点分别与分割线 3 约束重合。

Step39. 创建图 3.7.50 所示的边界-曲面 2。选择下拉菜单 插入(I) → 曲面(S) → 边界曲面(B)... 命令，系统弹出“边界-曲面”对话框；选取图 3.7.51 所示的草图 14 和分割线 3 作为 方向1 上的边界曲线，并设置草图 14 的相切类型均为 垂直于轮廓，其他参数采用系统默认值；单击 ✔ 按钮，完成边界-曲面 2 的创建。

Step40. 创建图 3.7.52b 所示的镜像 2。选择下拉菜单 插入(I) → 阵列/镜向(E) → 镜向(M)... 命令；选取前视基准面为镜像基准面；选取图 3.7.52a 所示的曲面作为要镜像的实体。在 选项(O) 区域中选中 ☑ 缝合曲面(K) 复选框，其他参数采用系统默认值；单击 ✔ 按钮，完成镜像 2 的创建。

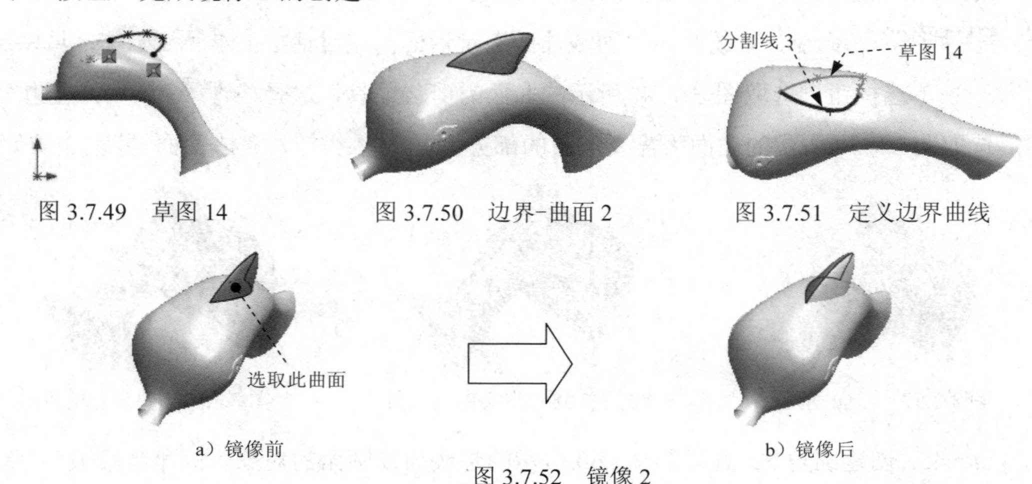

图 3.7.49　草图 14　　图 3.7.50　边界-曲面 2　　图 3.7.51　定义边界曲线

a）镜像前　　b）镜像后

图 3.7.52　镜像 2

Step41. 创建曲面-剪裁 2。选择下拉菜单 插入(I) → 曲面(S) → 剪裁曲面(T)... 命令，系统弹出“剪裁曲面”对话框；在对话框的 剪裁类型(T) 区域中选择 ⊙ 相互(M) 单选按钮；在设计树中选取 镜向2 和 分割线3 为剪裁工具，选择 ⊙ 保留选择(K) 选项，然后选取图 3.7.53 所示的曲面为需要保留的部分；单击对话框中的 ✔ 按钮，完成曲面-剪裁 2 的创建。

Step42. 创建圆角 4。选取图 3.7.54 所示的边线为要圆角的对象，圆角半径值为 6.0。

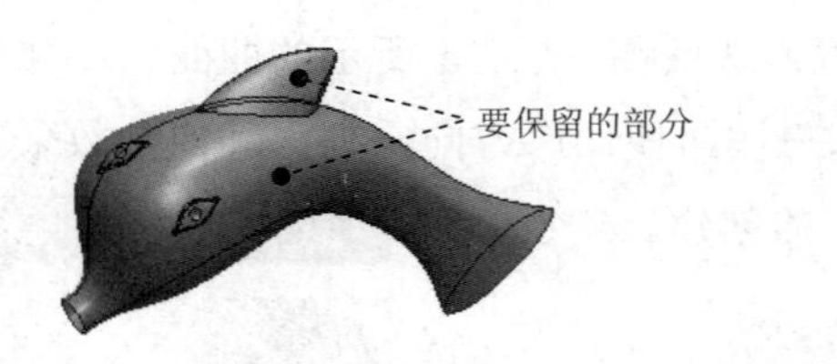

图 3.7.53　曲面-剪裁 2

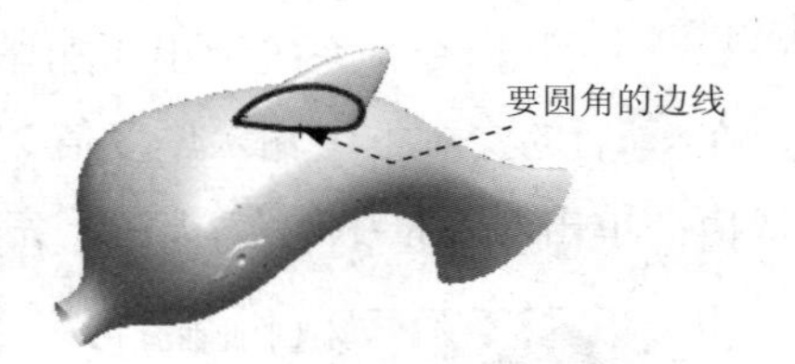

图 3.7.54　圆角 4

Step43. 创建图 3.7.55 所示的曲面-拉伸 1。选择下拉菜单 插入(I) → 曲面(S) → 拉伸曲面(E)... 命令；选取前视基准面作为草图平面，绘制图 3.7.56 所示的横断面草图；在“曲面-拉伸”对话框的 方向1 区域的下拉列表中选择 两侧对称 选项，输入深度值 170.0；单击✔按钮，完成曲面-拉伸 1 的创建。

图 3.7.55　曲面-拉伸 1

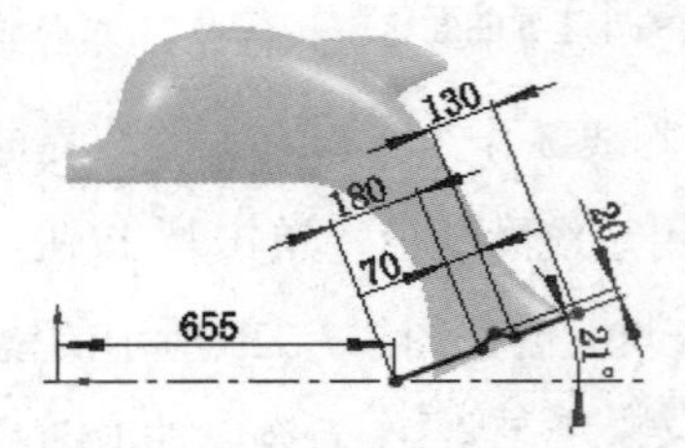

图 3.7.56　横断面草图

Step44. 创建图 3.7.57 所示的曲面-剪裁 3。选择下拉菜单 插入(I) → 曲面(S) → 剪裁曲面(T)... 命令，系统弹出“剪裁曲面”对话框；在对话框的 剪裁类型(T) 区域中选择 ⊙ 相互(M) 单选按钮；选取图 3.7.58 所示的曲面为剪裁工具，选择 ⊙ 保留选择(K) 单选按钮，然后选取图 3.7.59 所示的曲面为需要保留的部分；单击✔按钮，完成曲面-剪裁 3 的创建。

图 3.7.57　曲面-剪裁 3

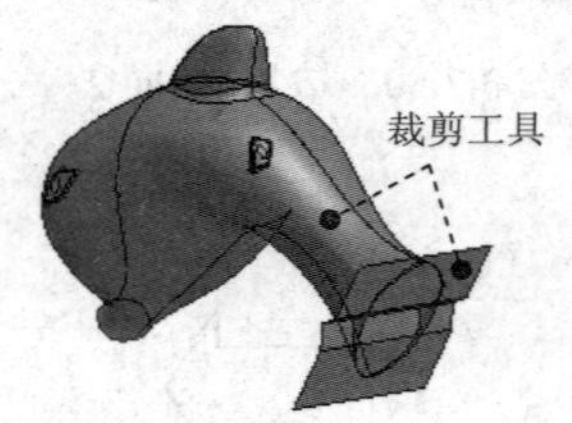

图 3.7.58　定义剪裁工具

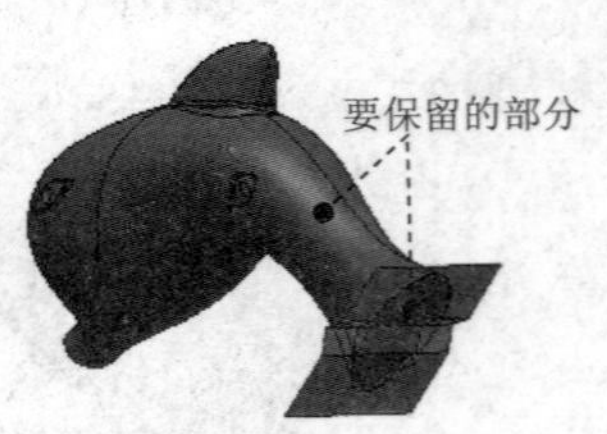

图 3.7.59　要保留的部分

Step45. 创建圆角 5。选取图 3.7.60 所示的边线为要圆角的对象，圆角半径值为 35.0。

Step46. 创建圆角 6。选取图 3.7.61 所示的边线为要圆角的对象，圆角半径值为 4.0。

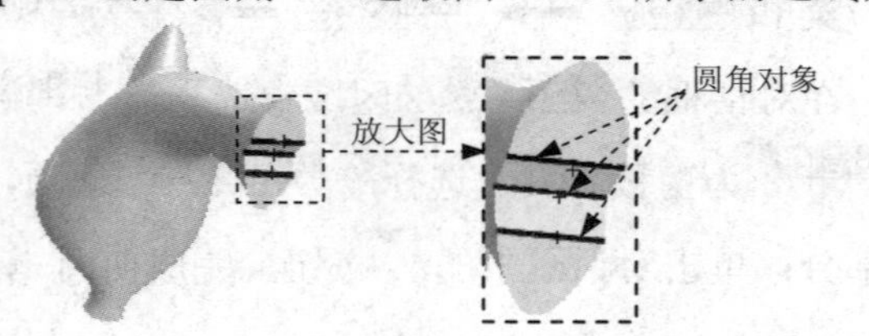

图 3.7.60　圆角 5

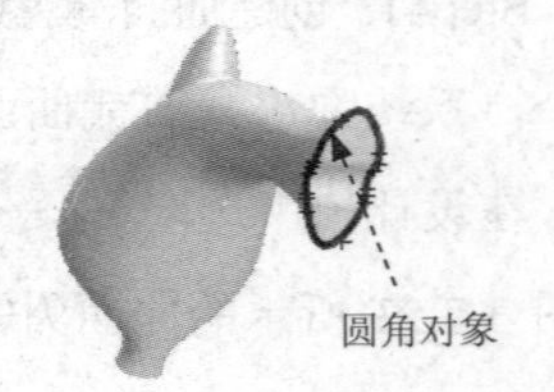

图 3.7.61　圆角 6

Step47. 创建图 3.7.62b 所示的加厚 1。选择下拉菜单 插入(I) → 凸台/基体(B) → 加厚(T)... 命令，系统弹出“加厚”对话框；选取图 3.7.62a 所示的曲面为要加厚的曲面，在后的文本框中输入厚度值 2.0，单击按钮使加厚方向向外，其他参数采用系统默认值；单击对话框中的✔按钮，完成加厚 1 的创建。

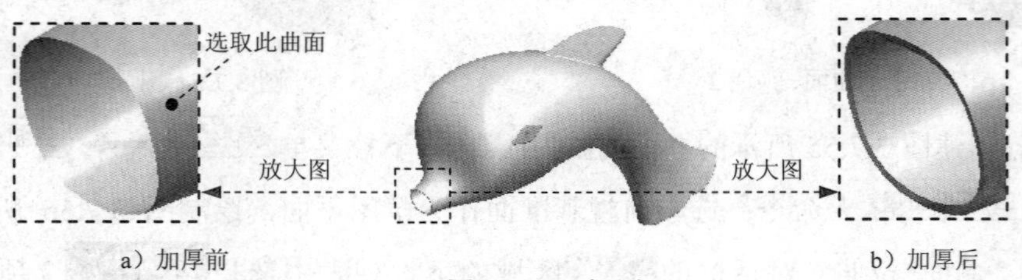

图 3.7.62　加厚 1

Step48. 创建图 3.7.63 所示的基准面 8。选取前视基准面作为参考实体，在后的文本框中输入等距距离值 240.0，单击☑反转复选框。

Step49. 创建图 3.7.64 所示的基准面 9。选取上视基准面作为参考实体，在后的文本框中输入等距距离值 440.0。

Step50. 创建图 3.7.65 所示的基准轴 1。选择下拉菜单 插入(I) → 参考几何体(G) → 基准轴(A)... 命令；在设计树中选取 基准面9 和 右视基准面 作为参考实体；单击对话框中的 按钮，完成基准轴 1 的创建。

图 3.7.63 基准面 8

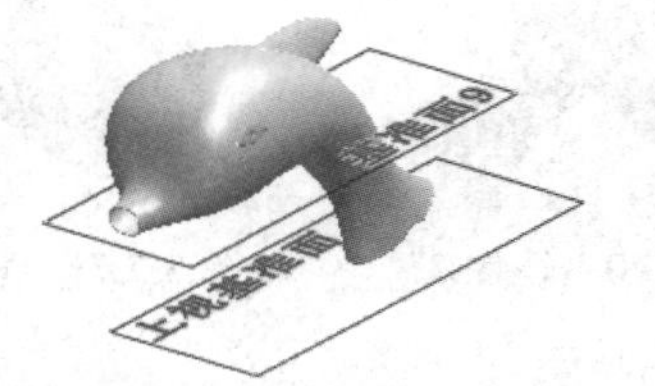

图 3.7.64 基准面 9

Step51. 创建图 3.7.66 所示的基准面 10。选取 基准面9 和 基准轴1 作为参考实体，在后的文本框中输入角度值 5.0。

Step52. 创建图 3.7.67 所示的切除-拉伸 1。选择下拉菜单 插入(I) → 切除(C) → 拉伸(E)... 命令；选取基准面 8 作为草图平面，绘制图 3.7.68 所示的横断面草图，此草图的中心线与基准面 10 约束共线；在"切除-拉伸"对话框 方向1 区域的下拉列表中选择 到离指定面指定的距离 选项，选取图 3.7.69 所示的模型表面为指定面，在后的文本框中输入距离值 1.5，选中☑反向等距(V)复选框；单击按钮，完成切除-拉伸 1 的创建。

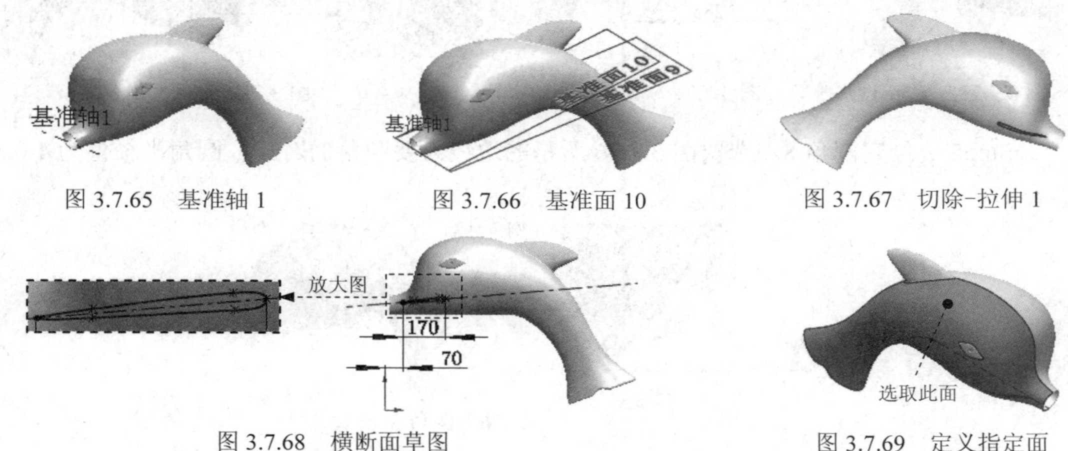

图 3.7.65 基准轴 1

图 3.7.66 基准面 10

图 3.7.67 切除-拉伸 1

图 3.7.68 横断面草图

图 3.7.69 定义指定面

Step53. 创建图 3.7.70 所示的镜像 3。选择下拉菜单 插入(I) → 阵列/镜向(E) → 镜向(M)... 命令；选取前视基准面为镜像基准面；在设计树中选取 切除-拉伸1 作为要镜像的特征，并选中对话框中的☑几何体阵列(G)复选框，其他参数采用系统默认值；单击按钮，完成镜像 3 的创建。

Step54. 创建图 3.7.71 所示的切除-拉伸 2。选择下拉菜单 插入(I) → 切除(C) → 拉伸(E)... 命令；选取前视基准面作为草图平面，绘制图 3.7.72 所示的横断面草图；在“切除-拉伸”对话框 方向 1 区域的下拉列表中选择 完全贯穿 选项，在 方向 2 区域的下拉列表中选择 完全贯穿 选项，其他参数采用系统默认值；单击对话框中的 ✔ 按钮，完成切除-拉伸 2 的创建。

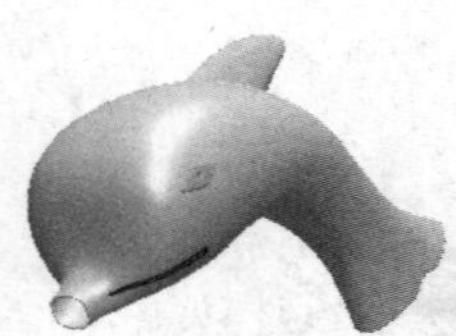

图 3.7.70　镜像 3　　图 3.7.71　切除-拉伸 2

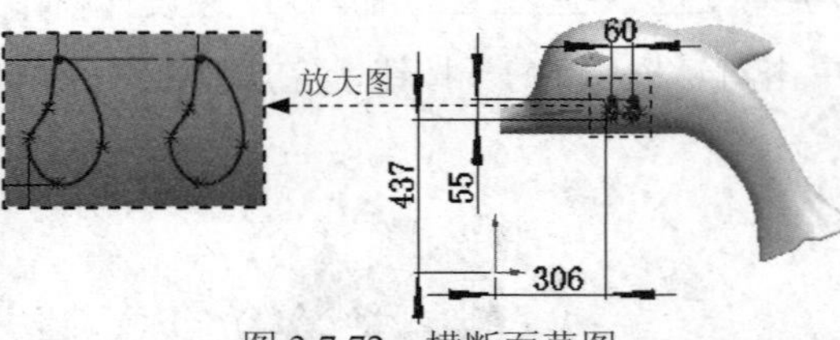

图 3.7.72　横断面草图

Step55. 创建图 3.7.73 所示的旋转 1。选择下拉菜单 插入(I) → 凸台/基体(B) → 旋转(R)... 命令；选取前视基准面作为草图平面，绘制图 3.7.74 所示的横断面草图（包括旋转中心线）；采用草图中绘制的中心线作为旋转轴线，其他参数均采用系统默认值；单击 ✔ 按钮，完成旋转 1 的创建。

Step56. 创建圆角 7。选取图 3.7.75 所示的边线为要圆角的对象，圆角半径值为 1.0。

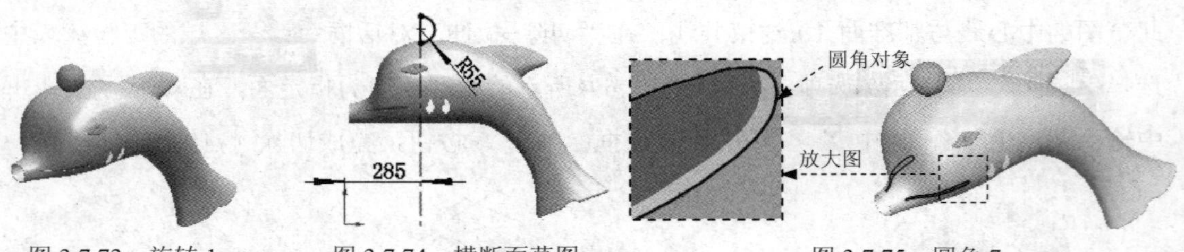

图 3.7.73　旋转 1　　图 3.7.74　横断面草图　　图 3.7.75　圆角 7

Step57. 创建圆角 8。选取图 3.7.76 所示的边线为要圆角的对象，圆角半径值为 1.0。

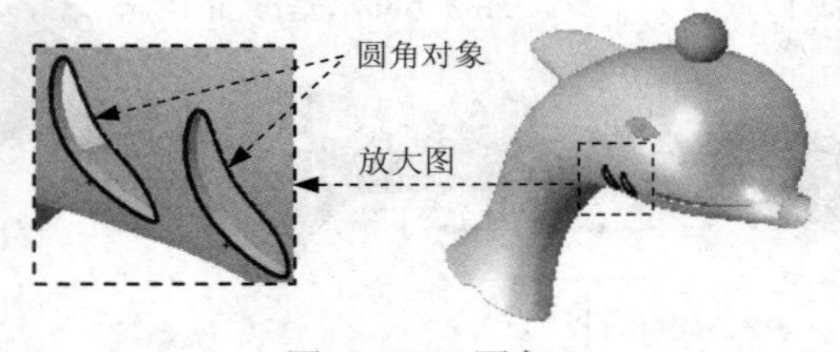

图 3.7.76　圆角 8

Step58. 创建圆角 9。选取图 3.7.77 所示的边线为要圆角的对象，圆角半径值为 1.0。

Step59. 创建圆角 10。选取图 3.7.78 所示的边线为要圆角的对象，圆角半径值为 1.0。

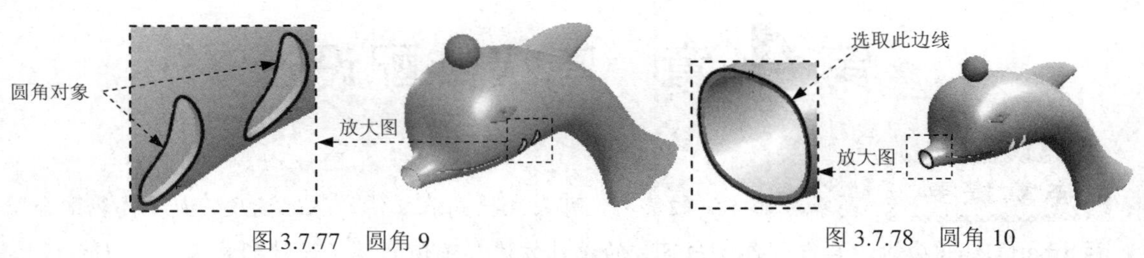

图 3.7.77 圆角 9　　图 3.7.78 圆角 10

Step60. 模型创建完毕，保存零件模型，将零件模型命名为 plastic_dolphin。

第 4 章 高级装配设计

本章提要 高级装配方法的使用，可大大提高装配体的装配速度，如“高级配合”和 SmartMates 功能；其中“自顶向下”的设计方法，不但降低了设计的难度，而且可大大提高设计的灵活性和零部件之间配合的准确性。本章包括以下内容：

- 高级配合。
- 配合参考。
- 智能配合的使用。
- 替换零部件。
- 选择零部件。
- 装配体封套。
- 装配体的设计方法。
- 自顶向下设计范例。

4.1 高级配合

4.1.1 对称配合

对称配合是将两个相似实体相对于基准面或零部件表面强制对称约束，配合的实体可以是点、线或面，也可以是半径相等的圆柱面或球面。下面介绍对称配合的操作过程。

Step1. 打开文件 D:\sw14.2\work\ch04.01.01\symmetry_mate. SLDASM。

Step2. 选择命令。选择下拉菜单 插入(I) → 配合(M)... 命令，系统弹出“配合”对话框，在配合对话框中单击以激活 高级配合(D) 区域，如图 4.1.1 所示。

Step3. 选取要配合的实体。在“配合”对话框的 高级配合(D) 区域中单击 对称(Y) 按钮，在图 4.1.2 所示的 配合选择(S) 区域中单击以激活后的文本框，选取图 4.1.3a 所示的零件表面作为要配合的实体，单击以激活 对称基准面: 下的文本框，在设计树中选择 前视基准面 作为对称基准面，最后单击两次 ✔ 按钮，关闭“配合”对话框，其结果如图 4.1.3b 所示。

Step4. 保存并关闭文件。

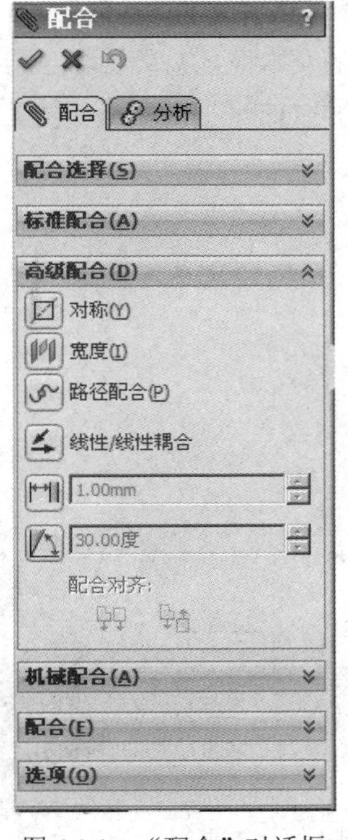

图 4.1.1 “配合”对话框

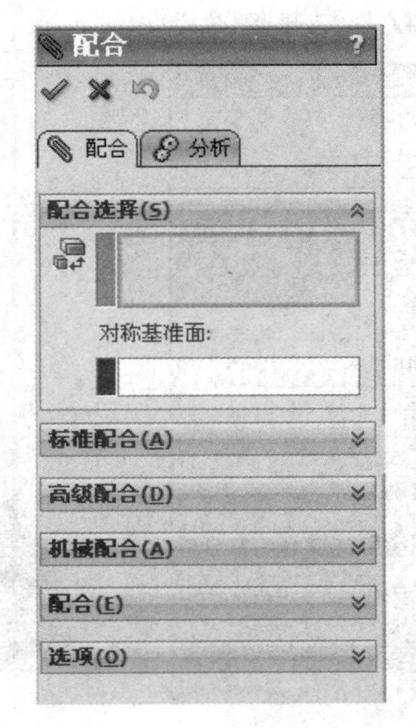

图 4.1.2 “配合选择”区域

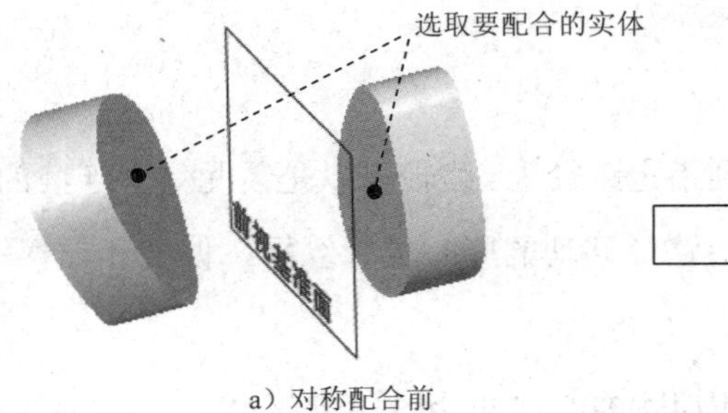

a）对称配合前

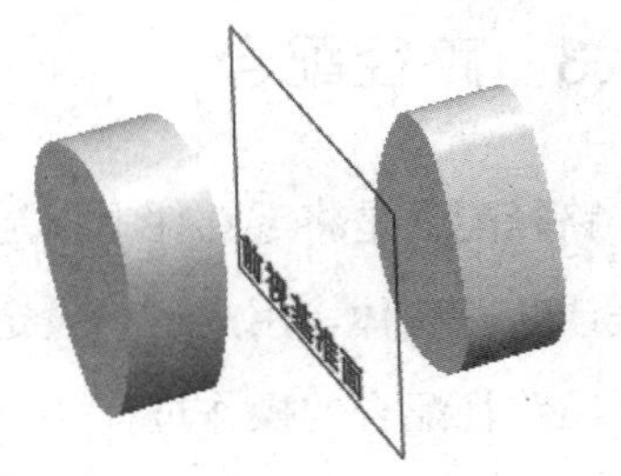

b）对称配合后

图 4.1.3 对称配合

说明：对称配合只是将配合实体相对于配合基准面对称，而不会镜像零部件。

4.1.2 宽度配合

宽度配合是将某个零件置于任意两个平面的中心，其中，配合的参照可以是零件的两个面、一个圆柱面或一根轴线。下面介绍宽度配合的操作过程。

Step1. 打开文件 D:\sw14.2\work\ch04.01.02\width_mates. SLDASM。

Step2. 选择命令。选择下拉菜单 插入(I) → 配合(M)... 命令，系统弹出“配合”对话框，在“配合”对话框中单击以激活 高级配合(D) 区域。

Step3. 选取要配合的实体。在“配合”对话框的 高级配合(D) 区域中单击 宽度(I) 按钮，

在图 4.1.4 所示的配合选择(S)区域中单击以激活宽度选择:下的文本框，选取图 4.1.5a 所示的面 1 和面 2 作为要配合的实体；单击以激活薄片选择:下的文本框，选取图 4.1.5a 所示的面 3 和面 4 作为参考平面，最后单击两次✔按钮，关闭“配合”对话框，其结果如图 4.1.5b 所示。

Step4. 保存并关闭文件。

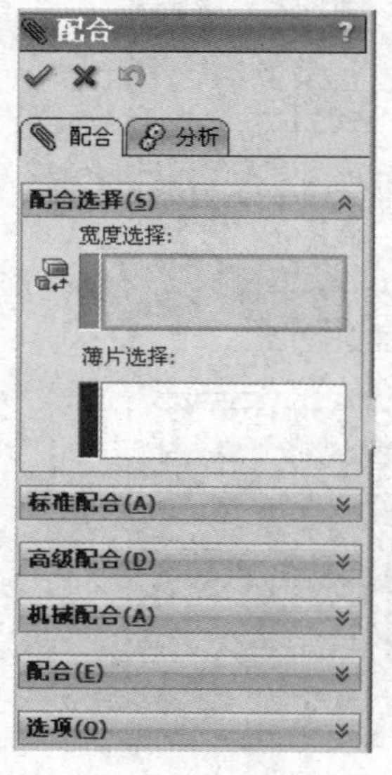

图 4.1.4 “配合选择”区域

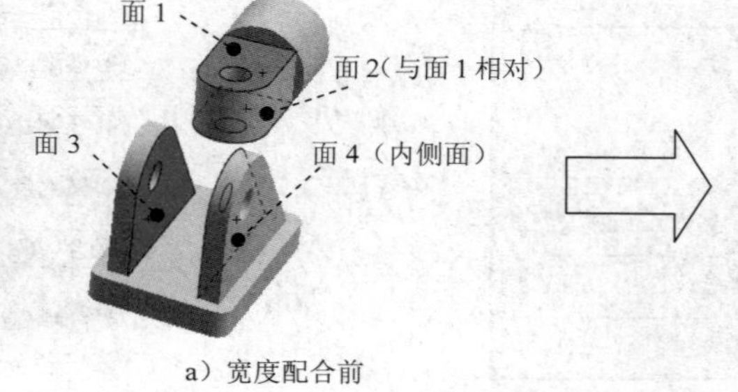

图 4.1.5 宽度配合

4.1.3 路径配合

路径配合是将零部件上指定的点约束到指定路径上。路径可以是装配体上连续的曲线、边线或草图实体，用户可以设定零部件在沿路径移动的同时进行纵摆、偏转和摇摆等。下面介绍路径配合的操作过程。

Step1. 打开文件 D:\sw14.2\work\ch04.01.03\path_mate.SLDASM。

Step2. 选择命令。选择下拉菜单插入(I) ➡ 配合(M)...命令，系统弹出“配合”对话框，在“配合”对话框中单击以激活高级配合(D)区域。

Step3. 选取要配合的实体。

（1）在“配合”对话框的高级配合(D)区域中单击路径配合(P)按钮，“配合”对话框如图 4.1.6 所示。

（2）在“配合”对话框的配合选择(S)区域中单击以激活零部件顶点:下面的文本框，选取图 4.1.7a 所示的顶点作为零部件顶点。

（3）在配合选择(S)区域中，单击SelectionManager按钮，系统弹出图 4.1.8 所示的快捷工具条，在快捷工具条中单击“选择组”按钮，选取图 4.1.7a 所示的边线作为配合路径，在

快捷工具条中单击✔按钮。

注意：对于设置过轻化处理的大型装配件，在选取路径之前要还原轻化，否则无法选中边线。

（4）在 高级配合(D) 区域的 俯仰/偏航控制: 下拉列表中选择 随路径变化 选项，并选中 Y 单选按钮；在 滚转控制: 下拉列表中选择 上向量 选项，选取图 4.1.7a 所示的模型表面作为上向量，其他参数采用系统默认值，单击两次✔按钮，关闭“配合”对话框，其结果如图 4.1.7b 所示，此时，所选零件只能沿所选路径移动。

Step4. 保存并关闭文件。

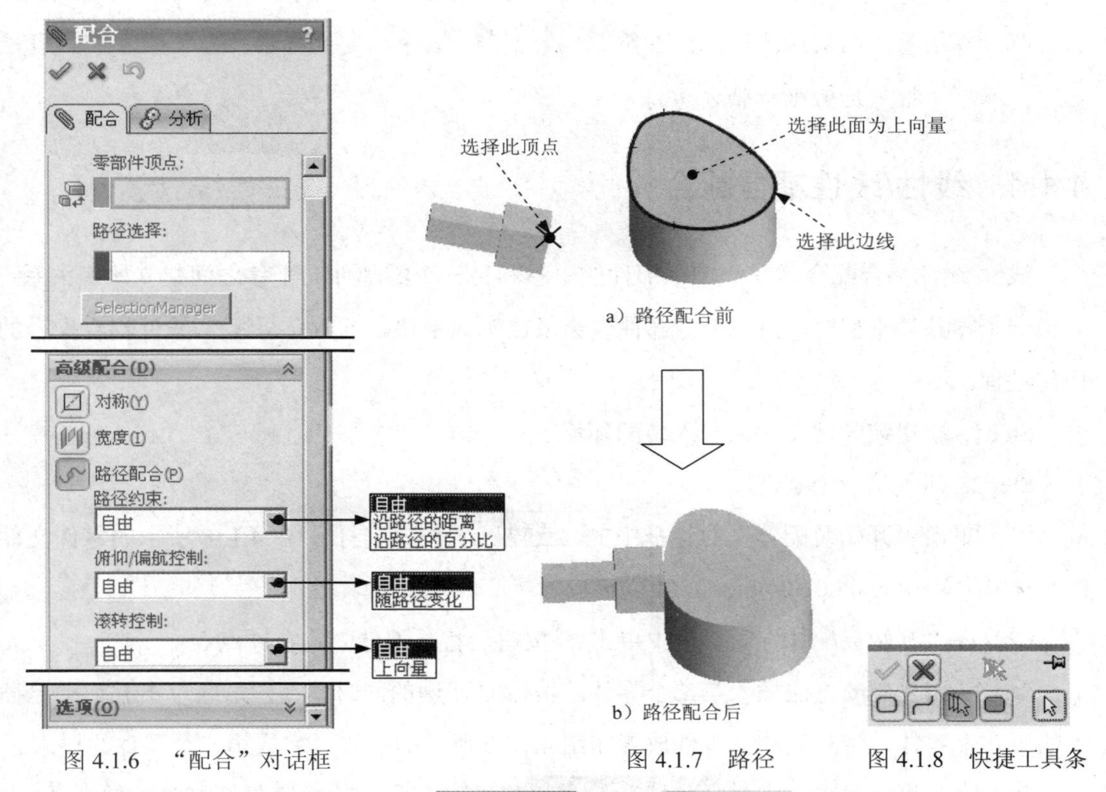

图 4.1.6 “配合”对话框　　图 4.1.7 路径　　图 4.1.8 快捷工具条

图 4.1.6 所示“配合”对话框中 高级配合(D) 区域的 路径配合(P) 各下拉列表说明如下：

- 路径约束: 下拉列表：用于定义路径的约束类型。
  - ☑ 自由 选项：零部件可沿所选路径自由移动。
  - ☑ 沿路径的距离 选项：零部件的顶点将固定在距路径一定距离的点上，该距离为沿路径的距离，距离值需要用户在下拉列表下方的文本框中指定。
  - ☑ 沿路径的百分比 选项：零部件的顶点将固定在指定的百分比点上；在 后的文本框中输入百分比值。
- 俯仰/偏航控制: 下拉列表：用于控制俯仰/偏航的类型。

☑ 自由选项：零部件可沿所选路径绕零部件顶点摆动。

☑ 随路径变化选项：以零部件顶点为原点的坐标轴与路径约束相切，用户可以在 ⊙X ○Y ○Z 中指定坐标轴，选中 ☑ 反转(F) 复选框可反转坐标轴方向。

- 滚转控制：下拉列表：用于定义控制滚转的类型。

☑ 自由选项：零部件可绕零部件顶点在所选路径两边滚转。

☑ 上向量选项：在零部件上指定的坐标轴与上向量方向保持一致；用户可单击以激活 上向量 下方的文本框，在图形中选取线性边线或平面来定义上向量，当所选对象为平面时，上向量方向垂直于平面，当所选对象为边线时，上向量方向沿所选边线；在 ⊙X ○Y ○Z 中指定坐标轴，选中 ☑ 反转(F) 复选框可反转坐标轴方向。

4.1.4 线性/线性耦合配合

线性/线性耦合配合是在一个零部件的平移和另一个零部件的平移之间建立比率关系，即当一个零部件平移时，另一个零部件也会成比例地平移。下面介绍线性/线性耦合配合的操作过程。

Step1. 新建装配体文件，进入装配环境。

Step2. 插入第一个零件。

（1）单击“开始装配体”对话框中的 浏览(B)... 按钮，打开图 4.1.9 所示的零件文件 D:\sw14.2\work\ch04.01.04\bloom.SLDPRT。

（2）在“开始装配体”对话框中单击 ✔ 按钮，将零部件固定在原点。

Step3. 用复制的方法插入第二个零件。按住 Ctrl 键的同时，在图形区单击并拖动已插入的第一个零件，将复制的新零件放置在图 4.1.10 所示的位置，完成第二个零件的插入。

Step4. 在设计树中右击 (固定) bloom<1> 节点，在弹出的快捷菜单中选择 浮动 (F) 命令，将插入的第一个零件设置为浮动。

Step5. 选择命令。选择下拉菜单 插入(I) → 配合(M)... 命令，系统弹出“配合”对话框，在配合对话框中单击以激活 高级配合(D) 区域。

Step6. 选取要配合的实体。在“配合”对话框的 高级配合(D) 区域中单击 线性/线性耦合 按钮，在图 4.1.11 所示的“配合”对话框单击以激活 配合选择(S) 区域中的文本框，分别选取图 4.1.10 所示的面 1 和面 2 作为要配合的实体；在 高级配合(D) 区域的 比率: 文本框中依次输入数值 4.0 和 1.0（即 4:1），其他选项采用系统默认值，最后单击两次 ✔ 按钮，关闭“配

合”对话框。

说明：此时，当沿配合面的法向拖动其中一个零部件时，另一个零部件将沿其配合面的法向按设定的速度比率移动，其比率数值与配合实体的选取顺序相对应，选中☑反转复选框后，两零部件将沿相反的方向平移。

图 4.1.9 插入第一个零件

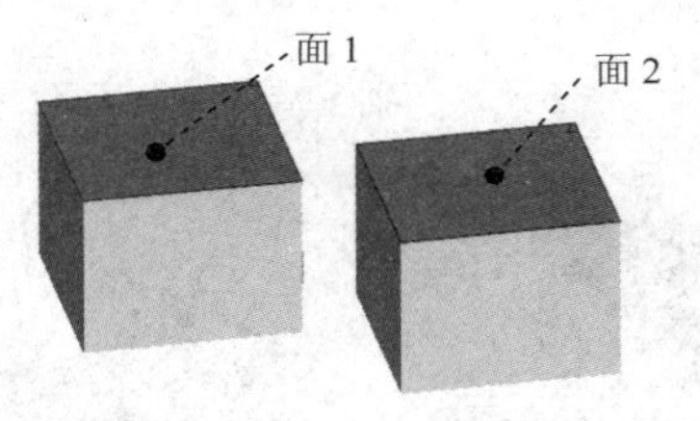

图 4.1.10 插入第二个零件

图 4.1.11 “配合”对话框

Step7. 保存并关闭文件。

4.1.5 限制配合

限制配合是限制零部件在指定的距离或角度范围内移动，可通过指定距离或角度的最大值和最小值来确定零部件的移动范围。下面介绍限制配合的操作过程。

1. 限制距离配合

Step1. 打开文件 D:\sw14.2\work\ch04.01.05.01\limit_mates01. SLDASM。

Step2. 选择命令。选择下拉菜单 插入(I) → 配合(M)... 命令，系统弹出“配合”对话框，在“配合”对话框中单击以激活 高级配合(D) 区域。

Step3. 选取要配合的实体。在“配合”对话框的 高级配合(D) 区域中单击 按钮，在图 4.1.12 所示的“配合”对话框单击以激活 配合选择(S) 区域中的文本框，分别选取图 4.1.13

所示的面 1 和面 2 作为要配合的实体；在 高级配合(D) 区域 后的文本框中输入数值 140.0，在 后的文本框中输入数值 0，其他选项采用系统默认值，最后单击两次 按钮，关闭“配合”对话框。

说明：拖动未固定零件来查看零件的移动范围， 后的文本框用来确定零件当前的距离位置，选中 ☑ 反转尺寸 复选框可反转尺寸方向。

Step4. 保存并关闭文件。

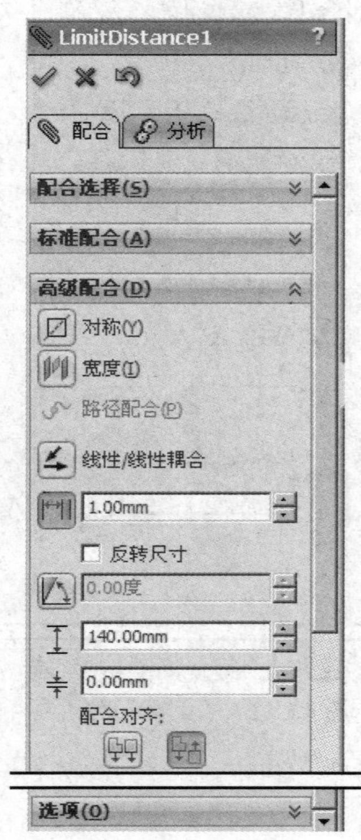

图 4.1.12 “配合”对话框

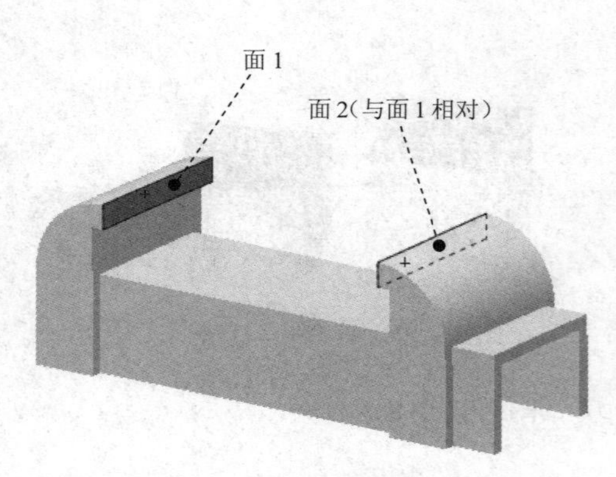

图 4.1.13 选取要配合的实体

2. 限制角度配合

Step1. 打开文件 D:\sw14.2\work\ch04.01.05.02\limit_mates02. SLDASM。

Step2. 选择下拉菜单 插入(I) → 配合(M)... 命令，系统弹出“配合”对话框，在“配合”对话框的 高级配合(D) 区域中单击 按钮，在图 4.1.14 所示的“配合”对话框单击以激活 配合选择(S) 区域中的文本框，依次选取图 4.1.15 所示的面 1 和面 2 作为要配合的实体；在 高级配合(D) 区域中单击“同向对齐”按钮 ，在 后的文本框中输入数值 140.0，在 后的文本框中输入数值 0，其他选项采用系统默认值，最后单击两次 按钮，关闭“配合”对话框。

说明：拖动未固定零件来查看零件的移动范围， 后的文本框用来确定零件当前的角度位置，选中 ☑ 反转尺寸 复选框可反转角度方向。

Step3. 保存并关闭文件。

图 4.1.14 “配合”对话框

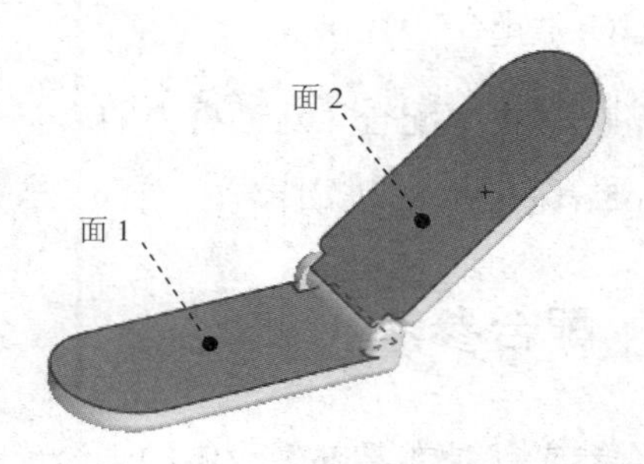

图 4.1.15 选取要配合的实体

4.1.6 多配合

多配合是在同一装配操作中，将多个零部件与一个零件或装配体进行配合，但多配合仅能为零件添加标准配合。下面介绍多配合的操作过程。

Step1. 打开文件 D:\sw14.2\work\ch04.01.06\multi_mates. SLDASM。

Step2. 选择命令。选择下拉菜单 插入(I) → 配合(M)... 命令，系统弹出“配合”对话框。

Step3. 添加同轴心配合。在“配合”对话框的 配合选择(S) 区域中单击“多配合模式”按钮，此时“配合”对话框如图 4.1.16 所示。先选取图 4.1.17a 所示的面 1 作为要配合的实体，然后分别选取面 2 和面 3 作为零部件参考（此时系统默认配合类型为同轴心配合），其他选项采用系统默认值，单击快捷工具条中的 ✓ 按钮，其结果如图 4.1.17b 所示。

说明：在 配合选择(S) 区域中选中 ☑ 生成多配合文件夹 复选框后，在设计树中，多配合中生成的配合将以子目录的形式被包含在多配合文件夹中。

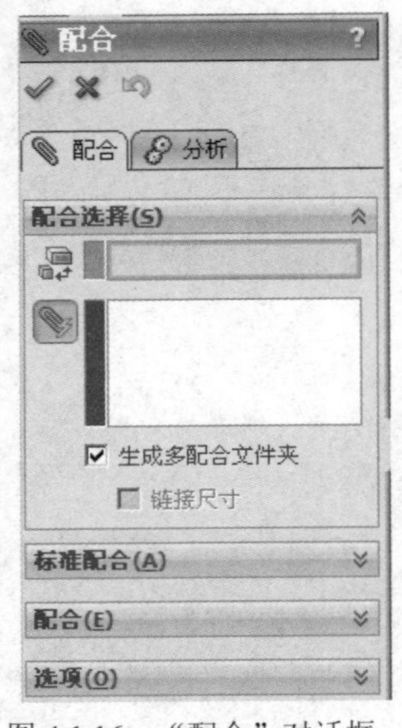

图 4.1.16 “配合”对话框

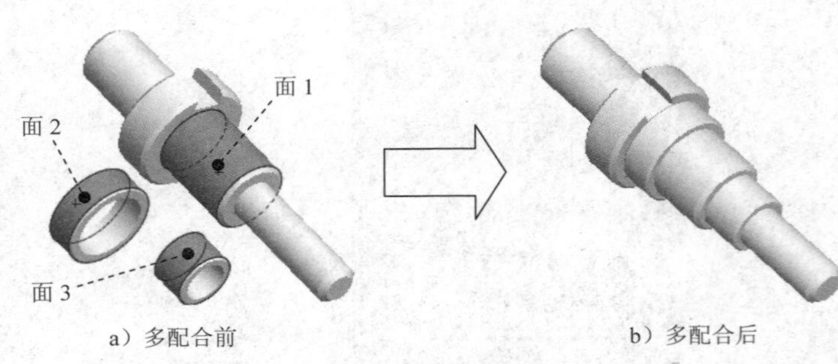

a）多配合前

b）多配合后

图 4.1.17 多配合

Step4. 单击“配合”对话框中的✔按钮，关闭“配合”对话框。

Step5. 保存并关闭文件。

4.1.7 配合参考

配合参考就是在零部件设定的一个或多个配合参考供装配体环境中自动配合所用。当把带有配合参考的零部件插入到装配体时，系统会自动查找具有相同配合类型的零部件进行配合。下面介绍添加和使用配合参考的操作过程。

Step1. 添加第一个配合参考。

（1）打开图 4.1.18 所示的零件模型。打开 D:\sw14.2\work\ch04.01.07\axis. SLDPRT。

（2）选择命令。选择下拉菜单 插入(I) → 参考几何体(G) → 配合参考(M)… 命令，系统弹出图 4.1.19 所示的“配合参考”对话框。

（3）添加参考实体。在 参考名称(N) 区域的文本框中输入参考名称“axis”，在 主要参考实体(P) 区域中，单击以激活后的文本框，选取图 4.1.20 所示的“面 1”为主要参考实体，在后的下拉列表中选择 同心 选项；在 第二参考实体(S) 区域中，单击以激活后的文本框，选取图 4.1.20 所示的“面 2”为第二参考实体，在后的下拉列表中选择 重合 选项；在 第三参考实体(T) 区域中，单击以激活后的文本框，选取图 4.1.20 所示的“面 3”为第三参考实体，在后的下拉列表中选择 重合 选项；其他参数采用系统默认值，单击✔按钮，完成配合参考的添加。

（4）保存并关闭零件模型。

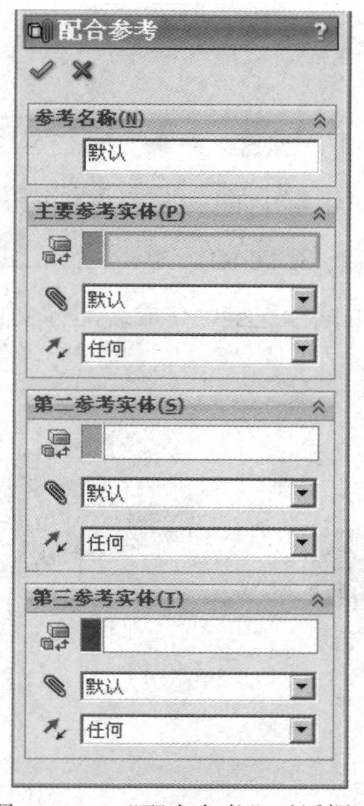

图 4.1.19　“配合参考”对话框

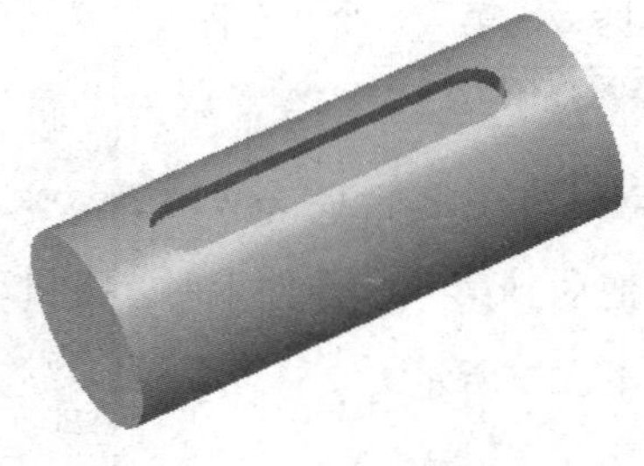

图 4.1.18　零件模型

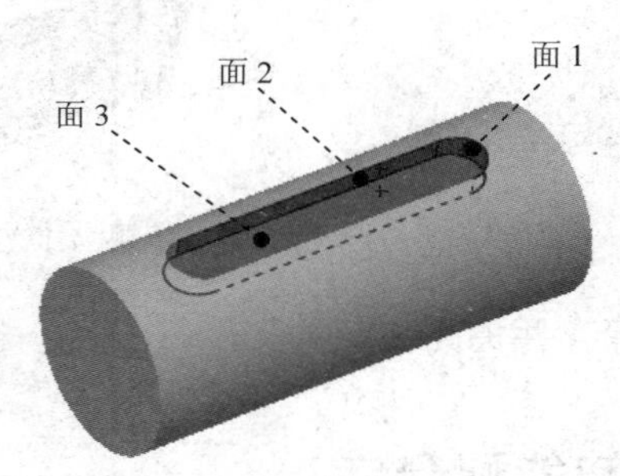

图 4.1.20　选择参考实体

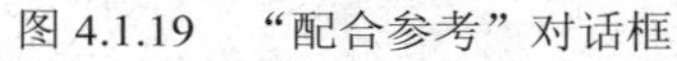

Step2. 添加第二个配合参考。

（1）打开图 4.1.21 所示的零件模型。打开文件 D:\sw14.2\work\ch04.01.07\ key.SLDPRT。

（2）选择命令。选择下拉菜单 插入(I) → 参考几何体(G) → 配合参考(M)… 命令，系统弹出“配合参考”对话框。

（3）添加参考实体。在 参考名称(N) 区域的文本框中输入参考名称“key”；在 主要参考实体(P) 区域中，单击以激活后的文本框，选取图 4.1.22 所示的“面 1”为主要参考实体，在后的下拉列表中选择 同心 选项；在 第二参考实体(S) 区域中，单击以激活后的文本框，选取图 4.1.22 所示的“面 2”为第二参考实体，在后的下拉列表中选择 重合 选项；在 第三参考实体(T) 区域中，单击以激活后的文本框，选取图 4.1.22 所示的“面 3”为第三参考实体，在后的下拉列表中选择 重合 选项；其他参数采用系统默认值，单击按钮，完成配合参考的添加。

（4）保存并关闭零件模型。

Step3. 创建装配体文件。

（1）新建一个装配体文件，进入装配环境。

（2）插入第一个零件。单击“开始装配体”对话框中的 浏览(B)... 按钮，在弹出的“打开”对话框中选取 D:\sw14.2\work\ch04.01.07\axis.SLDPRT，单击 打开 按钮，在“开始装配体”对话框中单击✔按钮，将零部件固定在原点。

（3）插入第二个零件。选择下拉菜单 插入(I) → 零部件(O) → 现有零件/装配体(E)... 命令，单击“插入零部件”对话框中的 浏览(B)... 按钮，在弹出的“打开”对话框中选取 D:\sw14.2\work\ch04.01.07\key.SLDPRT，单击 打开 按钮；将零件“key”拖动到第一个零件上时，将自动配合，单击鼠标左键，完成装配体文件的创建，其结果如图 4.1.23 所示。

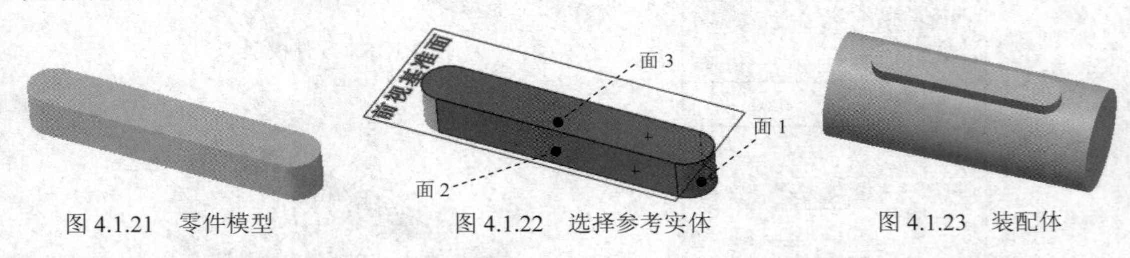

图 4.1.21　零件模型　　图 4.1.22　选择参考实体　　图 4.1.23　装配体

（4）保存并关闭装配体文件。

4.1.8　智能配合

通过智能配合（SmartMates）功能，用户不使用配合命令就可以创建常用的配合，使装配更加快捷。当同时打开一个装配体对话框和一个零件对话框时，可以将零件多次直接拖动到装配体对话框中，并且系统会自动捕捉到一个常用的配合类型；当一个装配体对话框中有两个或多个零部件时，在按住键盘 Alt 键的同时拖动一个零部件到另一个零部件，系统也会自动捕捉到一个常用的配合类型；当一个装配体对话框中有两个或多个零部件时，选择命令后，在“移动零部件”对话框中单击 SmartMates 按钮，双击一个零部件，此时零部件会透明显示，然后选择要与其配合的另一零部件参照即可。

下面讲解智能配合（SmartMates）的操作方法。

Step1. 新建一个装配体文件，进入装配体环境。

Step2. 插入第一个零件。单击“开始装配体”对话框中的 浏览(B)... 按钮，打开图 4.1.24 所示的零件文件 D:\sw14.2\work\ch04.01.08\smartmates_01.SLDPRT，在“开始装配体”对话框中单击✔按钮，将零部件固定在原点。

Step3. 打开零件模型。打开图 4.1.25 所示的零件文件 D:\sw14.2\work\ch04.01.08\smartmates_02. SLDPRT。

Step4. 插入第二个零件并添加同轴心配合。将装配体对话框和零件对话框平铺于工作界面，按住 Alt 键，在零件对话框中单击图 4.1.25 所示的“面 1”并拖动至装配体对话框中图 4.1.24 所示的“面 2”，当指针显示为时，松开鼠标左键，弹出的快捷工具条已默认配合类型为同轴心配合，最后单击按钮，完成同轴心配合的添加，如图 4.1.26 所示。

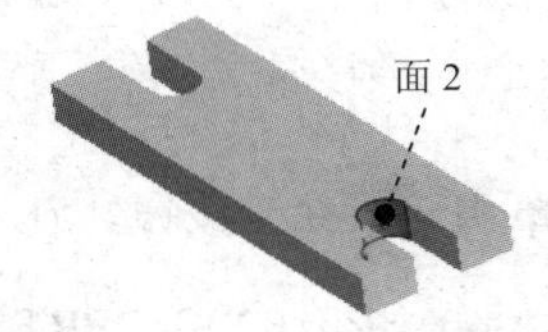

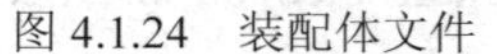
图 4.1.24　装配体文件

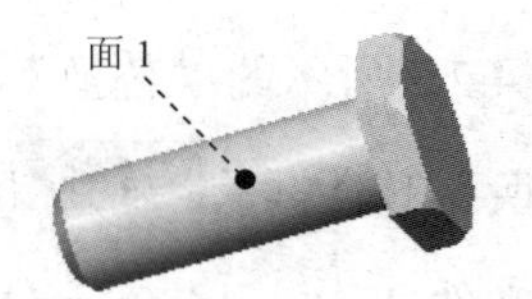

图 4.1.25　选择参考实体

图 4.1.26　同轴心配合（一）

Step5. 插入第三个零件并添加同轴心配合。先将零件从零件对话框拖动至装配体对话框如图 4.1.27 所示的位置，然后在装配体环境中按住 Alt 键，单击图 4.1.27 所示的“面 3”并拖动至图 4.1.27 所示的“面 4”，当指针显示为时，松开鼠标左键，弹出的快捷工具条已默认配合类型为同轴心配合，最后单击按钮，完成同轴心配合的添加，如图 4.1.28 所示。

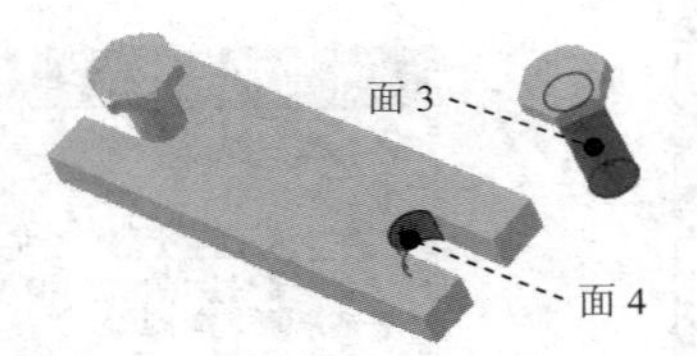

图 4.1.27　插入第三个零件

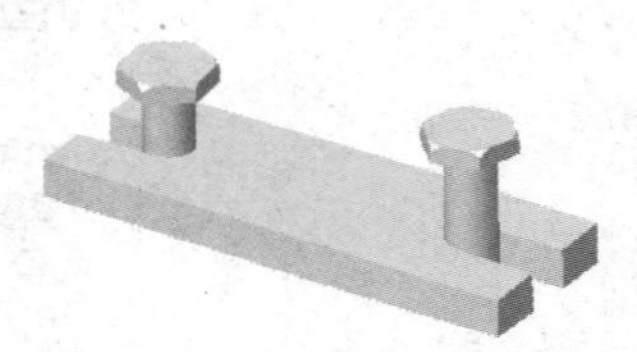

图 4.1.28　同轴心配合（二）

Step6. 保存并关闭装配体文件。

自动添加配合关系时，指针类型的说明如下：

- ：表示两条线性边线的重合配合。
- ：表示两个平面的重合配合。
- ：表示两个顶点的重合配合。
- ：表示两个圆柱面、圆锥面或临时轴的同心配合。
- ：表示两条圆形边线的同心配合，其中圆形边线可以是非完整的圆。

4.2　替换零部件

在整个装配体设计过程中，其零部件可能需要进行多次修改，“替换零部件”功能是更新装配体的一种更加快捷和安全的有效方法，使用此功能可以在不重新装配的情况下更换装配体中的零部件，但在替换零部件之后，常常会出现悬空的配合实体等错误，此时就需要使用“替换配合实体”命令来替换悬空的配合实体，从而满足配合要求。下面介绍在装配体中替换零部件的操作过程。

Step1. 打开装配体文件 D:\sw14.2\work\ch04.02\asm_clutch.SLDASM，如图 4.2.1 所示。

Step2. 替换零部件。

（1）在设计树中右击 (固定) left_disc<1> 节点，在弹出的快捷菜单中选择 替换零部件 (V) 命令，系统弹出图 4.2.2 所示的“替换”对话框。

（2）选择要替换的零件。在“替换”对话框的 选择(S) 区域中单击 浏览(B)... 按钮，在系统弹出的“打开”对话框中打开零件文件 D:\sw14.2\work\ch04.02\left_disc_02.SLDPRT，其他参数采用系统默认值。

（3）在对话框中单击 ✔ 按钮，系统弹出图 4.2.3 所示的“配合的实体”对话框；图 4.2.4 所示的“什么错”对话框，单击 关闭(C) 按钮关闭该对话框；图 4.2.5 所示的“零件预览”对话框和图 4.2.6 所示的快捷菜单。

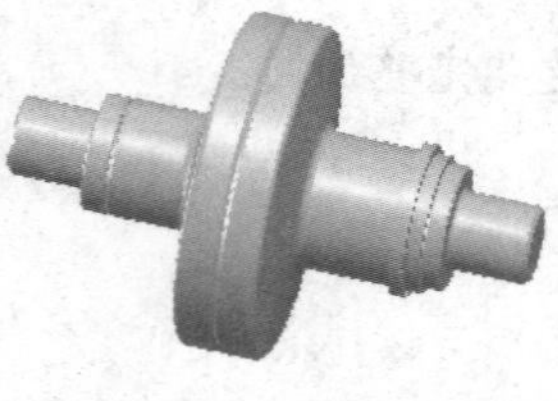

图 4.2.1 打开装配体文件

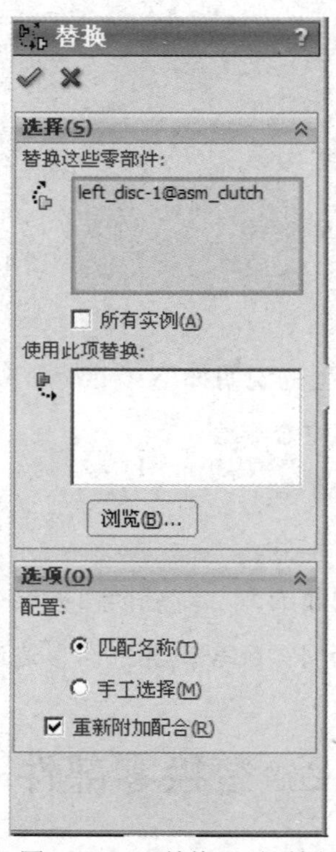

图 4.2.2 “替换”对话框

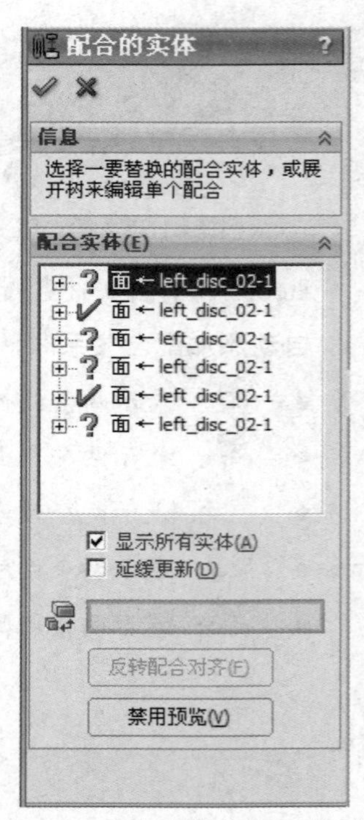

图 4.2.3 “配合的实体”对话框

图 4.2.2 所示“替换”对话框中各选项的功能说明如下：

- 替换这些零部件：在其下方的文本框中显示所选取的要被替换的零部件，选中 ☑ 所有实例(A) 复选框后，将替换所有被选中的零部件。
- 使用此项替换：在其下方的文本框中显示替换零部件的路径，单击 浏览(B)... 按钮，

可在“打开”对话框中选择替换零部件。

- ⊙ 匹配名称(T)：系统尽可能将被替换零部件的配置名称与替换零部件的配置相匹配。

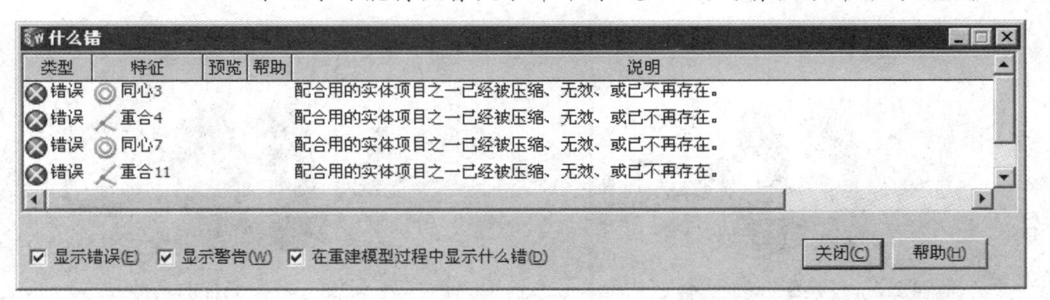

图 4.2.4 “什么错”对话框

图 4.2.5 “零件预览”对话框

图 4.2.6 快捷菜单

- ⊙ 手工选择(M)：通过手动在替换零部件中选取相匹配的配置。
- ☑ 重新附加配合(R)：系统尝试将现有配合添加到替换零件中。

图 4.2.3 所示“配合的实体”对话框中各选项的功能说明如下：

- ☑ 显示所有实体(A)：选中此复选框，在其上的文本框将显示所选项目的所有配合，包括满足的配合和悬空的配合；反之，只显示悬空的配合。
- 单击以激活后的文本框，在图形区选取一个实体来替换上方文本框中所选的配合实体。
- 反转配合对齐(F)：反转配合对齐的方向。
- 禁用预览(V)：禁止预览替换配合。

Step3. 替换配合的实体。

说明：为了方便选择配合实体，在替换之前，先将装配体拖动至图 4.2.7 所示的位置。

（1）在“配合的实体”对话框的**配合实体(E)**区域中单击第一个⊞ ? 面←left_disc_02-1，此时图形中高亮显示丢失配合参照的面，选取图 4.2.7 所示的面为配合实体参照，完成配合实体的替换。

说明：如果在“配合的实体”对话框中取消选中 ☐ 显示所有实体(A) 复选框，完成替换的配合实体将被从对话框中移除。

（2）在“配合的实体”对话框的 配合实体(E) 区域中单击第二个 ⊞ ? 面 ← left_disc_02-1，选取图 4.2.8 所示的面为配合实体。

说明：在此步操作中如果无法选中面，可以将其他部件隐藏。

图 4.2.7 替换配合的实体（一）

图 4.2.8 替换配合的实体（二）

（3）在“配合的实体”对话框的 配合实体(E) 区域中单击第三个 ⊞ ? 面 ← left_disc_02-1，选取图 4.2.9 所示的面为配合实体。

（4）在“配合的实体”对话框的 配合实体(E) 区域中单击第四个 ⊞ ? 面 ← left_disc_02-1，选取图 4.2.10 所示的面为配合实体。

（5）在对话框中单击 ✔ 按钮，完成替换零部件操作，此时装配体如图 4.2.11 所示。

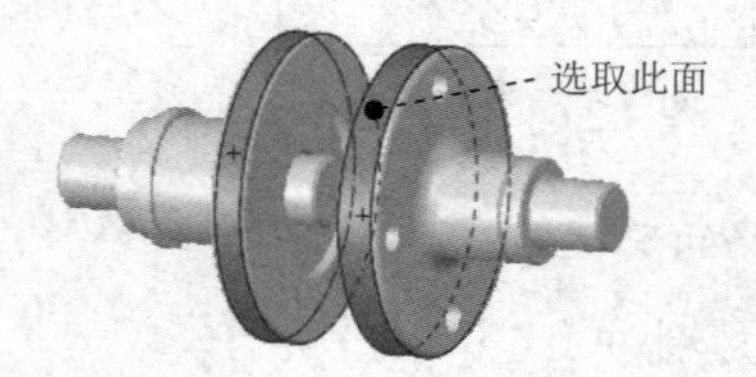

图 4.2.9 替换配合的实体（三）

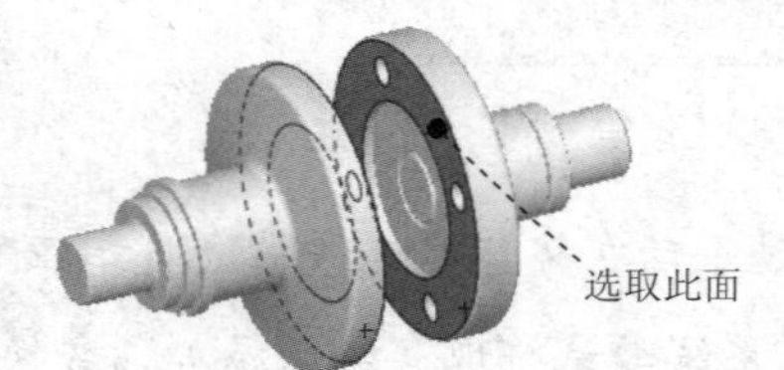

图 4.2.10 替换配合的实体（四）

图 4.2.11 替换后的装配体

4.3 在装配体中选择零部件

在装配体中选择零部件除了默认的选择方法外，还可以利用“选择过滤器”和 SolidWorks 2014 中新增的快捷工具来选择零部件，下面介绍选择零部件的其他方法。

4.3.1 零部件的选择

在使用各类零部件选择命令前，打开装配体文件 D:\sw14.2\work\ch04.03\head_asm.SLDASM。

1．卷选

卷选就是使用带有深度的矩形框来选取零部件，下面讲解卷选的具体操作过程。

（1）选择命令。选择下拉菜单 工具(T) ➡ 零部件选择(T) ➡ 卷选(V)... 命令（或在

“选择过滤器（I）”工具栏中按钮的下拉菜单中选择卷选...命令）。

（2）选择零部件。在图形区中用鼠标从左向右框选（即在图形区拖动鼠标绘制一个矩形框）装配体，此时图形区显示卷（即图形区中透明的立方体），如图 4.3.1a 所示，拖动卷的控标改变卷的选择范围，如图 4.3.1b 所示，此时设计树如图 4.3.2 所示。

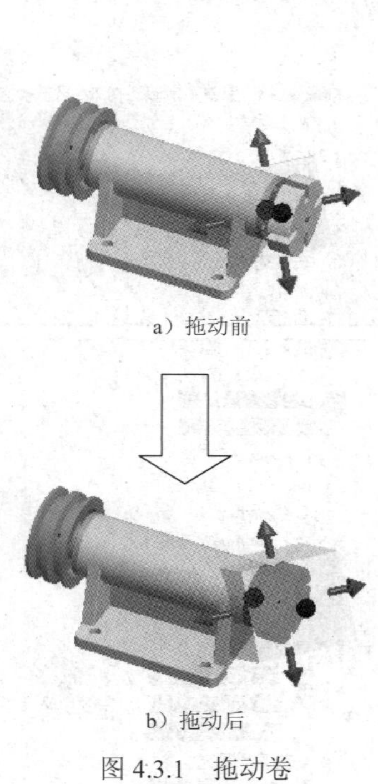

a）拖动前

b）拖动后

图 4.3.1 拖动卷

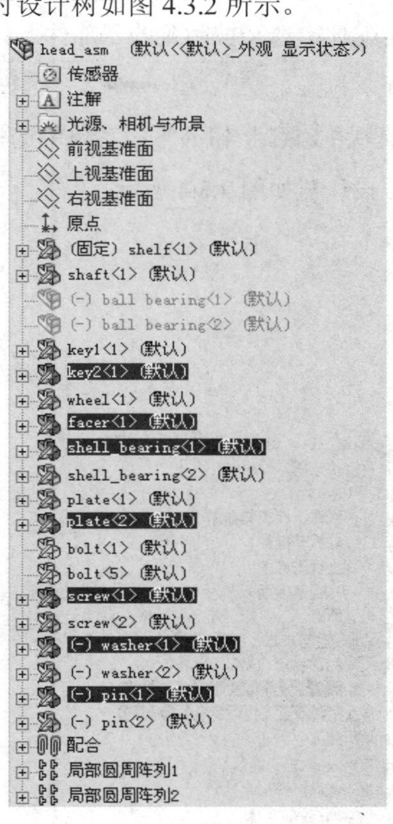

图 4.3.2 卷选

说明：

- 在框选装配体时，当指针从左向右拖动时，完全位于卷中的零部件将被选中；当指针从右向左拖动时，完全位于卷中或与卷交叉的零部件将被选中。
- 默认情况下，框选平面通过装配体原点，在选择命令前，如果预先选择装配体中的顶点，平面将通过该顶点；如果选择装配体中的边线或非平面，平面将在距原点最近位置与边线或非平面相交；如果选择装配体中的基准面或平面，将正视于该基准面或平面，并且在基准面或平面上绘制矩形。

2．选取压缩

在装配体中选择被压缩的零部件，具体操作步骤如下：

选择下拉菜单 工具(T) → 零部件选择(T) → 选取压缩(U) 命令（或在“选择过滤器

(I)”工具栏中 按钮的下拉菜单中选择 选取压缩 命令)，此时装配体中被压缩的零部件将被选中，设计树如图 4.3.3 所示。

3. 选取隐藏

在装配体中选择被隐藏的零部件，具体操作步骤如下：

选择下拉菜单 工具(T) → 零部件选择(T) → 选取隐藏(H) 命令（或在“选择过滤器(I)”工具栏中 按钮的下拉菜单中选择 选取隐藏 命令)，此时装配体中被隐藏的零部件将被选中，设计树如图 4.3.4 所示。

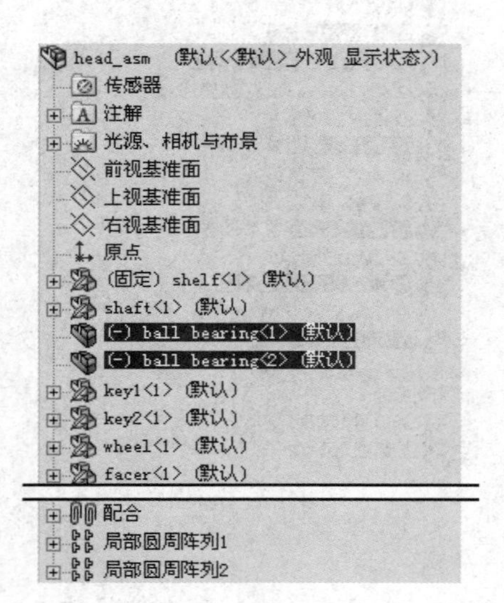

图 4.3.3 选取压缩

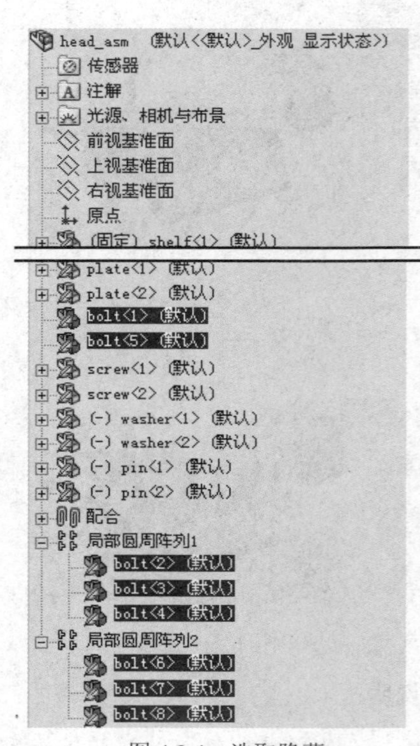

图 4.3.4 选取隐藏

4. 选取配合到

在装配体中选择所有与指定零部件有配合关系的零部件，具体操作步骤如下：

Step1. 选择下拉菜单 工具(T) → 零部件选择(T) → 选取配合到(M)... 命令（或在“选择过滤器(I)”工具栏中 按钮的下拉菜单中选择 选取配合到... 命令)。

Step2. 在图形区中选择图 4.3.5 所示的零部件，则与该零件有配合关系的零件将被选中，设计树如图 4.3.6 所示。

图 4.3.5 选择零部件

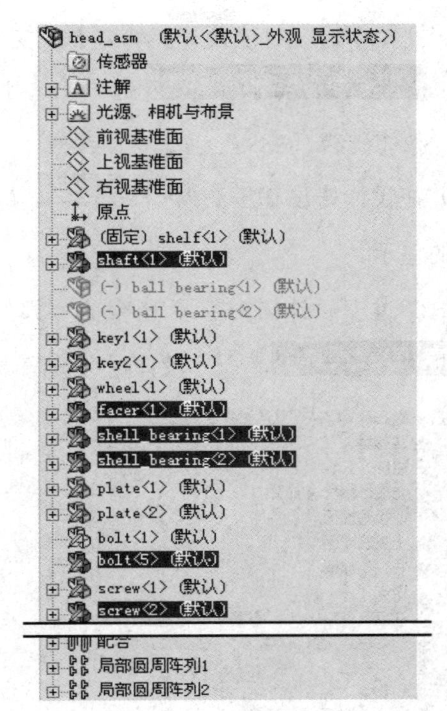

图 4.3.6 选取配合到

4.3.2 通过设计树中的过滤器选择零部件

通过设计树顶部的过滤器可以控制设计树和图形区中各项目的显示，下面介绍过滤器的使用方法。

Step1. 打开装配体文件 D:\sw14.2\work\ch04.03\ head_asm.SLDASM。

Step2. 过滤设计树。

（1）先在设计树顶部过滤器中单击按钮，在弹出的下拉列表中选择 ✔过滤图形视图 命令（确认该命令被选中），然后单击以激活过滤器中的文本框，输入过滤的关键字“shell”，此时设计树中只显示名称中带有“shell”的零件，如图 4.3.7 所示，图形区只显示设计树中显示的零部件，如图 4.3.8 所示。

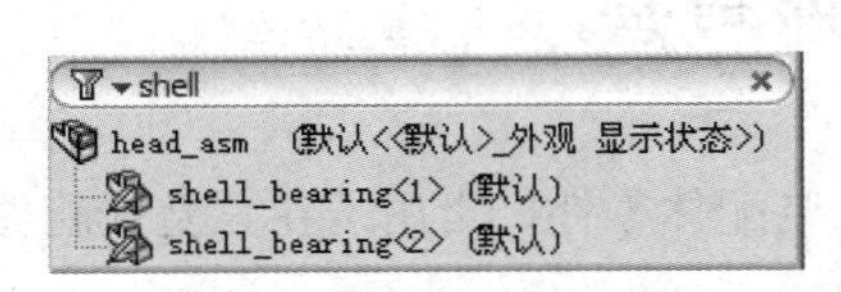

图 4.3.7 过滤后的设计树

图 4.3.8 过滤后的图形区

设计树顶部过滤器下拉列表各选项的功能说明如下：

- ✔过滤图形视图：选中此选项时，图形区只显示设计树中显示的零部件；取消选中

此命令时，过滤设计树将不会改变图形区零部件的显示。

- ✔ 过滤隐藏/压缩的零部件：选中此选项时，设计树中被隐藏或压缩的零部件将从设计树中消失。

（2）在设计树顶部过滤器中单击×按钮，清除过滤器，恢复设计树中各零部件的显示。

Step3. 过滤设计树中隐藏/压缩的零部件。在设计树顶部过滤器中选择 ✔ 过滤隐藏/压缩的零部件 命令，设计树中被隐藏或压缩的零部件将消失，如图 4.3.9b 所示。

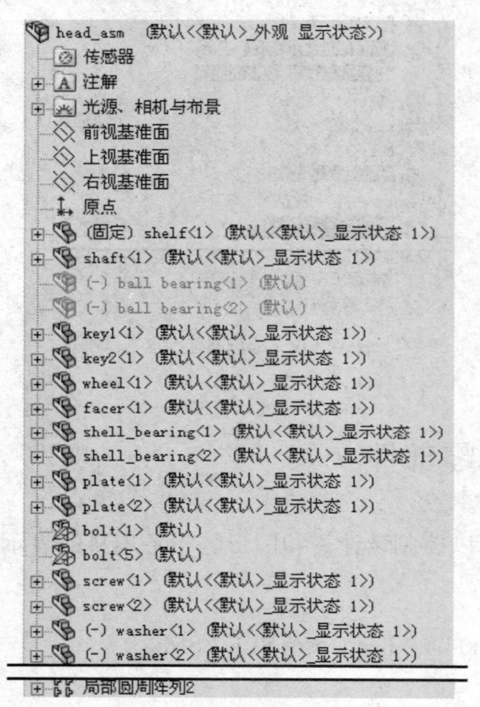

a）过滤前

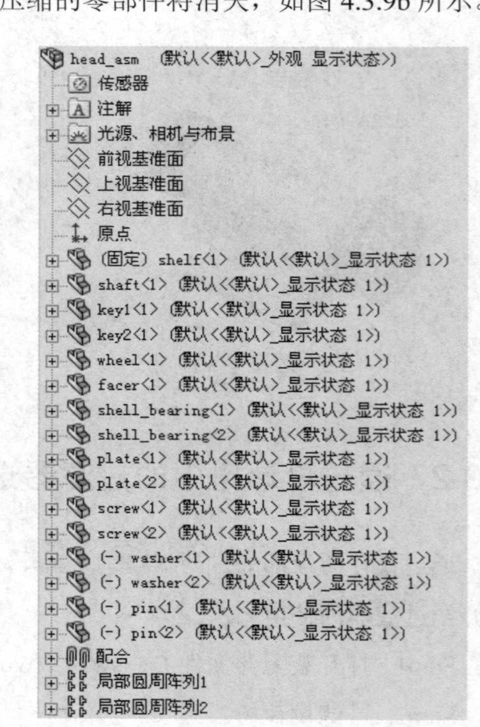

b）过滤后

图 4.3.9 过滤隐藏/压缩的零部件

Step4. 保存并关闭装配体。

4.4 装配体封套

装配体封套属于参考零部件，是一种特殊的装配体零件，常用于在大型装配体中方便快捷地选择零部件。利用封套功能，不但可以根据零部件相对于封套的位置（内部、外部或交叉）来选择零部件，还可以快速地改变零部件在装配体中的显示状态；在上色视图模式下，封套零部件以浅蓝色透明显示。下面介绍创建装配体封套的一般操作过程。

4.4.1 生成装配体封套

1. 新建装配体封套

Step1. 打开图 4.4.1 所示的装配体文件 D:\sw14.2\work\ch04.04.01\asm_clutch_01.SLDASM。

Step2. 新建封套零部件。选择下拉菜单 插入(I) → 零部件(O) → 新零件(N)... 命令，在图形区任意位置单击来放置新零件。

Step3. 编辑封套零部件。

（1）在设计树中右击 (固定) [零件1^asm_clutch_01]<1>，在弹出的快捷菜单中单击按钮，系统弹出“零部件属性”对话框。

（2）在系统弹出的“零部件属性”对话框右下角区域选中 ☑ 封套 复选框，然后单击 确定(K) 按钮。

（3）在设计树中右击 (固定) [零件1^asm_clutch_01]<1>，在弹出的快捷菜单中单击按钮，进入编辑零部件环境。

Step4. 创建封套特征。

（1）选取基准面。在设计树中选择 上视基准面 作为创建封套特征的基准面，绘制图 4.4.2 所示的草图。

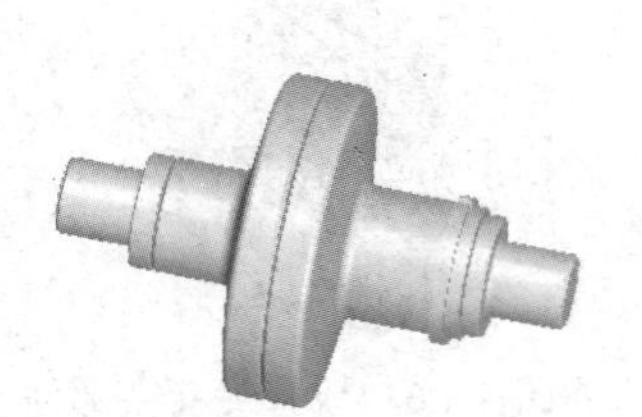

图 4.4.1 打开装配体文件

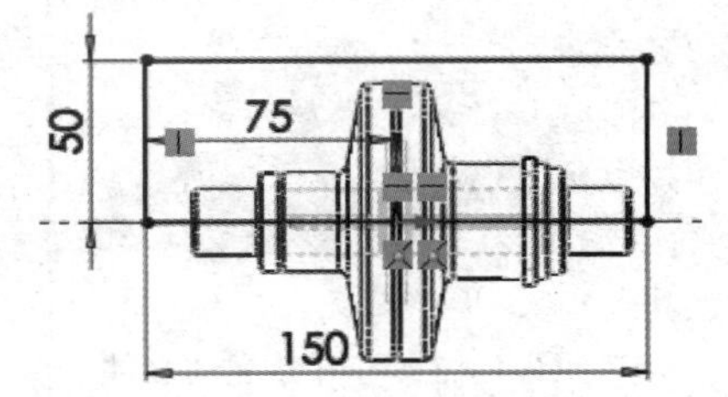

图 4.4.2 横断面草图

（2）创建图 4.4.3 所示的旋转特征。选择下拉菜单 插入(I) → 凸台/基体(B) → 旋转(R)... 命令，选择图 4.4.2 所示的横断面草图，在“旋转”对话框中单击 ✔ 按钮，完成旋转特征的创建。

（3）在绘图区单击按钮，退出编辑零部件环境，如图 4.4.4 所示。

Step5. 保存封套零部件。

（1）在设计树中右击 (固定) [零件1^asm_clutch_01]<1>，在弹出的快捷菜单中单击按钮，进入建模环境。

（2）选择下拉菜单 文件(F) → 另存为(A)... 命令，在“另存为”对话框中输入文

件名为 envelopes_01，单击保存(S)按钮，然后关闭此窗口。

Step6. 保存装配体文件。

图 4.4.3 旋转特征

图 4.4.4 装配体封套

2. 从文件中引入装配体封套

Step1. 打开图 4.4.5 所示的装配体文件 D:\sw14.2\work\ch04.04.01\asm_clutch_02.SLDASM。

Step2. 引入封套零部件。

（1）选择命令。选择下拉菜单 插入(I) → 零部件(O) → 现有零件/装配体(E)... 命令，系统弹出“插入零部件”对话框。

（2）选择零件。在弹出的“插入零部件”对话框中 选项(O) 区域中选中 ☑ 封套(E) 复选框，然后单击 浏览(B)... 按钮，在“打开”对话框中打开零件文件 D:\sw14.2\work\ch04.04.01\envelopes.SLDPRT，将引入的封套零部件放置在图 4.4.6 所示的位置。

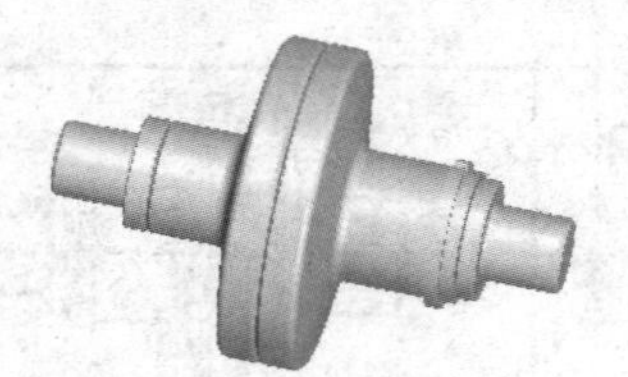

图 4.4.5 打开装配体文件

图 4.4.6 放置封套零部件

Step3. 添加配合。

（1）选择命令。选择下拉菜单 插入(I) → 配合(M)... 命令，系统弹出“配合”对话框。

（2）添加同轴心配合。选取图 4.4.7 所示的两个模型表面为同轴心面，系统默认的配合类型为同轴心配合，在弹出的快捷工具条中单击✔按钮。

（3）添加距离配合。选取图 4.4.8 所示的两个模型表面为距离面，在弹出的快捷工具条中先单击⟷按钮，选中 □ 反转尺寸(F) 复选框，在后的文本框中输入距离值 5.0，最后单击✔按钮。

Step4. 装配体封套引入完成，如图 4.4.9 所示。单击✔按钮，关闭“配合”对话框，

保存装配体文件。

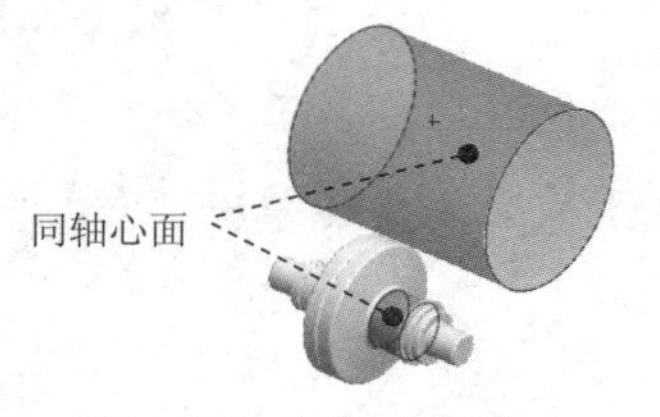

图 4.4.7　同轴心配合

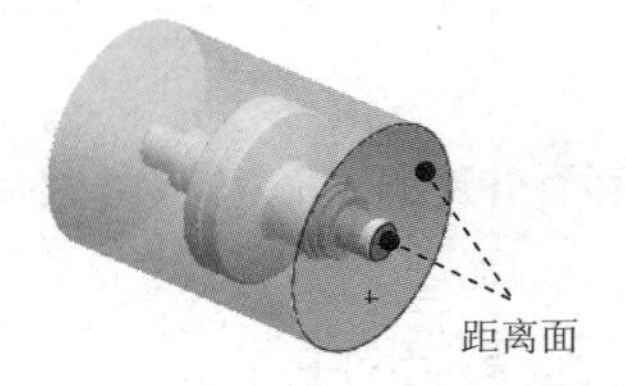

图 4.4.8　距离配合

图 4.4.9　装配体封套

4.4.2　使用封套选择零部件

Step1.打开图4.4.10所示的装配体文件D:\sw14.2\work\ch04.04.02\ asm_clutch.SLDASM。

Step2. 使用封套进行选择。

（1）在设计树中有右击 envelopes_01<1>->，在弹出的快捷菜单中依次选择 封套 → 使用封套进行选择...(A) 命令，系统弹出图 4.4.11 所示的“应用封套”对话框。

图 4.4.10　装配体文件

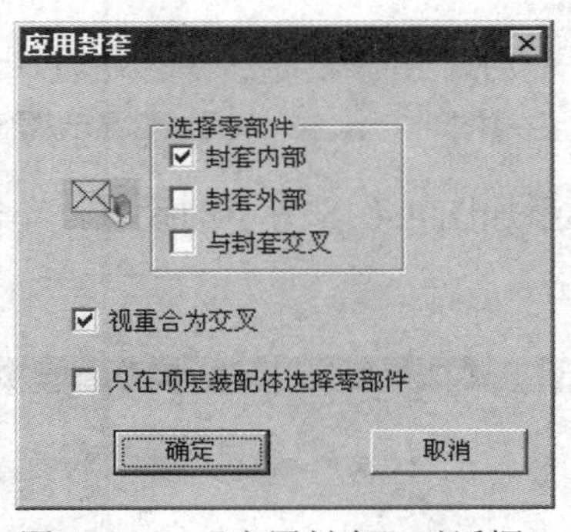

图 4.4.11　“应用封套”对话框

（2）选择零部件。在“应用封套”对话框中只选中 ☑ 与封套交叉 复选框，取消选中 □ 封套内部 复选框，单击 确定 按钮。被选中的零部件如图 4.4.12 所示。

Step3. 压缩零部件。选择下拉菜单 编辑(E) → 压缩(S) → 此配置(T) 命令，压缩选中的零部件，如图 4.4.13 所示。

图 4.4.12　选择零部件

图 4.4.13　压缩零部件

Step4. 保存并关闭装配体文件。

图 4.4.11 所示各选项的功能说明如下：

- ☑ 封套内部：选取整体位于封套内部的零部件。
- ☑ 封套外部：选取整体位于封套外部的零部件，包括只有一个面与封套边界相连的零部件。

- ☑ 与封套交叉：选取部分位于封套内部的零部件，包括一个面与封套边界相连且位于封套内部的零部件。
- ☑ 只在顶层装配体选择零部件：用封套选取零部件时，将子装配体视为单一实体。

4.4.3 使用封套显示/隐藏零部件

Step1.打开图4.4.14所示的装配体文件D:\sw14.2\work\ch04.04.03\ asm_clutch.SLDASM。

图 4.4.14 打开装配体文件

Step2. 使用封套隐藏零部件。在设计树中右击 envelopes_01<1>->，在弹出的快捷菜单中依次选择 封套 → 使用封套显示/隐藏... (B) 命令，系统弹出“应用封套”对话框（一），在对话框中添加图 4.4.15 所示的设置，单击 确定 按钮，隐藏封套内部的零部件，如图 4.4.16 所示。

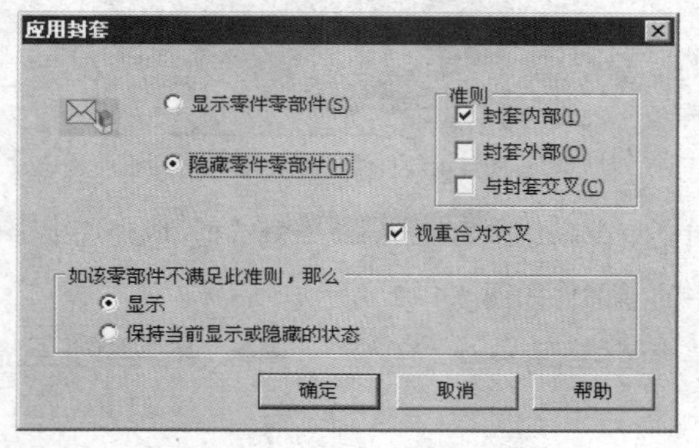

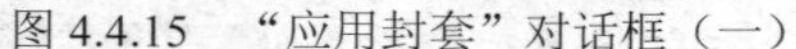

图 4.4.15 “应用封套”对话框（一）　　图 4.4.16 隐藏零部件

Step3. 使用封套显示零部件。在设计树中右击 envelopes_01<1>->，在弹出的快捷菜单中依次选择 封套 → 使用封套显示/隐藏... (B) 命令，系统弹出“应用封套”对话框（二），在对话框中添加图 4.4.17 所示的设置，单击 确定 按钮，在显示封套内部零部件的同时，将与封套交叉的零部件隐藏，如图 4.4.18 所示。

Step4. 保存并关闭装配体文件。

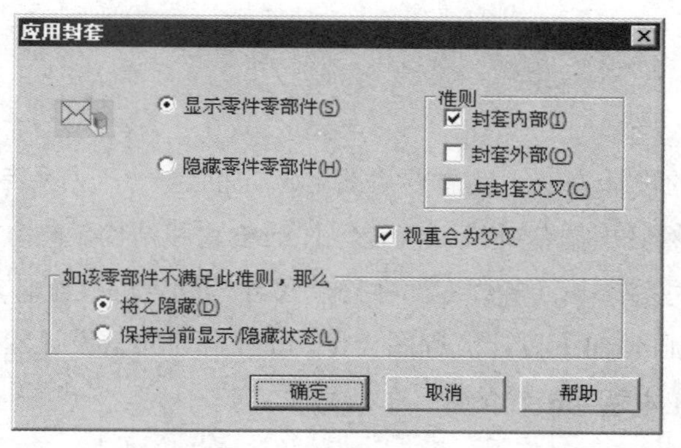

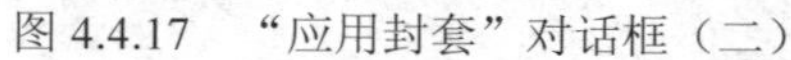

图 4.4.17 “应用封套”对话框（二）

图 4.4.18 显示零部件

4.5 装配体设计方法

装配体设计分为自下向顶设计(Down-Top Design)和自顶向下设计(Top-Down Design)两种方法，后者更加体现了装配设计中参数及部件间的关联性，本节主要介绍装配设计中自顶向下的设计方法。

4.5.1 自下向顶设计

自下向顶设计是一种从局部到整体的设计方法。其主要思路是：先制作零部件，然后将零部件插入到装配体文件中进行组装，从而得到整个装配体。这种方法在零件之间不存在任何参数关联，仅仅存在简单的配合关系。图 4.5.1 所示为手机外壳自下向顶设计的示意图。

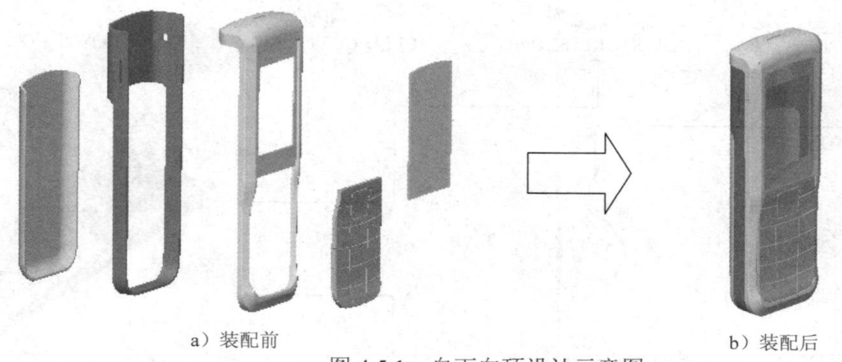

a）装配前　　b）装配后

图 4.5.1 自下向顶设计示意图

在自下向顶设计方法中，由于零部件的设计是独立的，可以让设计人员更专注于单个零件的设计，所以当装配体含有较多重复出现的零部件，或装配体零部件之间的配合关系较为简单时，自下向顶设计是优先考虑的方法。

4.5.2　自顶向下设计

自顶向下设计是由整体到局部的设计方法，其主要思路是：先创建一个反映装配体整体构架的基础模型（即一级控件），然后根据基础模型确定零件的位置和结构。此方法适用于相互配合复杂、相互影响的配合关系较多、多数零部件外形尺寸未确定的装配体。

下面以图 4.5.2 所示手机外壳的自顶向下设计流程图为例，讲解自顶向下设计的整体思路（该手机外壳的完整设计过程将在本章 4.6 节介绍）。

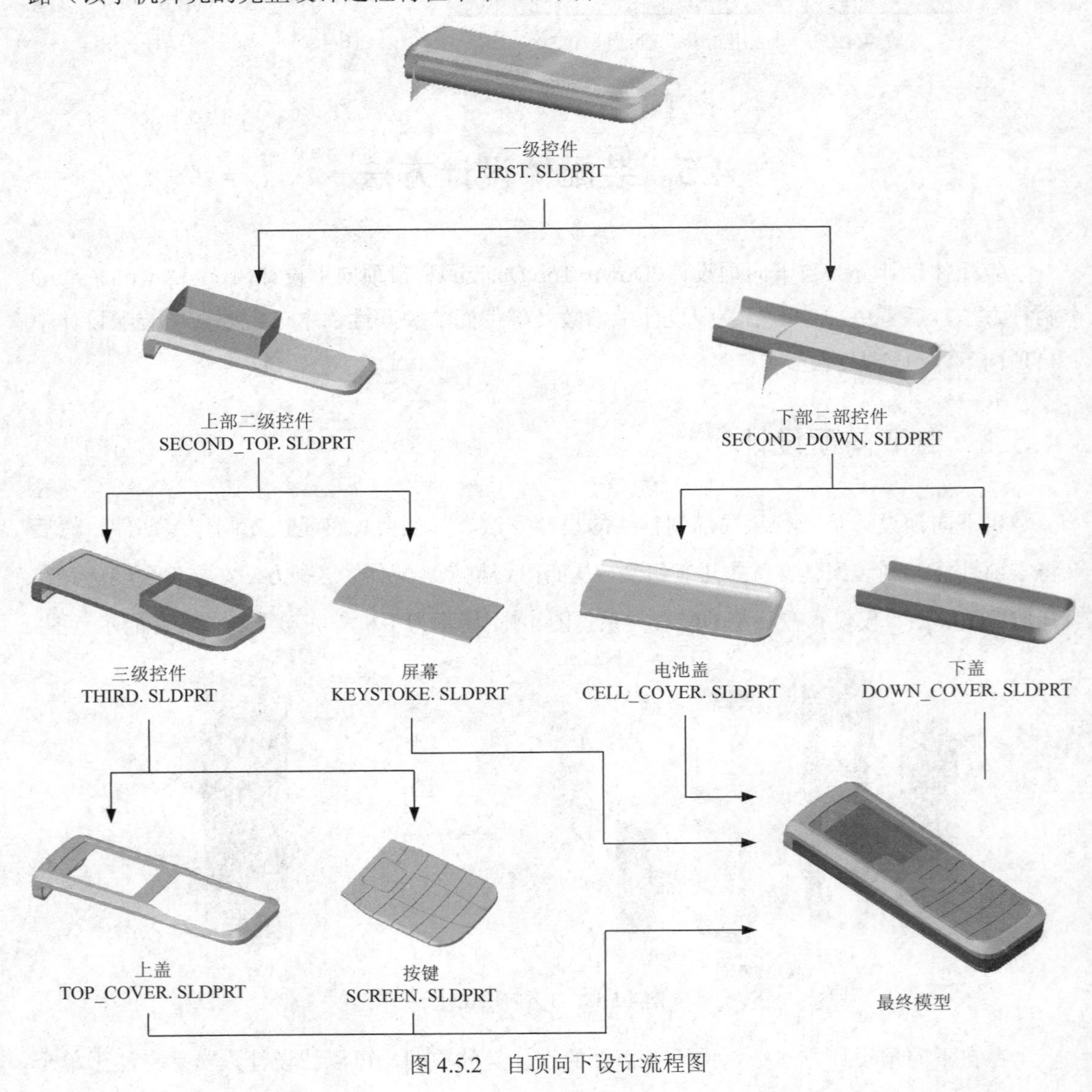

图 4.5.2　自顶向下设计流程图

（1）创建一级控件。在零件环境中，按照手机外壳的整体外形创建图 4.5.2 所示的一级

控件，保存并关闭零件模型。

（2）创建二级控件。在装配体文件中插入一个空白零件文件，在空白零件文件中插入一级控件，以一级控件为基础创建图 4.5.2 所示的上部二级控件，保存并关闭零件模型；参照上面的步骤，在装配环境中插入第二个空白零件文件，创建下部二级控件。

（3）创建三级控件。在装配体文件中插入第三个空白零件文件，以上部二级控件为基础创建图 4.5.2 所示的三级控件。

（4）创建装配体零件。在装配体文件中继续插入空白零件文件，以上部二级控件为基础创建图 4.5.2 所示的手机屏幕，保存并关闭零件模型；同理，参照下部二级控件创建手机下盖和电池盖，参照三级控件创建手机上盖和按键。

（5）在装配体文件中，分别将一级控件、二级控件、三级控件隐藏，图形区中即显示图 4.5.2 所示的手机上盖最终模型。

当一个零件的外形或位置尺寸需要参照另一个零件时，用户可以使用布局草图，先定义零部件的位置或基准面等，然后以这些已知条件作参考来设计零部件。下面以带轮装配体为例，介绍布局草图在自顶向下设计中的应用。

Step1. 新建一个装配体文件，单击“开始装配体”对话框中的 ✖ 按钮，不插入零件。

Step2. 创建布局草图。

（1）选择命令。选择下拉菜单 插入(I) → 布局 命令（或者直接单击“开始装配体”对话框中的 生成布局(L) 按钮），系统进入布局环境。

（2）绘制草图。绘制图 4.5.3 所示的带轮和皮带的草图并添加尺寸约束（图中的圆表示带轮，圆之间的切线表示皮带）。

（3）单击图形区右上角的按钮，退出布局草图环境。

Step3. 插入新零件 1。选择下拉菜单 插入(I) → 零部件(O) → 新零件(N)... 命令，在图形区任意位置单击来放置新零件。

Step4. 编辑图 4.5.4 所示的新零件 1。

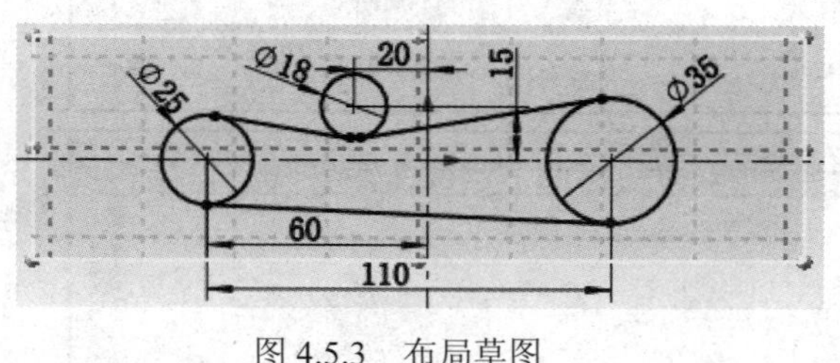

图 4.5.3　布局草图

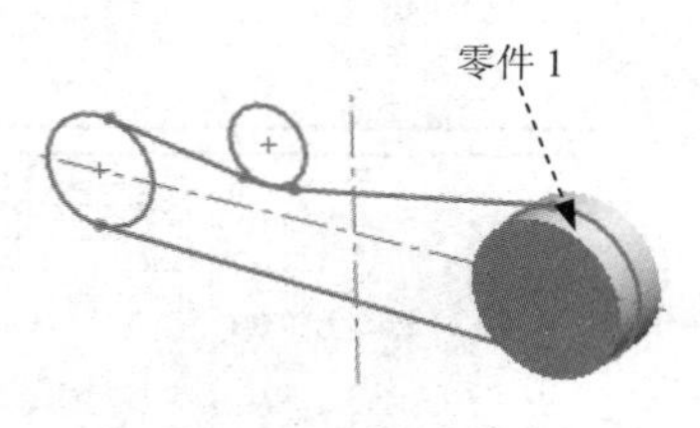

图 4.5.4　新零件 1

（1）在设计树中右击 (固定)[零件1^装配体1]<1>，在弹出的快捷菜单中单击按钮，进入编辑零部件环境。

（2）选择下拉菜单 插入(I) → 凸台/基体(B) → 拉伸(E)... 命令，选取前视基

准面为草图平面，引用直径值为 35 的圆来绘制横断面草图，在“凸台-拉伸”对话框 方向 1 区域的下拉列表中选择 两侧对称 选项，输入拉伸深度值为 15.0，单击 ✔ 按钮，关闭“凸台-拉伸”对话框，在绘图区单击 按钮，完成新零件 1 的编辑。

Step5. 参照 Step3 和 Step4，分别创建图 4.5.5 所示的新零件 2、图 4.5.6 所示的新零件 3 和图 4.5.7 所示的新零件 4（皮带）；其中，创建新零件 3 中拉伸特征的横断面草图时，先选取直径值为 18 的圆，然后向内等距 0.3；零件 4 为拉伸-薄壁特征，厚度值为 0.3，采用系统默认的厚度方向。

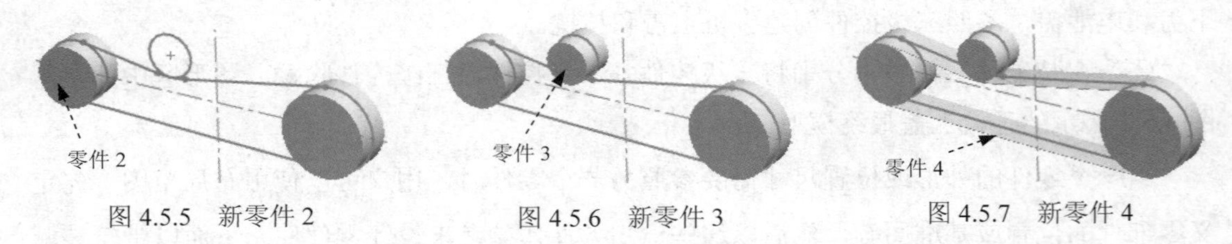

图 4.5.5 新零件 2　　图 4.5.6 新零件 3　　图 4.5.7 新零件 4

Step6. 至此，装配体创建完毕。选择下拉菜单 文件(F) → 保存(S) 命令，系统弹出“保存修改的文档”对话框，单击 保存所有(S) 按钮，在系统弹出的图 4.5.8 所示的“另存为”对话框（一）中，指定保存路径，输入文件名称 sheave，单击 保存(S) 按钮，在系统弹出的 SolidWorks 对话框单击 确定 按钮，在系统弹出的图 4.5.9 所示的“另存为”对话框（二）中选中 ⊙ 外部保存(指定路径)(E) 单选按钮，慢击两次文件名“零件 1”，更改名称为“sheave_01”，将新零件保存在装配体所在文件夹；依次更改文件名“零件 2”为“sheave_02”、“零件 3”为“sheave_03”、“零件 4”为“sheave_04”，并单击 与装配体相同(S) 按钮，最后单击 确定(K) 按钮，完成新零件的保存。

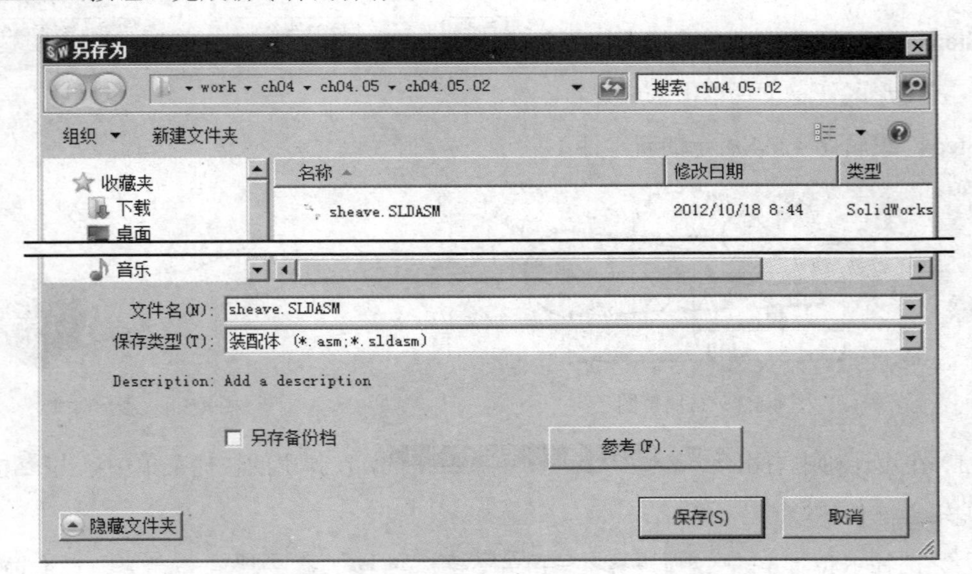

图 4.5.8 “另存为”对话框（一）

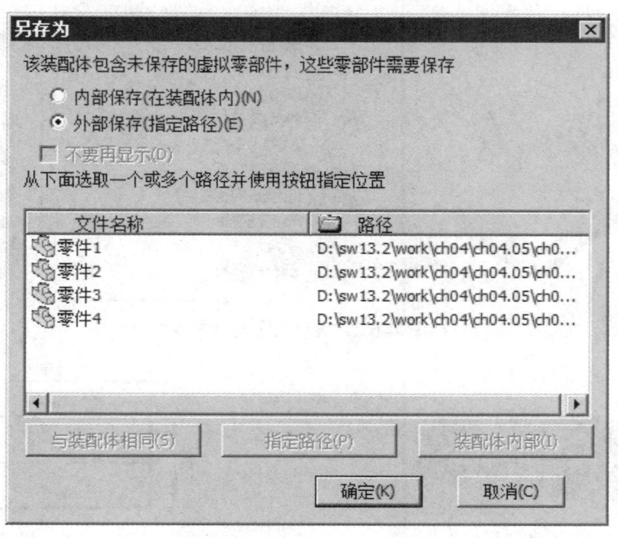

图 4.5.9　“另存为”对话框（二）

说明：在图 4.5.9 所示的“另存为”对话框（二）中，如果选中 内部保存(在装配体内)(N) 单选按钮，插入的新零件将继续作为虚拟零部件保存在装配体中。

4.6　手机外壳设计范例

范例概述：

本范例详细介绍了运用自顶向下的设计方法设计手机外壳的过程，读者除了要注意自顶向下设计的一般步骤外，更要注意总结各级控件在整个设计过程中与各零部件的关系及发挥的作用。设计流程图请参照 4.5.2 节中的图 4.5.2。

4.6.1　一级控件

下面讲解一级控件的创建过程，一级控件在整个设计过程中起着十分重要的作用，它不仅为两个二级控件提供原始模型，并且确定了产品的整体外观形状。零件模型及设计树如图 4.6.1 所示。

Step1. 新建一个零件模型文件，进入建模环境。

Step2. 创建图 4.6.2 所示的零件基础特征——凸台-拉伸 1。选择下拉菜单 插入(I) → 凸台/基体(B) → 拉伸(E)... 命令；选取前视基准面作为草图平面，绘制图 4.6.3 所示的横断面草图；在“凸台-拉伸”对话框 方向 1 区域的下拉列表中选择 两侧对称 选项，输入深度值 16.0；单击 ✔ 按钮，完成凸台-拉伸 1 的创建。

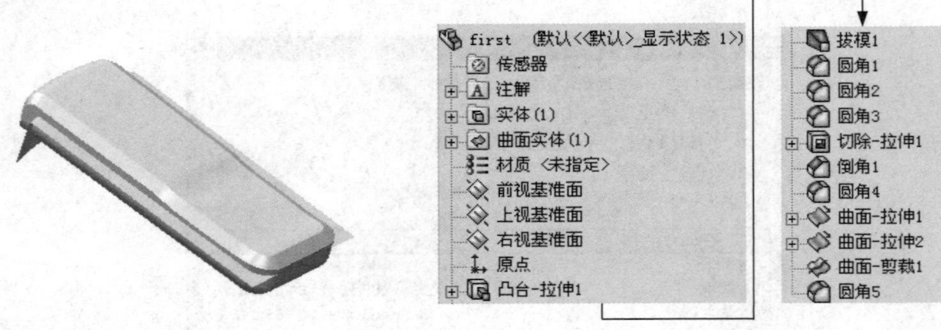

图 4.6.1 模型及设计树

图 4.6.2 凸台-拉伸 1

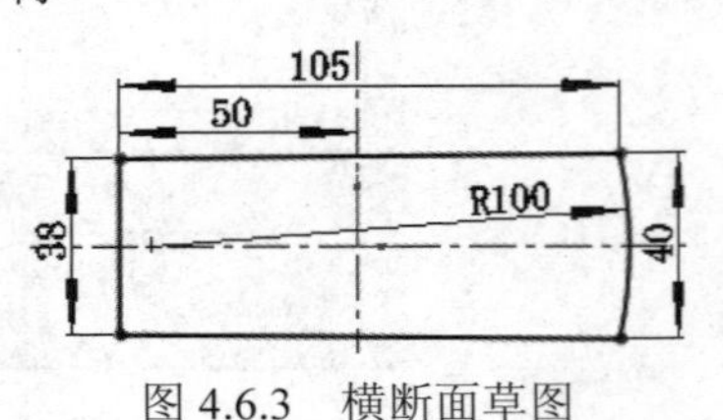

图 4.6.3 横断面草图

Step3. 创建图 4.6.4b 所示的零件特征——拔模 1。选择下拉菜单 插入(I) → 特征(F) → 拔模(D)... 命令；在“拔模”对话框的 拔模角度(G) 区域中输入拔模角度值 5.0，单击以激活 中性面(N) 区域中的文本框，选取图 4.6.4a 所示的面 1 为中性面，并单击按钮，选取图 4.6.4a 所示的面 2 和面 3 为拔模面，其他参数采用系统默认值；单击按钮，完成拔模 1 的创建。

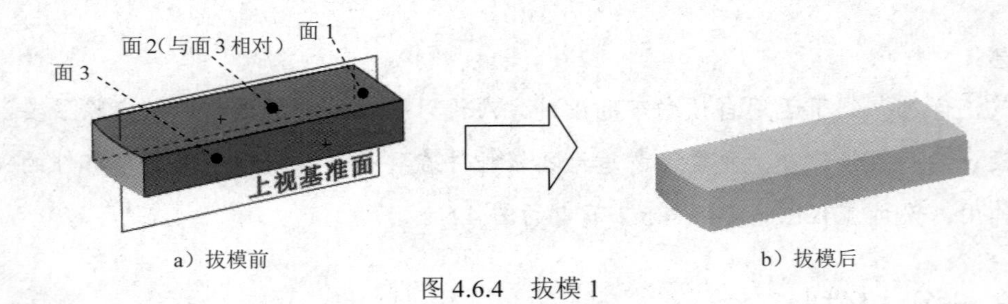

a）拔模前　　b）拔模后

图 4.6.4 拔模 1

Step4. 创建圆角 1。选取图 4.6.5 所示的两条边线作为要圆角的边线，圆角半径值为 8.0。

Step5. 创建圆角 2。选取图 4.6.6 所示的模型边线作为要圆角的边线，圆角半径值为 6.0。

Step6. 创建圆角 3。选取图 4.6.7 所示的模型边线作为要圆角的边线，圆角半径值为 6.0。

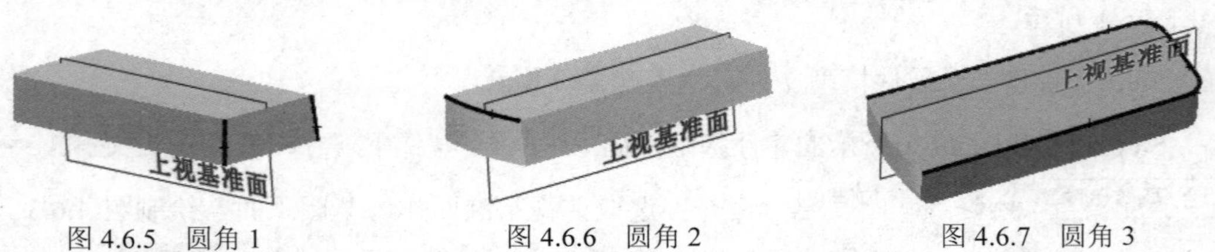

图 4.6.5 圆角 1　　图 4.6.6 圆角 2　　图 4.6.7 圆角 3

Step7. 创建图 4.6.8 所示的零件特征——切除-拉伸 1。选择下拉菜单 插入(I) →

切除(C) → 拉伸(E)... 命令；选取上视基准面作为草图平面，绘制图 4.6.9 所示的横断面草图；采用系统默认的深度方向，在“切除-拉伸”对话框方向 1区域的下拉列表中选择完全贯穿选项，在方向 2区域的下拉列表中选择完全贯穿选项；单击✔按钮，完成切除-拉伸 1 的创建。

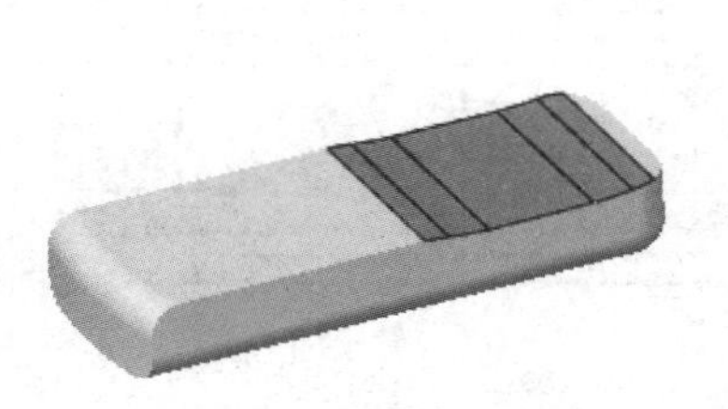

图 4.6.8　切除-拉伸 1

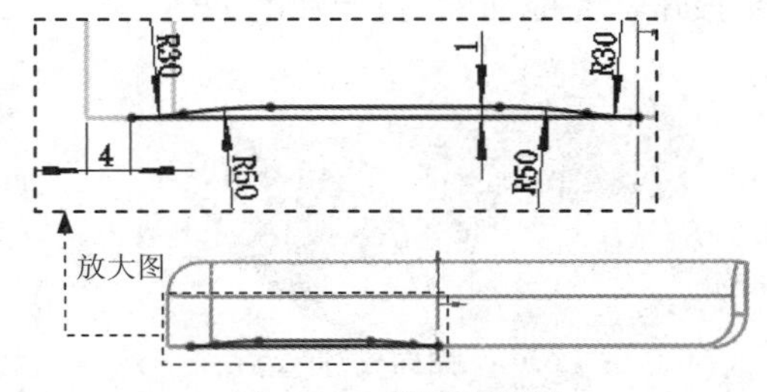

图 4.6.9　横断面草图

Step8. 创建图 4.6.10b 所示的倒角 1。选取图 4.6.10a 所示的模型边线作为要倒角的边线，倒角距离值为 4.0，倒角角度值为 30.0，选中☑ 反转方向(F)复选框。

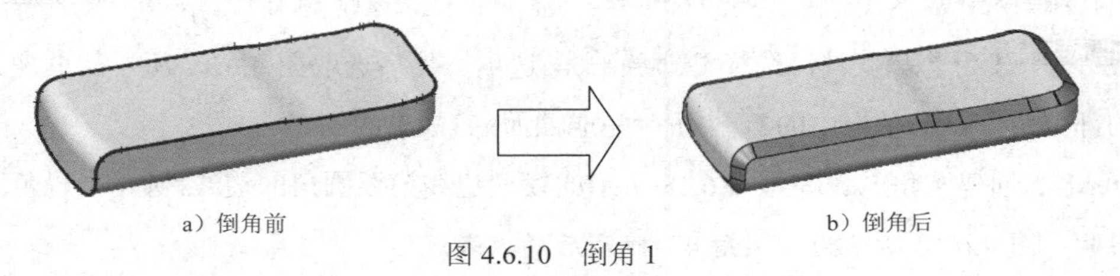

a）倒角前　　b）倒角后

图 4.6.10　倒角 1

Step9. 创建图 4.6.11b 所示的圆角 4。选取图 4.6.11a 所示的模型边线作为要圆角的边线，圆角半径值为 1.0。

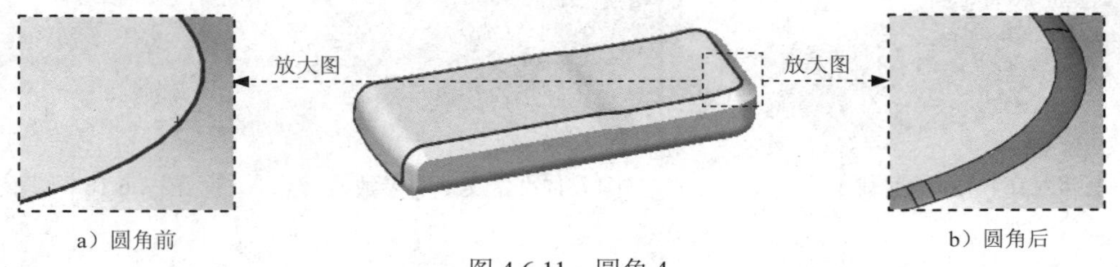

a）圆角前　　b）圆角后

图 4.6.11　圆角 4

Step10. 创建图 4.6.12 所示的曲面-拉伸 1。选择下拉菜单 插入(I) → 曲面(S) → 拉伸曲面(E)... 命令；选取上视基准面作为草图平面，绘制图 4.6.13 所示的横断面草图；在“曲面-拉伸”对话框中方向 1区域的下拉列表中选择两侧对称选项，输入深度值 50.0；单击✔按钮，完成曲面-拉伸 1 的创建。

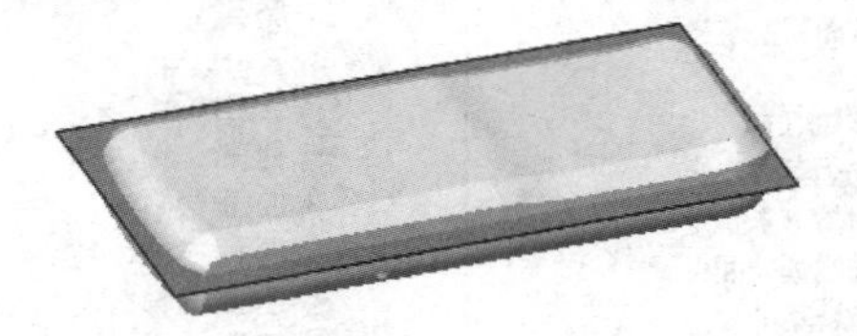

图 4.6.12　曲面-拉伸 1

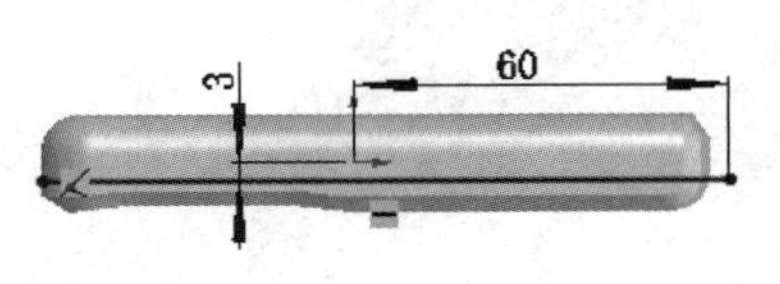

图 4.6.13　横断面草图

Step11. 创建图 4.6.14 所示的曲面-拉伸 2。选择下拉菜单 插入(I) ➡ 曲面(S) ➡ 拉伸曲面(E)... 命令；选取前视基准面作为草图平面，绘制图 4.6.15 所示的横断面草图；在“曲面-拉伸”对话框中 方向 1 区域的下拉列表中选择 两侧对称 选项，输入深度值 30.0；单击 ✔ 按钮，完成曲面-拉伸 2 的创建。

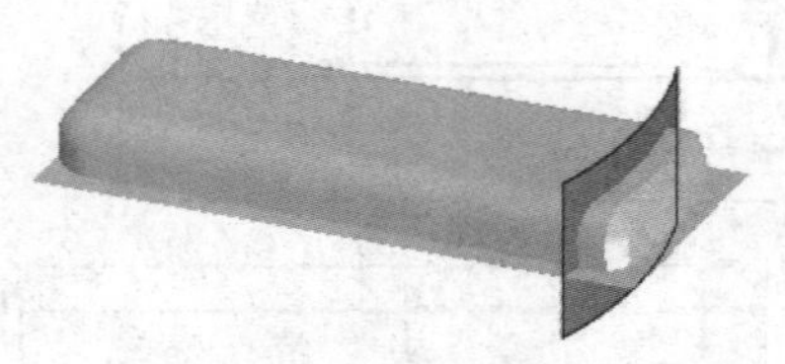

图 4.6.14　曲面-拉伸 2

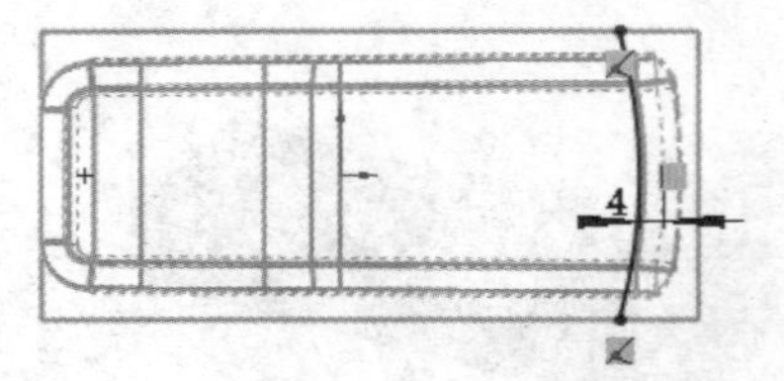

图 4.6.15　横断面草图

Step12. 创建图 4.6.16 所示的曲面-剪裁 1。选择下拉菜单 插入(I) ➡ 曲面(S) ➡ 剪裁曲面(T)... 命令，系统弹出“剪裁曲面”对话框；在对话框的 剪裁类型(T) 区域中选择 ⊙ 相互(M) 选项；在设计树中选取 曲面-拉伸1、曲面-拉伸2 为剪裁工具，选择 ⊙ 保留选择(K) 选项，然后选取图 4.6.17 所示的曲面为需要保留的部分；单击对话框中的 ✔ 按钮，完成曲面-剪裁 1 的创建。

Step13. 创建圆角 5。选取图 4.6.18 所示的模型边线为要圆角的边线，圆角半径值为 1.0。

说明：图 4.6.18 所示为“圆角 4”隐藏后的效果。

Step14. 保存并关闭零件模型，将零件模型命名为 first。

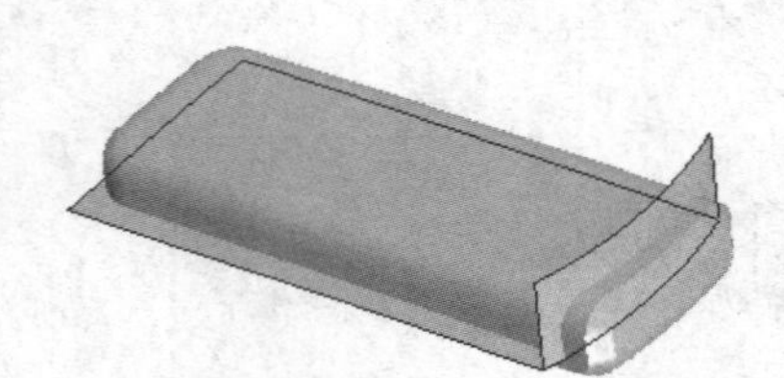

图 4.6.16　曲面-剪裁 1

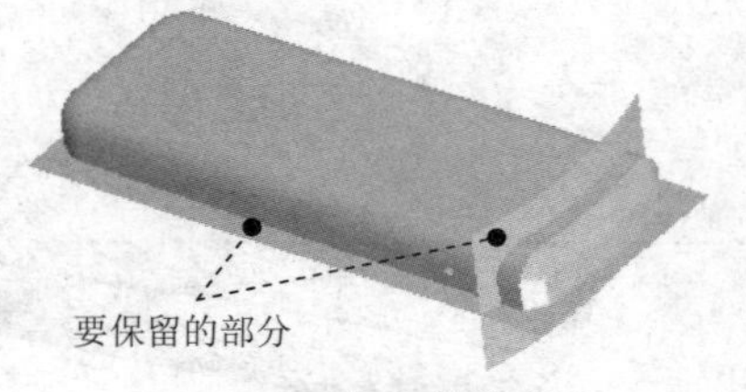

图 4.6.17　定义裁剪参数

图 4.6.18　圆角 5

4.6.2　上部二级控件

上部二级控件被用作三级控件和屏幕的原始模型，下面讲解上部二级控件的创建过程。零件模型及设计树如图 4.6.19 所示。

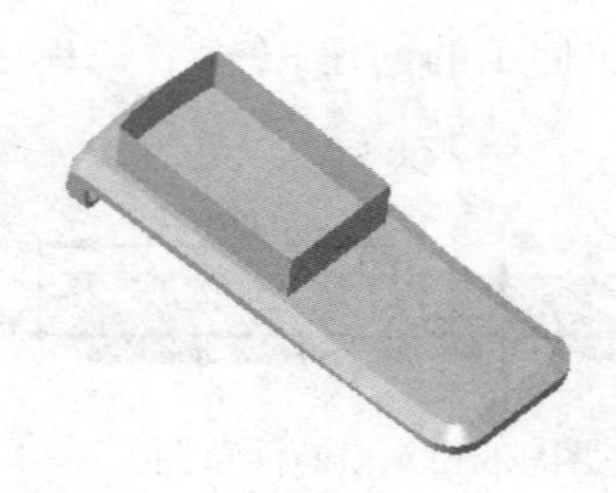

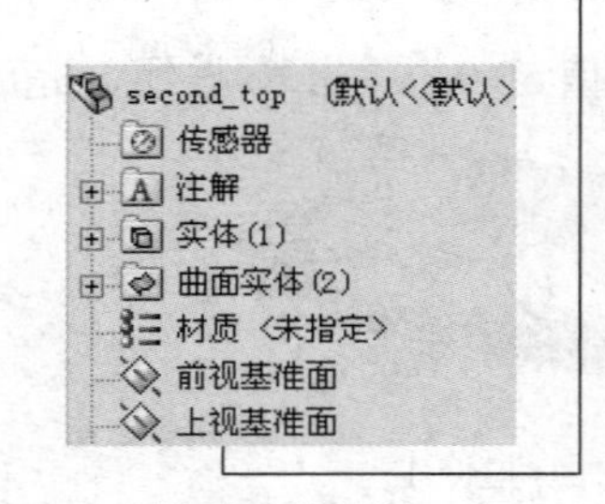

图 4.6.19　模型及设计树

Step1. 新建一个装配文件。

Step2. 引入一级控件模型。进入装配环境后，单击“开始装配体”对话框中的 浏览(B)... 按钮，在弹出的“打开”对话框中选择在 4.6.1 节中保存的零件模型“first”文件，单击 打开(O) 按钮；单击对话框中的 ✓ 按钮，将零件固定在原点位置。

Step3. 隐藏一级控件零件模型。在设计树中单击 (固定) first<1>，在弹出的快捷菜单中单击 按钮。

Step4. 插入新零件。选择下拉菜单 插入(I) → 零部件(O) → 新零件(N)... 命令。在 请选择放置新零件的面或基准面。 的提示下，在图形区任意位置单击，完成新零件的放置。

Step5. 打开新零件。在设计树中右击 (固定)[零件1^装配体1]<1>，在弹出的快捷菜单中单击 按钮，进入建模环境。

Step6. 插入零件。

（1）选择命令。选择下拉菜单 插入(I) → 零件(A)... 命令，系统弹出“打开”对话框。

（2）选择模型文件。选择在 4.6.1 节中保存的零件模型“first”文件，单击 打开(O) 按钮，系统弹出“插入零件”对话框。

（3）定义零件属性。在“插入零件”对话框 转移(T) 区域选中 ☑ 实体(D)、☑ 曲面实体(S)、☑ 基准轴(A)、☑ 基准面(P)、☑ 装饰螺蚊线(C)、☑ 吸收的草图(B)、☑ 解除吸收的草图(U) 复选框，取消选中 ☐ 自定义属性(O)、☐ 坐标系 和 ☐ 模型尺寸(I) 复选框，在 找出零件(L) 区域中取消选中 ☑ 以移动/复制特征找处零件(M) 复选框。

（4）单击“插入零件”对话框中的 ✓ 按钮，完成零件的插入，此时系统自动将零件放置在原点处，如图 4.6.20 所示。

Step7. 隐藏基准面。在 视图(V) 下拉菜单中，取消选择 基准面(P) 命令，完成基准面的隐藏，如图 4.6.21 所示。

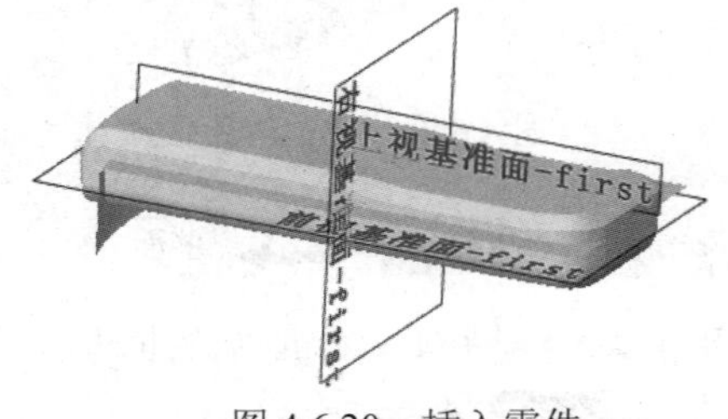

图 4.6.20 插入零件

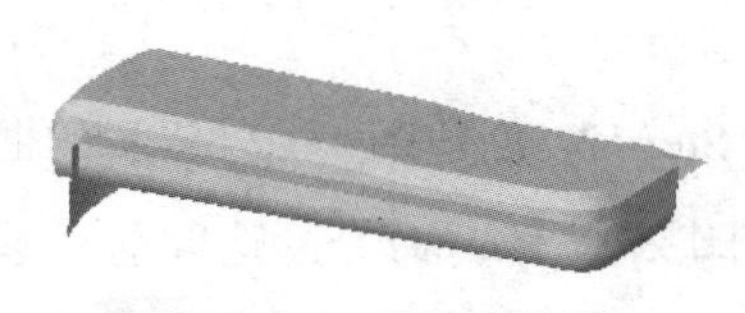

图 4.6.21 隐藏基准面

Step8. 创建图 4.6.22 所示的特征——使用曲面切除 1。选择下拉菜单 插入(I) → 切除(C) → 使用曲面(W)... 命令，系统弹出“使用曲面切除”对话框；在设计树中单击 曲面实体(1) 前的节点，展开 曲面实体(1)，选取 <first>-<圆角5> 为要进行切除的

所选曲面；采用系统默认的切除方向；单击对话框中的✔按钮，完成使用曲面切除 1 的创建。

Step9. 隐藏曲面实体。在设计树中右击 曲面实体(1)，在弹出的快捷菜单中单击按钮，隐藏曲面实体，如图 4.6.23 所示。

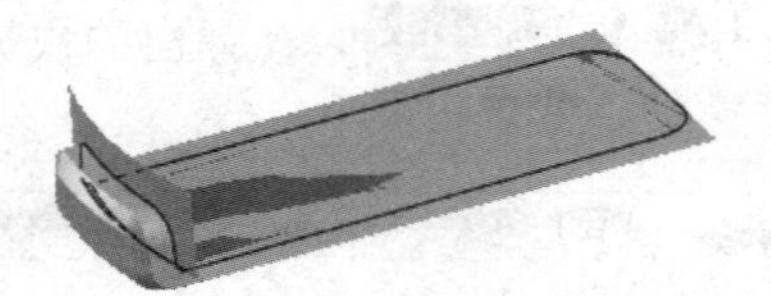

图 4.6.22　使用曲面切除 1

图 4.6.23　隐藏曲面实体

Step10. 创建图 4.6.24b 所示的零件特征——抽壳 1。选择下拉菜单 插入(I) → 特征(F) → 抽壳(S)... 命令；选取图 4.6.24a 所示的模型表面为要移除的面；在“抽壳 1”对话框的 参数(P) 区域输入壁厚值 1.0；单击对话框中的✔按钮，完成抽壳 1 的创建。

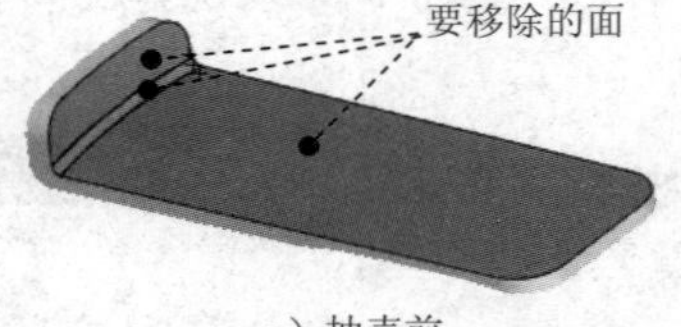

a）抽壳前

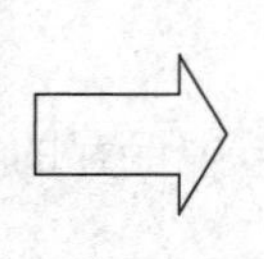

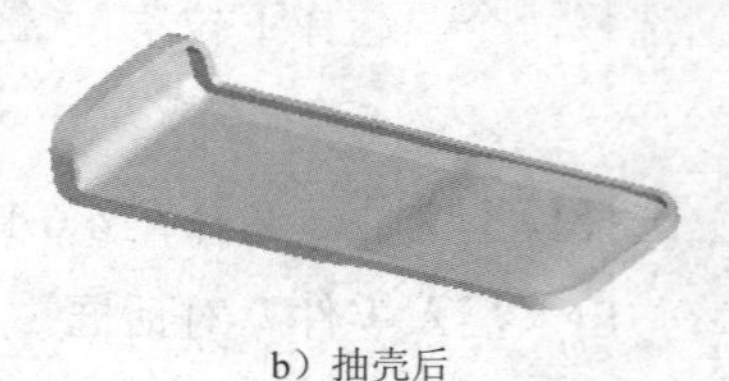

b）抽壳后

图 4.6.24　抽壳 1

Step11. 创建图 4.6.25 所示的曲面-等距 1。选择下拉菜单 插入(I) → 曲面(S) → 等距曲面(O)... 命令；选取图 4.6.26 所示的面为等距曲面。；在“曲面-等距”对话框的 等距参数(O) 区域中单击按钮，在后的文本框中输入等距距离值 0.8；单击✔按钮，完成曲面-等距 1 的创建。

图 4.6.25　曲面-等距 1

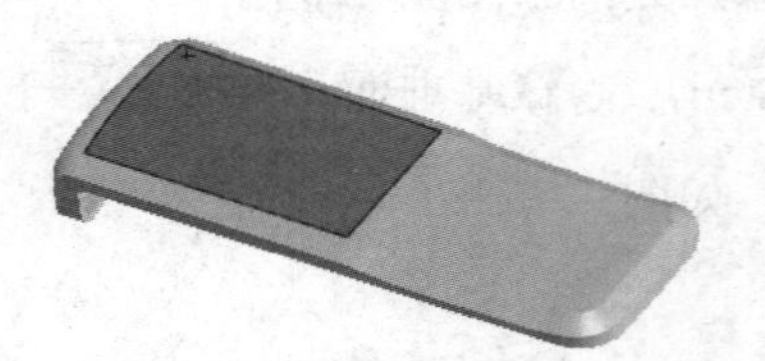

图 4.6.26　定义等距曲面

Step12. 创建图 4.6.27 所示的曲面-拉伸 1。选择下拉菜单 插入(I) → 曲面(S) → 拉伸曲面(E)... 命令；选取前视基准面作为草图平面，绘制图 4.6.28 所示的横断面草图；在“曲面-拉伸”对话框中 方向 1 区域的下拉列表中选择 给定深度 选项，输入深度值 20.0，采用系统默认的拉伸方向；单击✔按钮，完成曲面-拉伸 1 的创建。

Step13. 创建图 4.6.29 所示的曲面-剪裁 1。选择下拉菜单 插入(I) → 曲面(S) → 剪裁曲面(T)... 命令，系统弹出“剪裁曲面”对话框；在对话框的 剪裁类型(T) 区域中选择

相互(M) 选项；在设计树中选取 曲面-拉伸1 和 曲面-等距1 为剪裁工具，选择 保留选择(K) 选项，然后选取图 4.6.30 所示的曲面为需要保留的部分；单击对话框中的✓按钮，完成曲面-剪裁 1 的创建。

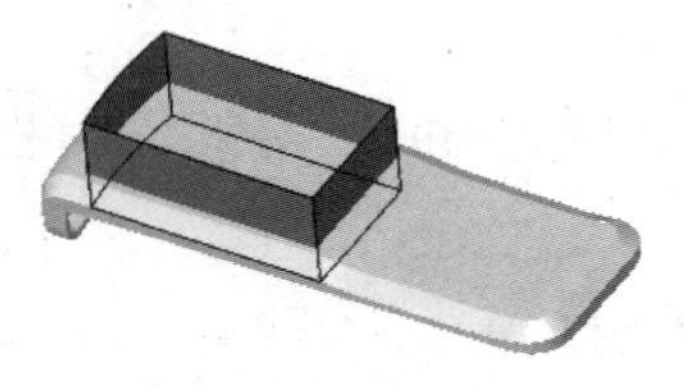

图 4.6.27　曲面-拉伸 1

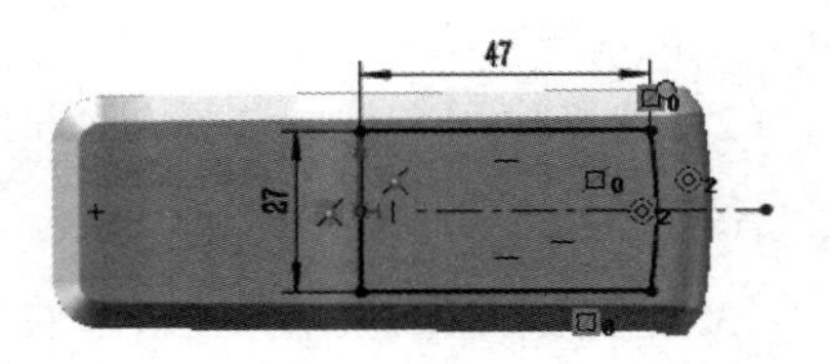

图 4.6.28　横断面草图

说明：图 4.6.29、图 4.6.30 和图 4.6.31 均为“抽壳 1”隐藏后的效果。

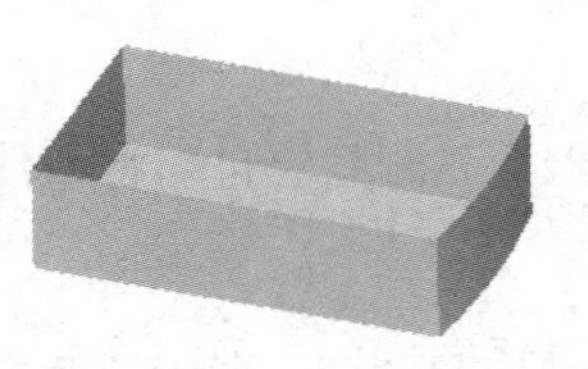

图 4.6.29　曲面-剪裁 1

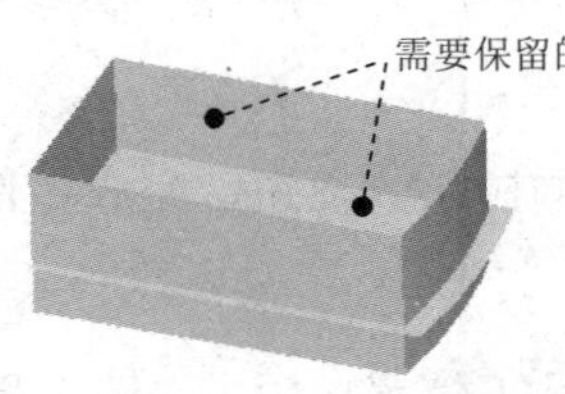

图 4.6.30　定义剪裁参数

图 4.6.31　圆角 1

Step14. 创建圆角 1。选取图 4.6.31 所示的两条边线作为要圆角的边线，圆角半径值为 1.0。

Step15. 保存零件模型。将零件模型命名为 second_top，退出建模环境。

4.6.3　下部二级控件

下部二级控件被用作后盖和电池盖的原始模型，下面讲解下部二级控件的创建过程。零件模型及设计树如图 4.6.32 所示。

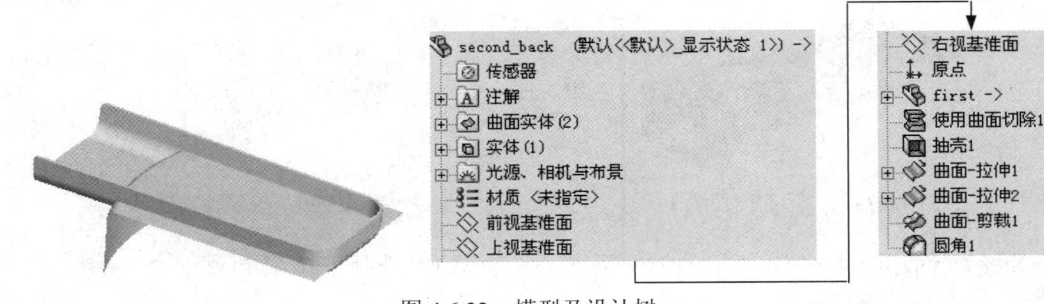

图 4.6.32　模型及设计树

Step1. 插入新零件。在 4.6.2 节的装配环境中，选择下拉菜单 插入(I) ➡ 零部件(O) ➡ 新零件(N)... 命令。在 请选择放置新零件的面或基准面。 的提示下，在图形区任意位置单击，完成新零件的放置。

Step2. 打开新零件。在设计树中右击 (固定)[零件2^装配体1]<1>，在弹出的快捷菜单

中单击按钮，进入建模环境。

Step3. 插入零件。

（1）选择命令。选择下拉菜单 插入(I) → 零件(A)... 命令，系统弹出“打开”对话框。

（2）选择模型文件。选择在 4.6.1 节中保存的零件模型“first”文件，单击 打开(O) 按钮，系统弹出“插入零件”对话框。

（3）定义零件属性。在“插入零件”对话框 转移(T) 区域选中 ☑ 实体(D)、☑ 曲面实体(S)、☑ 基准轴(A)、☑ 基准面(P)、☑ 装饰螺蚊线(C)、☑ 吸收的草图(B)、☑ 解除吸收的草图(U) 复选框，取消选中 ☐ 自定义属性(O)、☐ 坐标系 和 ☐ 模型尺寸(I) 复选框，在 找出零件(L) 区域中取消选中 ☑ 以移动/复制特征找处零件(M) 复选框。

（4）单击“插入零件”对话框中的按钮，完成零件的插入，此时系统自动将零件放置在原点处。

Step4. 隐藏基准面。在 视图(V) 下拉菜单中，取消选择 基准面(P) 命令，完成基准面的隐藏。

Step5. 创建图 4.6.33 所示的特征——使用曲面切除 1。选择下拉菜单 插入(I) → 切除(C) → 使用曲面(W)... 命令，系统弹出“使用曲面切除”对话框；在设计树中单击 曲面实体(1) 前的节点，展开 曲面实体(1)，选取 <first>-<圆角5> 为要进行切除的所选曲面；单击按钮，反转切除方向；单击对话框中的按钮，完成使用曲面切除 1 的创建。

Step6. 隐藏曲面实体。在设计树中右击 曲面实体(1)，在弹出的快捷菜单中选择命令，隐藏曲面实体，如图 4.6.34 所示。

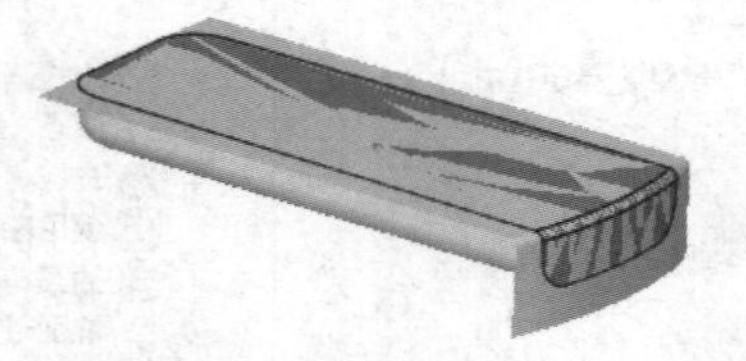

图 4.6.33　使用曲面切除 1

图 4.6.34　隐藏曲面实体

Step7. 创建图 4.6.35b 所示的零件特征——抽壳 1。选择下拉菜单 插入(I) → 特征(F) → 抽壳(S)... 命令；选取图 4.6.35a 所示的模型表面为要移除的面；在“抽壳 1”对话框的 参数(P) 区域的文本框中输入壁厚值 1.0；单击对话框中的按钮，完成抽壳 1 的创建。

Step8. 创建图 4.6.36 所示的曲面-拉伸 1。选择下拉菜单 插入(I) → 曲面(S) → 拉伸曲面(E)... 命令；选取上视基准面作为草图平面，绘制图 4.6.37 所示的横断面草图，此草图左端点与模型左侧竖直边线重合；在“曲面-拉伸”对话框中方向1区域的下拉列表中选择两侧对称选项，输入深度值 50.0；单击✔按钮，完成曲面-拉伸 1 的创建。

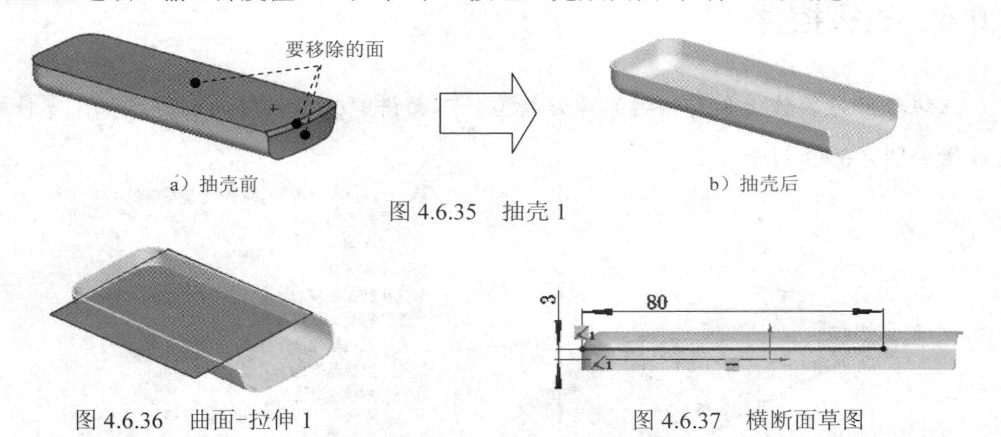

图 4.6.35 抽壳 1

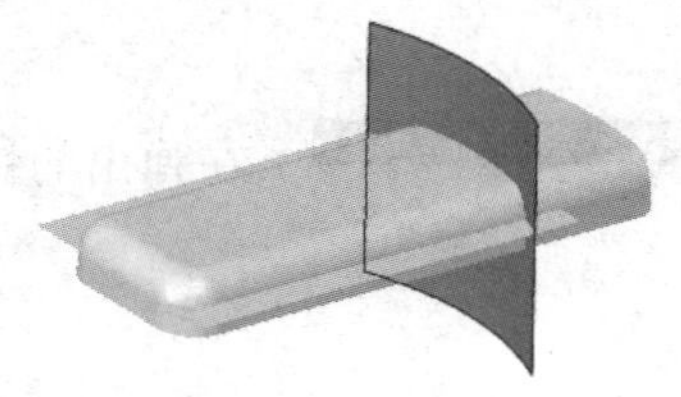

图 4.6.36 曲面-拉伸 1

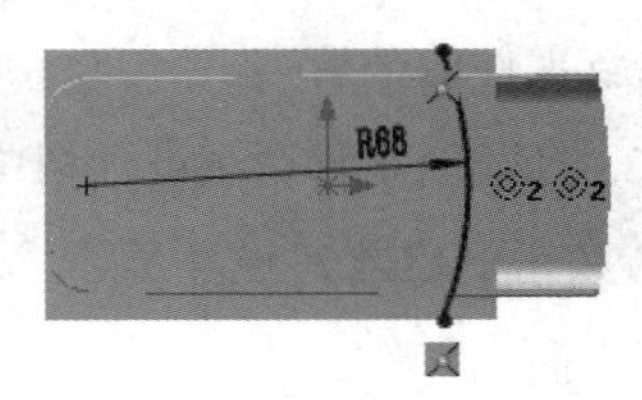

图 4.6.37 横断面草图

Step9. 创建图 4.6.38 所示的曲面-拉伸 2。选择下拉菜单 插入(I) → 曲面(S) → 拉伸曲面(E)... 命令；选取前视基准面作为草图平面，绘制图 4.6.39 所示的横断面草图；在“曲面-拉伸”对话框中方向1区域的下拉列表中选择两侧对称选项，输入深度值 50.0；单击✔按钮，完成曲面-拉伸 2 的创建。

图 4.6.38 曲面-拉伸 2

图 4.6.39 横断面草图

Step10. 创建图 4.6.40 所示的曲面-剪裁 1。选择下拉菜单 插入(I) → 曲面(S) → 剪裁曲面(T)... 命令，系统弹出“剪裁曲面”对话框；在对话框的剪裁类型(T)区域中选择 相互(M) 选项；在设计树中选取 曲面-拉伸1 和 曲面-拉伸2 为剪裁工具，选择 保留选择(K) 选项，然后选取图 4.6.41 所示的曲面为需要保留的部分；单击对话框中的✔按钮，完成曲面-剪裁 1 的创建。

Step11. 创建圆角 1。选取图 4.6.42 所示的模型边线作为要圆角的边线，圆角半径值为 2.5。

说明：图 4.6.42 为“抽壳 1”隐藏后的效果。

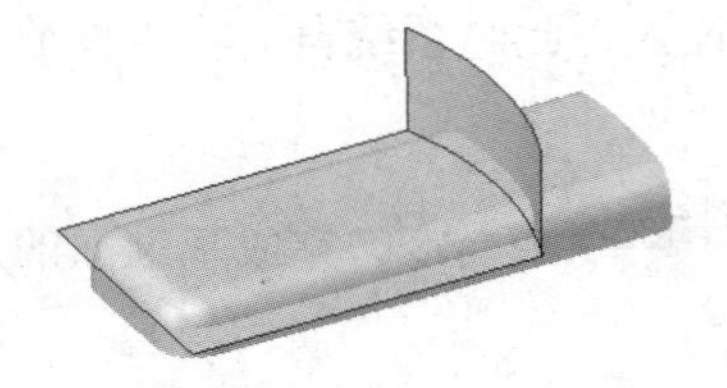

图 4.6.40 曲面-剪裁 1

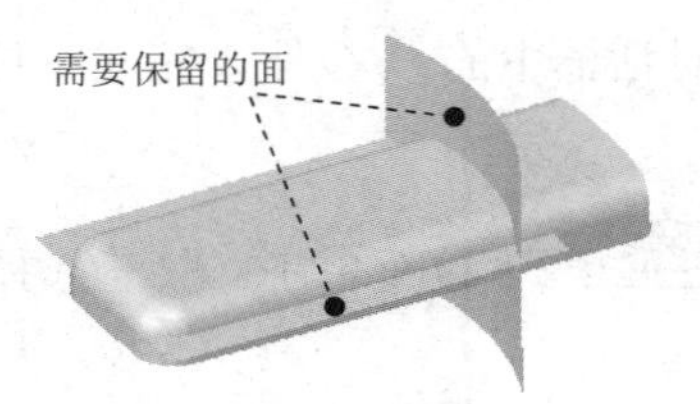

图 4.6.41 定义剪裁参数

图 4.6.42 圆角 1

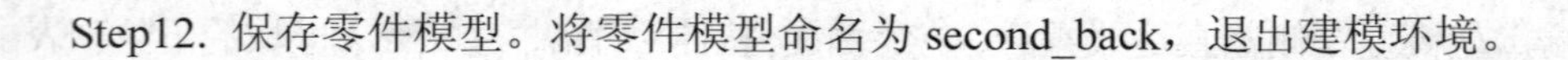

Step12. 保存零件模型。将零件模型命名为 second_back，退出建模环境。

4.6.4 三级控件

三级控件被用作上盖和按键的原始模型，下面讲解三级控件的创建过程。零件模型及设计树如图 4.6.43 所示。

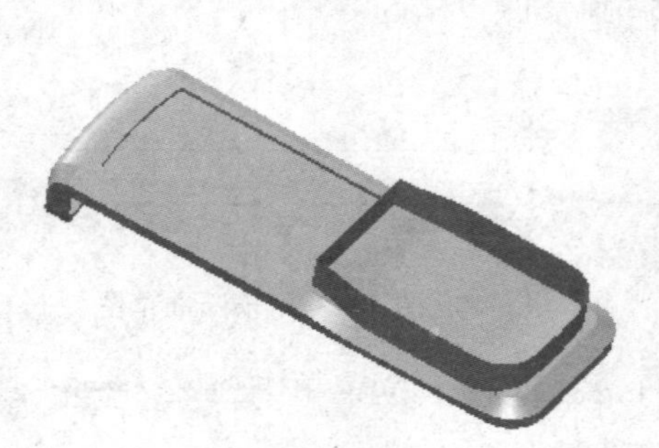
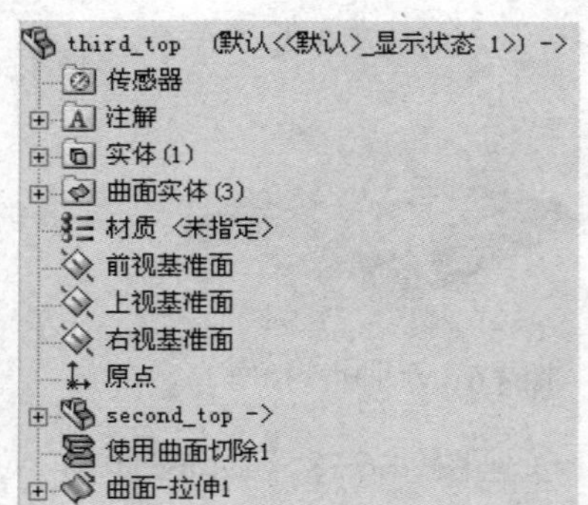

图 4.6.43 模型及设计树

Step1. 插入新零件。在 4.6.3 节的装配环境中，选择下拉菜单 插入(I) → 零部件(O) → 新零件(N)... 命令。在 请选择放置新零件的面或基准面。 的提示下，在图形区任意位置单击，完成新零件的放置。

Step2. 打开新零件。在设计树中右击 (固定)[零件3^装配体1]<1>，在弹出的快捷菜单中单击 按钮，进入建模环境。

Step3. 插入零件。

（1）选择命令。选择下拉菜单 插入(I) → 零件(A)... 命令，系统弹出“打开”对话框。

（2）选择模型文件。选择在 4.6.2 节中保存的零件模型“second_top”文件，单击 打开(O) 按钮，系统弹出“插入零件”对话框。

（3）定义零件属性。在“插入零件”对话框 转移(T) 区域选中 ☑ 实体(D)、☑ 曲面实体(S)、☑ 基准轴(A)、☑ 基准面(P)、☑ 装饰螺蚊线(C)、☑ 吸收的草图(B)、☑ 解除吸收的草图(U) 复选框，取消选中 ☐ 自定义属性(O)、☐ 坐标系 和 ☐ 模型尺寸(I) 复选框，在 找出零件(L) 区域中取消选中 ☑ 以移动/复制特征找处零件(M) 复选框。

（4）单击“插入零件”对话框中的 ✔ 按钮，完成零件的插入，此时系统自动将零件放置在原点处。

Step4. 隐藏基准面。在 视图(V) 下拉菜单中，取消选择 基准面(P) 命令，完成基准面的隐藏。

Step5. 创建图 4.6.44 所示的特征——使用曲面切除 1。选择下拉菜单 插入(I) → 切除(C) → 使用曲面(W)... 命令，系统弹出“使用曲面切除”对话框；在设计树中单击 曲面实体(2) 前的节点，展开 曲面实体(2)，选取 <second_top>-<圆角1> 为要进行切除的所选曲面；定义切除方向。采用系统默认的切除方向；单击对话框中的 ✔ 按钮，完成使用曲面切除 1 的创建。

Step6. 隐藏曲面实体。在设计树中右击 曲面实体(2)，在弹出的快捷菜单中单击 按钮，隐藏曲面实体，如图 4.6.45 所示。

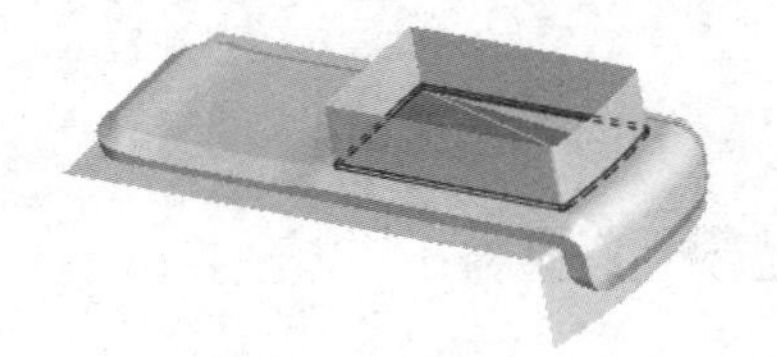

图 4.6.44 使用曲面切除 1

图 4.6.45 隐藏曲面实体

Step7. 创建图 4.6.46 所示的曲面-拉伸 1。选择下拉菜单 插入(I) → 曲面(S) → 拉伸曲面(E)... 命令；选取前视基准面作为草图平面，绘制图 4.6.47 所示的横断面草图；在“曲面-拉伸”对话框中 方向 1 区域的下拉列表中选择 给定深度 选项，采用系统默认的拉伸方向，在 后的文本框中输入深度值 15.0；单击 ✔ 按钮，完成曲面-拉伸 1 的创建。

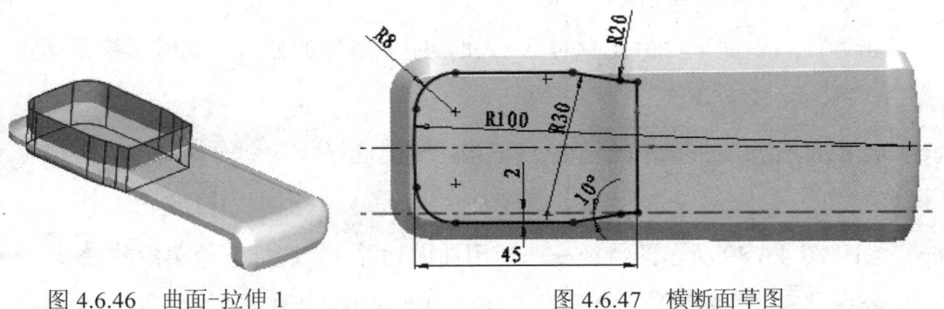

图 4.6.46 曲面-拉伸 1

图 4.6.47 横断面草图

Step8. 保存零件模型。将零件模型命名为 third_top，退出建模环境。

4.6.5 上盖

下面讲解上盖的创建过程。零件模型及设计树如图 4.6.48 所示。

Step1. 插入新零件。在 4.6.4 节的装配环境中，选择下拉菜单 插入(I) → 零部件(O) → 新零件(N)... 命令。在 请选择放置新零件的面或基准面。 的提示下，在图形区任意位置单击，完成新零件的放置。

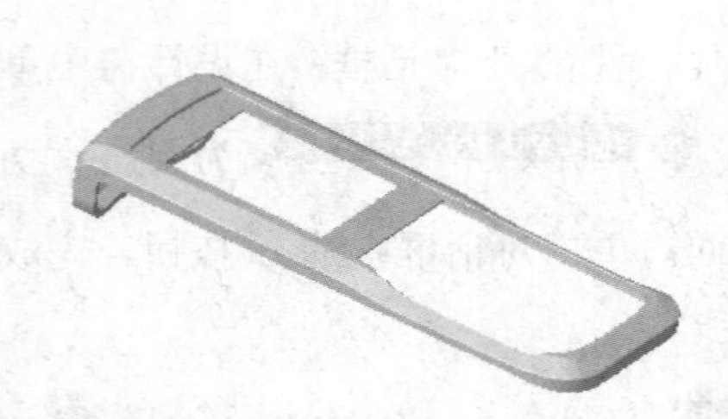
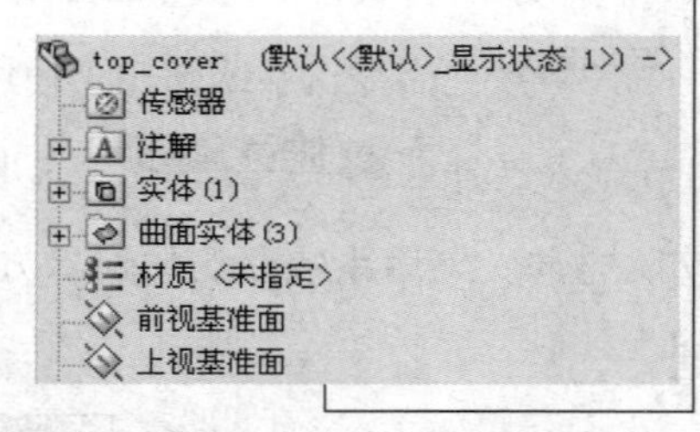

图 4.6.48　模型及设计树

Step2. 打开新零件。在设计树中右击 (固定) [零件4^装配体1]<1>，在弹出的快捷菜单中单击按钮，进入建模环境。

Step3. 插入零件。

（1）选择命令。选择下拉菜单 插入(I) ➡ 零件(A)... 命令，系统弹出“打开”对话框。

（2）选择模型文件。选择在 4.6.4 节中保存的零件模型“third_top”文件，单击 打开(O) 按钮，系统弹出“插入零件”对话框。

（3）定义零件属性。在“插入零件”对话框 转移(T) 区域选中 ☑ 实体(D)、☑ 曲面实体(S)、☑ 基准轴(A)、☑ 基准面(P)、☑ 装饰螺蚊线(C)、☑ 吸收的草图(B)、☑ 解除吸收的草图(U) 复选框，取消选中 ☐ 自定义属性(O)、☐ 坐标系 和 ☐ 模型尺寸(I) 复选框，在 找出零件(L) 区域中取消选中 ☑ 以移动/复制特征找处零件(M) 复选框。

（4）单击“插入零件”对话框中的 ✔ 按钮，完成零件的插入，此时系统自动将零件放置在原点处。

Step4. 隐藏基准面。在 视图(V) 下拉菜单中，取消选择 基准面(P) 命令，完成基准面的隐藏。

Step5. 创建图 4.6.49 所示的特征——使用曲面切除 1。选择下拉菜单 插入(I) ➡ 切除(C) ➡ 使用曲面(W)... 命令，系统弹出“使用曲面切除”对话框；在设计树中单击 曲面实体(3) 前的节点，展开 曲面实体(3)，选取 <third_top>-<曲面-拉伸1> 为要进行切除的所选曲面；定义切除方向。采用系统默认的切除方向；单击对话框中的 ✔ 按钮，完成使用曲面切除 1 的创建。

Step6. 隐藏曲面实体。在设计树中右击 曲面实体(3)，在弹出的快捷菜单中单击按钮，隐藏曲面实体，如图 4.6.50 所示。

Step7. 创建图 4.6.51 所示的零件特征——切除-拉伸 1。选择下拉菜单 插入(I) ➡ 切除(C) ➡ 拉伸(E)... 命令；选取图 4.6.52 所示的模型表面作为草图平面，绘制图 4.6.53 所示的横断面草图；采用系统默认的切除拉伸方向，在“切除-拉伸”对话框 方向 1

区域的下拉列表中选择 完全贯穿 选项；单击对话框中的 ✓ 按钮，完成切除-拉伸 1 的创建。

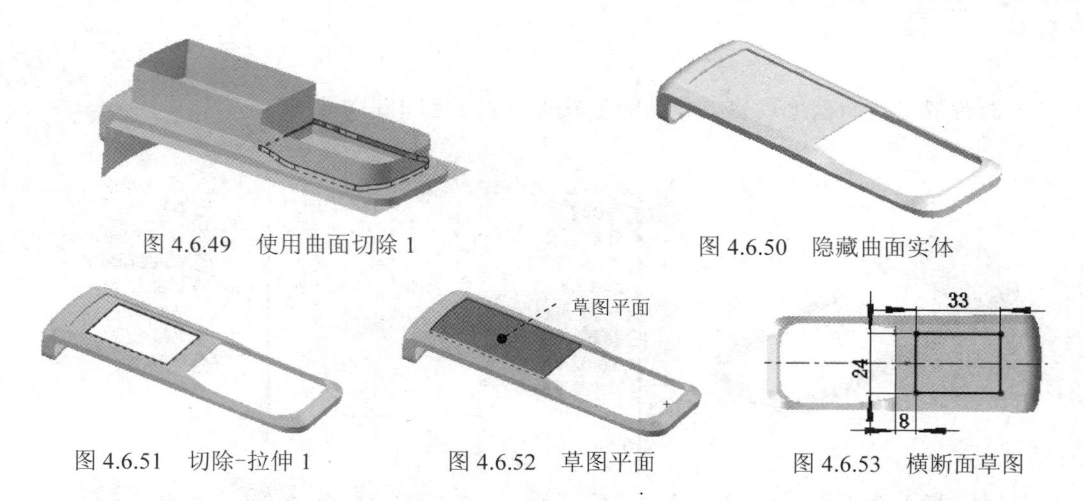

图 4.6.49 使用曲面切除 1　图 4.6.50 隐藏曲面实体

图 4.6.51 切除-拉伸 1　图 4.6.52 草图平面　图 4.6.53 横断面草图

Step8. 创建图 4.6.54 所示的零件特征——切除-拉伸 2。选择下拉菜单 插入(I) → 切除(C) → 拉伸(E)... 命令；选取右视基准面作为草图平面，绘制图 4.6.55 所示的横断面草图；单击对话框中的 按钮，在“切除-拉伸”对话框 方向 1 区域的下拉列表中选择 完全贯穿 选项；单击对话框中的 ✓ 按钮，完成切除-拉伸 2 的创建。

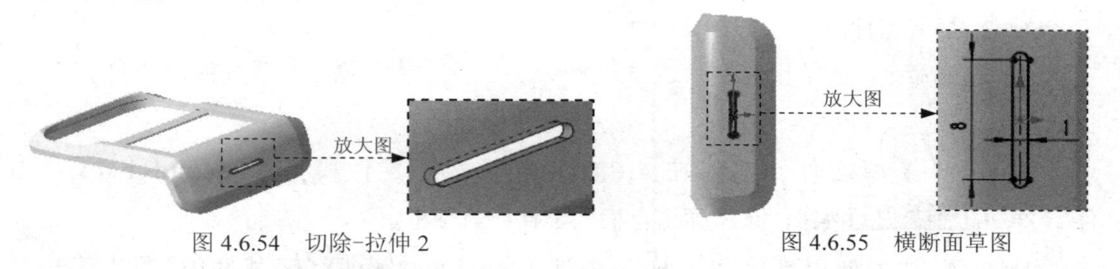

图 4.6.54 切除-拉伸 2　图 4.6.55 横断面草图

Step9. 创建圆角 1。选取图 4.6.56 所示的模型边线作为要圆角的边线，圆角半径值为 0.2。

Step10. 创建圆角 2。选取图 4.6.57 所示的模型边线作为要圆角的边线，圆角半径值为 0.5。

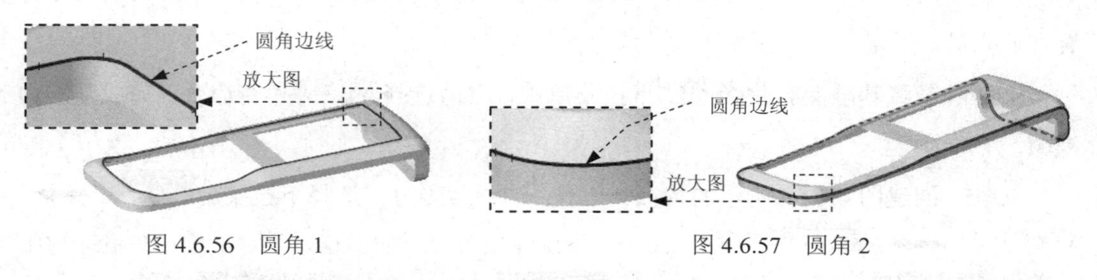

图 4.6.56 圆角 1　图 4.6.57 圆角 2

Step11. 保存零件模型。将零件模型命名为 top_cover，退出建模环境。

4.6.6 下盖

下面讲解下盖的创建过程。零件模型及设计树如图 4.6.58 所示。

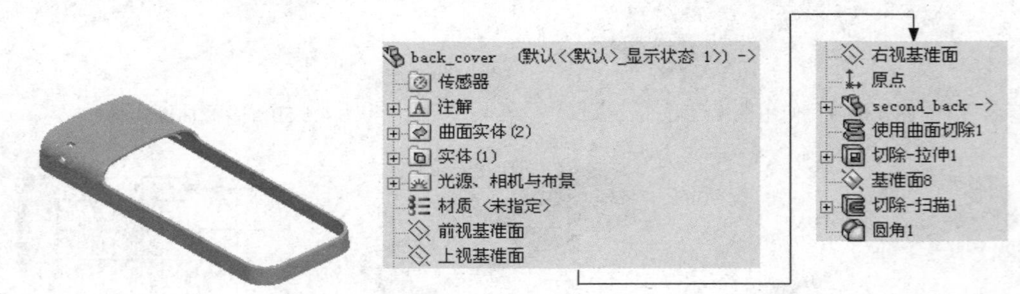

图 4.6.58 模型及设计树

Step1. 插入新零件。在 4.6.5 节的装配环境中，选择下拉菜单 插入(I) → 零部件(O) → 新零件(N)... 命令。在 请选择放置新零件的面或基准面。 的提示下，在图形区的任意位置单击，完成新零件的放置。

Step2. 打开新零件。在设计树中右击 (固定) [零件5^装配体2]<1>，在弹出的快捷菜单中单击 按钮，进入建模环境。

Step3. 插入零件。

（1）选择命令。选择下拉菜单 插入(I) → 零件(A)... 命令，系统弹出“打开”对话框。

（2）选择模型文件。选择在 4.6.3 节中保存的零件模型“second_back”文件，单击 打开(O) 按钮，系统弹出“插入零件”对话框。

（3） 定义零件属性。在“插入零件”对话框 转移(T) 区域选中 ☑ 实体(D)、☑ 曲面实体(S)、☑ 基准轴(A)、☑ 基准面(P)、☑ 装饰螺蚊线(C)、☑ 吸收的草图(B)、☑ 解除吸收的草图(U) 复选框，取消选中 ☐ 自定义属性(O)、☐ 坐标系 和 ☐ 模型尺寸(I) 复选框，在 找出零件(L) 区域中取消选中 ☑ 以移动/复制特征找处零件(M) 复选框。

（4）单击“插入零件”对话框中的 ✔ 按钮，完成零件的插入，此时系统自动将零件放置在原点处。

Step4. 隐藏基准面。在 视图(V) 下拉菜单中，取消选择 基准面(P) 命令，完成基准面的隐藏。

Step5. 创建图 4.6.59 所示的特征——使用曲面切除 1。选择下拉菜单 插入(I) → 切除(C) → 使用曲面(W)... 命令，系统弹出“使用曲面切除”对话框；在设计树中单击 曲面实体(2) 前的节点，展开 曲面实体(2)，选取 <second_back>-<圆角1> 为要进行切除的所选曲面；定义切除方向。采用系统默认的切除方向；单击对话框中的 ✔ 按钮，完成

使用曲面切除 1 的创建。

Step6. 隐藏曲面实体。在设计树中右击 曲面实体(2)，在弹出的快捷菜单中单击按钮，隐藏曲面实体，如图 4.6.60 所示。

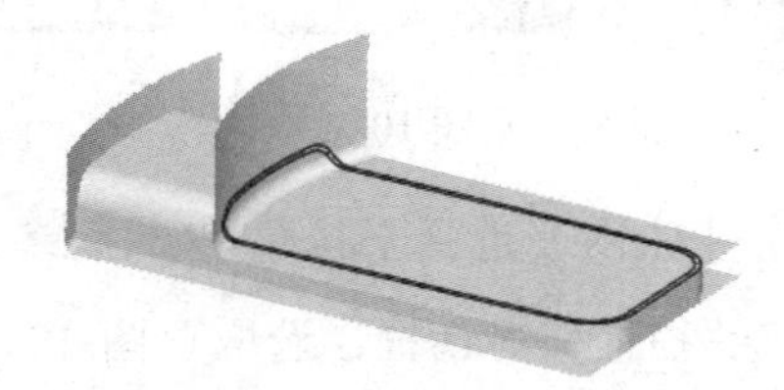

图 4.6.59　使用曲面切除 1

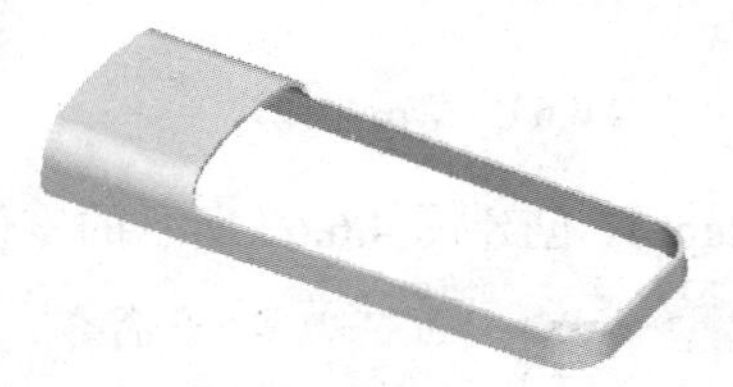

图 4.6.60　隐藏曲面实体

Step7. 创建图 4.6.61 所示的零件特征——切除-拉伸 1。选择下拉菜单 插入(I) → 切除(C) → 拉伸(E)... 命令；选取上视基准面作为草图平面，绘制图 4.6.62 所示的横断面草图；在“切除-拉伸”对话框 方向 1 区域的下拉列表中选择 完全贯穿 选项，单击按钮，反转切除方向；单击对话框中的按钮，完成切除-拉伸 1 的创建。

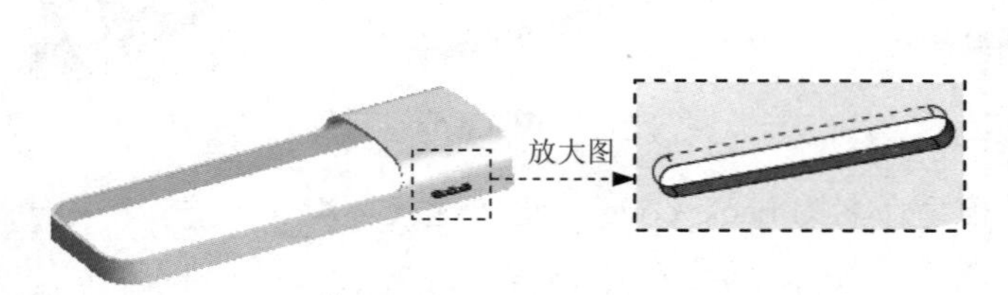

图 4.6.61　切除-拉伸 1

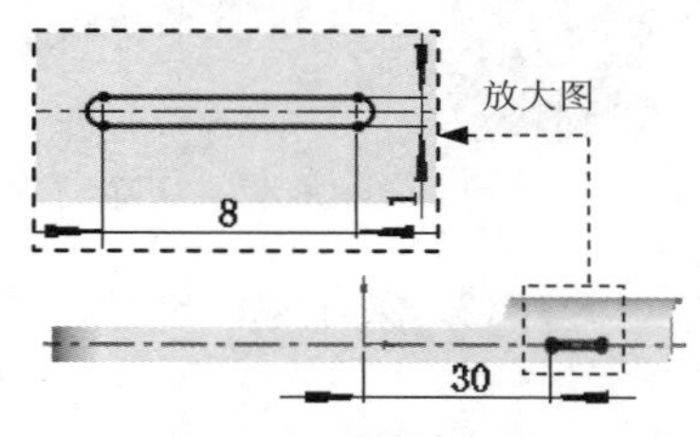

图 4.6.62　横断面草图

Step8. 创建图 4.6.63 所示的基准面 8。选择下拉菜单 插入(I) → 参考几何体(G) → 基准面(P)... 命令；选取右视基准面作为参考实体，在后的文本框中输入等距距离值 40.0；单击对话框中的按钮，完成基准面 8 的创建。

Step9. 创建草图 9。选取基准面 8 作为草图平面，绘制图 4.6.64 所示的圆弧，该圆弧的上端点与模型的右侧竖直边线重合。

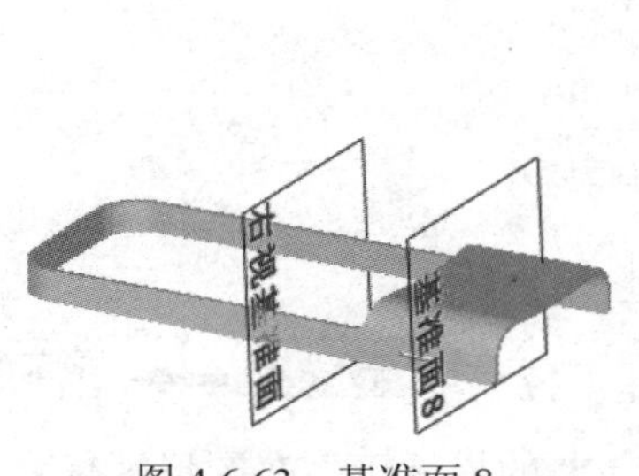

图 4.6.63　基准面 8

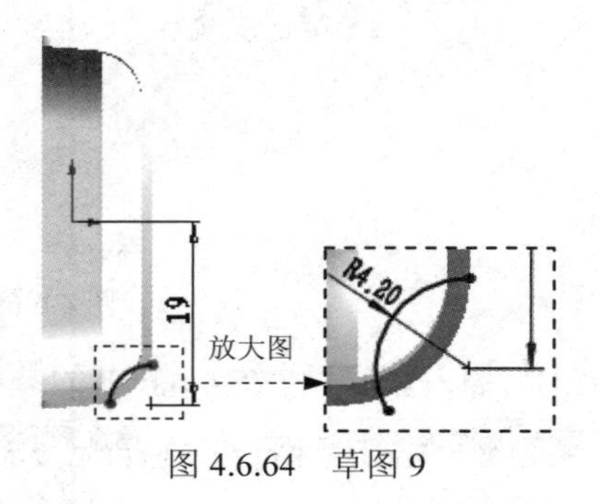

图 4.6.64　草图 9

Step10. 创建草图 10。选取图 4.6.65 所示的模型表面为草图平面，绘制图 4.6.66 所示的草图。

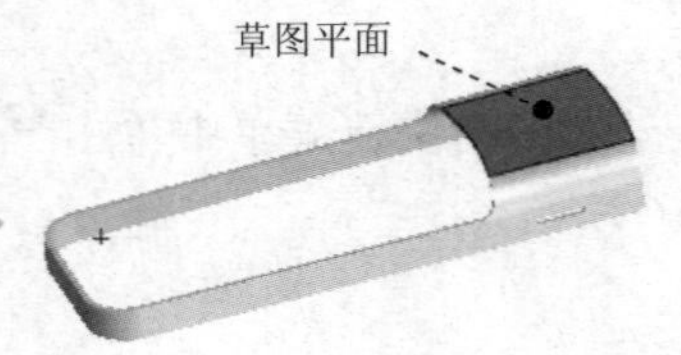

图 4.6.65　草图平面

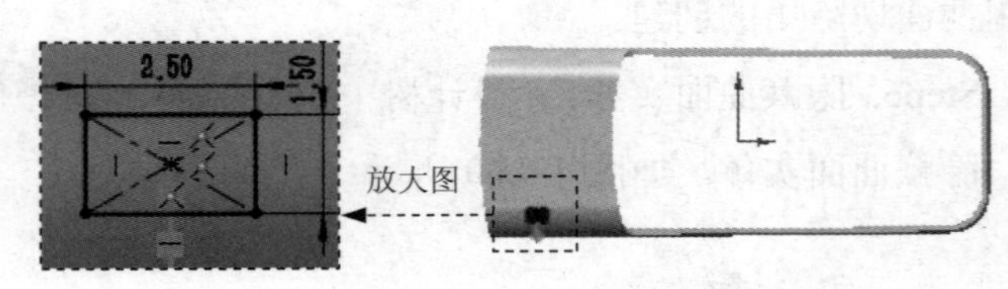

图 4.6.66　草图 10

Step11. 创建图 4.6.67 所示的零件特征——切除-扫描 1。选择下拉菜单 插入(I) → 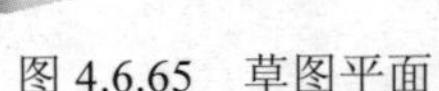 切除(C) → 扫描(S)... 命令，系统弹出“切除-扫描”对话框；选取草图 10 作为切除-扫描 1 特征的轮廓；选取草图 9 作为切除-扫描 1 特征的路径；单击对话框中的 ✓ 按钮，完成切除-扫描 1 的创建。

Step12. 创建圆角 1。选取图 4.6.68 所示的边线作为要圆角的边线，圆角半径值为 0.2。

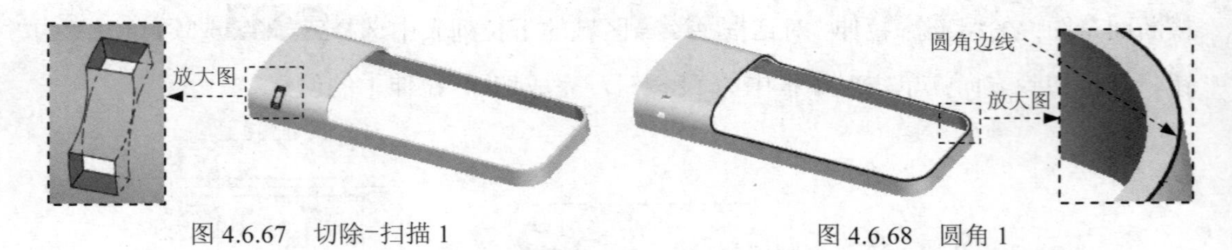

图 4.6.67　切除-扫描 1　　　　图 4.6.68　圆角 1

Step13. 保存零件模型。将零件模型命名为 back_cover，退出建模环境。

4.6.7　电池盖

下面讲解电池盖的创建过程。零件模型及设计树如图 4.6.69 所示。

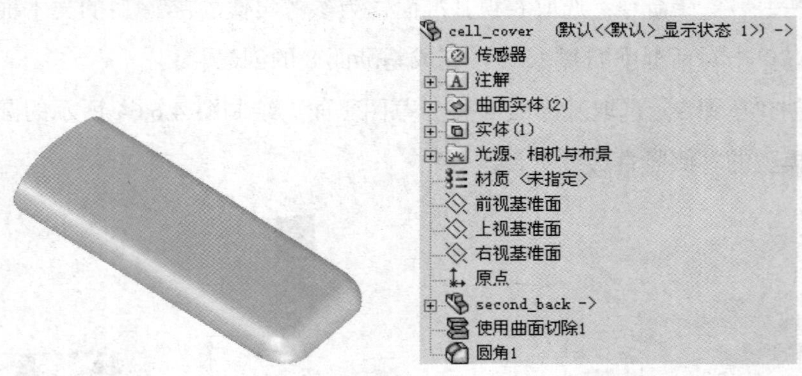

图 4.6.69　模型及设计树

Step1. 插入新零件。在 4.6.6 节的装配环境中，选择下拉菜单 插入(I) → 零部件(O) → 新零件(N)... 命令。在 请选择放置新零件的面或基准面。 的提示下，在图形区任意位置单击，完成新零件的放置。

Step2. 打开新零件。在设计树中右击 (固定)[零件6^装配体1]<1>，在弹出的快捷菜单

中单击按钮，进入建模环境。

Step3. 插入零件。

（1）选择命令。选择下拉菜单 插入(I) → 零件(A)... 命令，系统弹出“打开”对话框。

（2）选择模型文件。选择在4.6.3节中保存的零件模型“second_back”文件，单击 打开(O) 按钮，系统弹出“插入零件”对话框。

（3）定义零件属性。在“插入零件”对话框 转移(T) 区域选中 ☑ 实体(D)、☑ 曲面实体(S)、☑ 基准轴(A)、☑ 基准面(P)、☑ 装饰螺蚊线(C)、☑ 吸收的草图(B)、☑ 解除吸收的草图(U) 复选框，取消选中 ☐ 自定义属性(O)、☐ 坐标系 和 ☐ 模型尺寸(I) 复选框，在 找出零件(L) 区域中取消选中 ☑ 以移动/复制特征找处零件(M) 复选框。

（4）单击“插入零件”对话框中的✔按钮，完成零件的插入，此时系统自动将零件放置在原点处。

Step4. 隐藏基准面。在 视图(V) 下拉菜单中，取消选择 基准面(P) 命令，完成基准面的隐藏。

Step5. 创建图4.6.70所示的特征——使用曲面切除1。选择下拉菜单 插入(I) → 切除(C) → 使用曲面(W)... 命令；在设计树中单击 曲面实体(2) 前的节点，展开 曲面实体(2)，选取 <second_back>-<圆角1> 为要进行切除的所选曲面；单击按钮，反转切除方向；单击对话框中的✔按钮，完成使用曲面切除1的创建。

Step6. 隐藏曲面实体。在设计树中右击 曲面实体(2)，在弹出的快捷菜单中单击按钮，隐藏曲面实体，如图4.6.71所示。

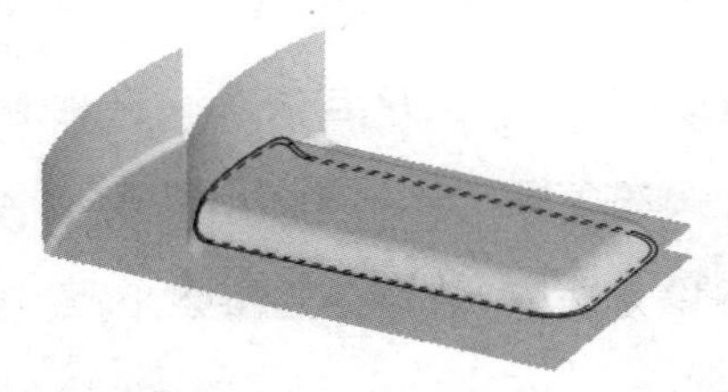

图4.6.70 使用曲面切除1

图4.6.71 隐藏曲面实体

Step7. 创建圆角1。选取图4.6.72所示的边线作为要圆角的边线，圆角半径值为0.2。

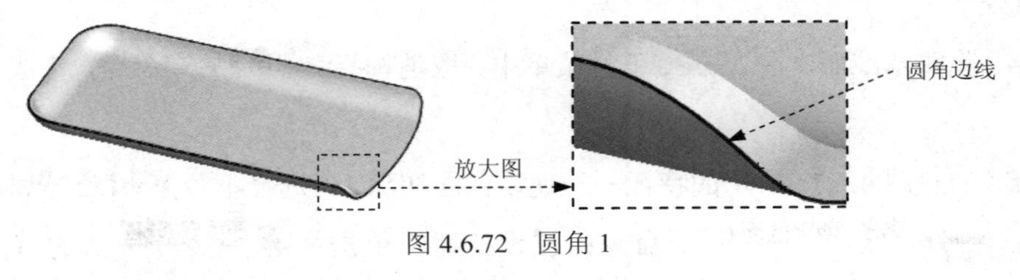

图4.6.72 圆角1

Step8. 保存零件模型。将零件模型命名为cell_cover，退出建模环境。

4.6.8 屏幕

下面讲解屏幕的创建过程。零件模型及设计树如图 4.6.73 所示。

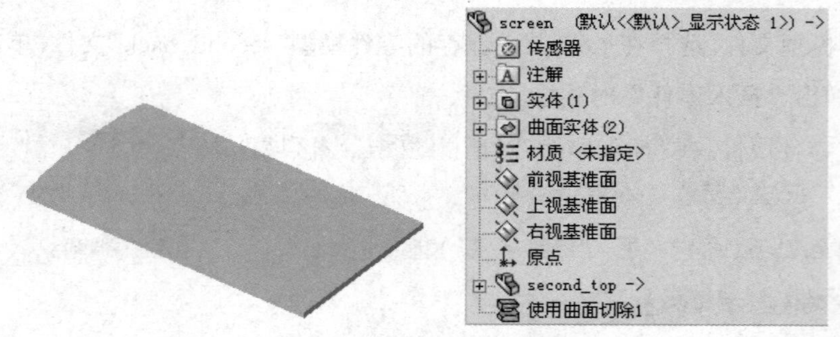

图 4.6.73 模型及设计树

Step1. 插入新零件。在 4.6.7 节的装配环境中，选择下拉菜单 插入(I) → 零部件(O) → 新零件(N)... 命令。在 请选择放置新零件的面或基准面。 的提示下，在图形区任意位置单击，完成新零件的放置。

Step2. 打开新零件。在设计树中右击 (固定)[零件7^装配体1]<1>，在弹出的快捷菜单中单击按钮，进入建模环境。

Step3. 插入零件。

（1）选择命令。选择下拉菜单 插入(I) → 零件(A)... 命令，系统弹出“打开”对话框。

（2）选择模型文件。选择在 4.6.2 节中保存的零件模型“second_top”文件，单击 打开(O) 按钮，系统弹出“插入零件”对话框。

（3）定义零件属性。在“插入零件”对话框 转移(T) 区域选中 ☑ 实体(D)、☑ 曲面实体(S)、☑ 基准轴(A)、☑ 基准面(P)、☑ 装饰螺蚊线(C)、☑ 吸收的草图(B)、☑ 解除吸收的草图(U) 复选框，取消选中 ☐ 自定义属性(O)、☐ 坐标系 和 ☐ 模型尺寸(I) 复选框，在 找出零件(L) 区域中取消选中 ☑ 以移动/复制特征找处零件(M) 复选框。

（4）单击“插入零件”对话框中的 ✔ 按钮，完成零件的插入，此时系统自动将零件放置在原点处。

Step4. 隐藏基准面。在 视图(V) 下拉菜单中，取消选择 基准面(P) 命令，完成基准面的隐藏。

Step5. 创建图 4.6.74 所示的特征——使用曲面切除 1。选择下拉菜单 插入(I) → 切除(C) → 使用曲面(W)... 命令；在设计树中单击 曲面实体(2) 前的节点，展开曲面实体(2)，选取 <second_top>-<圆角1> 为要进行切除的所选曲面；单击按钮，反转切除方向；单击对话框中的按钮，完成使用曲面切除 1 的创建。

Step6. 隐藏曲面实体。在设计树中右击 曲面实体(2)，在弹出的快捷菜单中单击按钮，隐藏曲面实体，如图 4.6.75 所示。

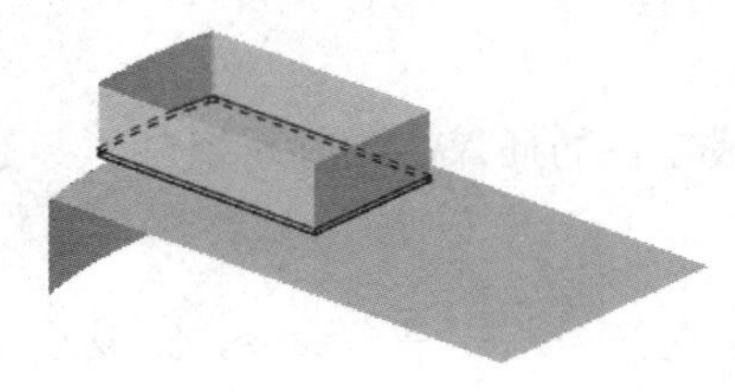

图 4.6.74　使用曲面切除 1

图 4.6.75　隐藏曲面实体

Step7. 保存零件模型。将零件模型命名为 screen，退出建模环境。

4.6.9　按键

下面讲解按键的创建过程。零件模型及设计树如图 4.6.76 所示。

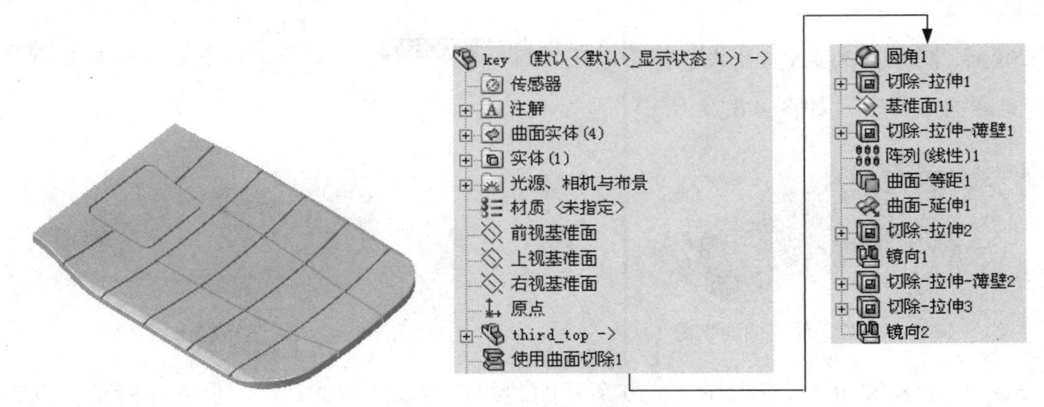

图 4.6.76　模型及设计树

Step1. 插入新零件。在 4.6.8 节的装配环境中，选择下拉菜单 插入(I) → 零部件(O) → 新零件(N)... 命令。在 请选择放置新零件的面或基准面。 的提示下，在图形区任意位置单击，完成新零件的放置。

Step2. 打开新零件。在设计树中右击 (固定)[零件8^装配体1]<1>，在弹出的快捷菜单中单击按钮，进入建模环境。

Step3. 插入零件。

(1) 选择命令。选择下拉菜单 插入(I) → 零件(A)... 命令，系统弹出“打开”对话框。

(2) 选择模型文件。选择在 4.6.4 节中保存的零件模型“third_top”文件，单击 打开(O)

按钮，系统弹出“插入零件”对话框。

（3）定义零件属性。在“插入零件”对话框 转移(T) 区域选中 ☑ 实体(D) 、☑ 曲面实体(S) 、☑ 基准轴(A) 、☑ 基准面(P) 、☑ 装饰螺蚊线(C) 、☑ 吸收的草图(B) 、☑ 解除吸收的草图(U) 复选框，取消选中 ☐ 自定义属性(O) 、☐ 坐标系 和 ☐ 模型尺寸(I) 复选框，在 找出零件(L) 区域中取消选中 ☑ 以移动/复制特征找处零件(M) 复选框。

（4）单击“插入零件”对话框中的✔按钮，完成零件的插入，此时系统自动将零件放置在原点处。

Step4. 隐藏基准面。在 视图(V) 下拉菜单中，取消选择 基准面(P) 命令，完成基准面的隐藏。

Step5. 创建图 4.6.77 所示的特征——使用曲面切除 1。选择下拉菜单 插入(I) → 切除(C) → 使用曲面(W)... 命令，系统弹出“使用曲面切除”对话框；在设计树中单击 曲面实体(3) 前的节点，展开 曲面实体(3) ，选取 <third_top>-<曲面-拉伸1> 为要进行切除的所选曲面；单击按钮，反转切除方向；单击对话框中的✔按钮，完成使用曲面切除 1 的创建。

Step6. 隐藏曲面实体。在设计树中右击 曲面实体(3) ，在弹出的快捷菜单中单击按钮，隐藏曲面实体，如图 4.6.78 所示。

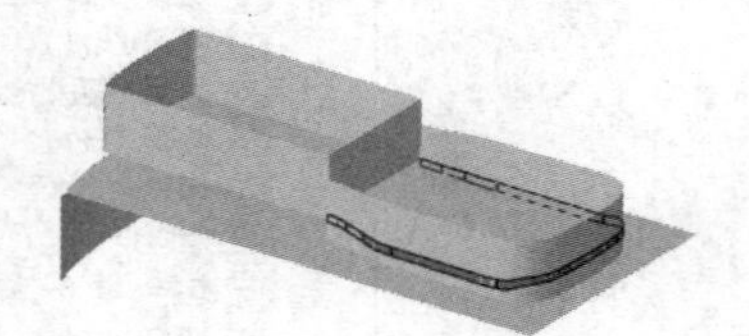

图 4.6.77 使用曲面切除 1

图 4.6.78 隐藏曲面实体

Step7. 创建圆角 1。选取图 4.6.79 所示的边线作为要圆角的边线，圆角半径值为 0.2。

Step8. 创建零件特征——切除-拉伸 1。

（1）选择下拉菜单 插入(I) → 切除(C) → 拉伸(E)... 命令。

（2）选取上视基准面作为草图平面，绘制图 4.6.80 所示的横断面草图。

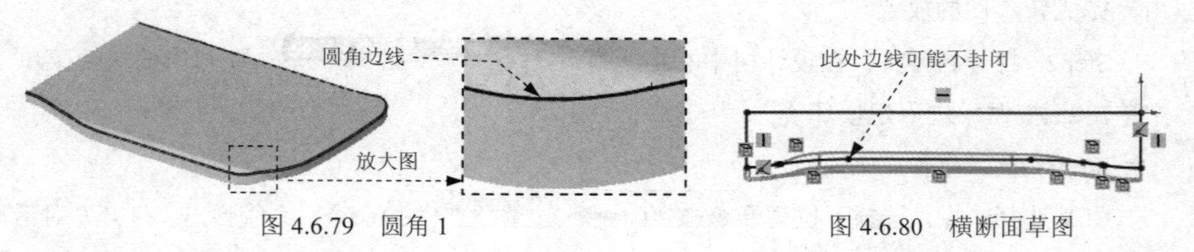

图 4.6.79 圆角 1

图 4.6.80 横断面草图

注意：在绘制草图时，应采用“转换实体引用”命令投影实体的边线，得到的投影线在图 4.6.80 所示的位置处可能有极小的缝隙，导致截面草图无法封闭，特征将无法生成。

解决的方法是，选择“剪裁实体”命令中的“边角”按钮，创建一个拐角将缝隙闭合。

（3）在“切除-拉伸”对话框方向1区域的下拉列表中选择完全贯穿选项，在方向2区域的下拉列表中选择完全贯穿选项。

（4）单击✔按钮，完成切除-拉伸1的创建。

Step9. 创建图4.6.81所示的基准面11。选择下拉菜单插入(I) → 参考几何体(G) → 基准面(P)...命令；选取前视基准面作为参考实体，在后的文本框中输入等距距离值10.0；单击对话框中的✔按钮，完成基准面11的创建。

Step10. 创建图4.6.82所示的切除-拉伸-薄壁1。选择下拉菜单插入(I) → 切除(C) → 拉伸(E)...命令；选取基准面11作为草图平面，绘制图4.6.83所示的横断面草图；在“切除-拉伸”对话框中选中☑薄壁特征(T)复选框；采用系统默认的拉伸方向，在“切除-拉伸”对话框方向1区域的下拉列表中选取给定深度选项，采用系统默认的拉伸方向，输入深度值3.5，在☑薄壁特征(T)区域的文本框中输入厚度值0.3，其他参数采用系统默认值；单击✔按钮，完成切除-拉伸-薄壁1的创建。

图4.6.81　基准面11

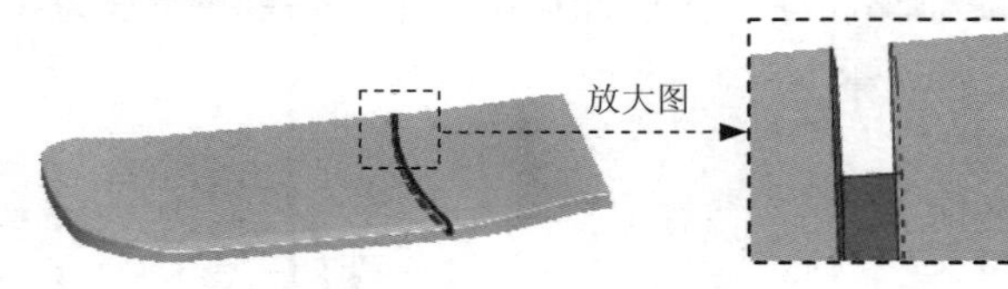

图4.6.82　切除-拉伸-薄壁1

Step11. 创建图4.6.84所示的阵列（线性）1。选择下拉菜单插入(I) → 阵列/镜向(E) → 线性阵列(L)...命令，系统弹出“线性阵列”对话框；在设计树中选取切除-拉伸-薄壁1作为要阵列的特征；选取图4.6.85所示的尺寸“15”为参考方向，在后的文本框中输入值7.5；在文本框中输入值4；单击✔按钮，完成阵列（线性）1的创建。

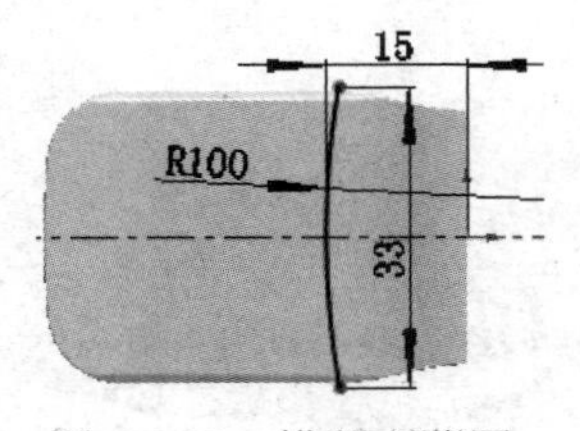

图4.6.83　横断面草图

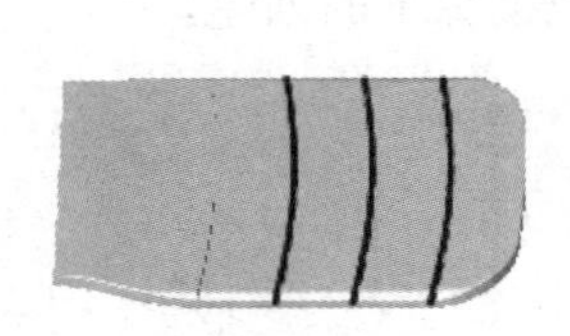

图4.6.84　阵列（线性）1

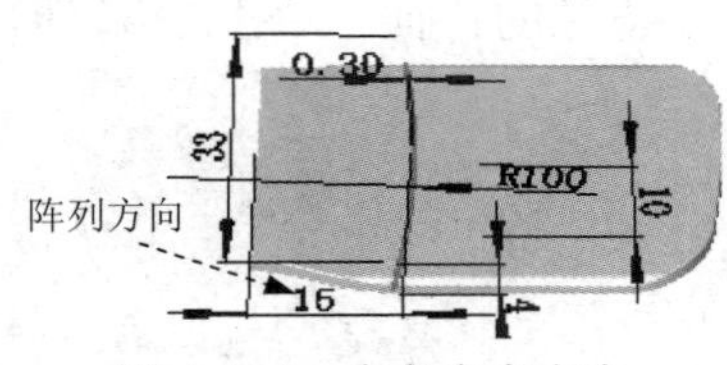

图4.6.85　定义参考方向

Step12. 创建曲面-等距1。选择下拉菜单插入(I) → 曲面(S) → 等距曲面(O)...命令；选取图4.6.86所示的模型表面为要等距的曲面；在“曲面-等距”对话框的等距参数(O)区域中单击按钮，在后的文本框中输入等距距离值0.5；单击✔按钮，完成曲面-等距1的创建。

Step13. 创建图 4.6.87 所示的曲面-延伸 1。选择下拉菜单 插入(I) → 曲面(S) → 延伸曲面(X)... 命令，系统弹出“延伸曲面”对话框；选取图 4.6.88 所示的边线为延伸边线；在“延伸曲面”对话框的 终止条件(C) 区域中选中 ⊙ 距离(D) 单选按钮，在 D1 后的文本框中输入距离值 3.0；单击 ✔ 按钮，完成曲面-延伸 1 的创建。

说明：在创建曲面-延伸 1 之前，先将阵列（线性）1 隐藏，创建完毕后再将其显示。

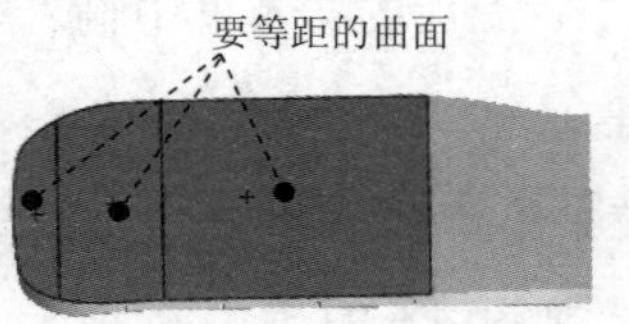

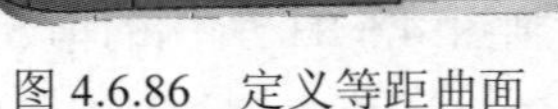

图 4.6.86　定义等距曲面

图 4.6.87　曲面-延伸 1

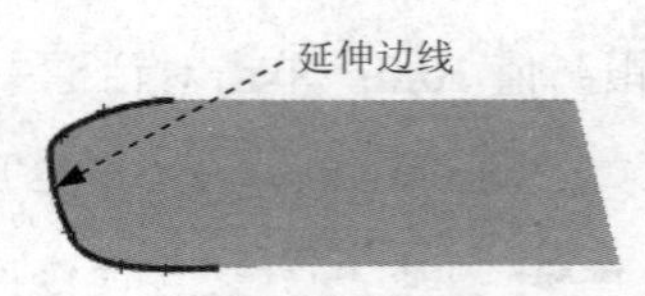

图 4.6.88　定义延伸边线

Step14. 创建图 4.6.89 所示的零件特征——切除-拉伸 2。选择下拉菜单 插入(I) → 切除(C) → 拉伸(E)... 命令；选取基准面 11 作为草图平面，绘制图 4.6.90 所示的横断面草图；单击对话框中的 按钮，在“拉伸”对话框 方向 1 区域的下拉列表中选择 成形到一面 选项，在设计树中选取 曲面-延伸1 为拉伸终止面；单击 ✔ 按钮，完成切除-拉伸 2 的创建。

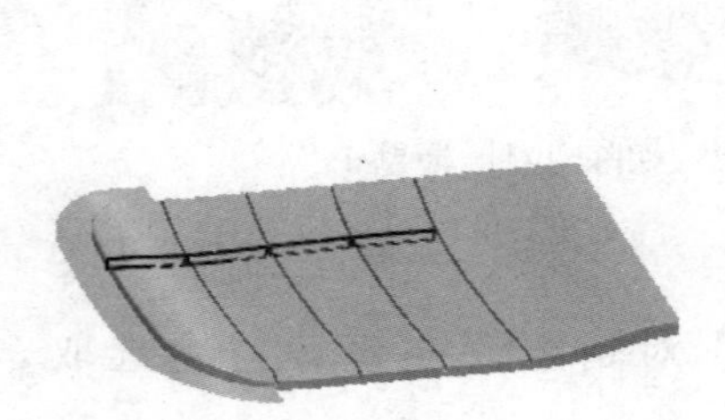

图 4.6.89　切除-拉伸 2

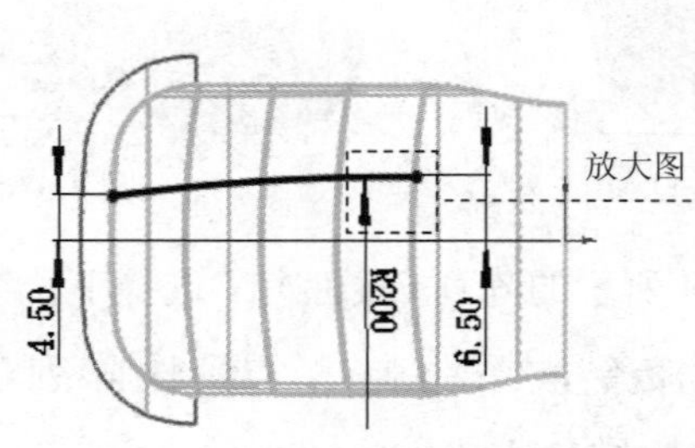

图 4.6.90　横断面草图

Step15. 创建图 4.6.91b 所示的镜像 1。选择下拉菜单 插入(I) → 阵列/镜向(E) → 镜向(M)... 命令；选取上视基准面为镜像基准面；在设计树中选取 切除-拉伸2 作为要镜像的特征；单击 ✔ 按钮，完成镜像 1 的创建。

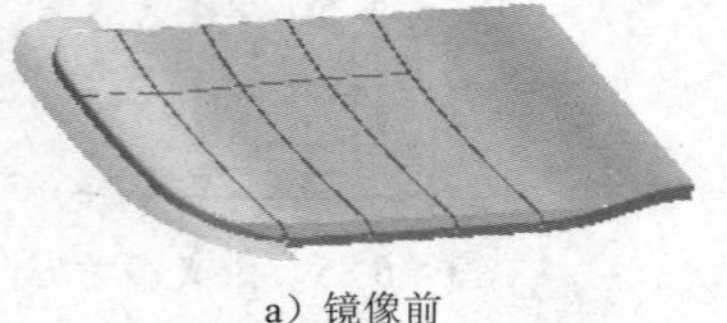

a）镜像前

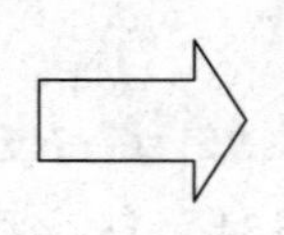

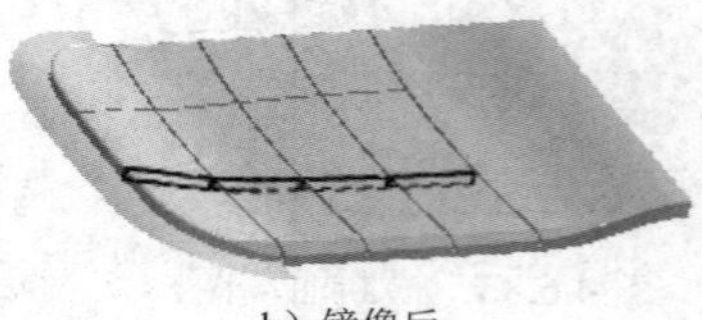

b）镜像后

图 4.6.91　镜像 1

Step16. 创建曲面-等距 2。选取图 4.6.92 所示的模型表面为要等距的曲面；单击 按钮，等距距离值为 0.5。

Step17. 创建曲面-延伸 2。参照 Step13，创建曲面-延伸 2，选取图 4.6.93 所示的边线为延伸边线，延伸距离值为 3.0。

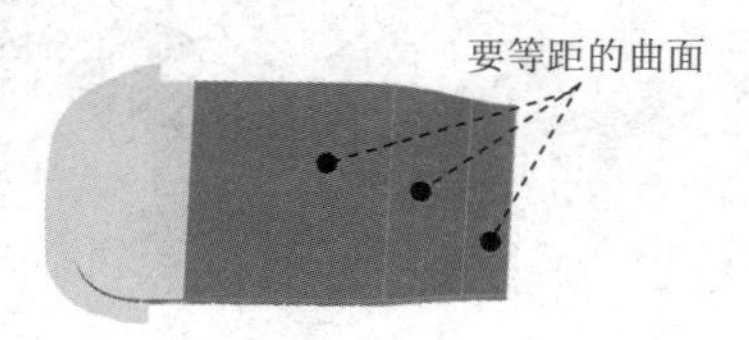

图 4.6.92 定义等距曲面

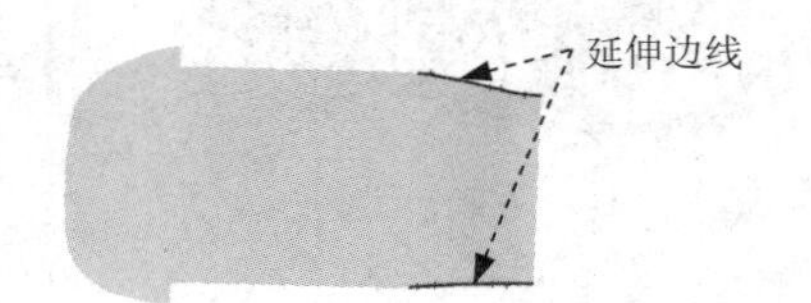

图 4.6.93 定义延伸边线

Step18. 创建图 4.6.94 所示的切除——拉伸-薄壁 2。选择下拉菜单 插入(I) → 切除(C) → 拉伸(E)... 命令；选取基准面 11 作为草图平面，绘制图 4.6.95 所示（隐藏曲面-延伸 2）的横断面草图；在"切除-拉伸"对话框中选中 薄壁特征(T) 选项；在"拉伸"对话框 方向1 区域的下拉列表中选择 成形到一面 选项，在设计树中选取 Step17 创建的延伸曲面为拉伸终止面，在 薄壁特征(T) 区域的 T1 文本框中输入厚度值 0.3，其他参数采用系统默认值；单击 ✓ 按钮，完成切除-拉伸-薄壁 2 的创建。

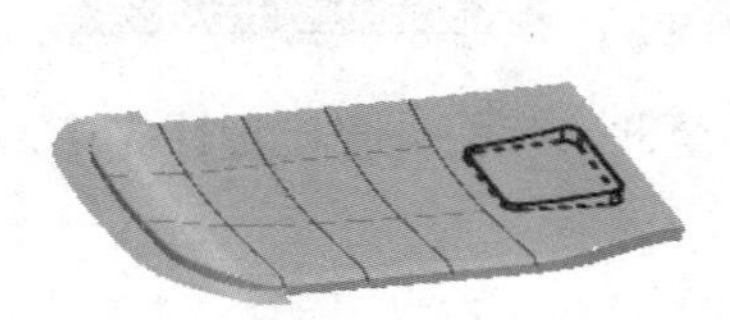

图 4.6.94 切除-拉伸-薄壁 2

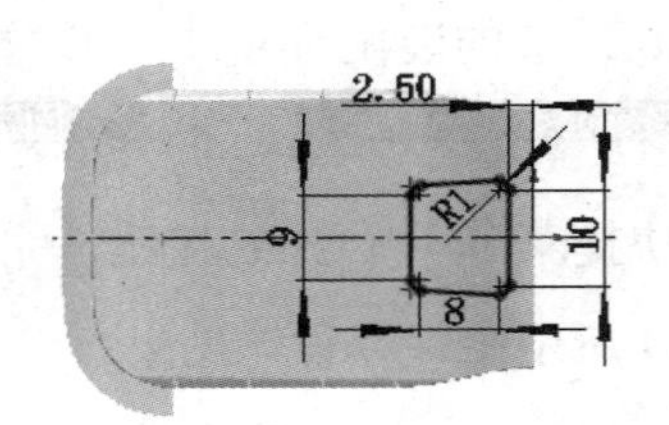

图 4.6.95 横断面草图

Step19. 创建图 4.6.96 所示的零件特征——切除-拉伸 3。选择下拉菜单 插入(I) → 切除(C) → 拉伸(E)... 命令；选取基准面 11 作为草图平面，绘制图 4.6.97 所示的横断面草图；在"拉伸"对话框 方向1 区域的下拉列表中选择 成形到一面 选项，在设计树中选取 Step17 创建的延伸曲面为拉伸终止面；单击 ✓ 按钮，完成切除-拉伸 3 的创建。

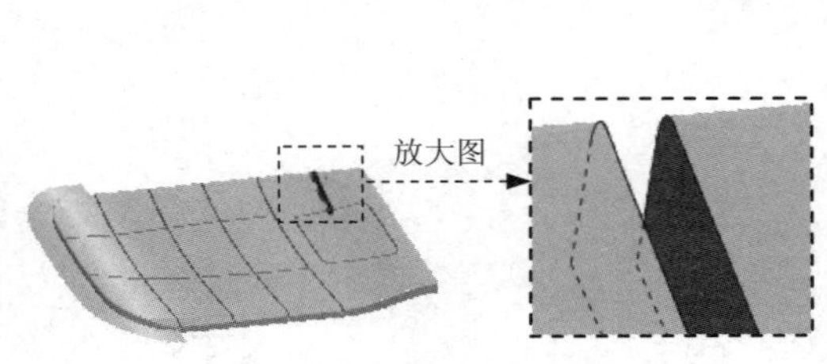

图 4.6.96 切除-拉伸 3

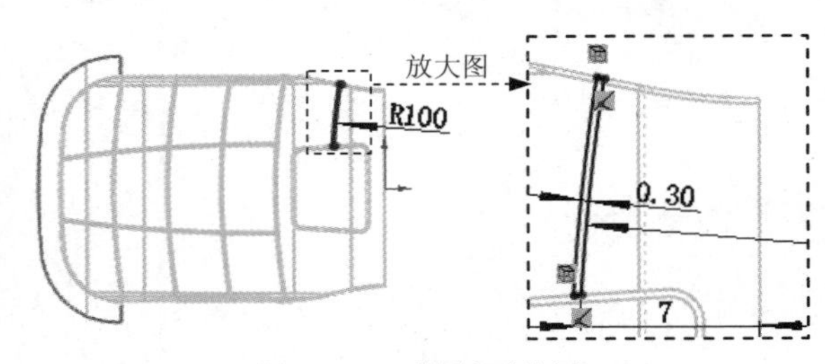

图 4.6.97 横断面草图

Step20. 创建图 4.6.98b 所示的镜像 2。选择下拉菜单 插入(I) → 阵列/镜向(E) → 镜向(M)... 命令；选取上视基准面为镜像基准面，在设计树中选取切除-拉伸 3 作为要镜像的特征；单击对话框中的 ✓ 按钮，完成镜像 2 的创建。

a）镜像前

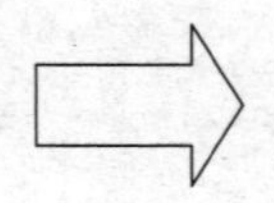

b）镜像后

图 4.6.98　镜像 2

Step21. 隐藏曲面。隐藏模型中的所有曲面。

Step22. 保存零件模型。将零件模型命名为 key，退出建模环境。

Step23. 在装配环境的设计树中单击 (固定) [零件8^装配体1]<1>，在弹出的快捷菜单中单击按钮，在“零部件属性”对话框中更改零部件名称为 key。

Step24. 保存装配模型。将零件模型命名为 Mobile_telephone。

4.6.10　隐藏控件

在 4.6.9 节的装配环境中，按住 Ctrl 键，在设计树中依次选取 (固定) first<1>、(固定) second_top<1> ->、(固定) second_back<1> -> 和 (固定) third_top<1> ->，右击，在弹出的快捷菜单中单击按钮，完成控件的隐藏。至此，手机外壳已设计完毕，其结果如图 4.6.99 所示，保存设计结果。

图 4.6.99　手机外壳最终模型

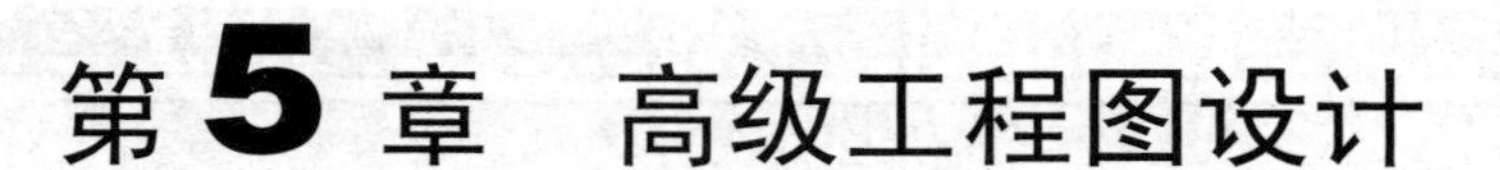

第5章 高级工程图设计

本章提要 在产品的研发、设计和制造等过程中，各类技术人员需要经常进行交流和沟通，工程图则是经常使用的交流工具。尽管随着科学技术的发展，3D设计技术有了很大的发展与进步，但是三维模型并不能将所有的设计参数表达清楚，有些信息如加工要求的尺寸精度、几何公差和表面粗糙度等，仍然需要借助二维的工程图将其表达清楚。因此工程图的创建是产品设计中较为重要的环节，也是设计人员最基本的能力要求。本章将介绍工程图环境的基本知识，包括以下内容：

- 工程图图纸和工程图模板。
- 多页工程图图纸。
- 自定义工程图模板。
- 块的应用。
- 添加材料明细栏、孔表和修订表。
- 添加新配置和插入系列零件设计表。
- 大型装配体模式在工程图中的应用。
- 创建分离的工程图。

5.1 工程图图纸和工程图模板

工程图图纸是放置和编辑工程图的平台，在默认情况下，SolidWorks 采用的是一系列英制与米制的图纸格式，用户可以通过自定义图纸格式来得到自己需要的工程图模板。

5.1.1 新建工程图图纸

下面介绍新建工程图图纸的一般操作步骤。

Step1. 选择命令。选择下拉菜单 文件(F) → 新建(N)... 命令，系统弹出图 5.1.1 所示的“新建 SolidWorks 文件”对话框（一）。

Step2. 在“新建 SolidWorks 文件”对话框（一）中单击 高级 按钮，系统弹出如图 5.1.2 所示的“新建 SolidWorks 文件”对话框（二）。

图 5.1.1　“新建 SolidWorks 文件”对话框（一）

Step3. 在“新建 SolidWorks 文件”对话框（二）中选择“模板”，以选择创建工程图文件，单击 确定 按钮系统弹出图 5.1.3 所示的“模型视图”对话框。

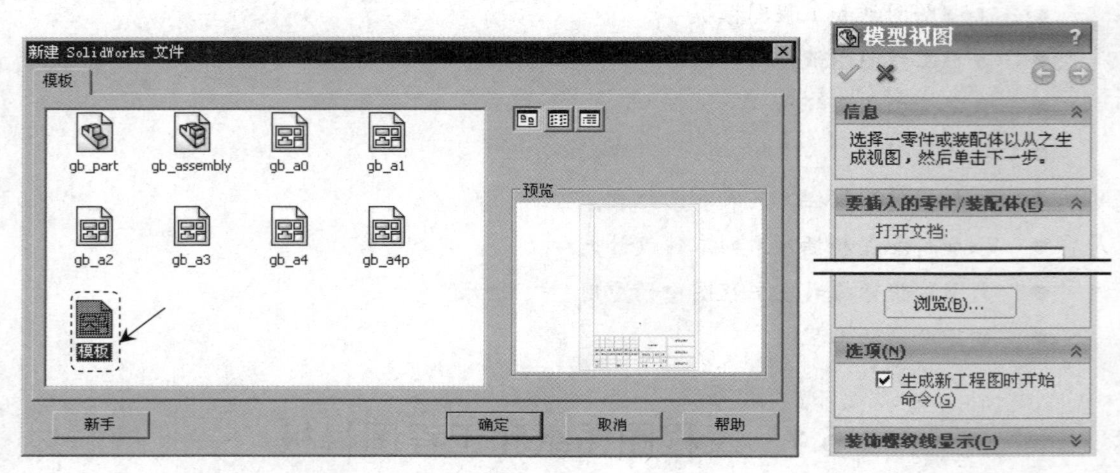

图 5.1.2　“新建 SolidWorks 文件”对话框（二）　　　图 5.1.3　“模型视图”对话框

Step4. 在“模型视图”对话框中单击 浏览(B)... 按钮，选择要插入的零件或装配体，然后单击 ✓ 按钮，系统进入“工程图”环境（当在“模型视图”对话框中直接单击 ✕ 按钮时，将生成一张空白图纸）。

5.1.2　多页工程图图纸

在工程实践中，用户可以根据需要，在一个工程图中添加多页图纸，新添加的图纸默认使用原有图纸的格式。下面介绍工程图图纸的添加、排序和重新命名的一般过程。

1. 添加工程图图纸

添加工程图图纸有以下三种方法：

- 选择下拉菜单 插入(I) → 图纸(S)... 命令。

- 在图纸的空白处右击，在系统弹出的快捷菜单中选择添加图纸... (G)命令。
- 在图纸页标签中单击按钮。

2．激活图纸

在工程图绘制过程中，当需要切换到另一图纸时，只需在设计树中右击需要激活的图纸，在系统弹出的快捷菜单中选择激活 (B)命令，或者在页标签中直接单击需要激活的图纸。

3．图纸重新排序

可以直接在设计树或页标签中，将需要移动的图纸拖拽到所需的位置。

4．图纸重新命名

在设计树中，在需要重新命名的图纸名称上缓慢单击三次鼠标左键，然后输入图纸的新名称；另外，在页标签中右击需要重新命名的图纸，在系统弹出的快捷菜单中选择重新命名 (E)命令，也可以重新命名图纸。

5.2 工程图的性能优化

在使用工程图时，用户可采用大型装配体模式、隐藏零部件和分离工程图等方式来增强 SolidWorks 的性能，节省打开大型装配体的时间，提高工作效率。本节将介绍工程图性能优化的几种方法。

5.2.1 大型装配体模式

大型装配体模式虽然是一个主要用于处理装配体的系统选项，但该功能同样适用于含装配体的工程图，下面介绍大型装配体模式在工程图中的使用过程。

Step1. 设置大型装配体模式。选择下拉菜单工具(T) → 选项(P)...命令，系统弹出“系统选项（S）—普通”对话框；在“系统选项”选项卡区域中选择装配体选项，并添加图 5.2.1 所示的设置，单击确定按钮。

Step2. 打开工程图文件。

（1）选择下拉菜单文件(F) → 打开命令，系统弹出图 5.2.2 所示的“打开”对话框，打开文件 D:\sw14.2\work\ch05.02.01\large_assembly_mode.SLDDRW，在模式下拉列表中选择轻化选项，单击打开(O)按钮，打开工程图。

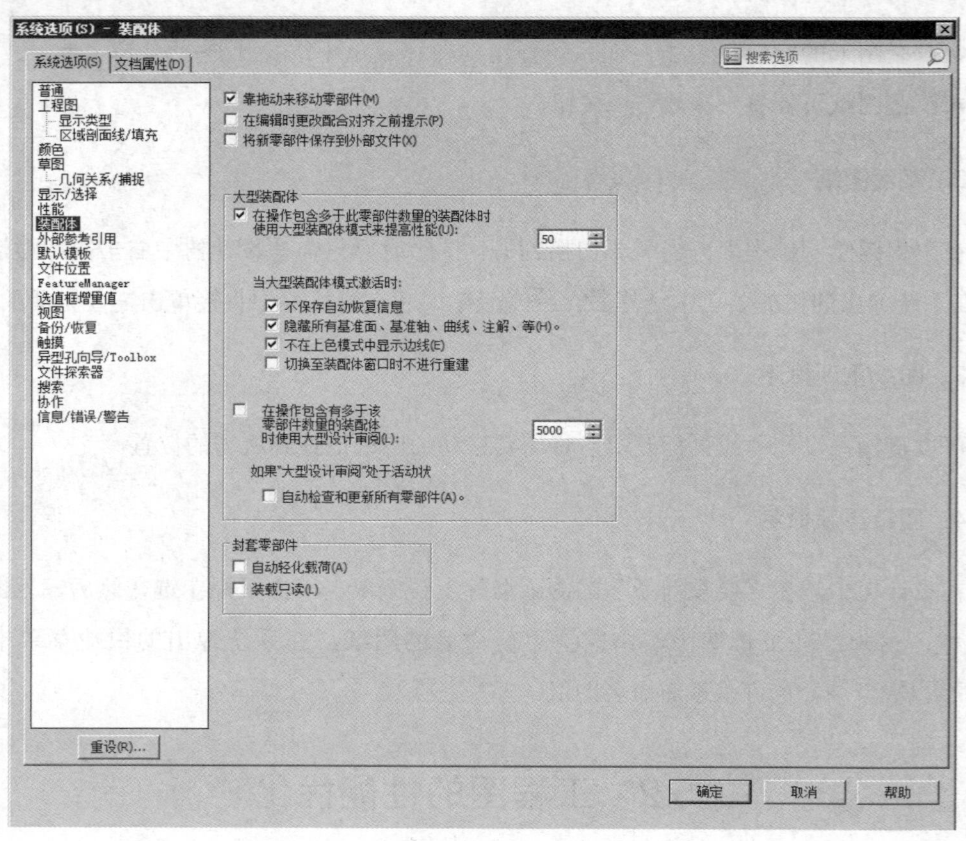

图 5.2.1 “系统选项-装配体”对话框

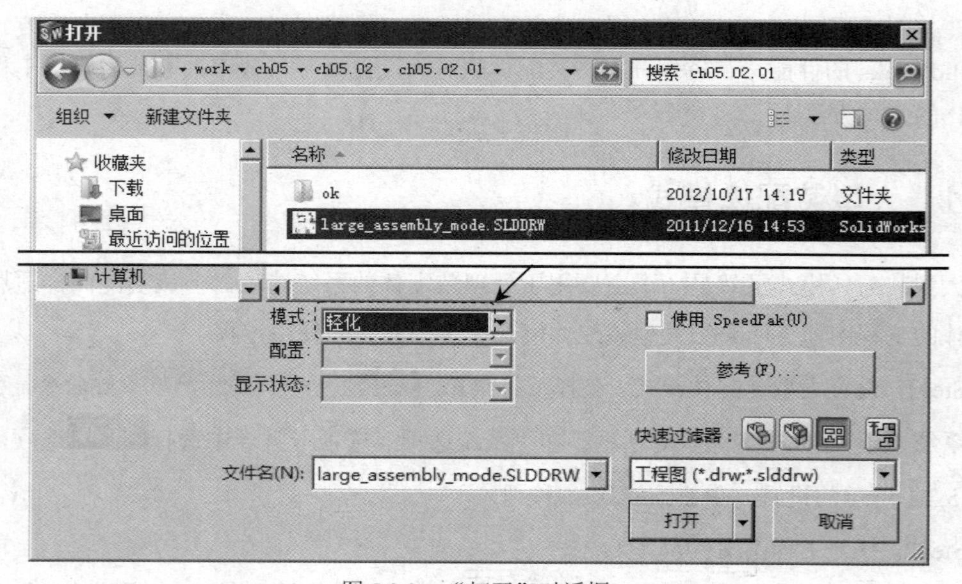

图 5.2.2 “打开”对话框

说明：使用大型装配体模式的同时，工程图使用轻化，即工程图中的装配体、子装配体和零件全部以轻化模式装入，加快装入和操作的速度。

（2）展开设计树，可看到工程视图和装配体显示轻化标记，如图 5.2.3 所示。

Step3. 切换大型装配体模式。选择下拉菜单 工具(T) ➡ 大型装配体模式(L)，关闭大型装配体模式，但不关闭轻化工程图。

Step4. 还原轻化。在工程图的任意位置右击，在系统弹出的快捷菜单中选择 设定轻化到还原(H) 命令，使装入的轻化零部件还原为完整的零部件，此时设计树中的轻化标记消失，如图 5.2.4 所示。

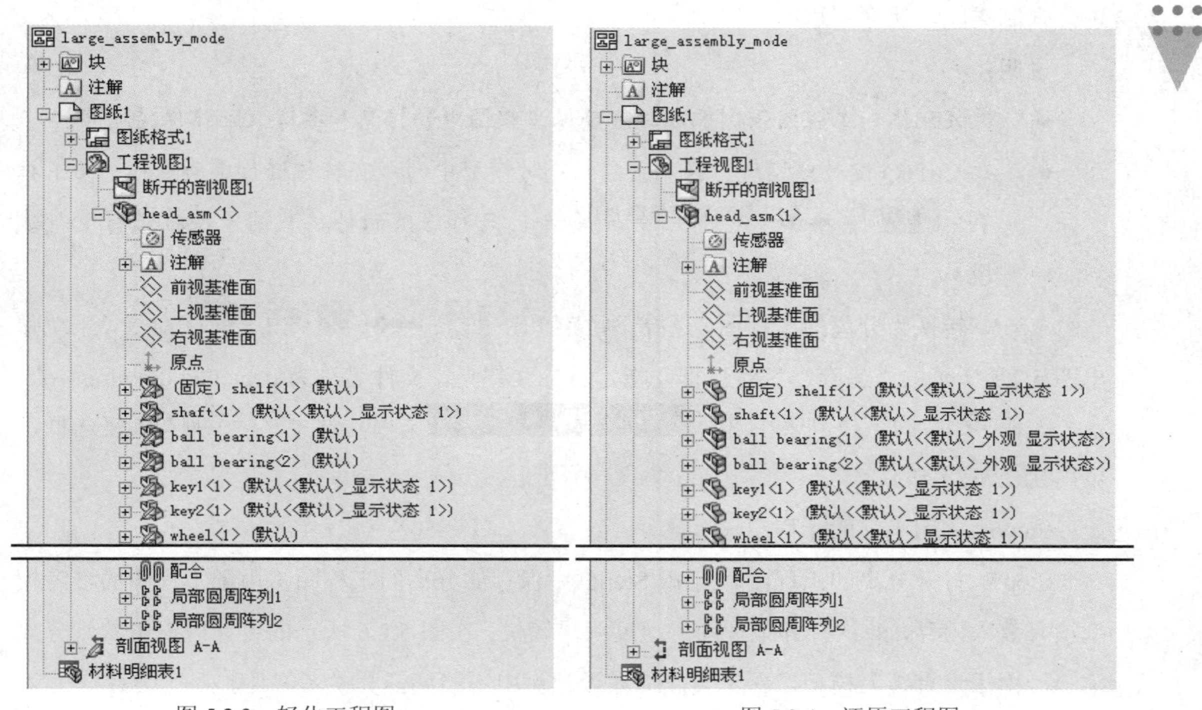

图 5.2.3　轻化工程图　　　　图 5.2.4　还原工程图

Step5. 保存并关闭对话框。

5.2.2　分离的工程图

使用分离的工程图，用户不需要把生成工程图的模型装入内存，即可打开工程图文件并进行操作，工程图与外部参考是分离的。

当分离的工程图中的某个操作需要参考模型时，系统会提示用户装入模型文件，用户可以右击视图，在系统弹出的快捷菜单中选择 装入模型(K) 命令，来手动装入模型。

打开分离的工程图时，系统会检查工程图中所有图纸是否与模型同步，如果不同步，系统会警告用户。用户在编辑分离的工程图时，如果工程图的参考模型发生了变化，系统会提示用户作出处理。下面介绍工程图与分离的工程图之间的转换和在分离的工程图中装入模型的过程。

Step1. 打开工程图文件 D:\sw14.2\work\ch05.02.02\detached_drawings. SLDDRW。

Step2. 打开参考装配体文件 D:\sw14.2\work\ch05.02.02\head_asm. SLDASM。

Step3. 强制重建装配体。在装配体环境中，同时按住键盘上 Ctrl+Q 键，对模型文件进行强制重建，保存并关闭装配体文件。

Step4. 强制重建工程图。在工程图环境中，同时按住键盘上 Ctrl+Q 键，对工程图文件进行强制重建，保存工程图。

说明：

- 对装配体和工程图强制重建，可确保工程图中的信息和参考装配体保持同步。
- 按 Ctrl+Q 键对模型进行强制重建，可对模型中的所有特征进行重新建模；而下拉菜单 编辑(E) → 重建模型(R) 命令，只对修改的特征及其子特征进行重新建模。

Step5. 转换为分离的工程图。选择下拉菜单 文件(F) → 另存为(A)... 命令，系统弹出图 5.2.5 所示的“另存为”对话框，指定目标文件夹，文件名称为 detached drawings_ok，在 保存类型(T): 后的下拉列表中选择 分离的工程图 (*.slddrw) 选项，选中 ☑ 另存备份档 复选框，单击 保存(S) 按钮。

Step6. 关闭当前的工程图。

Step7. 打开分离的工程图。打开 Step5 中保存的分离的工程图，由于工程图的参考模型没有装入内存，此次打开工程图的速度明显较快；在图 5.2.6 所示的设计树中可看到分离标记，由于没有装入模型，参考装配体在设计树中不能展开其参考零件。

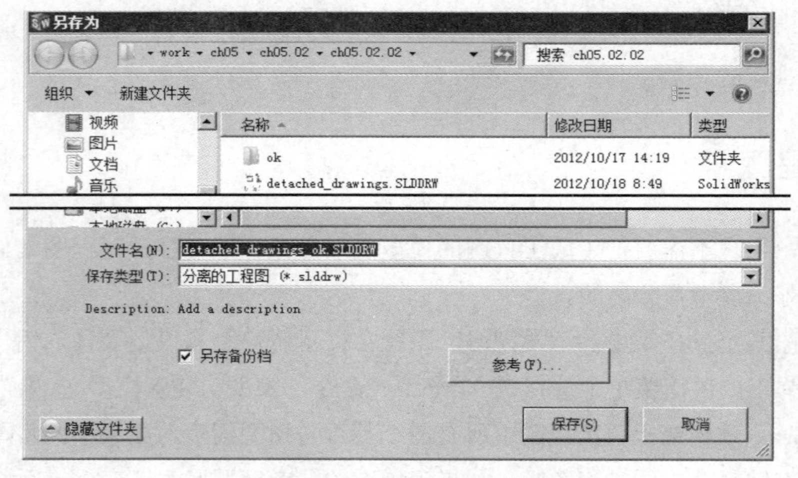

图 5.2.5 “另存为”对话框

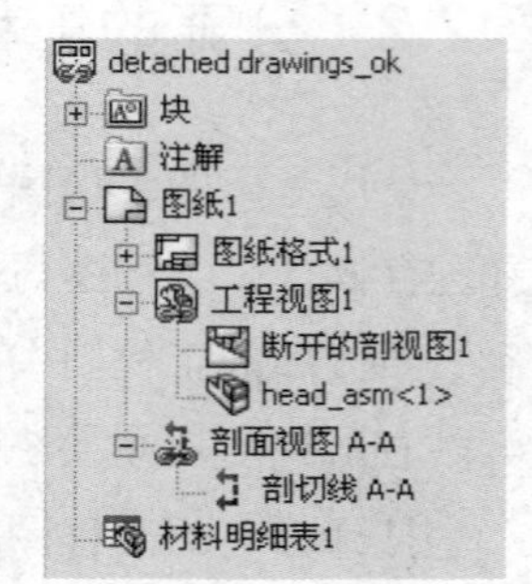

图 5.2.6 设计树

Step8. 修改参考装配体。打开装配体文件 D:\sw14.2\work\ch05.02.02\head_asm.SLDASM，打开装配体模型，在图 5.2.7 所示的位置先双击装配体，然后再双击

图 5.2.8 所示的尺寸值为 300 的尺寸，修改尺寸值为 310，选择下拉菜单 编辑(E) → 重建模型(R) 命令，最后保存并关闭装配体模型。

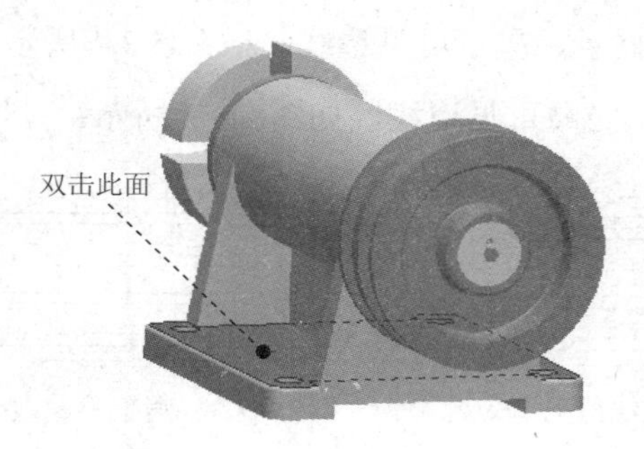

图 5.2.7 参考装配体

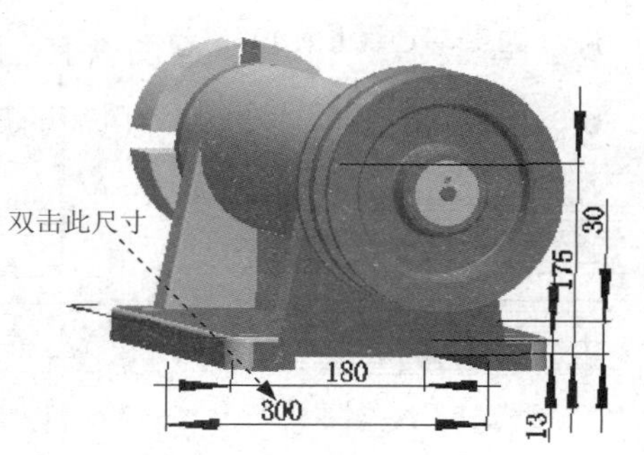

图 5.2.8 修改参考装配体

Step9. 在系统弹出的 SolidWorks 对话框中单击 确定 按钮，此时视图的尺寸根据装入的模型已经更新，如图 5.2.9 所示。

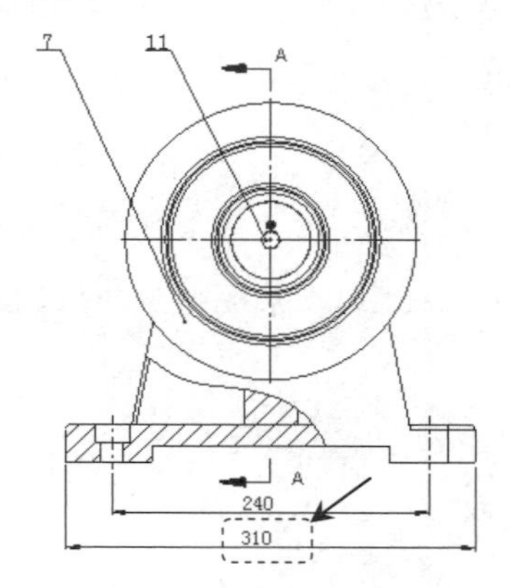

图 5.2.9 更新工程图

Step10. 保存并关闭分离的工程图。

5.3 工 程 视 图

5.3.1 工程视图显示模式

和模型一样，工程视图也可以改变显示模式，SolidWorks 提供了五种工程视图显示模式，可通过选择下拉菜单 视图(V) → 显示(D) 命令选择显示模式。

- 线架图(W)：视图以线框形式显示，所有边线显示为细实线，如图 5.3.1 所示。
- 隐藏线可见(B)：视图以线框形式显示，可见边线显示为实线，不可见边线显示为虚线，如图 5.3.2 所示。

- 消除隐藏线(H)：视图以线框形式显示，可见边线显示为实线，不可见边线被隐藏，如图 5.3.3 所示。
- 带边线上色(E)：视图以上色面的形式显示，显示可见边线，如图 5.3.4 所示。
- 上色(S)：视图以上色面的形式显示，隐藏可见边线，如图 5.3.5 所示。

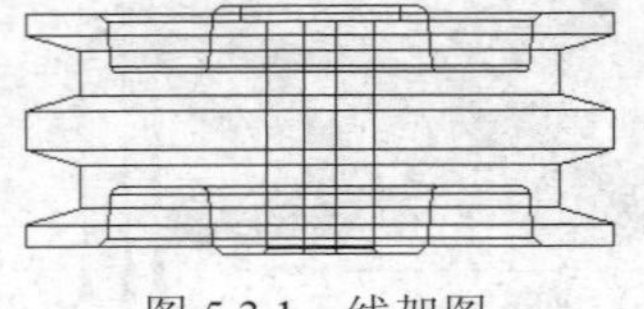
图 5.3.1　线架图

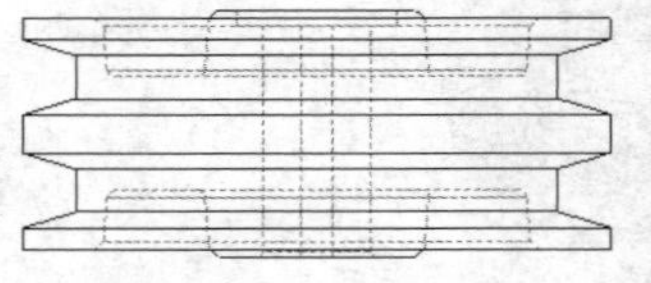
图 5.3.2　隐藏线可见

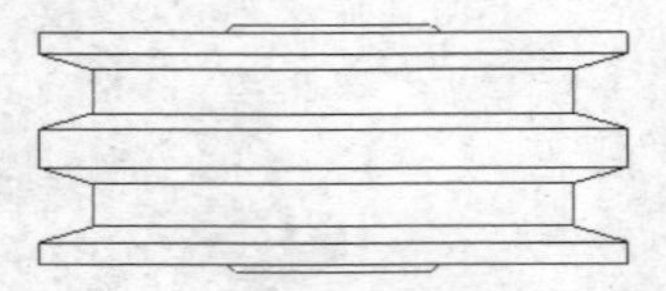
图 5.3.3　消除隐藏线

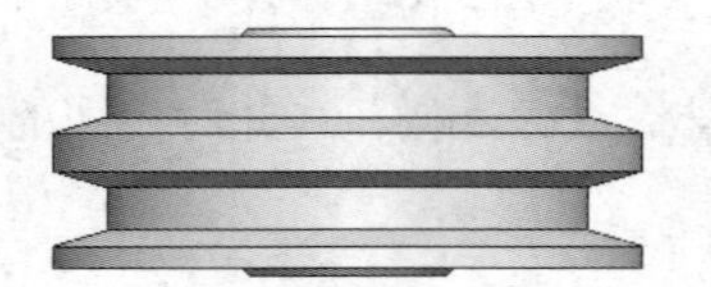
图 5.3.4　带边线上色

图 5.3.5　上色

说明：

- 用户也可以在插入模型视图时，在“模型视图”对话框的显示样式(S)区域中更改视图样式；还可以单击工程视图，在系统弹出的“工程视图”对话框中的显示样式(S)区域更改视图样式。

5.3.2　边线的显示和隐藏

1. 切边显示

切边是两个面在相切处所形成的过渡边线，最常见的切边是圆角过渡形成的边线。在工程视图中，一般轴测视图需要显示切边，而在正交视图中则需要隐藏切边。下面以一个模型的轴测视图来讲解切边的显示和隐藏。

Step1. 打开工程图文件 D:\sw14.2\work\ch05.03.02\tangent_edge_display. SLDDRW，系统默认的切边显示状态为“切边可见”，如图 5.3.6 所示。

Step2. 隐藏切边。在图形区选中视图，选择下拉菜单 视图(V) → 显示(D) → 切边不可见(R) 命令，隐藏视图中的切边，如图 5.3.7 所示。

说明：

- 选择下拉菜单 视图(V) → 显示(D) → 带线型显示切边(F) 命令，将以其他形式的线型显示所有可见边线，系统默认的线型为“双点画线”，如图 5.3.8 所示；改变线型的方法为：选择下拉菜单 工具(T) → 选项(P)... 命令，系统弹出“系统选项（S）－普通”对话框，在 文档属性(D) 选项卡中选择 线型 选项，在图 5.3.9 所示的“文件属性(D)–线型”对话框的 边线类型(T): 区域中选择 切边 选项，在 样式(S): 下拉列表中选择切线线型，在 线粗(H): 下拉列表中选择切线线粗。

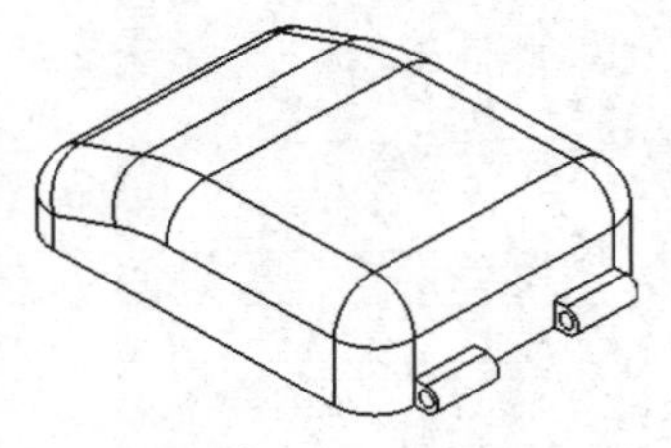

图 5.3.6　切边可见

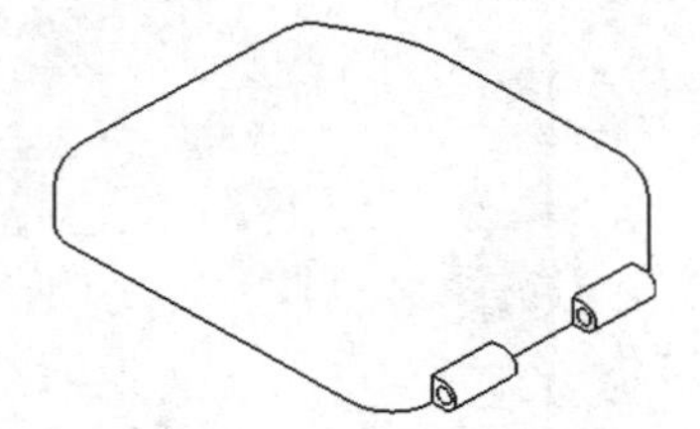

图 5.3.7　切边不可见

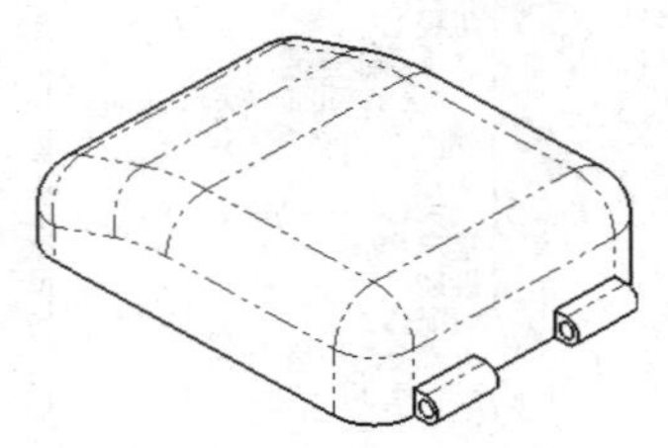

图 5.3.8　带线型显示切边

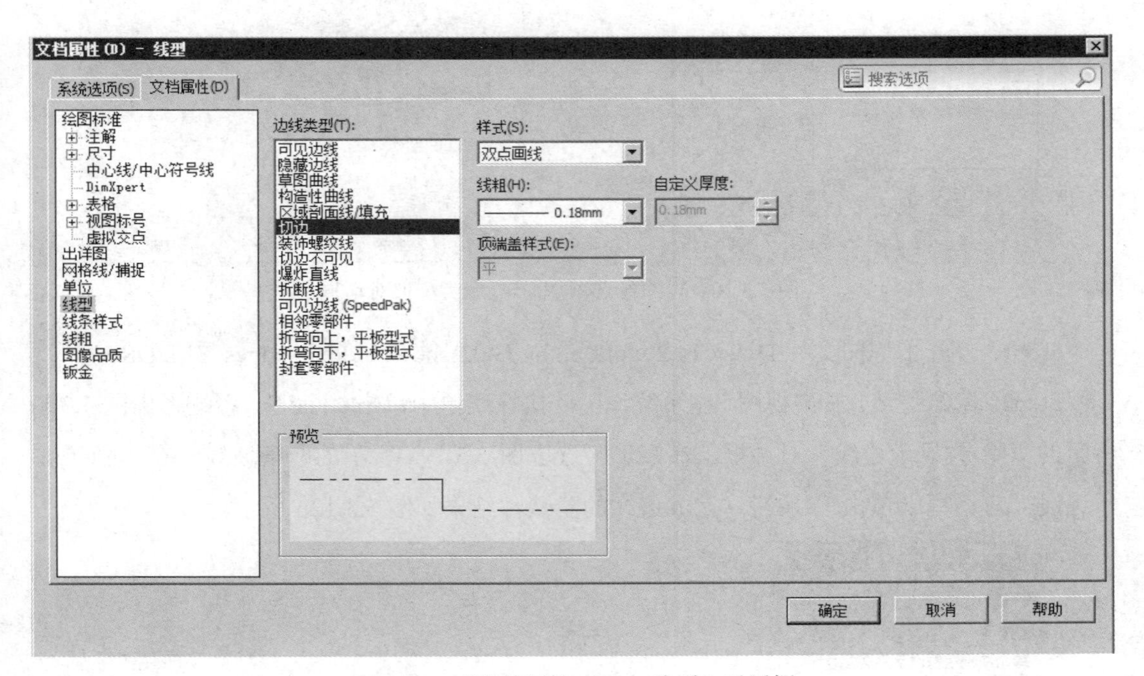

图 5.3.9　“文档属性（D）–线型”对话框

- 改变切边显示状态的其他方法：右击工程视图，在系统弹出的快捷菜单中选择 切边 命令，并选择所需的切边类型。
- 设置默认切边显示状态的方法是：选择下拉菜单 工具(T) → 选项(P)... 命令，系统弹出“系统选项（S）－普通”对话框，在 系统选项(S) 选项卡中选择 显示类型 选项，在图 5.3.10 所示“系统选项（S）–显示类型”对话框的 在新视图中显示切边 区域中选择所需的切边类型。

2．隐藏/显示边线

在工程视图中，用户可通过手动隐藏或显示模型的边线。下面介绍隐藏模型边线的操

作过程。

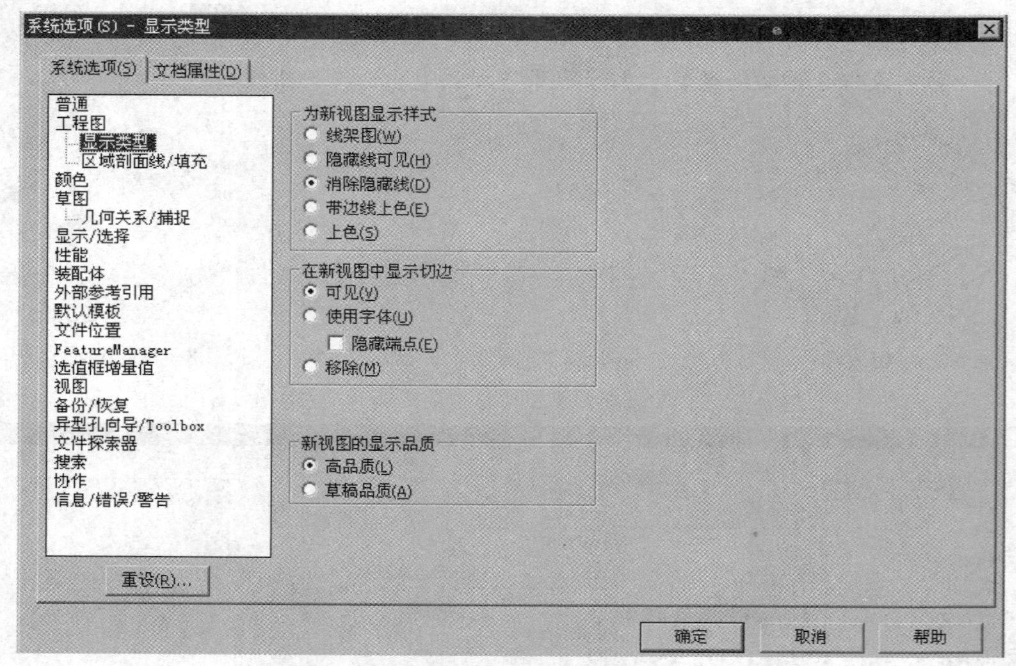

图 5.3.10 “系统选项(S) -显示类型”对话框

Step1. 打开工程图文件 D:\sw14.2\work\ch05.03.02\show_hidden_edges. SLDDRW。

Step2. 隐藏边线。右击视图，在系统弹出的快捷菜单中单击 命令，系统弹出图 5.3.11 所示的“隐藏/显示边线”对话框，在图形区选取图 5.3.12a 所示的两条边线，在“隐藏/显示边线”对话框中单击 按钮，完成边线的隐藏，结果如图 5.3.12b 所示。

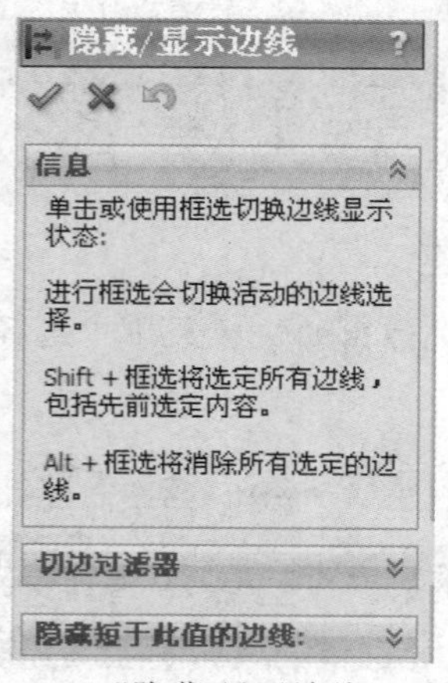

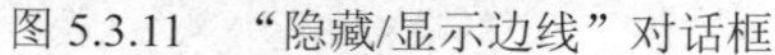

图 5.3.11 “隐藏/显示边线”对话框

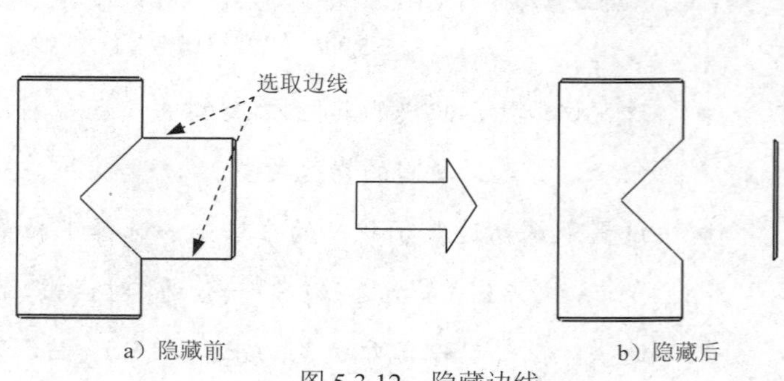

图 5.3.12 隐藏边线

Step3. 显示边线。右击视图，在系统弹出的快捷菜单中选择 命令，系统弹出“隐藏/显示边线”对话框，在图形区选取在 Step2 中隐藏的两条边线（这两条边线显示为橙色），在“隐藏/显示边线”对话框中单击 按钮，完成显示边线，其结果如图 5.3.13b 所示。

a）显示前　　　　b）显示后

图 5.3.13 显示边线

3. 显示隐藏的边线

“显示隐藏的边线”功能是另外一种显示隐藏边线的方法，此方法可以针对指定的特征显示被隐藏的特征边线。下面介绍“显示隐藏的边线”的操作过程。

Step1. 打开工程图文件 D:\sw14.2\work\ch05.03.02\show_hidden_edges. SLDDRW。

Step2. 显示隐藏的边线。

（1） 在图形区中右击工程视图，在系统弹出的快捷菜单中单击 属性... (P) 命令，系统弹出“工程视图属性”对话框（一），在对话框中单击 显示隐藏的边线 选项卡，如图 5.3.14 所示。

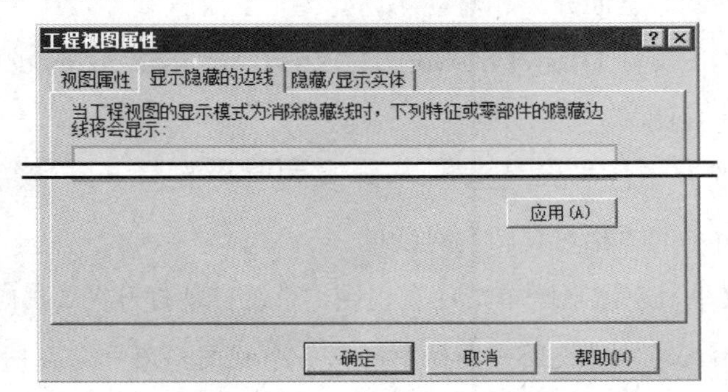

图 5.3.14 “工程视图属性”对话框（一）

（2）在“工程视图 1”对话框上方单击 按钮（即显示设计树），在设计树中依次展开 工程视图1 和 culvert<1> 节点，选择特征 拉伸5 和 拉伸3，此时，图 5.3.15 所示的“工程视图属性”对话框（二）中显示出所选特征。

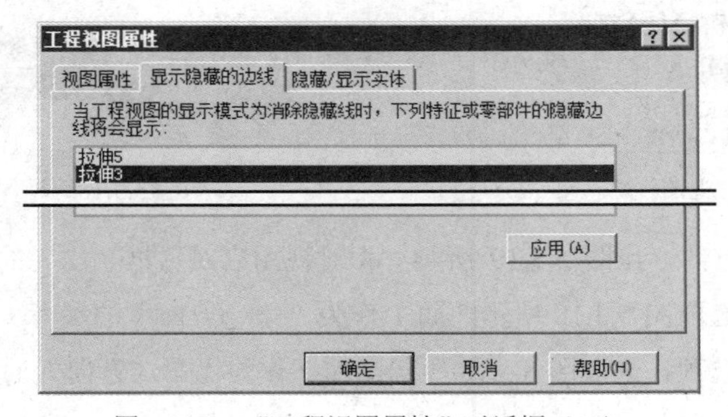

图 5.3.15 “工程视图属性”对话框（二）

（3）在“工程视图属性”对话框中单击 应用(A) 按钮，查看显示结果，确认无误后，单击 确定 按钮，完成“显示隐藏的边线”的操作，结果如图 5.3.16b 所示

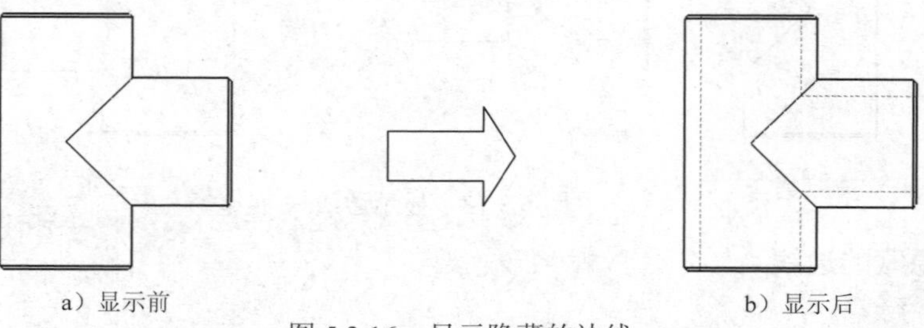

a）显示前　　b）显示后

图 5.3.16　显示隐藏的边线

5.3.3　相对视图

相对视图是利用模型中两个正交的表面或基准面来定义视图方向，从而得到特定视角的视图。在工程图创建过程中，当默认的视图方向不能满足要求时，用户可以使用相对视图来创建所需正交视图。下面介绍相对视图创建的一般过程。

Step1．打开工程图文件 D:\sw14.2\work\ch05.03.03\relative_to_model_view. SLDDRW。

Step2．创建相对视图。

（1）选择命令。选择下拉菜单 插入(I) → 工程图视图(V) → 相对于模型(R) 命令，系统弹出图 5.3.17 所示的“相对视图”对话框（一）。

（2）打开模型文件。在图形区单击任意视图，系统自动打开图 5.3.18 所示的模型文件。

说明：如果要插入的相对视图是图纸中的第一个视图，用户需在图形区右击，在系统弹出的快捷菜单中选择 从文件中插入... (A) 命令，以打开模型文件。

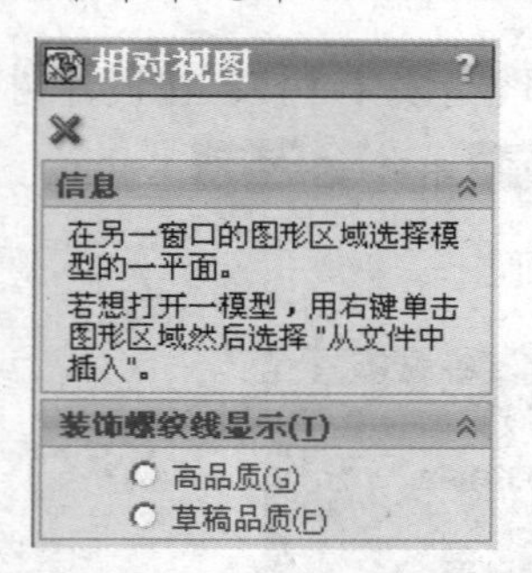

图 5.3.17　“相对视图”对话框（一）

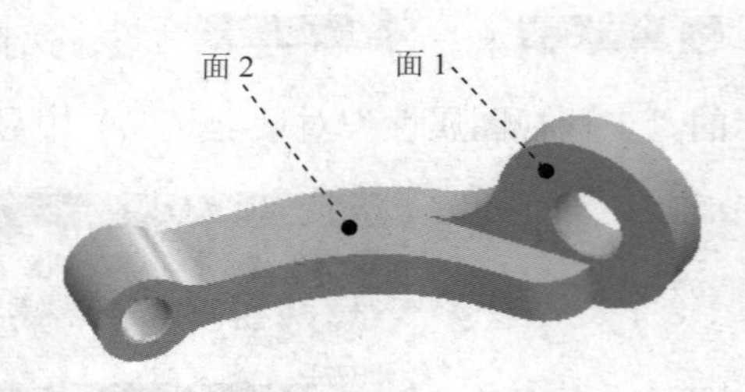

图 5.3.18　零件模型

（3）定义视图方向。在图 5.3.19 所示“相对视图”对话框（二）的 第一方向: 下拉列表中选择 前视 选项，选取图 5.3.18 所示的面 1 作为“第一方向”的参考平面；在 第二方向: 下拉列表中选择 上视 选项，选取图 5.3.18 所示的面 2 作为“第二方向”的参考平面；在“相对视图”对话框（二）中单击 ✔ 按钮，返回到工程图环境。

（4）放置相对视图。在工程图中合适的位置放置相对视图，单击“工程图视图 1”对话框中的 ✔ 按钮，完成相对视图的创建，如图 5.3.20 所示。

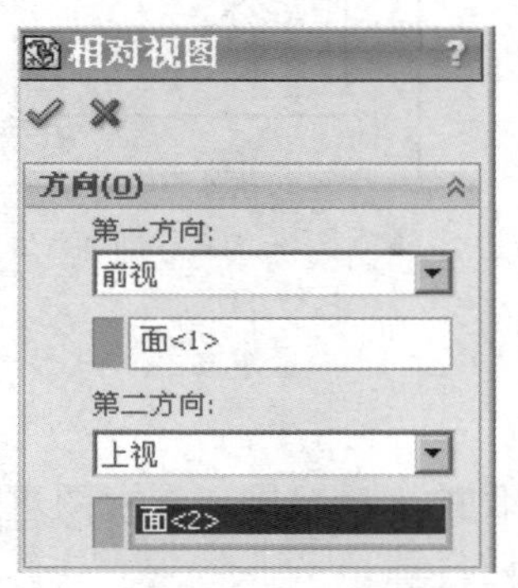

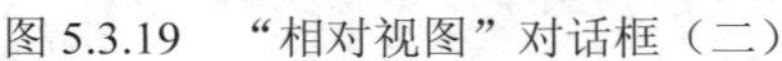
图 5.3.19 “相对视图”对话框（二）

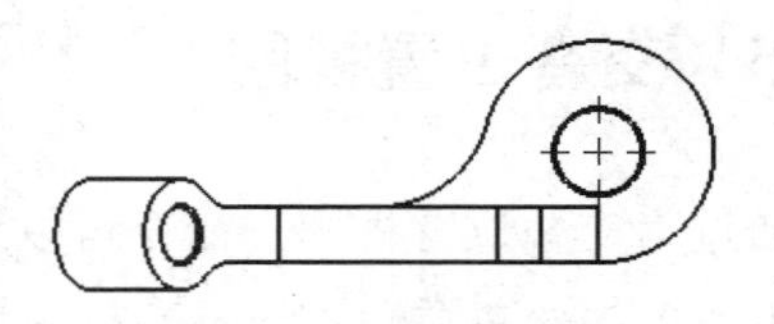
图 5.3.20 相对视图

5.3.4 重合剖面

通过在视图上绘制草图，可以创建重合剖面。下面介绍创建重合剖面的一般过程。

Step1. 打开工程图文件 D:\sw14.2\work\ch05.03.04\earthing_arm.SLDDRW，如图 5.3.21 所示。

Step2. 创建重合剖面。

（1）绘制草图。利用草图工具在图 5.3.22 所示的位置绘制一个圆。

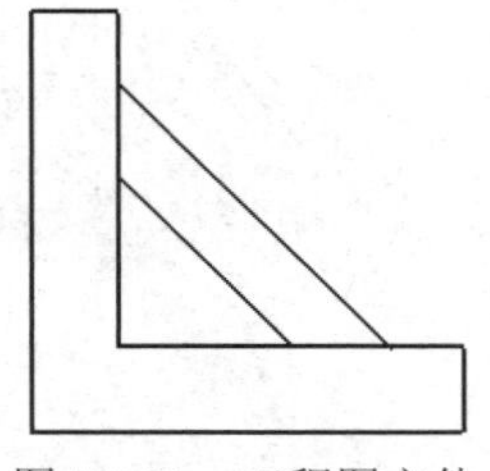
图 5.3.21 工程图文件

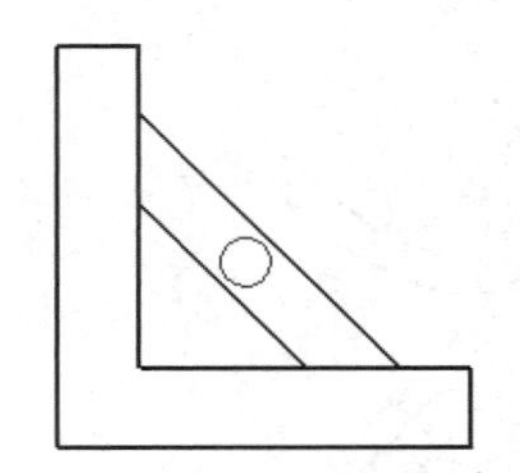
图 5.3.22 绘制草图

（2）添加约束。约束圆与圆两边的边线相切，添加图 5.3.23 所示的尺寸约束。

（3）隐藏尺寸。先选择下拉菜单 视图(V) → 隐藏/显示注解(W) 命令，然后在图形区单击尺寸，按 Esc 键，完成尺寸的隐藏。

（4）插入剖面线。选择下拉菜单 插入(I) → 注解(A) → 区域剖面线/填充(T) 命令，系统弹出“区域剖面线/填充”对话框，在 后的文本框中输入剖面线图样比例值 2.0，其他参数采用系统默认值。在图形区单击所绘制圆的内部作为剖面线区域，最后单击 ✔ 按钮，完成剖面线的添加。

（5）至此，重合剖面视图创建完成，其结果如图 5.3.24 所示。

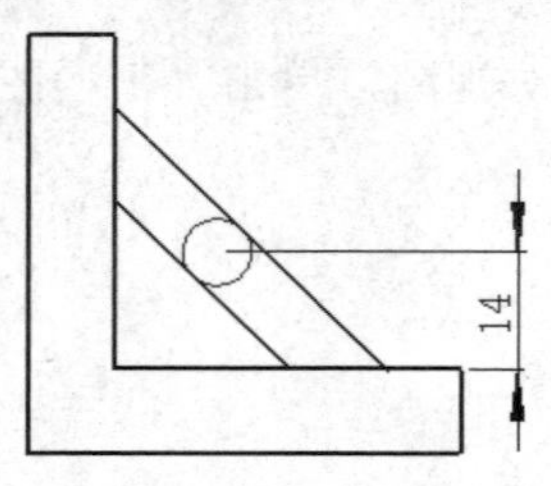

图 5.3.23　添加尺寸约束

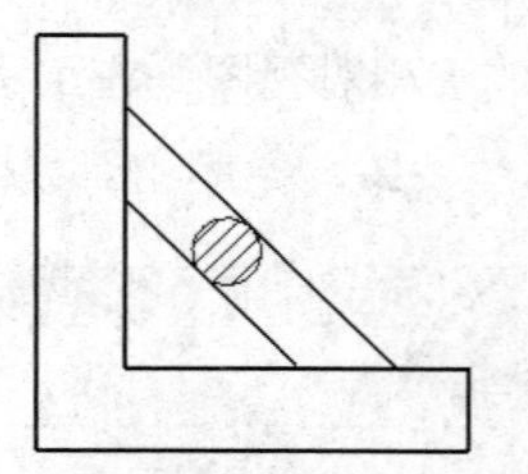

图 5.3.24　重合剖面

5.3.5　交替位置视图

通过“交替位置视图”命令可以显示装配体中零部件的运动范围，该视图重叠在原始视图上，以虚线显示。下面介绍创建交替位置视图的一般过程。

Step1. 打开工程图文件 D:\sw14.2\work\ch05.03.05\alternate_position_view. SLDDRW，如图 5.3.25 所示。

Step2. 创建交替位置视图。

（1）选择命令。选择下拉菜单 插入(I) → 工程图视图(V) → 交替位置视图(T)... 命令，系统弹出“交替位置视图”对话框。

（2）添加新配置。在图形区单击视图，“交替位置视图”对话框如图 5.3.26 所示，在 新配置(N) 下的文本框中更改配置名称为 site_01，单击 ✓ 按钮，系统自动打开图 5.3.27 所示的装配体文件，并弹出“移动零部件”对话框。

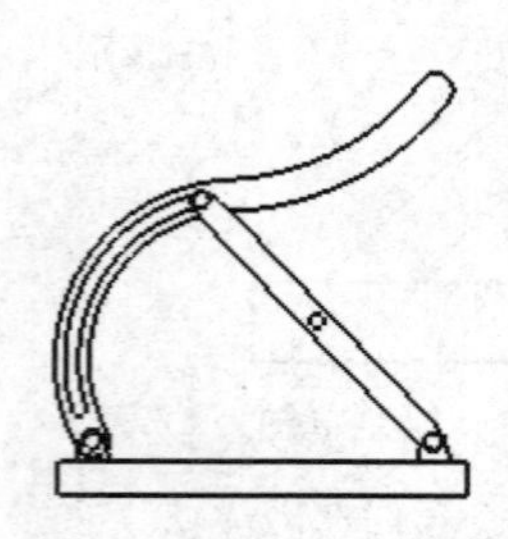

图 5.3.25　工程图文件

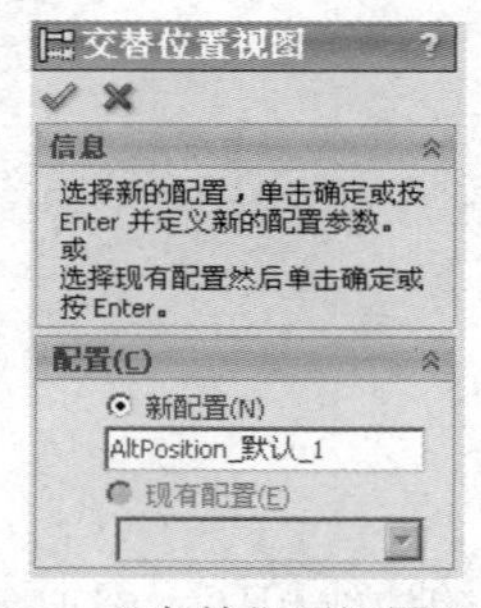

图 5.3.26　“交替位置视图”对话框

图 5.3.27　装配体文件

（3）移动零部件。在图形区中拖动装配体的零件至图 5.3.28 所示的位置，在“移动零部件”对话框中单击 ✓ 按钮，切换到图 5.3.29 所示的工程图文件，完成交替位置视图的创建。

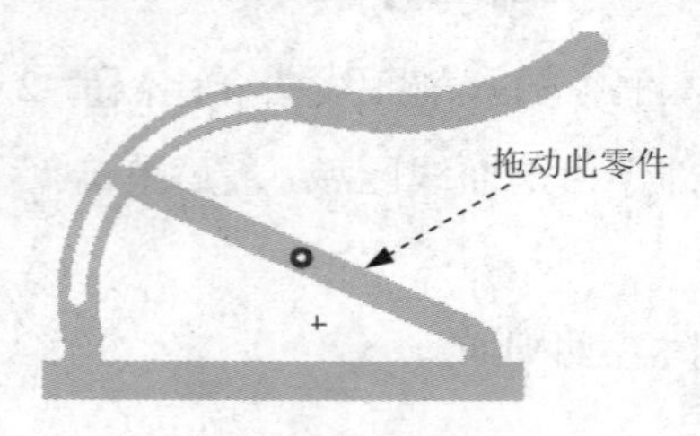

图 5.3.28　移动零部件（一）

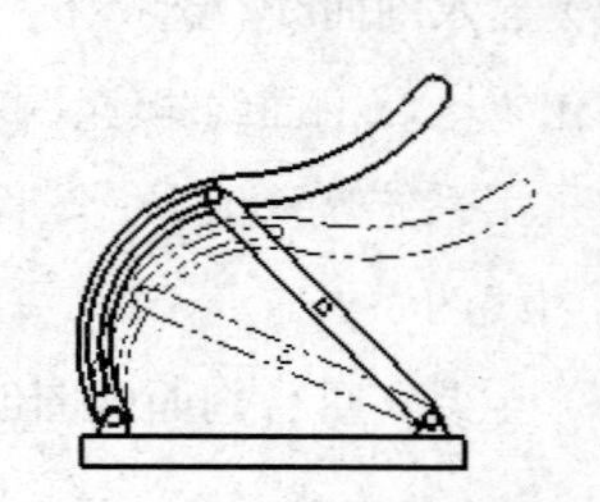

图 5.3.29　交替位置视图（一）

Step3. 参照上面的步骤，继续添加交替位置视图，更改新配置名称为 site_02，拖动装配体的零件至图 5.3.30 所示的位置，添加完成后，工程图如图 5.3.31 所示。

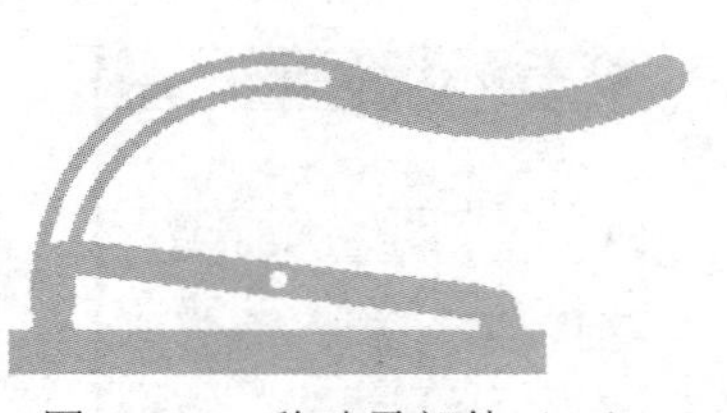
图 5.3.30　移动零部件（二）

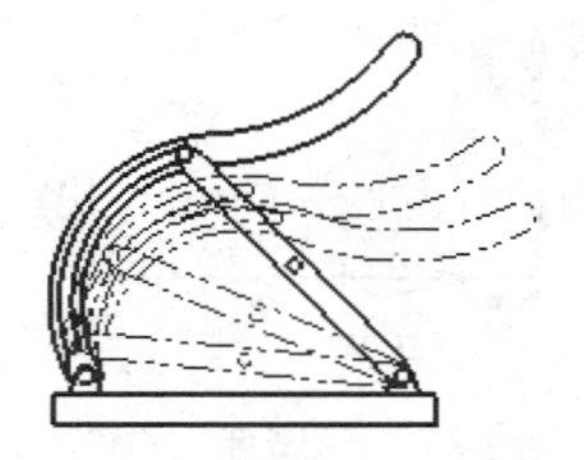
图 5.3.31　交替位置视图（二）

5.4　块　操　作

用户可以将一些常用的工程图项目，如标题栏、标准注释、标签及用户自定义的符号等制作并保存成块，在工程图制作过程中可方便快捷地插入块，大大提高工作效率。块可以是文字、草图实体、零件序号、插入的实体及区域剖面线。

下面以图 5.4.1 所示的锥度符号为例，讲解块的创建、保存和插入的一般过程。

5.4.1　创建块

Step1. 新建工程图。选择下拉菜单 文件(F) → 新建(N)... 命令，在系统弹出的“新建 SolidWorks 文件”对话框中选择“工程图”选项，单击 确定 按钮，进入工程图环境。关闭“模型视图”对话框，然后在模型树中删除 图纸格式1，新建一张空白图纸。

Step2. 绘制草图。绘制图 5.4.2 所示的草图，添加尺寸约束后，选择下拉菜单 视图(V) → 隐藏/显示注解(W) 命令，依次选取图样上的所有尺寸，按下 Esc 键退出命令，尺寸标注全部隐藏，如图 5.4.3 所示。

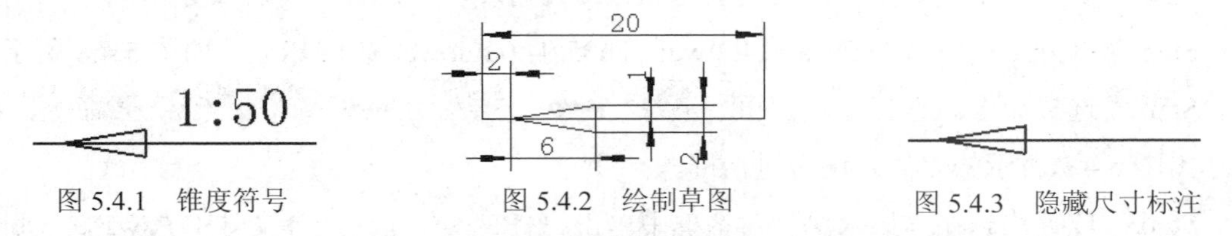

图 5.4.1　锥度符号　　图 5.4.2　绘制草图　　图 5.4.3　隐藏尺寸标注

Step3. 制作块。选择下拉菜单 工具(T) → 块(B) → 制作(M) 命令，系统弹出“制作块”对话框，在图形区中选取所有直线段作为块实体，在“制作块”对话框中单击 插入点(I)，图形中显示图 5.4.4 所示的插入点（黑色箭头）和原点（蓝色坐标轴），分别拖动插入点和原点至图 5.4.5 所示的位置，单击 ✔ 按钮，完成块的制作。

Step4. 编辑块。在图形区中右击此块，在系统弹出的快捷菜单中选择 编辑块(G) 命令，进入块编辑状态；选择下拉菜单 插入(I) → 注解(A) → 注释(N)... 命令，在

图 5.4.6 所示的位置添加数字“1:50”（字体为“宋体”、字高为“3.5”），在图 5.4.7 所示的“注释”对话框的块设定(S)区域中输入标签名称“锥度”，取消选中□只读(R)复选框，单击“注释”对话框的✔按钮，完成注释的添加，单击右上角的按钮，退出块编辑状态。

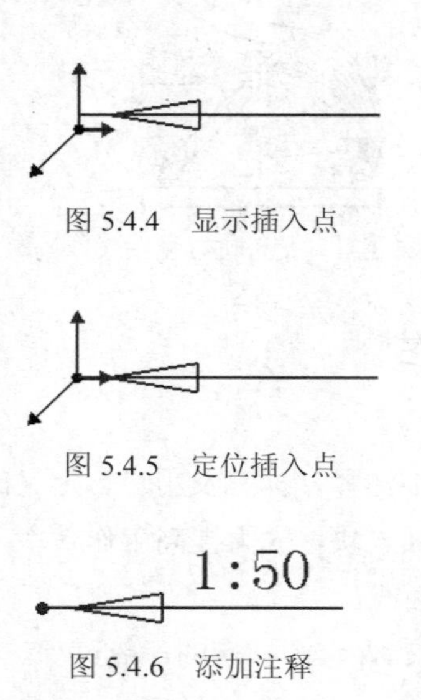

图 5.4.4 显示插入点

图 5.4.5 定位插入点

图 5.4.6 添加注释

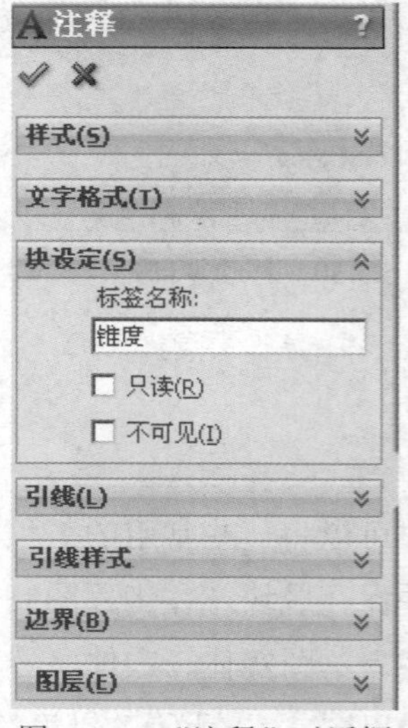

图 5.4.7 “注释”对话框

说明：

- 往块中添加文字时，可以在创建块的时候添加，也可以编辑已有的块来添加文字。
- 在“注释”对话框的块设定(S)区域中选中☑只读(R)复选框，可防止对文字进行修改。

Step5. 保存块。在图形区中右击此块，在系统弹出的快捷菜单中单击保存块(H)命令，将块命名为 block，并保存在指定的文件夹中。

5.4.2 插入块

在插入块时，用户可以自定义块的比例、旋转角度以及是否需要引线等。

Step1. 打开工程图文件 D:\sw14.2\work\ch05.04.02\dowel.SLDDRW，如图 5.4.8 所示。

Step2. 选择命令。选择下拉菜单 工具(T) → 块(B) → 插入(I)... 命令，系统弹出图 5.4.9 所示的“插入块”对话框。

Step3. 放置块。在“插入块”对话框中单击 浏览(B)... 按钮，选择文件 D:\sw14.2\work\ch05.04.02\block.SLDBLK 并打开，在引线(L)区域中单击按钮，在下拉列表中选取图 5.4.10 所示的引线类型，在图 5.4.11 所示的位置放置块，然后单击✔按钮，退出“插入块”环境。

图 5.4.9 所示“插入块”对话框中的各选项说明如下：

- 浏览(B)...：用来选择一个已保存的块文件。

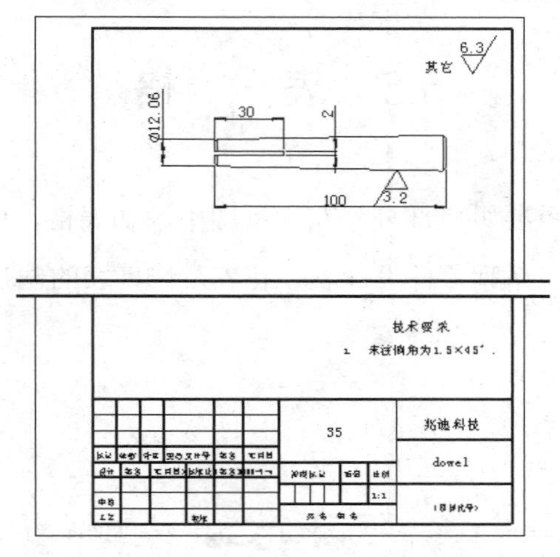

图 5.4.8 打开工程图

图 5.4.9 “插入块”对话框

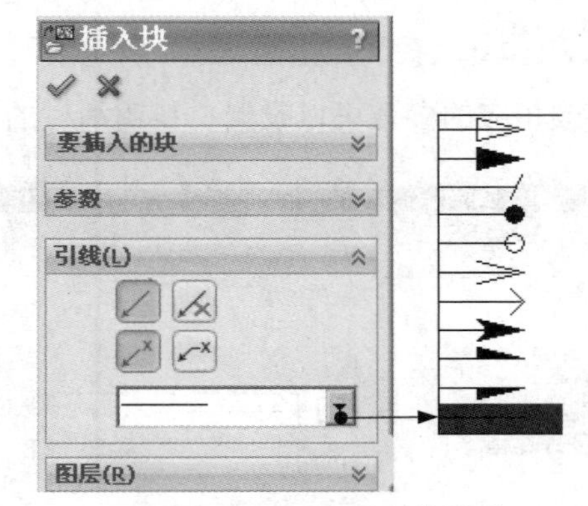

图 5.4.10 定义引线类型

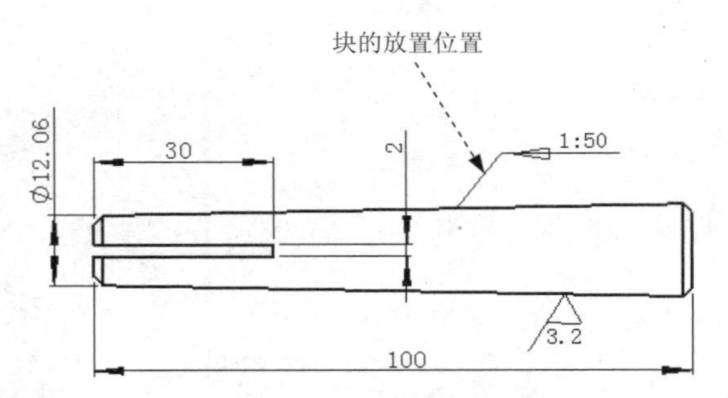

图 5.4.11 放置块

- ：通过改变其后文本框的数值，可设定所插入块的比例，块比例是以块的原点为中心缩放。
- ：通过改变其后文本框的数值可设定所插入块的角度，输入正值时，块将按逆时针方向旋转，块旋转的中心为块的原点。
- 在引线(L)区域中单击按钮时，所插入的块不含引线；当单击按钮时，所插入的块将添加引线，通过其下拉列表可改变引线的类型。

5.5 表　格

表格是工程图的一项重要组成部分，在工程图中添加表格，可以更好地管理数据。本节将详细介绍材料明细栏、系列零件设计表、孔表及修订表的创建和使用。

5.5.1 表格设置

1. 设置表格属性

在工程图环境中，选择下拉菜单 工具(T) → 选项(P)... 命令，系统弹出“系统选项（S）－普通”对话框，在 文档属性(D) 选项卡中单击⊞表格 前的节点，在 表格 分支下面选中 材料明细表，系统弹出图 5.5.1 所示的“文档属性（D）-材料明细表”对话框，在对话框中更改相应的参数可以设置材料明细栏的表格属性。

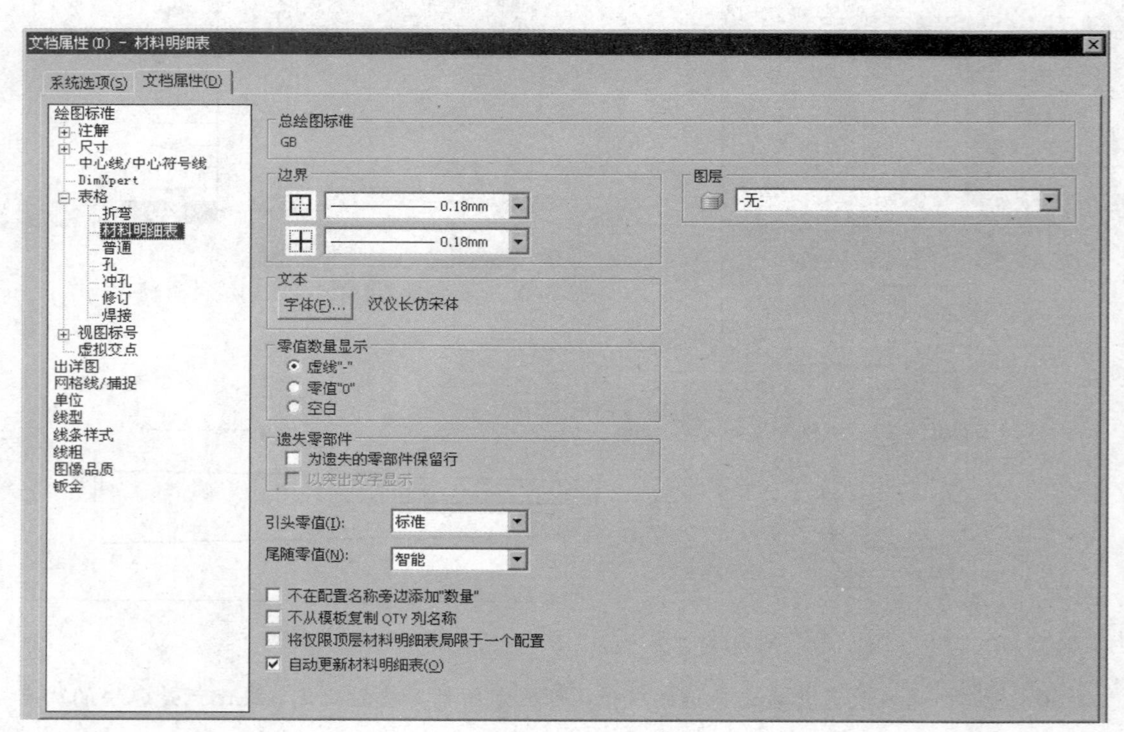

图 5.5.1　“文档属性（D）-材料明细表”对话框

图 5.5.1 所示“文档属性（D）-材料明细表”对话框中的各选项说明如下：

- 零值数量显示：在该区域中可设置当某个零件的数量为零时，在表格中的表示方法，包括 ⊙ 虚线"-"、⊙ 零值"0" 和 ⊙ 空白 三种。

- 遗失零部件：是指那些在材料明细栏里存在但已被删除的零部件。用户可以选择 ☑ 为遗失的零部件保留行 或 ☑ 以突出文字显示。

在表格分支下面选中普通，系统弹出图 5.5.2 所示的"文档属性(D)-普通"对话框，在对话框中更改相应的参数可以设置表格的一般属性。

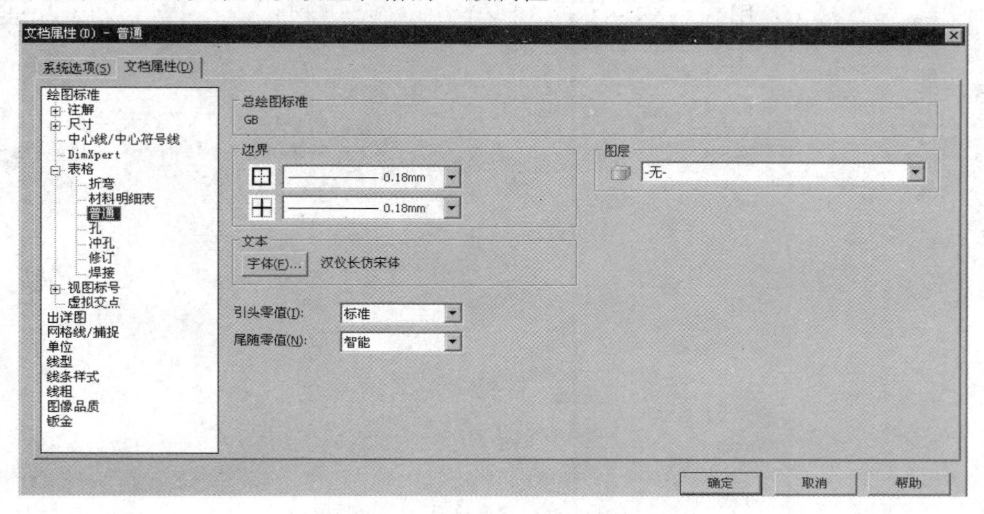

图 5.5.2　"文档属性（D）-普通"对话框

图 5.5.2 所示"文档属性（D）-普通"对话框中的各选项说明如下：

- 边界：在该区域中可设置表格边界线和表格线的线宽。
- 文本：在该区域中单击 字体(F)... 按钮，系统弹出图 5. 5. 3 所示的"选择字体"对话框，在该对话框中可以设置表格文字的字体及样式。

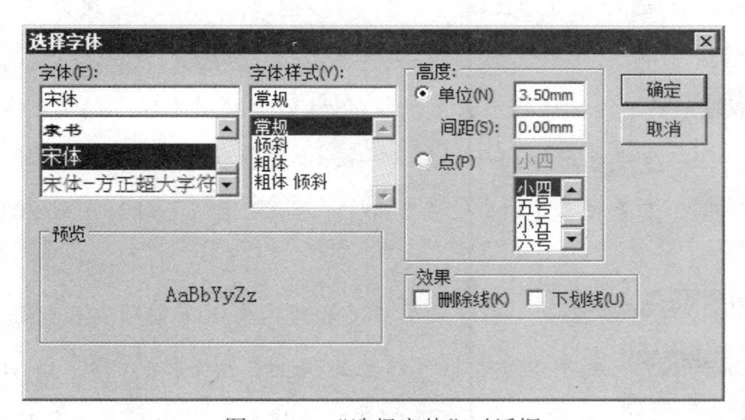

图 5.5.3　"选择字体"对话框

在表格分支下面选中孔，系统弹出图 5.5.4 所示的"文档属性(D)-孔"对话框，在对话框中更改相应的参数可以设置孔表的表格属性。

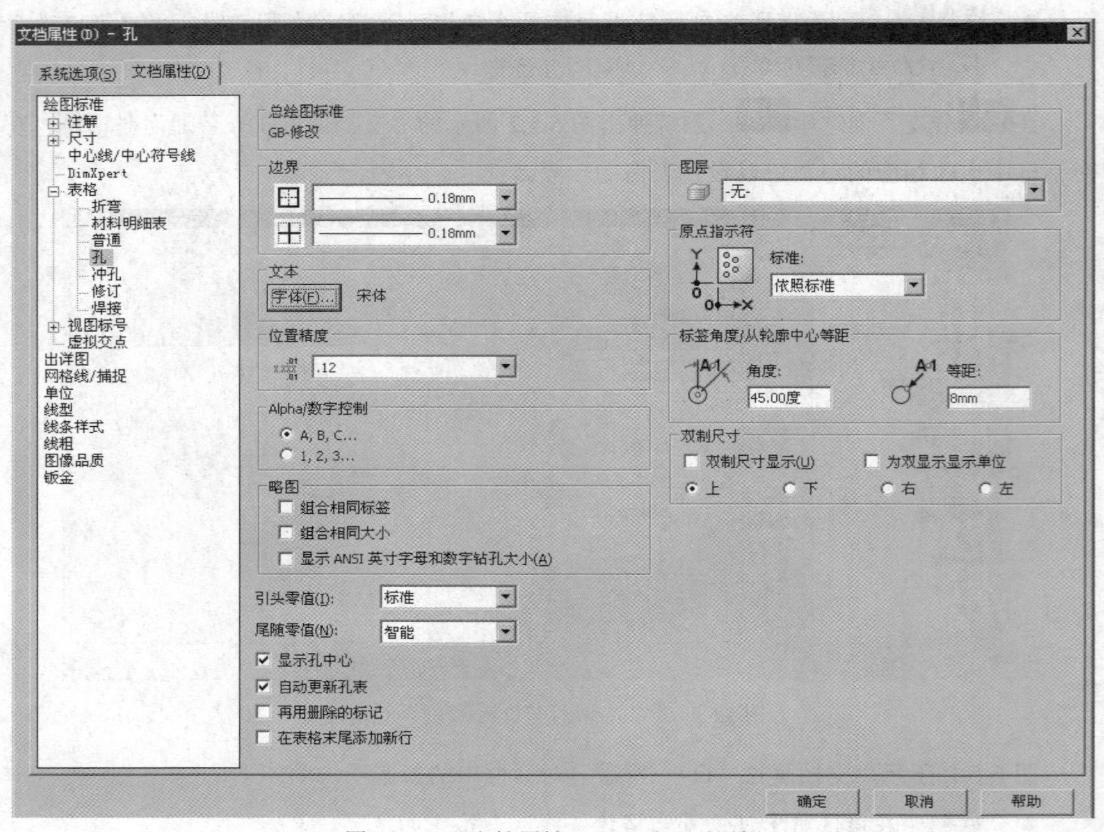

图 5.5.4 “文档属性(D)-孔”对话框

图 5.5.4 所示“文档属性(D)-孔”对话框中的各选项说明如下:

- 原点指示符:通过设置该区域中标准:下拉列表的标准类型,可改变孔表指示符的显示类型。
- Alpha/数字控制:该区域用来设置孔表的“标签”列中序列号的类型。其中 A, B, C... 单选按钮可生成字母序列号, 1, 2, 3... 单选按钮可生成数字序列号。
- 位置精度:设置孔表中“X 位置”和“Y 位置”(即 X 轴和 Y 轴的坐标值)的小数位数。
- 标签角度/从轮廓中心等距:通过设置角度和距离来调节图形中孔标签的位置。
- 组合相同标签:选中该复选框可以合并孔表中大小相同的孔,但保留各自的标签。
- 组合相同大小:选中该复选框可以把孔表中所有大小相同的孔放在同一行中,同时孔表中的“X 位置”和“Y 位置”列将消失。
- 显示孔中心:选中该复选框,图形中将显示孔的中心和标签。
- 自动更新孔表:选中该复选框后,当零件发生改变时,孔表将自动更新。

在表格分支下面选中修订,系统弹出图 5.5.5 所示的“文档属性(D)-修订”对话框,

在对话框中更改相应的参数可以设置修订表的相关参数。

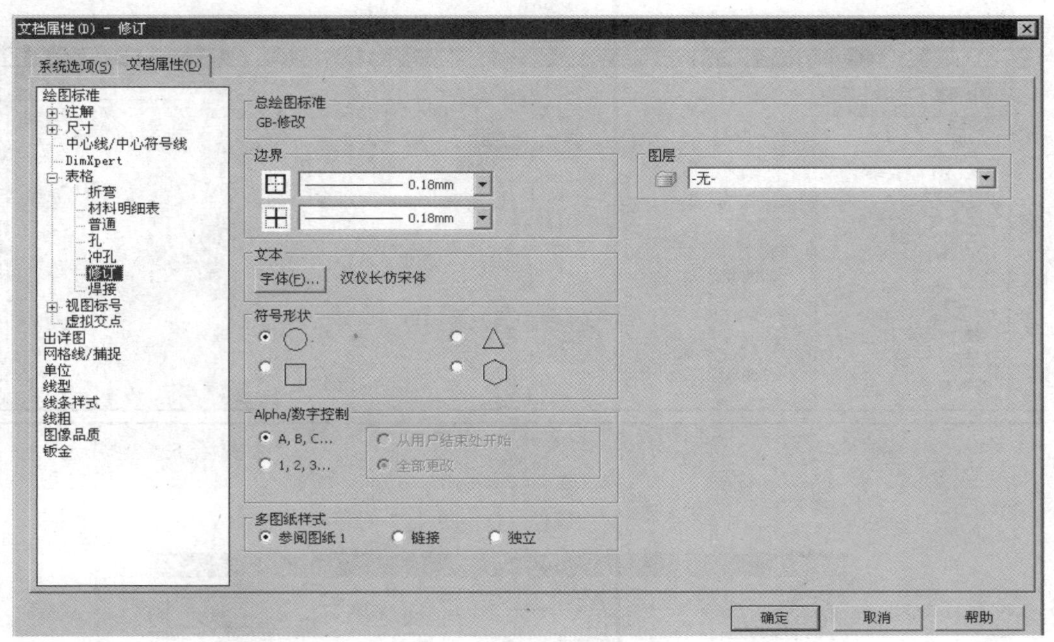

图 5.5.5 “文档属性（D）-修订”对话框

图 5.5.5 所示“文档属性（D）-修订”对话框中的各选项说明如下：

- 符号形状：在该区域中可设置修订符号的形状，包括圆形、三角形、正方形和六边形。
- Alpha/数字控制：在该区域中可设置修订符号的类型，分为字母和数字两种，当选中 从用户结束处开始 单选按钮后，下一次添加的修订符号将使用当前设置的符号类型，选中 更改所有 单选按钮后，所有的修订符号将转换成当前设置的符号类型。
- 多图纸样式：如果工程图中包含多张图纸，此选项用来设置各图纸中修订表之间的关系和体现形式。其中选中 参阅图纸 1 单选按钮，除第一张图纸外的所有图纸，修订表均被标记为参阅图纸 1；选中 链接 单选按钮，所有的图纸中都将创建图纸 1 的副本，修订表将作为整体同时更新；选中 独立 单选按钮，更新修订表不会反映到其他图纸的表格中。

2. 设置表格字体

选择下拉菜单 工具(T) → 选项(P)... 命令，系统弹出“系统选项（S）-普通”对话框，在 文档属性(D) 选项卡下单击 表格 选项，在图 5.5.6 所示的“文档属性（D）-表格”对话框中单击 字体(F)... 按钮，系统弹出图 5.5.7 所示的“选择字体”对话框，设置字体为“楷

体_GB2312”，文字高度为“3.5”，其他属性采用系统默认值。

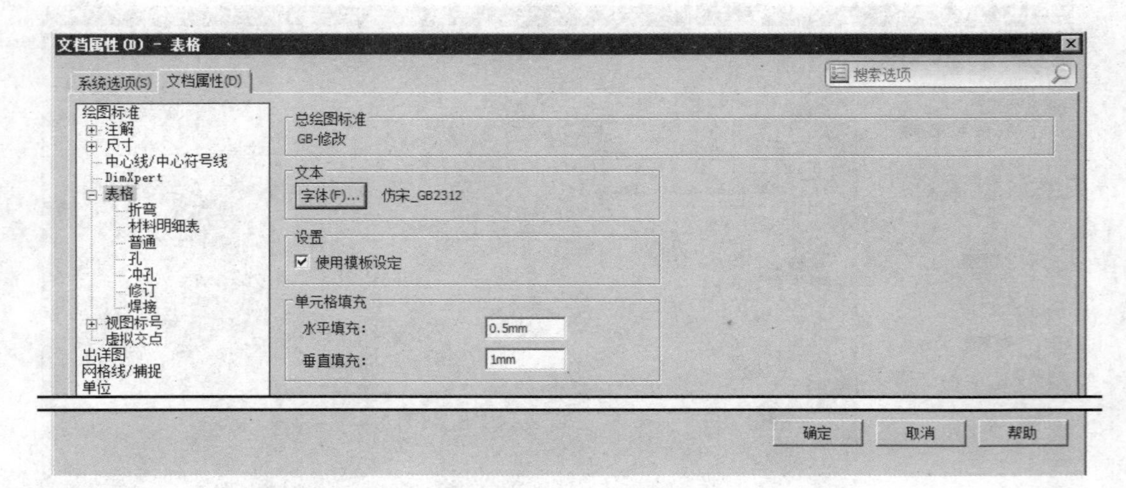

图 5.5.6　“文档属性（D）-表格”对话框

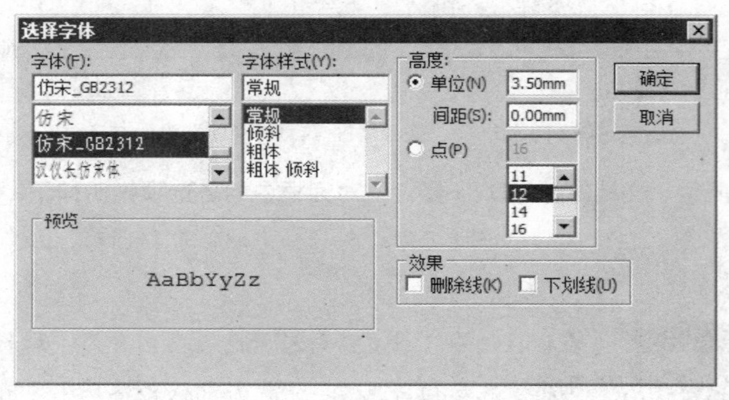

图 5.5.7　“选择字体”对话框

5.5.2　材料明细栏

材料明细栏用于提取装配体工程图中零件或装配组件的参数，如零件名称、材料及零件重量，这些参数是与零件模型中的参数相对应的，默认的材料明细栏包括“项目号”、“零件号”、“说明”和“数量”，用户也可以根据需要编辑材料明细栏，并保存为模板重复使用。下面介绍创建和使用材料明细栏的一般操作步骤。

Stage1．新建材料明细栏

Step1．打开工程图文件 D:\sw14.2\work\ch05.05.02\head_asm. SLDDRW，如图 5.5.8 所示。

Step2．设置定位点。先在设计树中右击 图纸1（或在图形区右击图纸），在系统弹出的快捷菜单中单击 编辑图纸格式 (E) 命令，进入编辑图纸格式状态，再右击图 5.5.9 所示的端点，在系统弹出的快捷菜单中，选择 设定为定位点 → 材料明细表 (B) 命令，然后在设计树中右击⊞ 图纸1，选择 编辑图纸（B） 命令，返回到编辑图纸状态。

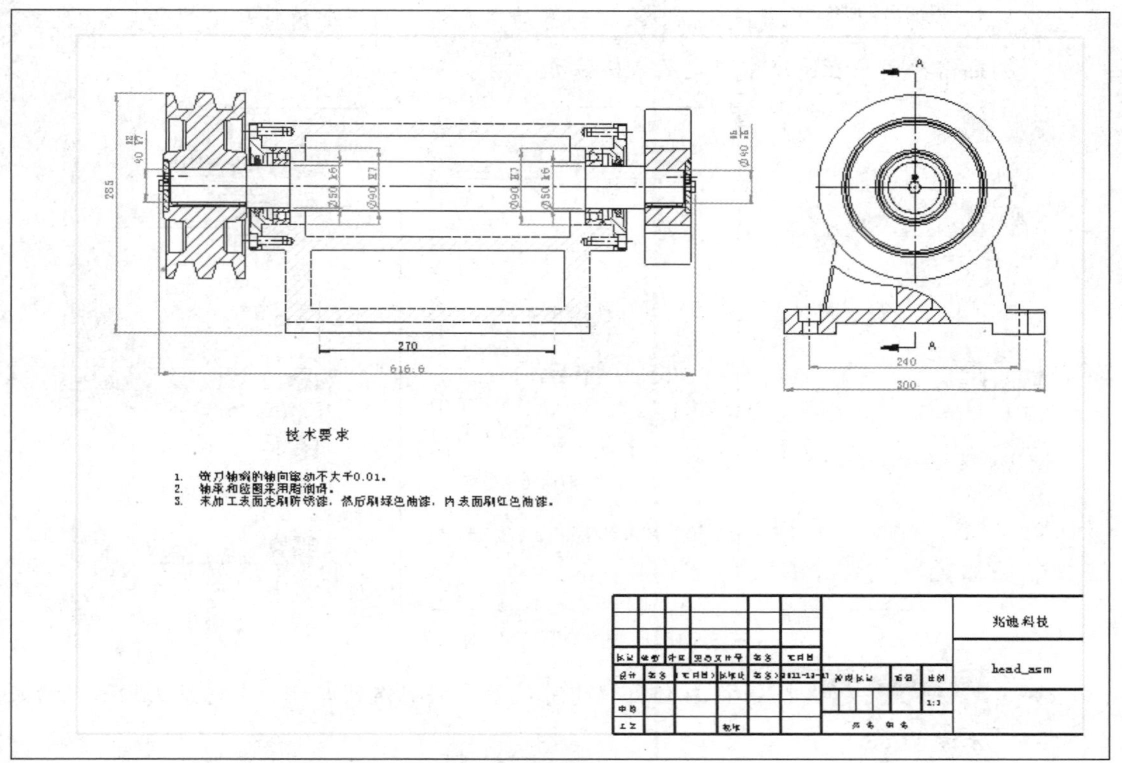

图 5.5.8 打开工程图文件

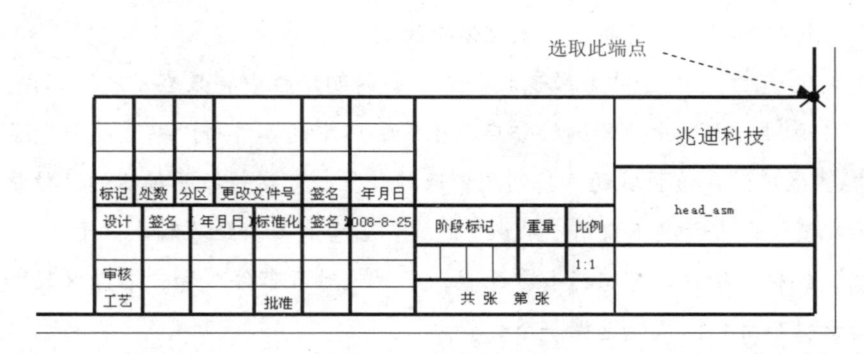

图 5.5.9 设定插入点

Step3. 插入材料明细栏。在下拉菜单中选择 插入(I) → 表格(A) → 材料明细表(B)... 命令，在系统的提示下，选取图 5.5.8 所示的主视图为指定模型，系统弹出图 5.5.10 所示的“材料明细表”对话框，添加图 5.5.10 所示的设置，单击✔按钮，完成材料明细栏的插入。

图 5.5.10 所示“材料明细表”对话框中的各选项说明如下：

- **表格模板(E)** 区域：在该区域中单击按钮，在系统弹出的“选择材料明细表模板”对话框中，选择用户所需的材料明细表模板。

- **表格位置(P)** 区域：如果图纸中已设定了定位点，则在该区域中选中 ☑ 附加到定位点(O) 复选框后，系统会自动将表格中的一个角点与定位点重合；反之，则需要用户在图纸中自定义表格位置。

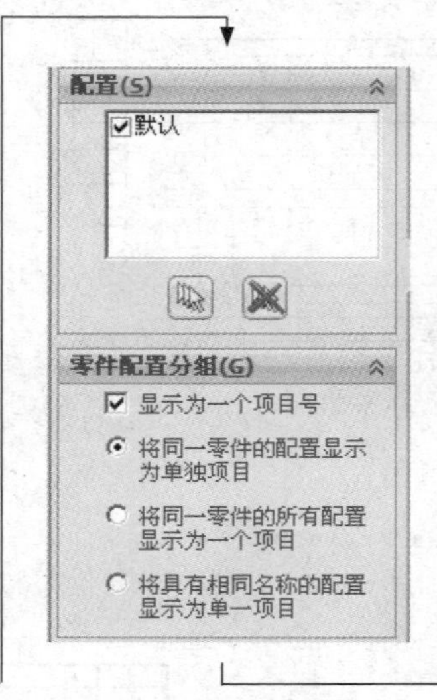

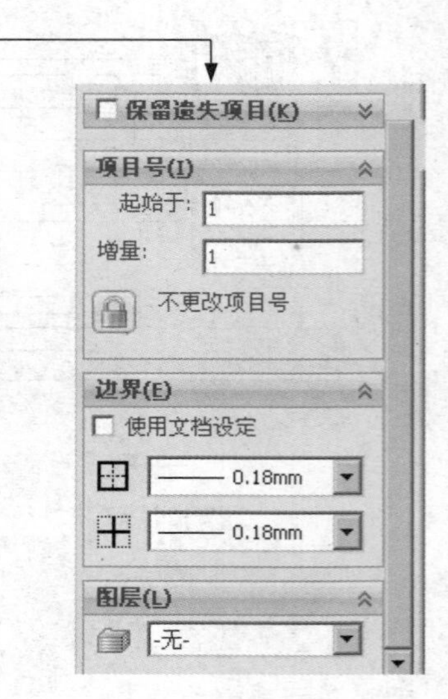

图 5.5.10 “材料明细表”对话框

- **材料明细表类型(Y)** 区域：在该区域中可设置子装配体的零部件在材料明细栏中的显示方式。
  - ☑ ⊙ 仅限顶层：当装配体中既含零件，又含子装配体时，选中此单选按钮后，材料明细栏中将不显示子装配体中的零件。
  - ☑ ⊙ 仅限零件：当选中此单选按钮后，材料明细栏中将只显示所有零件。
  - ☑ ⊙ 缩进：当选中此单选按钮后，子装配体中的零件将以缩进的形式显示。
- **配置(S)** 区域：在该区域的下拉列表中选择配置，可在材料明细栏的“数量”列中显示配置；通常情况下使用“默认”配置，当含有多个配置时，对于“仅限顶层”类型的材料明细栏，可选择多个配置，而“仅对于零件”和“缩进式装配体”类型的材料明细栏，只能选择一个配置。
- **零件配置分组(G)** 区域：在该区域中可设置含有不同配置的零部件在材料明细栏中的显示方式。
  - ☑ ☑ 显示为一个项目号：将所有相同零件但不同配置的项目组合。
  - ☑ ⊙ 将同一零件的配置显示为单独项目：为所有的项目添加单独的编号。
  - ☑ ⊙ 将同一零件的所有配置显示为一个项目：将所有名称相同的零件组合成一个项目。
  - ☑ ⊙ 将具有相同名称的配置显示为单一项目：将所有名称相同的配置组合成一个项目。
- **项目号(I)** 区域：在该区域中可以设置材料明细栏中零部件编号的起始数字和增量值。

☑ 在 起始于: 和 增量: 后的文本框中可分别设置项目号的起始号码和增量值；单击按钮后，当表格中的项目重新排序时不更改项目号。

- 边界(E) 区域：在该区域中，可以设置表格边界的线粗。

☑ 在和后的下拉列表中可分别修改表格边框线和网格线的线粗。

- 图层(L) 区域：在该区域中可选择表格所使用的图层。

Step4. 修改表格位置。先在图形区中单击材料明细栏的任意位置，然后单击表格左上角的角标，在系统弹出的“材料明细表”对话框的 表格位置(P) 区域中单击按钮，使表的右下角与定位原点重合，单击按钮，材料明细栏自动插入到定位点，如图 5.5.11 所示。

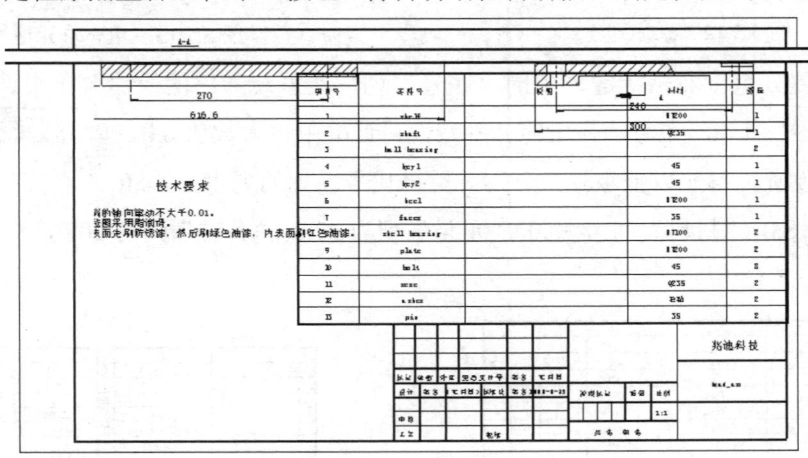

图 5.5.11 新建“材料明细栏”

Stage2. 修改材料明细栏

说明：在材料明细栏中可以通过手动方式添加列或行，并通过编辑单元格来添加项目。

Step1. 在材料明细栏任意位置单击，在系统弹出的快捷工具栏中单击按钮，将表格标题栏置于底层。

Step2. 添加列。在材料明细栏中右击“项目号”列，在系统弹出的快捷菜单中选择 插入 ➡ 右列(A) 命令，按下 Esc 键，关闭 列类型: 对话框，完成列的添加；参照以上步骤，在“材料”列右侧添加列，完成添加后的结果如图 5.5.12 所示。

Step3. 填充单元格。双击表格标题中的“项目号”，更改名称为“序号”；参照以上步骤，在“项目号”右侧的空白标题中添加文字“代号”，“零件号”改为“名称”，“说明”改为“备注”，在第二个空白标题中添加文字“重量”，更改完成后的结果如图 5.5.13 所示。

Step4. 移动列。拖动表格中的“备注”列的列标，将“备注”列放置在表格最右端。拖动“数量”列至“名称”列和“材料”列之间，移动完成后的结果如图 5.5.14 所示。

Step5. 格式化表格。

(1)设置行高。在表格标题列中的任意位置右击，在系统弹出的快捷菜单中选择 格式化

→ 行高度(C) 命令，在系统弹出的“行高度”对话框中输入数值 14.0，单击 确定 按钮，完成行高度的设置；参照以上步骤，设置其他行的行高度值为 7.0。

13		pin		35		2
12		washer		毛毡		2
11		screw		Q235		2
10		bolt		45		8
9		plate		HT200		2
8		shell bearing		HT100		2
7		facer		35		1
6		wheel		HT200		1
5		key2		45		1
4		key1		45		1
3		ball bearing				2
2		shaft		Q235		1
1		shelf		HT200		1
项目号		零件号	说明	材料		数量

图 5.5.12　添加列

13		pin		35		2
12		washer		毛毡		2
11		screw		Q235		2
10		bolt		45		8
9		plate		HT200		2
8		shell bearing		HT100		2
7		facer		35		1
6		wheel		HT200		1
5		key2		45		1
4		key1		45		1
3		ball bearing				2
2		shaft		Q235		1
1		shelf		HT200		1
序号	代号	名称	备注	材料	重量	数量

图 5.5.13　填充单元格

(2) 设置列宽。右击标题列中的“序号”列，在系统弹出的快捷菜单中选择 格式化 → 列宽(A) 命令，在系统弹出的“列宽”对话框中输入数值 8.0，单击 确定 按钮，完成列宽的设置；参照以上步骤，分别设置“代号”列的列宽为 40.0，“名称”列为 44.0，“数量”列为 8.0，“材料”列为 38.0，“重量”列为 22.0，“备注”列为 20.0，格式化完成后的结果如图 5.5.15 所示。

13		pin	2	35		
12		washer	2	毛毡		
11		screw	2	Q235		
10		bolt	8	45		
9		plate	2	HT200		
8		shell bearing	2	HT100		
7		facer	1	35		
6		wheel	1	HT200		
5		key2	1	45		
4		key1	1	45		
3		ball bearing	2			
2		shaft	1	Q235		
1		shelf	1	HT200		
序号	代号	名称	数量	材料	重量	备注

图 5.5.14　移动列

13		pin	2	35		
12		washer	2	毛毡		
11		screw	2	Q235		
10		bolt	8	45		
9		plate	2	HT200		
8		shell bearing	2	HT100		
7		facer	1	35		
6		wheel	1	HT200		
5		key2	1	45		
4		key1	1	45		
3		ball bearing	2			
2		shaft	1	Q235		
1		shelf	1	HT200		
序号	代号	名称	数量	材料	重量	备注

图 5.5.15　格式化表格

Step6. 添加图 5.5.16 所示的水平分割。在序号为 6 的行中右击，在系统弹出的快捷菜单中选择 分割 → 横向下(B) 命令，表格在序号 6 和 5 之间被分割成上下两部分。

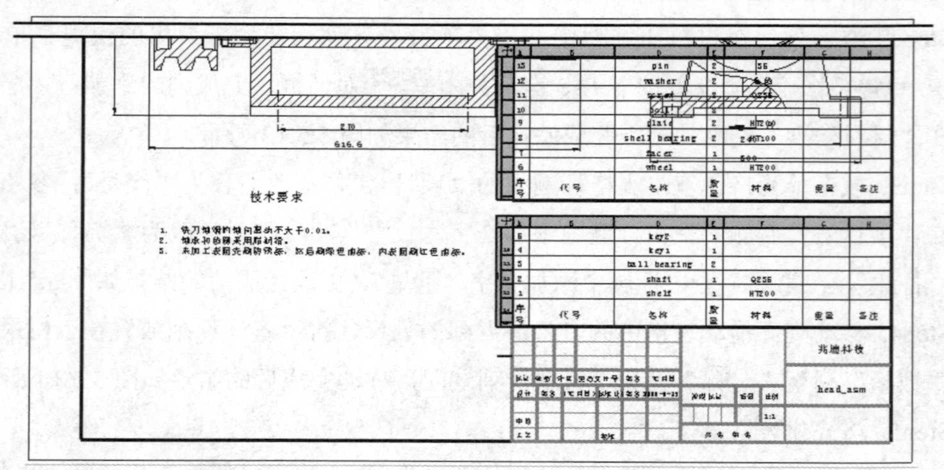

图 5.5.16　水平分割

Step7. 拖动表格被分割的上半部分，使其自动吸附在图 5.5.17 所示的边线。

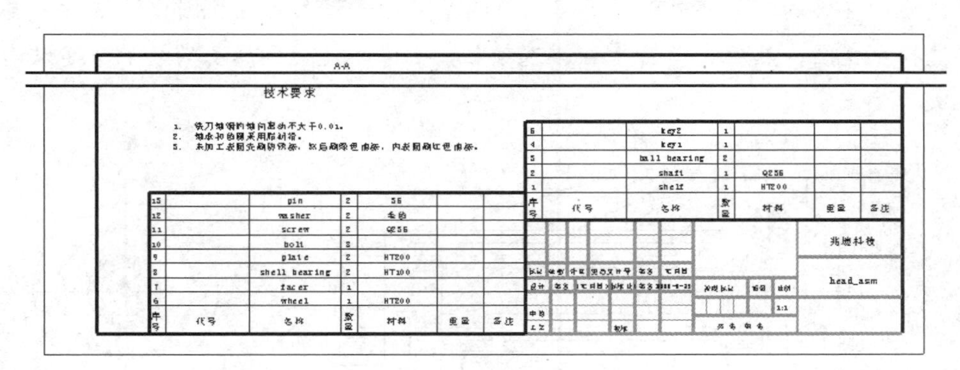

图 5.5.17 拖动表格被分割部分

Stage3. 创建材料明细栏模板

说明：用户可通过保存自定义的材料明细栏来创建一个材料明细栏模板。模板只保存表格的格式，表格的分割将不被保存。

在材料明细栏的任意位置右击，在系统弹出的快捷菜单中选择 另存为(A)...，将模板保存到用户指定的文件夹中，命名为“template”。

Stage4. 在工程图中添加零件序号

Step1. 设置零件序号的引线类型。选择下拉菜单 工具(T) → 选项(P)... 命令，系统弹出“系统选项”对话框，在 文档属性(D) 选项卡下单击 注解 选项，将 边线/顶点(E): 更改为图 5.5.18 所示的类型。

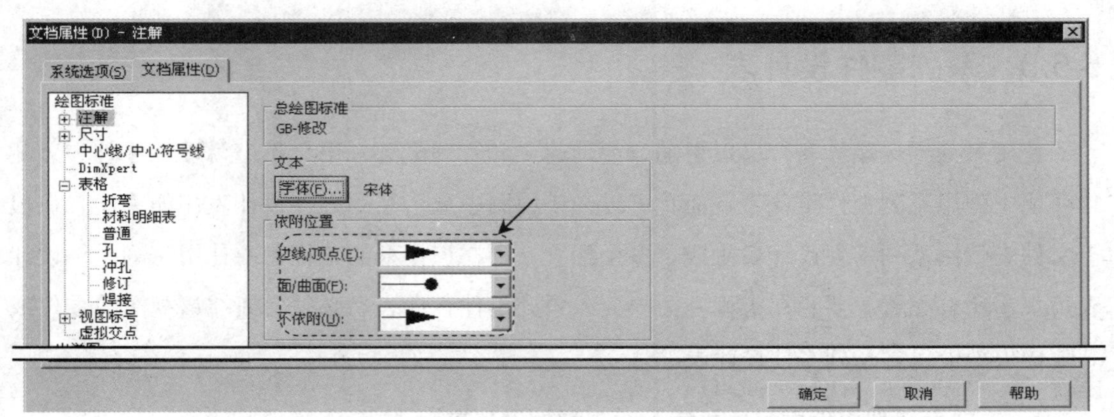

图 5.5.18 “文件属性（D）-注解”对话框

Step2. 在工程图中添加零件序号。选择下拉菜单 插入(I) → 注解(A) → 自动零件序号(N)... 命令，系统弹出“自动零件序号”对话框，在 零件序号布局(O) 区中单击 按钮，选择 面(A) 单选按钮，选取图中的两个视图为插入对象，单击 ✔ 按钮，零件序号结果如图 5.5.19 所示。

说明： 在添加零件序号时，要将大量的零件序号添加到主视图中，这时，要先在视图中选择主视图，然后选择 ⦿ 面(A) 单选按钮，如果不能达到想要的效果，建议读者多尝试几次。

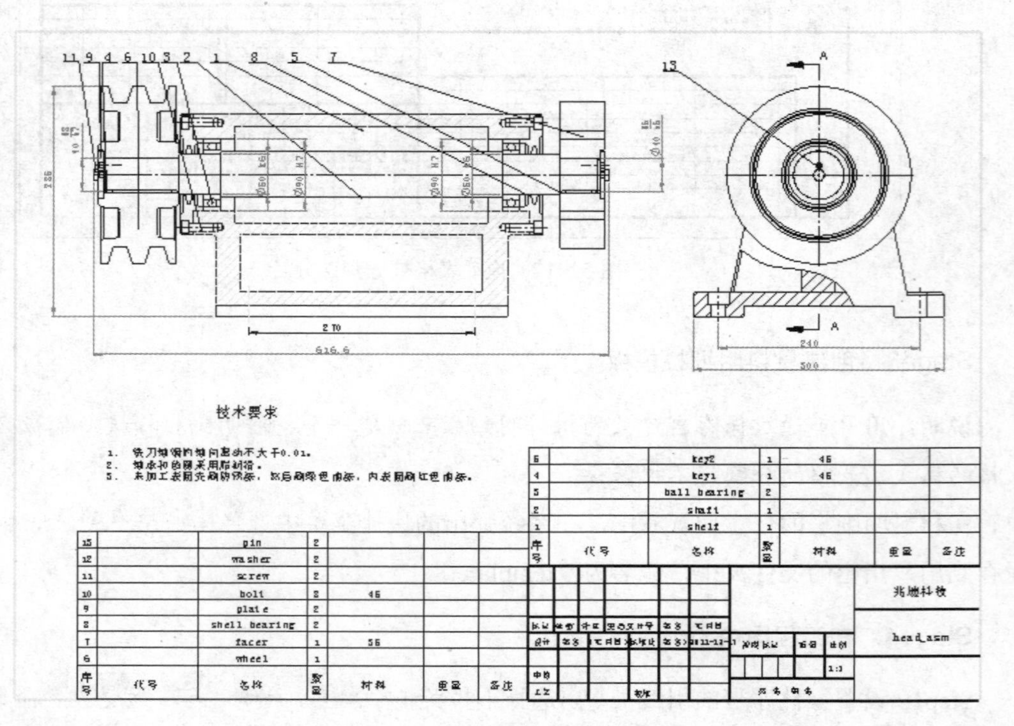

图 5.5.19　添加零件序号

Step3. 至此，该工程视图的材料明细栏创建完成，保存工程图文件。

5.5.3　系列零件设计表

使用系列零件设计表，可以更加方便地建立和管理配置，用户不但可以在零件和装配体环境中使用系列零件设计表，而且可以在工程图中显示系列零件设计表；如果读者在模型文件中使用系列零件设计表生成了多个配置，则在该模型的工程图中使用系列零件设计表可表示所有配置；要想在工程视图中插入系列零件设计表，必须保证在该视图的零件或装配体模型中包含系列零件设计表。

1．在零件模型中生成配置并插入系列零件设计表

Step1. 打开零件模型 D:\sw14.2\work\ch05.05.03\shell bearing.SLDPRT，如图 5.5.20 所示。

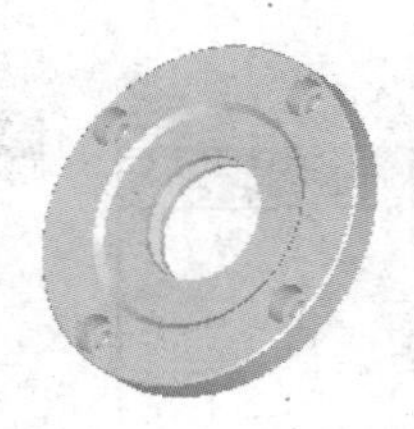

图 5.5.20　零件模型

Step2. 添加新配置。

（1）单击设计树顶部的配置选项卡，系统显示图 5.5.21 所示的配置树；在配置树中右击 shell bearing 配置节点，在系统弹出的快捷菜单中选择 添加配置...(T) 命令，系统弹出图 5.5.22 所示的“添加配置”对话框。

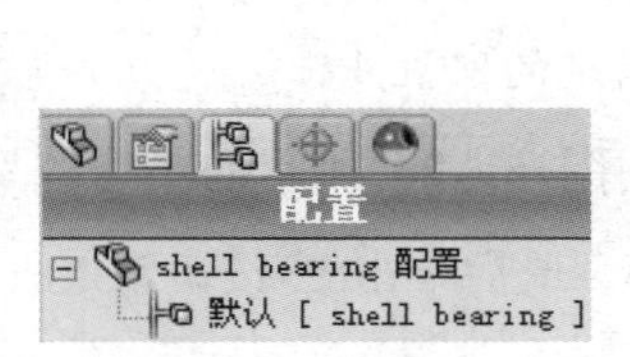

图 5.5.21　配置区域

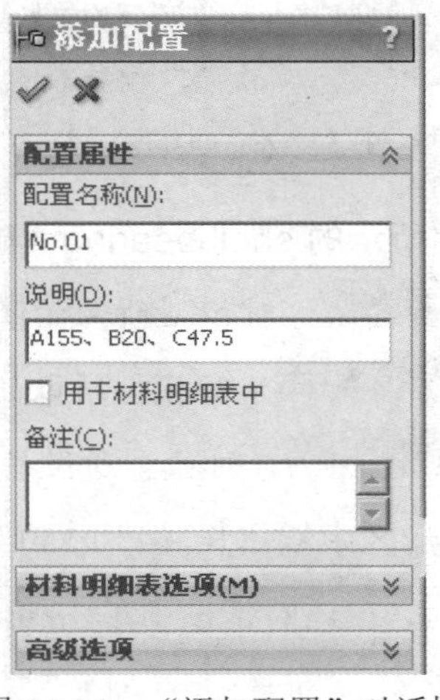

图 5.5.22　“添加配置”对话框

（2）在“添加配置”对话框中分别输入图 5.5.22 所示的“配置名称”和“说明”，其他设置采用系统默认值（其中，“配置名称”为新建配置的名称，“说明”是对该配置进行简要描述）。

（3）单击按钮，完成新配置的添加。

Step3. 配置零件尺寸。

（1）单击设计树顶部的“设计树”选项卡，显示设计树。

（2）在设计树中，展开 拉伸1 节点后，双击 草图1（在 Instant3D 开启的情况下，只需要选中 草图1，便可以看到尺寸）， 草图1 的尺寸出现在图 5.5.23 所示的图形区中。

（3）单击尺寸“Φ150”，系统弹出图 5.5.24 所示的“尺寸”对话框，在 主要值(V) 区域中单击 配置(C)... 按钮，系统弹出图 5.5.25 所示的 shell bearing（确定配置类型）对话框，选中 此配置(T) 单选按钮，单击 确定 按钮。

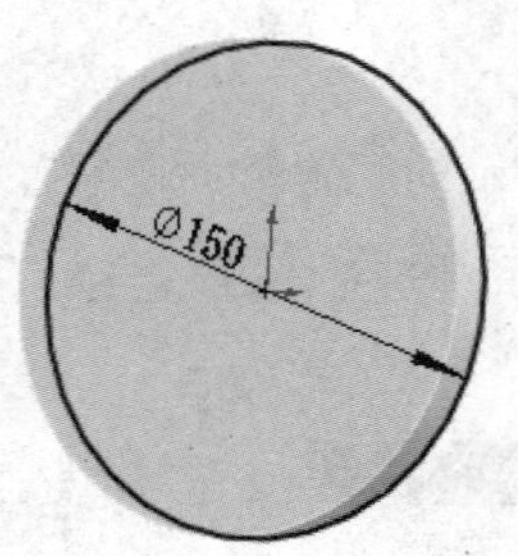

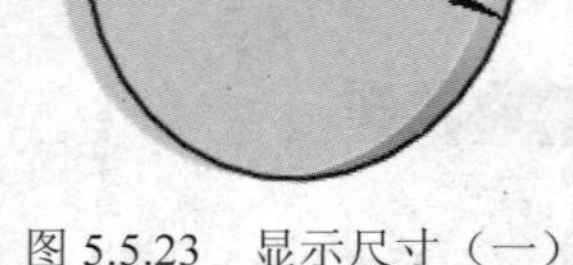
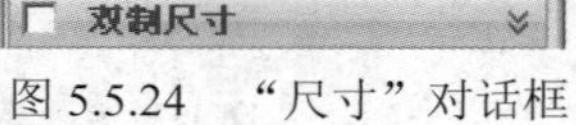

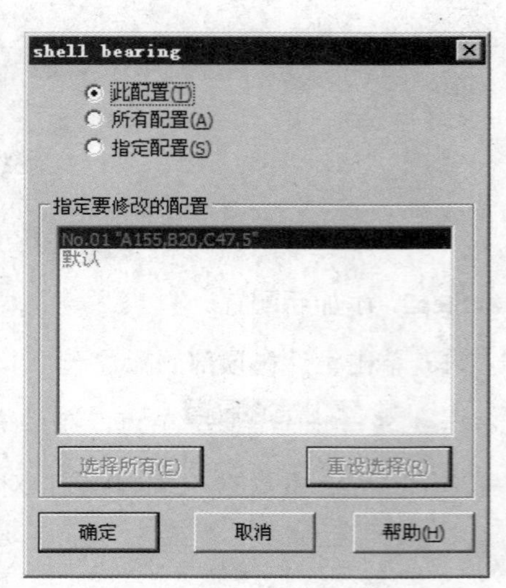

图 5.5.23　显示尺寸（一）　　图 5.5.24　“尺寸”对话框　　图 5.5.25　shell bearing 对话框

图 5.5.25 所示的 shell bearing（确定配置类型）对话框中各选项的功能说明如下：

- 此配置(T)：对模型所做的修改只反映到当前配置中。
- 所有配置(A)：对模型所做的修改将反映到模型的所有配置中。
- 指定配置(S)：对模型所做的修改只反映到指定的配置中。

（4）在图形区中双击尺寸“Φ150”，在系统弹出的图 5.5.26 所示的“修改”对话框中输入数值 155.0，在该对话框中单击按钮，重新建模，最后单击按钮，完成尺寸修改。

说明：

- 在图 5.5.26 所示的“修改”对话框中也可以确定配置类型，单击中的按钮，在图 5.5.27 所示的下拉列表中选择所需的选项来确定配置类型。

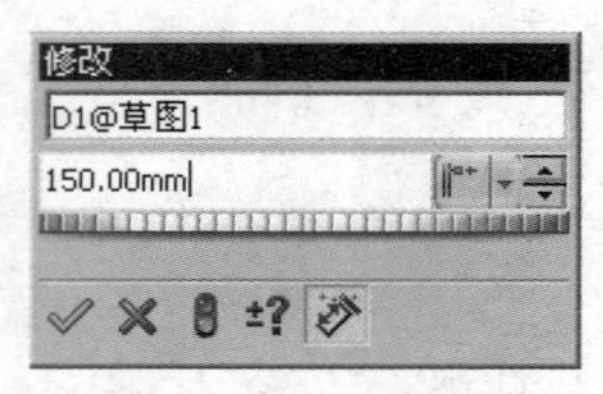

图 5.5.26　“修改”对话框

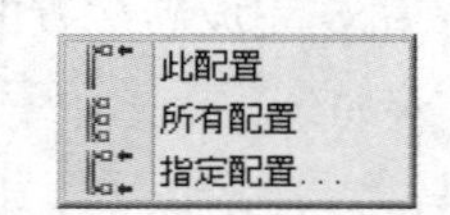

图 5.5.27　配置类型下拉列表

- 在修改尺寸“Φ150”时，选中草图1，在图形区中右击该尺寸，在系统弹出的快捷菜单中选择配置尺寸 (H)命令，系统弹出图 5.5.28 所示的“修改配置(M)”对话框，在No. 01后的文本框中输入相应的数值，来修改尺寸。

图 5.5.28　“修改配置（M）”对话框

- 通过图 5.5.28 所示的“修改配置（M）”对话框可以直接添加新配置，在该对话框中单击以激活<生成新配置.>，输入新配置的名称，在任意位置单击，完成新配置的添加。

（5）在“尺寸”对话框中单击✔按钮，完成“草图 1”的尺寸配置。

（6）在设计树中展开旋转1，双击草图2，草图2的尺寸出现在图 5.5.29 所示的图形区中，双击图中的尺寸“R45”，在系统弹出的“修改”对话框中，输入数值 47.5，单击该对话框中的按钮，在系统弹出的下拉列表中选择此配置选项，单击按钮，重新建模，单击✔按钮，完成“草图 2”的尺寸配置。

Step4. 配置零件特征。在设计树中双击拉伸1，拉伸1的尺寸出现在图 5.5.30 所示的图形区中。双击图中的尺寸“15”，在系统弹出的“修改”对话框中输入数值 20.0，单击该对话框中的按钮，在系统弹出的下拉列表中选择此配置选项，单击按钮，重新建模，单击✔按钮，完成拉伸 1 特征的配置。

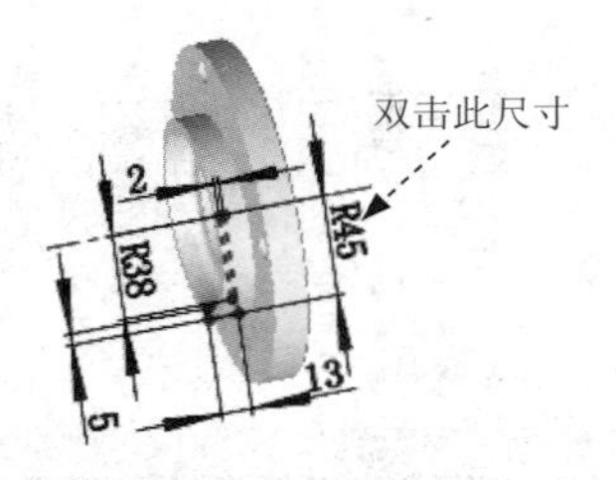

图 5.5.29　显示尺寸（二）

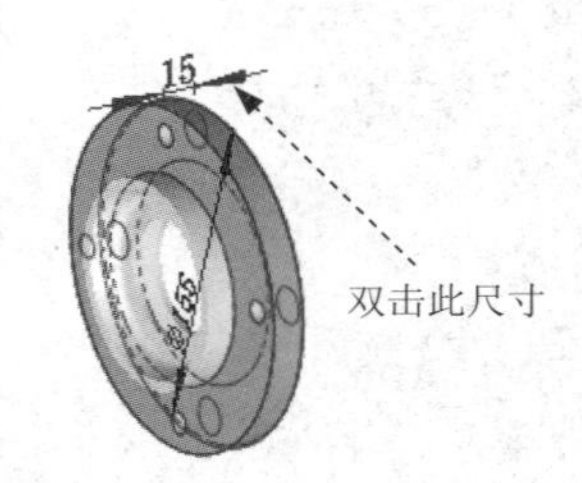

图 5.5.30　显示尺寸（三）

Step5. 添加第二个新配置。

（1）在设计树顶部单击以激活配置选项卡，在配置区域中右击shell bearing 配置（No.01），在系统弹出的快捷菜单中选择添加配置...（I）命令，系统弹出“添加配置”对话框。

（2）在“添加配置”对话框中配置属性区域中的配置名称(N):文本框中输入“No.02”，在

说明(D):文本框中输入“A160、B25、C50”，其他设置采用系统默认值，单击✔按钮。

（3）参照 Step3 和 Step4，将“草图 1”中的尺寸“Φ155”更改为“160.0”、“草图 2”中的尺寸“R47.5”更改为“50.0”、“拉伸 1”中的尺寸“20”更改为“25.0”，配置类型均选择“此配置”。

Step6. 插入系列零件设计表。选择下拉菜单 插入(I) → 表格(T) → 设计表(D)... 命令，系统弹出图 5.5.31 所示的“系列零件设计表”对话框，采用系统默认设置值，单击✔按钮，系统弹出系列零件设计表；在表格中先右击“$公差@D1@草图 7”单元格，在系统弹出的快捷菜单中选择 删除(D)... 命令，在“删除”对话框中选中 整列(C) 单选按钮，按照同样的方法删除“D1@草图 7”所在列，如图 5.5.32 所示；然后右击设计表左上角的角标，在系统弹出的快捷菜单中选择 设置单元格格式(F)... 命令，在“单元格格式”对话框的 数字 选项卡中选择 文本 选项，单击 确定 按钮，其结果如图 5.5.33 所示。

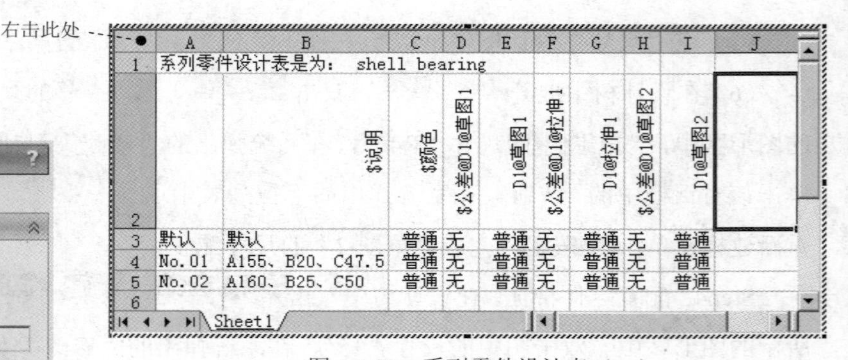

图 5.5.32　系列零件设计表（一）

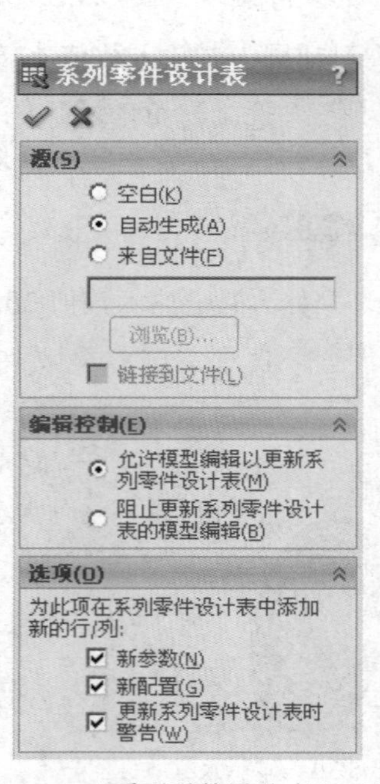

图 5.5.31　“系列零件设计表”对话框

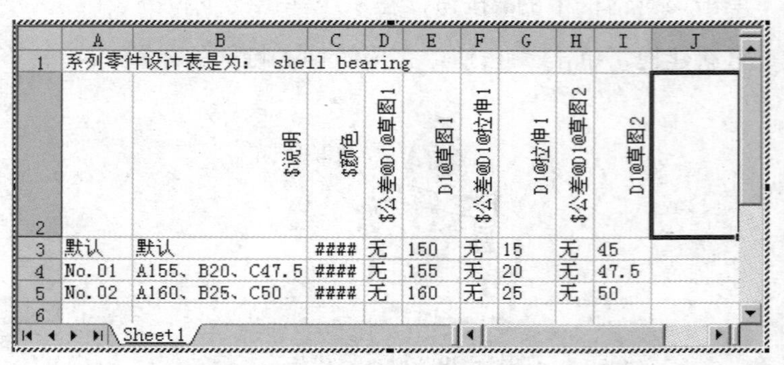

图 5.5.33　系列零件设计表（二）

图 5.5.31 所示“系列零件设计表”对话框中的各选项说明如下：

● 源(S) 区域：设置系列零件设计表的插入方式。

☑ ⊙ 空白(K)：选中此单选按钮，将插入空白的系列零件设计表，用户可自行设置参数和参数值；在系列零件设计表打开的情况下，通过双击特征或尺寸，可以将所选项目自动添加到系列零件设计表中。

☑ 自动生成(A)：利用模型中现有的配置自动生成系列零件设计表。

☑ 来自文件(F)：单击 浏览(B)... 按钮，打开一个现有的 Microsoft Excel 表格来建立系列零件设计表；当选中 ☑ 链接到文件(L) 复选框后，系列零件设计表将与所选的 Excel 文件建立连接，即在 SolidWorks 外部对 Excel 文件所做的任何修改都会反映到 SolidWorks 的设计表和模型中；反之，在 SolidWorks 中对系列零件设计表所做的修改，也会更新 Excel 文件。

- **编辑控制(E)** 区域：设置零件模型是否与系列零件设计表关联。

☑ 允许模型编辑以更新系列零件设计表(M)：对模型所做的修改将自动反映到系列零件设计表中。

☑ 阻止更新系列零件设计表的模型编辑(B)：如果在模型中所做的修改将更新系列零件设计表，则该修改将被阻止。

- **选项(O)** 区域：选中 ☑ 新参数(N) 复选框或 ☑ 新配置(G) 复选框后，当用户在模型中添加了新的参数或配置后，系统会提示用户是否在表格中添加新的行或列；选中 ☑ 更新系列零件设计表时警告(W) 复选框后，在系列零件设计表更新前，系统将提示用户注意。

Step7. 在系列零件设计表中添加项目。在系列零件设计表中单击图 5.5.34 所示的空白列标题单元格，然后在设计树中双击 拉伸2 特征，表格中显示"拉伸 2"在当前配置中的状态为"解除压缩"，如图 5.5.35 所示；单击图形区右上角的✔按钮（或在图形区任意位置单击），关闭系列零件设计表。

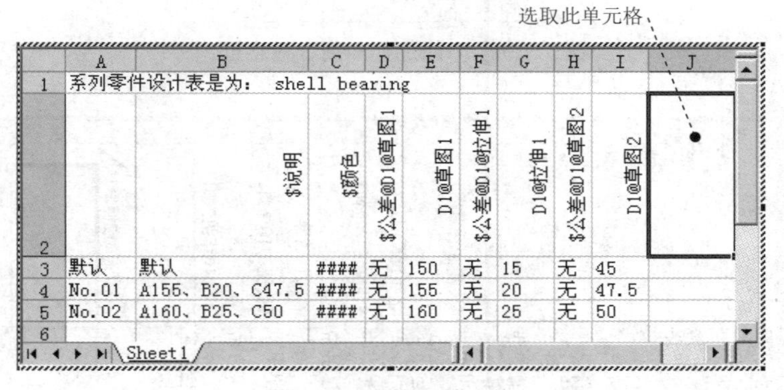

	A	B	C	D	E	F	G	H	I	J
1	系列零件设计表是为: shell bearing									
2		$说明	$颜色	$公差@D1@草图1	D1@草图1	$公差@D1@拉伸1	D1@拉伸1	$公差@D1@草图2	D1@草图2	
3	默认	默认	####	无	150	无	15	无	45	
4	No.01	A155、B20、C47.5	####	无	155	无	20	无	47.5	
5	No.02	A160、B25、C50	####	无	160	无	25	无	50	
6										

Sheet1

图 5.5.34　选择单元格

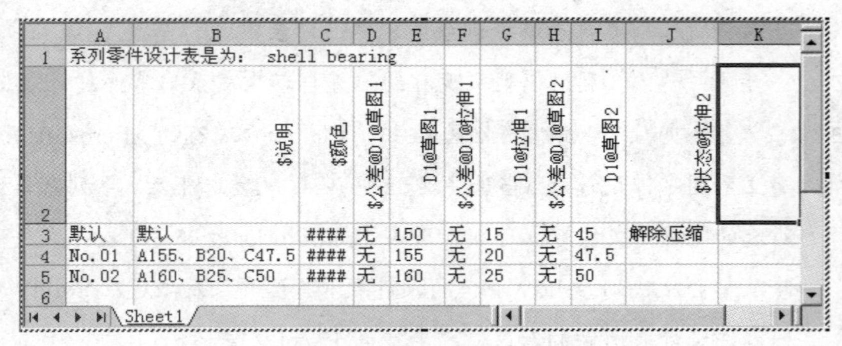

	A	B	C	D	E	F	G	H	I	J	K
1	系列零件设计表是为: shell bearing										
2		$说明	$颜色	$公差@D1@草图1	D1@草图1	$公差@D1@拉伸1	D1@拉伸1	$公差@D1@草图2	D1@草图2	$状态@拉伸2	
3	默认	默认	####	无	150	无	15	无	45	解除压缩	
4	No.01	A155、B20、C47.5	####	无	155	无	20	无	47.5		
5	No.02	A160、B25、C50	####	无	160	无	25	无	50		
6											

Sheet1

图 5.5.35 添加项目

Step8. 修改系列零件设计表。在选项卡中单击表格前的节点，右击系列零件设计表，在系统弹出的快捷菜单中选择编辑表格(B)命令，在系统弹出的图 5.5.36 所示的“添加行和列”对话框中，采用系统默认值，单击确定(O)按钮，打开图 5.5.37 所示的系列零件设计表，此时“拉伸 2”的状态已应用到所有配置中，并且“解除压缩”用符号“U”来表示，在图 5.5.38 所示的位置输入符号“S”(更改“拉伸 2”在默认配置中的状态为“压缩”)，在绘图区空白处单击关闭表格，可观察到“拉伸 2”已压缩。

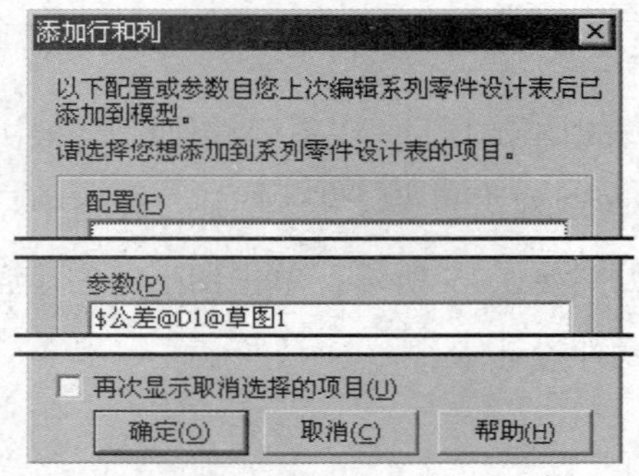

图 5.5.36 “添加行和列”对话框

	A	B	C	D	E	F	G	H	I	J	K
1	系列零件设计表是为: shell bearing										
2		$说明	$颜色	$公差@D1@草图1	D1@草图1	$公差@D1@拉伸1	D1@拉伸1	$公差@D1@草图2	D1@草图2	$状态@拉伸2	
3	默认	默认	####	无	150	无	15	无	45	U	
4	No.01	A155、B20、C47.5	####	无	155	无	20	无	47.5	U	
5	No.02	A160、B25、C50	####	无	160	无	25	无	50	U	
6											

Sheet1

图 5.5.37 系列零件设计表（三）

图 5.5.37 所示的“系列零件设计表”说明如下：

- 在表格中的第一行为表格的标题，其格式为：“系列零件设计表：模型名称”。
- 第二行为列标题单元格，在该行中，大多数参数包含“关键字”和符号$和@，其语法为：$关键字@实例<编号>，其中“实例”为实例的名称，“编号”为整数形式的实例编号，例如，标题“$状态@拉伸 2”表示实例名称为“拉伸 2”的状态，“$状态@bearing<2>”表示实例名称为“bearing”的第二个零部件的状态。
- 单元格 A3 为第一个配置的默认名称（默认或第一实例），用户也可以根据需要改变其名称；在 A3、A4 等单元格中输入配置名称时，名称中不能包括“\”或“@”字符。
- 与列标题相对应的单元格为配置值单元格，如 B3、B4、B5、C3、C4、D3、D4 等，用户可通过手动输入配置，也可以通过在图形区或设计树中双击特征或尺寸来输入，双击特征或尺寸时，其相应的数值会出现在当前使用的配置行中。
- 在配置值单元格中，“S”表示“压缩”，“U”表示“解除压缩”，“R”表示“还原”，“Y”表示“是”，“N”表示“否”，表示 RGB 颜色的 32 位整数表示“颜色”（如 225 表示红色），其中字母不区分大小写。

Step9. 保存系列零件设计表。打开系列零件设计表，先将图 5.5.38 所示的“S”改为“U”，即拉伸 2 在默认配置中的状态改为“解除压缩”；然后在 选项卡中右击 系列零件设计表，在系统弹出的快捷菜单中单击 保存表格... (D) 命令，在“保存系列零件设计表”对话框中，输入文件名为 table，单击 保存(S) 按钮，将表格保存到指定文件夹中。

	A	B	C	D	E	F	G	H	I	J	K
1	系列零件设计表是为：shell bearing										
2		$说明	$颜色	$公差@D1@草图1	D1@草图1	$公差@D1@拉伸1	D1@拉伸1	$公差@D1@草图2	D1@草图2	$状态@拉伸2	
3	默认	默认	####	无	150	无	15	无	45	S	
4	No.01	A155、B20、C47.5	####	无	155	无	20	无	47.5	S	
5	No.02	A160、B25、C50	####	无	160	无	25	无	50	S	
6											

Sheet1

图 5.5.38　更改状态

Step10. 至此，该零件模型的配置和系列零件设计表已添加完成，保存零件模型，并退出建模环境。

2. 在工程图中插入系列零件设计表

Step1. 打开工程图文件 D:\sw14.2\work\ch05.05.03\shell bearing.SLDDRW，如图 5.5.39 所示。

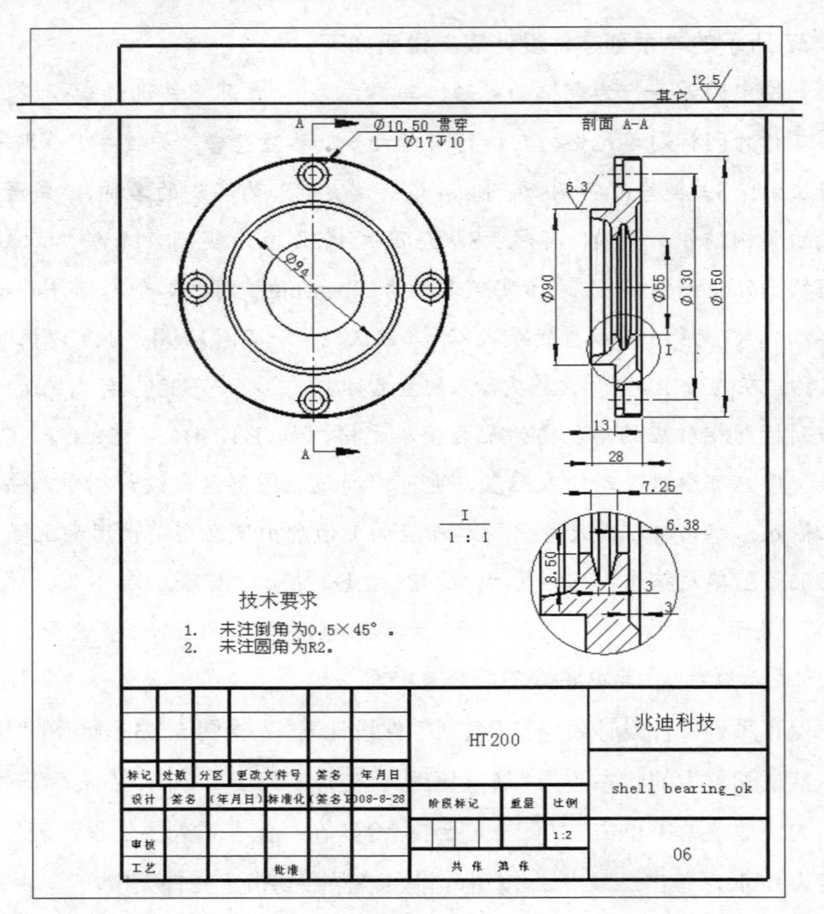

图 5.5.39　打开工程图文件

Step2. 插入系列零件设计表。先单击工程图中的主视图，然后选择下拉菜单 插入(I) → 表格(A) → 设计表(D)... 命令，完成系列零件设计表的插入，拖动表格至图 5.5.40 所示的位置。

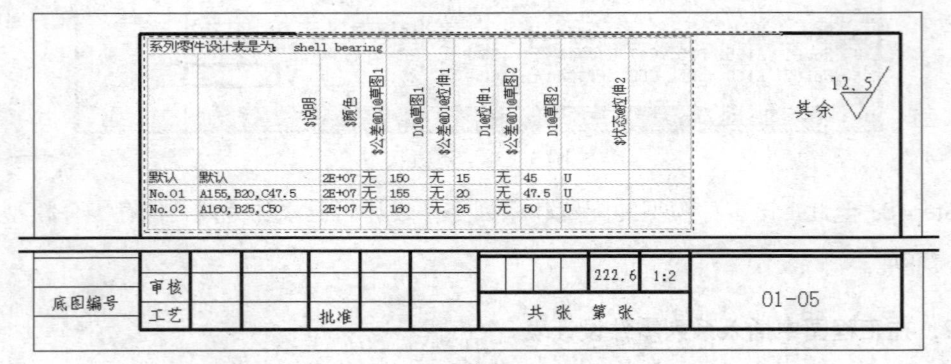

系列零件设计表是为: shell bearing										
	$说明	$颜色	$公差@D1@草图1	D1@草图1	$公差@D1@拉伸1	D1@拉伸1	$公差@D1@草图2	D1@草图2	$状态@拉伸2	
默认	默认	2E+07	无	150	无	15	无	45	U	
No.01	A155,B20,C47.5	2E+07	无	155	无	20	无	47.5	U	
No.02	A160,B25,C50	2E+07	无	160	无	25	无	50	U	

图 5.5.40　插入系列零件设计表

Step3. 编辑表格。

（1）在工程图中双击系列零件设计表，在系统弹出的“添加行和列”对话框中单击

取消(C)按钮，系统将打开该工程图的零件模型并激活系列零件设计表。

（2）插入列。右击图 5.5.41a 所示设计表中第一列的列标“A”，在系统弹出的快捷菜单中选择插入(I)命令，在所选列的左侧插入图 5.5.41b 所示的新列。

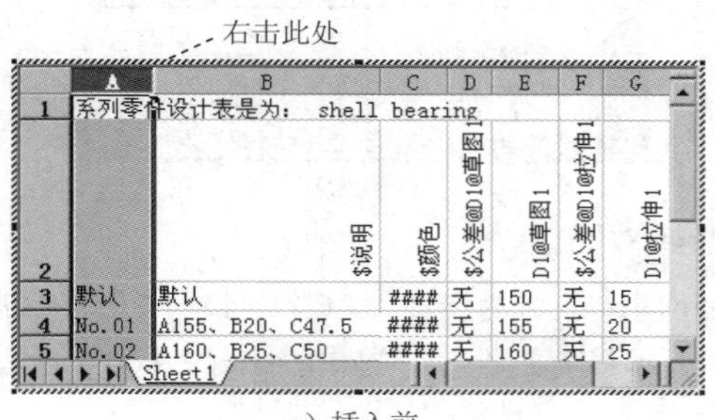

a）插入前

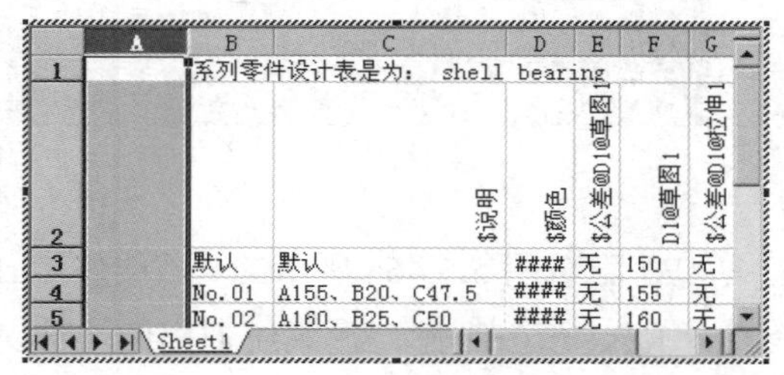

b）插入后

图 5.5.41 插入列

（3）在新列中添加图 5.5.42 所示的文字。在“A”列第 3 行中输入“No.00”；第 4 行中输入“No.01”；第 5 行中输入“No.02”。

（4）插入行。右击设计表中第二行（标题行）的行标“2”，在系统弹出的快捷菜单中选择插入(I)命令，在所选行上面插入图 5.5.43 所示的新行。

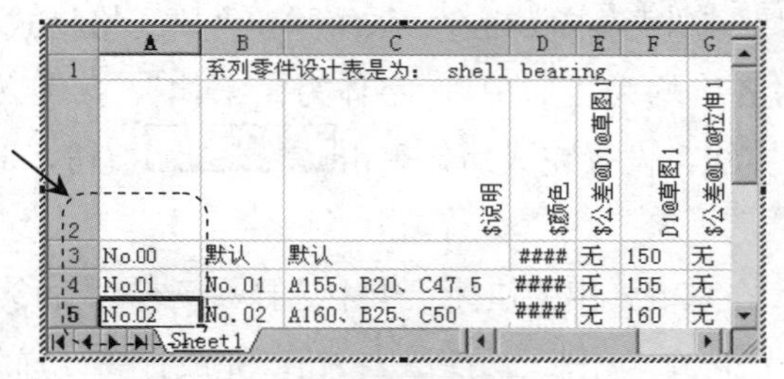

图 5.5.42 在新列中添加文字

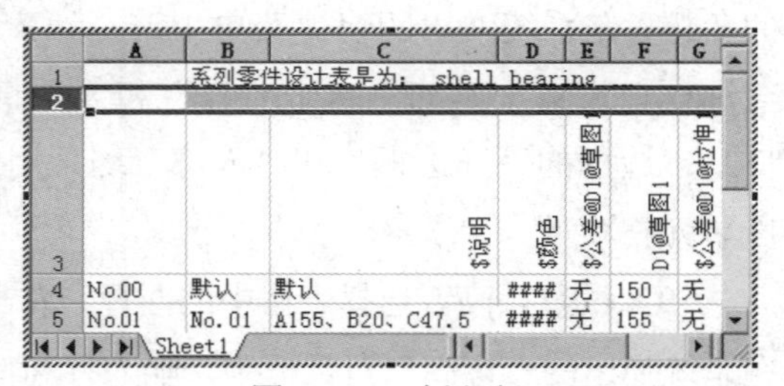

图 5.5.43 插入行

（5）在新行中添加图 5.5.44 所示的文字。其中在第 2 行第“F”列中输入“A”，第“H”列输入“B”，第“J”列输入“C”。

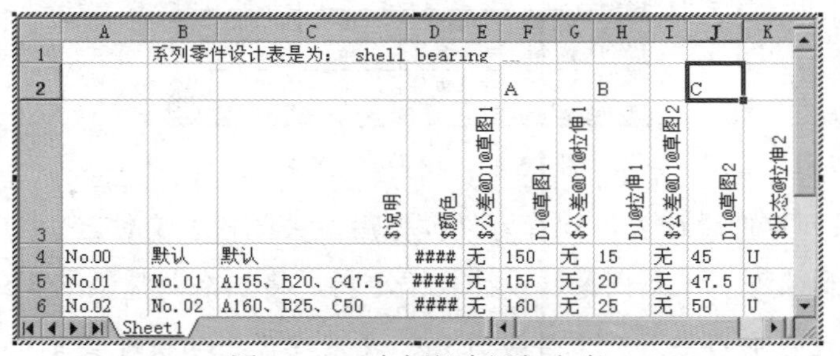

图 5.5.44 在新行中添加文字

（6）隐藏图 5.5.45a 所示的两行。按住 Ctrl 键，分别选取行标“1”和“3”，右击，在系统弹出的快捷菜单中选择隐藏(H)命令，隐藏后的结果如图 5.5.45b 所示。

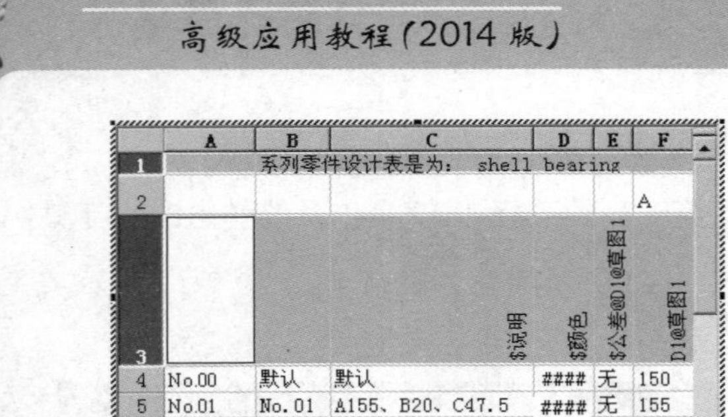

	A	B	C	D	E	F
1		系列零件设计表是为: shell bearing				
2						A
3			$说明	$颜色	$公差@D1@草图1	D1@草图1
4	No.00	默认	默认	####	无	150
5	No.01	No. 01	A155、B20、C47.5	####	无	155
6	No.02	No. 02	A160、B25、C50	####	无	160

a）隐藏前

	A	B	C	D	E	F
2						A
4	No.00	默认	默认	####	无	150
5	No.01	No. 01	A155、B20、C47.	####	无	155
6	No.02	No. 02	A160、B25、C50	####	无	160

b）隐藏后

图 5.5.45　隐藏行

（7）隐藏图 5.5.46a 所示的列。按住 Ctrl 键，分别选取列标“B”、“C”、“D”、“E”、“G”、“I”、“K”，单击右键，在系统弹出的快捷菜单中选择隐藏(H)命令，结果如图 5.5.46b 所示。

	A	B	C	D	E	F	G	H	I	J	K
2						A		B		C	
4	No.00	默认	默认	####	无	150	无	15	无	45	U
5	No.01	No. 01	A155、B20、C47.5	####	无	155	无	20	无	47.5	U
6	No.02	No. 02	A160、B25、C50	####	无	160	无	25	无	50	U

a）隐藏前

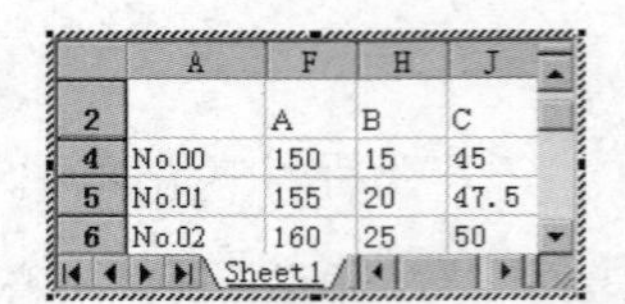

	A	F	H	J
2		A	B	C
4	No.00	150	15	45
5	No.01	155	20	47.5
6	No.02	160	25	50

b）隐藏后

图 5.5.46　隐藏列

（8）设置单元格格式。在设置前先将表格拖动至图 5.5.46b 所示大小，右击表格左上角的角标，在系统弹出的快捷菜单中选择设置单元格格式(F)...命令，系统弹出“单元格格式”对话框，设置文本的“水平对齐”和“垂直对齐”均为“居中”，字体为“宋体”，字号为“12”，边框的“外边框”和“内部”均采用细实线，设置完成后，单击确定按钮，退出单元格设置。

（9）设置行高。选择表格中的四行，右击，在系统弹出的快捷菜单中选择行高(R)...命令，在系统弹出的“行高”对话框中，输入行高值为 20.0，单击确定按钮，完成行高设置。

（10）设置列宽。选择表格中的四列，单击右键，在系统弹出的快捷菜单中选择列宽(C)...命令，输入列宽值为 10.0，最后结果如图 5.5.47 所示。

	A	F	H	J
2		A	B	C
4	No. 00	150	15	45
5	No. 01	155	20	47.5
6	No. 02	160	25	50

图 5.5.47　设置单元格格式

（11）关闭系列零件设计表，保存零件模型后，关闭模型文件。

Step4. 切换到工程图，系列零件设计表已更新，将表格调整至图 5.5.48 所示的位置。

说明：在工程图中右击系列零件设计表，在系统弹出的快捷菜单中选择属性... (K)命令，系统弹出图 5.5.49 所示的“OLE 对象属性”对话框，更改对话框中的数值可调整设计表的大小，其中对话框中的三个数值是相关联的，更改其中的一个值，其他两个值也会发生相应的变化，从而保证表格按比例缩放。

	A	B	C
No.00	150	15	45
No.01	155	20	47.5
No.02	160	25	50

其余 12.5

底图编号 审核 工艺 批准 共 张 第 张 01-05

图 5.5.48 切换到工程图

Step5. 更改尺寸文字。单击图 5.5.50a 所示的尺寸“Φ150”，系统弹出图 5.5.51 所示的“尺寸”对话框，在 标注尺寸文字(I) 区域中输入“A”来替代原有值，此时系统弹出图 5.5.52 所示的“确认尺寸值文字覆写”提示框，选中 ☑ 以后不要再问(D) 复选框，单击 是(Y) 按钮，完成尺寸文字的更改；参照以上步骤，分别更改尺寸“15”为“B”，更改“Φ90”为“2C”，更改后的结果如图 5.5.50b 所示。

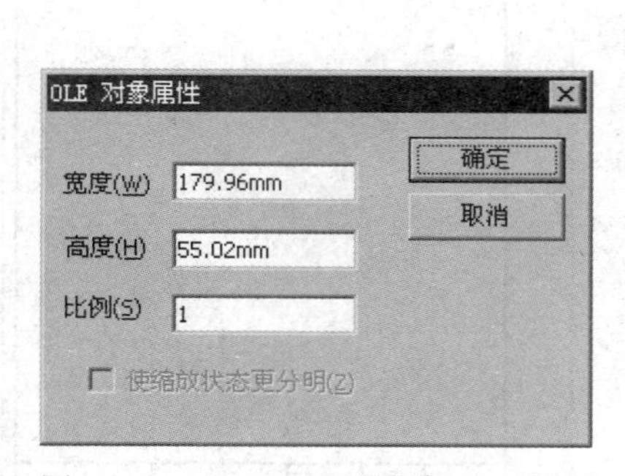

图 5.5.49 “OLE 对象属性”对话框

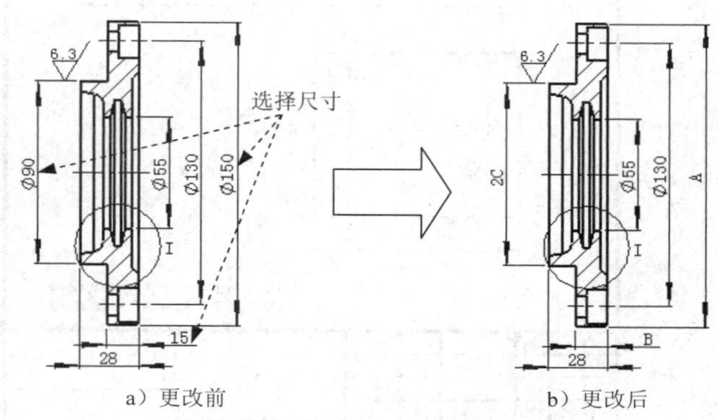

图 5.5.50 更改尺寸文字

说明： 尺寸文字被手动更改后，如果需要恢复，用户可在“尺寸”对话框的 标注尺寸文字(I) 区域中输入“<DIM>”，尺寸值将恢复到原有值。

图 5.5.51 “尺寸”对话框

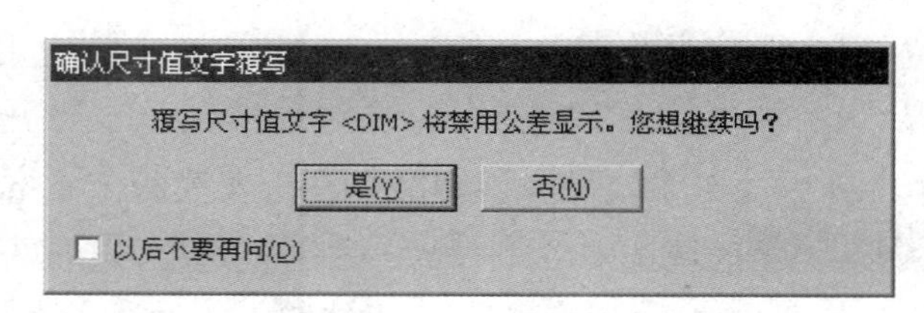

图 5.5.52 “确认尺寸文字覆写”对话框

Step6. 至此，系列零件设计表在工程图中添加完成，保存并关闭工程图文件。

5.5.4 孔表

在工程文件中，孔表可自动生成所选孔的尺寸和位置信息。下面介绍孔表创建和编辑的一般过程。

Step1. 打开工程图文件 D:\sw14.2\work\ch05.05.04\bloom.SLDDRW，如图 5.5.53 所示。

Step2. 设置定位点。先在设计树中右击 图纸1（或在图形区右击图纸），在系统弹出的快捷菜单中选择 编辑图纸格式 (B) 命令，进入编辑图纸格式状态，再右击图 5.5.54 所示的端点，在系统弹出的快捷菜单中选择 设定为定位点 → 孔表 (C) 命令，然后在设计树中右击 图纸1，选择 编辑图纸 (B) 命令，返回到编辑图纸状态。

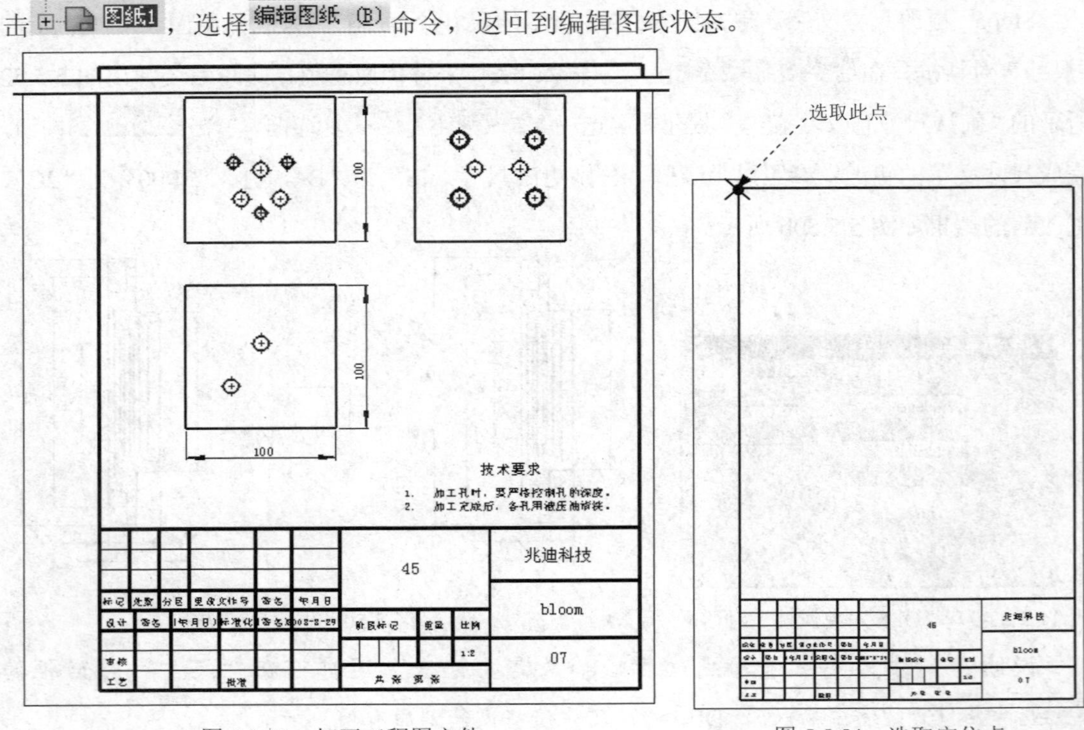

图 5.5.53 打开工程图文件　　图 5.5.54 选取定位点

Step3. 选择命令。选择下拉菜单 插入(I) → 表格(A) → 孔表(O)... 命令，系统弹出 5.5.55 所示的“孔表”对话框（一）。

Step4. 定义孔表。

（1）在“孔表”对话框的 **表格模板(E)** 中单击按钮，在系统弹出的“选择孔表模板”对话框中，选择系统默认格式的孔表模板“standard hole table--letters.sldholtbt”，在 **表格位置(P)** 区域选中 ☑ 附加到定位点(T) 复选框，选取图 5.5.56 所示的主视图左下角点为原点。

（2）选取图 5.5.56 所示的主视图上所有孔的边线，单击 下一视图 按钮，选取图 5.5.57 所示左视图的左下角点为原点，选取其上所有孔的边线后，再次单击 下一视图 按钮，选取图 5.5.58 所示俯视图的左下角点为原点，选取其上所有孔的边线。

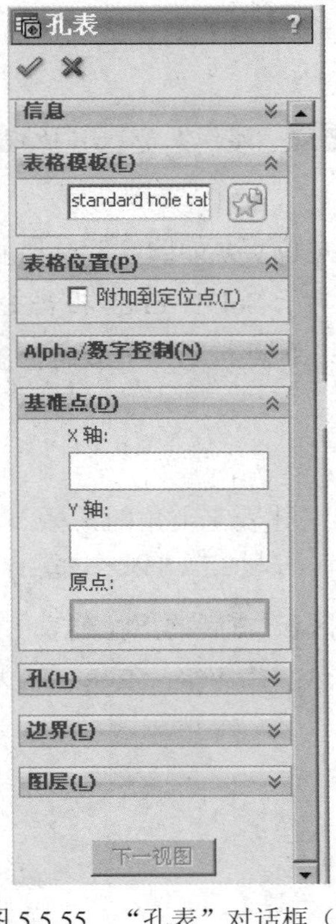

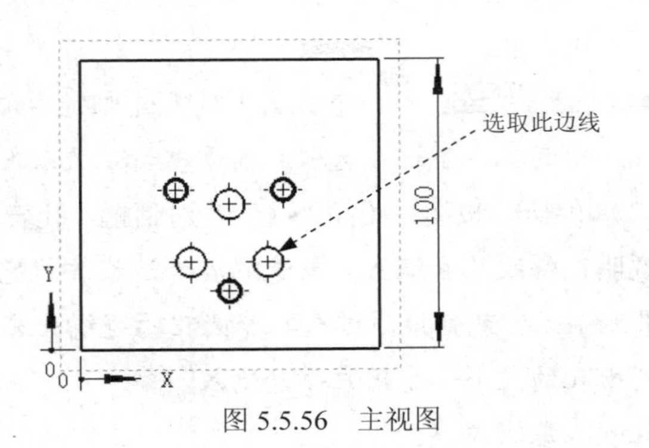

图 5.5.56 主视图

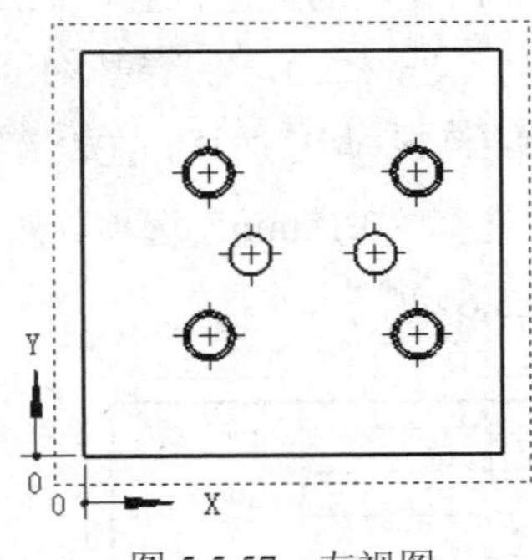

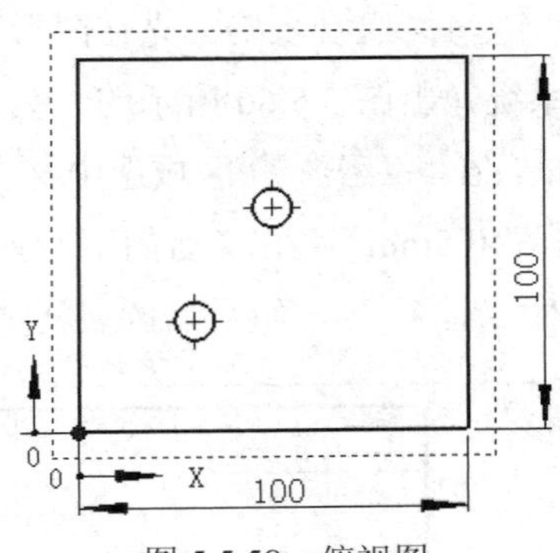

图 5.5.55 “孔表”对话框（一）　　图 5.5.57 左视图　　图 5.5.58 俯视图

图 5.5.55 所示“孔表”对话框（一）中的各选项说明如下：

- 表格模板(E) 区域：在该区域中单击按钮，选择用户所需的孔表模板，系统提供的默认孔表模板文件的位置为：SolidWorks 安装目录\lang\Chinese-Simplified；系统提供的模板分为标准孔表模板和组合孔表模板，其中：
  - ☑ 标准孔表模板含有“标签”、“X 位置”、“Y 位置”和“大小”列，所有孔的标签和尺寸都会被单独列出来；其文件名称为“standard hole table--numbers.sldholtbt”和“standard hole table--letters.sldholtbt”。
  - ☑ 组合孔表模板也有“标签”、“X 位置”、“Y 位置”和“大小”列，但这些列会随着尺寸和标签的组合而改变；其文件名称为“hole table--tags combined--numbers.sldholtbt”、“hole table--tags combined--letters.sldholtbt”、“hole table—sizes combined--numbers.sldholtbt ”、“ hole table--sizes combined--letters. sldholtbt”。
- 表格位置(P) 区域：如果图纸中已设定了定位点，则在该区域中勾选 ☑ 附加到定位点(O) 复选框后，系统会自动将表格中的一个角点与定位点重合;反之，则需要用户自己在图纸中自定义表格位置。
- 基准点(D) 区域：该区域用来设定确定孔位置的基准点，用户可以通过选取模型的边线来定义“X 轴”、“Y 轴”，也可以通过在模型中选取一点来定位原点。

- 孔(H) 区域：该区域用来确定需要定义的孔，用户可以通过选取孔的边线或底面来选取孔。
- 下一视图：当一个视图中的孔选取完毕之后，单击 下一视图 按钮来选取其他视图中的孔，不过在选取孔前需重新定义基准点。

（3）单击✔按钮，关闭“孔表”对话框，孔表已自动插入到定位点，如图 5.5.59 所示。

说明：螺纹孔和沉头孔需选取其外边线才能完整显示孔的尺寸；SolidWorks 孔表支持非圆孔的显示，可直接通过选取非圆孔的边线来选取，孔表中显示非圆孔几何中心的位置，但不列出孔的大小，需用户手动输入。

Step5. 编辑表格。

（1）组合表格。先在图形区中单击孔表的任意位置，然后单击孔表左上角的角标，系统弹出图 5.5.60 所示的“孔表”对话框（二），在 略图(E) 区域选中 ☑ 组合相同大小(S) 复选框，在 显示状态(V) 区域选中 ☑ 隐藏原点指示符(I) 复选框，在 边界(E) 区域田后的下拉列表中选择“0.5mm”，在田后的下拉列表中选择“0.18mm”选项，然后单击✔按钮，退出“孔表”对话框（二），组合后的表格如图 5.5.61 所示。

标签	X 位置	Y 位置	大小
A1	32	55	Ø6.80↧20 ⌴M8↧16
A2	50	20	Ø6.80↧20 ⌴M8↧16
A3	68	55	Ø6.80↧20 ⌴M8↧16
B1	37	30	Ø10 贯穿
B2	63	30	Ø10 贯穿
C1	50	50	Ø10
C2	40	50	Ø10
C3	70	50	Ø10
C4	30	30	Ø10
C5	50	60	Ø10
D1	30	30	Ø10↧25.25 ⌴M12↧20
D2	30	70	Ø10↧25.25 ⌴M12↧20
D3	80	30	Ø10↧25.25 ⌴M12↧20
D4	80	70	Ø10↧25.25 ⌴M12↧20

技术要求
1. 加工孔时，要严格控制孔的深度。
2. 加工完成后，各孔用液压油清洗。

图 5.5.59 插入孔表

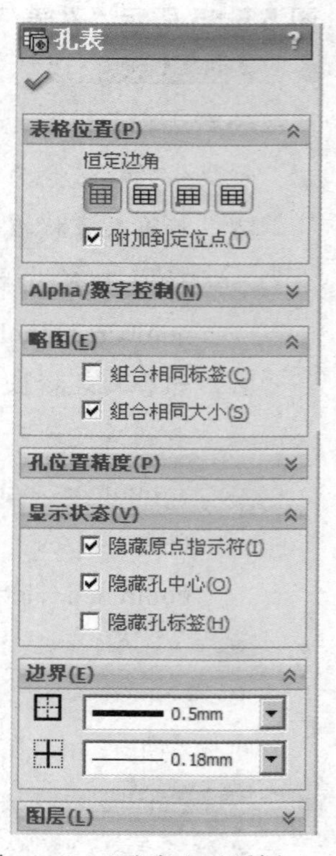

图 5.5.60 “孔表”对话框（二）

标签	X 位置	Y 位置	大小
A1	32	55	Ø 6.80 ↧ 20 M8 - 6H ↧ 16
A2	50	20	
A3	68	55	
B1	37	30	Ø 10 完全贯穿
B2	63	30	
C1	50	50	Ø10
C2	40	50	
C3	70	50	
C4	30	30	
C5	50	60	
D1	30	30	Ø 10 ↧ 25.25 M12 - 6H ↧ 20
D2	30	70	
D3	80	30	
D4	80	70	

图 5.5.61 组合表格

（2）分割表格。右击表格的第八行，在系统弹出的快捷菜单中选择 分割 → 横向下(B) 命令，表格在第八行和第九行之间被分割成图 5.5.62 所示的上下两部分。

（3）设置列宽。先右击孔表左上角的角标，在系统弹出的快捷菜单中选择 格式化 → 列宽(A) 命令，在系统弹出的“列宽”对话框中输入数值 15.0，单击 确定 按钮；然后右击“大小”单元格，在系统弹出的快捷菜单中选择 格式化 → 列宽(A) 命令，输入列宽值 30.0；将“X 位置”和“Y 位置”列的列宽均设置为 15.0。

（4）设置行高。右击孔表左上角的角标，在系统弹出的快捷菜单中选择 格式化 → 行高度(C) 命令，在系统弹出的“行高度”对话框中输入数值 7.0，单击 确定 按钮，完成行高度的设置，其结果如图 5.5.63 所示。

标签	X 位置	Y 位置	大小
A1	32	55	Ø 6.80 ↧ 20 M8 - 6H ↧ 16
A2	50	20	
A3	68	55	
B1	37	30	Ø 10 完全贯穿
B2	63	30	
C1	50	50	Ø10
C2	40	50	

标签	X 位置	Y 位置	大小
C3	70	50	Ø10
C4	30	30	
C5	50	60	
D1	30	30	Ø 10 ↧ 25.25 M12 - 6H ↧ 20
D2	30	70	
D3	80	30	
D4	80	70	

图 5.5.62 分割表格

标签	X 位置	Y 位置	大小
A1	32	55	Ø 6.80 ↧ 20 M8 - 6H ↧ 16
A2	50	20	
A3	68	55	
B1	37	30	Ø 10 完全贯穿
B2	63	30	
C1	50	50	Ø10
C2	40	50	

标签	X 位置	Y 位置	大小
C3	70	50	Ø10
C4	30	30	
C5	50	60	
D1	30	30	Ø 10 ↧ 25.25 M12 - 6H ↧ 20
D2	30	70	
D3	80	30	
D4	80	70	

图 5.5.63 设置行高度和列宽

（5）将表格的被分割部分拖动至图 5.5.64 所示的位置，完成表格的编辑。

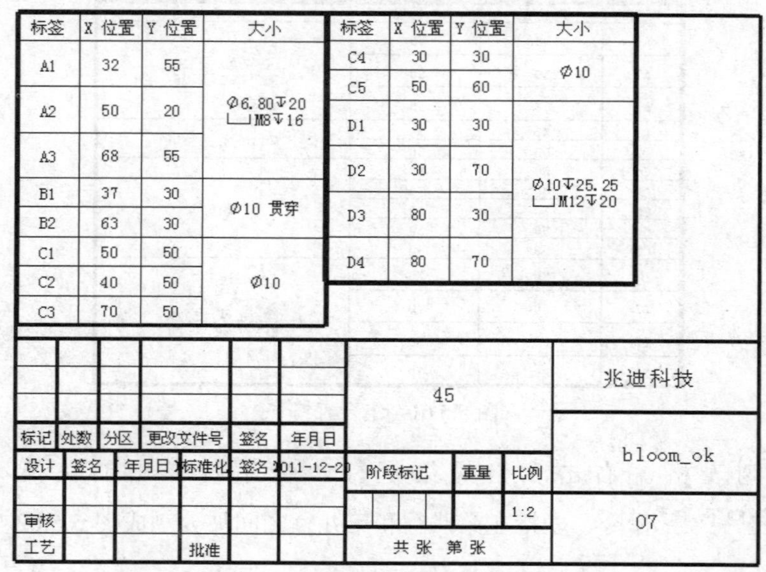

图 5.5.64　拖动表格的被分割部分

Step6. 至此，孔表已创建完成，保存并关闭工程图文件。

5.5.5　修订表

修订表也称图面修正表，用来列出工程图中修改或错误的表格，通常位于标题栏的左侧。下面介绍修订表创建的一般过程。

Step1. 打开工程图文件 D:\sw14.2\work\ch05.05.05\revision_tables.SLDDRW，该工程图与 5.5.4 节所使用的工程图相同。

Step2. 设置定位点。选取工程图图框的左上角点作为定位点，具体操作步骤参照 5.5.4 节中的 Step2。

Step3. 选择命令。在工程图中，选择下拉菜单 插入(I) → 表格(A) → 修订表(R) 命令，系统弹出图 5.5.65 所示的“修订表”对话框。

Step4. 插入修订表。在“修订表”的 **表格模板(T)** 区域中选择表格模板类型为 standard revision block.sldrevtbt，在 **表格位置(P)** 区域中选中 ☑ 附加到定位点(C) 复选框，在 **边界(E)** 区域 后的下拉列表中选择“0.5mm”，在 后的下拉列表中选择“0.18mm”选项，单击 按钮，表格自动插入到工程图中，如图 5.5.66 所示。

Step5. 修改表格位置。先在图形区中单击修订表的任意位置，然后单击修订表左上角的角标，在系统弹出的“修订表”对话框的 **表格位置(P)** 区域中单击 按钮，使表的左上角与定位原点重合。

Step6. 添加修订。在图形区中右击修订表，在系统弹出的快捷菜单中选择 修订 → 添加修订 (A) 命令，系统弹出“修订符号”对话框，修订表中添加了带有当前日期的新修订，如图 5.5.67 所示，在图形区单击图 5.5.68 所示的边线，然后在所需的位置放置修订符号，最后单击“修订符号”对话框中的 ✔ 按钮，完成新修订的添加。

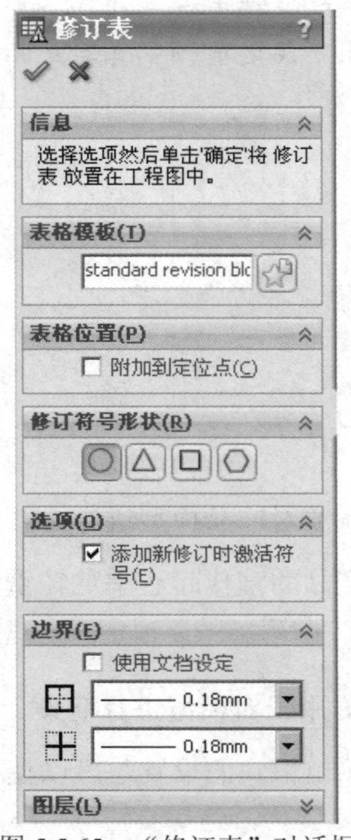

图 5.5.65　“修订表”对话框

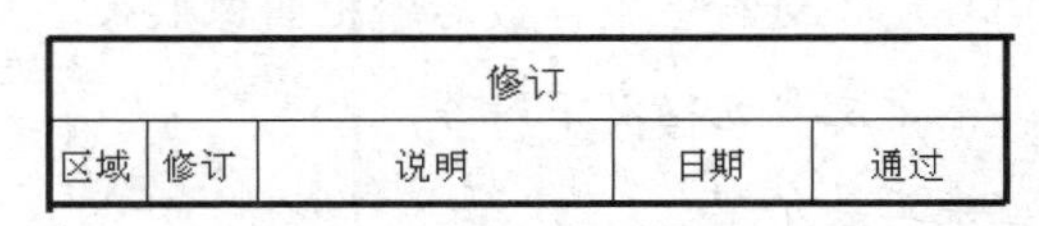

修订				
区域	修订	说明	日期	通过

图 5.5.66　插入修订表

修订				
区域	修订	说明	日期	通过
	A		2011-12-20	

图 5.5.67　添加修订

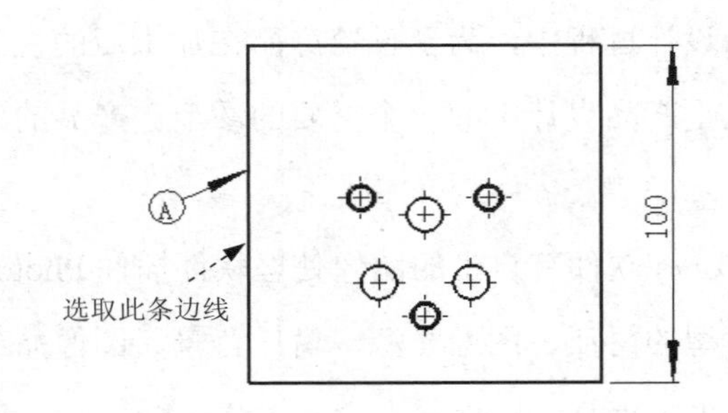

图 5.5.68　放置修订符号

说明：

- 双击修订表中的单元格可添加注释文字。
- 修订表表格的编辑同“材料明细表”，本节将不再赘述。

图 5.5.65 所示 “修订表”对话框中的各选项说明如下：

- **表格模板(T)** 区域：在该区域中单击 按钮，选择用户所需的修订表模板，系统提供的默认修订表模板文件的位置为：\SolidWorks 安装目录\lang\Chinese- Simplified 。
- **修订符号形状(R)** 区域：该区域用来确定修订符号的形状。
- **选项(O)** 区域：在该区域中选中 ☑ 添加新修订时激活符号(E) 复选框后，修订表在添加新修订时，需在图形中放置修订符号。

第 6 章 模型的外观设置与渲染

本章提要 本章主要介绍了模型的外观设置与渲染。通过对模型进行外观设置，然后在不同环境下进行渲染，最后输出图像效果，就可以在做出产品之前预览真实产品的视觉效果。本章主要包括以下内容：

- 渲染工具介绍。
- 渲染向导。
- 光源设置。包括线光源、电光源、聚光源的添加和设置。
- 外观设置。包括外观的颜色、材质和纹理的设置。
- 相机设置。
- PhotoView 360 渲染。

在产品设计过程中，为了预览产品在加工后的视觉效果，就要对产品模型进行必要的渲染，这也是产品设计中的一个重要的环节。产品的外观对于产品的宣传起着举足轻重的作用。

SolidWorks 软件有自带的图像处理软件插件 PhotoView 360，用于对模型进行渲染。通过对产品模型的材质、图像光源、窗口背景、图像品质及图像输出格式的设置，可以使模型外观变得更加逼真。

6.1 渲染工具介绍

SolidWorks 自带的渲染工具插件 PhotoView 360 在默认情况下是关闭的。在启动 SolidWorks 主程序之后通过手动配置，才能启动 PhotoView 360。

1．PhotoView 360 插件的激活

在 SlolidWorks 安装完整的情况下，选择下拉菜单 工具(T) → 插件 (D)... 命令，系统弹出图 6.1.1 所示的“插件”对话框。选中 ☑ PhotoView 360 复选框，单击 确定 按钮，完成 PhotoView 360 插件的激活。

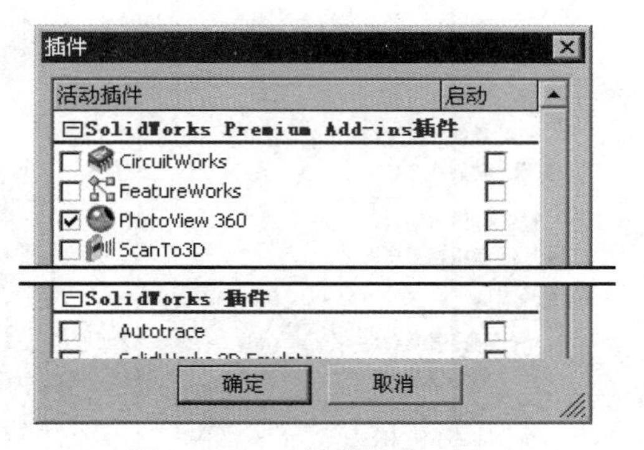

图 6.1.1 “插件“对话框

2. PhotoView 360 工具条及菜单简介

完成 PhotoView 360 插件的激活后，SolidWorks 的工作界面中将出现图 6.1.2 所示的 PhotoView 360 工具栏。

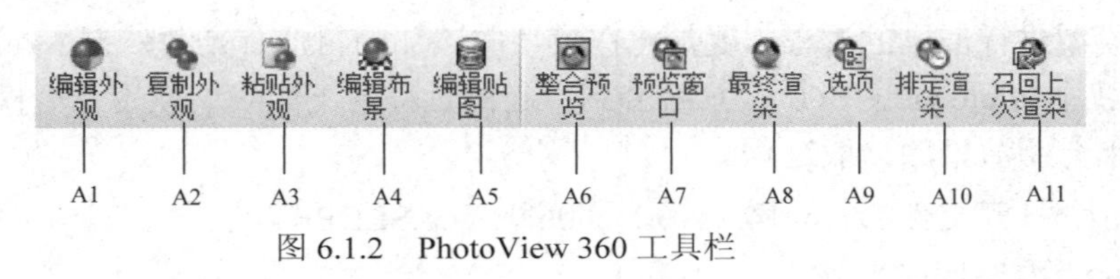

图 6.1.2 PhotoView 360 工具栏

图 6.1.2 所示 PhotoView 360 工具栏的各按钮说明如下：

A1（编辑外观）：为选择几何体指定一个外观。

A2（复制外观）：可以从一个实体中复制外观。

A3（粘贴外观）：可以将复制外观粘贴至另一个实体。

A4（编辑布景）：为当前激活的文件指定一个景观。

A5（编辑贴图）：为选择几何体指定一个贴图。

A6（整合预览）：在图形区域预览当前模型的渲染效果。

A7（预览窗口）：当更改要求重建模型时，更新间断。在重建完成后，更新继续。

A8（最终渲染）：显示统计及渲染结果。

A9（选项）：单击该按钮后，系统将弹出“PhotoView 360 选项”对话框，可以在该对话框中进行渲染设置。

A10（排定渲染）：在指定时间进行渲染并将之保存到文件。

A11（召回上次渲染）：对最后定义的区域进行渲染。

单击菜单栏的 PhotoView 360 按钮，系统将弹出图 6.1.3 所示的 PhotoView 360 下拉菜单。

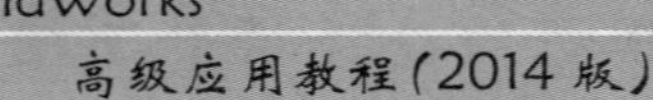

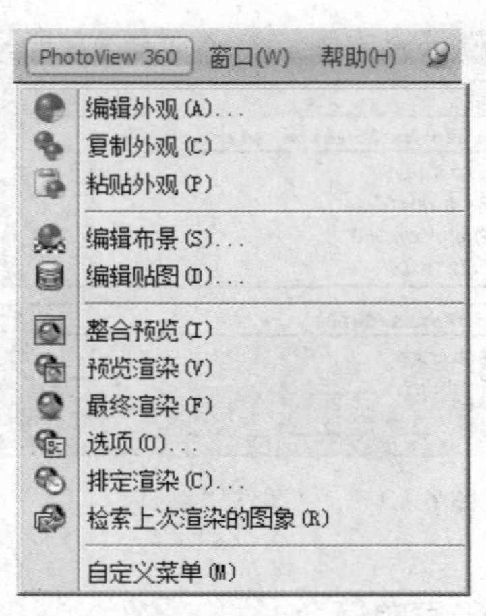

图 6.1.3 PhotoView 360 下拉菜单

6.2 渲 染

对模型进行渲染的过程，就是将在模型中添加的材质、光源效果、外观、布景、颜色、纹理等通过 PhotoView 360 工具融合到一起的过程。下面我们使用一个模型，通过渲染向导工具来介绍渲染的一般过程。

Step1. 打开文件 D:\sw14.2\work\ch06.02\cup.SLDPRT。

Step2. 添加外观颜色。

(1) 选择命令。选择下拉菜单 PhotoView 360 → 编辑外观(A) 命令，系统弹出图 6.2.1 所示的“颜色”对话框，同时屏幕右侧弹出图 6.2.2 所示的“外观、布景和贴图”任务窗口。

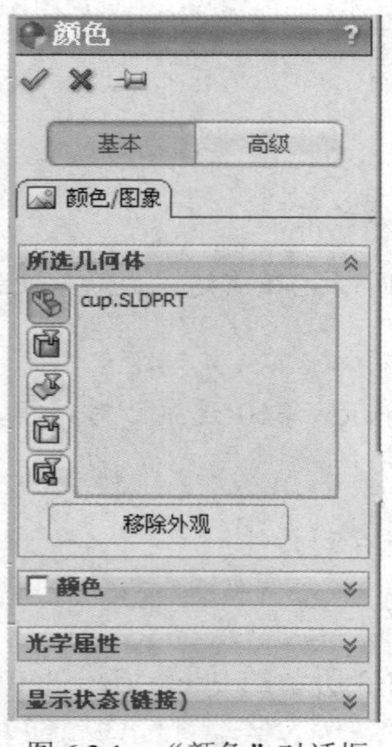

图 6.2.1 “颜色”对话框

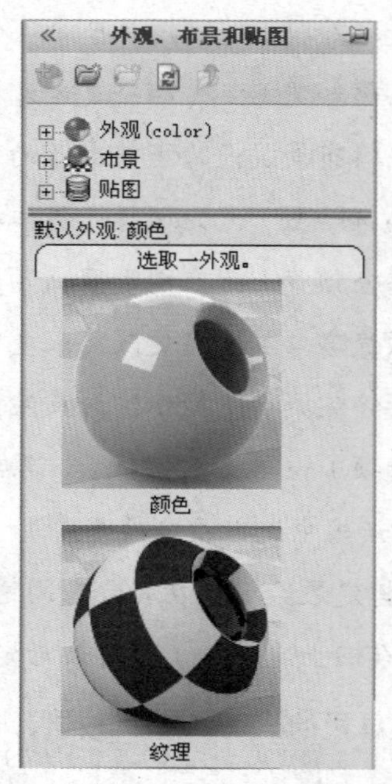

图 6.2.2 “外观、布景和贴图”任务窗口

（2）定义外观颜色。在“外观、布景和贴图”任务窗口中单击展开⊞ 外观(color)节点，再单击⊞ 石材节点，选择⊞ 石材节点下的 粗陶瓷文件夹，双击选择预览区域的 陶器，在“颜色”对话框中单击✔按钮，将外观颜色添加到模型中（此时在 PhotoView 360 工具栏中可单击 按钮，对外观进行预览）。

Step3. 添加布景。

（1）选择命令。选择下拉菜单 PhotoView 360 ➡ 编辑布景(S) 命令，系统弹出图 6.2.3 所示的“编辑布景”对话框，同时屏幕右侧弹出图 6.2.4 所示的“外观、布景和贴图”任务窗口。

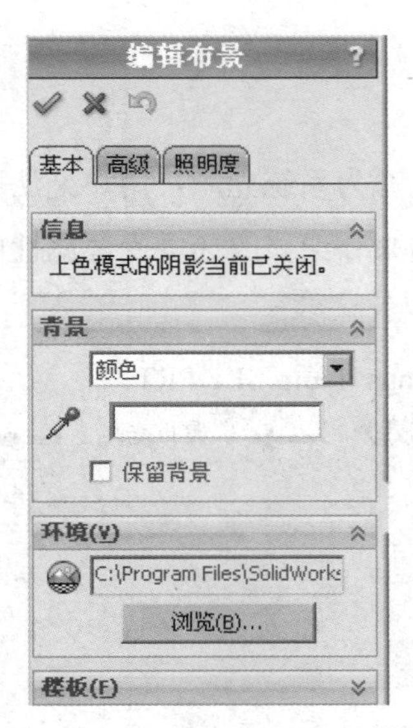

图 6.2.3　“编辑布景”对话框

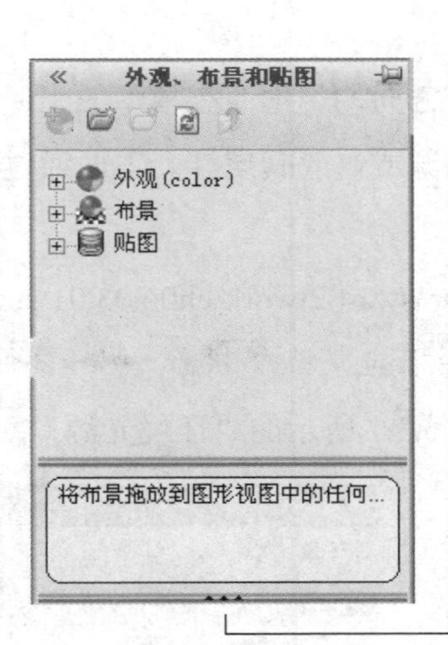

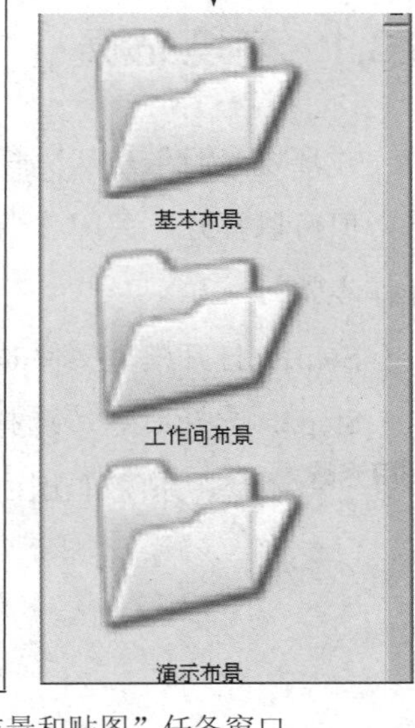

图 6.2.4　“外观、布景和贴图”任务窗口

（2）选择布景。在图 6.2.4 所示的“外观、布景和贴图”任务窗口中单击展开⊞ 布景节点，再单击 工作间布景文件夹，双击选择预览区域的反射方格地板，在“编辑布景”对话框中单击✔按钮，将布景添加到模型中（此时在 PhotoView 360 工具栏中可单击 按钮，对外观进行预览）。

Step4. 选择下拉菜单 PhotoView 360 ➡ 最终渲染(F) 命令，系统弹出最终渲染窗口，并开始渲染；渲染结束后，生成图 6.2.5 所示的渲染效果（参见随书光盘文件 D:\sw14.2\work\ch06.02\ok\cup.doc）。

图 6.2.5　渲染效果

Step5. 此时，模型文件已渲染完毕，保存模型文件。

6.3 光 源 设 置

通过上一节的学习可粗略地了解渲染的一般过程，但是在实际的渲染过程中，影响渲染效果的不止这些，光源也会影响模型的外观效果。使用正确的光源，可以使模型的显示效果更加逼真。

6.3.1 环境光源

“环境光源”是从所有方向均匀地照亮模型的光源，该光源为系统光源，用户无法删除，但可以打开、关闭该光源或修改其属性。下面通过一实例来介绍修改环境光源属性的操作步骤。

Step1. 打开模型文件 D:\sw14.2\work\ch06.03.01\surroundings_lamp.SLDPRT。

Step2. 选择命令。选择下拉菜单 视图(V) → 光源与相机(L) → 属性(P) → 环境光源 命令，系统弹出图 6.3.1 所示的“环境光源”对话框。

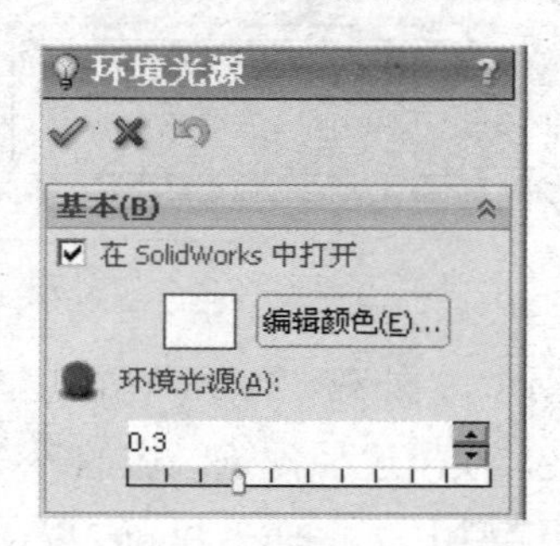

图 6.3.1 “环境光源”对话框

图 6.3.1 所示的“环境光源”对话框中可以执行以下操作：

- 单击 编辑颜色(E)... 按钮，系统弹出图 6.3.2 所示的“颜色”对话框，根据需要在“颜色”对话框中选择其他颜色的光源环境来代替默认的白色光源环境。
- 拖动“环境光源”滑块可以调整“环境光源”的强度，光源强度从左到右递增。在图 6.3.3 所示的“环境光源”对话框中将弱光光源设置为 0.02，效果如图 6.3.4 所示；在图 6.3.5 所示的“环境光源”对话框中将强光光源设置为 0.62，效果如图 6.3.6 所示（参见随书光盘文件 D:\ sw14.2\work\ch06.03.01\ok \ surroundings_lamp.doc）。

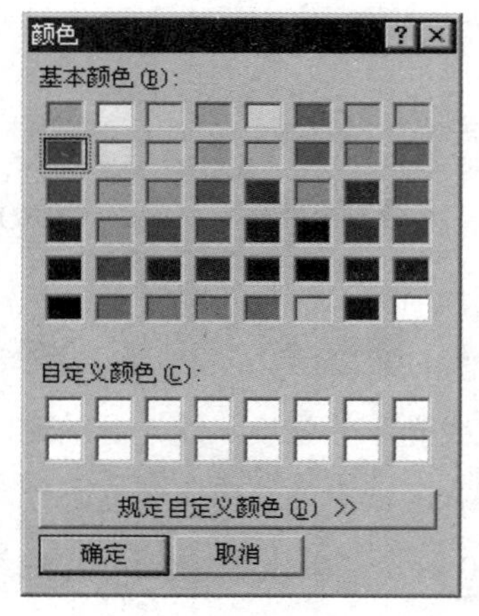

图 6.3.2　“颜色”对话框

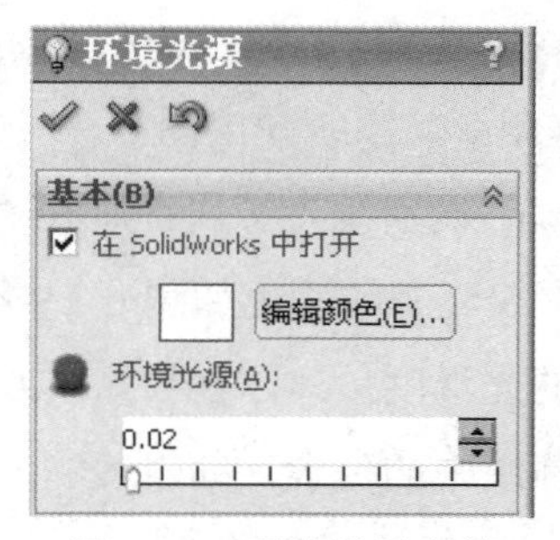

图 6.3.3　弱光设置参数

图 6.3.4　弱光效果

图 6.3.5　强光设置参数

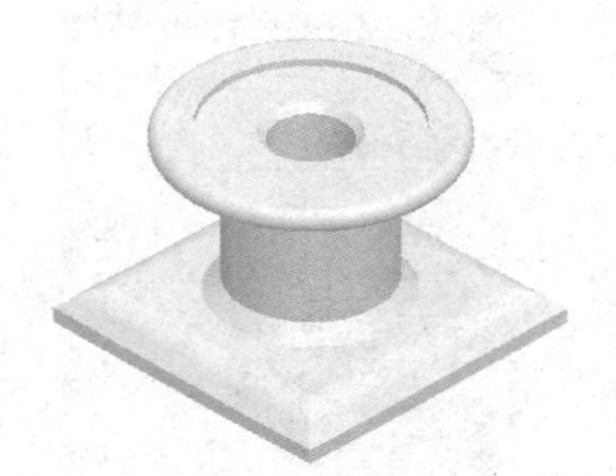
图 6.3.6　强光效果

Step3. 设置环境光源。在“环境光源”对话框中的 环境光源(A): 文本框中输入值 0.66，单击 编辑颜色(E)... 按钮，系统弹出“颜色”对话框，在该对话框中选择颜色为图 6.3.7 所示的颜色（选取“颜色”对话框中的颜色参见随书光盘文件 D:\sw14.2\work\ch06.03.01\ok\surroundings_lamp.doc），单击 ✓ 按钮，效果如图 6.3.8 所示。

图 6.3.7　设置“环境光源”

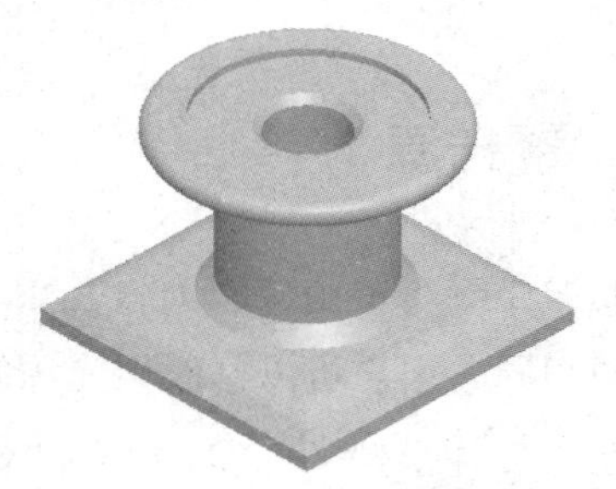
图 6.3.8　“环境光源”效果

6.3.2　线光源

线光源是单一方向的平行光，是距离模型无限远的一束光柱。用户可以选择打开或关

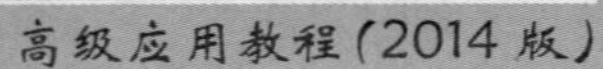

闭、添加或删除线光源，也可以修改现有线光源的强度、颜色及位置。下面讲解修改线光源属性的操作步骤。

Step1. 打开模型文件 D:\sw14.2\work\ch06.03.02\line_lamp.SLDPRT。

Step2. 选择命令。选择下拉菜单 视图(V) → 光源与相机(L) → 属性(P) → 线光源 1 命令，系统弹出图 6.3.9 所示的“线光源 1”对话框。

Step3. 设置线光源属性。在“线光源 1”对话框中的 基本(B) 区域中单击 编辑颜色(E)... 按钮，设置线光源的颜色如图 6.3.9 所示，然后依次设置线光源的强度、线光源的明暗度以及线光源的光泽度，具体参数如图 6.3.9 所示。光源位置(L) 区域中的纬度、经度是用来设置线光源在环境中的位置，编辑线光源后的效果如图 6.3.10 所示。单击 ✔ 按钮，完成线光源的设置。

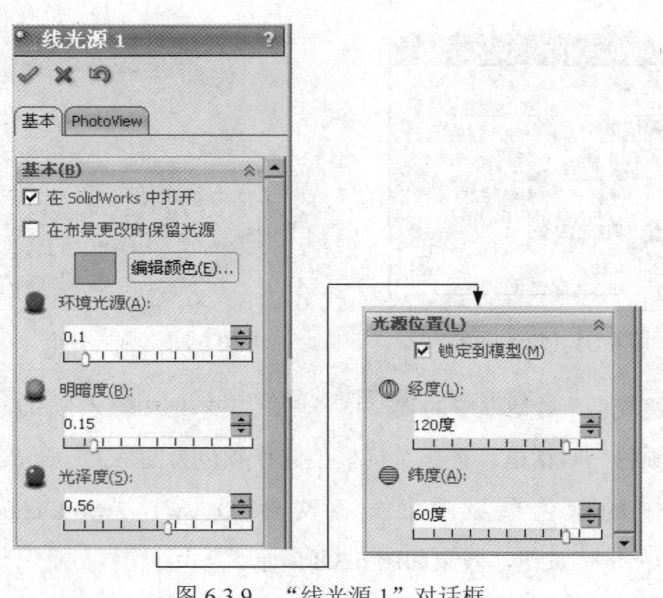

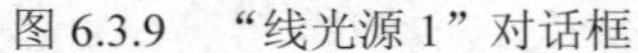

图 6.3.9 “线光源 1”对话框

图 6.3.10 编辑线光源后效果

6.3.3 聚光源

聚光源是一个中心位置为最亮点的锥形的聚焦光源，可以按指定投射至模型的区域，同线光源相同。用户可以修改聚光源的各种属性。下面讲解添加聚光源的操作过程。

Step1. 打开模型文件 D:\sw14.2\work\ch06.03.03\gather_lamp.SLDPRT。

Step2. 选择命令。选择下拉菜单 视图(V) → 光源与相机(L) → 添加聚光源(S) 命令，系统弹出图 6.3.11 所示“聚光源 1”对话框。

Step3. 设置聚光源属性。“聚光源 1”对话框包括 基本 和 PhotoView 两个选项。

（1）在 基本 选项中包括 基本(B) 和 光源位置(L) 两个区域。

① 在基本(B)区域设置聚光源的颜色、明暗度和光泽度，具体参数设置如图 6.3.11 所示。

② 在光源位置(L)区域中设置聚光源位置和圆锥角，如图 6.3.11 所示。

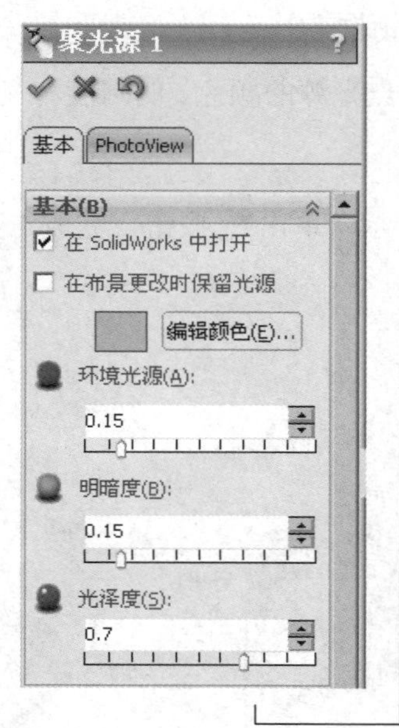

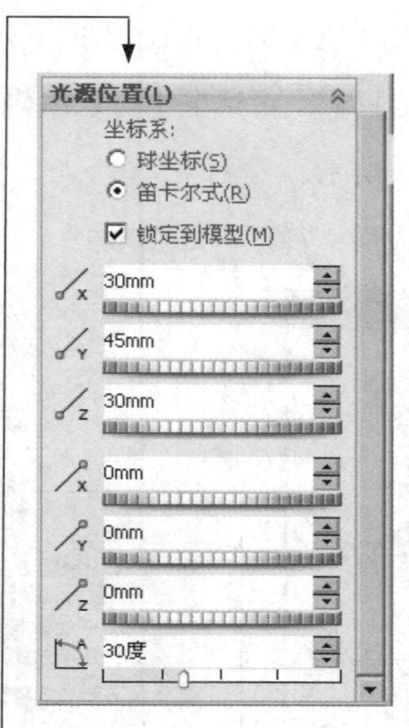

图 6.3.11　“聚光源 1”对话框

图 6.3.11 所示光源位置(L)区域中的部分选项说明如下：

- X、Y、Z文本框：这三个文本框用于定义聚光源的 X、Y、Z 坐标。
- X、Y、Z文本框：这三个文本框用于定义聚光源线投射点的 X、Y、Z 坐标。
- 圆锥角：指定聚光源投射的角度，角度越小，所生成的光束越窄。

（2）在PhotoView区域对聚光源的光强度和衰减系数进行设置。

Step4. 完成各项设置后，视图区如图 6.3.12 所示，单击✓按钮，完成聚光源的创建。

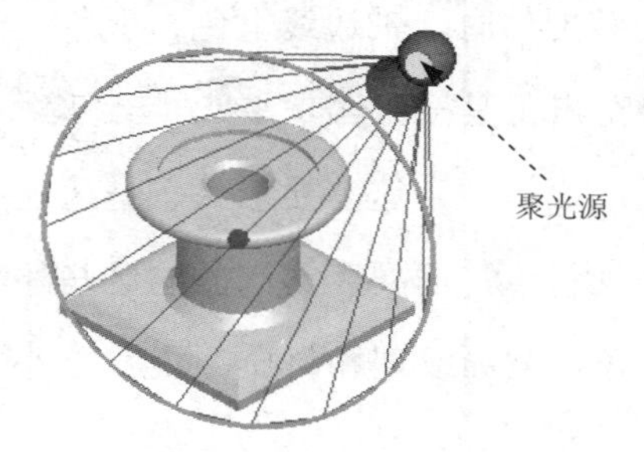

图 6.3.12　聚光源

6.3.4　点光源

点光源是位于指定坐标点，向所有方向发射光线的非常小的光源，在默认状态下是没

有点光源的。

Step1．打开模型文件 D:\sw14.2\work\ch06.03.04\point_lamp.SLDPRT。

Step2．选择命令。选择下拉菜单 视图(V) → 光源与相机(L) → 添加点光源(P) 命令，系统弹出图 6.3.13 所示的“点光源 1”对话框。

Step3．在“点光源 1”对话框中可以编辑点光源的颜色、明暗度和光泽度等参数属性。设置参数如图 6.3.13 所示。

Step4．设置完成后，视图区如图 6.3.14 所示，单击 ✔ 按钮，完成点光源的创建。

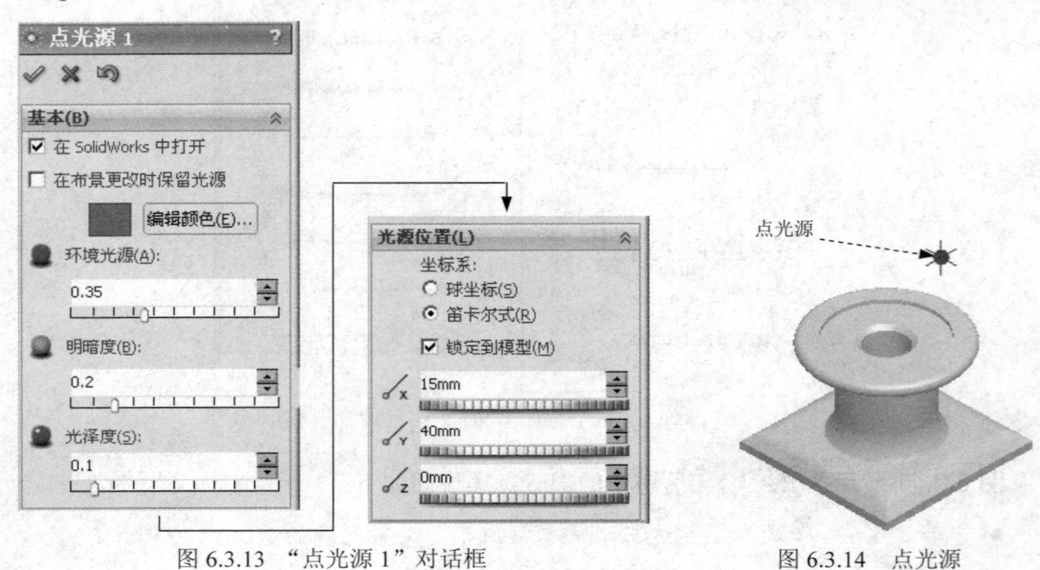

图 6.3.13 “点光源 1”对话框　　　　图 6.3.14 点光源

6.4 外观设置

在进行创建零件模型和装配体时，带边线上色、上色、消除隐藏线、隐藏线可见和线架图五种显示模式，可通过单击工具按钮、、和等使模型显示为不同的线框或着色状态。但是在实际产品的设计中，这些显示状态是远远不够的，因为它们无法表达产品的颜色、光泽、质感等外观特点，而要表达产品的这些外观特点，还需要对模型进行外观的设置，如设置模型的颜色、表面纹理和材质，然后再进行进一步的渲染处理。

6.4.1 颜色

SolidWorks 提供的添加颜色效果是指为模型表面赋予某一种特定的颜色。为模型添加或修改外观颜色，是在不改变其物理特性的前提下改变模型的外观视觉效果。

在默认情况下，模型的颜色没有指定。用户可以通过以下方法来定义模型的颜色。

Step1. 打开文件 D:\sw14.2\work\ch06.04.01\colour.SLDPRT。

Step2. 选择命令。选择下拉菜单 编辑(E) → 外观(A) → 外观(A)... 命令（或选择任务工具栏中的命令），系统弹出“颜色”对话框（一）（图 6.4.1）和“外观、布景和贴图”任务窗口。

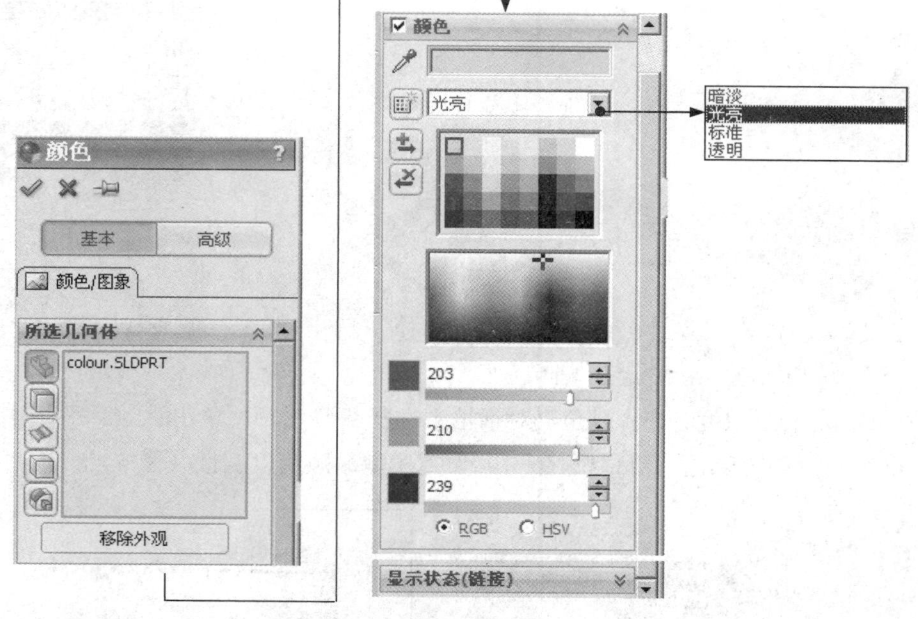

图 6.4.1 “颜色”对话框（一）

图 6.4.1 所示“颜色”对话框中的各选项说明如下：

- 所选几何体 类型有以下几种：
  - ☑ 选择零件：用来选取零件。指定所选的零件外观颜色。
  - ☑ 选取面：用来选取平面。指定模型的一个或多个平面的外观颜色。
  - ☑ 选择曲面：用来选取曲面。指定模型的一个或多个曲面的外观颜色。
  - ☑ 选取实体：用来指定模型实体的外观颜色。
  - ☑ 选择特征：用来选取特征。指定模型的一个或多个特征的外观颜色。
- 在 颜色 区域的下拉列表中有暗淡（图 6.4.2）、光亮（图 6.4.3）、标准（图 6.4.4）、透明（图 6.4.5）四种颜色设置类型。选择一种颜色类型（参见随书光盘文件 D:\sw14.2\work\ch06.04.01\ok\colour.doc）。

Step3. 定义编辑模型的属性。在“颜色”对话框中的 所选几何体 区域单击“选择实体”按钮，在视图区选取图 6.4.6a 所示的模型，在“颜色”对话框中的 颜色 区域单击后的文本框，系统弹出图 6.4.7 所示的“颜色”对话框（二），设置模型颜色（图 6.4.7），单击 确定 按钮，模型将自动显示为编辑后的颜色，如图 6.4.6b 所示。

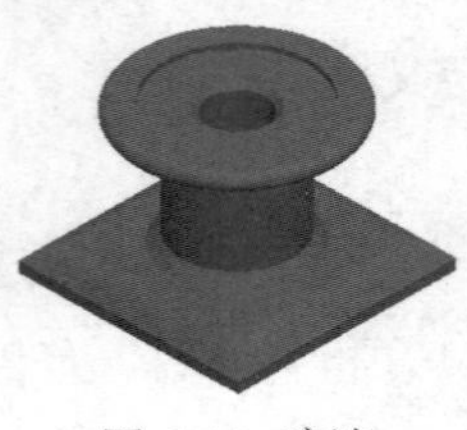

图 6.4.2 暗淡

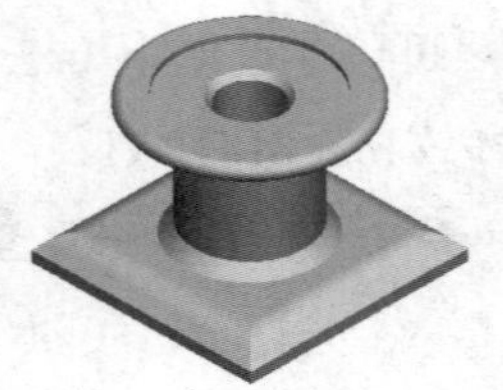

图 6.4.3 光亮

图 6.4.4 标准

图 6.4.5 透明

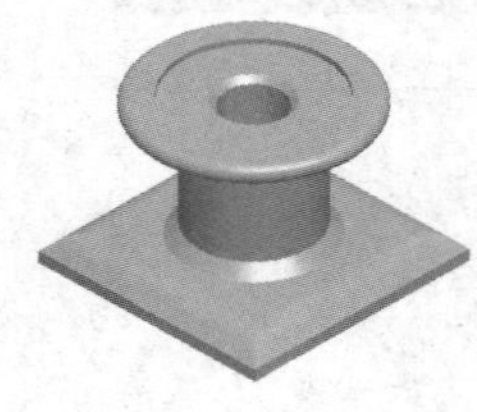

a）编辑颜色前

b）编辑颜色后

图 6.4.6 模型颜色的编辑

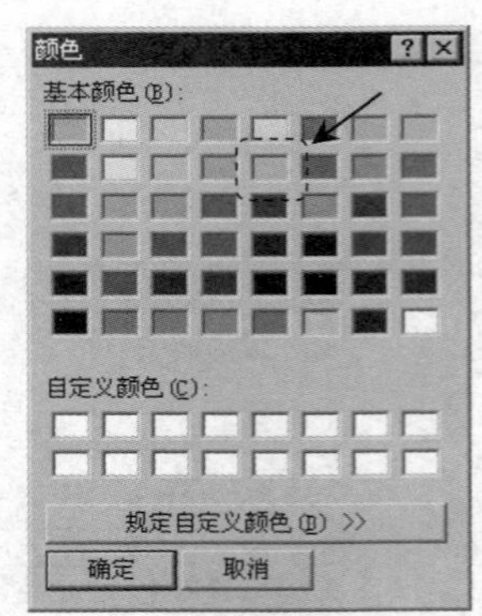

图 6.4.7 “颜色”对话框（二）

Step4. 定义照明度。在“颜色”对话框中选择 高级 选项，单击 照明度 按钮，系统弹出图 6.4.8 所示的“颜色”对话框（三），设置模型的照明度属性（图 6.4.8）。

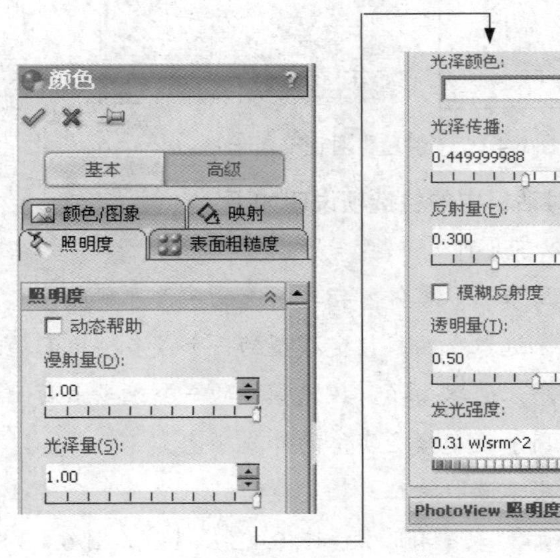

图 6.4.8 “颜色”对话框（三）

Step5. 单击 ✔ 按钮，完成外观颜色的添加。

6.4.2 纹理

为模型添加外观纹理，是将 2D 的纹理应用到零部件模型或装配体的表面，这样可以使零件模型外观视觉效果更加贴近产品真实外观。在系统默认状态下，没有为模型指定纹理，

用户可以根据需要来对模型添加外观纹理并进行设置。下面讲解零件添加纹理的一般步骤。

Step1. 打开文件 D:\sw14.2\work\ch06.04.02\texture.SLDPRT，如图 6.4.9 所示。

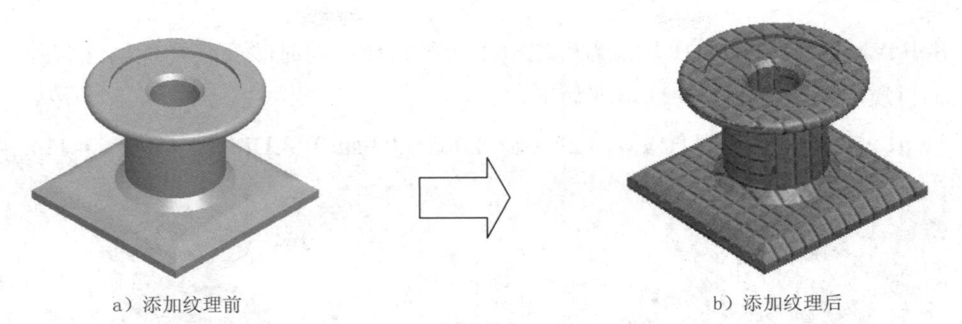

图 6.4.9 添加纹理

Step2. 选择命令。选择下拉菜单 编辑(E) → 外观(A) → 外观(A)... 命令（或选择任务工具栏中的命令），系统弹出“颜色”对话框和右侧的“外观、布景和贴图”任务窗口（图 6.4.10）。

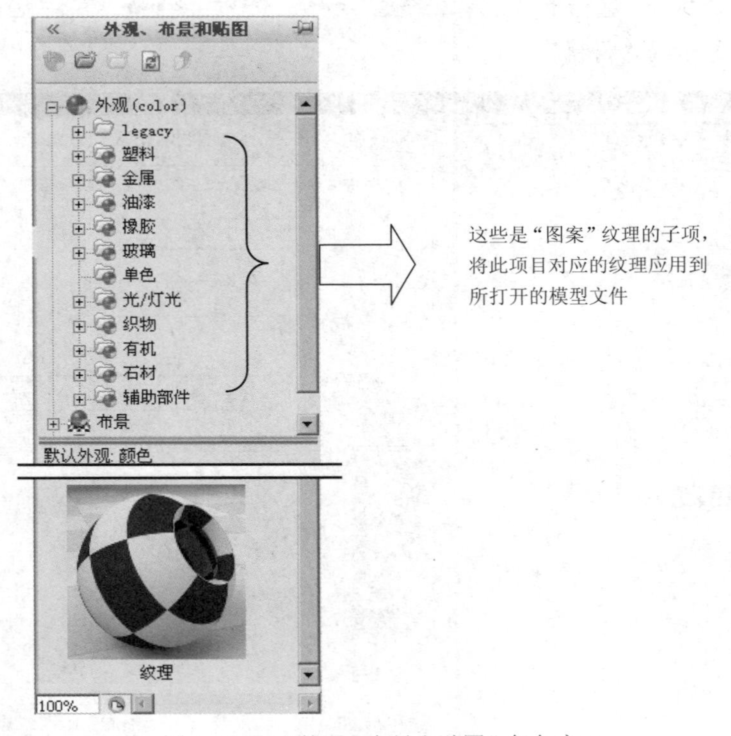

图 6.4.10 “外观、布景和贴图”任务窗口

Step3. 定义纹理类型。在“外观、布景和贴图”任务窗口中单击 外观(color) 节点，再单击 辅助部件 节点，选择 辅助部件 节点下的 图案 文件夹，在纹理预览区域双击 华夫饼干图案，即可将纹理添加到模型中（图 6.4.9）。

Step4. 单击“颜色”对话框中的 按钮，完成纹理的添加。

6.4.3 材质

SolidWorks 提供的材质是指为模型赋予一种材质，同时改变其物理属性和外观视觉效果。将材质应用于模型的操作步骤如下：

Step1. 打开模型文件 D:\sw14.2\work\ch06.04.03\stuff.SLDPRT，如图 6.4.11 a 所示。

a）应用材质前　　b）应用材质后

图 6.4.11　应用材质

Step2. 选择命令。选择下拉菜单 编辑(E) → 外观(A) → 材质(M)... 命令，系统弹出图 6.4.12 所示的“材料”窗口。

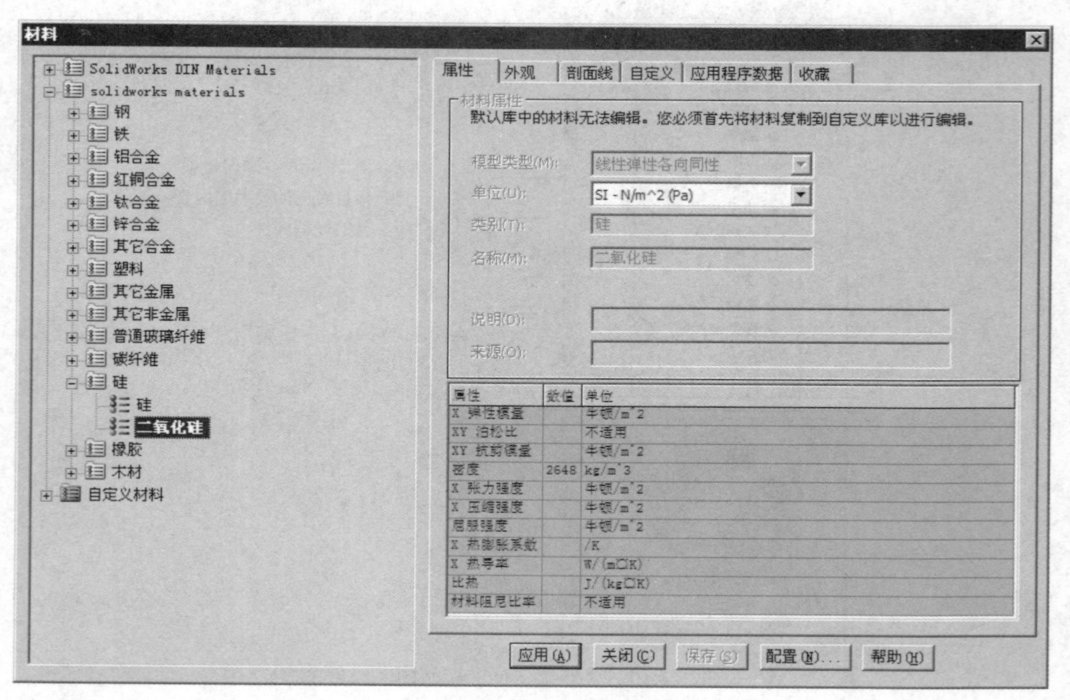

图 6.4.12　“材料”窗口

Step3. 定义材质类型。在“材料”窗口中设置材质属性，选择 solidworks materials 节点下的 硅 → 二氧化硅 材质，如图 6.4.12 所示。

Step4. 单击 应用(A) 按钮，将材质应用到零件中，应用材质后的零件如图 6.4.11b 所示。

单击关闭(C)按钮，关闭“材料”窗口。

6.5 相　　机

6.5.1 添加相机

在模型中添加相机之后，可以通过相机的透视图来查看模型，这与直接在视图区查看模型有所不同，在改变相机位置或参数的同时，可以精确地调整模型在相机透视图中的显示方位。下面将详细讲解添加相机的一般步骤。

Step1. 打开模型文件 D:\sw14.2\work\ch06.05.01\ camera.SLDPRT。

Step2. 选择命令。选择下拉菜单 视图(V) → 光源与相机(L) → 添加相机(C) 命令，系统弹出“相机 1”对话框和相机透视图窗口，如图 6.5.1 所示。

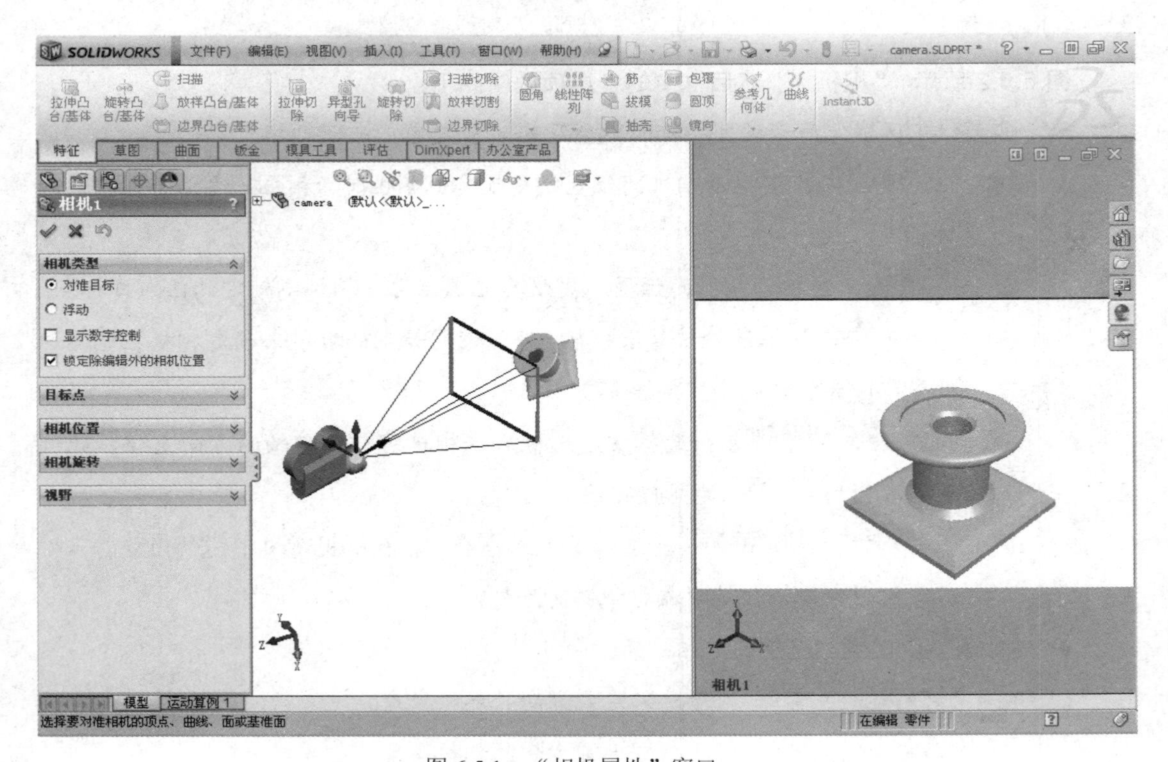

图 6.5.1 “相机属性”窗口

Step3. 选择相机类型。在图 6.5.2 所示的“相机 1”对话框中的相机类型区域选中 ⊙ 浮动 单选按钮，并选中 ☑ 显示数字控制、☑ 将三重轴与相机对齐 复选框，取消选中 ☐ 锁定除编辑外的相机位置 复选框。

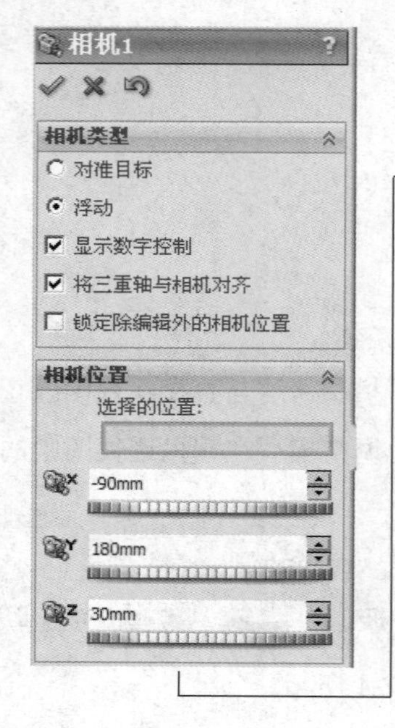

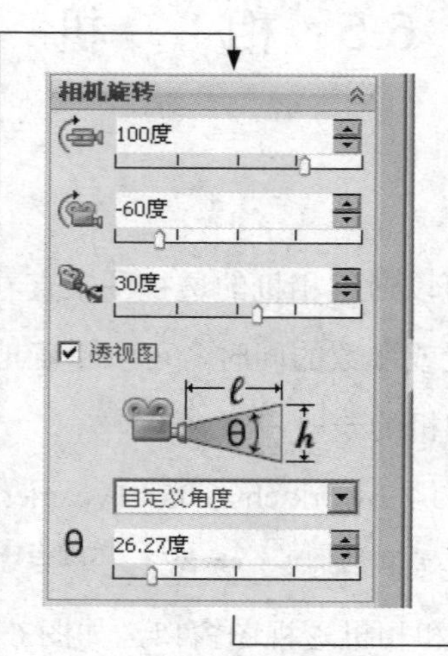

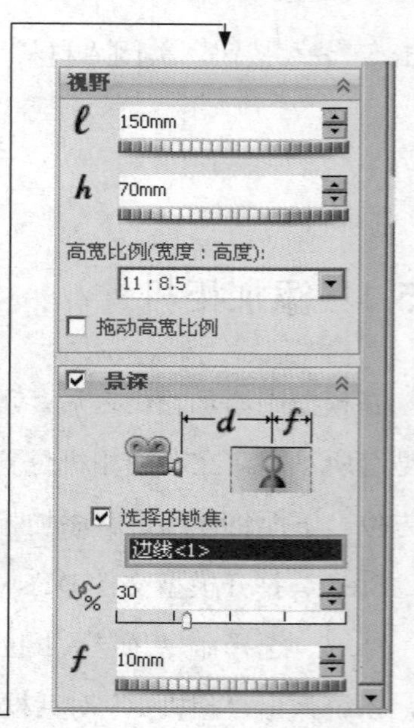

图 6.5.2 “相机 1”对话框

图 6.5.2 所示 “相机 1”对话框中的各选项说明如下：

- 相机类型 区域：用于设置相机的类型及其基本设置。
  - ☑ 对准目标：当拖动相机的位置或更改其他属性时，相机始终保持在指定的目标点。
  - ☑ 浮动：当拖动相机的位置或更改其他属性时，相机不锁定到任何目标点。
  - ☑ 显示数字控制：选择该复选框后，可以使用精确的数值来确定相机在空间的位置（即为相机指定空间坐标）。
  - ☑ 将三重轴与相机对齐：选择该复选框后，相机将与三重轴的方向重合，此选项只有使用 浮动 类型时有效。
  - ☑ 锁定除编辑外的相机位置：选择该复选框后，在相机视图中不能使用旋转、平移等视图命令，但编辑相机视图时除外。
- 相机旋转 区域：用于确定相机的方向。
  - ☑ 偏航（左右）：用于确定左右方向的相机角度。
  - ☑ 俯仰（上下）：用于确定上下方向的相机角度。
  - ☑ 滚动（扭曲）：用于确定垂直于屏幕方向的相机角度。
  - ☑ 透视图：选取该复选框，说明模型以透视图方式显示。
  - ☑ θ：用于确定视图的高度。
- 视野 区域：用于定义相机的镜头尺寸。

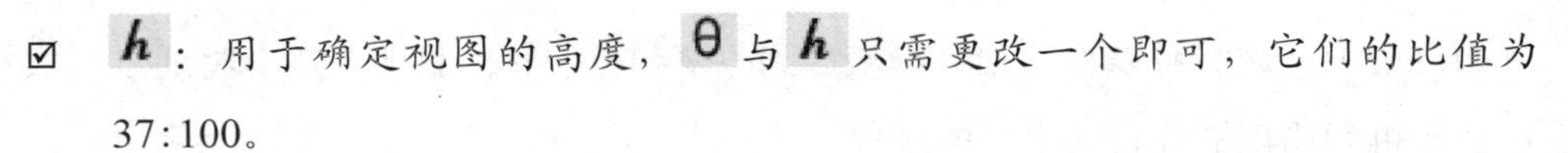

☑ h：用于确定视图的高度，θ 与 h 只需更改一个即可，它们的比值为 37:100。

☑ ℓ：用于定义视图的距离。

- 景深 区域：该区域只有激活 PhotoView 360 插件之后才会出现，用于定义相机的对焦参数。

☑ 选择的锁焦：需要在模型中选取点、线或面作为相机的对焦参照，系统将在用户所指定的位置产生一个平面，这个平面称为“对焦基准面”。

☑ %：由于选取了曲线作为对焦参照，该文本框中输入的数值为曲线的比率值。

☑ f：系统将根据该文本框中的数值在对焦基准面的两侧各产生一个基准面，但它们与对焦基准面的距离是不等的，这两个基准面可以大致地指明失焦位置。

Step4. 定义相机位置。在“相机 1”对话框中的 相机位置 区域设置相机所在的空间坐标，在 X 文本框中输入值-90，在 Y 文本框中输入值 180，在 Z 文本框中输入值 30。

Step5. 设置相机旋转角度。在图 6.5.2 所示的“相机 1” 对话框的 相机旋转 区域设置相机的旋转角度：在 文本框中输入值 100，在 文本框中输入值-60，在 文本框中输入值 30。选中 ☑ 透视图 复选框，在其下的下拉列表中选择 自定义角度 选项。

Step6. 设置相机视野。在图 6.5.2 所示的“相机 1”对话框的 视野 区域中，在 ℓ 文本框中输入值 150，在 h 文本框中输入值 70.0。

Step7. 设置景深。在图 6.5.2 所示的“相机 1”对话框选中 ☑ 景深 选项，☑ 景深 区域将被展开，激活 选择的锁焦: 下的文本框后，在模型中选取图 6.5.3 所示的模型边线为锁焦边线，在 % 文本框中输入值 30，在 f 文本框中输入值 10。

Step8. 单击 ✔ 按钮，完成相机的添加。

图 6.5.3　选取锁焦边线

6.5.2　相机橇

为了使相机从不同的角度和位置观察模型，可以为相机添加一相机橇，并将相机固定

到相机橇上，这时可以移动相机橇来达到改变相机位置的目的。本节将通过一实例来介绍添加相机到相机橇并将其定位的过程。

Step1. 打开装配体 D:\sw14.2\work\ch06.05.02\camera_pry_asm.SLDASM。

Step2. 添加相机橇。

（1）选择命令。选择下拉菜单 插入(I) → 零部件(O) → 现有零件/装配体(E)... 命令（或在“装配体”工具栏中单击按钮），系统弹出“插入零部件”对话框。

（2）单击“插入零部件”对话框中的 浏览(B)... 按钮，在系统弹出的“打开”对话框中选取 D:\sw14.2\work\ch06.05.02\camera_pry.SLDPRT，单击 打开(O) 按钮。

（3）将零件放置到图 6.5.4 所示的位置。

Step3. 添加配合。

（1）选择命令。选择下拉菜单 插入(I) → 配合(M)... 命令（或在“装配体”工具栏中单击按钮），系统弹出“配合”对话框。

（2）添加“平行 1”配合。单击“配合”对话框中的按钮，选取图 6.5.5 所示的两个面为平行面，单击快捷工具条中的按钮。

（3）添加“平行 2”配合。单击“配合”对话框中的按钮，选取图 6.5.6 所示的两个面为平行面，单击快捷工具条中的按钮。

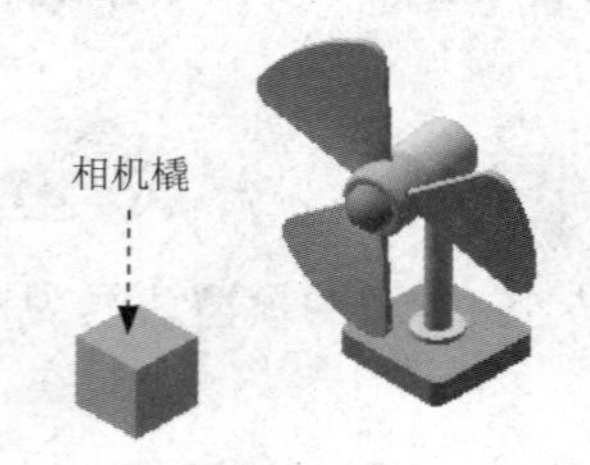

图 6.5.4　添加相机橇

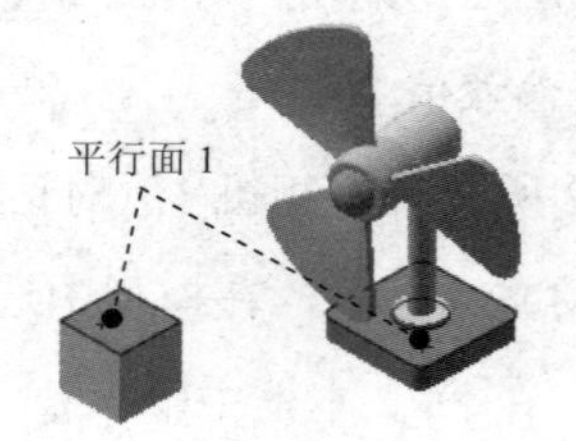

图 6.5.5　平行 1

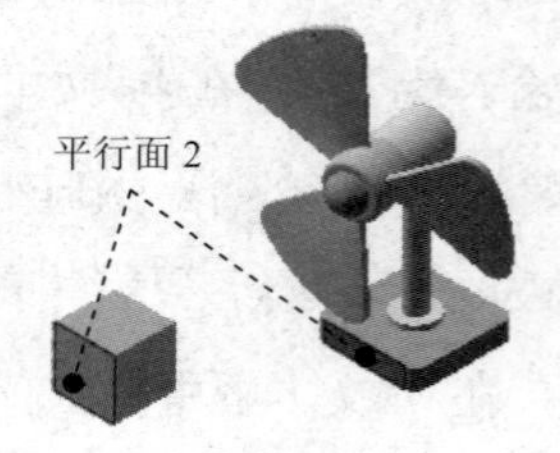

图 6.5.6　平行 2

（4）添加“距离 1”配合。单击“配合”对话框中的按钮，选取图 6.5.7 所示的两个面，在按钮后的文本框中输入距离值 80，单击快捷工具条中的按钮。

（5）添加“距离 2”配合。单击“配合”对话框中的按钮，选取图 6.5.8 所示的两个面，在按钮后的文本框中输入距离值 210，单击快捷工具条中的按钮。

（6）单击“配合”对话框中的按钮，关闭“配合”对话框。添加配合后的相机橇如图 6.5.9 所示。

Step4. 添加相机到相机橇。

（1）选择命令。选择下拉菜单 视图(V) → 光源与相机(L) → 添加相机(C) 命令，系统弹出“相机 1” 对话框，同时在图形区右侧弹出相机透视图窗口。

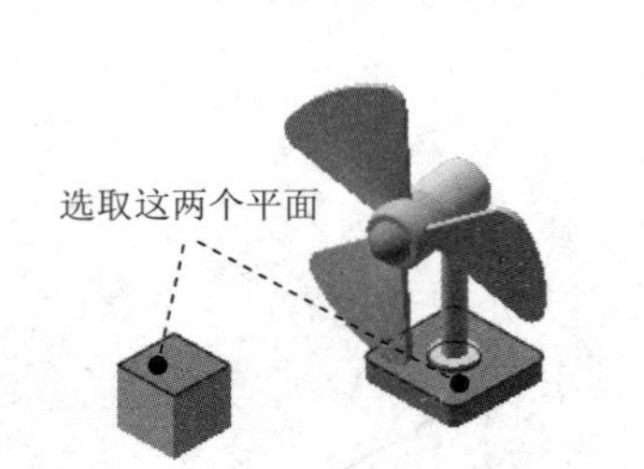

图 6.5.7 距离 1

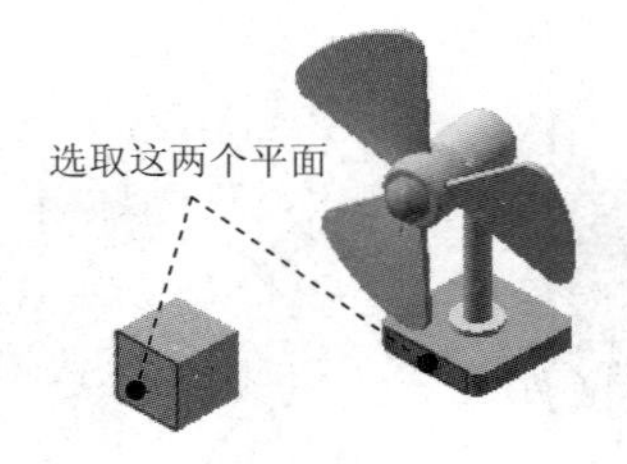

图 6.5.8 距离 2

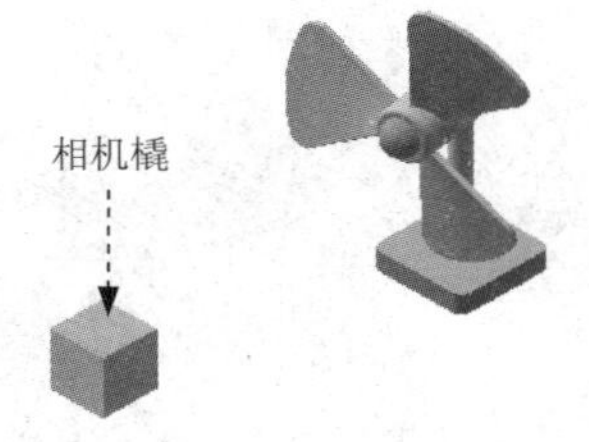

图 6.5.9 添加配合后的相机橇

（2）选择相机类型。在“相机 1”对话框的相机类型区域中选择相机类型为 对准目标，选中 锁定除编辑外的相机位置复选框。

（3）定义目标点。在“相机 1”对话框的目标点区域单击激活 选择的目标:下的文本框，选中图 6.5.10 所示的相机橇边线上的中点为目标点，在后的文本框中输入值 50。

（4）定义相机位置。在“相机 1”对话框的相机位置区域单击激活 选择的位置:下的文本框，选中图 6.5.11 所示的相机橇边线上的中点为相机位置，在后的文本框中输入值 50。

（5）设置相机旋转。在“相机 1”对话框的相机旋转区域单击激活 通过选择设定卷数:下的文本框，选中图 6.5.12 所示的相机橇边线，选中 透视图复选框，在其下拉列表中选择自定义角度选项。

图 6.5.10 目标点

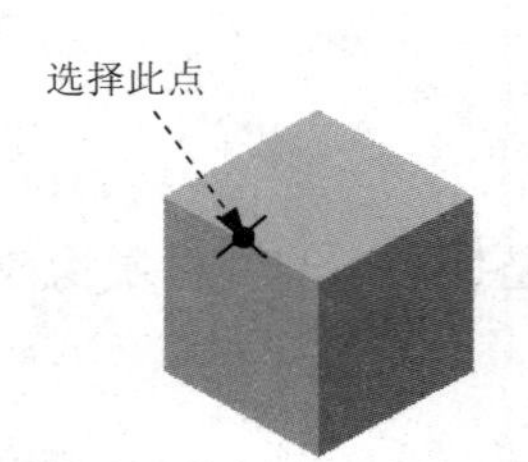

图 6.5.11 相机位置

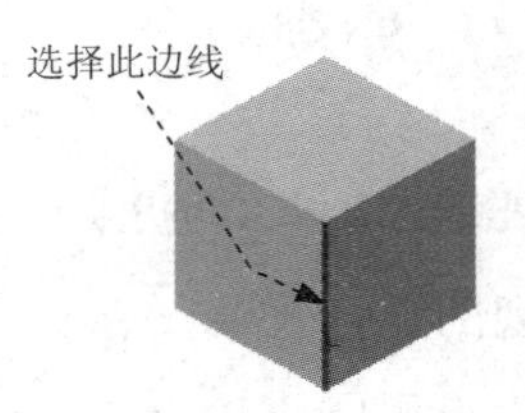

图 6.5.12 相机方向

Step5. 设置相机视野。在“相机 1”对话框的视野区域中，在 *l* 文本框中输入值 270，在 *h* 文本框中输入值 225。

Step6. 设置景深。在“相机 1”对话框选中 景深选项， 景深区域将被展开，在 *d* 后的文本框中输入值 200，在 *f* 文本框中输入值 10。

Step7. 此时已经将相机固定在相机橇上，图 6.5.13 所示为相机视口中所能看到的模型，单击按钮，完成相机的添加。

Step8. 显示相机。选择下拉菜单视图(V) → 光源与相机(L) → 属性(P) → 相机1命令，显示相机，如图 6.5.14 所示。

图 6.5.13　相机视口中的模型

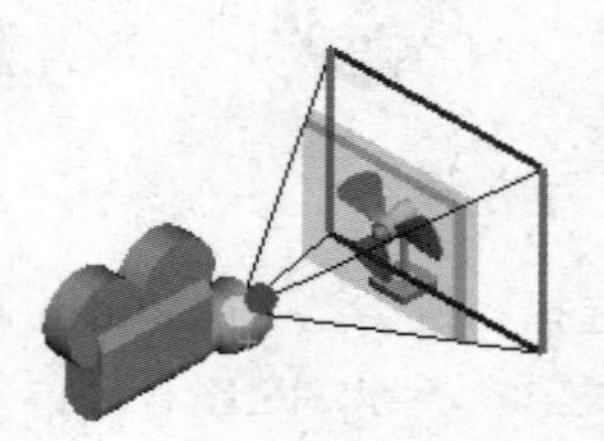

图 6.5.14　显示相机

6.6　PhotoView 360 渲染

6.6.1　PhotoView 360 渲染概述

通过 SolidWorks 提供的 PhotoView 360 插件可以对产品进行材质、光源、背景以及贴图等设置并进行渲染，以输出照片级的高质量的宣传图片。

6.6.2　外观

PhotoView 360 提供的外观效果是指在不改变材质物理属性的前提下，给模型添加近似于外观的视觉效果。

为模型启动 PhotoView 360 插件，进入外观设置界面。

方法一：选择下拉菜单 编辑(E) → 外观(A) → 外观(A)... 命令，系统弹出“颜色”对话框和“外观、布景和贴图”任务窗口，进入外观设置界面。

方法二：选择下拉菜单 PhotoView 360 → 编辑外观(A) 命令（或单击渲染工具栏中的按钮），系统进入外观设置界面。

下面通过一实例来介绍为模型添加外观的具体步骤。

Step1. 打开模型文件 D:\sw14.2\work\ch06.06.02\Appearances.SLDPRT。

Step2. 选择命令。选择下拉菜单 PhotoView 360 → 编辑外观(A) 命令（或单击渲染工具栏中的按钮），系统弹出图 6.6.1 所示的“颜色”对话框，同时在界面的右侧会弹出图 6.6.2 所示的“外观、布景和贴图”任务窗口。

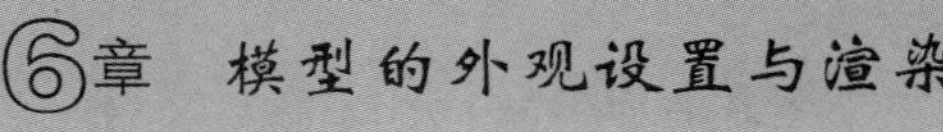

图 6.6.1　“颜色”对话框

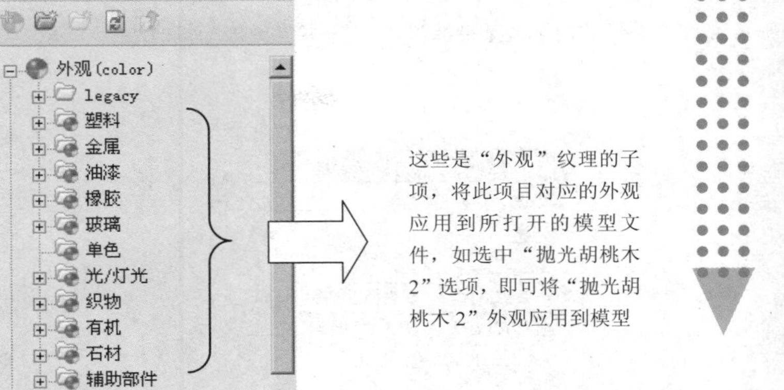

图 6.6.2　“外观、布景和贴图”任务窗口

Step3. 选择要编辑的对象。系统默认选取图 6.6.3a 所示的模型。

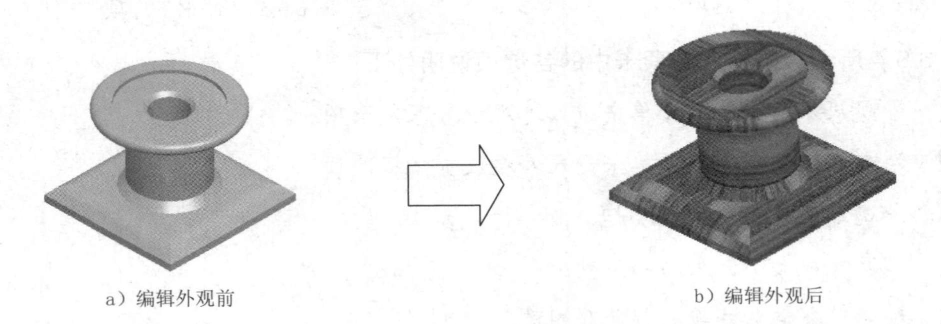

a）编辑外观前　　b）编辑外观后

图 6.6.3　编辑外观模型

Step4. 编辑外观。在图 6.6.2 所示的“外观、布景和贴图”任务窗口中单击展开 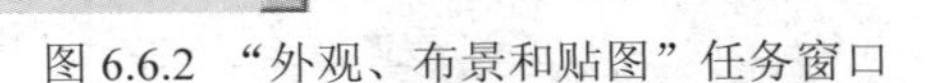 外观(color) 节点，选择 有机 节点下的 木材 节点，双击选择预览区域的 抛光青龙木 2 。

Step5. 设置外观参数。

(1) 在“抛光青龙木 2”对话框中单击 高级 按钮，系统弹出图 6.6.4 所示的“抛光青龙木 2”高级选项对话框。

(2) 设置映射。单击 映射 选项卡，系统弹出图 6.6.5 所示的“映射”选项卡，在 映射

区域的下拉列表中选择 曲面 选项，在 大小/方向 区域依次选择 ☑ 固定高宽比例(F)、☑ 将宽度套合到选择(D)、☑ 将高度套合到选择(E)、☑ 水平镜向 和 ☑ 竖直镜向 复选框。

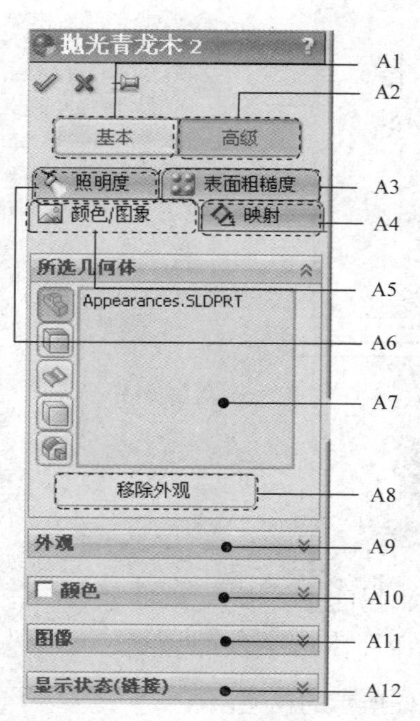

图 6.6.4 “高级”选项卡

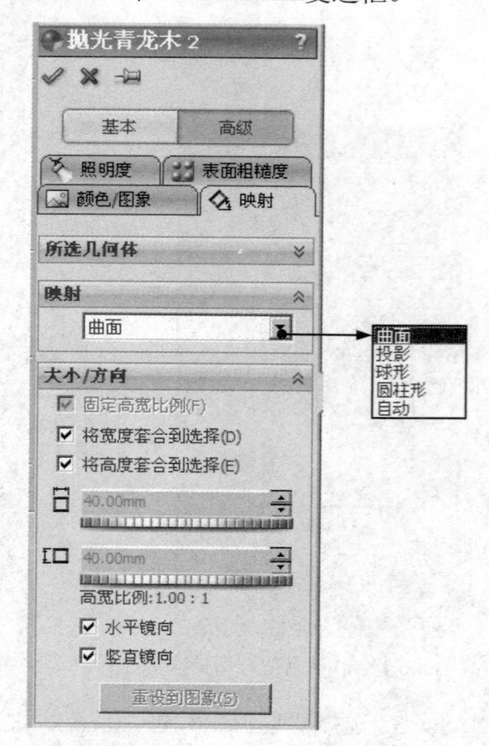

图 6.6.5 “映射”选项卡

图 6.6.4 所示“高级”选项卡中的各选项说明如下：

A1：外观基本设置选项。单击进入外观设置基本选项。

A2：外观高级设置选项。单击进入外观设置高级选项。

A3：外观定义表面变形或隆起。

A4：调整外观大小、方向和位置。

A5：编辑用来定义外观的颜色和图像。

A6：定义光源如何与外观互相作用。

A7：模型所选元素、要操作的元素。

A8：单击移除所选元素的外观颜色。

A9：外观区域。编辑外观。

A10：颜色区域。编辑外观颜色。

A11：图像区域。编辑外观纹理。

A12：显示状态（链接）区域。编辑显示状态。

（3）设置表面粗糙度。单击 表面粗糙度 选项卡，系统弹出图 6.6.6 所示的“表面粗糙度”选项卡，在表面粗糙度下拉列表中选择铸造选项，在隆起强度下的文本框中输入值 0。

（4）设置照明度。单击照明度选项卡，系统弹出图 6.6.7 所示的“照明度”选项卡，在光泽量(S):下的文本框输入值 1.0，在透明量(T):下的文本框中输入值 0.1。

Step6. 单击✔按钮，完成对模型外观的设置，如图 6.6.3 b 所示。

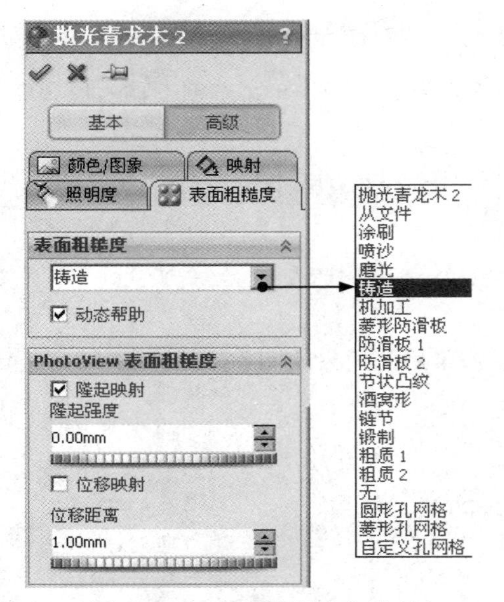

图 6.6.6 “表面粗糙度”选项卡

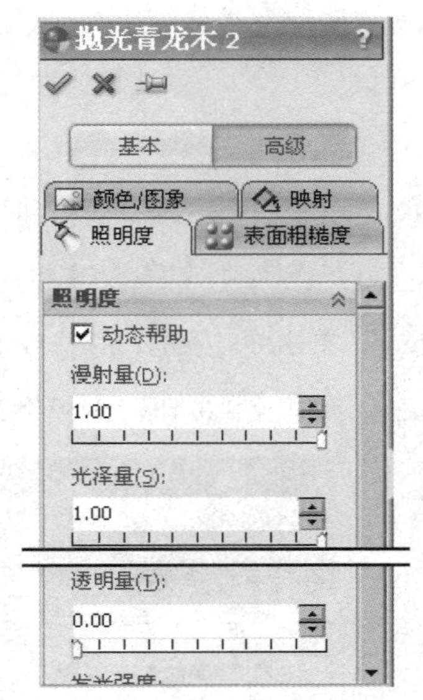

图 6.6.7 “照明度“选项卡

6.6.3 布景

PhotoView 360 的布景是为渲染提供一个渲染空间，为模型提供逼真的光源和场景效果。设置布景的属性，是通过图 6.6.8 所示的“编辑布景”来完成的。通过布景编辑器，可对渲染空间的背景、前景、环境和光源进行设置。

打开“编辑布景”对话框有两种方法：

方法一：单击设计树上方按钮，再单击选项，在系统弹出的“布景、光源与相机”任务窗口中右击布景命令，在系统弹出的快捷菜单中单击编辑布景... (A)命令，系统弹出“编辑布景”对话框。

方法二：选择下拉菜单PhotoView 360 ➡ 编辑布景(S)命令（或单击渲染工具栏中的按钮），系统弹出“编辑布景”对话框。

为模型添加布景的具体步骤如下：

Step1. 打开模型文件 D:\sw14.2\work\ch06.06.03\scenes.SLDPRT。

Step2. 选择命令。选择下拉菜单PhotoView 360 ➡ 编辑布景(S)命令（或单击渲染工具栏中的按钮），系统弹出图 6.6.8 所示的“编辑布景”对话框与图形区右侧的“外观、布景和贴图”任务窗口。

Step3. 定义场景。在“外观、布景和贴图”窗口中单击⊞ 布景节点，选择该节点下的 演示布景文件夹，在演示布景预览区域双击厨房背景，即可将布景添加到模型中。

Step4. 设置“编辑布景”参数。

（1）单击高级按钮，进入高级选项；在楼板大小/旋转(F)区域选取☑ 固定高宽比例复选框，取消选中□ 自动调整楼板大小(S)复选框，在文本框中输入值 200，在文本框中输入值 200，在文本框中输入值 0。

（2）单击照明度按钮，进入照明度选项；在PhotoView 照明度区域中的渲染明暗度文本框中输入值 1，在布景反射度:文本框中输入值 1。

Step5. 单击✔按钮，完成布景的添加。

Step6. 单击按钮，对模型进行渲染，渲染后的效果如图 6.6.9 所示。

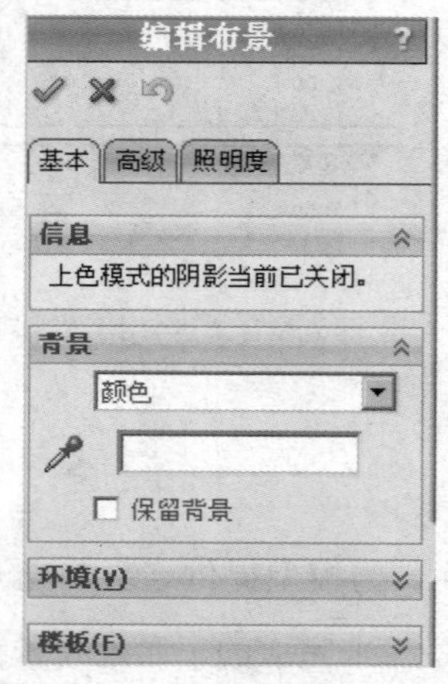

图 6.6.8 “编辑布景”对话框

图 6.6.9 设置布景后

6.6.4 贴图

贴图是利用现有的图像文件对模型进行渲染贴图。将图像文件添加到模型表面，通过渲染使模型图图像融合，使输出的图像文件更接近贴图产品完成后的照片效果。

下面介绍贴图的一般过程。

Step1. 打开模型文件 D:\sw14.2\work\ch06.06.04\Decals.SLDPRT。

Step2. 选择命令。选择下拉菜单 PhotoView 360 ➡ 编辑贴图(D)...命令，或单击渲染工具栏中的按钮，系统弹出图 6.6.10 所示的“贴图”对话框和图形区右侧的“外观、布景和贴图”任务窗口。

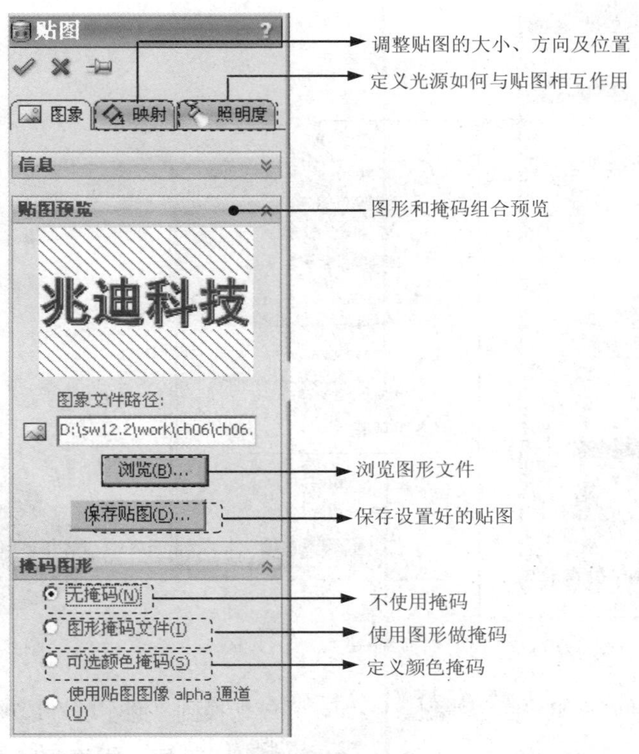

图 6.6.10 “贴图”对话框

Step3. 添加贴图文件。在**贴图预览**区域中的 图象文件路径: 下单击 浏览(B)... 按钮，添加贴图文件 D:\sw14.2\work\ch06.06.04\zalldy.bmp，在**掩码图形**区域中选择 ⊙ 图形掩码文件(I) 单选按钮，在 掩码文件路径: 下单击 浏览(B)... 按钮，添加掩码图形文件 D:\sw12.2\work\ch06.06.04\zalldy.bmp，选中 ☑ 反转掩码 复选框。

Step4. 调整贴图。

（1）设置映射、贴图方向和大小。

① 设置贴图的映射。单击 映射 按钮，在贴图窗口中切换到图 6.6.11 所示的“映射”选项卡，在**所选几何体**区域单击按钮，选取图 6.6.12 所示的面为贴图面；在**映射**区域下拉列表中选择 投影 选项，在下拉列表中选择 所选参考 选项，在设计树中选择 基准面1 为参考实体，在→后的文本框中输入水平位置值 0.0，在↑后的文本框中输入竖直位置值-25.0。

② 设置贴图大小和方向。在**大小/方向**区域中选中 ☑ 固定高宽比例(F) 复选框，在后的文本框中输入宽度值 230.0，在后的文本框中输入贴图旋转角度值 0.0。

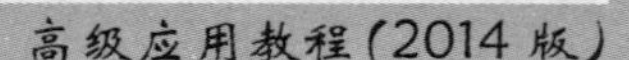

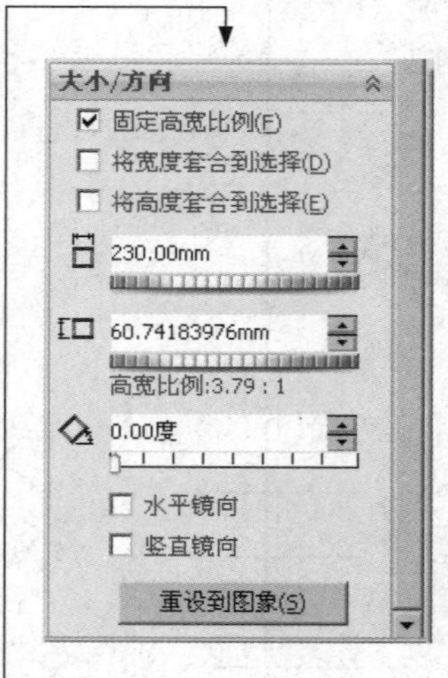

图 6.6.11 “映射”选项卡

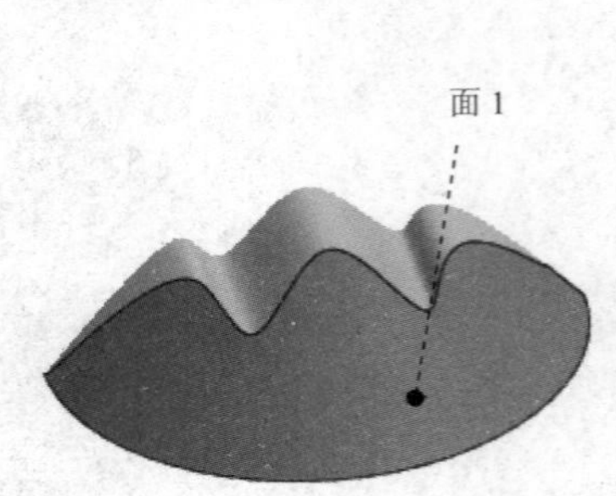

图 6.6.12 选取贴图面

（2）设置照明度。单击 照明度 按钮，系统切换到“照明度”选项卡中，在 照明度 区域中的 光泽量(S): 下的文本框中输入值 8.60，在 透明量(T): 下的文本框中输入值 0。其他参数采用系统默认设置。

Step5. 单击 ✔ 按钮，完成贴图的添加。单击 按钮，对模型进行渲染，渲染后的效果如图 6.6.13 所示。

图 6.6.13 贴图效果

6.6.5 PhotoView 360 渲染选项

PhotoView 360 渲染选项用来供普通系统选项切换应用程序属性，在 PhotoView 360 渲染选项中所作的更改，会影响到要渲染以及渲染后的文件。

下面通过一个实例介绍模型渲染时设置 PhotoView 360 渲染选项的具体操作过程。

Step1. 打开模型文件 D:\sw14.2\work\ch06.06.05\options.SLDPRT。

Step2. 选择命令。选择下拉菜单 PhotoView 360 ➡ 选项(O) 命令（或单击渲染工具栏中的 按钮），系统弹出图 6.6.14 所示的“PhotoView 360 选项”对话框。

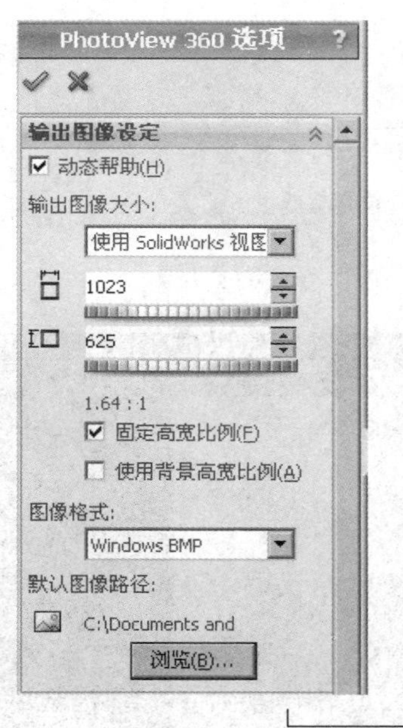

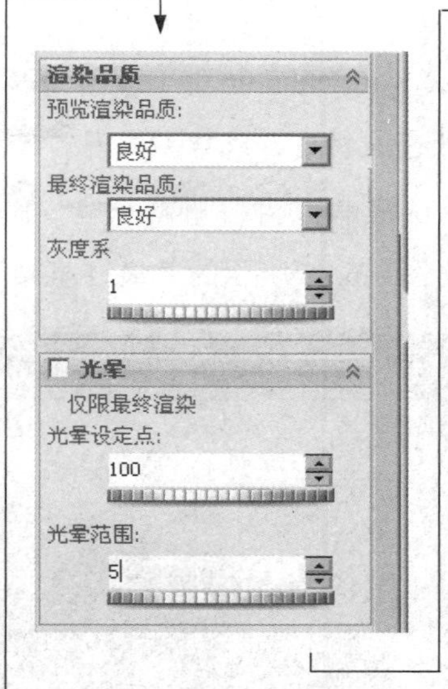

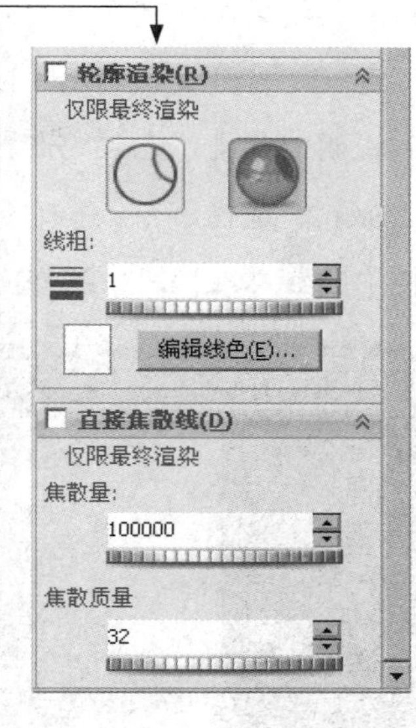

图 6.6.14　“PhotoView 360 选项”对话框

图 6.6.14 所示的“PhotoView 360 选项”对话框个别功能介绍：

- 渲染轮廓和实体模型：先渲染图像，再计算额外的轮廓线，渲染完成后显示渲染的图像和轮廓线。
- 只随轮廓渲染：先渲染图像，再计算额外的轮廓线，渲染完成后只显示轮廓线。
- 线粗：在其后的文本框内可以设置轮廓线的粗细。

Step3. 参数设置。在**输出图像设定**区域中选中☑ 动态帮助(H)复选框，在输出图像大小:下拉列表中选择使用 SolidWorks 视图选项，选中☑ 固定高宽比例(F)复选框；在**渲染品质**区域中的灰度系文本框中输入值 1；选中对话框中的☑ **光晕**复选框，在光晕设定点:文本框中输入值 100，在光晕范围:文本框中输入值 5；选中对话框中的☑ **轮廓渲染(R)**复选框，单击仅限最终渲染选项下的按钮，并在文本框中输入值 1；选取对话框中的☑ **直接焦散线(D)**复选框，其他参数采用系统默认设置。

Step4. 单击✔按钮，关闭“PhotoView 360 选项”对话框，完成 PhotoView 360 系统选项的设置。

6.6.6　渲染到文件

当对模型进行渲染前的颜色、材质、纹理、光源、外观、布景等必要的设置，并进行渲染，得到最佳视觉效果时，就需要对渲染的结果进行保存。由于 PhotoView 360 渲染的结果不能以模型的形式保存，所以只能保存为图形图像的格式。本节将通过一个实例来介

绍将渲染结果保存到文件的方法。

Step1．打开文件 D\sw14.2\work\ch06.06.06\cup.SLDPRT。

说明：此文件已经完成颜色、材质、纹理、光源、外观、布景等必要的设置。

Step2．选择命令。选择下拉菜单 PhotoView 360 ⟶ 最终渲染(F) 命令（或单击渲染工具栏中的按钮），系统弹出图 6.6.15 所示的“最终渲染”窗口。

图 6.6.15 “最终渲染”窗口

Step3．设置渲染后图形文件的属性。单击窗口中的保存图像按钮，系统弹出“保存图像”对话框，选择文件保存的路径为 D:\sw14.2\work\ch06.06.06\ok。在文件名(N):后的文本框中设置图像文件名为 cup，在保存类型(T):后的下拉列表中选择Windows BMP (*.BMP)选项，单击 保存(S) 按钮。

Step4．单击按钮，关闭“最终渲染”窗口，即可保存文件。

6.7 塑料杯的渲染

范例概述：

本范例介绍的是一个塑料杯的渲染过程。在渲染前，为模型添加光源并设置光源属性，然后再为模型添加外观、布景和外观颜色。值得注意的是，调节光源的颜色和光源的位置将直接影响到渲染的效果。

Step1. 打开模型文件 D:\sw14.2\work\ch06.07\bottle.SLDPRT，如图 6.7.1 所示（将模型调整到等轴测视图）。

Step2. 设置光源。

（1）选择命令。选择下拉菜单 视图(V) → 光源与相机(L) → 添加聚光源(S) 命令，系统弹出“聚光源 1”对话框，如图 6.7.2 所示，同时在图形区显示一个光源。

图 6.7.1 添加模型

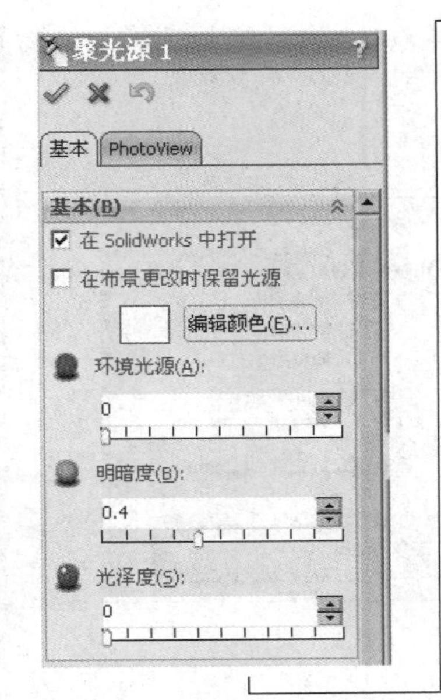

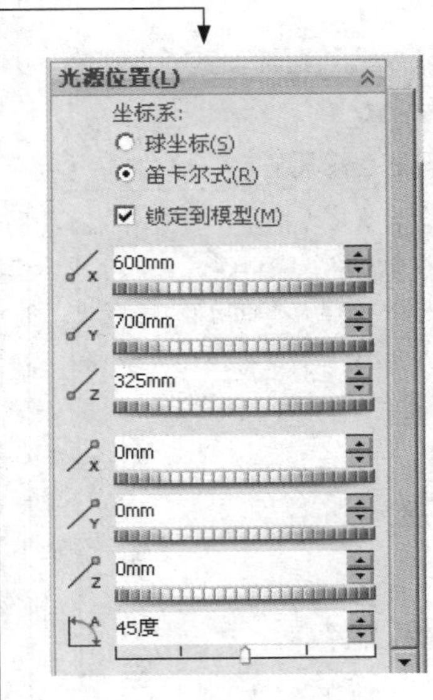

图 6.7.2 “聚光源 1”对话框

（2）定义聚光源基本属性。在 基本(B) 区域 环境光源(A): 后的文本框中输入值 0，在 明暗度(B): 后的文本框中输入值 0.4，在 光泽度(S): 后的文本框中输入值 0。

（3）编辑聚光源的位置。在 光源位置(L) 区域选中 笛卡尔式(R) 单选按钮，选中 锁定到模型(M) 复选框，在 x 后的文本框中输入值 600.0，在 Y 后的文本框中输入值 700.0，在 z 后的文本框中输入值 325.0，在 x 后的文本框中输入值 0，在 Y 后的文本框中输入值 0，在 z 后的文本框中输入值 0，在 后的文本框中输入锥角度数值 45.0。

（4）单击 按钮，完成聚光源 1 的设置。

（5）添加点光源。选择下拉菜单 视图(V) → 光源与相机(L) → 添加点光源(P) 命令，系统弹出“点光源 1”对话框，如图 6.7.3 所示，同时在图形区显示一个光源。

（6）定义点光源基本属性。在 基本(B) 区域 环境光源(A): 后的文本框中输入值 0，在 明暗度(B): 后的文本框中输入值 0.4，在 光泽度(S): 后的文本框中输入值 0。

（7）编辑点光源的位置。在 光源位置(L) 区域选中 笛卡尔式(R) 单选按钮，选中 锁定到模型(M) 复选框，在 x 后的文本框中输入值 35.0，在 Y 后的文本框中输入值 150.0，

在 z 后的文本框中输入值-35.0，单击 ✓ 按钮，完成点光源 1 的设置。

Step3. 设置模型布景。

（1）选择命令。选择下拉菜单 PhotoView 360 ➡ 编辑布景(S) 命令（或单击渲染工具栏中的按钮），系统弹出图 6.7.4 所示的“编辑布景”对话框（一）和图形区右侧的“外观、布景和贴图”任务窗口。

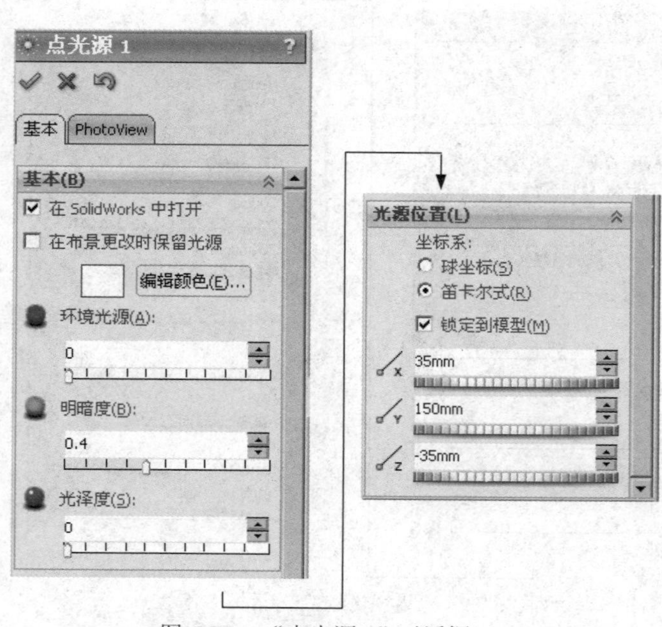

图 6.7.3 “点光源 1”对话框

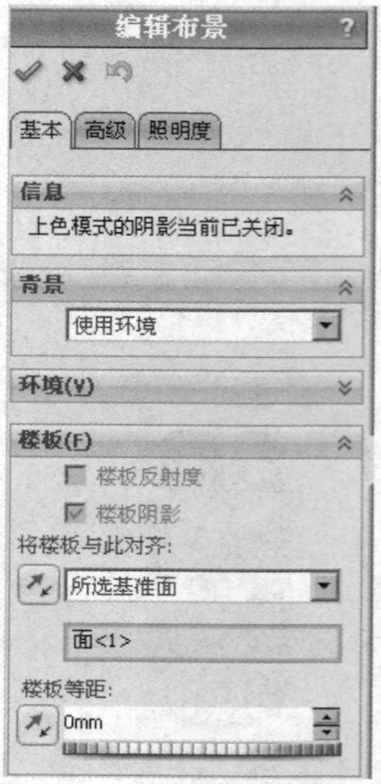

图 6.7.4 “编辑布景”对话框（一）

（2）设置工作间环境。在“外观、布景和贴图”窗口中单击 布景 节点，选择该节点下的 工作间布景 文件夹，在布景预览区域双击 反射方格地板，即可将布景添加到模型中。

（3）设置编辑布景参数。在 楼板(F) 区域中的 将楼板与此对齐: 下拉列表中选择 所选基准面 选项，选取图 6.7.5 所示的模型表面为基准面，在 楼板等距: 文本框中输入值 0。单击 高级 选项，系统弹出图 6.7.6 所示的“编辑布景”对话框（二），选中 楼板大小/旋转(F) 区域中的 ☑ 固定高宽比例 复选框，取消选中 □ 自动调整楼板大小(S) 复选框；在 宽度 下 的文本框中输入值 800。

（4）单击 ✓ 按钮，完成布景的编辑。

Step4. 设置模型外观。

（1）选择命令。选择下拉菜单 PhotoView 360 ➡ 编辑外观(A) 命令（或单击渲染工具栏中的按钮），系统弹出图 6.7.7 所示的“颜色”对话框（一）和“外观、布景和贴图”任务窗口。

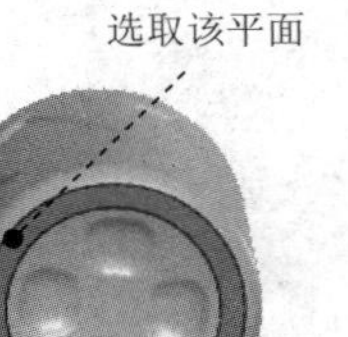

图 6.7.5　与地板对齐的面

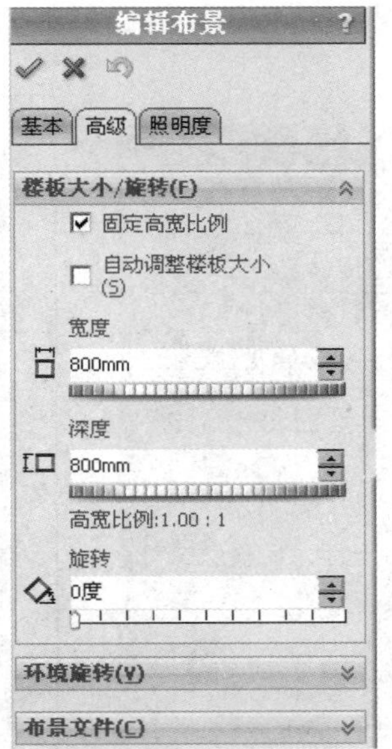

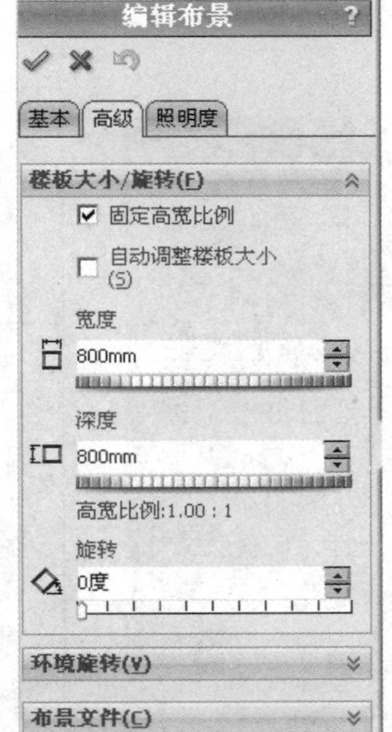

图 6.7.6　“编辑布景”对话框（二）

（2）定义外观。在“外观、布景和贴图”任务窗口中单击 外观(color) 前的 ，再单击 玻璃 节点，选择该节点下的 光泽 文件夹，然后在外观预览区域双击 透明玻璃 ，即可将外观添加到模型中。

（3）设置外观颜色。单击 颜色 区域中的 文本框，系统弹出“颜色”对话框（二），选取图 6.7.8 所示的颜色，在 后的下拉列表中选择 透明 选项。

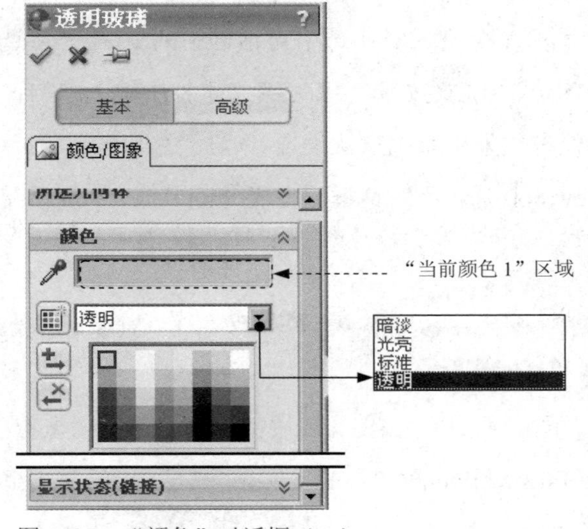

图 6.7.7　“颜色”对话框（一）

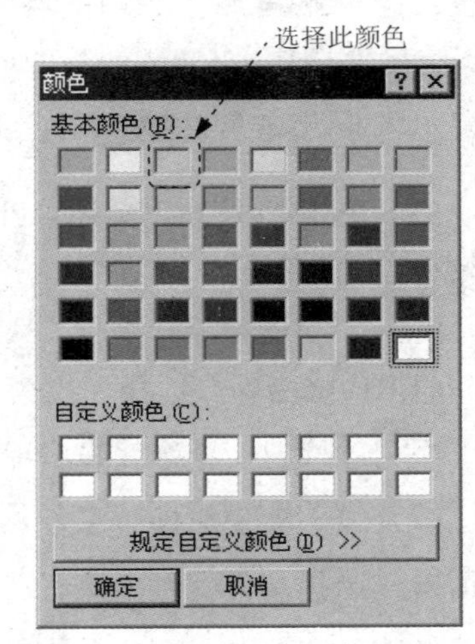

图 6.7.8　“颜色”对话框（二）

（4）设置照明度。单击 高级 按钮，再单击 照明度 选项卡，切换到图 6.7.9 所示的 照明度 选项卡，设置参数如图 6.7.9 所示。

（5）单击✓按钮，完成外观的设置；设置外观后的模型如图 6.7.10 所示。

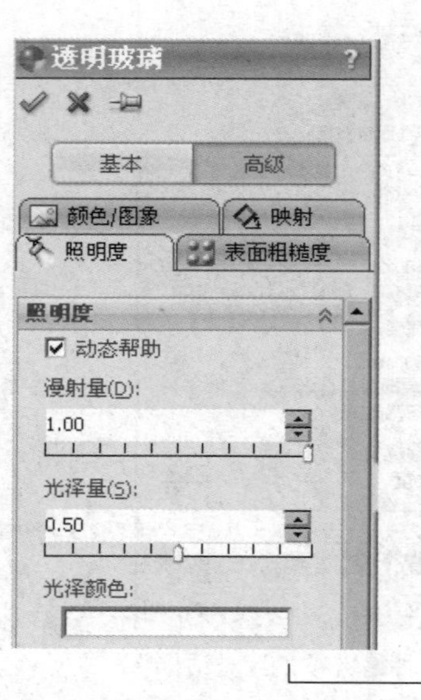

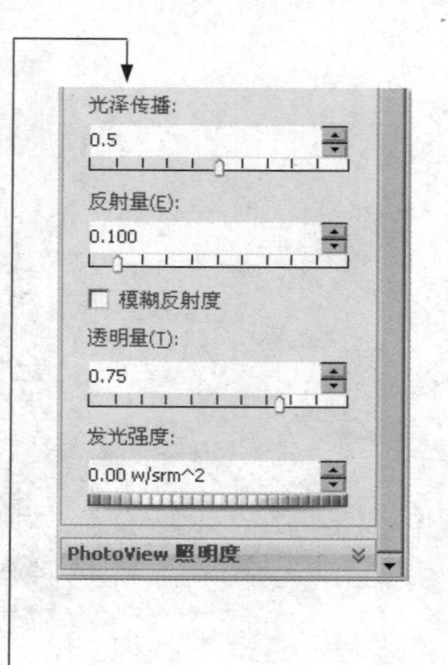

图 6.7.9 “照明度”选项卡

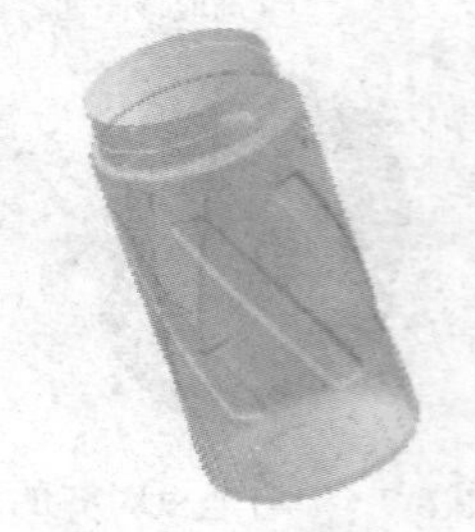

图 6.7.10 设置外观后的模型

Step5. 设置渲染线性。

（1）选择命令。选择下拉菜单 PhotoView 360 → 选项(O) 命令（或单击渲染工具栏中的按钮），系统弹出“PhotoView 360 选项”对话框。

（2）参数设置。在**输出图像设定**区域中选中 ☑ 动态帮助(H) 复选框，在 输出图像大小: 下拉列表中选择 使用 SolidWorks 视图 选项，在下的文本框中输入值 640，选中 ☑ 固定高宽比例(F) 复选框；在**渲染品质**区域中的 灰度系 文本框中输入值 2.1；选中对话框中的 ☑ **光晕**复选框和 ☑ **轮廓渲染(R)** 复选框，单击 仅限最终渲染 选项下按钮，并在文本框中输入值 1；选取对话框中 ☑ **直接焦散线(D)** 复选框，其他参数采用系统默认设置。

（3）单击✓按钮，关闭“PhotoView 360 选项”对话框，完成 PhotoView 360 系统选项的设置。

Step6. 渲染并保存文件。

（1）选择命令。选择下拉菜单 PhotoView 360 → 最终渲染(F) 命令（或单击渲染工具栏中的按钮），系统弹出“最终渲染”窗口。

（2）设置渲染后图形文件的属性。单击窗口中的 保存图像 按钮，系统弹出“保存图像”对话框，选择文件保存的路径为 D:\sw14.2\work\ch06.07\ok。在 文件名(N): 后的文本框中设置图像文件名为 bottle，在 保存类型(T): 后的下拉列表中选择 Windows BMP (*.BMP) 选项，单击 保存(S) 按钮，最终渲染效果如图 6.7.11 所示。

（3）单击☒按钮，关闭“最终渲染”窗口，即可保存文件。

图 6.7.11 渲染效果

Step7. 保存文件。选择下拉菜单 文件(F) → 保存(S) 命令，保存文件。

第 7 章 运动仿真及动画

本章提要 本章主要讲解了 SolidWorks 2014 中各类运动仿真及动画的创建过程。在运动仿真和动画过程中，装配体的配合约束非常重要，只有在装配体中添加了正确的配合约束，才能达到想要仿真或动画的效果。主要内容包括：

- 动画向导。
- 视图属性。
- 视图定向。
- 插值动画模式。
- 配合在动画中的应用。
- 马达。
- 相机动画。

7.1 概 述

在 SolidWorks 2014 中，通过运动算例功能可以快速、简洁地完成机构的仿真运动及动画设计。运动算例可以模拟图形的运动及装配体中部件的直观属性，它可以实现装配体运动的模拟、物理模拟以及 COSMOSMotion，并可以生成基于 Windows 的 avi 视频文件。

装配体的运动是通过添加马达进行驱动来控制装配体的运动，或者决定装配体在不同时间时的外观。通过设定键码点，可以确定装配体运动从一个位置跳到另一个位置所需的顺序。

物理模拟用于模拟装配体上的某些物理特性效果，包括模拟马达、弹簧、阻尼及引力在装配体上的效应。

COSMOSMotion 用于模拟和分析，并输出模拟单元（力、弹簧、阻尼、摩擦等）在装配体上的效应，它是更高一级的模拟，包含所有在物理模拟中可用的工具。

本节重点讲解装配体运动的模拟，装配体运动可以完全模拟各种机构的运动仿真及常见的动画。下面以本章的综合范例（二）——机械手运动仿真为例，对运动算例的界面进行讲解，其运动算例的界面如图 7.1.1 所示。

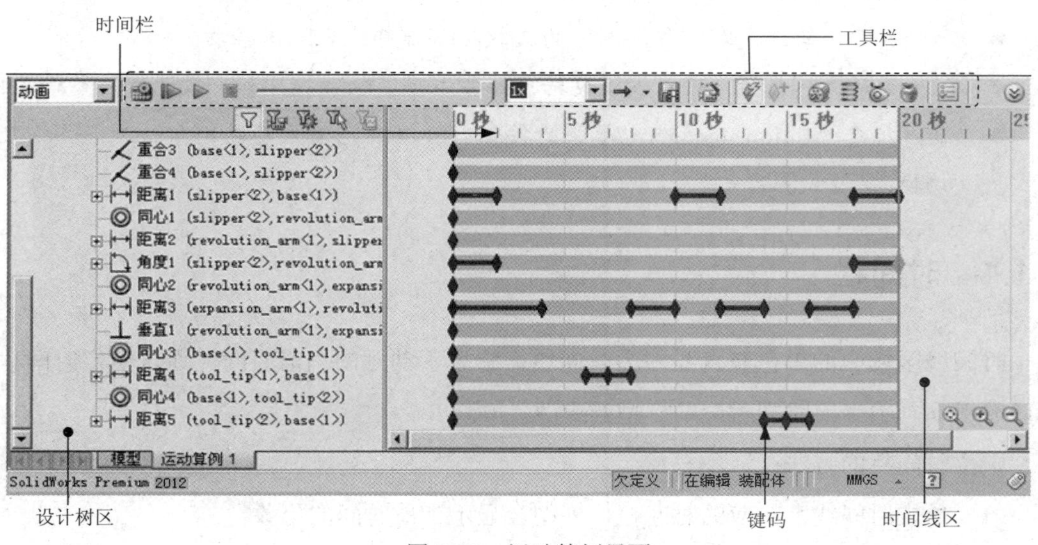

图 7.1.1 运动算例界面

图 7.1.1 所示的运动算例界面的工具栏如图 7.1.2 所示，对其中的选项说明如下：

图 7.1.2 运动算例界面工具栏

- 动画：通过下拉列表选择运动类型。包括动画、基本运动和 COSMOSMotion 三个选项，通常情况下只能看到前两个选项。
- ：计算运动算例。
- ：从头播放。
- ：播放。
- ：停止播放。
- 1x：通过此下拉列表选择播放速度，有七种播放速度可选。
- ：通过此下拉列表选择播放模式，包括 播放模式：正常 、 播放模式：循环 和 播放模式：往复 三种播放模式。
- ：保存动画。此时保存的动画主要为 avi 格式，也可以保存动画的一部分。
- ：动画向导。通过动画向导可以完成各种简单的动画。
- ：自动键码。通过自动键码可以为拖动的零部件在当前时间栏生成键码。
- ：添加/更新键码。在当前所选的时间栏上添加键码或更新当前的键码。
- ：添加马达。添加马达来控制零部件的移动，似乎由马达驱动。
- ：弹簧。在两零部件之间添加弹簧。

- ：接触。定义选定零部件的接触类型。
- ：引力。给选定零部件添加引力，模拟零部件绕装配体移动。
- ：运动算例属性。可以设置包括装配体运动、物理模拟和一般选项的多种属性。
- ：折叠 MotionManager。单击此按钮，可以在完整运动算例界面和工具栏之间切换。

7.1.1 时间栏

时间线区域中的黑色竖直线即为时间栏，它表示动画的当前时间。通过定位时间栏，可以显示动画中当前时间对应的模型的更改。

定位时间栏的方法：

（1）单击时间线上对应的时间栏，模型会显示当前时间的更改。

（2）拖动选中的时间栏到时间线上的任意位置。

（3）选中一时间栏，按一次空格键，时间栏会沿时间线往后移动一个时间增量。

7.1.2 时间线

时间线是用来设定和编辑动画时间的标准界面，可以显示出运动算例中动画的时间和类型。将图 7.1.1 所示的“时间线”区域放大，如图 7.1.3 所示。从图中可以观察到时间线区被竖直的网格线均匀分开，并且竖直的网格线和时间标识相对应。时间标识是从 00:00:00 开始的，竖直网格线之间的距离可以通过单击运动算例界面右下角的或按钮控制。

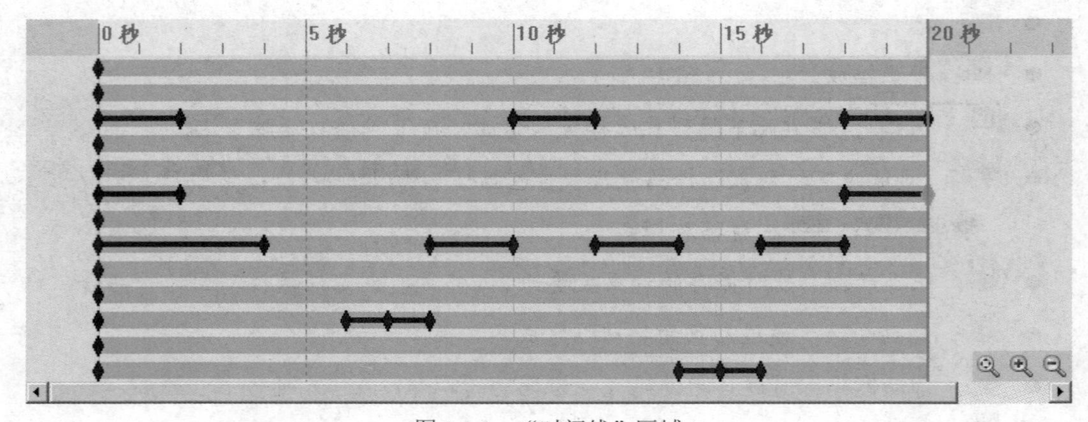

图 7.1.3 “时间线”区域

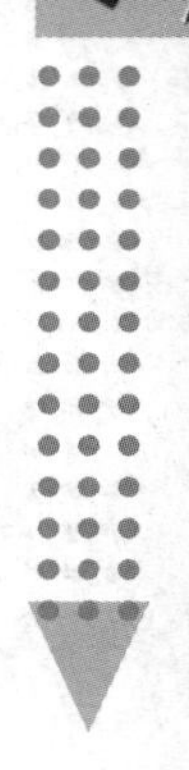

7.1.3 更改栏

在时间线上，连接键码点之间的水平栏即为更改栏，它表示在键码点之间的一段时间内所发生的更改。更改内容包括动画时间长度、零部件运动、模拟单元属性、视图定向（如缩放、旋转）、视像属性（如颜色外观或视图的显示状态）。

根据实体的不同，更改栏使用不同的颜色来区别零部件和类型的不同更改。系统默认的更改栏的颜色如下：

- 驱动运动：蓝色。
- 从动运动：黄色。
- 爆炸运动：橙色。
- 外观：粉红色。

7.1.4 关键点与键码点

时间线上的♦称为键码，键码所在的位置称为“键码点”，关键位置上的键码点称为“关键点”。在键码操作时，需注意以下事项：

- 拖动装配体的键码（顶层），只更改运动算例的持续时间。
- 所有的关键点都可以复制、粘贴。
- 除了 00:00:00 时间标记处的关键点外，其他都可以剪切和删除。
- 按住 Ctrl 键可以同时选中多个关键点。

7.2 动画向导

动画向导可以帮助初学者快速生成运动算例，通过动画向导可以生成的运动算例包括以下几项：

- 旋转零件或装配体模型。
- 爆炸或解除爆炸（只有在生成爆炸视图后，才能使用）。
- 物理模拟（只有在运动算例中计算了模拟之后，才可以使用）。
- COSMOSMotion（只有安装了插件并在运动算例中计算结果后，才可以使用）。

7.2.1 旋转零件

下面以图 7.2.1 所示的模型作为旋转零件的运动算例，具体讲解动画向导的使用方法。

Step1. 打开文件 D:\sw14.2\work\\ch07.02.01\spring.SLDPRT。

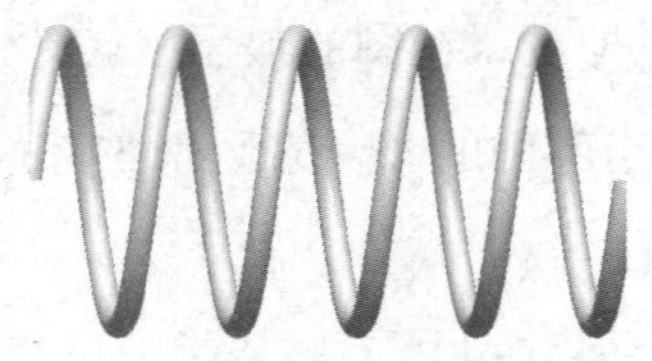

图 7.2.1 弹簧模型

Step2. 展开运动算例界面。在图形区将模型调整到图 7.2.1 所示的方位。在屏幕左下角单击 运动算例 1 按钮，展开运动算例界面，如图 7.2.2 所示。

图 7.2.2 运动算例界面

Step3. 选择旋转类型。在运动算例界面的工具栏中单击按钮，系统弹出“选择动画类型”对话框，如图 7.2.3 所示，选择 旋转模型(R) 单选按钮（本例中使用的是零件模型，所以只有 旋转模型(R) 选项可选）。

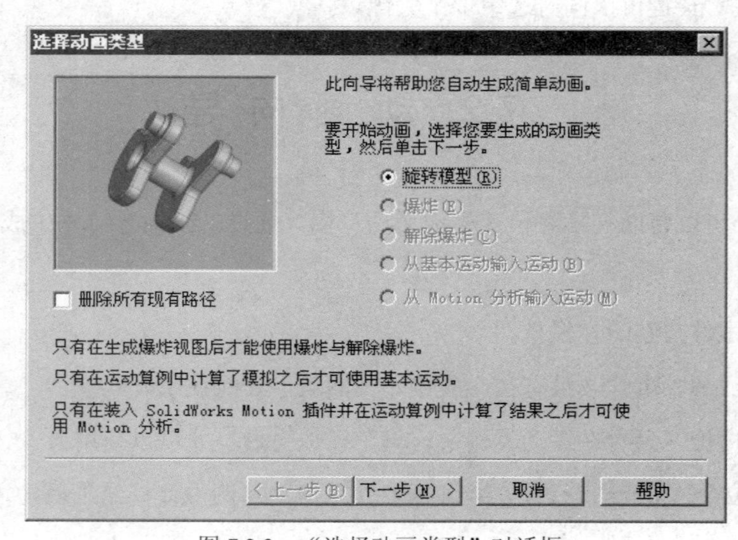

图 7.2.3 “选择动画类型”对话框

Step4. 选择旋转轴。在“选择动画类型”对话框中单击 下一步(N) > 按钮，系统切换到“选择一旋转轴”对话框，其中的设置如图 7.2.4 所示。

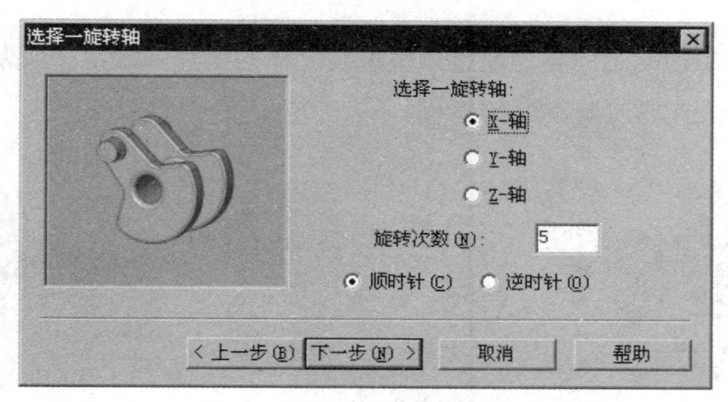

图 7.2.4 “选择一旋转轴”对话框

图 7.2.4 所示的“选择一旋转轴”对话框中的选项说明如下：

- X-轴：指定旋转轴为 X 轴。
- Y-轴：指定旋转轴为 Y 轴。
- Z-轴：指定旋转轴为 Z 轴。
- 旋转次数(N)：这里规定旋转一周为一次，旋转次数即为旋转的周数。
- 顺时针(C)：指定旋向为顺时针旋转。
- 逆时针(O)：指定旋向为逆时针旋转。

Step5. 单击 下一步(N) > 按钮，系统切换到“动画控制选项”对话框，在 时间长度(秒)(L): 文本框中输入值 5.0，在 开始时间(秒)(S): 文本框中输入值 0，单击 完成 按钮，完成运动算例的创建，运动算例界面如图 7.2.5 所示。

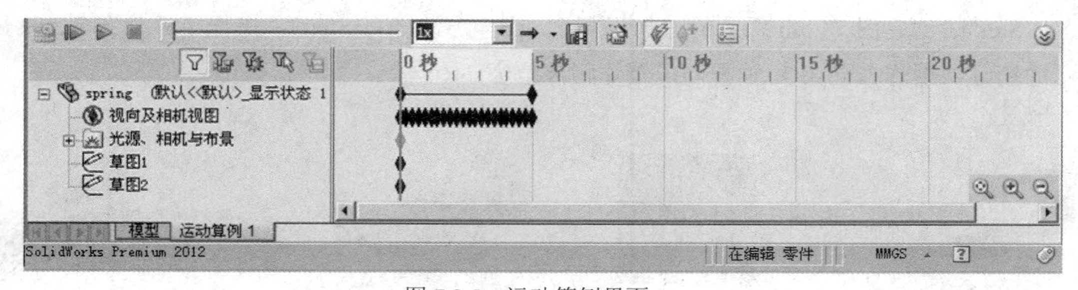

图 7.2.5 运动算例界面

Step6. 播放动画。在运动算例界面的工具栏中单击 ▷ 按钮，可以观察零件在视图区中所作的旋转运动。

Step7. 至此，运动算例完毕。选择下拉菜单 文件(F) → 另存为(A)... 命令，命名为 Spring，即可保存模型。

7.2.2 装配体爆炸动画

通过运动算例中的动画向导功能可以模拟装配体的爆炸效果，下面以图 7.2.6b 所示的铣刀头为例，讲解装配体爆炸动画的过程。

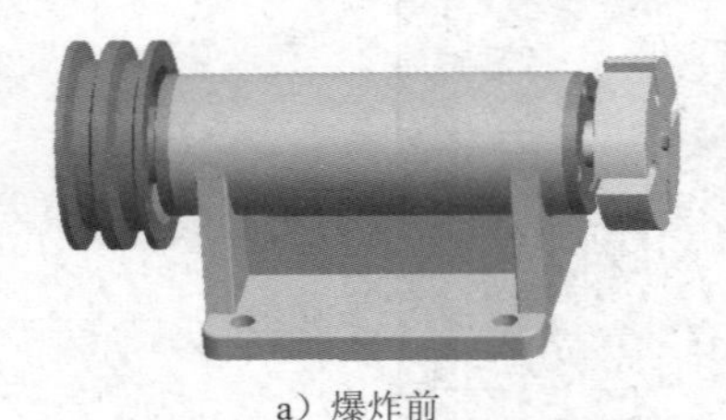

a）爆炸前

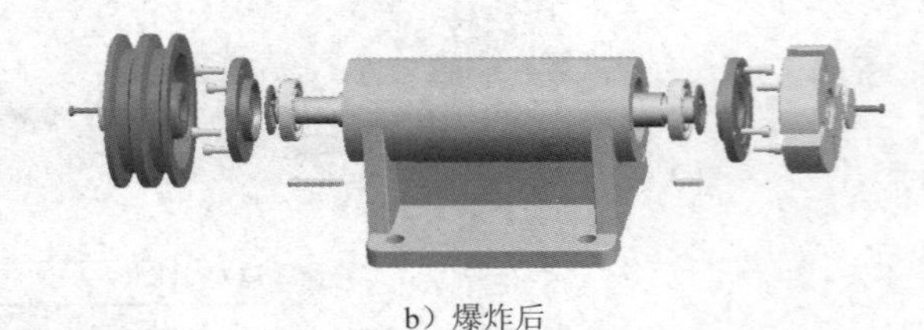

b）爆炸后

图 7.2.6 铣刀头

Step1. 打开文件 D:\sw14.2\work\ch07.02.02\head_asm.SLDASM。

Step2. 选择下拉菜单 插入(I) → 爆炸视图(V)... 命令，系统弹出“爆炸”对话框。

Step3. 创建图 7.2.7b 所示的爆炸步骤 1。在图形区选取图 7.2.7a 所示的螺栓。选择 X 轴（红色箭头）为移动方向，在“爆炸”对话框 设定(T) 区域的“爆炸距离” D1 后文本框中输入值 250，单击 应用(P) 按钮，再单击 完成(D) 按钮，完成第一个零件的爆炸移动。

a）爆炸前　　b）爆炸后

图 7.2.7 爆炸步骤 1

Step4. 创建图 7.2.8b 所示的爆炸步骤 2。操作方法参见 Step3，爆炸零件为图 7.2.8a 所示的销钉，爆炸方向为 X 轴方向，爆炸距离值为 240。

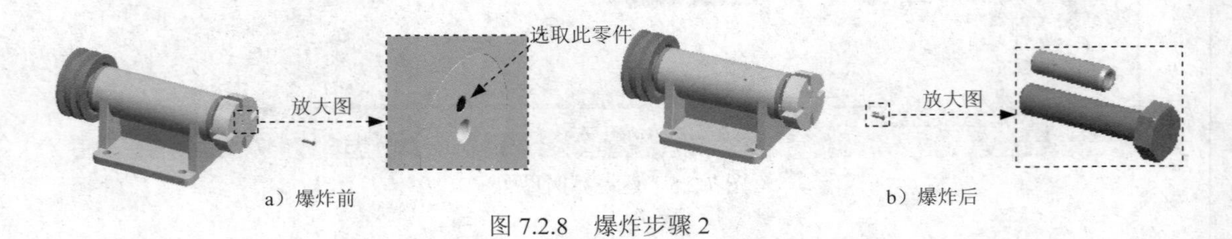

a）爆炸前　　b）爆炸后

图 7.2.8 爆炸步骤 2

Step5. 创建图 7.2.9b 所示的爆炸步骤 3。操作方法参见 Step3，爆炸零件为图 7.2.9a 所示的压板。爆炸方向为 X 轴方向，爆炸距离值为 210。

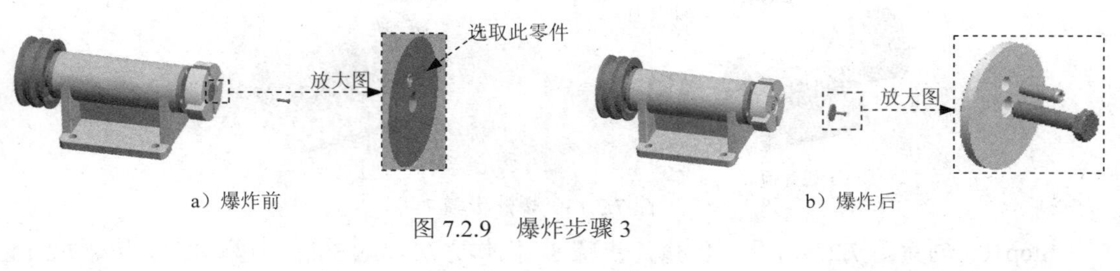

a）爆炸前　　b）爆炸后

图 7.2.9　爆炸步骤 3

Step6. 创建图 7.2.10b 所示的爆炸步骤 4。操作方法参见 Step3，爆炸零件为图 7.2.10a 所示的铣刀盘。爆炸方向为 X 轴方向，爆炸距离值为 180。

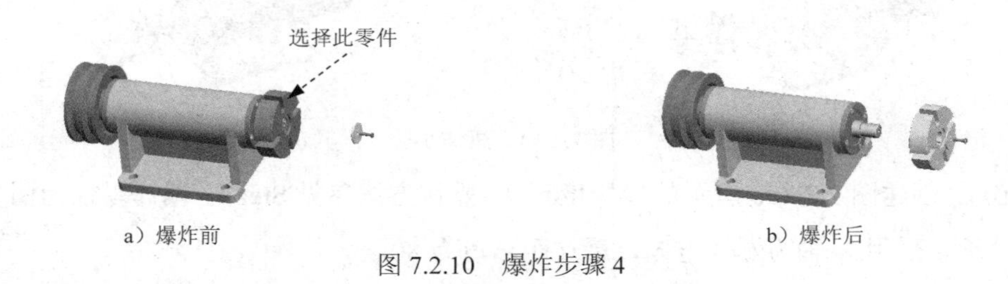

a）爆炸前　　b）爆炸后

图 7.2.10　爆炸步骤 4

Step7. 创建图 7.2.11b 所示的爆炸步骤 5。操作方法参见 Step3，爆炸零件为图 7.2.11a 所示的键。爆炸方向为 Y 轴方向，爆炸距离值为-100。

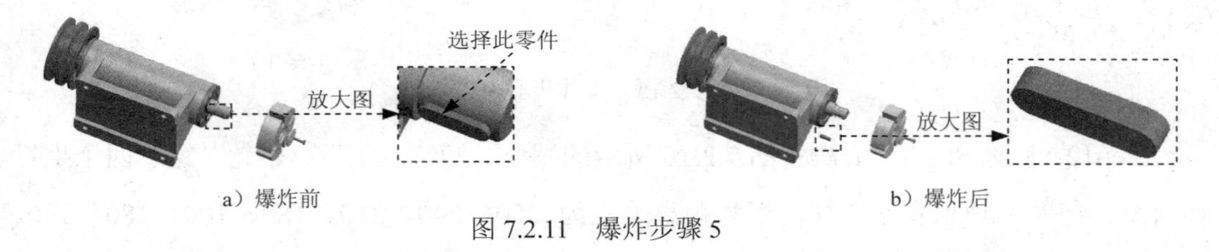

a）爆炸前　　b）爆炸后

图 7.2.11　爆炸步骤 5

Step8. 创建图 7.2.12b 所示的爆炸步骤 6。操作方法参见 Step3，爆炸零件为图 7.2.12a 所示的零件。爆炸方向为 X 轴方向，爆炸距离值为 180。

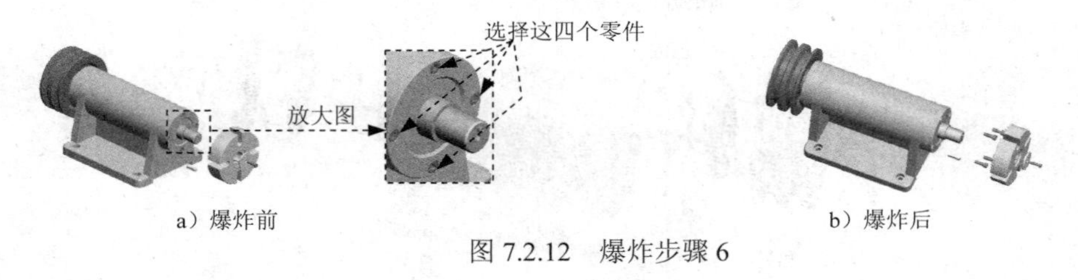

a）爆炸前　　b）爆炸后

图 7.2.12　爆炸步骤 6

Step9. 创建图 7.2.13b 所示的爆炸步骤 7。操作方法参见 Step3，爆炸零件为图 7.2.13a 所示的轴承盖。采用 X 轴为爆炸方向，爆炸距离值为 130。

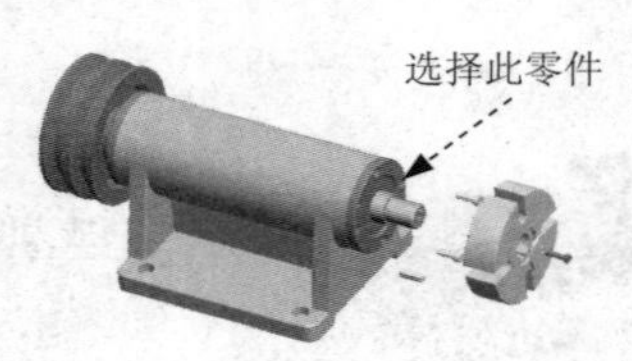

a）爆炸前

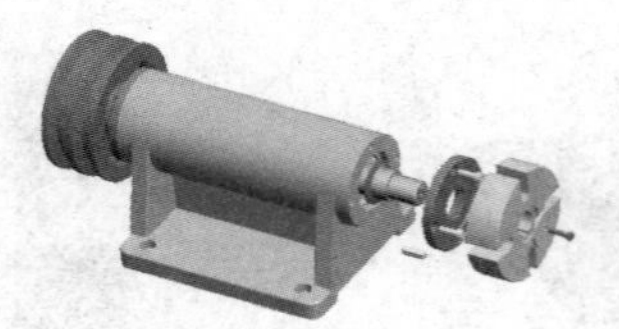

b）爆炸后

图 7.2.13　爆炸步骤 7

Step10. 创建图 7.2.14b 所示的爆炸步骤 8。操作方法参见 Step3，爆炸零件为图 7.2.14a 所示的毡圈。采用 X 轴为爆炸方向，爆炸距离值为 80。

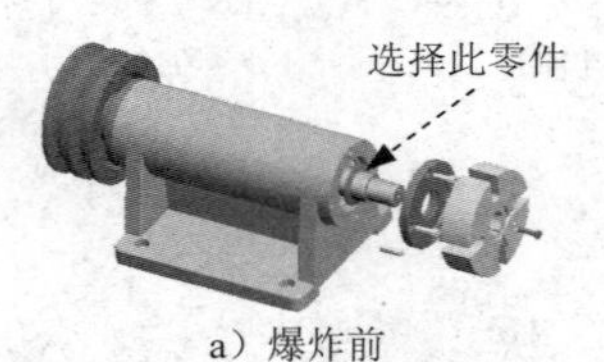

a）爆炸前

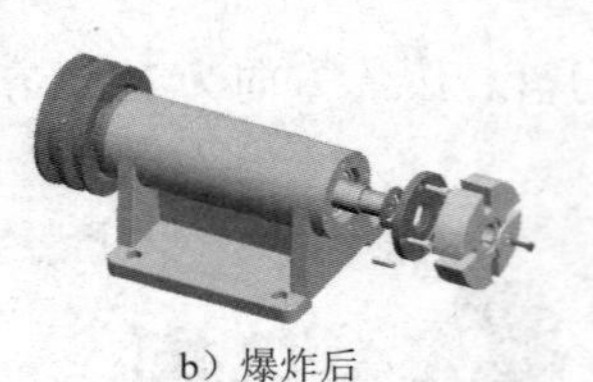

b）爆炸后

图 7.2.14　爆炸步骤 8

Step11. 创建图 7.2.15b 所示的爆炸步骤 9。操作方法参见 Step3，爆炸零件为图 7.2.15a 所示的轴承。采用 X 轴为爆炸方向，爆炸距离值为 80。

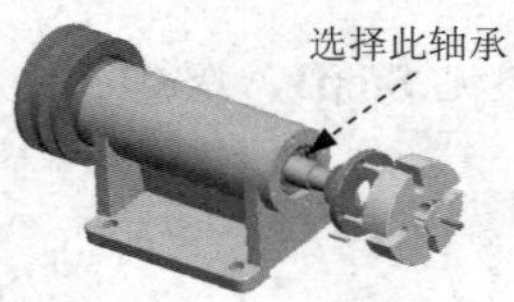

a）爆炸前

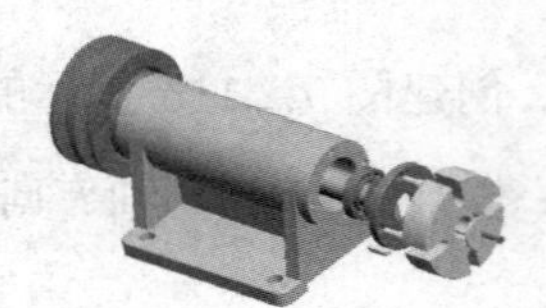

b）爆炸后

图 7.2.15　爆炸步骤 9

Step12. 参见 Step3，依次将图 7.2.16 所示的螺栓、销钉、压板、带轮、键、四个螺钉、轴承盖、毡圈、轴承实施爆炸；爆炸距离分别为 250、240、210、180、100、180、130、80、80；爆炸方向如图 7.2.16 所示，在“爆炸”对话框中单击✔按钮，完成装配体的爆炸操作。

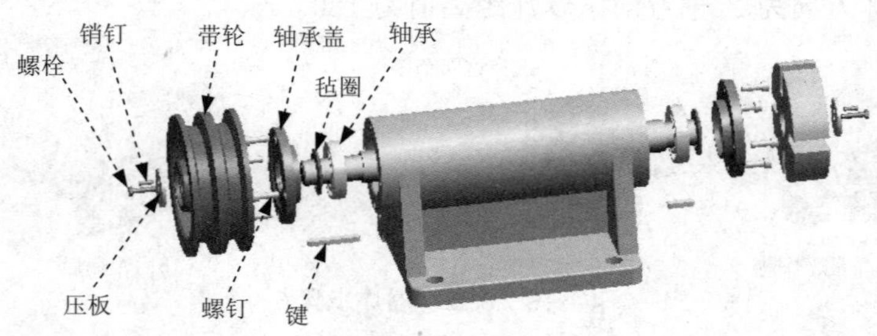

图 7.2.16　最终爆炸图

Step13. 展开运动算例界面。单击 运动算例 1 按钮，展开运动算例界面。

Step14. 在运动算例界面的工具栏中单击按钮，系统弹出“选择动画类型”对话框，如图 7.2.17 所示，选择 ⊙ 爆炸(E) 单选按钮。

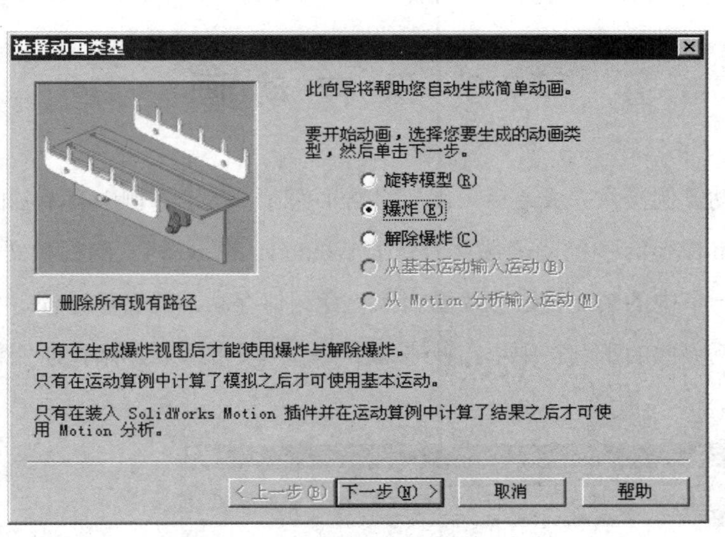

图 7.2.17 “选择动画类型”对话框

说明： 本例中使用的是装配体模型，而且已经生成了爆炸视图，所以 ⊙ 旋转模型(R)、⊙ 爆炸(E) 和 ○ 解除爆炸(C) 选项可选。

Step15. 单击 下一步(N) > 按钮，系统切换到“动画控制选项”对话框，在 时间长度(秒)(D): 文本框中输入值 16.0，在 开始时间(秒)(S): 文本框中输入值 0，单击 完成 按钮，完成运动算例的创建，运动算例界面如图 7.2.18 所示。

Step16. 播放动画。在运动算例界面的工具栏中单击 ▷ 按钮，观察装配体的爆炸运动。

Step17. 至此，运动算例完毕。选择下拉菜单 文件(F) → 另存为(A)... 命令，命名为 head_asm_ok，即可保存模型。

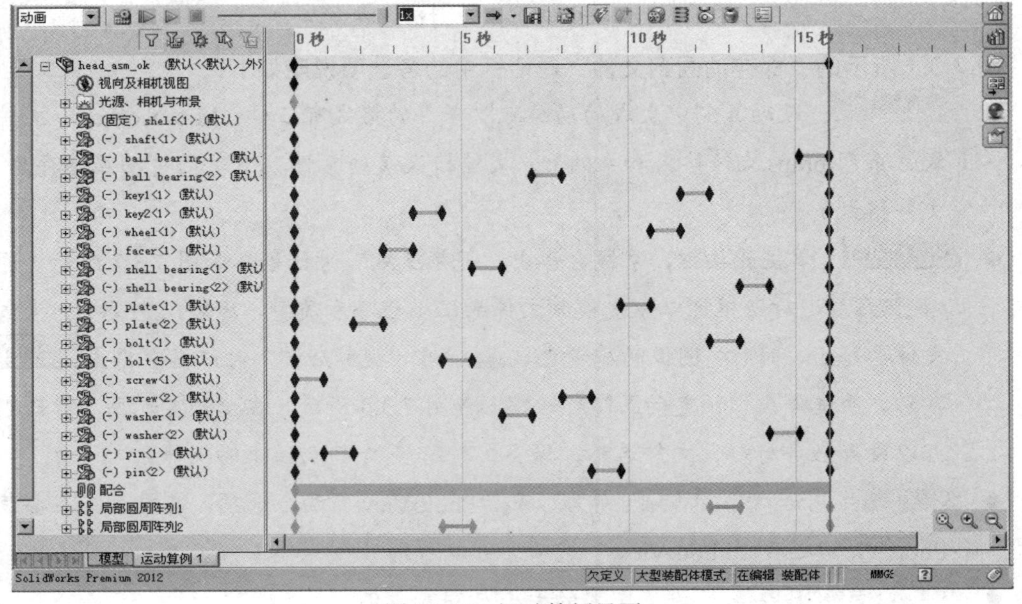

图 7.2.18 运动算例界面

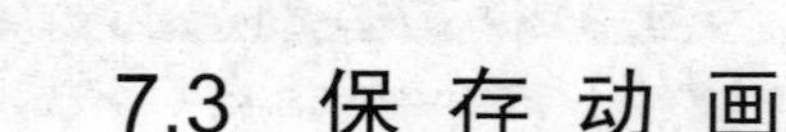

7.3 保存动画

当一个运动算例操作完成之后，需要将结果保存，运动算例中有单独的保存动画的功能，可以将 SolidWorks 中的动画保存为基于 Windows 的 avi 格式的视频文件。

下面以上一节中的装配体爆炸动画为例，介绍保存动画的操作过程。

在运动算例界面的工具栏中单击按钮，系统弹出图 7.3.1 所示的“保存动画到文件”对话框。

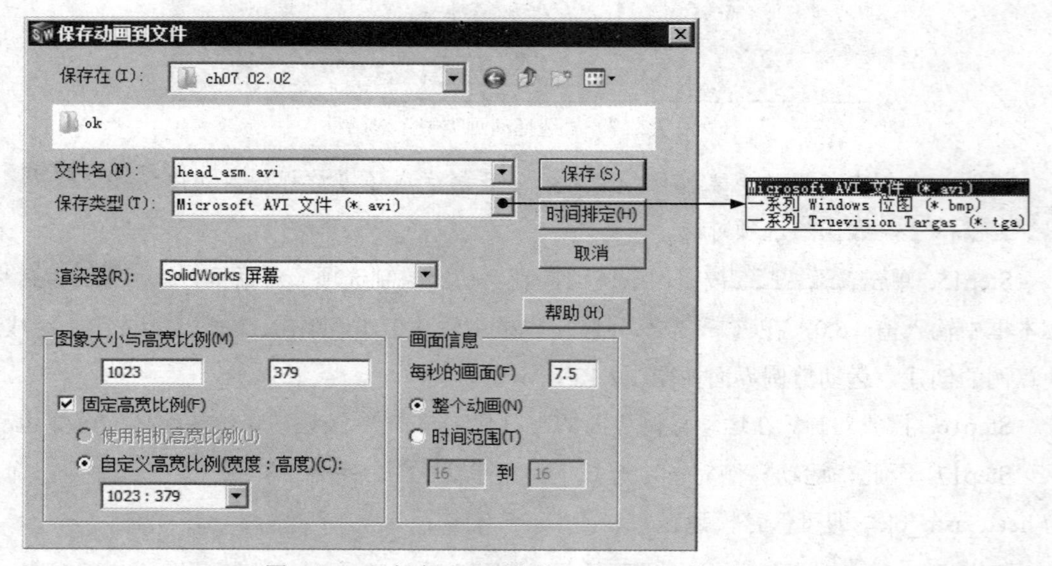

图 7.3.1 “保存动画到文件”对话框

图 7.3.1 所示的“保存动画到文件”对话框中的各选项说明如下：

- 保存类型(T)：运动算例中生成的动画可以保存的格式有三种：Microsoft .avi 文件格式、系列.bmp 文件格式和系列.trg 文件格式（通常情况下我们将动画保存为.avi 文件格式）。
- 时间排定(H)：单击此按钮，系统会弹出“视频压缩”对话框，如图 7.3.2 所示（通过“视频压缩”对话框可以设定视频文件的压缩程序和质量，压缩比例越小，生成的文件也越小，同时，图像的质量也较差）。在“视频压缩”对话框中单击 确定 按钮，系统弹出“预定动画”对话框，如图 7.3.3 所示。在“预定动画”对话框中可以设置任务标题、文件名称，保存文件路径和开始/结束时间等。
- 渲染器(R)：包括“SolidWorks 屏幕”和“PhotoView”两个选项，其中只有在安装了 PhotoView 之后“PhotoView”选项才可以看到。
- 图象大小与高宽比例(M)：设置图像的大小与高宽比例。

- 画面信息：用于设置动画的画面信息，包括以下选项：
  - ☑ 每秒的画面(F)：在此选项的文本框中输入每秒的画面数，设置画面的播放速度。
  - ☑ ⊙整个动画(N)：保存整个动画。
  - ☑ ○时间范围(T)：只保存一段时间内的动画。

设置完成后，在“保存动画到文件”对话框中单击 保存(S) 按钮，然后在系统弹出的“视频压缩”对话框中单击 确定 按钮，即可保存动画。

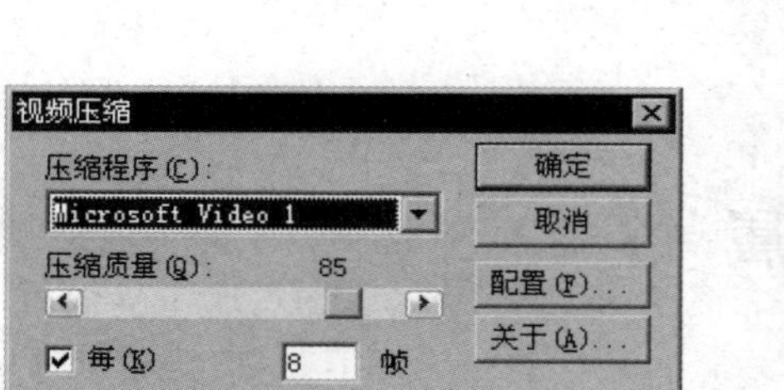

图 7.3.2　“视频压缩”对话框

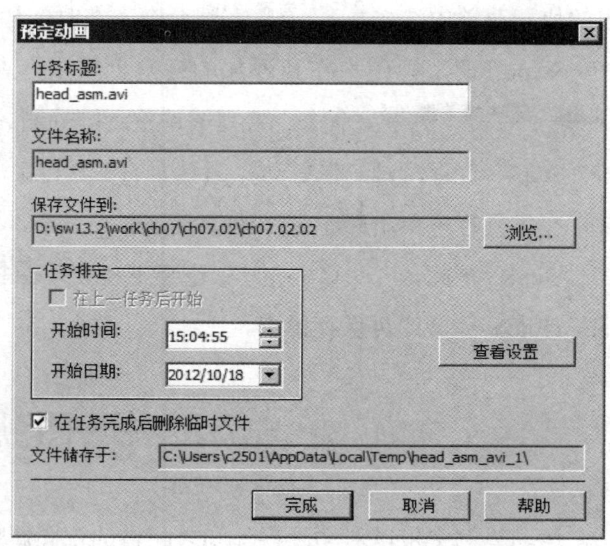

图 7.3.3　“预定动画”对话框

7.4　视图定向

运动算例中可以动画零件和装配体的视图方位，或者是否使用一个或多个相机。在做其他运动算例时，通过使用控制视图方位动画生成和播放的选项，可以不捕捉这些移动而旋转、平移及缩放模型。

下面以图 7.4.1 所示的装配体模型为例，讲解视图定向的操作过程。

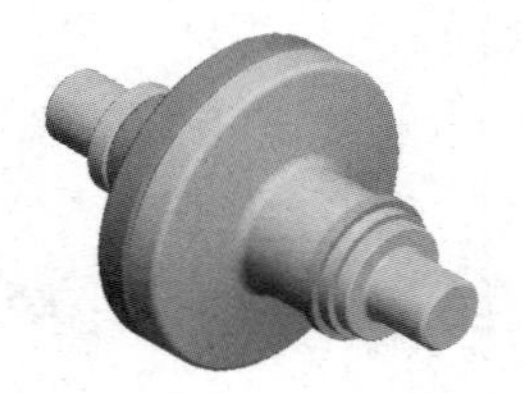

图 7.4.1　装配体模型

Step1. 打开文件 D:\sw14.2\work\ch07.04\asm_clutch.SLDASM。

Step2. 展开运动算例界面。单击运动算例 1按钮，展开运动算例界面。

Step3. 在运动算例界面的设计树中右击视向及相机视图节点，在系统弹出的快捷菜单中选择禁用观阅键码播放(B)命令。

Step4. 调整视图。在视向及相机视图节点对应的“0 秒”时间栏上右击，在系统弹出的快捷菜单中选择视图定向 → 前视(A)命令，将视图调整到前视图。

Step5. 添加键码。在视向及相机视图节点对应的“5 秒”时间栏上右击，然后在系统弹出的快捷菜单中选择放置键码(K)命令，在时间栏上添加键码。

Step6. 调整视图。在新添加的键码上右击，在系统弹出的快捷菜单中选择视图定向 → 等轴测(G)命令，将视图调整到等轴测。

Step7. 保存动画。在运动算例界面的工具栏中单击▷按钮，可以观察装配件视图的旋转，在工具栏中单击按钮，命名为 sam_clutch，保存动画。

Step8. 至此，运动算例完毕。选择下拉菜单文件(F) → 另存为(A)...命令，命名为 sam_clutch_ok，即可保存模型。

7.5 视图属性

运动算例中可以对动画零件和装配体的视图属性进行设置，包括零件和装配体的隐藏/显示以及外观设置等。下面以图 7.5.1 所示的装配体模型为例，讲解视图属性在运动算例的应用。

Step1. 打开文件 D:\sw14.2\work\ch07.05\asm_clutch.SLDASM。

Step2. 展开运动算例界面。单击运动算例 1按钮，展开运动算例界面。

Step3. 添加键码。在(-) right_disc<1>节点对应的“5 秒”时间栏上右击，系统弹出图 7.5.2 所示的快捷菜单，在快捷菜单中选择放置键码(K)命令，此时时间栏区域如图 7.5.3 所示。

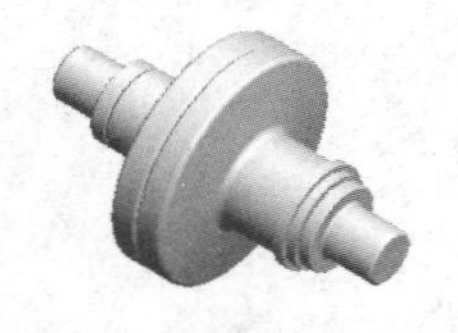

图 7.5.1　装配体模型

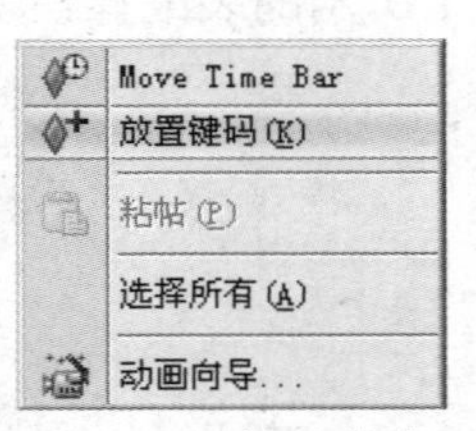

图 7.5.2　快捷菜单

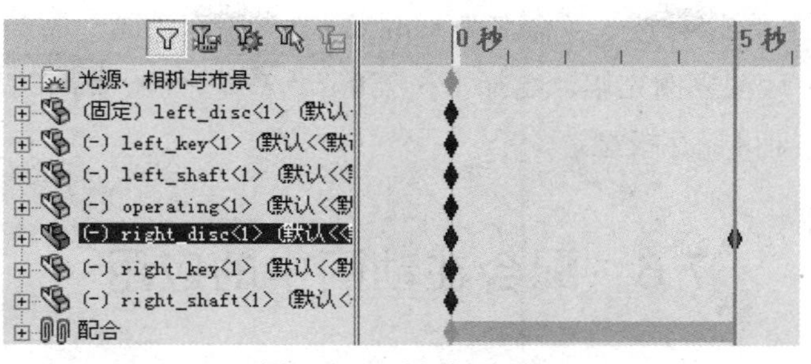

图 7.5.3　时间栏区域

Step4. 在运动算例界面的设计树中单击 (-) right_disc<1> 节点前的"+"，展开 (-) right_disc<1> 零件的子节点，此时可以看到每个属性都对应有键码。

Step5. 在特征设计树中选择 (-) right_disc<1> 节点，然后选择下拉菜单 编辑(E) → 外观(A) → 外观(A)... 命令，系统弹出"颜色"对话框。

Step6. 在"颜色"对话框的 颜色 区域中选择图 7.5.4 所示的颜色类型，其他参数采用系统默认设置，然后在"颜色"对话框中单击 ✔ 按钮，完成颜色的设置，模型颜色如图 7.5.5 所示。

图 7.5.4　选择颜色类型

图 7.5.5　模型颜色

Step7. 在 (-) right_disc<1> 节点对应的"0 秒"时间栏上的键码右击，在系统弹出的快捷菜单中选择 复制(C) 命令，在 (-) right_disc<1> 节点对应的"7 秒"时间栏上右击，在系统弹出的快捷菜单中选择 粘帖(P) 命令，此时在"7 秒"时间栏上出现新的键码。

Step8. 隐藏 right_disc 零件。右击 (-) right_disc<1> 节点，在系统弹出的快捷菜单中选择 隐藏(A) 命令，隐藏 right_disc 零件。

Step9. 保存动画。在运动算例界面的工具栏中单击 ▷ 按钮，可以观察装配件视图属性

的变化，在工具栏中单击按钮，命名为sam_clutch，保存动画。

Step10．至此，运动算例完毕。选择下拉菜单文件(F) → 另存为(A)...命令，命名为sam_clutch_ok，即可保存模型。

7.6 配合在动画中的应用

通过改变装配体中的配合参数，可以生成一些直观、形象的动画，如图7.6.1所示的装配体中，通过改变距离配合的参数，以达到模拟小球跳动的动画。下面将介绍具体的操作方法。

Step1．新建一个装配体模型文件，进入装配体环境，系统弹出“开始装配体”对话框。

Step2．引入球桌。在“开始装配体”对话框中单击浏览(B)...按钮，在弹出的“打开”对话框中选择D:\sw14.2\work\ch07.06\desk.SLDPRT，然后单击对话框中的打开(O)按钮，单击按钮，将零件固定在原点位置，如图7.6.2所示。

Step3．引入球。

（1）选择下拉菜单插入(I) → 零部件(O) → 现有零件/装配体(E)...命令，系统弹出“插入零部件”对话框。

（2）单击“插入零部件”对话框中的浏览(B)...按钮，在系统弹出的“打开”对话框中选取D:\sw14.2\work\ch07.06\ball.SLDPRT，单击打开(O)按钮，将零件放置到图7.6.3所示的位置。

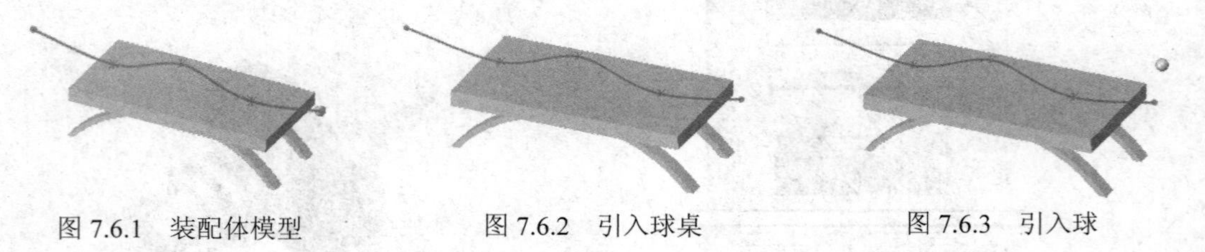

图7.6.1　装配体模型　　图7.6.2　引入球桌　　图7.6.3　引入球

Step4．添加配合使零件部分定位。

（1）选择下拉菜单插入(I) → 配合(M)...命令，系统弹出“配合”对话框。

（2）添加“重合”配合。单击“配合”对话框中的重合(C)按钮，在设计树中选取“ball”零件的原点和图7.6.4所示的曲线1重合，单击快捷工具条中的按钮。

（3）添加“距离”配合。单击“配合”对话框中的按钮，在设计树中选取“ball”零件的原点和图7.6.5所示的曲线端点1，输入距离值1.0，单击“配合”对话框中的按钮。

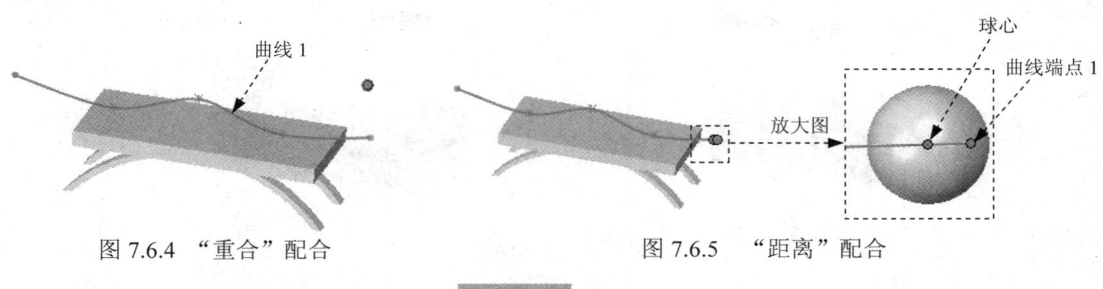

图 7.6.4 “重合”配合　　　图 7.6.5 “距离”配合

Step5. 展开运动算例界面。单击 运动算例 1 按钮，展开运动算例界面。

Step6. 添加键码。在 配合 节点下的 距离1 (ball<1>, desk<1>) 子节点对应的“5 秒”时间栏上右击，然后在弹出的快捷菜单中选择 放置键码(K) 命令，在时间栏上添加键码。

Step7. 修改距离。双击新添加的键码，系统弹出“修改”对话框，在“修改”对话框中输入尺寸值 220，然后单击 ✔ 按钮，完成尺寸的修改后，隐藏曲线。

Step8. 保存动画。在运动算例界面中的工具栏中单击“计算”按钮，可以观察球随着曲线移动，在工具栏中单击按钮，命名为 path_mate，保存动画。

Step9. 至此，运动算例完毕。选择下拉菜单 文件(F) ➡ 另存为(A)... 命令，命名为 path_mate_ok，即可保存模型。

7.7 插值动画模式

运动算例中可以控制键码点之间更改的加速或减速运动。运动速度的更改是通过插值模式来控制的。但是，插值模式只有在键码之间存在有在结束关键点进行变更的连续值的事件中才可以应用。例如，零部件运动、视图属性更改的动画等。

下面以图 7.7.1a 所示的模型为例，讲解插值动画模式的创建过程。

Step1. 打开文件 D:\sw14.2\work\ch07.07\vice.SLDASM，模型如图 7.7.1 所示，此时零件“sliding_block”在图中所示的位置 A。

Step2. 展开运动算例界面。单击 运动算例 1 按钮，展开运动算例界面。

Step3. 在 (-) sliding_block<1> 节点对应的“5 秒”时间栏上单击，然后将“sliding_block”零件拖动到图 7.7.1b 所示的位置 B。

说明：此步操作中，请确认“自动键码” 按钮是按下状态，否则无法自动生成动画序列。

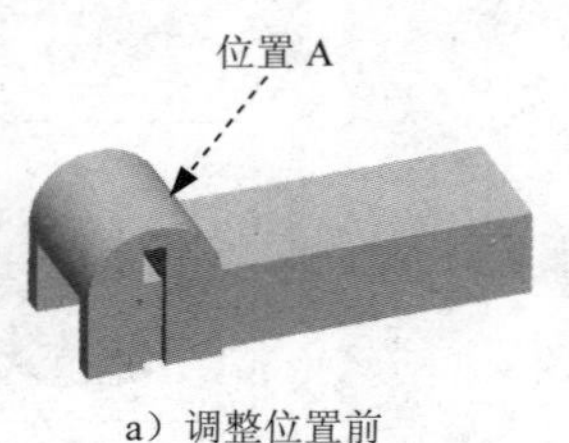

a）调整位置前

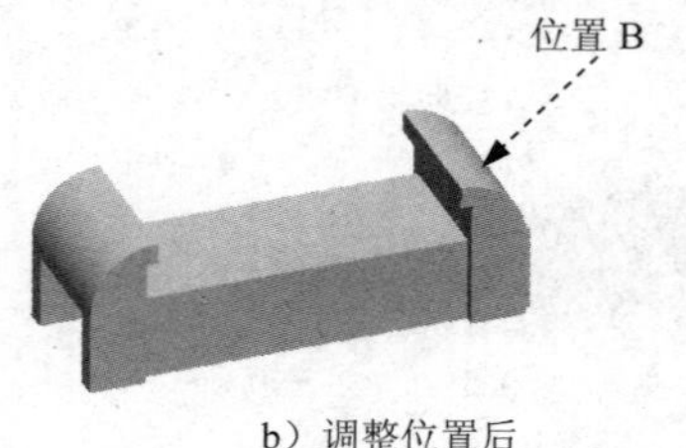

b）调整位置后

图 7.7.1　插值动画

Step4. 观察动画。在运动算例界面中的工具栏中单击▷按钮，可以观察滚珠的移动。

Step5. 编辑键码。在⊞ (-) sliding_block<1>节点对应的“5 秒”时间处的键码点上右击，系统弹出图 7.7.2 所示的快捷菜单，选择 插值模式(I) → 渐入(I) 命令，更改滑块移动速度。

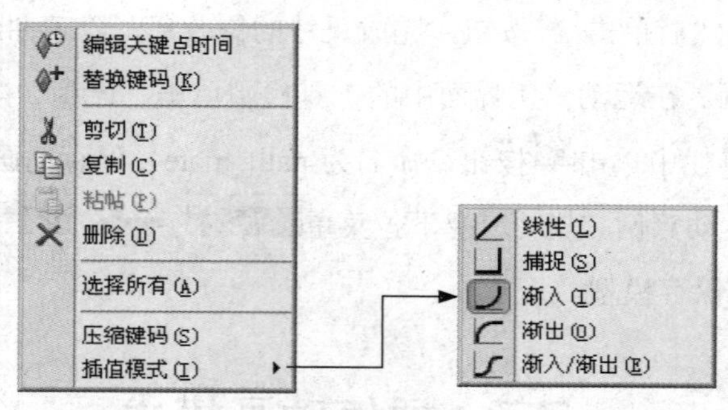

图 7.7.2　快捷菜单

图 7.7.2 所示的快捷菜单中的说明如下：

- 线性(L)：默认设置。指零部件以匀速从位置 A 移到位置 B。
- 捕捉(S)：零部件将停留在位置 A，直到时间到达第二个关键点，然后捕捉到位置 B。
- 渐入(I)：零部件开始慢速移动，但随后会朝着位置 B 方向加速移动。
- 渐出(O)：零部件开始快速移动，但随后会朝着位置 B 方向减速移动。
- 渐入/渐出(E)：部件在接近位置 A 和位置 B 的中间位置过程中加速移动，然后在接近位置 B 过程中减速移动。

Step6. 保存动画。在运动算例界面中的工具栏中单击按钮，可以观察滚珠移动速度的改变，在工具栏中单击按钮，命名为 vice，保存动画。

Step7. 至此，运动算例完毕。选择下拉菜单 文件(F) → 另存为(A)... 命令，命名为 vice_ok，即可保存模型。

7.8　马达动画

马达是指通过模拟各种马达类型的效果而绕装配体移动零部件的模拟单元，它不是力，强度不会根据零部件的大小或质量而变化。

下面以图 7.8.1 所示的装配体模型为例，讲解旋转马达的动画操作过程。

Step1. 打开文件 D:\sw14.2\work\ch07.08\motor.SLDASM。

Step2. 展开运动算例界面。单击 运动算例 1 按钮，展开运动算例界面。

Step3. 添加马达。在运动算例工具栏后单击按钮，系统弹出图 7.8.2 所示的“马达”对话框。

Step4. 编辑马达。在“马达”对话框中的 零部件/方向(D) 区域中激活后文本框，然后在图像区选取图 7.8.3 所示的模型表面，在 运动(M) 区域的类型下拉列表中选择 等速 选项，调整转速为 200RPM（r/min），其他参数采用系统默认设置，在“马达”对话框中单击按钮，完成马达的添加。

图 7.8.1　装配体模型

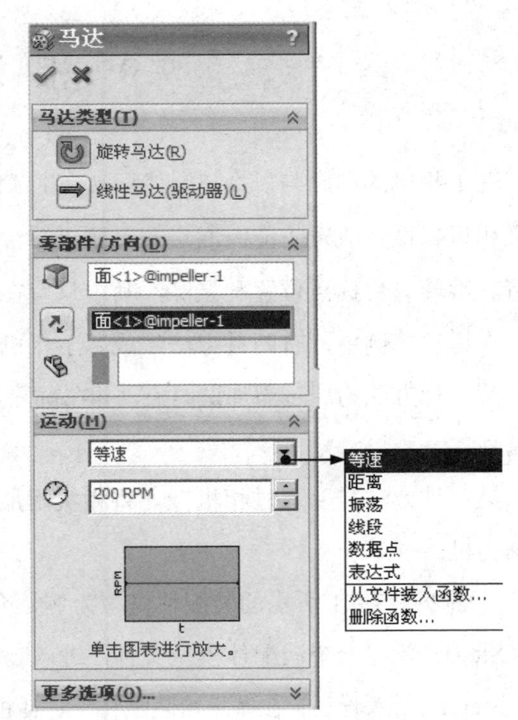

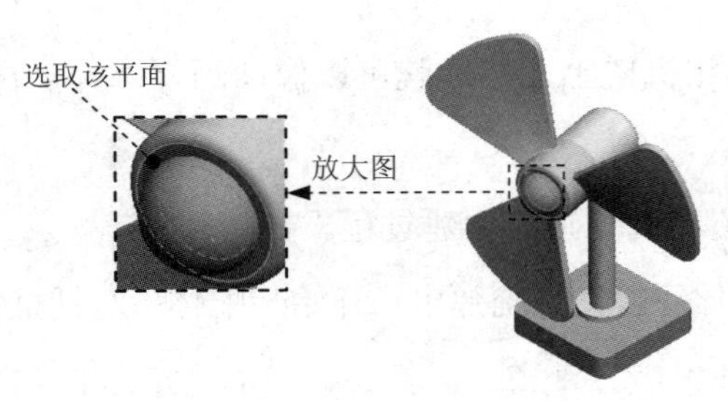

图 7.8.3　选取旋转方向

图 7.8.2　“马达”对话框

图 7.8.2 所示的“马达”对话框 运动(M) 区域中的运动类型说明如下：

- 等速：选择此类型，马达的转速值为恒定。

- 距离：选择此类型，马达只为设定的距离进行操作。
- 振荡：选择此类型后，设定振幅和频率来控制马达。
- 线段：插值可选项有位移、速度和加速度三种类型，选定插值项后，为插值时间设定值。
- 数据点：插值可选项有位移、速度和加速度三种类型，选定插值项后，为插值时间和测量设定值，然后选取插值类型。插值类型包括立方样条曲线、线性和Akima 样条曲线三个选项。
- 表达式：表达式类型包括位移、速度和加速度三种类型。在选择表达式类型之后，可以输入不同的表达式。

Step5. 保存动画。在运动算例界面的工具栏中单击▷按钮，可以观察动画，在工具栏中单击🖫按钮，命名为 motor，保存动画。

Step6. 至此，运动算例完毕。选择下拉菜单 文件(F) → 另存为(A)... 命令，命名为 motor_ok，即可保存模型。

7.9 相机动画

基于相机的动画与以“装配体运动”生成的所有动画相同，通过在时间线上放置键码，定义相机属性更改发生的时间点及对相机属性所作的更改。可以更改的相机属性包括位置、视野、滚转、目标点位置和景深，其中只有在渲染动画中才能设置景深属性。

在运动算例中，有两种方法生成基于相机的动画：

第一种方法为通过添加键码点，并在键码点处更改相机的位置、景深、光源等属性来生成动画。

第二种方法需要通过相机橇。将相机附加到相机橇上，然后就可以像动画零部件一样动画相机。

下面以图 7.9.1 所示的装配体模型为例，介绍相机动画的创建过程。

Step1. 新建一个装配体模型文件，进入装配体环境，系统弹出“开始装配体”对话框。

Step2. 引入管道。在“开始装配体”对话框中单击 浏览(B)... 按钮，在系统弹出的“打开”对话框中选择保存路径下的零部件模型 D:\sw14.2\work\ch07.09\tube.SLDPRT，然后单击对话框中的 打开(O) 按钮，单击✔按钮将零件固定在原点位置，如图 7.9.2 所示。

Step3. 引入相机橇。

（1）选择下拉菜单 插入(I) → 零部件(O) → 现有零件/装配体(E)... 命令，系统弹出“插入零部件”对话框。

（2）单击“插入零部件”对话框中的 浏览(B)... 按钮，在系统弹出的“打开”对话框中选取 D:\sw14.2\work\ch07.09\tray.SLDPRT，单击 打开(O) 按钮，将零件放置到图 7.9.3 所示的位置。

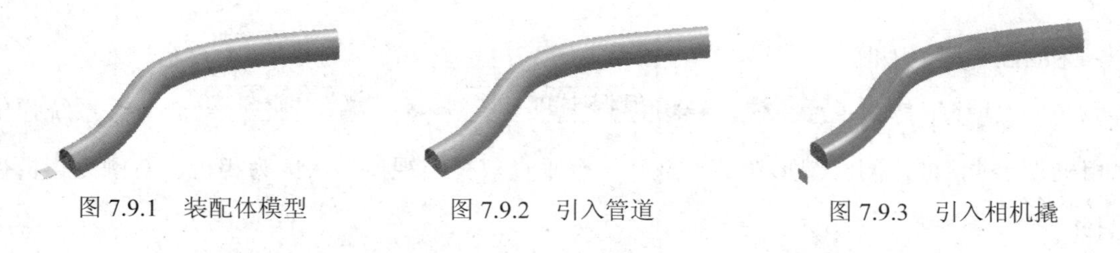

图 7.9.1　装配体模型　　图 7.9.2　引入管道　　图 7.9.3　引入相机撬

Step4. 添加配合使零件完全定位。

（1）选择下拉菜单 插入(I) → 配合(M)... 命令，系统弹出“配合”对话框。

（2）添加“重合”配合。单击“配合”对话框中的 重合(C) 按钮，选取图 7.9.4 所示的面 1 和基准面 1 重合，单击快捷工具条中的按钮。

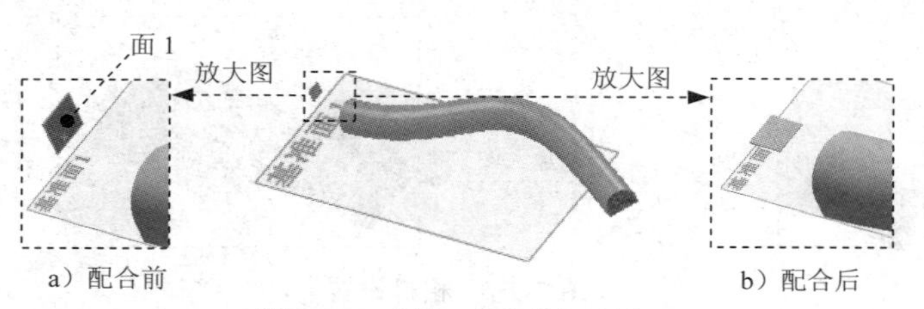

图 7.9.4　添加“重合”配合

（3）添加“路径”配合。单击“配合”对话框 高级配合(D) 区域中的按钮，在图形中选取图 7.9.5a 所示的点 1 和样条曲线，在 俯仰/偏航控制: 下拉列表中选择 随路径变化 并选中 Y 方向，单击“路径配合 1”对话框中的按钮，结果如图 7.9.5b 所示。

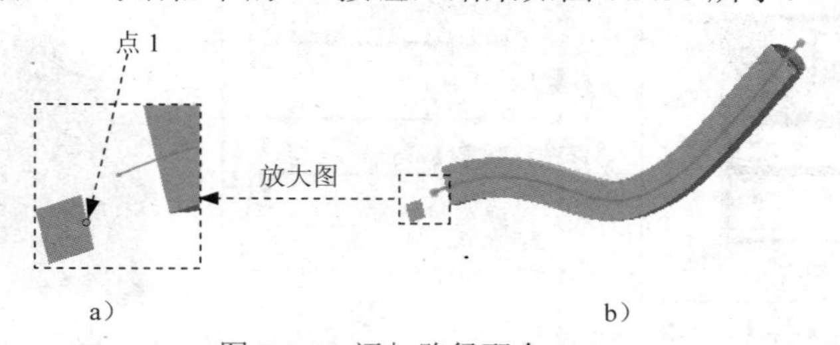

图 7.9.5　添加路径配合

（4）添加“距离”配合。单击“配合”对话框中的按钮，选取图 7.9.6 所示的边线和样条曲线端点，输入距离值 1.0，单击“配合”对话框中的按钮。

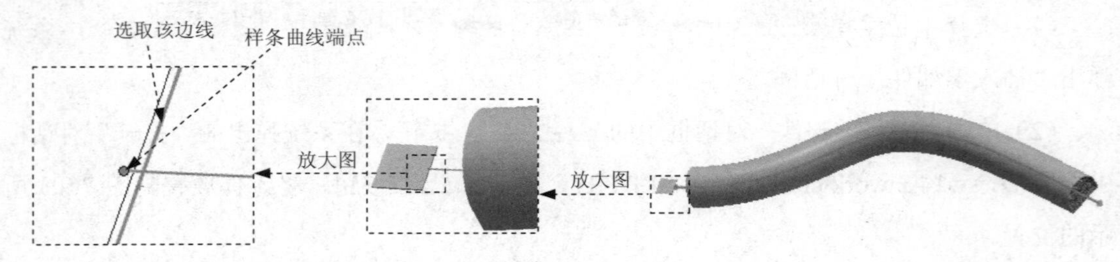

图 7.9.6　添加“距离”配合

Step5. 添加相机。

（1）选择下拉菜单 视图(V) → 光源与相机(L) → 添加相机(C) 命令，系统弹出“相机 1”对话框，同时图形对话框打开一个垂直双视图视口，左侧为相机，右侧为相机视图。

（2）在“相机 1”对话框中激活 目标点 区域，在图形中选取图 7.9.7 所示的点 1 为目标点；激活 相机位置 区域，选取图 7.9.7 所示的点 2 为相机的位置；其他参数设置如图 7.9.8 所示，设定完成后的相机视图如图 7.9.9 所示。

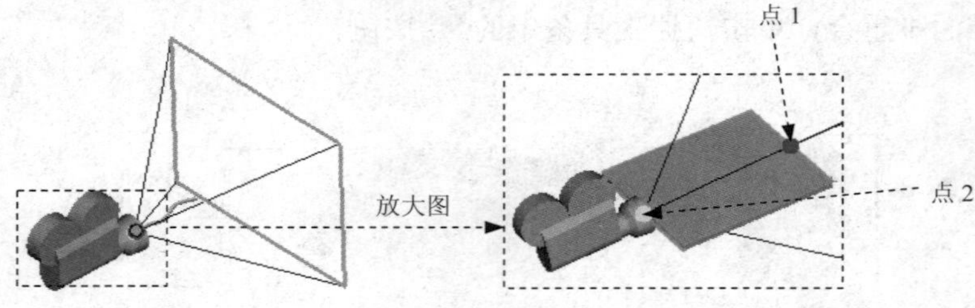

图 7.9.7　相机设置

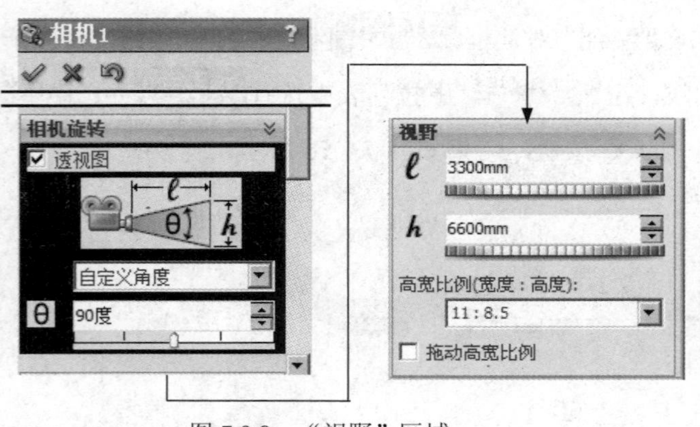

图 7.9.8　“视野”区域

图 7.9.9　相机视图

（3）在“相机 1”对话框中单击 ✔ 按钮，完成相机的设置，然后隐藏曲线和相机橇。

Step6. 展开运动算例界面。单击 运动算例 1 按钮，展开运动算例界面。

Step7. 添加键码。在 配合 节点下的 距离1 (tube<1>,tray<1>) 子节点对应的“5 秒”

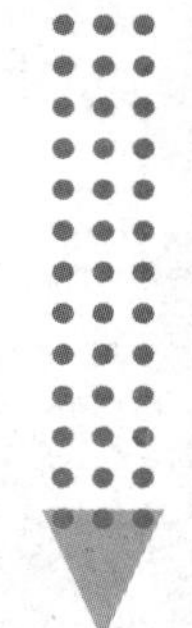

时间栏上右击，然后在弹出的快捷菜单中选择 放置键码(K) 命令，在时间栏上添加键码。

Step8. 编辑键码。双击新添加的键码，系统弹出“修改”对话框，在“修改”对话框中输入尺寸值 1100，然后单击 按钮，完成尺寸的修改。

Step9. 在运动算例界面的设计树中右击 视向及相机视图 节点，在弹出的快捷菜单中选择 禁用观阅键码播放(B) 命令。

Step10. 添加键码。在 光源、相机与布景 节点下的 相机1 子节点对应的“5 秒”时间栏上右击，然后在弹出的快捷菜单中选择 放置键码(K) 命令，在时间栏上添加键码。

Step11. 编辑键码。双击新添加的键码，系统弹出“相机 1”对话框，在 相机旋转 区域 θ 的文本框中输入 50 度，其他选项采用系统默认设置值，单击 按钮，完成相机的设置。

Step12. 调整到相机视图。右击 视向及相机视图 节点对应的键码，在系统弹出的快捷菜单中选择 相机视图 命令。

Step13. 保存动画。在运动算例界面的工具栏中单击 按钮，可以观察相机穿越管道的运动，在工具栏中单击 按钮，命名为 camera，保存动画。

Step14. 至此，运动算例完毕。选择下拉菜单 文件(F) → 另存为(A)... 命令，命名为 camera_ok，即可保存模型。

7.10 汽车行驶相机动画

范例概述：

本范例详细讲解了汽车运动仿真动画的设计过程，并加入了相机的操作，目的是让读者更好地掌握在动画中加入相机的操作过程，以及调整相机视角的方法。需要读者注意的是，不能使各零部件之间完全约束，汽车及相机运动路线如图 7.10.1 所示。

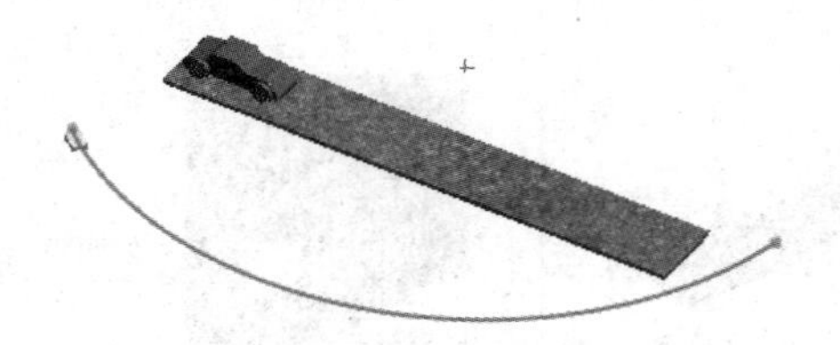

图 7.10.1 汽车及相机路线

Step1. 新建一个装配体模型文件，进入装配体环境，系统弹出“开始装配体”对话框。

Step2. 添加道路模型。

（1）引入零件。单击“开始装配体”对话框中的 浏览(B)... 按钮，在系统弹出的“打开”对话框中选择 D:\sw14.2\work\ch07.10\road.SLDPRT，单击 打开(O) 按钮。

（2）单击✔按钮，将模型固定在原点位置，如图 7.10.2 所示。

Step3. 添加图 7.10.3 所示的零件——汽车主体并定位。

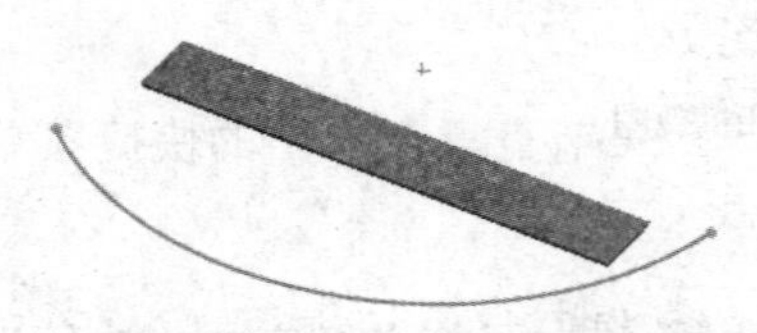

图 7.10.2 添加道路模型

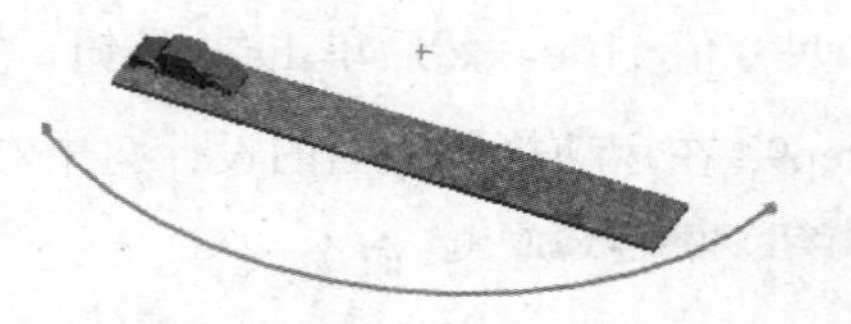

图 7.10.3 添加汽车主体

（1）引入零件。选择下拉菜单 插入(I) → 零部件(O) → 现有零件/装配体(E)... 命令，系统弹出“插入零部件”对话框，单击“插入零部件”对话框中的 浏览(B)... 按钮，在系统弹出的“打开”对话框中选择 car_body.SLDPRT，单击 打开(O) 按钮，将零件放置到图 7.10.4 所示的位置。

（2）添加配合，使零件定位。选择下拉菜单 插入(I) → 配合(M)... 命令，系统弹出“配合”对话框，单击 标准配合(A) 对话框中的⊼按钮，在设计树中选取“road”零件的右视基准面和“car_body”零件的前视基准面为重合面，如图 7.10.5 所示，单击快捷工具条中的✔按钮，单击“配合”对话框中的⟷按钮，在设计树中选取图 7.10.6 所示的两个模型的上视基准面，输入距离值 20.0，单击快捷工具条中的✔按钮，单击“配合”对话框中的⟷按钮，在图形区选取图 7.10.7 所示的面 1 和面 2，输入距离值 10.0，单击快捷工具条中的✔按钮，单击“配合”对话框的✔按钮，完成零件的定位。

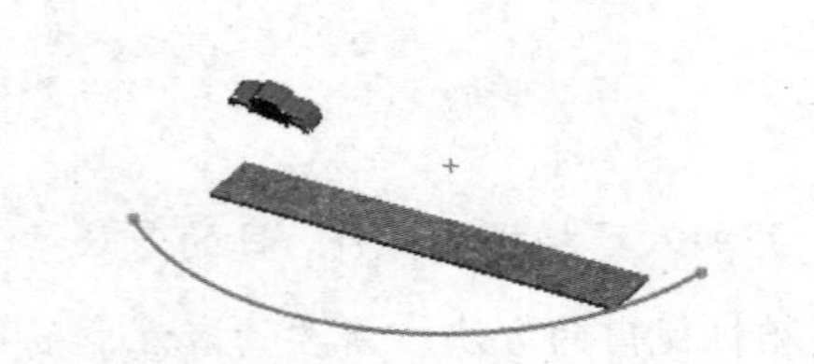

图 7.10.4 放置汽车主体零件

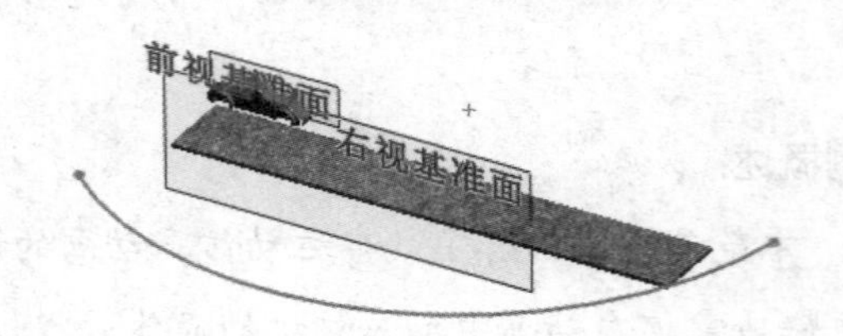

图 7.10.5 选取重合面

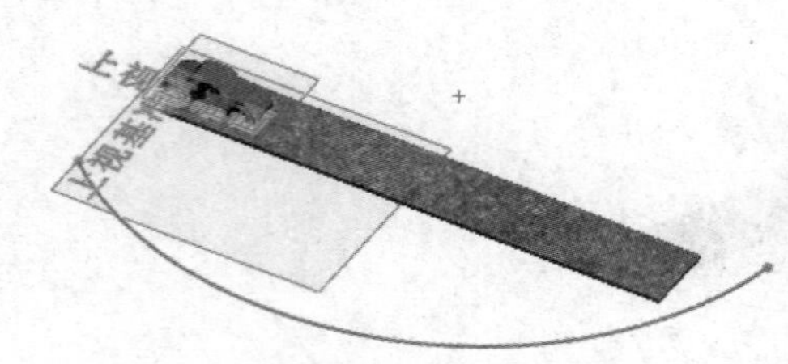

图 7.10.6 添加“距离”配合

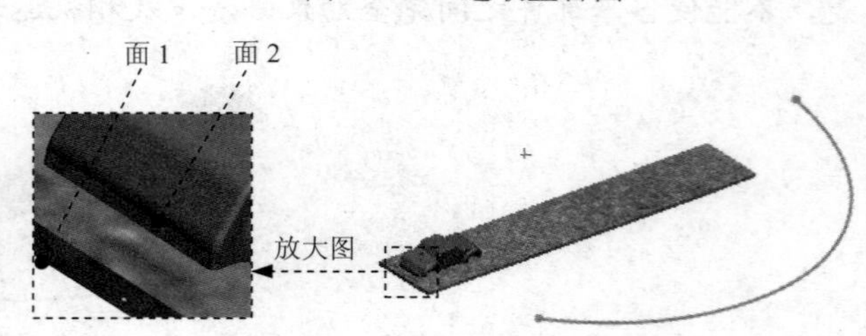

图 7.10.7 添加“距离”配合

Step4. 添加图 7.10.8 所示的车轮并定位。

（1）引入零件。选择下拉菜单 插入(I) → 零部件(O) → 现有零件/装配体(E)... 命令，系统弹出“插入零部件”对话框，单击“插入零部件”对话框中的 浏览(B)... 按钮，在弹出的“打开”对话框中选取 car_wheel.SLDPRT，单击 打开(O) 按钮，将零件放置在合适的位置。

（2）添加配合，使零件不完全定位。选择下拉菜单 插入(I) → 配合(M)... 命令，系统弹出“配合”对话框，单击 标准配合(A) 对话框中的 ◎ 按钮，选取图 7.10.9 所示的两个面为同轴心面，单击快捷工具条中的 ✓ 按钮，单击 标准配合(A) 区域中的 ⋌ 按钮，在设计树中选取“car_body”零件的前视基准面和“car_wheel”的前视基准面为重合面，单击快捷工具条中的 ✓ 按钮，单击“配合”对话框的 ✓ 按钮，完成零件的定位。

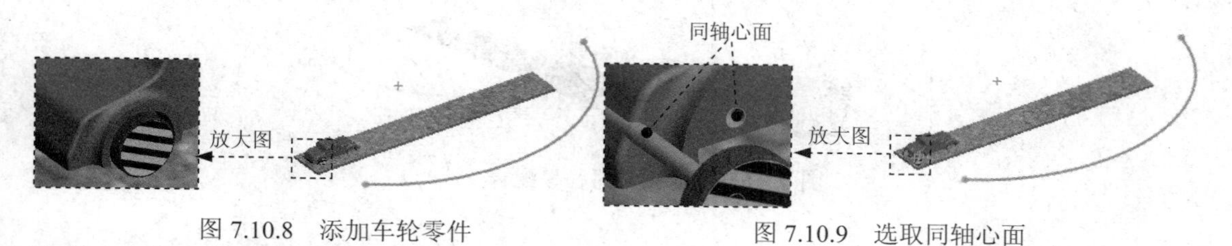

图 7.10.8　添加车轮零件　　图 7.10.9　选取同轴心面

Step5. 参照 Step4 添加图 7.10.10 所示的另一车轮，并添加配合约束。

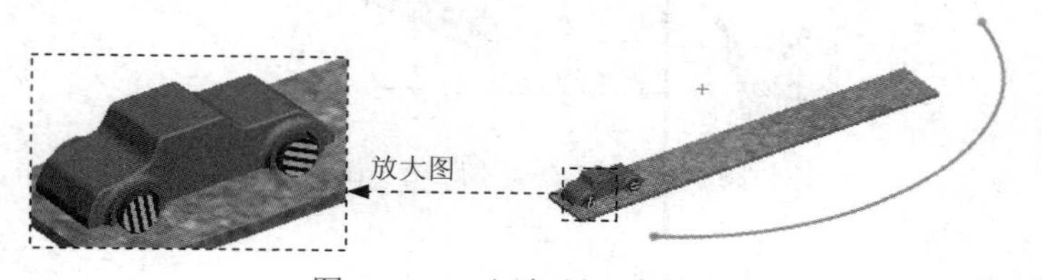

图 7.10.10　添加另一车轮零件

Step6. 添加图 7.10.11 所示的相机橇并定位。

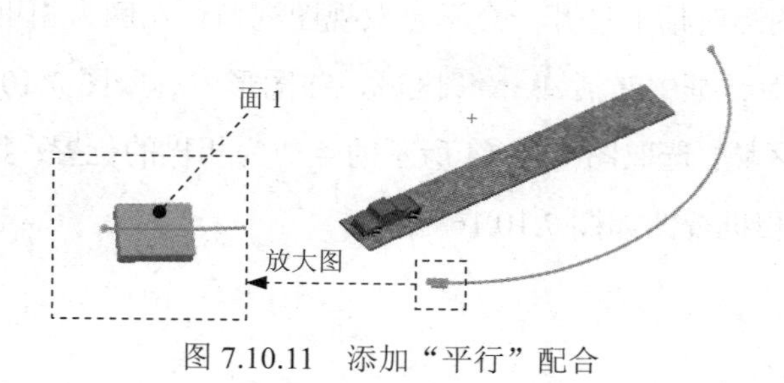

图 7.10.11　添加“平行”配合

（1）引入零件。选择下拉菜单 插入(I) → 零部件(O) → 现有零件/装配体(E)... 命令，系统弹出“插入零部件”对话框，单击“插入零部件”对话框中的 浏览(B)... 按钮，在系统弹出的“打开”对话框中选取 tray.SLDPRT，单击 打开(O) 按钮，将零件放置于合适的位置。

（2）添加配合，使零件不完全定位。选择下拉菜单 插入(I) → 配合(M)... 命令，系统弹出“配合”对话框，单击 标准配合(A) 区域中的 ⧵ 按钮，选取图 7.10.11 所示的面 1 和

整个装配体的上视基准面为平行面，单击快捷工具条中的✓按钮，单击“配合”对话框**高级配合(D)**区域中的按钮，在图形中选取图 7.10.12 所示的点 1 和样条曲线，在**俯仰/偏航控制:**下拉列表中选择**随路径变化**并选中 X 方向，选中☑ 反转(F)复选框，单击“路径配合 1”对话框中的✓按钮，单击“配合”对话框中的按钮，选取图 7.10.13 所示的点和边线，输入距离值 10.0，单击快捷工具条中的✓按钮，单击“配合”对话框的✓按钮，完成零件的定位。

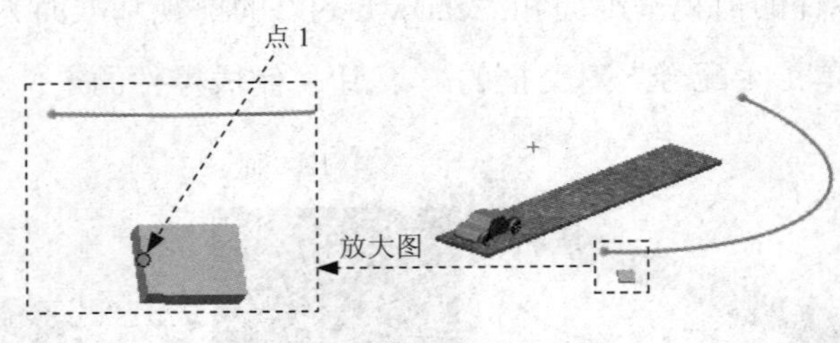

图 7.10.12　添加“路径”配合

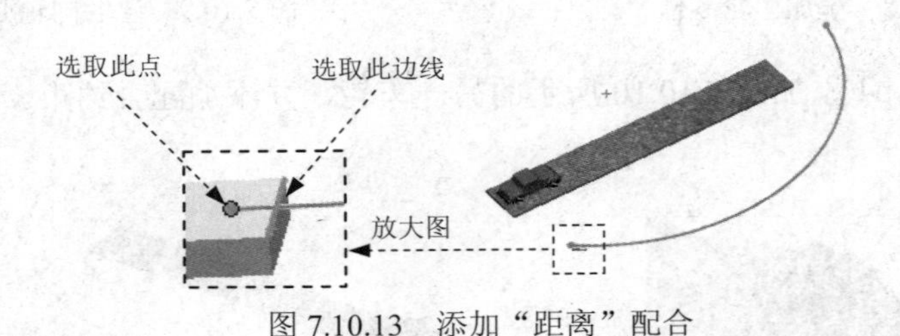

图 7.10.13　添加“距离”配合

Step7. 添加相机。

（1）选择下拉菜单 视图(V) ➡ 光源与相机(L) ➡ 添加相机(C) 命令，打开“相机 1”对话框，同时图形对话框打开一个垂直双视图视口，左侧为相机，右侧为相机视图。

（2）在“相机”对话框中激活**目标点**区域，在图形中选取图 7.10.14 所示的点 1 为目标点；激活**相机位置**区域，选取图 7.10.14 所示的点 2 为相机的位置；其他参数如图 7.10.15 所示，设定完成后的相机视图如图 7.10.16 所示。

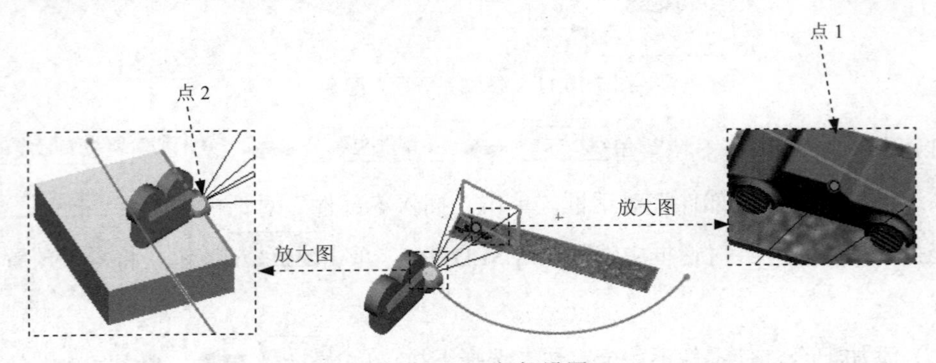

图 7.10.14　相机设置

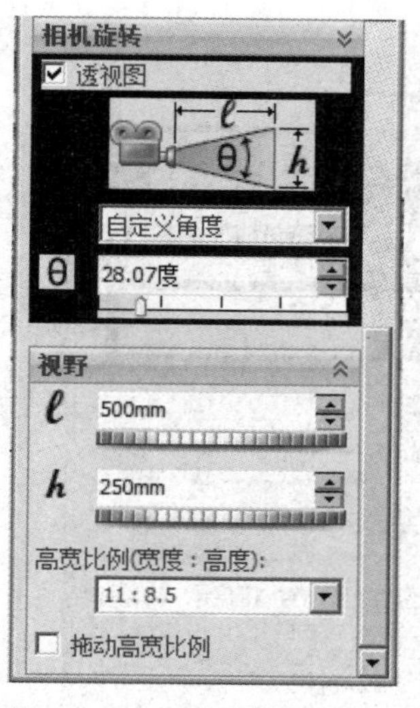

图 7.10.15 “视野”区域

图 7.10.16 相机视图

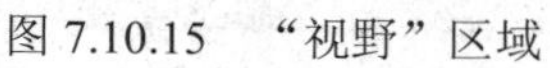

（3）在“相机 1”对话框中单击✔按钮，完成相机的设置，然后隐藏草图曲线和相机橇模型。

Step8. 展开运动算例界面。单击 运动算例1 按钮，展开运动算例界面。

Step9. 添加键码。在 配合 节点下的 距离2 (car_body<1>,road<1>) 子节点对应的“5 秒”时间栏上右击，然后在系统弹出的快捷菜单中选择 放置键码(K) 命令，在时间栏上添加键码。

Step10. 编辑键码。双击新添加的键码，系统弹出“修改”对话框，在“修改”对话框中输入尺寸值 800，然后单击✔按钮，完成尺寸的修改。

Step11. 添加键码。在 配合 节点下的 距离3 (tray<1>,road<1>) 子节点对应的“5 秒”时间栏上右击，然后在系统弹出的快捷菜单中选择 放置键码(K) 命令，在时间栏上添加键码。

Step12. 编辑键码。双击新添加的键码，系统弹出“修改”对话框，在“修改”对话框中输入尺寸值 940，然后单击✔按钮，完成尺寸的修改。

Step13. 在运动算例界面的设计树中右击 视向及相机视图 节点，在系统弹出的快捷菜单中选择 禁用观阅键码播放(B) 命令。

Step14. 添加键码。在 光源、相机与布景 节点下的 相机1 子节点对应的“5 秒”时间栏上右击，然后在系统弹出的快捷菜单中选择 放置键码(K) 命令，在时间栏上添加键码。

Step15. 编辑键码。双击新添加的键码，系统弹出“相机 1”对话框，目标点位置改为图 7.10.17 所示的点，其他参数设置如图 7.10.18 所示，单击✔按钮，完成相机的设置。

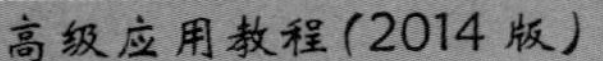

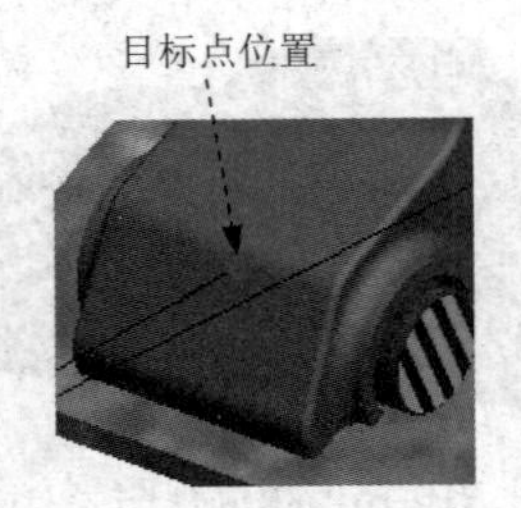

图 7.10.17 更改目标点

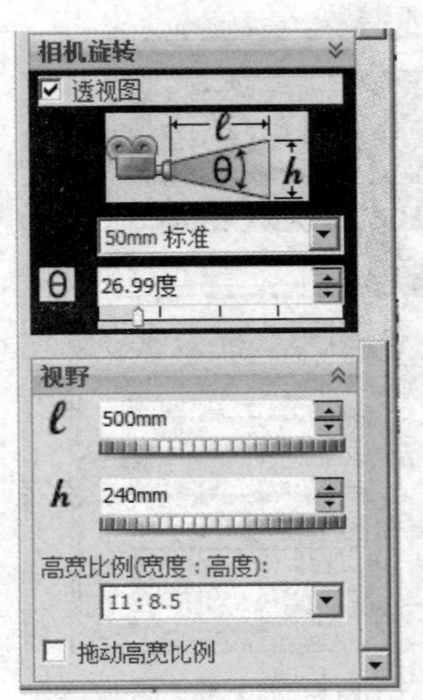

图 7.10.18 “视野”区域

Step16. 在运动算例工具栏单击按钮，系统弹出“马达”对话框。

Step17. 在“马达”对话框的零部件/方向(D)区域中激活马达方向，然后在图形区选取图 7.10.19 所示的模型表面，调整方向如图 7.10.19 所示，在运动(M)区域的类型下拉列表中选择等速选项，调整转速为 100.0RPM，其他参数采用系统默认设置，在“马达”对话框中单击按钮，完成马达的设置。

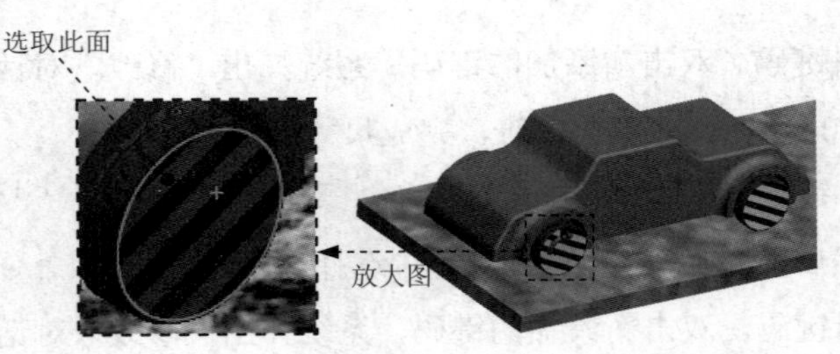

图 7.10.19 添加旋转马达

Step18. 参照 Step16 和 Step17，为前车轮添加旋转马达。

Step19. 调整到相机视图。右击视向及相机视图节点对应的键码，在系统弹出的快捷菜单中选择相机视图命令。

Step20. 在运动算例界面中的工具栏中单击按钮，观察零件的旋转运动，在工具栏中单击按钮，命名为 shapers.avi 保存动画。

Step21. 运动算例完毕。选择下拉菜单文件(F) → 另存为(A)... 命令，命名为 shapers.SLDASM，即可保存模型。

7.11 机械手仿真动画

范例概述：

本范例详细讲解了机械手运动仿真的设计过程，使读者进一步熟悉 SolidWorks 中的动画操作。本范例中重点要求读者掌握装配的先后顺序及配合类型，注意不能使各零部件之间完全约束，机械手装配模型如图 7.11.1 所示。

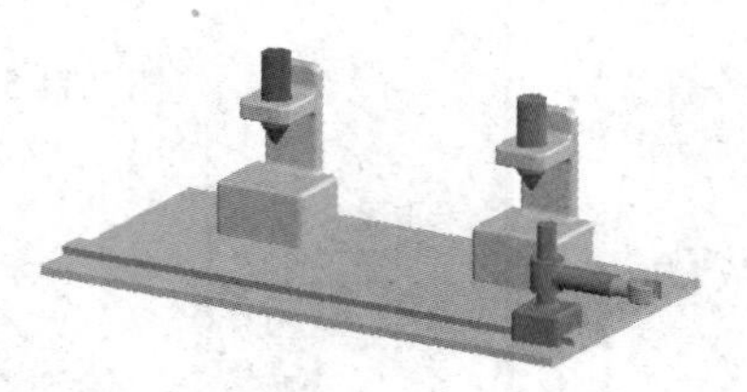

图 7.11.1 机械手运动仿真

Step1. 新建一个装配文件，进入装配环境。

Step2. 添加基座模型。

（1）引入零件。单击“开始装配体”对话框中的 浏览(B)... 按钮，在系统弹出的“打开”对话框中选择 D:\sw14.2\work\ch07.11\base.SLDPRT，单击 打开(O) 按钮。

（2）单击 ✓ 按钮，将模型固定在原点位置，如图 7.11.2 所示。

Step3. 添加图 7.11.3 所示的滑块零件并定位。

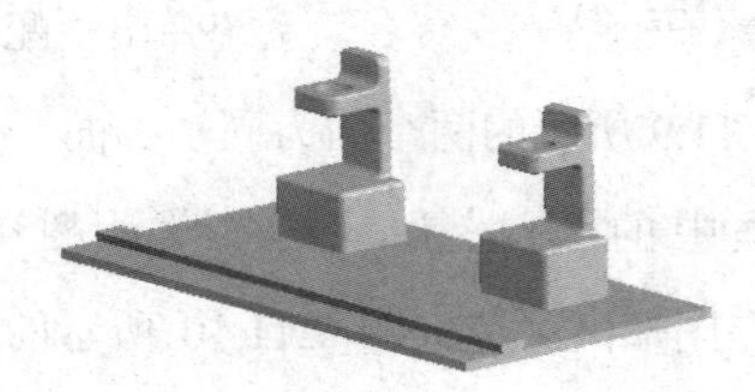

图 7.11.2 添加基座模型

图 7.11.3 添加滑块零件

（1）引入零件。选择下拉菜单 插入(I) → 零部件(O) → 现有零件/装配体(E)... 命令，系统弹出“插入零部件”对话框，单击“插入零部件”对话框中的 浏览(B)... 按钮，在系统弹出的“打开”对话框中选择 slipper.SLDPRT，单击 打开(O) 按钮，将零件放置到如图 7.11.4 所示的位置。

（2）添加配合，使零件定位。选择下拉菜单 插入(I) → 配合(M)... 命令，系统弹出“配合”对话框，单击 标准配合(A) 对话框中的 按钮，分别选取图 7.11.5 所示的重合面，单击快捷工具条中的 ✓ 按钮，选取图 7.11.6 所示的重合面，单击快捷工具条中的 ✓ 按钮，单击“配合”对话框中的按钮，先在设计树中展开 (-) slipper<1>，选取 前视基准面，然后在图形区中选取图 7.11.7 所示的面 1，输入距离值 40.0，在快捷工具条中单击按钮，单击“配合”对话框的按钮，完成零件的定位。

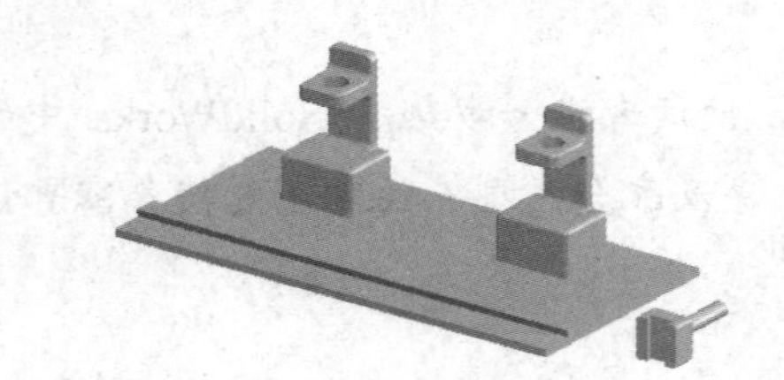

图 7.11.4 放置滑块零件

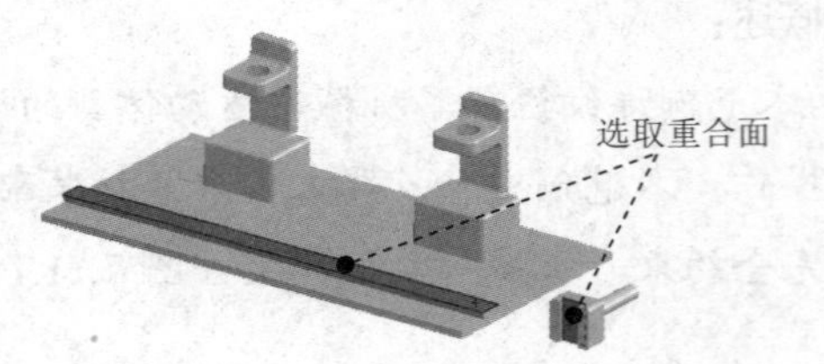

图 7.11.5 添加“重合”配合

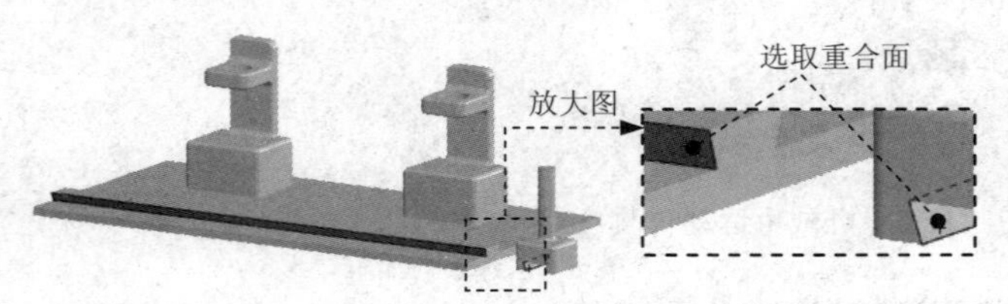

图 7.11.6 添加“重合”配合

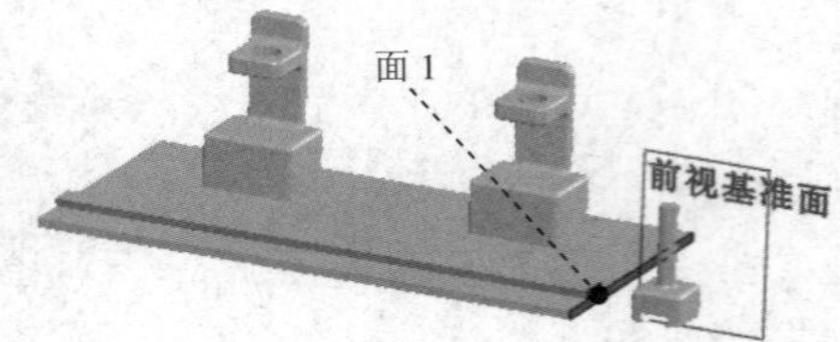

图 7.11.7 添加“距离”配合

Step4. 添加图 7.11.8 所示的摇臂零件并定位。

（1）引入零件。选择下拉菜单 插入(I) → 零部件(O) → 现有零件/装配体(E)... 命令，系统弹出“插入零部件”对话框，单击“插入零部件”对话框中的 浏览(B)... 按钮，在系统弹出的“打开”对话框中选取 revolution_arm.SLDPRT，单击 打开(O) 按钮，将零件放置在合适的位置。

（2）添加配合。选择下拉菜单 插入(I) → 配合(M)... 命令，系统弹出“配合”对话框，单击“配合”对话框中的按钮，选取图 7.11.9 所示的两个面为同轴心面，单击快捷工具条中的按钮，单击“配合”对话框中的按钮，先在设计树中展开 (-) revolution_arm<1>，选取 前视基准面，然后在图形区中选取图 7.11.10 所示的面 1，输入距离值 55.0，在快捷工具条中单击按钮，单击“配合”对话框中的按钮，在设计树中分别选取图 7.11.11 所示的零件“slipper”的“前视基准面”和零件“revolution_arm”的“上视基准面”，在后的文本框中输入角度值 0，在快捷工具条中单击按钮，单击“配合”对话框的按钮，完成零件的定位。

图 7.11.8 添加摇臂零件

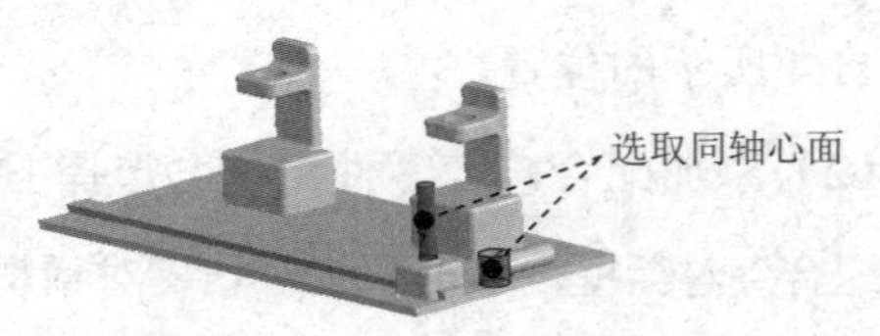

图 7.11.9 添加“同轴心”配合

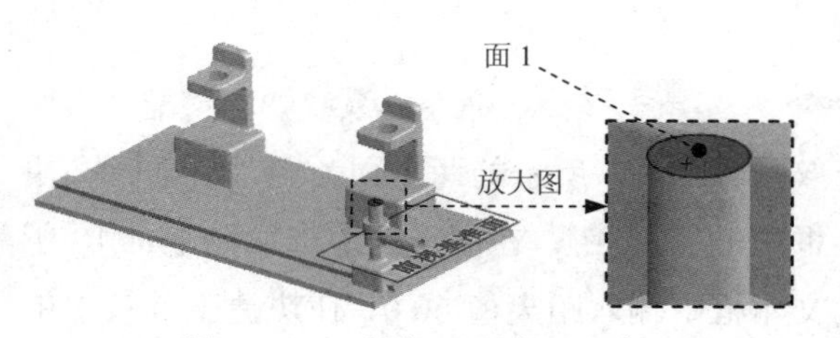

图 7.11.10 添加“距离”配合

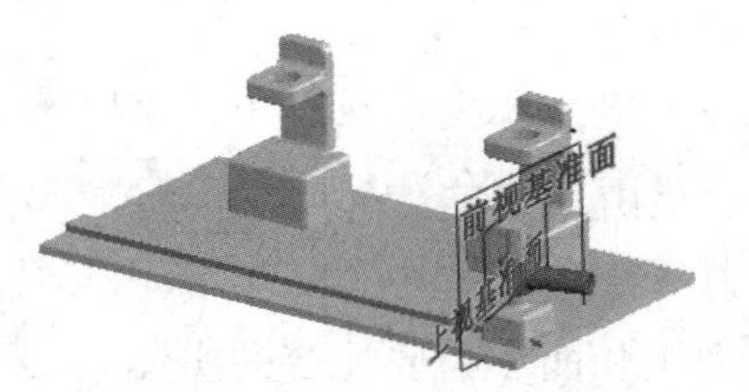

图 7.11.11 添加“角度”配合

Step5. 添加图 7.11.12 所示的伸缩臂零件并定位。

（1）引入零件。选择下拉菜单 插入(I) → 零部件(O) → 现有零件/装配体(E)... 命令，系统弹出“插入零部件”对话框，单击“插入零部件”对话框中的 浏览(B)... 按钮，在系统弹出的“打开”对话框中选取 expansion_arm.SLDPRT，单击 打开(O) 按钮，将零件放置在合适的位置。

（2）添加配合。选择下拉菜单 插入(I) → 配合(M)... 命令，系统弹出“配合”对话框，单击“配合”对话框中的◎按钮，选取图 7.11.13 所示的两个面为同轴心面，在快捷工具条中单击✓按钮，单击“配合”对话框中的⟷按钮，在图形区中选取图 7.11.14 所示的面 1 和面 2 为要配合的实体，在⟷后的文本框中输入距离值 1.0，在快捷工具条中单击✓按钮，单击“配合”对话框中的⊥按钮，在设计树中分别选取图 7.11.15 所示的零件“revolution_arm”的“前视基准面”和零件“expansion_arm”的“上视基准面”，在快捷工具条中单击✓按钮，单击“配合”对话框的✓按钮，完成零件的定位。

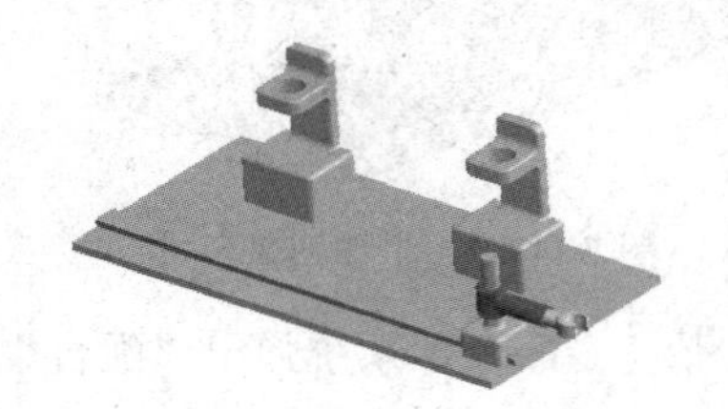

图 7.11.12 添加伸缩臂零件

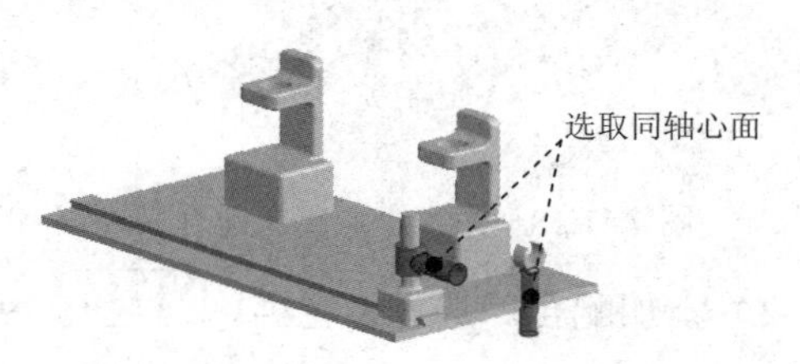

图 7.11.13 添加“同轴心”配合

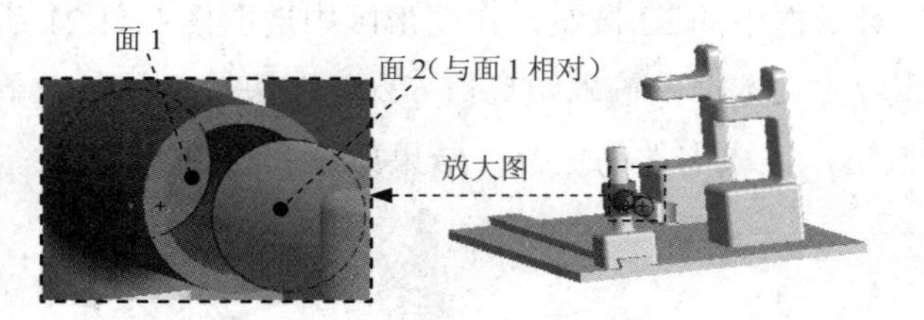

图 7.11.14 添加“距离”配合

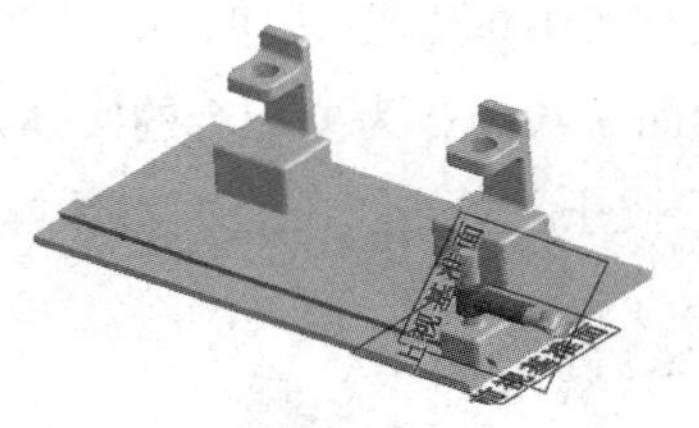

图 7.11.15 添加“垂直”配合

Step6. 添加图 7.11.16 所示的刀具零件并定位。

（1）引入零件。选择下拉菜单 插入(I) → 零部件(O) → 现有零件/装配体(E)... 命令，系统弹出“插入零部件”对话框，单击“插入零部件”对话框中的 浏览(B)... 按钮，

在系统弹出的“打开”对话框中选取 tool_tip.SLDPRT，单击打开(O)按钮，将零件放置在合适的位置。

（2）添加配合。选择下拉菜单插入(I) → 配合(M)... 命令，系统弹出“配合”对话框，单击“配合”对话框中的◎按钮，选取图 7.11.17 所示的两个面为同轴心面，在快捷工具条中单击✓按钮，单击“配合”对话框中的↔按钮，在图形区中选取图 7.11.18 所示的面 1 和面 2 为要配合的实体，在↔后的文本框中输入距离值 60.0，在快捷工具条中单击✓按钮，单击“配合”对话框的✓按钮，完成零件的定位。

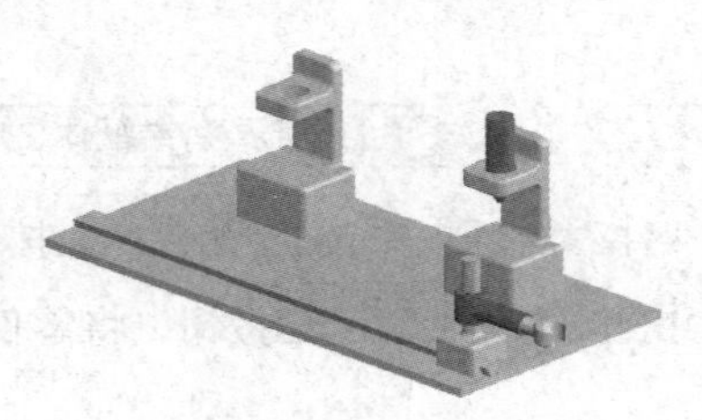

图 7.11.16　添加刀具零件

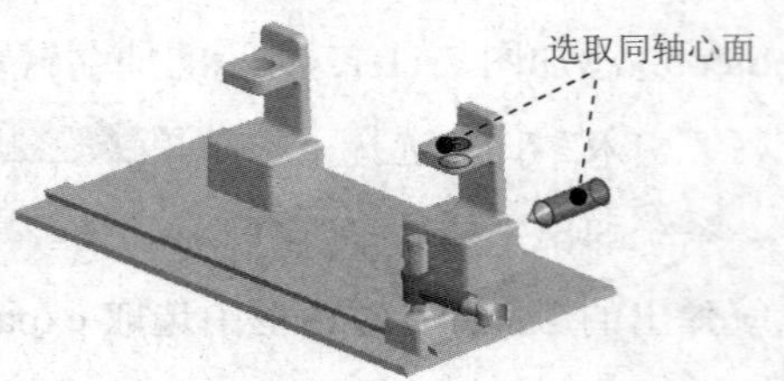

图 7.11.17　添加“同轴心”配合

Step7. 添加图 7.11.19 所示的另一个刀具零件并定位。

（1）引入零件。选择下拉菜单插入(I) → 零部件(O) → 现有零件/装配体(E)... 命令，单击“插入零部件”对话框中的浏览(B)...按钮，在系统弹出的“打开”对话框中选取 tool_tip.SLDPRT，单击打开(O)按钮，将零件放置在合适的位置。

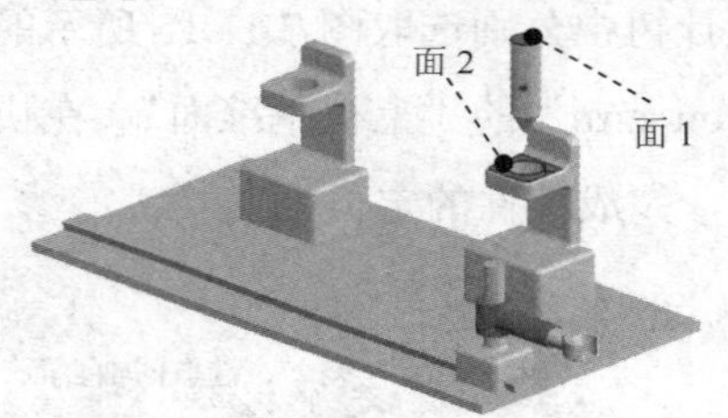

图 7.11.18　添加“距离”配合

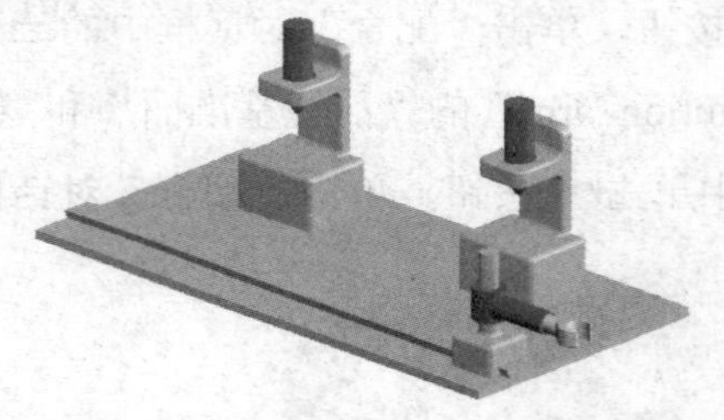

图 7.11.19　添加刀具零件

（2）添加配合。选择下拉菜单插入(I) → 配合(M)... 命令，系统弹出“配合”对话框，单击“配合”对话框中的◎按钮，选取图 7.11.20 所示的两个面为同轴心面，在快捷工具条中单击✓按钮，单击“配合”对话框中的↔按钮，在图形区中选取图 7.11.21 所示的面 1 和面 2 为要配合的实体，在↔后的文本框中输入距离值 60.0，在快捷工具条中单击✓按钮，单击“配合”对话框的✓按钮，完成零件的定位，结果如图 7.11.22 所示。

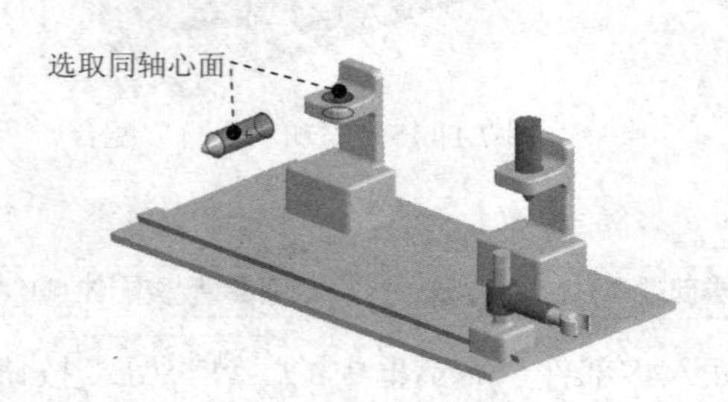

图 7.11.20　添加“同轴心”配合

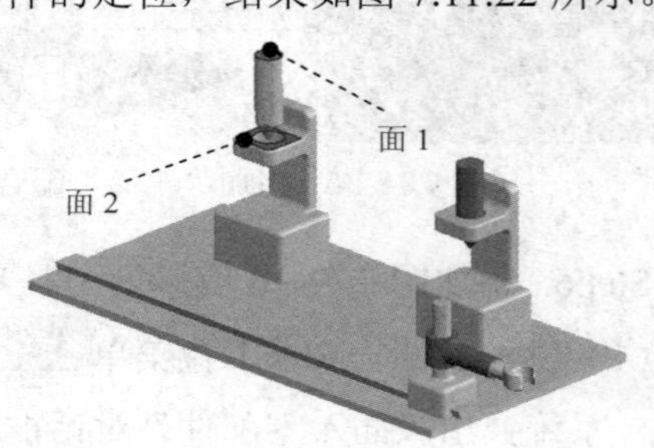

图 7.11.21　添加“距离”配合

Step8. 展开运动算例界面。单击 运动算例 1 按钮，展开运动算例界面。

Step9. 添加键码。在 配合 节点下的 角度1 (revolution_arm<1>,slipper<1>) 子节点对应的 00:00:02 时间栏上右击，然后在系统弹出的快捷菜单中选择 放置键码(K) 命令，在时间栏上添加键码。

Step10. 修改角度。双击新添加的键码，系统弹出“尺寸”对话框和“修改”对话框，在“修改”对话框中输入尺寸值 90.0，然后单击 ✓ 按钮，完成尺寸修改后的装配体如图 7.11.23 所示。

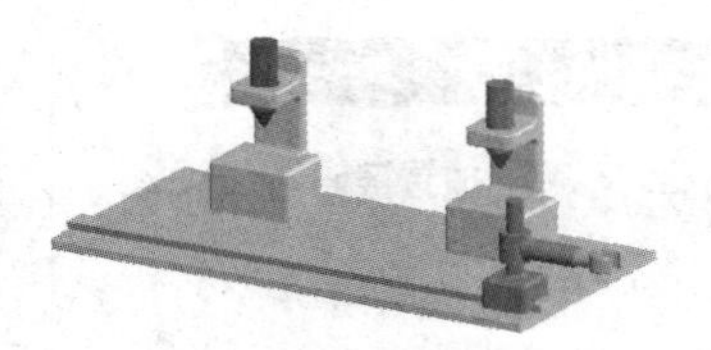

图 7.11.22 零件定位完成

图 7.11.23 调整角度

Step11. 添加键码。在 配合 节点下的 距离1 (slipper<1>,base<1>) 子节点对应的 00:00:02 时间栏上右击，然后在系统弹出的快捷菜单中选择 放置键码(K) 命令，在时间栏上添加键码。

Step12. 添加键码。在 配合 节点下的 距离1 (slipper<1>,base<1>) 子节点对应的 00:00:04 时间栏上右击，然后在系统弹出的快捷菜单中选择 放置键码(K) 命令，在时间栏上添加键码。

Step13. 修改距离。双击新添加的键码，系统弹出“尺寸”对话框和“修改”对话框，在“修改”对话框中输入尺寸值 150.0，然后单击 ✓ 按钮，完成尺寸修改后的装配体如图 7.11.24 所示。

Step14. 添加键码。在 配合 节点下的 距离3 (revolution_arm<1>,expansion_arm<1>) 子节点对应的 00:00:04 时间栏上右击，然后在系统弹出的快捷菜单中选择 放置键码(K) 命令，在时间栏上添加键码。

Step15. 添加键码。在 配合 节点下的 距离3 (revolution_arm<1>,expansion_arm<1>) 子节点对应的 00:00:06 时间栏上右击，然后在系统弹出的快捷菜单中选择 放置键码(K) 命令，在时间栏上添加键码。

Step16. 修改距离。双击新添加的键码，系统弹出“尺寸”对话框和“修改”对话框，在“修改”对话框中输入尺寸值 40.0，然后单击 ✓ 按钮，完成尺寸修改后的装配体如图 7.11.25 所示。

图 7.11.24 调整滑块移动

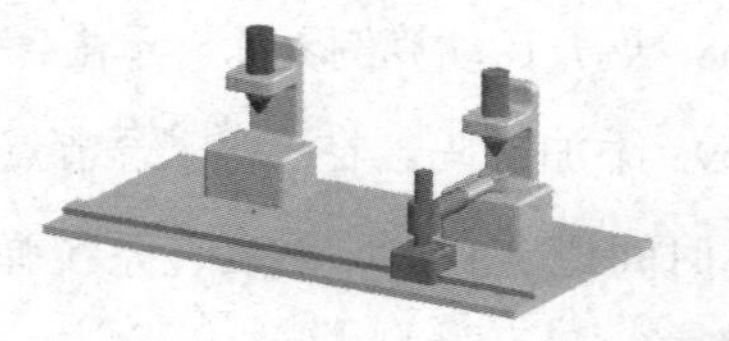

图 7.11.25 调整手臂移动

Step17. 添加键码。在 配合 节点下的 距离4 (tool_tip<1>,base<1>) 子节点对应的 00:00:06 时间栏上右击，然后在系统弹出的快捷菜单中选择 放置键码(K) 命令，在时间栏上添加键码。

Step18. 添加键码。在 配合 节点下的 距离4 (tool_tip<1>,base<1>) 子节点对应的 00:00:07 时间栏上右击，然后在系统弹出的快捷菜单中选择 放置键码(K) 命令，在时间栏上添加键码。

Step19. 修改距离。双击新添加的键码，系统弹出“尺寸”对话框和“修改”对话框，在“修改”对话框中输入尺寸值 20.0，然后单击 ✔ 按钮，完成尺寸修改后的装配体如图 7.11.26 所示。

Step20. 复制键码。右击 距离4 (tool_tip<1>,base<1>) 对应的 00:00:06 处的键码，在弹出的快捷菜单中选择 复制(C) 命令，在 00:00:08 时间线右击，在系统弹出的快捷菜单中选择 粘帖(P) 命令，完成键码的复制。

Step21. 添加键码。在 配合 节点下的 距离3 (revolution_arm<1>,expansion_arm<1>) 子节点对应的 00:00:08 时间栏上右击，然后在系统弹出的快捷菜单中选择 放置键码(K) 命令，在时间栏上添加键码。

Step22. 添加键码。在 配合 节点下的 距离3 (revolution_arm<1>,expansion_arm<1>) 子节点对应的 00:00:10 时间栏上右击，然后在系统弹出的快捷菜单中选择 放置键码(K) 命令，在时间栏上添加键码。

Step23. 修改距离。双击新添加的键码，系统弹出“尺寸”对话框和“修改”对话框，在“修改”对话框中输入尺寸值 1.0，然后单击 ✔ 按钮，完成尺寸修改后的装配体如图 7.11.26 所示。

Step24. 添加键码。在 配合 节点下的 距离1 (slipper<1>,base<1>) 子节点对应的 00:00:10 时间栏上右击，然后在系统弹出的快捷菜单中选择 放置键码(K) 命令，在时间栏上添加键码。

Step25. 添加键码。在 配合 节点下的 距离1 (slipper<1>,base<1>) 子节点对应的

00:00:12 时间栏上右击，然后在系统弹出的快捷菜单中选择 放置键码(K) 命令，在时间栏上添加键码。

Step26. 修改距离。双击新添加的键码，系统弹出“尺寸”对话框和“修改”对话框，在“修改”对话框中输入尺寸值 450.0，然后单击 ✔ 按钮，完成尺寸修改后的装配体如图 7.11.27 所示。

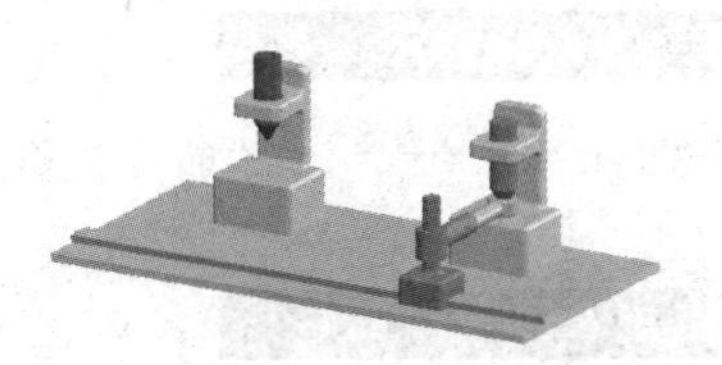
图 7.11.26 调整冲头的移动

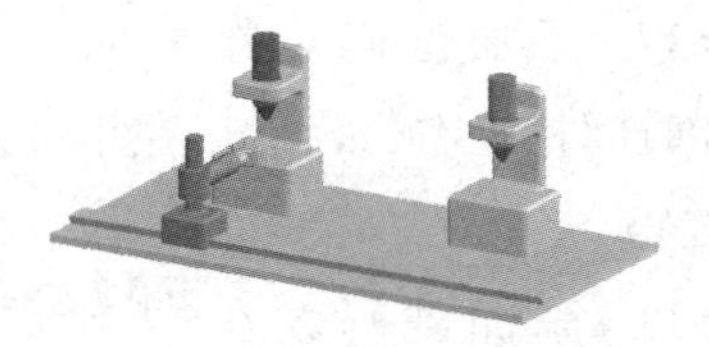
图 7.11.27 调整滑块的移动

Step27. 添加键码。在 配合 节点下的 距离3 (revolution_arm<1>,expansion_arm<1>) 子节点对应的 00:00:12 时间栏上右击，然后在系统弹出的快捷菜单中选择 放置键码(K) 命令，在时间栏上添加键码。

Step28. 添加键码。在 配合 节点下的 距离3 (revolution_arm<1>,expansion_arm<1>) 子节点对应的 00:00:14 时间栏上右击，然后在系统弹出的快捷菜单中选择 放置键码(K) 命令，在时间栏上添加键码。

Step29. 修改距离。双击新添加的键码，系统弹出“尺寸”对话框和“修改”对话框，在“修改”对话框中输入尺寸值 40.0，然后单击 ✔ 按钮，完成尺寸的修改。

Step30. 添加键码。在 配合 节点下的 距离5 (tool_tip<2>,base<1>) 子节点对应的 00:00:14 时间栏上右击，然后在系统弹出的快捷菜单中选择 放置键码(K) 命令，在时间栏上添加键码。

Step31. 添加键码。在 配合 节点下的 距离5 (tool_tip<2>,base<1>) 子节点对应的 00:00:15 时间栏上右击，然后在系统弹出的快捷菜单中选择 放置键码(K) 命令，在时间栏上添加键码。

Step32. 修改距离。双击新添加的键码，系统弹出“尺寸”对话框和“修改”对话框，在“修改”对话框中输入尺寸值 20.0，然后单击 ✔ 按钮，完成尺寸修改后的装配体如图 7.11.28 所示。

Step33. 复制键码。右击 距离5 (tool_tip<2>,base<1>) 对应的 00:00:14 处的键码，在弹出的快捷菜单中选择 复制(C) 命令，在 00:00:16 时间线右击，在系统弹出的快捷菜单中选择 粘帖(P) 命令，完成键码的复制。

Step34. 添加键码。在 配合 节点下的 距离3 (revolution_arm<1>,expansion_arm<1>) 子节点对应的 00:00:16 时间栏上右击，然后在系统弹出的快捷菜单中选择 放置键码(K) 命令，在时间栏上添加键码。

Step35. 添加键码。在配合节点下的距离3 (revolution_arm<1>,expansion_arm<1>)子节点对应的 00:00:18 时间栏上右击，然后在系统弹出的快捷菜单中选择放置键码(K)命令，在时间栏上添加键码。

Step36. 修改距离。双击新添加的键码，系统弹出“尺寸”对话框和“修改”对话框，在“修改”对话框中输入尺寸值 1.0，然后单击按钮，完成尺寸的修改。

Step37. 添加键码。在配合节点下的距离1 (slipper<1>,base<1>)子节点对应的 00:00:18 时间栏上右击，然后在系统弹出的快捷菜单中选择放置键码(K)命令，在时间栏上添加键码。

Step38. 添加键码。在配合节点下的距离1 (slipper<1>,base<1>)子节点对应的 00:00:20 时间栏上右击，然后在系统弹出的快捷菜单中选择放置键码(K)命令，在时间栏上添加键码。

Step39. 修改距离。双击新添加的键码，系统弹出“尺寸”对话框和“修改”对话框，在“修改”对话框中输入尺寸值 550.0，然后单击按钮，完成尺寸修改后的装配体如图 7.11.29 所示。

Step40. 添加键码。在配合节点下的角度1 (revolution_arm<1>,slipper<1>)子节点对应的 00:00:18 时间栏上右击，然后在系统弹出的快捷菜单中选择放置键码(K)命令，在时间栏上添加键码。

Step41. 添加键码。在配合节点下的角度1 (revolution_arm<1>,slipper<1>)子节点对应的 00:00:20 时间栏上右击，然后在系统弹出的快捷菜单中选择放置键码(K)命令，在时间栏上添加键码。

Step42. 修改距离。双击新添加的键码，系统弹出“尺寸”对话框和“修改”对话框，在“修改”对话框中输入尺寸值 180.0，然后单击按钮，完成尺寸修改后的装配体如图 7.11.30 所示。

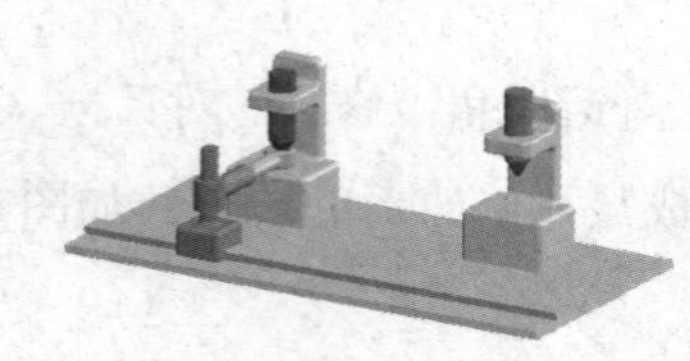

图 7.11.28 调整冲头的移动

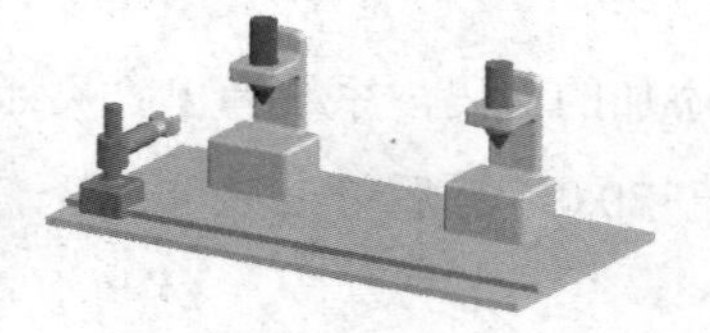

图 7.11.29 定义滑块移动

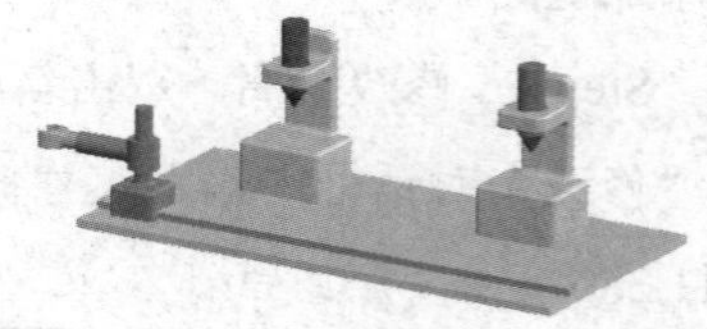

图 7.11.30 调整手臂角度

Step43. 在运动算例界面中的工具栏中单击按钮，观察机械手的运动，在工具栏中单击按钮，命名为 magic_hand.avi 保存动画。

Step44. 运动算例完毕。选择下拉菜单文件(F) → 另存为(A)...命令，命名为 magic_hand_ok，即可保存模型。

第8章 逆向工程

本章提要 逆向工程主要是针对现有的产品进行研究，从而发现其规律，以复制、改进并超越现有产品的过程。逆向工程不仅仅是对现实世界的模仿，更是对现实世界的改造，是一种超越。由于采用逆向工程进行产品设计的成本较低，设计效率高，所以在现代化企业中已经得到广泛应用。本章内容包括：

- 逆向工程概述。
- 逆向工程实例。

8.1 概　述

逆向工程是对产品设计过程的一种描述，它是相对于正向工程而言的。一般情况下，设计产品的过程是：先根据产品的需求构思产品的外形，再根据产品的功能及规格等参数确定产品的确切数据，然后通过CAD软件对产品模型进行细节的设计，最后再通过批量生成、成品测试等重要环节后成为产品。但是在实际的产品研发过程中，有时可能出现资料丢失并且时间紧迫的情况，因此设计人员就只能通过一定的途径，将这些实物信息转化为CAD模型，这就应用到与一般产品设计过程相反的逆向工程技术（Reverse Engineering)。

逆向工程技术俗称“抄数”，是指利用三维激光扫描技术（又称“实景复制技术”)，或使用三坐标测量仪对实物模型进行测量，以获得物体的点云数据（三维点数据），再利用一定的工程软件对获得的点云数据进行整理、编辑，并获取所需的三维特征曲线，最终通过三维曲面表达出物体的外形，从而重构实物的CAD模型。

8.1.1 逆向工程的应用

由于使用逆向工程与使用正向工程进行产品设计的过程不同，所以逆向工程越来越广泛应用于一些对产品外观美感要求严格的产品设计中。逆向工程由于其自身的特点：由点到网格，然后从网格到自由曲面，再从曲面到实体模型，所以逆向工程也常常应用于一些只有产品模型、没有实际图形文件的产品或仿制品。

8.1.2 使用逆向工程设计产品前的准备

1. “点云”文件准备

在使用 SolidWorks 2014 逆向工程进行产品设计时，最先做的是将“点云”文件转换为“网格”文件。能够供 SolidWorks 识别的点云文件有扩展名为*.xyz、*.txt、*.asc、*.vda 和*.igs 的文件，这些文件是使用坐标测量仪器对模型的表面测量或使用扫描设备对模型扫描得到的。

2. ScanTo3D 插件准备

SolidWorks 2014 使用 ScanTo3D 插件来处理网格或点云等扫描文件，最后生成实体模型。点云文件只有在 ScanTo3D 插件激活时才可打开，ScanTo3D 插件的激活方法如下：

在 SolidWorks 安装完整的情况下，选择 工具(T) 下拉菜单中的 插件(D)... 命令，系统弹出图 8.1.1 所示的“插件”对话框，选中 ☑ ScanTo3D 复选框，单击 确定 按钮，完成 ScanTo3D 插件的激活。

完成 ScanTo3D 插件的激活后，系统增加了一个 ScanTo3D 工具栏，如图 8.1.2 所示。

图 8.1.1 “插件”对话框

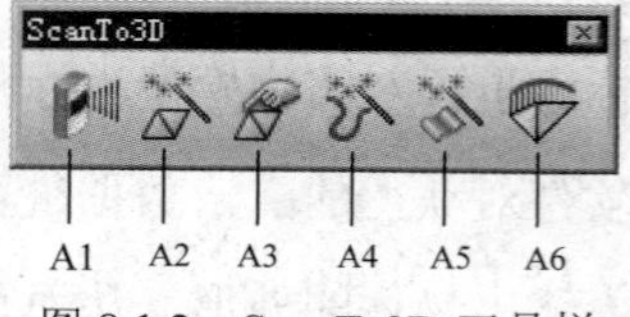

图 8.1.2 ScanTo3D 工具栏

图 8.1.2 所示 ScanTo3D 工具栏的各按钮说明如下：

A1（NextEngine 扫描）：当有 NextEngine 3D 扫描仪（或兼容型的扫描仪）连接时，选择该命令可激活 NextEngine 3D 扫描仪，将在 NextEngine 3D 扫描仪中扫描的结果直接传输到 SolidWorks 中，生成“点云”或“网格”文件。

A2（网格处理向导）：选择该命令，启动网格处理向导，通过网格处理向导用户可以提取曲面的网格特征，并可以启动曲面向导。

A3（网格编辑）：选择该命令可以对现有的网格进行移动、复制、缩放比例等编辑。

A4（曲线向导）：选择该命令，启动曲线向导，在点云或网格文件中生成边界线和剖面线。

A5（曲面向导）：选择该命令，启动曲面向导。通过使用曲面向导对现有的网格提取曲面，进一步生成曲面实体模型。

A6（误差分析）：选择该命令，启动误差分析。显示网格和通过参考网格而生成的模型与最初的点云之间的误差。

在 工具(T) 下拉列表中选择 ScanTo3D 命令，系统将弹出图 8.1.3 所示的 ScanTo3D 下拉菜单。

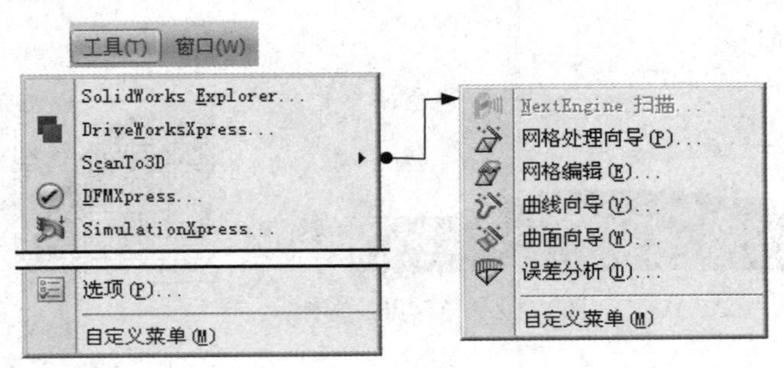

图 8.1.3 ScanTo3D 下拉菜单

8.2 逆向工程范例

本节将通过一个例子来详细介绍使用逆向工程进行产品设计的整个过程。本范例完成后的产品模型和设计树如图 8.2.1 所示。

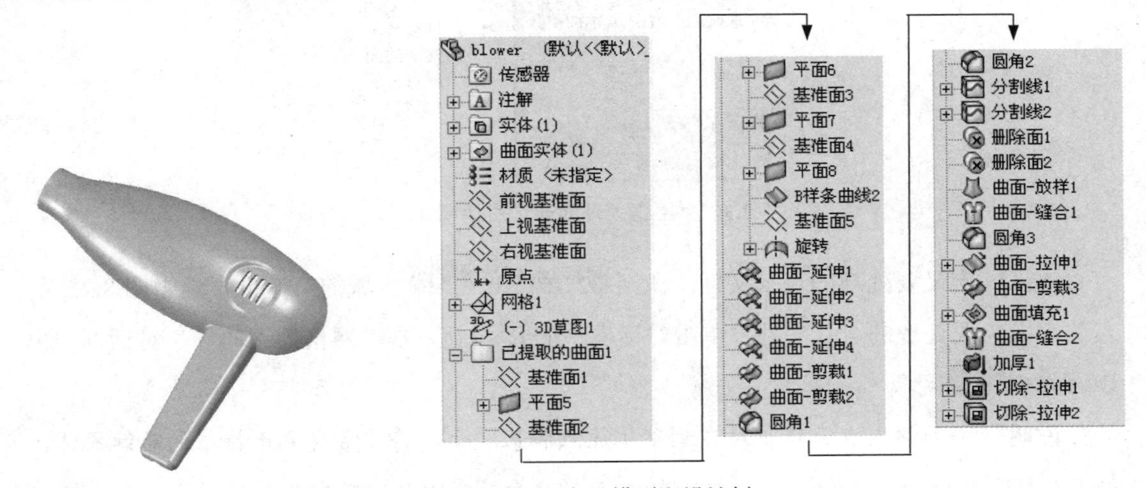

图 8.2.1 产品模型和设计树

Stage1. 导入点云（或网格）文件

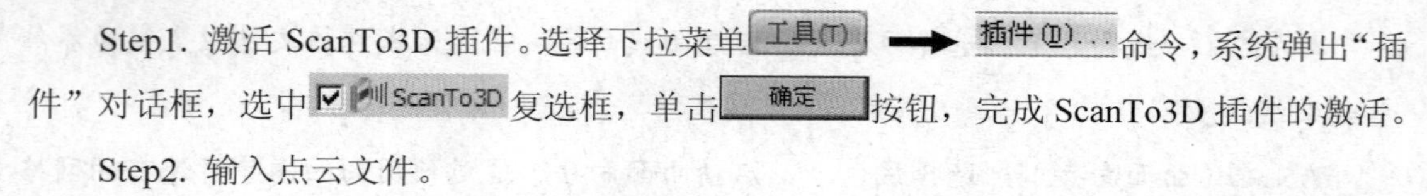

Step1. 激活 ScanTo3D 插件。选择下拉菜单 工具(T) → 插件(D)... 命令，系统弹出“插件”对话框，选中 ☑ ScanTo3D 复选框，单击 确定 按钮，完成 ScanTo3D 插件的激活。

Step2. 输入点云文件。

（1）选择命令。选择下拉菜单 文件(F) → 打开 命令，系统弹出“打开”对话框。

（2）选择打开文件的类型。在“打开”对话框的 文件类型(T): 下拉列表中选择 点云文件 (*.xyz;*.txt;*.asc;*.vda;*.igs;* 选项。

（3）选择文件。选择 D:\sw14.2\work\ch08.02\blower.igs，单击 打开 按钮，打开点云文件，如图 8.2.2 所示。

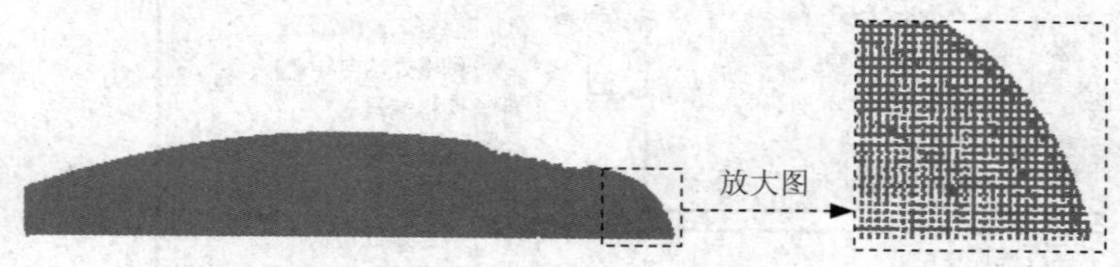

图 8.2.2　导入点云文件

Stage2. 网格处理向导

Step1. 启动网格处理向导。选择下拉菜单 工具(T) → ScanTo3D → 网格处理向导(P)... 命令，系统弹出图 8.2.3 所示的“网格处理向导”对话框（一）。

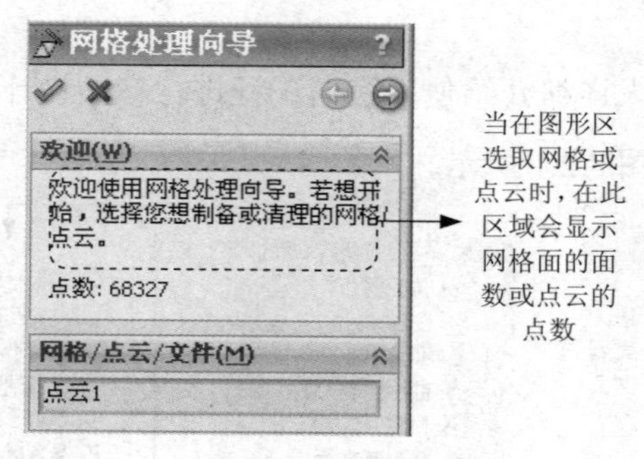

图 8.2.3　“网格处理向导”对话框（一）

Step2. 定义要处理的点云文件。激活 网格/点云/文件(M) 区域的文本框，选中图 8.2.2 所示的点云为要处理的点云文件，单击对话框中的 ⊖ 按钮，在“网格处理向导”对话框中出现 点云定位(C) 区域。

说明： 将网格或点云特征对齐到整体原点和基准面，将非常有利于特征的后续操作，并且在模具设计时，开模方向一般确定为 Z 轴方向，所以此时确定坐标轴的方向时，还应该考虑到模具的开模方向。

Step3. 定位点云。

(1)选择定位方法。在**定位方法(O)**区域中选择 ⊙ 自动(A) 单选按钮，此时系统弹出图 8.2.4 所示的“网格处理向导”对话框（二）。

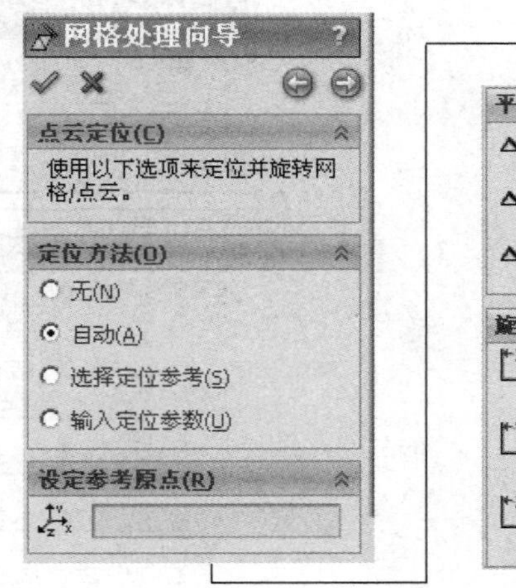

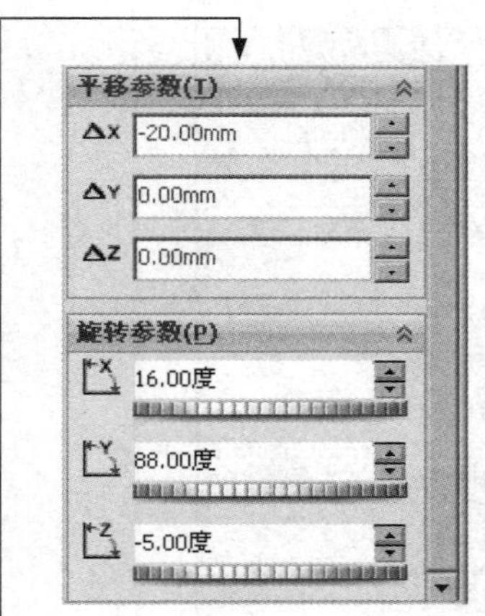

图 8.2.4 “网格处理向导”对话框（二）

图 8.2.4 所示“网格处理向导”对话框（二）的**定位方法(O)**区域中，系统提供的定位方法如下：

- ⊙ 无(N)：使用现有网格或点云的坐标为定位点。
- ⊙ 自动(A)：使用重心和惯性主轴对点云或网格进行定位。选中该单选按钮后，在“网格处理向导”对话框中会出现图 8.2.4 所示的**设定参考原点(R)**、**平移参数(T)**和**旋转参数(P)**三个区域，其中各选项说明如下：
  - ☑ 设定参考原点：在点云或网格上选取一点作为原点，当不选任何点时，则以系统默认的点云或网格上的原点为坐标原点。
  - ☑ ΔX、ΔY、ΔZ：定义点云或网格相对于原点分别向坐标轴的 X、Y、Z 方向移动的距离。
  - ☑ 旋转X、旋转Y、旋转Z：定义点云或网格绕 X、Y、Z 轴旋转的角度值。
- ⊙ 选择定位参考(S)：在点云或网格上选取点来建立坐标轴及 X、Y、Z 轴的方向。当选取该选项时，在对话框中会出现图 8.2.5 所示的**设定参考原点(R)**和**网格参考(F)**区域，这两个区域中的各选项说明如下：
  - ☑ 设定参考原点：在点云或网格上选取一点作为原点，当不选任何点时，则以系统默认的点云或网格上的原点为原点。
  - ☑ X 轴:、Y 轴:、Z 轴:：在点云或网格上选取两个点来确定 X、Y、Z 轴的方向，单击反向按钮可以调整方向。

- 输入定位参数(U)：输入数值来确定点云或网格的坐标轴位置，使点云或网格得到良好的控制。当选中该选项时，“网格处理向导”对话框中会出现设定参考原点(R)、平移参数(T)和旋转参数(P)三个区域，如图 8.2.6 所示。

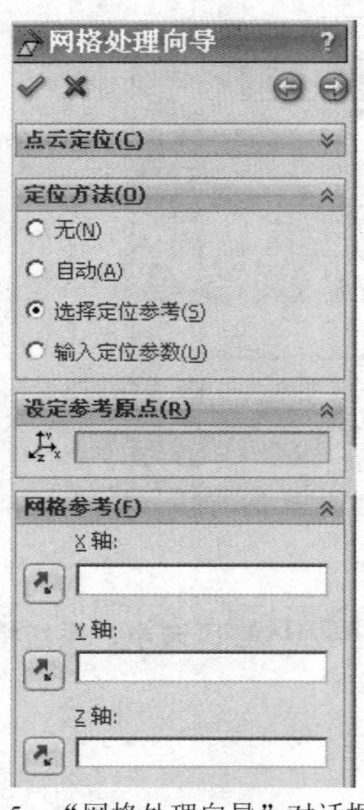

图 8.2.5 “网格处理向导”对话框（三）

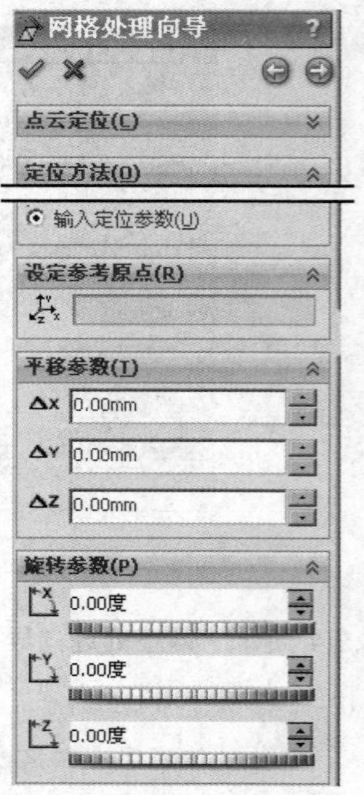

图 8.2.6 “网格处理向导”对话框（四）

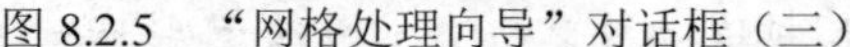

（2）定义点云平移参数。在平移参数(T)区域ΔX后的文本框中输入值-20.0，在ΔY后的文本框中输入值 0.0，在ΔZ后的文本框中输入值 0.0。

（3）定义点云旋转参数。在旋转参数(P)区域X后的文本框中输入值 16.0，在Y后的文本框中输入值 88，在Z后的文本框中输入值-5。

Step4. 噪声剔除。完成上步操作后，在“网格处理向导”对话框中单击按钮，此时系统弹出图 8.2.7 所示的“网格处理向导”对话框（五）。在噪声数据剔除(R)区域使用鼠标拖动点间距离:标尺上的滑块至图 8.2.7 所示的位置，单击按钮，在“网格处理向导”对话框中出现图 8.2.8 所示的“多余数据移除（E）”区域。

图 8.2.8 所示的“网格处理向导”对话框选取工具(S)区域中的各选项说明如下：

- ：框选工具。
- ：套索选取工具。
- ：多边形选取工具。
- ：刷子选取工具。只能用于对网格数据的选取。
- 允许选择深度调整(A)：选中该复选框时，用户可以设定点云或网格的选取深度。

- ☑ 将网格边界剪裁到选取范围(T)：将所选区域的网格边界精确地剪裁到所选的边界，以平滑所选区域中所有的锯齿形边界。

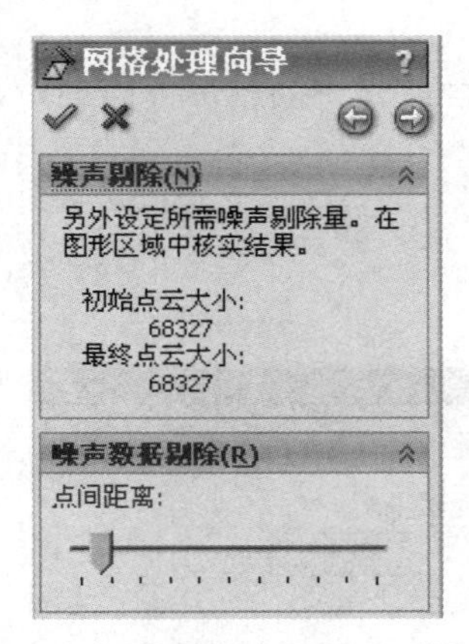

图 8.2.7　“网格处理向导”对话框（五）

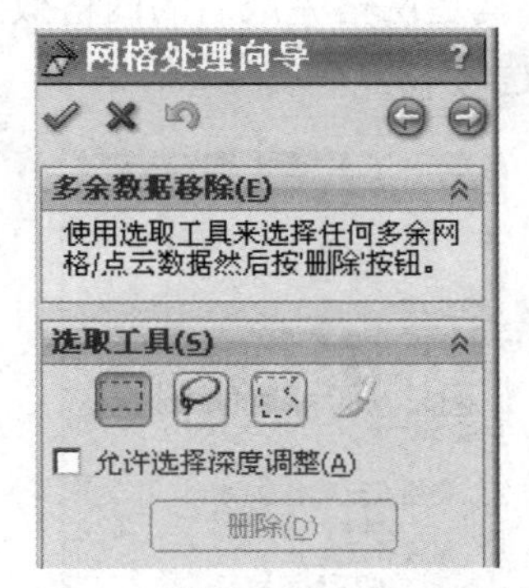

图 8.2.8　“网格处理向导”对话框（六）

说明：

- 噪声数据剔除是对点进行采样，通过滑块设置点间距，将点云分割成小块，删除偏离整体点云的部分点，以剔除噪声点。对于网格数据，则会根据滑块设置网格面积，剔除面积较小的单独网格。
- 在图 8.2.7 所示的“网格处理向导”对话框（五）的 噪声剔除(N) 区域中，当向右移动滑块时，会显示出点云的初始大小和最终大小，或网格的初始大小和最终大小。

Step5. 移除多余数据。在 选取工具(S) 区域中单击按钮，在图形区框选择图 8.2.9 所示的区域，单击 删除(D) 按钮，删除所选区域中的点；单击按钮，系统弹出“简化（S）”区域。

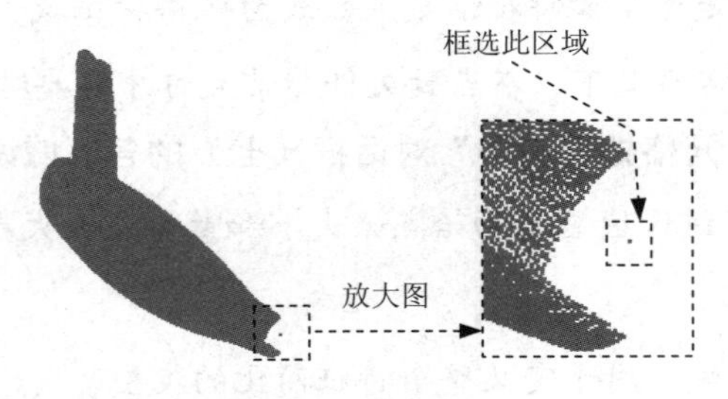

图 8.2.9　输入点云文件

说明：多余数据一般出现在点云数据中，大多是在扫描时对定位装置扫描产生的多余数据。在对点云数据处理时，如果只需要对点云中的一部分进行处理，则可以使用选取工具选取其他多余的点云或网格数据，然后单击 删除(D) 按钮，即可将多余的数据删除。

Step6. 简化点云并构建网格。

（1）在图 8.2.10 所示“网格处理向导”对话框（七）的 整体简化(G) 区域选择 ⊙ 随机采样(A) 单选按钮，单击 ➡ 按钮，系统弹出图 8.2.11 所示的“进度”对话框，简化点云并开始构造网格，如图 8.2.12 所示。

（2）构造网格完成后的网格效果如图 8.2.13 所示，同时在“网格处理向导”对话框中出现 平滑(S) 区域。

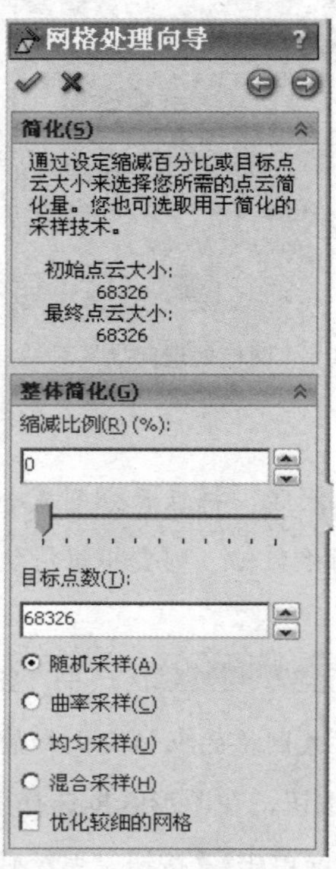

图 8.2.10 “网格处理向导”对话框（七）

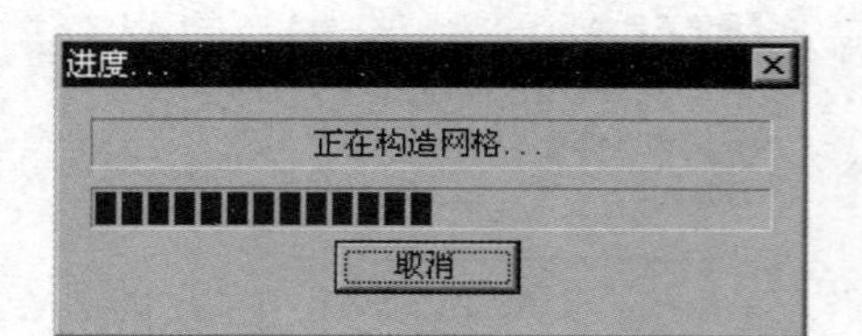

图 8.2.11 “进度”对话框

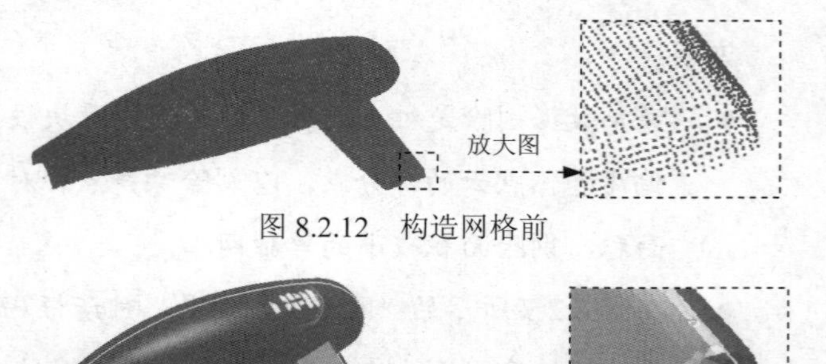

图 8.2.12 构造网格前

图 8.2.13 构造网格后

说明：简化的目的是为点云特征缩减点数或为网格特征减少顶点数，使得点云或网格文件更小、更简单，通常情况下，在点云文件非常大时才需要对其进行简化。

图 8.2.10 所示的“网格处理向导”对话框（七）的各区域说明如下：

- 简化(S) 区域：该区域显示初始点云大小和最终点云大小，或网格的初始大小和最终大小。
- 整体简化(G) 区域：用于定义整个特征简化的类型。
  - ☑ 缩减比例(R) (%)：按用户所设定的百分比缩减网格或点云的大小。
  - ☑ 目标点数(T)：将网格或点云大小缩减到用户所设定的值。当特征为点云时，显示此项。
  - ☑ 目标网格面片数(T)：将网格大小缩减到用户所设定的值。
  - ☑ ⊙ 曲率采样(C)、⊙ 均匀采样(U)、⊙ 混合采样(H)：设定简化点云的不同样式。

☑ 优化较细的网格：选中此复选框时，系统自动检测出薄壁特征，并对其网格进行优化处理。

● 当地简化(L)区域：当特征为网格时显示此区域。

☑ ：使用矩形框选要简化的局部区域。

☑ ：套索选取工具。

☑ ：多边形选取工具。

☑ ：选择此命令后，可以按住鼠标左键不放并拖动鼠标，系统自动选中刷过的区域。

● 允许选择深度调整(A)：选中此复选框时，使用"当地简化"工具选择的区域可以调整深度，当选择命令时，该复选框不可用。

☑ 逆转选择：选取框选区域以外的所有区域。

Step7. 平滑网格。在"网格处理向导"对话框中拖动边界平滑度(B)和整体平滑(G)区域标尺上的滑块至图 8.2.14 所示的位置（通过图 8.2.15 和图 8.2.16 观察平滑前和平滑后的对比效果）。

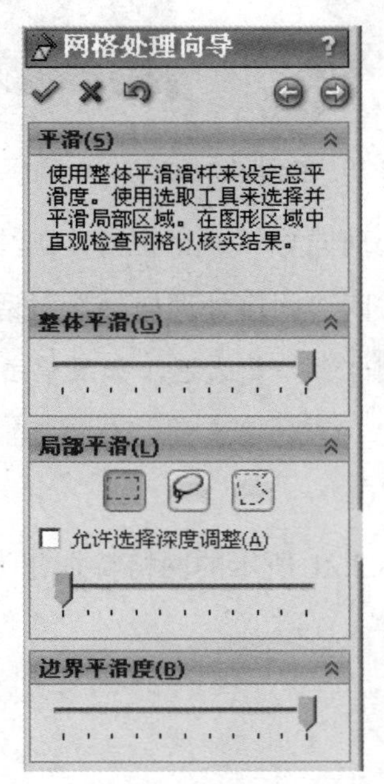

图 8.2.14 "网格处理向导"对话框（八）

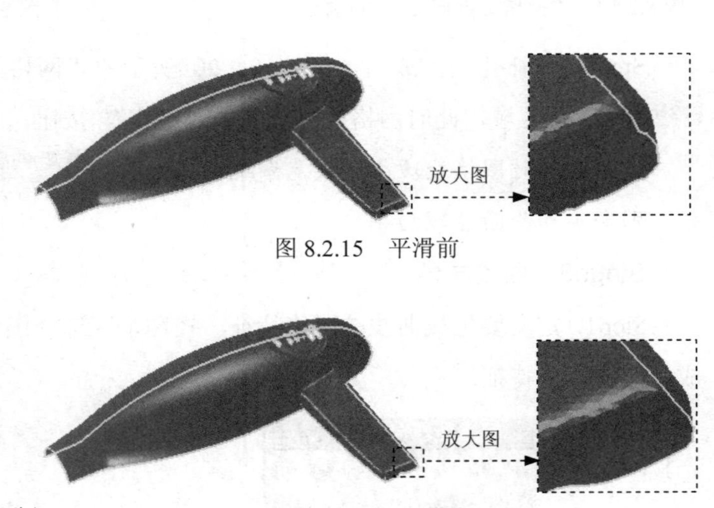

图 8.2.15 平滑前

图 8.2.16 平滑后

说明：平滑网格是为了纠正锯齿状区域未完善的外锯齿的区域，可以选择整体平滑来平滑整个网格特征，也可以选择使用局部平滑，通过框选、套索或多边形工具选取局部网格进行平滑处理。

Step8. 单击按钮，在"网格处理向导"对话框（九）中出现图 8.2.17 所示的网格补洞(F)和待修补孔洞(H)区域，依次选择待修补孔洞(H)区域中列出的选项，在图形中查看待修补的孔洞，确认需要修补后，单击➡按钮修补孔洞。

说明：此时的网格补洞是系统自动检测网格特征中的大孔洞，并将其显示在图 8.2.17 所示的 待修补孔洞(H) 区域中。用鼠标单击 待修补孔洞(H) 区域中显示的孔洞，在图形区网格上相应的孔洞随之加亮，如果不填补选中的孔洞，右击鼠标，在弹出的快捷菜单中选择 删除 命令即可。未填补的孔洞（图 8.2.18）将在使用曲面向导提取曲面时，作为单独的子网格出现，由于在本例中列举出的孔洞的大小和形状与最终模型差异甚大，所以此时不取消列举的任何孔洞，修补孔洞后的网格特征如图 8.2.19 所示。

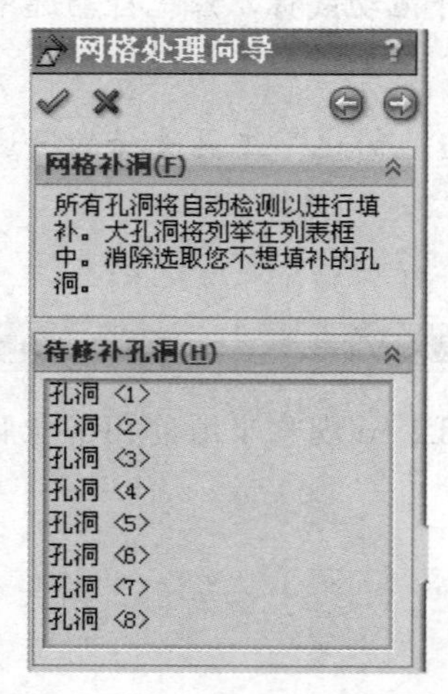

图 8.2.17 “网格处理向导”对话框（九）

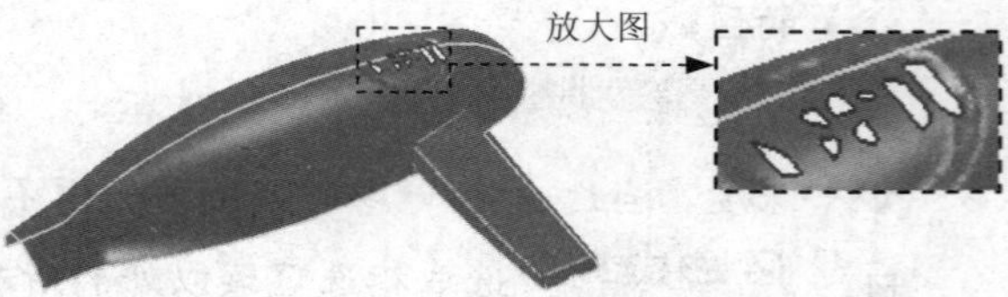

图 8.2.18 修补孔洞前

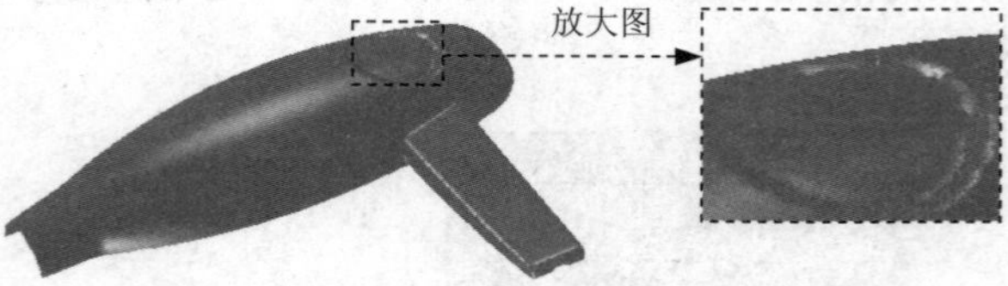

图 8.2.19 修补孔洞后

Step9. 修补孔洞完成后，在图 8.2.20 所示的“网格处理向导”对话框（十）中出现 网格完成(M) 区域，此时网格处理已完成，单击✔按钮，关闭“网格处理向导”对话框。

说明：此时网格处理已完成，系统默认选中 ☑ 启动曲面向导(L) 复选框，如果单击➡按钮，则会启动曲面处理向导。

Stage3. 曲线向导

Step1. 定义要生成曲线的网格特征。在图形区选择图 8.2.21 所示的网格特征作为要生成曲线的网格特征。

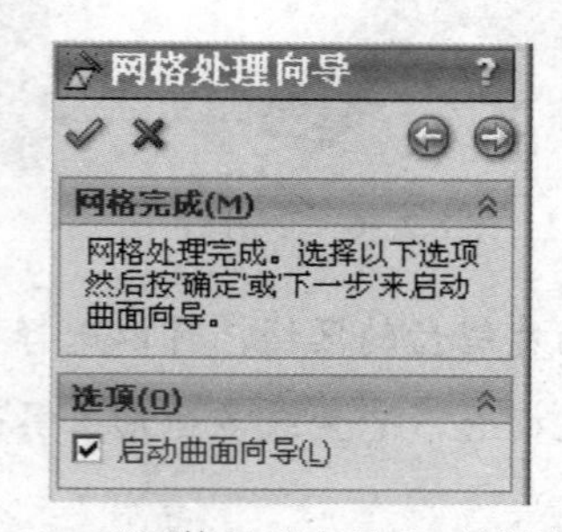

图 8.2.20 “网格处理向导”对话框（十）

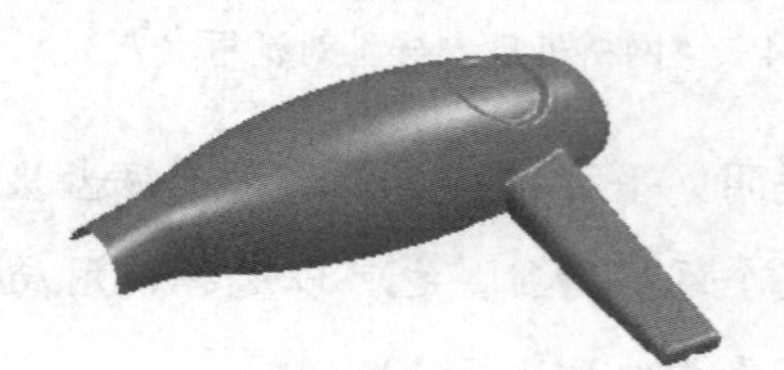

图 8.2.21 要生成曲线的网格特征

Step2. 启动曲线向导。选择下拉菜单 工具(T) → ScanTo3D → 曲线向导(V)...

命令，系统弹出“曲线向导”对话框。

Step3. 定义曲线生成方法。在 生成方法(C) 区域选择 ⊙ 边界(B) 单选按钮。在图形区选取网格 1 为网格/点云/文件（M）的对象。

Step4. 定义曲线生成参数。单击 生成参数(P) 区域中的文本框，选中 Boundary Curve <1> 选项，然后拖动 曲线逼近: 标尺的滑块到图 8.2.22 所示的位置；单击 编辑工具: 下的 按钮，选择 ⊙ 接触 单选按钮，单击 应用 按钮。

Step5. 单击 ✔ 按钮，关闭“曲线向导”对话框，生成边界曲线，如图 8.2.23 所示。

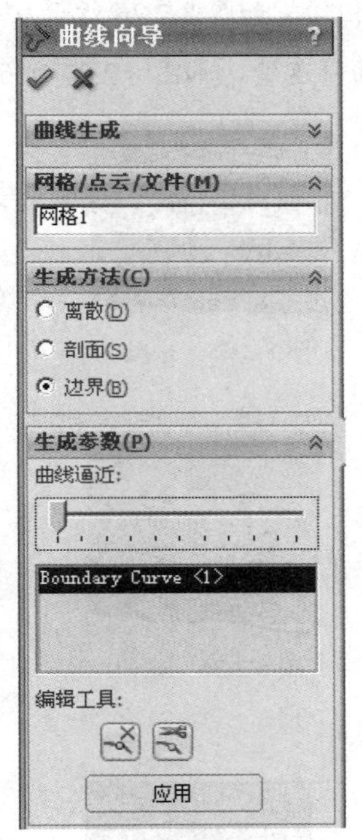

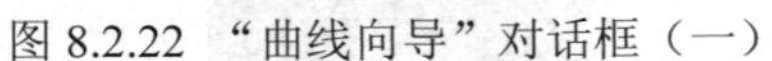

图 8.2.22 “曲线向导”对话框（一）

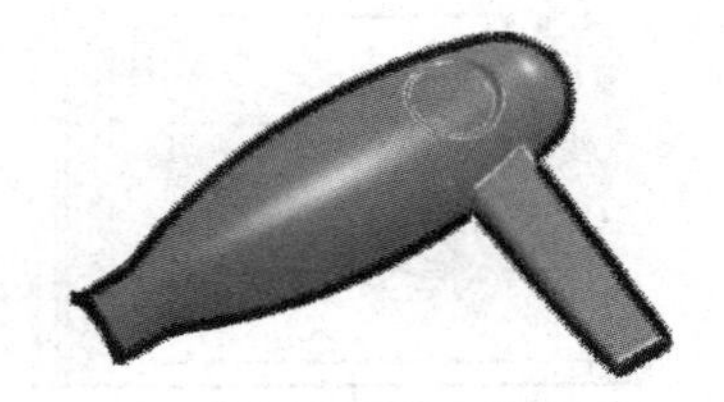

图 8.2.23 生成曲线

图 8.2.22 所示的“曲线向导”对话框（一）的各区域说明如下：

- 曲线生成 区域：显示所选特征的网格面数或点云的点数。
- 网格/点云(M) 区域：激活其下方的文本框，可在图形区选择要生成曲线的网格特征或点云特征。
- 生成方法(C) 区域：用于定义生成曲线的类型。
  - ☑ ⊙ 剖面(S)：从系列基准面和网格或点云交叉处生成剖面曲线。当选中此项时，在“曲线向导”对话框中出现图 8.2.24 所示的 剖切面参数(L) 区域。
  - ☑ ⊙ 边界(B)：沿网格边界生成曲线。

- 生成参数(P) 区域：用于编辑生成的曲线。

☑ 曲线逼近：调整曲线相对于网格的逼近公差。滑块向右移动，将采样更少的顶点或点，从而使曲线更远离网格或点云；反之，使曲线逼近网格或点云。

☑ ：删除沿网格边界处用来生成曲线的点。

☑ ：在两条曲线连接处的曲线上创建新的折断点并将其显示。选中此项时，还可以选择曲线的相触、相切或平滑三种状态。

☑ ⊙ 接触：沿边界生成的曲线与网格边界接触，如图 8.2.25 所示。

☑ ⊙ 相切：沿边界生成的曲线与网格边界相切，如图 8.2.26 所示。

☑ ⊙ 平滑：沿边界生成的曲线与在连接处曲率连续，如图 8.2.27 所示。

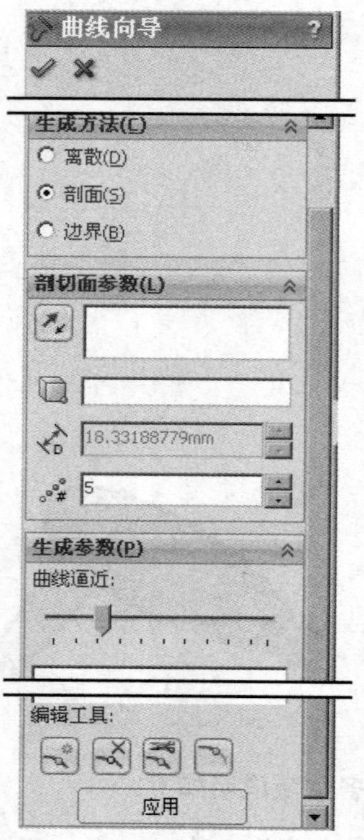

图 8.2.24 “曲线向导”对话框（二）

图 8.2.25 接触

图 8.2.26 相切

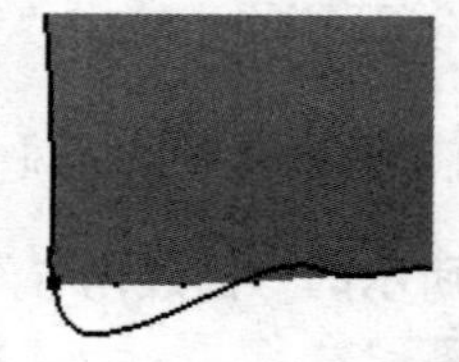

图 8.2.27 平滑

图 8.2.24 所示的“曲线向导” 剖切面参数(L) 区域的各选项说明如下：

- ：在基准面上开始选中的点。在网格面上选中一点，系统默认以该点平行于切割面且包含该点的面作为起始基准面。
- ：切割面之间的距离值。
- ：切割面数量。
- ：通过此命令可以在指定的曲线上创建点来定义曲线的位置。

- ：在扫描数据中移除与噪声相关的点或顶点后，删除用来生成曲线的点来生成更精确的曲线。
- ：在曲线上创建新的折断点，将曲线打断。选中此项时，还可以选择曲线的相触、相切或平滑状态。
- ：剪裁选中的曲线。

Stage4. 曲面向导

Step1. 启动曲面向导。选择下拉菜单 工具(T) → ScanTo3D → 曲面向导(W)... 命令，系统弹出图 8.2.28 所示的“曲面向导”对话框（一）。

Step2. 定义网格特征。激活 网格(E) 区域的文本框，在图形区选择图 8.2.29 所示的网格特征为要生成曲面的网格特征。

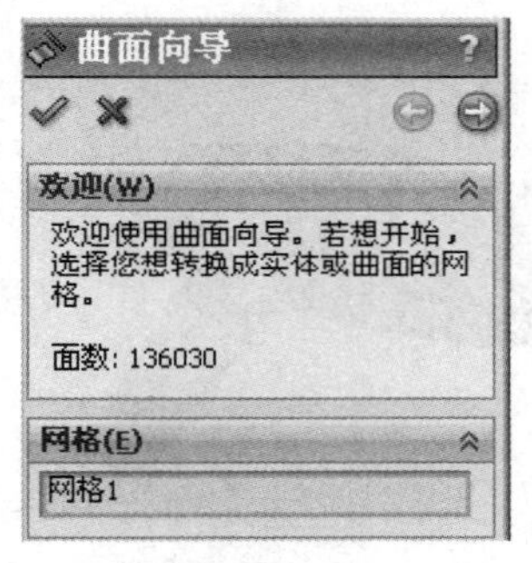

图 8.2.28　“曲面向导”对话框（一）

图 8.2.29　要转换的网格特征

Step3. 单击按钮，系统弹出图 8.2.30 所示的“曲面向导”对话框（二），选中 划分区域生成曲面(G) 单选按钮。

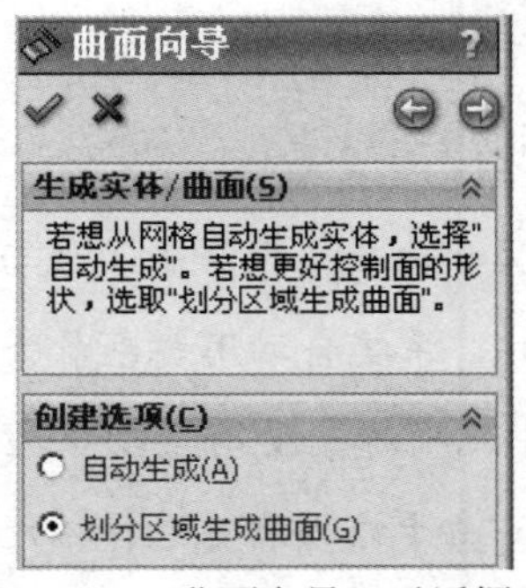

图 8.2.30　“曲面向导”对话框（二）

图 8.2.30 所示的“曲面向导”对话框（二）中的各选项说明如下：

- 自动生成(A)：选中该选项，单击按钮，在“曲面向导”对话框中会出现图 8.2.31 所示的 自动生成曲面(A) 和 曲面细节(S) 区域。在该对话框中可设定并预览所需的曲面细节（曲面数），还可以编辑特征线来提取更多所需的曲面。

☑ 自动生成曲面(A) 区域：在此区域中报告通过自动生成曲面的曲面数。

☑ 曲面细节(S) 区域：调节下方的滑块可设定自动生成曲面的分辨率。

☑ 更新预览(U)：单击该按钮可预览自动生成的曲面，如图 8.2.32 所示。当对曲面特征线修改后，单击该按钮，可更新预览。

☑ ☑ 编辑特征线：选中此复选框时，系统自动更新预览同时生成构成曲面的特征线，在其下方出现、、和按钮，通过这些工具可编辑曲面上的特征线。

☑ ☑ 显示修补边界：当取消选中此复选框时，曲面表面将不显示修补边线，如图 8.2.33 所示。

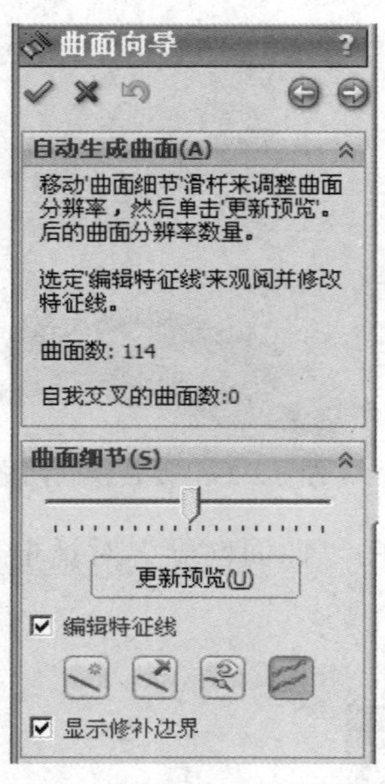

图 8.2.31 “曲面向导”对话框（三）

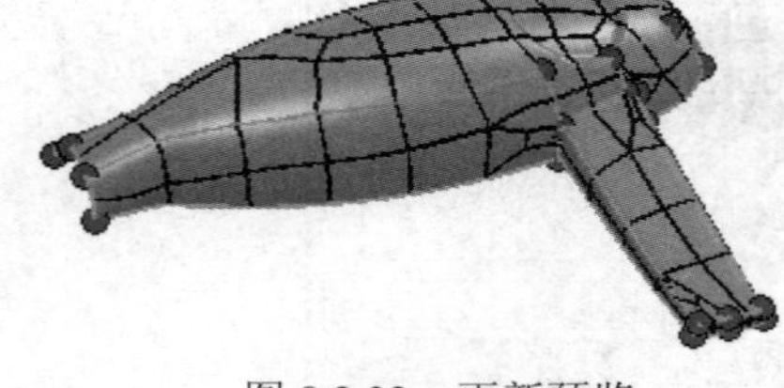

图 8.2.32 更新预览

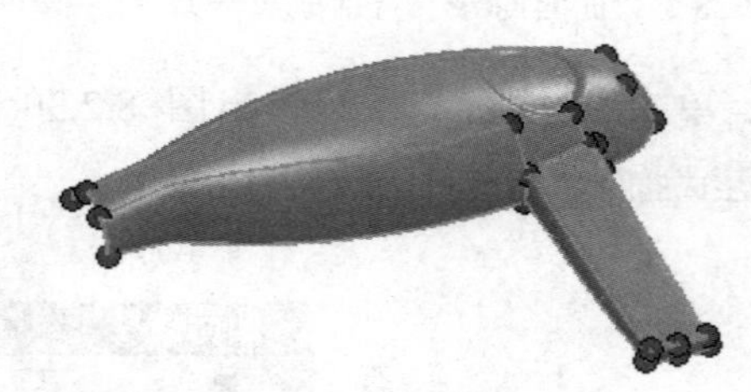

图 8.2.33 不显示修补边界

☑ 曲面错误：在此区域显示曲面错误，曲面上与其相对应的用红色网格标识。当选中该区域的错误时，系统自动用黄色箭头指出。

● ⊙ 划分区域生成曲面(G)：选中此项时，使用自动以及手工涂刷识别出网格区域来生成子网格，然后提取曲面。由于该方法可选择性地提取（如平面、圆柱面等）为分析曲面的区域，所以一般推荐使用此方法。

Step4. 单击按钮，在“曲面向导”对话框中弹出图 8.2.34 所示的 网格分割(M) 和 分割平面(S) 区域。

说明：分割平面主要用于对称的网格，可以选择一对称面将网格分割开，转换曲面时

只需做一半，完成后使用“镜像”功能生成另一半曲面。

Step5. 识别网格区域。单击按钮，在“曲面向导”对话框中出现图 8.2.35 所示的自动涂刷(A)和手工涂刷(M)区域，同时系统对网格面自动识别为图 8.2.36 所示的 5 个区域，并将每个区域用不同的颜色标出。

Step6. 在自动涂刷(A)区域单击取消(C)按钮，以取消系统自动涂刷的颜色，如图 8.2.37 所示，在手工涂刷(M)区域的涂刷工具:下单击按钮，为网格创建颜色标识，使网格分离为图 8.2.38 所示的 6 个子网格（具体操作参见随书光盘中对应的录像文件）。

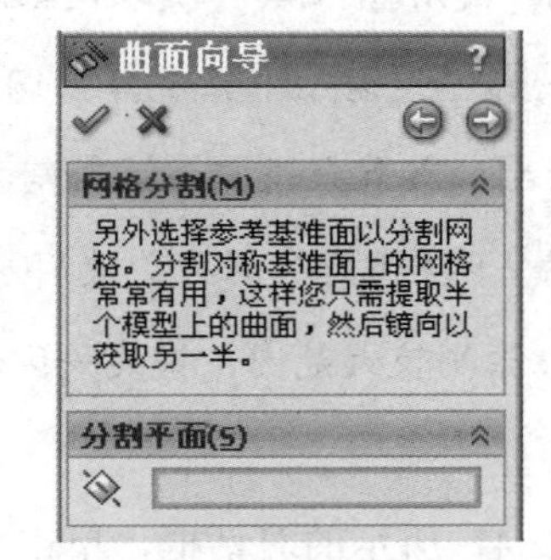

图 8.2.34 “曲面向导”对话框（四）

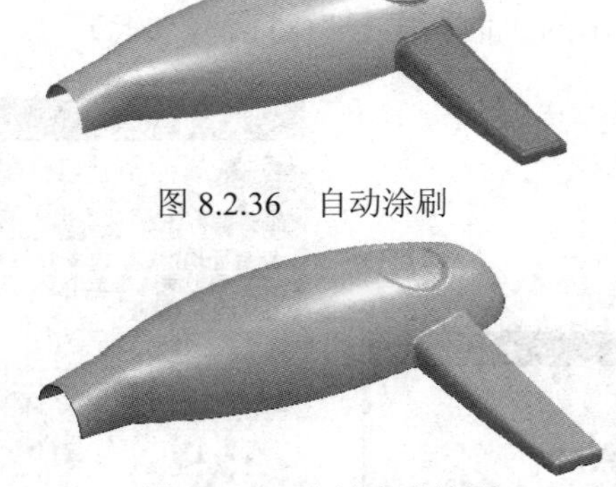

图 8.2.36 自动涂刷

图 8.2.37 取消自动涂刷

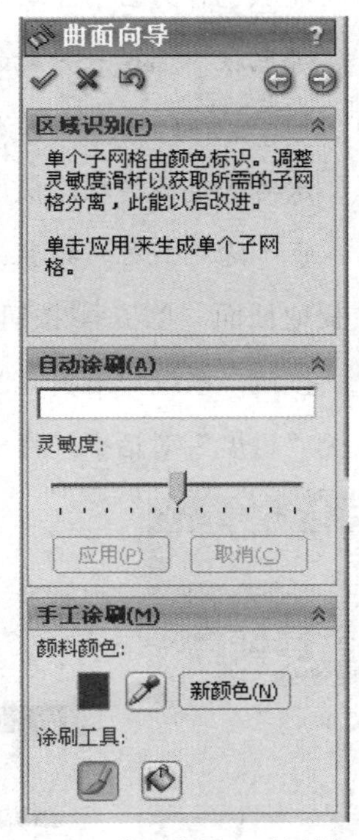

图 8.2.35 “曲面向导”对话框（五）

图 8.2.35 所示的“曲面向导”对话框（五）中的各选项说明如下：

- 自动涂刷(A)区域：用于设置自动涂刷生成曲面的区域。
  - ☑ 灵敏度:：当第一次进行自动涂刷时，系统默认以整个网格特征为一个子网格进行涂刷，这样灵敏度影响到所有子网格，所以在选取其他子网格时，其灵敏度是相对于第一次自动涂刷而言的。当单击应用(P)按钮后滑块将不能拖动，图 8.2.39 所示为高灵敏度设置，图 8.2.40 所示为低灵敏度设置。
  - ☑ 应用(P)：当调整好自动涂刷的灵敏度和涂刷结果时，单击该按钮，将涂刷结果应用到网格特征中。

☑ 取消(C)：单击该按钮时，取消自动涂刷的结果。

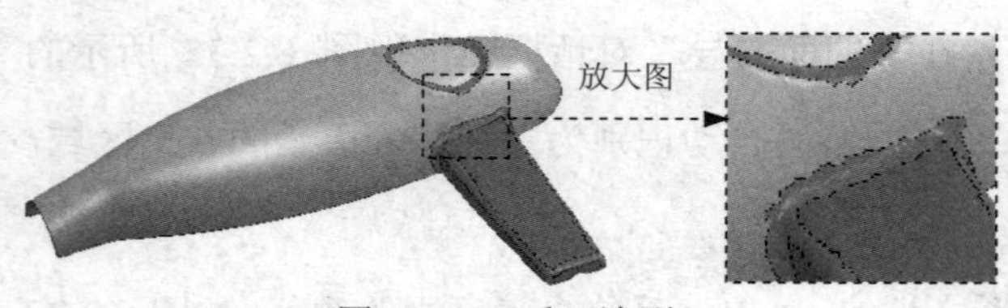

图 8.2.38　手工涂刷

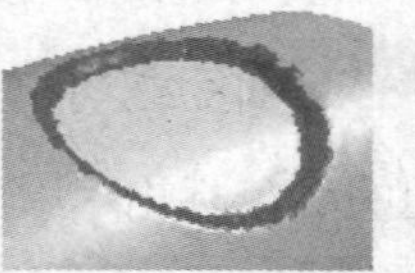

图 8.2.39　高灵敏度

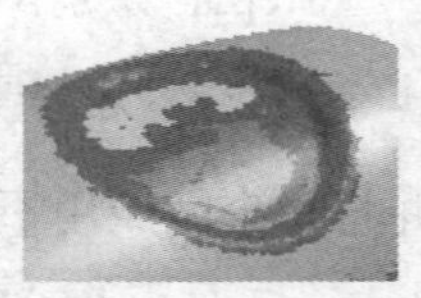

图 8.2.40　低灵敏度

● 手工涂刷(M) 区域：该区域包含使用手动涂刷的工具。

☑ 颜料颜色：手工涂刷时使用的涂料颜色。使用工具可提取网格特征上的涂刷颜色作为当前涂刷的颜料颜色，单击新颜色(N)按钮，系统弹出调色板，可在调色板中选择一种新的颜色作为当前涂刷的颜色来进行手工涂刷。

☑ 涂刷工具：涂刷工具有（画笔）和（颜料筒）两种。使用工具可多次对小范围涂刷，使用工具可一次性涂刷较大范围，将某一区域（一种颜色）涂刷成另一种颜色。

Step7. 提取曲面。单击按钮，系统弹出图 8.2.41 所示的对话框，单击对话框中的提取所有面(E)按钮，系统弹出图 8.2.42 所示的“进度”对话框，进行提取曲面，待提取结束后自动关闭“进度”对话框，弹出图 8.2.43 所示的“曲面向导”对话框（七）。

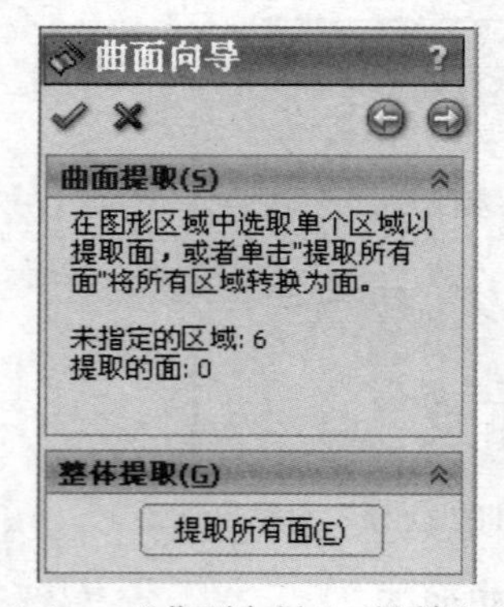

图 8.2.41　“曲面向导”对话框（六）

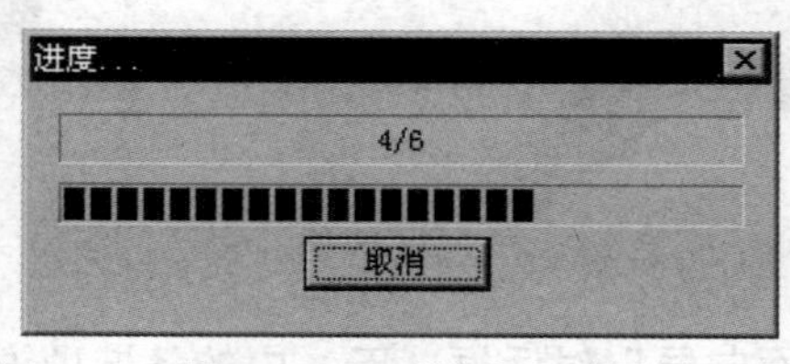

图 8.2.42　“进度”对话框

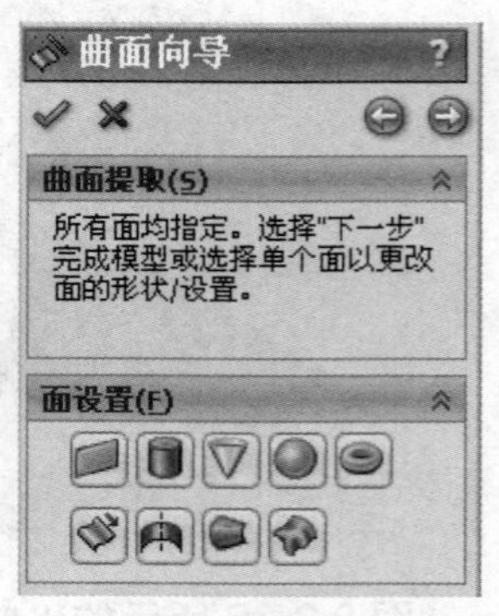

图 8.2.43 “曲面向导”对话框（七）

图 8.2.41 所示的“曲面向导”对话框（六）中的各选项说明如下：

● 曲面提取(S) 区域：在该区域中显示出未提取的面和提取的面的数量。

● 整体提取(G) 区域：在该区域中单击提取所有面(E)按钮，系统弹出“进度”对话框，提取曲面。

图 8.2.43 所示的“曲面向导”对话框（七）中的各选项说明如下：

● （平面）：将子网格提取为平面。可选中要设定的面，在等距量：文本框中输入等距值来生成等距平面，如图 8.2.44 所示。

- （圆柱）：将子网格提取为圆柱面。欲对圆柱面进行设定半径，可选中要设定的面，在半径:文本框中输入圆柱面的半径值，如图 8.2.45 所示。
- （圆锥）：将子网格提取为圆锥面。欲对圆锥面进行设定，可在角度:文本框中输入角度值，在顶部半径:文本框中输入半径值，在底部半径:文本框中输入半径值，如图 8.2.46 所示。

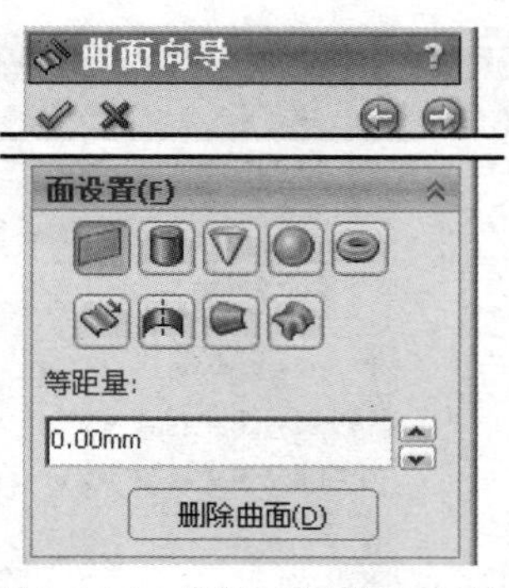

图 8.2.44 提取子网格为平面

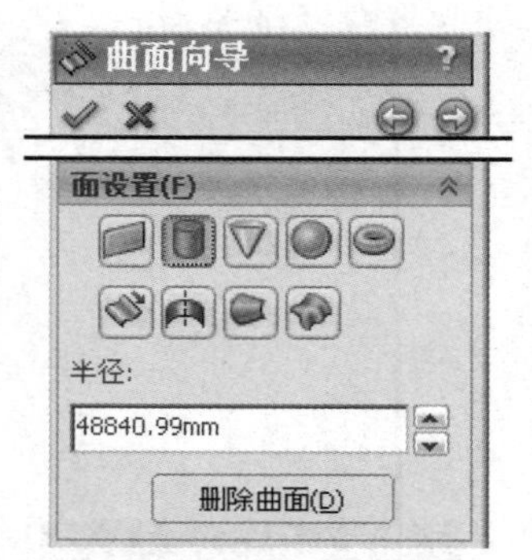

图 8.2.45 提取子网格为圆柱面

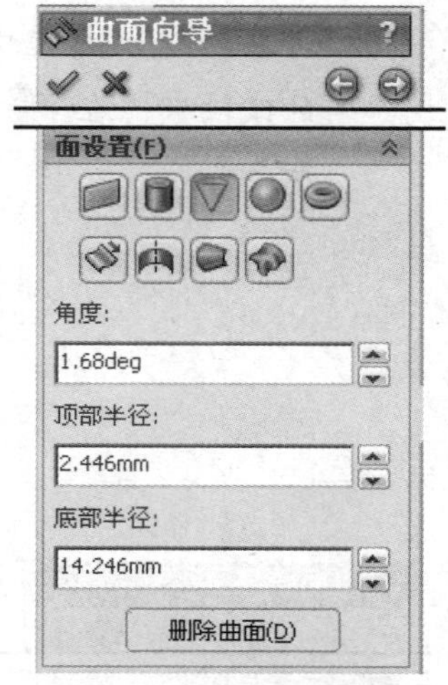

图 8.2.46 提取子网格为圆锥面

- （球面）：将子网格提取为球面。欲对球面进行设定，可在“半径”文本框中输入半径值，在中心:文本框中分别输入球面中心相对于原点的 X、Y、Z 坐标值，如图 8.2.47 所示。
- （环形）：将子网格提取为环形面。欲对环形面进行设定，可在轮廓半径:文本框中输入轮廓半径值，在路径半径:文本框中输入路径半径值，如图 8.2.48 所示。
- （拉伸）：将子网格提取为拉伸面。欲对拉伸面进行设定，可在长度:文本框中输入拉伸面的拉伸长度值，如图 8.2.49 所示。

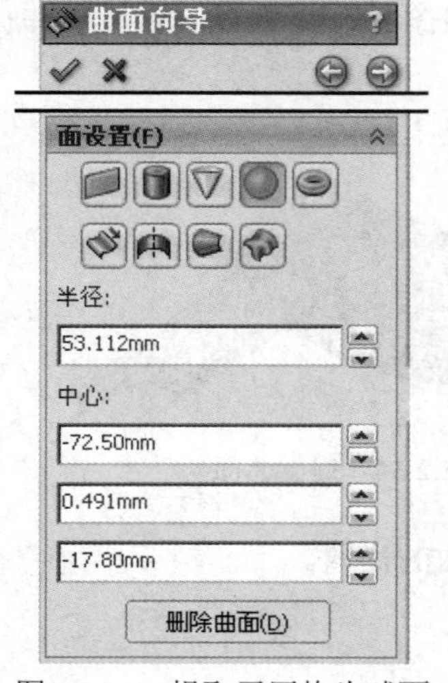

图 8.2.47 提取子网格为球面

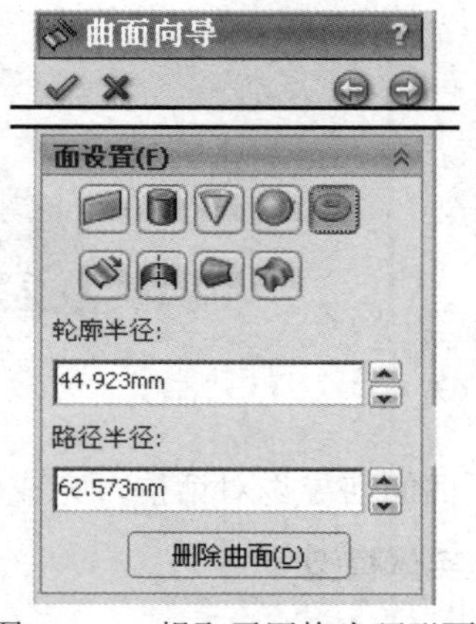

图 8.2.48 提取子网格为环形面

图 8.2.49 提取子网格为拉伸面

- （旋转）：将子网格提取为旋转面。欲对旋转面进行设定，可在 半径: 文本框中输入旋转面的半径值，如图 8.2.50 所示。
- （直纹）：将子网格提取为直纹面。欲对直纹进行设定，可在 等距距离 1: 文本框中输入等距距离，在 等距距离 2: 文本框中输入等距距离，如图 8.2.51 所示。
- （B 样条曲线）：将子网格提取为 B 样条曲线以构成曲面。欲对曲面进行设定，可在 公差: 文本框中输入曲面公差，在 参数 U-方向中的线段数 文本框中输入 U 方向中的线段数，在 参数 V-方向中的线段数 文本框中输入 V 方向中的线段数，如图 8.2.52 所示。

图 8.2.50　提取子网格为直纹面

图 8.2.51　提取子网格为旋转面

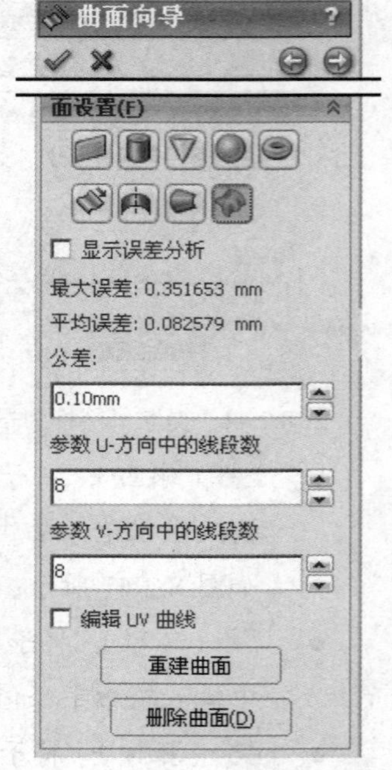

图 8.2.52　“曲面向导”对话框

Step8. 生成曲面实体。单击对话框中的 按钮，系统弹出图 8.2.53 所示的对话框并自动提取曲面，如图 8.2.54 所示。

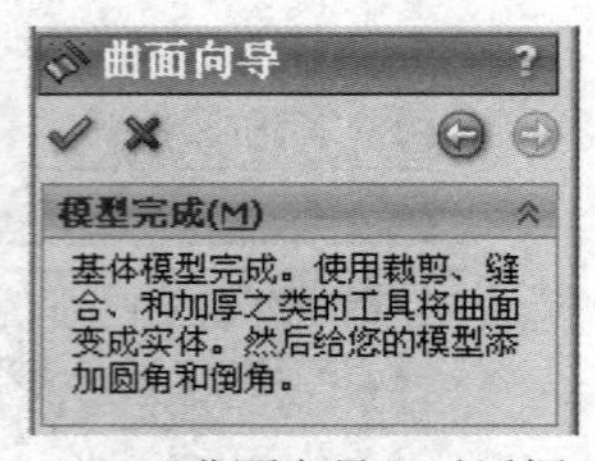

图 8.2.53　“曲面向导”对话框（八）

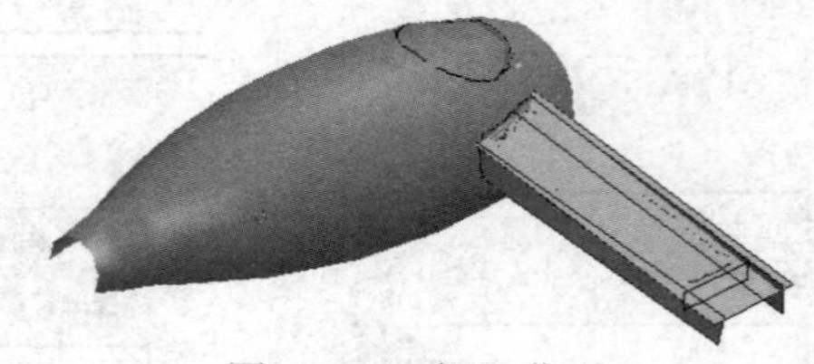
图 8.2.54　提取曲面

Step9. 单击 按钮，关闭“曲面向导”对话框，完成曲面的提取。

Stage5. 编辑曲面，并生成实体模型

Step1. 调整曲面形状。在设计树中选择 旋转 节点下的 (-) 草图5，右击，从弹出的快捷菜单中单击按钮，进入草图编辑环境；草图中的样条曲线如图 8.2.55 所示，调整样条曲线控标，大致如图 8.2.56 所示。退出草图环境后，曲面效果如图 8.2.57 所示；单击图形区的“完成”按钮，完成曲面的调整。

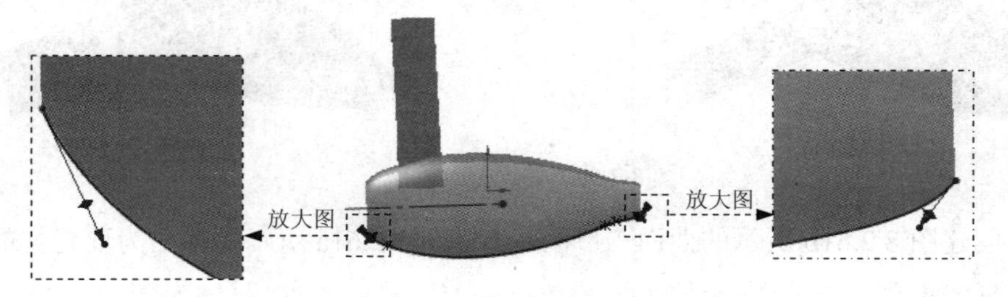

图 8.2.55 编辑样条曲线控标前

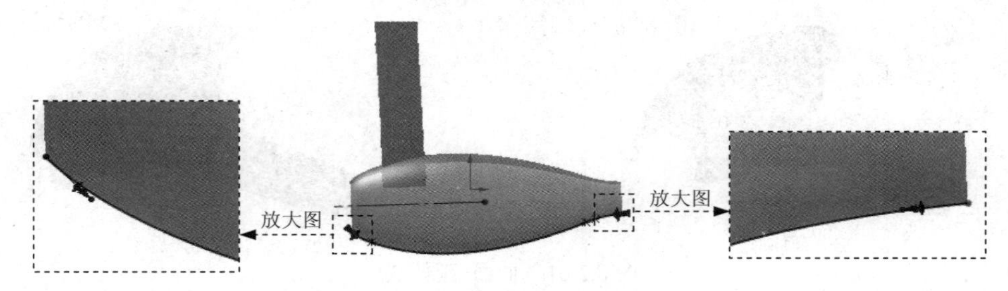

图 8.2.56 编辑样条曲线控标后

a）调整前　　b）调整后

图 8.2.57 调整曲面形状

Step2. 创建图 8.2.58 所示的曲面-延伸 1。选择下拉菜单 插入(I) → 曲面(S) → 延伸曲面(X)... 命令；在图形区选择图 8.2.59 所示的曲面为要延伸的面；在 终止条件(C): 区域中选中 距离(D) 单选按钮，在 D1 后的文本框中输入延伸距离值 10.0；在 延伸类型(X) 区域中选中 线性(L) 单选按钮；单击对话框中的按钮，关闭“延伸曲面”对话框，完成曲面-延伸 1 的创建。

图 8.2.58 曲面-延伸 1

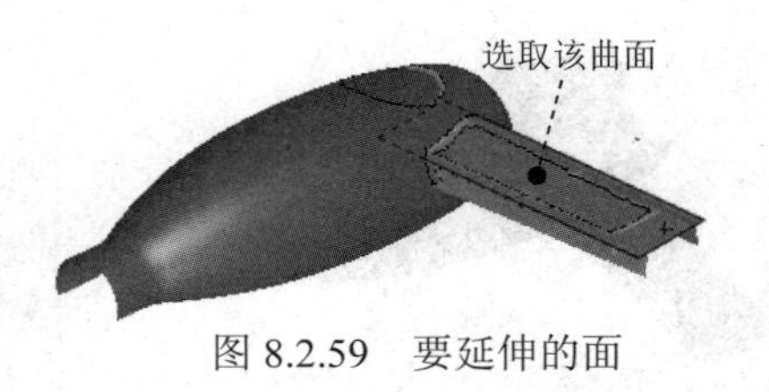

图 8.2.59 要延伸的面

Step3. 创建图 8.2.60b 所示的曲面-延伸 2。选中图 8.2.60a 所示的曲面为要延伸的曲面；在 终止条件(C): 区域中选中 ⊙ 距离(D) 单选按钮，延伸距离值为 10；在 延伸类型(X) 区域中选中 ⊙ 线性(L) 单选按钮。

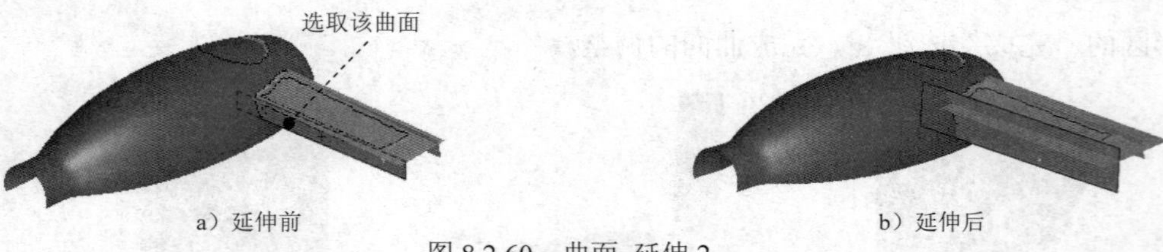

图 8.2.60　曲面-延伸 2

Step4. 创建图 8.2.61b 所示的曲面-延伸 3。选择图 8.2.61a 所示的曲面为要延伸的对象，终止条件与延伸距离值同曲面-延伸 1。

图 8.2.61　曲面-延伸 3

Step5. 创建图 8.2.62b 所示的曲面-延伸 4。选择图 8.2.62a 所示的曲面为要延伸的对象，终止条件与延伸距离值同曲面-延伸 1。

图 8.2.62　曲面-延伸 4

Step6. 创建图 8.2.63 所示的曲面-剪裁 1。选择下拉菜单 插入(I) → 曲面(S) → 剪裁曲面(T)... 命令；在 剪裁类型(T) 区域中选中 ⊙ 相互(M) 单选按钮；在设计树中选取 曲面-延伸1、曲面-延伸2、曲面-延伸3 和 曲面-延伸4 为剪裁工具；选中 ⊙ 保留选择(K) 单选按钮，在图形区选择图 8.2.64 所示的四个部分为要保留的部分；单击 ✔ 按钮，完成曲面-剪裁 1 的创建。

图 8.2.63　曲面-剪裁 1

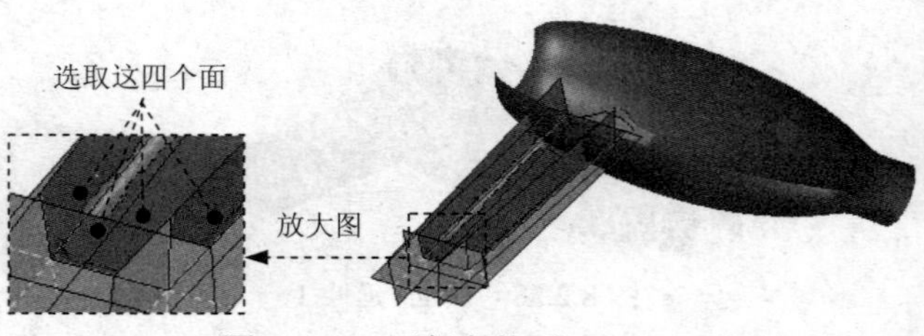

图 8.2.64　要保留的面

Step7. 创建图 8.2.65b 所示的曲面-剪裁 2。选择下拉菜单 插入(I) → 曲面(S) → 剪裁曲面(T)... 命令；在 剪裁类型(T) 区域中选中 ⊙ 相互(M) 单选按钮；在图形区选取图 8.2.65a 所示的曲面为剪裁工具；选中 ⊙ 移除选择(R) 单选按钮，在图形区选择图 8.2.65a 所示的曲面的两个部分为要移除的部分；单击 ✓ 按钮，完成曲面-剪裁 2 的创建。

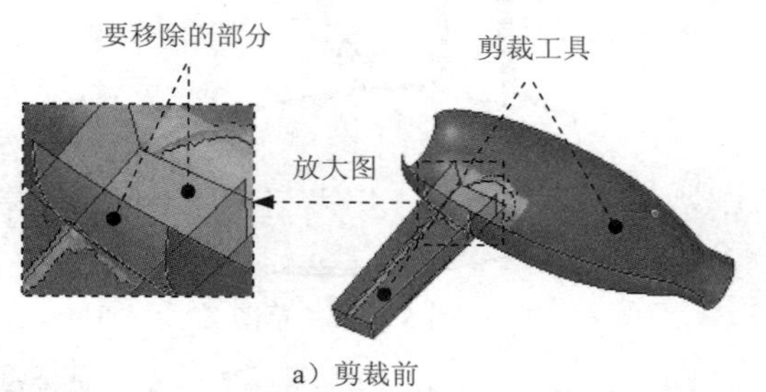

a）剪裁前

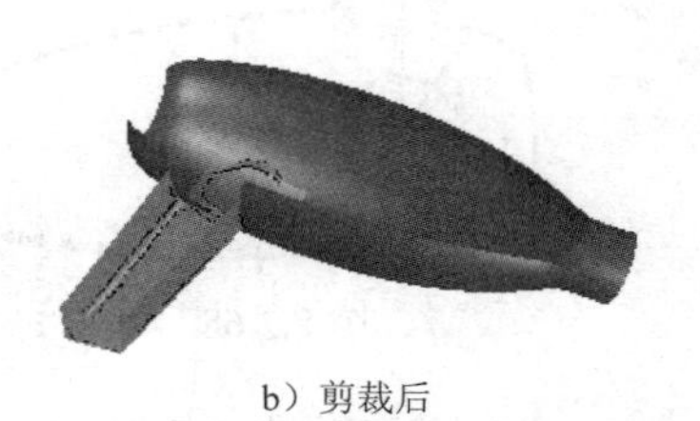
b）剪裁后

图 8.2.65　曲面-剪裁 2

Step8. 创建图 8.2.66b 所示的圆角 1。选择下拉菜单 插入(I) → 特征(F) → 圆角(F)... 命令；采用系统默认的圆角类型；选择图 8.2.66a 所示的边线为要圆角的对象；在“圆角”对话框中输入半径值 5.0；单击“圆角”对话框中的 ✓ 按钮，完成圆角 1 的创建。

a）圆角前　　b）圆角后

图 8.2.66　圆角 1

Step9. 创建图 8.2.67b 所示的圆角 2。选择图 8.2.67a 所示的两条边线为要圆角的对象，圆角半径值为 5.0。

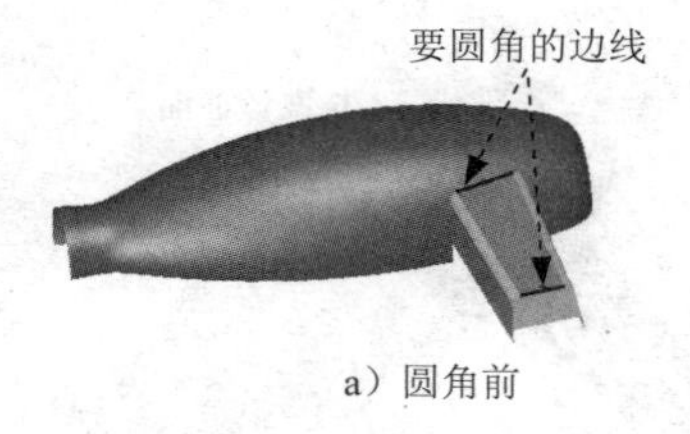

a）圆角前

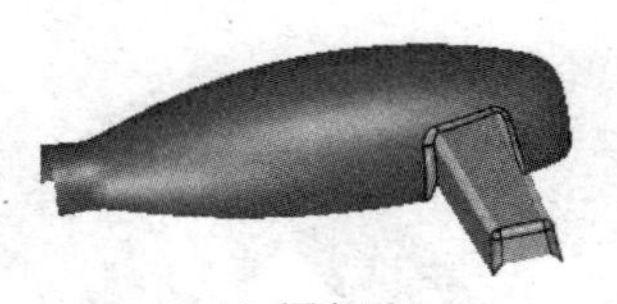
b）圆角后

图 8.2.67　圆角 2

Step10. 选择前视基准面为草图基准面，绘制图 8.2.68 所示的草图 1。

Step11. 选择前视基准面为草图基准面，绘制图 8.2.69 所示的草图 2。

注意：图 8.2.68 和图 8.2.69 所示的草图 1 和草图 2 中的圆的大小和位置是依照涂刷的

子网格的大小和位置绘制的，且两个圆的圆心是重合的，因此在涂刷时，涂刷的准确性会影响到模型的形状。

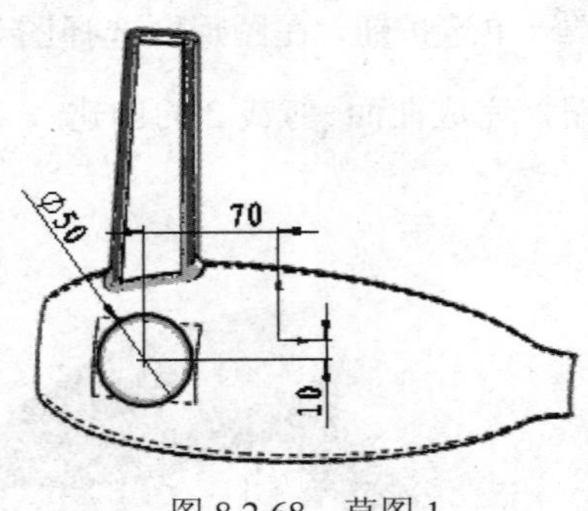

图 8.2.68　草图 1

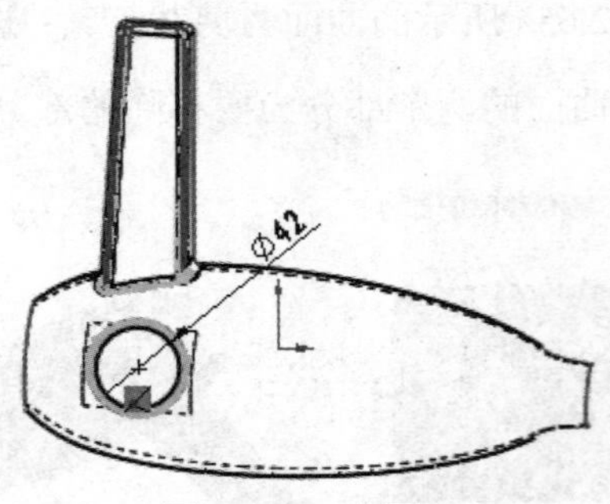

图 8.2.69　草图 2

Step12. 创建图 8.2.70 所示的分割线 1。选择下拉菜单 插入(I) → 曲线(U) → 分割线(S)... 命令；在 分割类型 区域中选择 ⊙ 投影(P) 单选按钮；在设计树中选取草图 1 为分割工具；选取图 8.2.71 所示的曲面为要分割的面，选中 ☑ 单向(D) 和 ☑ 反向(R) 复选框；单击 ✔ 按钮，完成分割线 1 的创建。

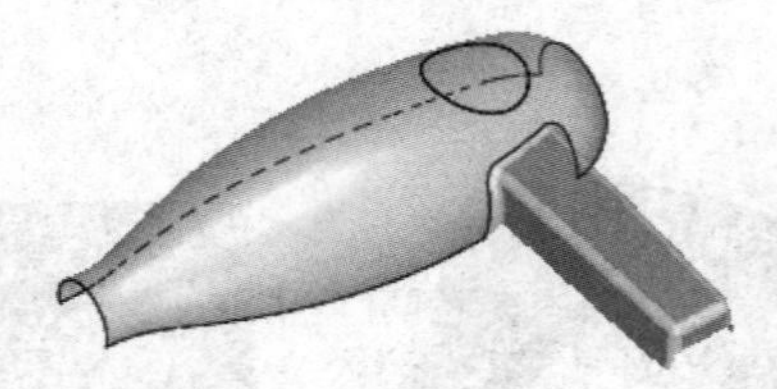

图 8.2.70　分割线 1

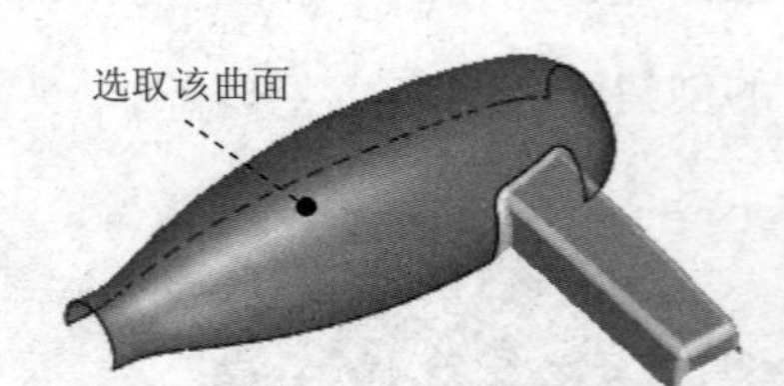

图 8.2.71　要分割的对象

Step13. 创建图 8.2.72 所示的分割线 2。选择下拉菜单 插入(I) → 曲线(U) → 分割线(S)... 命令；在 分割类型 区域中选择 ⊙ 投影(P) 单选按钮；在设计树中选取草图 1 为分割工具；选取图 8.2.73 所示的曲面为要分割的面，选中 ☑ 单向(D) 和 ☑ 反向(R) 复选框；单击 ✔ 按钮，完成分割线 2 的创建。

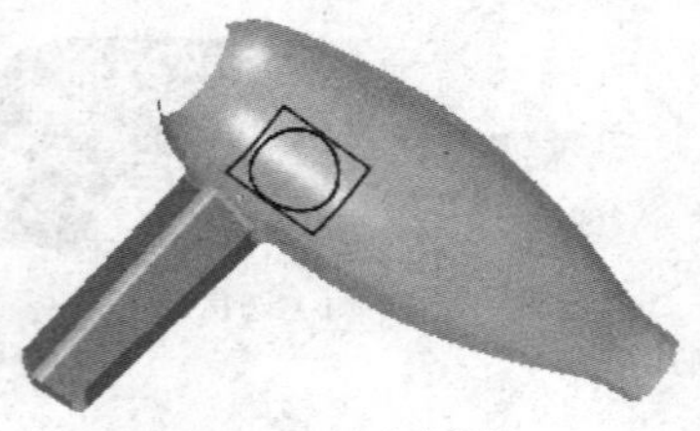

图 8.2.72　分割线 2

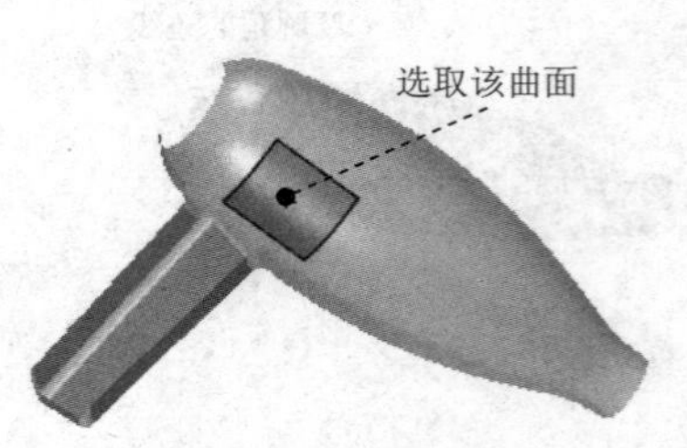

图 8.2.73　要分割的对象

Step14. 创建图 8.2.74 所示的删除面 1。选择下拉菜单 插入(I) → 面(F) → 删除(D)... 命令，系统弹出“删除面”对话框；在图形区选择图 8.2.75 所示的面为要删除的面；在 选项(O) 区域选中 删除 单选按钮；单击✔按钮，完成删除面 1 的创建。

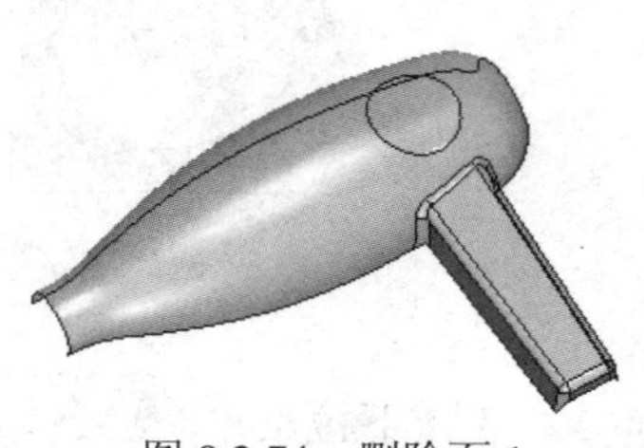

图 8.2.74 删除面 1

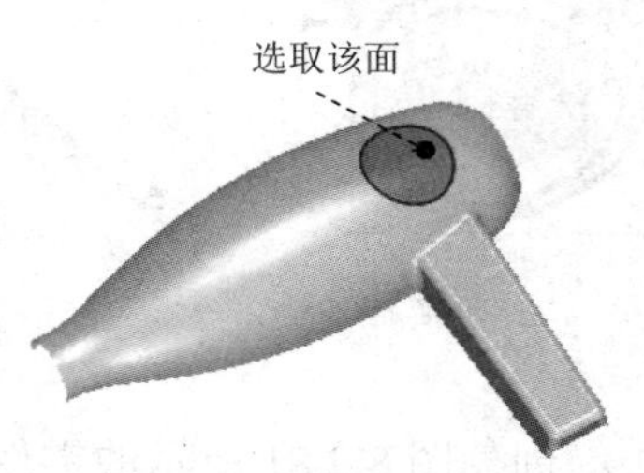

图 8.2.75 要删除的面

Step15. 创建图 8.2.76 所示的删除面 2。选择下拉菜单 插入(I) → 面(F) → 删除(D)... 命令，系统弹出“删除面”对话框；在图形区选择图 8.2.77 所示的面为要删除的面；在 选项(O) 区域选中 删除 单选按钮；单击✔按钮，完成删除面 2 的创建。

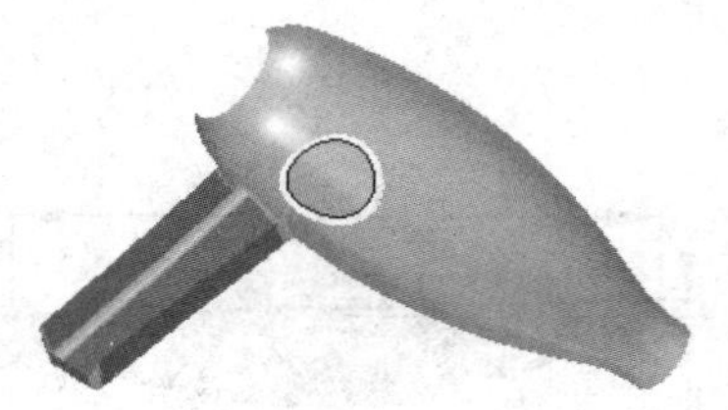

图 8.2.76 删除面 2

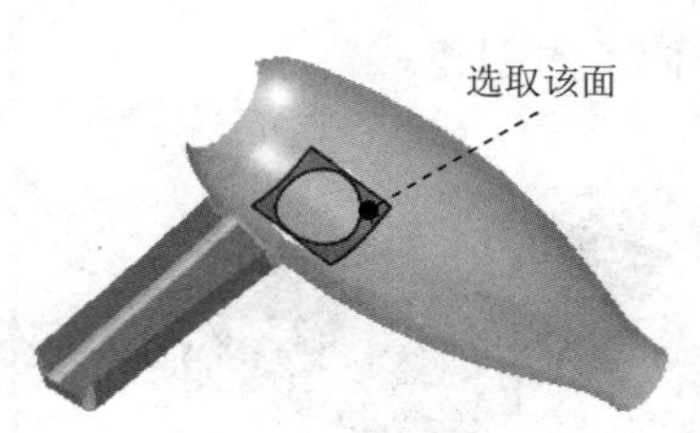

图 8.2.77 要删除的面

Step16. 创建图 8.2.78 所示的特征——曲面-放样 1。选择下拉菜单 插入(I) → 曲面(S) → 放样曲面(L)... 命令，系统弹出“曲面-放样”对话框；选取图 8.2.79 所示的两条边线为曲面-放样 1 特征的轮廓；单击对话框中的✔按钮，完成放样 1 的创建。

注意： *在选取放样 1 特征的轮廓时，轮廓的闭合点和闭合方向必须一致。*

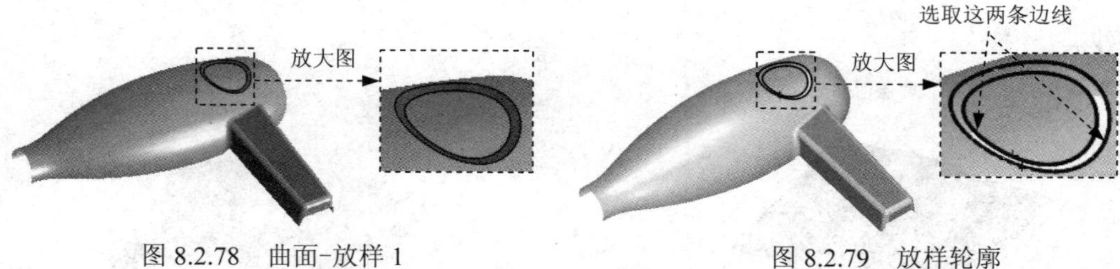

图 8.2.78 曲面-放样 1　　图 8.2.79 放样轮廓

Step17. 创建曲面-缝合 1。选择下拉菜单 插入(I) → 曲面(S) → 缝合曲面(K)... 命令；在图形区选择 删除面1、删除面2 和 曲面-放样1 作为缝合对象；单击对话框中的✔按钮，完成曲面-缝合 1 的创建。

Step18. 创建图 8.2.80b 所示的圆角 3。要圆角的对象为图 8.2.80a 所示的两条边线，圆角半径值为 3.0。

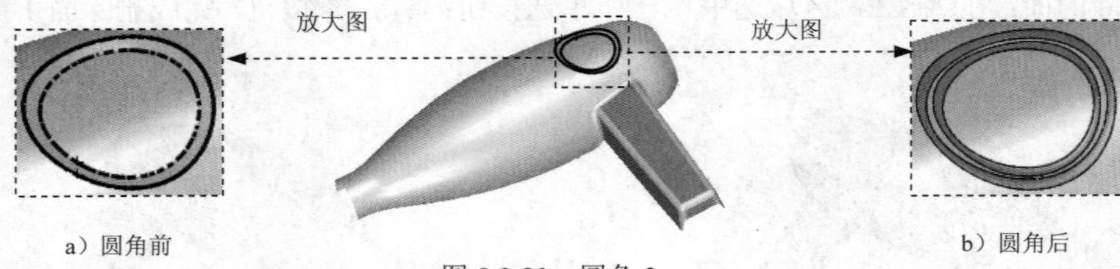

a）圆角前　　b）圆角后

图 8.2.80　圆角 3

Step19. 创建图 8.2.81 所示的零件特征——曲面-拉伸 1。选择下拉菜单 插入(I) → 曲面(S) → 拉伸曲面(E)... 命令；选取上视基准面作为草图基准面，绘制图 8.2.82 所示的横断面草图；采用系统默认的切除深度方向，在 方向1 区域按钮后的下拉列表中选择 给定深度 选项，在 D1 后的文本框中输入拉伸深度值 200。在 方向2 区域按钮后的下拉列表中选择 给定深度 选项，在 D1 后的文本框中输入拉伸深度值 70.0；单击按钮，完成曲面-拉伸 1 的创建。

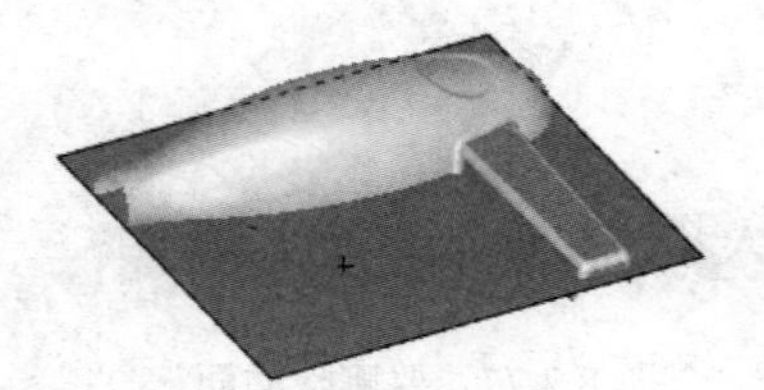

图 8.2.81　曲面-拉伸 1

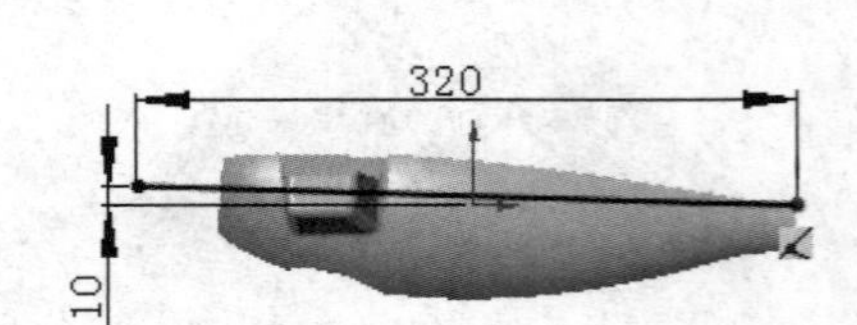

图 8.2.82　横断面草图

Step20. 创建图 8.2.83b 所示的曲面-剪裁 3。选择下拉菜单 插入(I) → 曲面(S) → 剪裁曲面(T)... 命令，系统弹出“曲面-剪裁”对话框；在 剪裁类型(T) 区域中选中 标准(D) 单选按钮；在图形区选择 曲面-拉伸1 为剪裁工具；选中 保留选择(K) 单选按钮，在图形区选择图 8.2.83a 所示的曲面部分为要保留的部分；单击按钮，完成曲面-剪裁 3 的创建。

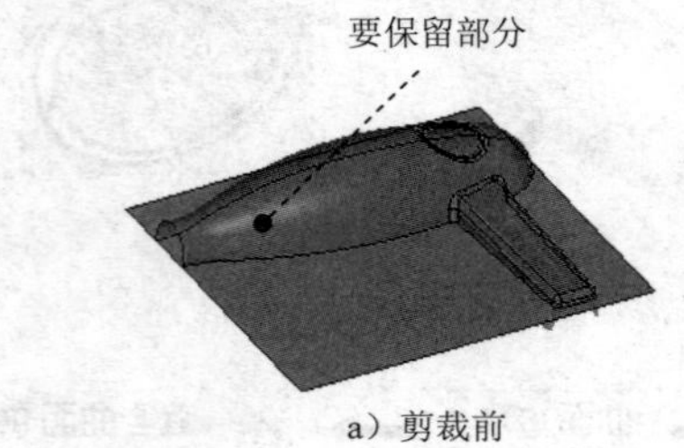

a）剪裁前

b）剪裁后

图 8.2.83　曲面-剪裁 3

Step21. 选择图 8.2.84 所示的曲面的表面为草图基准面，绘制图 8.2.85 所示的草图 3。

Step22. 创建图 8.2.86 所示的曲面填充 1。选择下拉菜单 插入(I) → 曲面(S) → 填充(I)... 命令，系统弹出“填充曲面”对话框；激活 修补边界(B) 区域，选择草图 3 和图 8.2.87 所示的边线为曲面填充 1 的修补边界；在选择图 8.2.87 所示的边线时，在 边线设定: 下拉列表中选择 曲率 选项，取消选中 优化曲面(O) 复选框；单击按钮，完成曲

面填充 1 的创建。

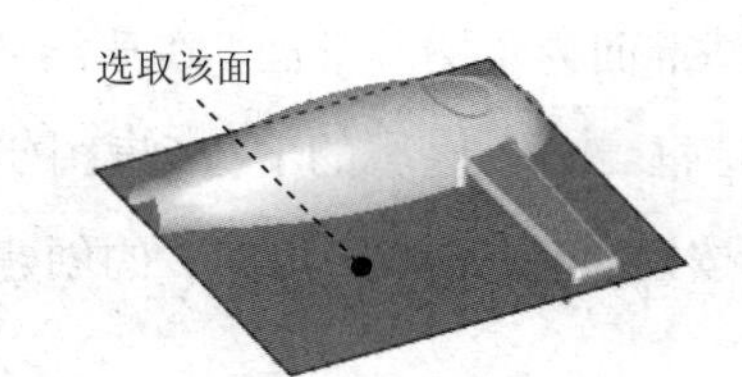

图 8.2.84 草图基准面

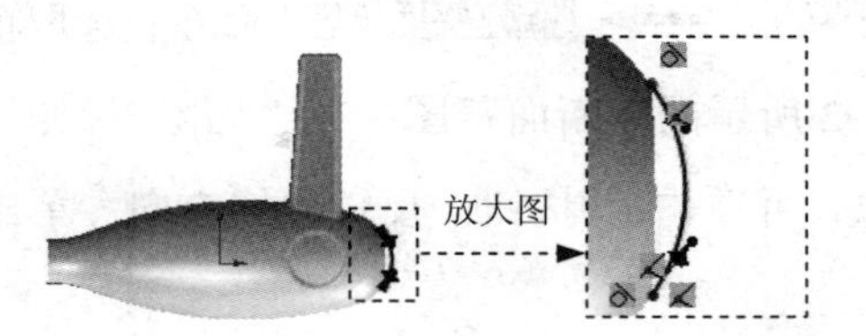

图 8.2.85 草图 3

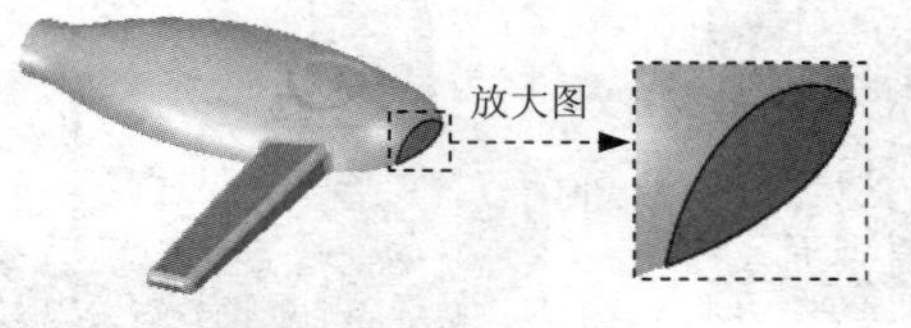

图 8.2.86 曲面填充 1

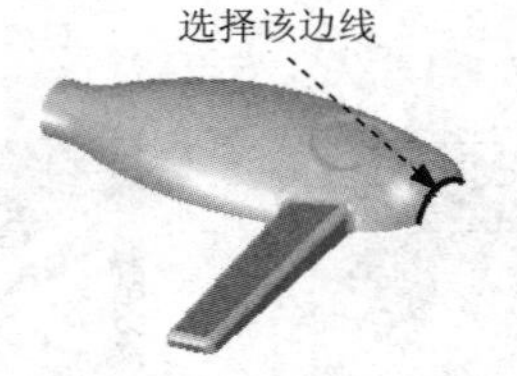

图 8.2.87 修补边界

Step23. 创建曲面-缝合 2。选择下拉菜单 插入(I) → 曲面(S) → 缝合曲面(K)... 命令；在设计树中选择 曲面填充1 和 曲面-剪裁3 作为缝合对象；单击对话框中的 ✓ 按钮，完成曲面-缝合 2 的创建。

Step24. 创建图 8.2.88b 所示的曲面加厚 1；选择下拉菜单 插入(I) → 凸台/基体(B) → 加厚(T)... 命令，系统弹出“加厚”对话框；选取图 8.2.88a 所示的曲面作为要加厚的曲面；在“加厚”对话框的 加厚参数(T) 区域中单击（加厚侧边 1）按钮；在“加厚”对话框中 加厚参数(T) 区域后的文本框中输入值 2.0；单击 ✓ 按钮，完成曲面加厚 1 的创建。

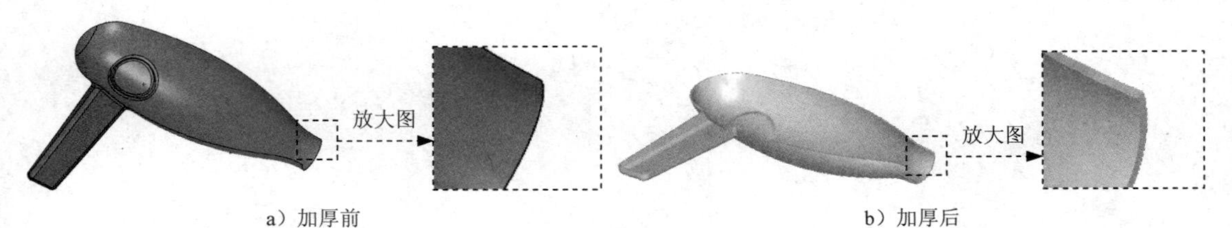

a）加厚前　　b）加厚后

图 8.2.88 曲面加厚 1

Step25. 创建图 8.2.89 所示的特征——切除-拉伸 1。选择下拉菜单 插入(I) → 切除(C) → 拉伸(E)... 命令；选取上视基准面为草图基准面，绘制图 8.2.90 所示的横断面草图；在“切除-拉伸”对话框 方向 1 区域的下拉列表中选择 完全贯穿 选项，并单击按钮，反转拉伸方向；单击对话框中的 ✓ 按钮，完成切除-拉伸 1 的创建。

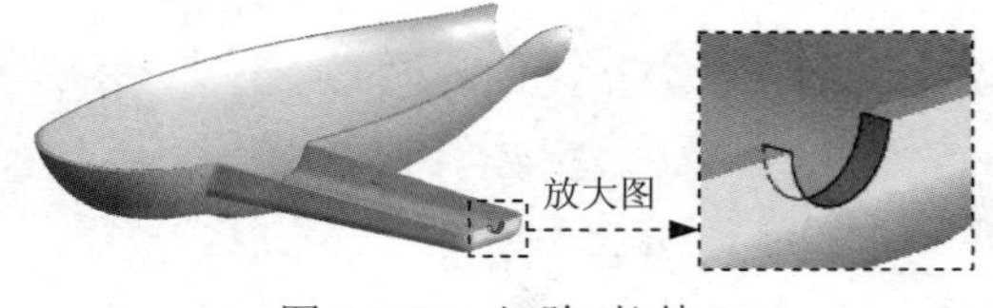

图 8.2.89 切除-拉伸 1

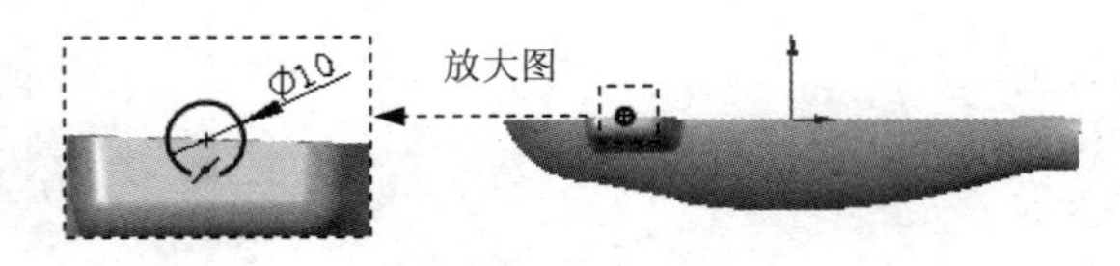

图 8.2.90 横断面草图

Step26. 创建图 8.2.91 所示的特征——切除-拉伸 2。选择下拉菜单 插入(I) → 切除(C) → 拉伸(E)... 命令；选取前视基准面为草图基准面，在草绘环境中绘制图 8.2.92 所示的横断面草图；在“切除-拉伸”对话框 方向1 区域的下拉列表中选择 完全贯穿 选项，并单击 按钮，反转拉伸方向；单击 按钮，完成切除-拉伸 2 的创建。

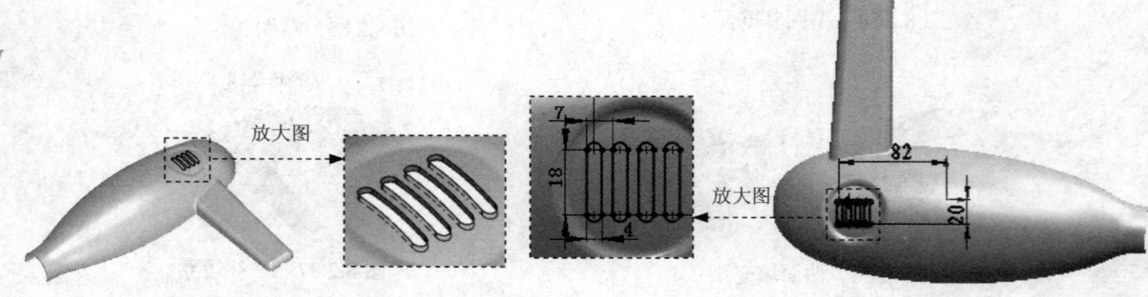

图 8.2.91 切除-拉伸 2　　图 8.2.92 横断面草图

Step27. 保存文件。将模型文件命名为 blower 并保存。

第9章 齿轮设计

本章提要 齿轮是工业生产中很常见的零件之一，因此齿轮的设计就显得非常重要。本章介绍了使用 SolidWorks 2014 软件设计不同齿轮的方法，包括以下内容：

- GearTrax2014 插件。
- GearTrax2014 的系统设置。
- 创建直齿轮。
- 创建锥齿轮。
- 齿轮的装配及动画。

9.1 GearTrax2014 齿轮设计插件

在 SolidWorks 2014 中，通过绘制渐开线的方法创建标准齿轮非常复杂。借助第三方插件来创建齿轮将非常方便，GearTrax（齿轮生成器）就是一款非常好用的插件，在安装了此插件后，只需输入指定的参数，系统便自动生成符合指定标准的渐开线齿轮。本节将详细介绍使用此插件创建不同齿轮的方法。

9.1.1 GearTrax2014 的系统选项设置

本书中使用的 GearTrax2014 插件为英文版，为了能方便地生成完整的齿轮，在使用此插件之前，需要先将 SolidWorks 2014 软件改为英文菜单。创建方法如下：选择 工具(T) 下拉列表中的 选项(P)... 命令，在系统弹出的“系统选项（S）—普通”对话框中选中 使用英文菜单(M) 复选框，然后关闭并重新启动 SolidWorks 2014 软件即可。

要想生成齿轮，需要同时打开 SolidWorks 2014 软件和 GearTrax2014 插件。打开 GearTrax 2014 插件，界面如图 9.1.1 所示。

图 9.1.1 所示的 GearTrax2014 插件界面中的各选项说明如下：

- Spur/Helical 选项卡：该选项卡用于设计直齿轮/斜齿轮。
- Bevel Gears 选项卡：该选项卡用于设计锥齿轮。
- Sprockets 选项卡：该选项卡用于设计链轮。

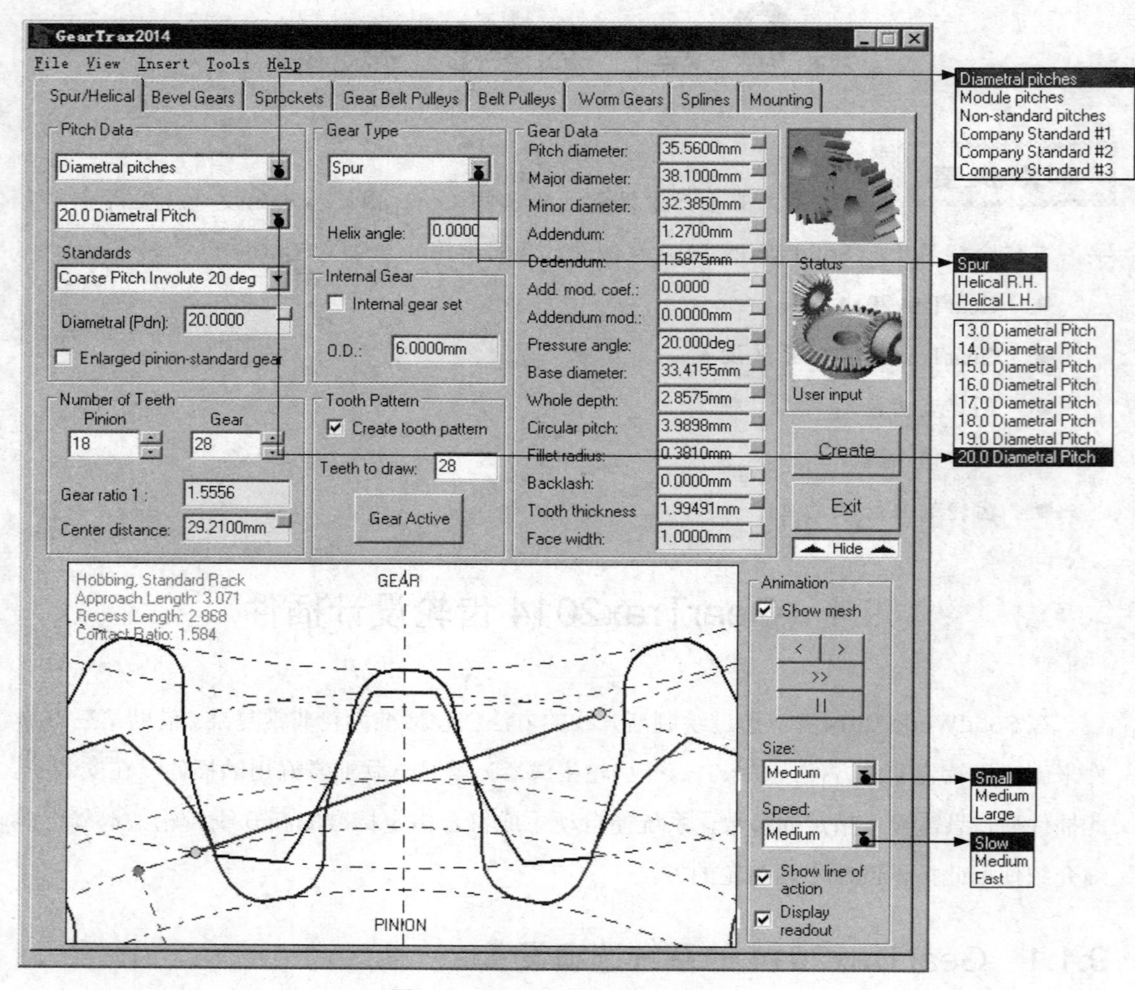

图 9.1.1 GearTrax 2014 插件界面

- Gear Belt Pulleys选项卡：该选项卡用于设计齿轮传动带。
- Belt Pulleys选项卡：该选项卡用于设计带轮。
- Worm Gears选项卡：该选项卡用于设计蜗轮/蜗杆。
- Splines选项卡：该选项卡用于设计花键。
- Mounting选项卡：该选项卡可进行齿轮的凸缘设计。
- Pitch Data：节距数值区域。此区域中包括两个下拉列表，根据设计需要，可以在第一个下拉列表中选择以基圆直径为主设计标准齿轮，或以模数为主设计标准齿轮，然后在第二个下拉列表中选择不同的标准值，也可以选择非标准齿轮。
- Standards：标准。在其下拉列表中可以选择不同的齿轮标准。
- Diametral (Pdn)：直径。在其后的文本框中单击□按钮，可以在弹出的对话框中输入

基圆直径或者齿轮模数。

- ☐ Enlarged pinion-standard gear：放大小齿轮为标准齿轮。
- Gear Type：齿类型。包括Spur（直齿轮）、Helical R.H.（斜齿右旋）和Helical L.H.（斜齿左旋）三种类型。
- Helix angle：螺旋角。当选择斜齿轮时可以编辑。
- Internal Gear：内齿轮区域。
- ☐ Internal gear set：内齿轮设置。
- Number of Teeth：齿数区域。在此区域定义齿轮齿数后，系统自动生成齿数比和中心距，如果之前选中☐ Enlarged pinion-standard gear复选框，则可以自定义中心距。
- Pinion：齿轮。在其下拉列表中调整齿轮齿数。
- Gear：小齿轮。在其下拉列表中调整小齿轮齿数。
- Gear ratio 1：在该区域设置齿数比。
- Center distance：在该区域设置中心距。
- Tooth Pattern：在该区域设置齿模式。
- ☑ Create tooth pattern：在该区域设置绘制多齿。
- Teeth to draw：绘制全部齿。在其后的文本框中可以输入齿轮数量。
- Gear Active：齿轮和小齿轮切换按钮。单击此按钮，可以切换到小齿轮参数设置，按钮显示为Pinion Active。
- Gear Data：齿轮参数区域。用于定义齿轮的各种参数，单击Gear Active按钮则显示为Pinion Data，用于设置小齿轮参数。
- Pitch diameter：节圆直径。
- Base diameter：基圆直径。
- Major diameter：螺纹最大直径。
- Minor diameter：螺纹最小直径。
- Addendum：齿顶高。
- Dedendum：齿根高。
- Add. mod. coef.：径向变位系数。
- Addendum mod.：径向变位量。
- Pressure angle：压力角。
- Whole depth：全齿高。
- Circular pitch：圆周齿距。
- Fillet radius：圆角半径。
- Tooth thickness：齿厚。
- Backlash：齿背隙。
- Face width：齿面厚。
- Create：创建按钮。在设置好齿轮的各项参数后，单击该按钮，系统将自动在SolidWorks 2014中生成齿轮。
- Exit：退出按钮。

- ▲Hide▲：隐藏/显示按钮。单击此按钮，用于切换预览区域的显示状态。
- Animation：动画区域。
- ☑ Show mesh：显示啮合。
- < 、> 、>> 和 II ：用于调整动画的播放。
- Size：大小区域。在其下拉列表中包括Small（小）、Medium（中等）和Large（大）三种类型。
- Speed：速度区域。用于调整动画播放速度，包括Slow（慢）、Medium（中等）和Fast（快）三种类型。

在使用 GearTrax2014 插件前，可以对其系统环境进行设置，具体操作如下：选择Tools下拉菜单的Options.命令，系统弹出 Options 对话框（一），如图 9.1.2 所示。

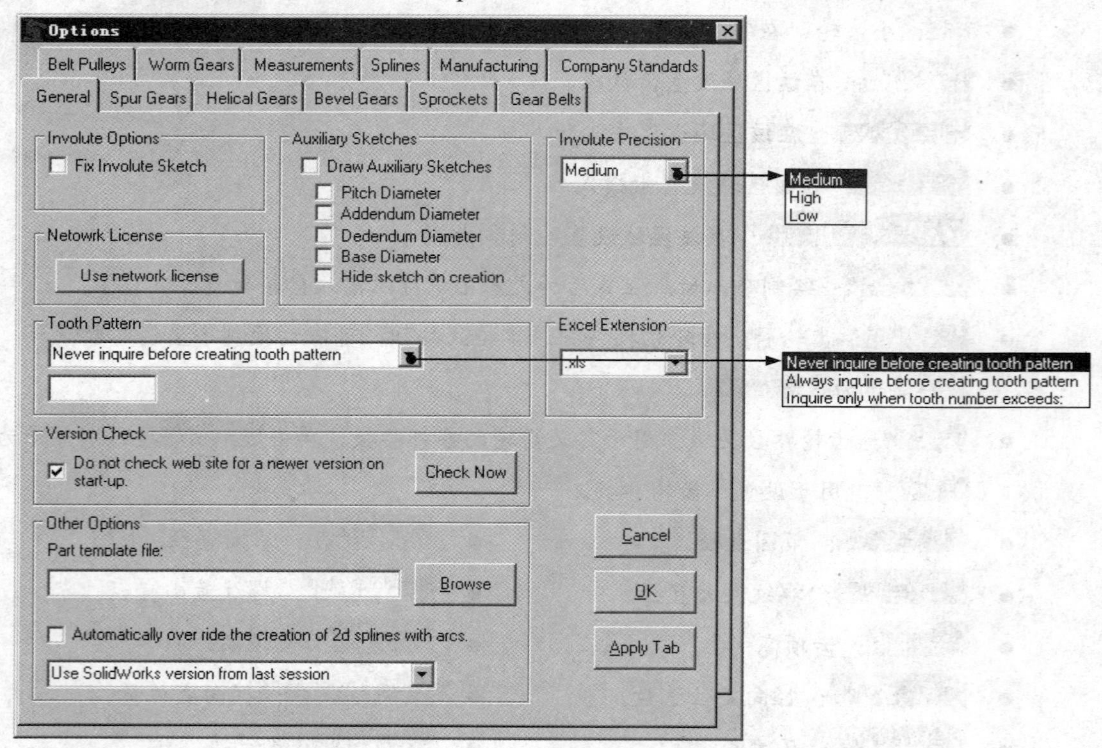

图 9.1.2 Options 对话框（一）

图 9.1.2 所示的 Options 对话框中的各选项说明如下：

- Belt Pulleys：该选项卡可对带轮的相关选项进行设置。
- Worm Gears：该选项卡可对蜗轮/蜗杆的相关选项进行设置。
- Measurements：测量。
- Splines：栓槽。

- Manufacturing：制造方法。
- Company Standards：公司标准。
- General：一般设置。
- Spur Gears：直齿轮。
- Helical Gears：斜齿轮。
- Bevel Gears：锥齿轮。
- Sprockets：链轮或棘轮。
- Gear Belts：齿轮传动带。
- Involute Options：渐开线选项。
- Fix Involute Sketch：固定渐开线草图。
- Netowrk License：网络许可。
- Use network license：使用网络许可。
- Auxiliary Sketches：辅助视图区域。该区域包括 Draw Auxiliary Sketches（绘制辅助视图）、Pitch Diameter（节圆直径）、Addendum Diameter（齿顶高直径）、Dedendum Diameter（齿根高直径）、Base Diameter（基圆直径）和 Hide sketch on creation（创建时隐藏草图）复选框。
- Involute Precision：渐开线精度区域。在其下拉列表中包括 Medium（中）、High（高）和 Low（低）三个选项。
- Tooth Pattern：齿模式区域。包括三种询问方式，为 Never inquire before creating tooth pattern（创建齿模式前不询问）、Always inquire before creating tooth pattern（创建齿模式前总是询问）和 Inquire only when tooth number exceeds:（仅当齿轮超过时询问）。
- Version Check：检查新版本区域。包括 Do not check web site for a newer version on start-up.（启动时不检查新版本）复选框和 Check Now（现在检查）按钮。
- Other Options：其他选项区域。在 Part template file:（零件模板文件）方式中可以单击 Browse 按钮，然后选择指定的模板文件；选中 Automatically over ride the creation of 2d splines with arcs. 复选框时，可以在其下拉列表中选择不同的软件版本。
- Cancel：取消按钮。
- OK：完成按钮。
- Apply Tab：应用标签按钮。

在 Options 对话框中包括 12 个选项卡，每个选项卡中又可以设置不同的零件参数，下面分别对其进行介绍。

在 Options 对话框中单击Belt Pulleys选项卡，切换到 Options 对话框（二），如图 9.1.3 所示。

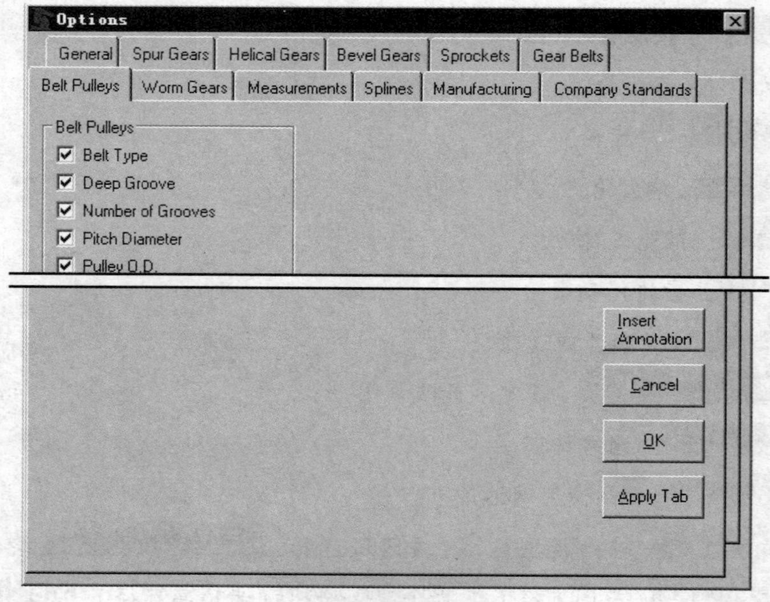

图 9.1.3　Options 对话框（二）

图 9.1.3 所示的Belt Pulleys选项卡的各选项说明如下：

- Belt Pulleys：带轮区域。用于定义带参数，主要包括以下几个参数：
  - ☑ Belt Type：带类型。
  - ☑ Deep Groove：深凹槽。
  - ☑ Number of Grooves：凹槽数。
  - ☑ Pitch Diameter：节圆直径。
  - ☑ Pulley O.D.：轮外径。

在 Options 对话框中单击Worm Gears选项卡，切换到 Options 对话框（三），如图 9.1.4 所示。

图 9.1.4 所示的Worm Gears选项卡的各选项说明如下：

- Worm Gear Annotations：蜗杆注解区域。包括如下注解：
  - ☑ Gear number of teeth：齿轮齿数。
  - ☑ Number of worm threads：蜗杆线数。
  - ☑ Diametral pitch：径向节距。
  - ☑ Modular pitch：模数节距。
  - ☑ Circular pitch：圆周节距。

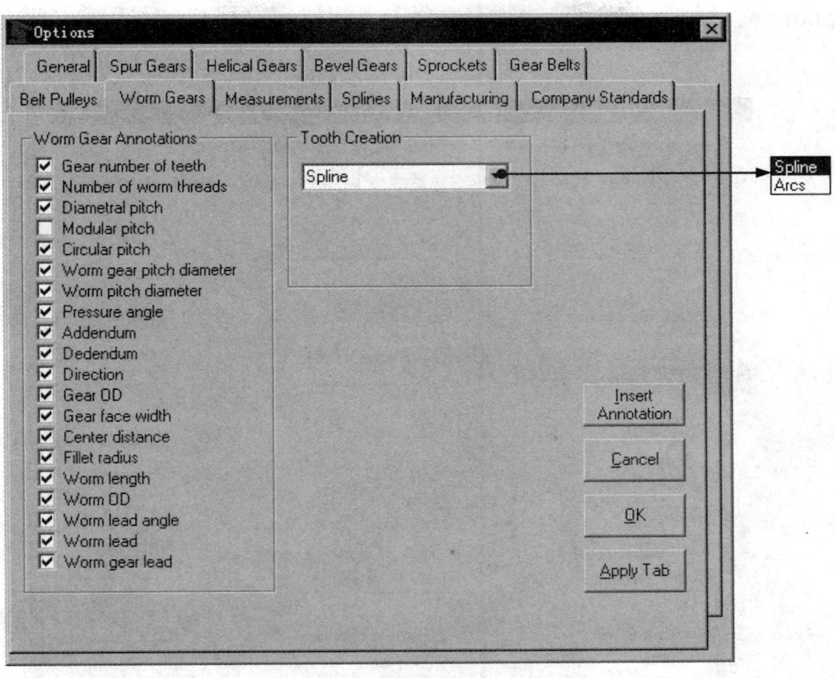

图 9.1.4 Options 对话框（三）

☑ Worm gear pitch diameter：蜗轮节径。

☑ Worm pitch diameter：蜗杆节径。

☑ Pressure angle：压力角。

☑ Addendum：齿顶高。

☑ Dedendum：齿根高。

☑ Direction：方向。

☑ Gear OD：齿轮 OD。

☑ Gear face width：齿面宽。

☑ Center distance：中心距。

☑ Fillet radius：圆角半径。

☑ Worm length：蜗杆长度。

☑ Worm OD：蜗杆 OD。

☑ Worm lead angle：蜗杆导程角。

☑ Worm lead：蜗杆导程。

☑ Worm gear lead：蜗轮导程。

- Tooth Creation：创建齿模式。包括 Spline（样条曲线）和 Arcs（弧线）选项。
- Insert Annotation：插入注解按钮。

在 Options 对话框中单击Measurements选项卡，切换到 Options 对话框（四），如图 9.1.5 所示。

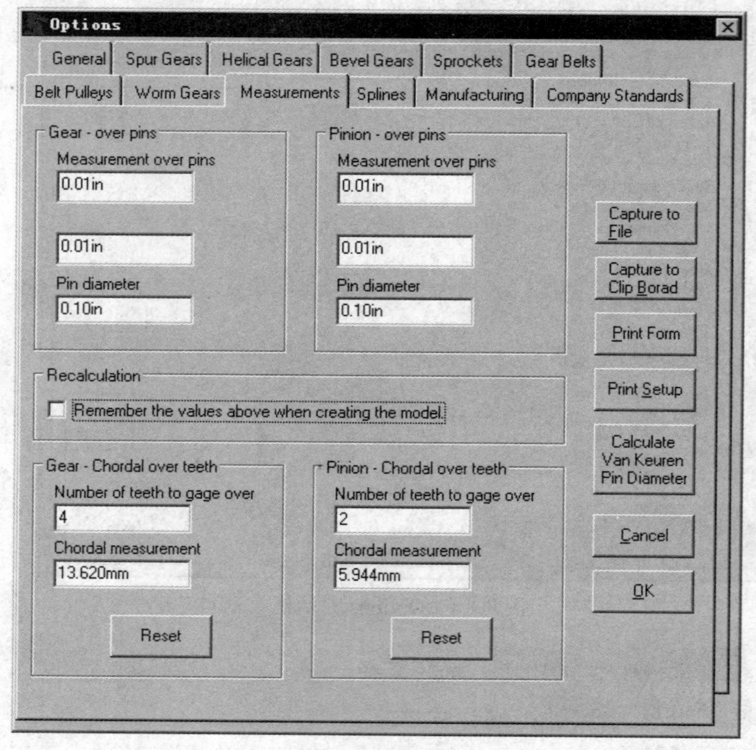

图 9.1.5 Options 对话框（四）

图 9.1.5 所示的Measurements选项卡的各选项说明如下：

- Gear - over pins：齿轮。包括Measurement over pins（在螺纹之上测量）和Pin diameter（螺纹直径）。
- Pinion - over pins：小齿轮。同样包括Measurement over pins和Pin diameter选项。
- Recalculation：重新计算。
  - ☑ Remember the values above when creating the model.：创建模型时，记住上面的数值。
- Gear - Chordal over teeth：齿轮-齿上的弦齿。
  - ☑ Number of teeth to gage over：测量的齿数。
  - ☑ Chordal measurement：测量的弦齿高。
- Pinion - Chordal over teeth：小齿轮-齿上的弦齿区域。统一包括Number of teeth to gage over和Chordal measurement选项。
- Capture to File：捕获到文件。
- Capture to Clip Borad：捕获到剪贴板。
- Print Setup：打印表格。

- Calculate Van Keuren Pin Diameter：计算 Van Keuren 螺纹直径。

在 Options 对话框中单击 Splines 选项卡，切换到 Options 对话框（五），如图 9.1.6 所示。

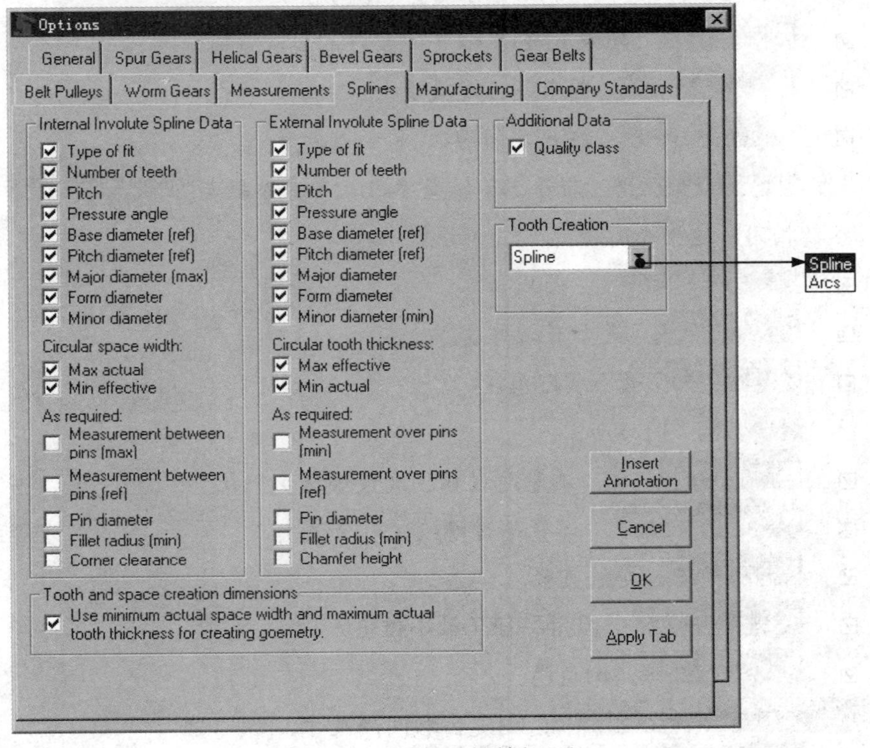

图 9.1.6　Options 对话框（五）

图 9.1.6 所示的 Splines 选项卡的各选项说明如下：

- Internal Involute Spline Data：渐开线花键轴参数。
  - ☑ Type of fit：配合类型。
  - ☑ Number of teeth：齿数。
  - ☑ Pitch：节距。
  - ☑ Pressure angle：压力角。
  - ☑ Base diameter (ref)：基圆直径。
  - ☑ Pitch diameter (ref)：节圆直径。
  - ☑ Major diameter (max)：最大直径。
  - ☑ Form diameter：成形直径。
  - ☑ Minor diameter：最小直径。
  - ☑ Circular space width:：圆周间距宽。
  - ☑ Max actual：最大实际宽度。
  - ☑ Min effective：最小有效宽度。

☑ As required：同样所需。

☑ Measurement between pins (max)：螺纹之间测量（最大值）。

☑ Measurement between pins (ref)：螺纹之间测量（参考值）。

☑ Pin diameter：螺纹直径。

☑ Fillet radius (min)：圆角半径（最小）。

☑ Corner clearance：拐角处间隙。

- External Involute Spline Data：渐开线花键套参数。部分参数与Internal Involute Spline Data区域的参数相同，这里不再赘述。

☑ Circular tooth thickness：圆周齿厚。

☑ Max effective：最大有效厚度。

☑ Min actual：最小实际厚度。

☑ As required：同样所需。

☑ Measurement over pins (min)：测量越过螺纹（最小值）。

☑ Measurement over pins (ref)：测量越过螺纹（参考值）。

☑ Pin diameter：螺纹直径。

☑ Fillet radius (min)：圆角半径（最小值）。

☑ Chamfer height：倒角高。

- Tooth and space creation dimensions：创建齿和间隔尺寸。

☑ Use minimum actual space width and maximum actual tooth thickness for creating goemetry.：使用最小间距宽和最大实际齿厚创建几何体。

- Additional Data：辅助参数。

☑ Quality class：质量等级。

- Tooth Creation：创建齿模式。包括Spline（样条曲线）和Arcs（弧线）两种模式。

在 Options 对话框中单击Manufacturing选项卡，切换到 Options 对话框（六），如图 9.1.7 所示。

图 9.1.7 所示的Manufacturing选项卡的各选项说明如下：

- Spur/Helical Manufacturing Method：直齿轮/斜齿轮制造方法。
- Hobbing.：铣刀。渐开线齿形延伸到 TIF 直径，由铣刀得到的上下切削形被复制出来。
- Full involute.：完全渐开线。渐开线齿形延伸到基圆，无铣刀制造的上下切削齿形。
- Full fillet radius (hobbing).：全圆角半径（铣刀）。圆角半径足够大于标准圆角半径，这就是轻微的增大齿根高。仅用于粗螺距和标准小螺距。

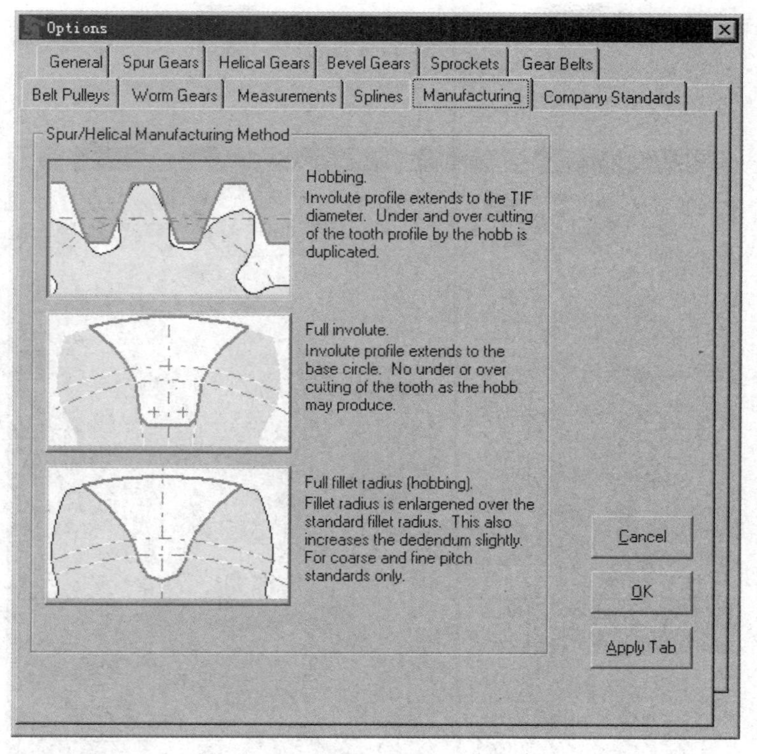

图 9.1.7 Options 对话框（六）

在 Options 对话框中单击Company Standards选项卡，切换到 Options 对话框（七），如图 9.1.8 所示。

图 9.1.8 所示的Company Standards选项卡的各选项说明如下：

- Edit Company Standards：编辑公司标准。
  - ☑ Title：标题。可以在其后的文本框中输入标题。
  - ☑ Manufacturing method：制造方法。可以在其后的下拉列表中选择制造方法。
  - ☑ Addendum coefficient：齿顶高系数。
  - ☑ Clearance coefficient：间隙系数。
  - ☑ Fillet radius coefficient：圆角半径系数。
  - ☑ Pressure angle：压力角。
- Coefficient calculator：计算系数。
  - ☑ Pitch Diameter：节圆直径。
  - ☑ Number of teeth：齿数。
  - ☑ Addendum length：齿顶高。
  - ☑ Dedendum length：齿根高。
  - ☑ Modification (advance)：调整。

☑ Diametral pitch:：径向节距。

☑ Addendum coefficient:：齿顶高系数。

☑ Clearance coefficient:：间隙系数。

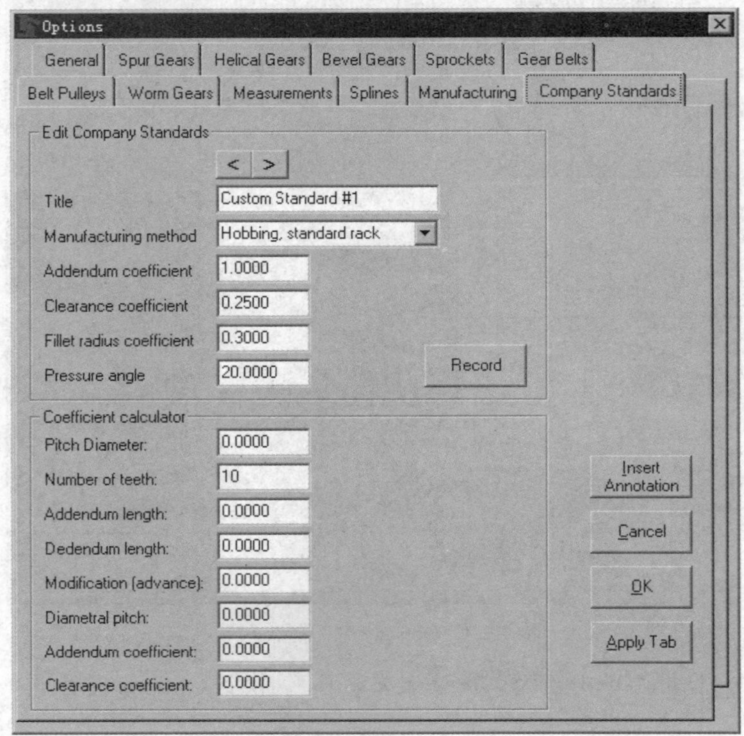

图 9.1.8　Options 对话框（七）

在 Options 对话框中单击 Spur Gears 选项卡，切换到 Options 对话框（八），如图 9.1.9 所示。

图 9.1.9 所示的 Spur Gears 选项卡的各选项说明如下：

- Spur Gear Data Annotations：直齿齿轮参数注释。

☑ Gear Number of Teeth：齿轮齿数。　☑ Pinion Number of Teeth：小齿轮齿数。

☑ Diametral Pitch：径向节距。　☑ Modular Pitch：模数节距。

☑ Pitch Diameter：节圆直径。　☑ Pressure Angle：压力角。

☑ Minor Diameter：最小直径。　☑ Base Diameter：基圆直径。

☑ Form Diameter：成形直径。　☑ Tooth Thickness：齿厚。

- Inspection Data Annotations：检查数据注释。

☑ Measure Between Pins：测量越过螺纹。

☑ Measure Between Pins：螺纹之间测量。

☑ Pin Diameter：螺纹直径。

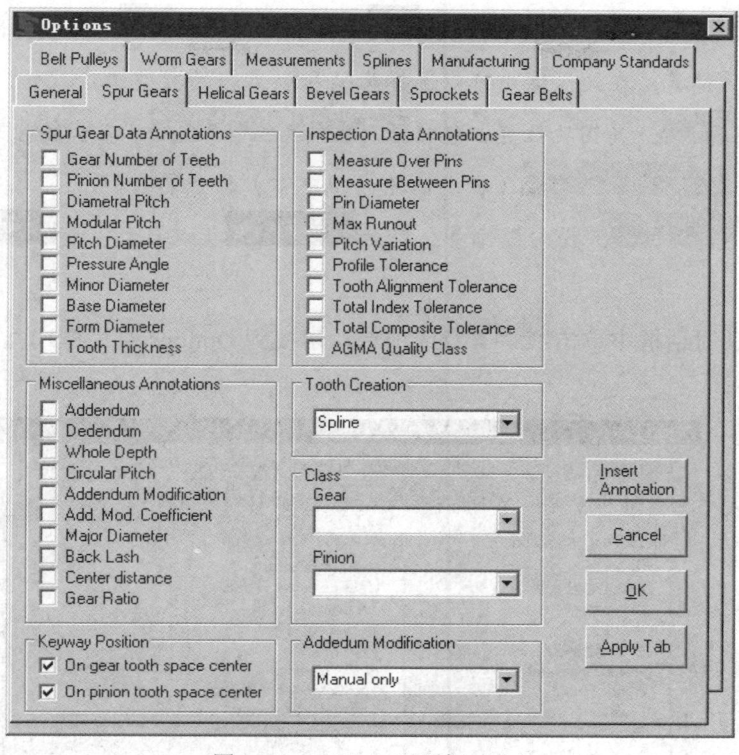

图 9.1.9 Options 对话框（八）

- ☑ Max Runout：最大避开。
- ☑ Pitch Variation：节距变更。
- ☑ Profile Tolerance：轮廓误差。
- ☑ Tooth Alignment Tolerance：齿对齐误差。
- ☑ Total Index Tolerance：总共索引误差。
- ☑ Total Composite Tolerance：总共综合误差。
- ☑ AGMA Quality Class：AGMA 品质类型。

● Miscellaneous Annotations：其他注释。

● Addendum：齿顶高。

- ☑ Circular Pitch：圆周齿距。
- ☑ Addendum Modification：径向变位量。
- ☑ Add. Mod. Coefficient：径向变位系数。
- ☑ Major Diameter：最大直径。
- ☑ Back Lash：齿隙。
- ☑ Gear Ratio：齿数比。

- Tooth Creation：创建齿模式。包括Spline（样条曲线）和Arcs（弧线）两种模式。
- Class：种类。在此区域中可以选择齿轮和小齿轮的类型。
- Keyway Position：扁钥孔位置。包括☑ On gear tooth space center（在齿轮齿距中心）和☑ On pinion tooth space center（在小齿轮齿距中心）两个复选框。
- Addedum Modification：径向变位量。包括Automatic only（仅自动）和Manual only（仅手动）两种。

在 Options 对话框中单击Helical Gears选项卡，切换到 Options 对话框（九），如图 9.1.10 所示。

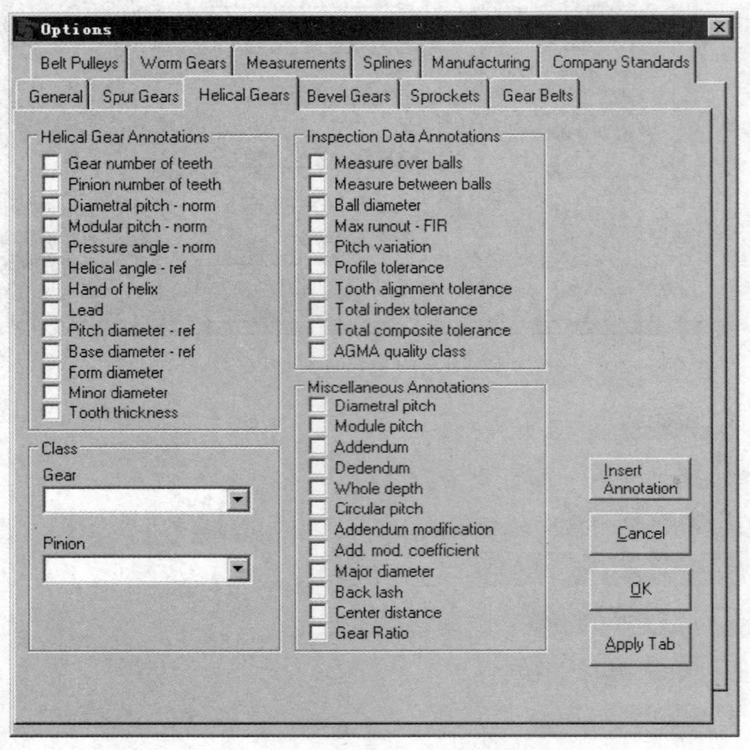

图 9.1.10　Options 对话框（九）

图 9.1.10 所示的Helical Gears选项卡的各选项说明如下：

- Helical Gear Annotations：斜齿轮注释。
  - ☑ ☐ Gear number of teeth：齿轮齿数。
  - ☑ ☐ Pinion number of teeth：小齿轮齿数。
  - ☑ ☐ Diametral pitch - norm：节圆直径-标准。
  - ☑ ☐ Modular pitch - norm：模数节距-标准。
  - ☑ ☐ Pressure angle - norm：压力角-标准。

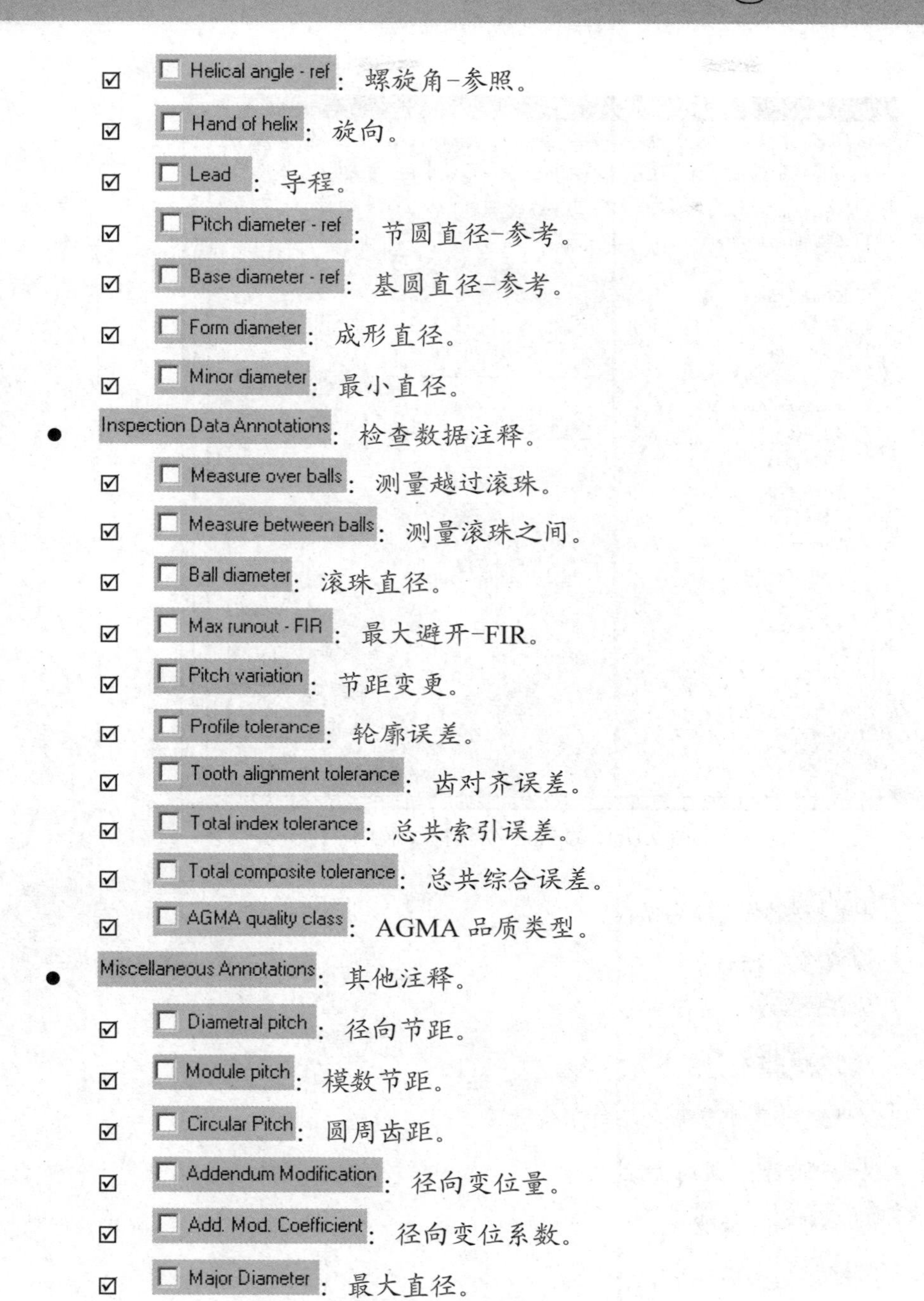

- ☑ Helical angle - ref：螺旋角-参照。
- ☑ Hand of helix：旋向。
- ☑ Lead：导程。
- ☑ Pitch diameter - ref：节圆直径-参考。
- ☑ Base diameter - ref：基圆直径-参考。
- ☑ Form diameter：成形直径。
- ☑ Minor diameter：最小直径。

● Inspection Data Annotations：检查数据注释。

- ☑ Measure over balls：测量越过滚珠。
- ☑ Measure between balls：测量滚珠之间。
- ☑ Ball diameter：滚珠直径。
- ☑ Max runout - FIR：最大避开-FIR。
- ☑ Pitch variation：节距变更。
- ☑ Profile tolerance：轮廓误差。
- ☑ Tooth alignment tolerance：齿对齐误差。
- ☑ Total index tolerance：总共索引误差。
- ☑ Total composite tolerance：总共综合误差。
- ☑ AGMA quality class：AGMA 品质类型。

● Miscellaneous Annotations：其他注释。

- ☑ Diametral pitch：径向节距。
- ☑ Module pitch：模数节距。
- ☑ Circular Pitch：圆周齿距。
- ☑ Addendum Modification：径向变位量。
- ☑ Add. Mod. Coefficient：径向变位系数。
- ☑ Major Diameter：最大直径。

在 Options 对话框中单击Bevel Gears选项卡，切换到 Options 对话框（十），如图 9.1.11 所示。

图 9.1.11 所示的Bevel Gears选项卡的各选项说明如下：

● Bevel Gear Annotations：锥齿轮注释。

- ☑ Gear number of teeth：齿轮齿数。
- ☑ Pinion number of teeth：小齿轮齿数。

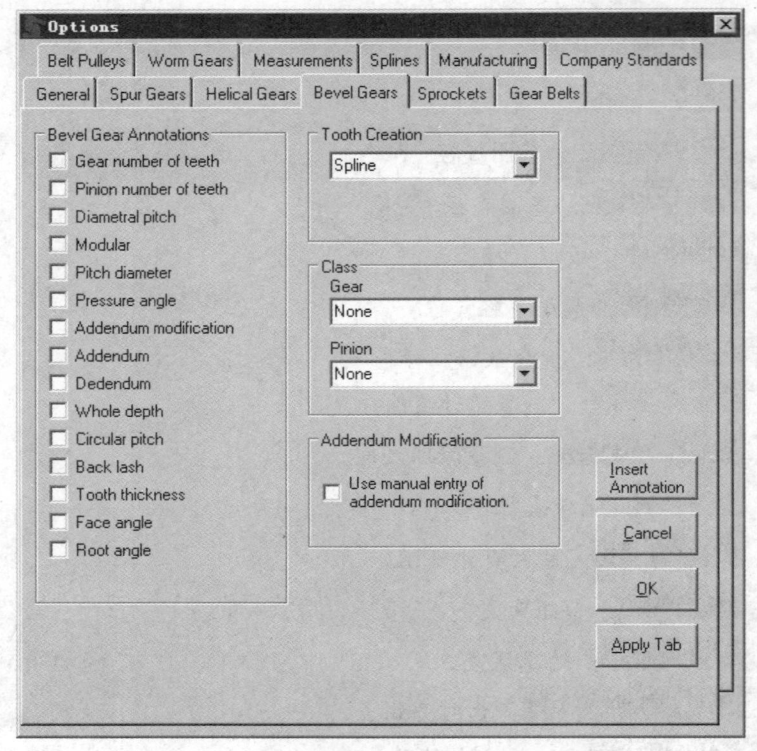

图 9.1.11　Options 对话框（十）

- ☑ Diametral pitch：径向节距。
- ☑ Modular：模数。
- ☑ Pitch diameter：节圆直径。
- ☑ Pressure angle：压力角。
- ☑ Addendum modification：径向变位量。
- ☑ Circular pitch：圆周齿距。
- ☑ Back lash：齿隙。
- ☑ Tooth thickness：齿厚。
- ☑ Face angle：齿面角。
- ☑ Root angle：齿根锥角。
- Addendum Modification：径向变位量。
  - ☑ Use manual entry of addendum modification.：使用手工径向变位量进入。

在 Options 对话框中单击 Sprockets 选项卡，切换到 Options 对话框（十一），如图 9.1.12 所示。

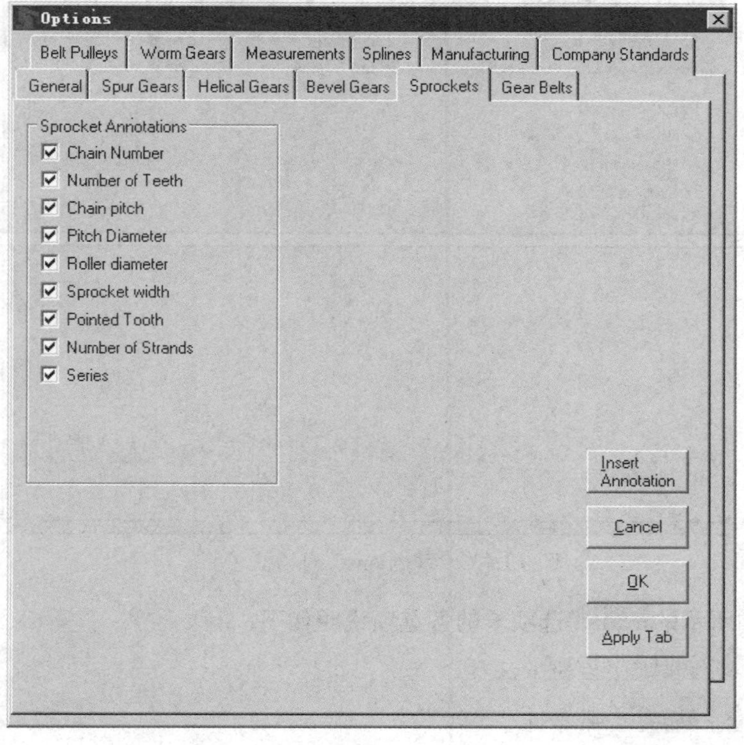

图 9.1.12 Options 对话框（十一）

图 9.1.12 所示的Sprockets选项卡的各选项说明如下：

- Sprocket Annotations：链轮齿注释。
  - ☑ Chain Number：链数。
  - ☑ Number of Teeth：齿数。
  - ☑ Chain pitch：链节距。
  - ☑ Pitch Diameter：节圆直径。
  - ☑ Roller diameter：滚筒直径。
  - ☑ Sprocket width：链轮齿宽。
  - ☑ Pointed Tooth：尖齿。
  - ☑ Number of Strands：股数。
  - ☑ Series：系列。

在 Options 对话框中单击Gear Belts选项卡，切换到 Options 对话框（十二），如图 9.1.13 所示。

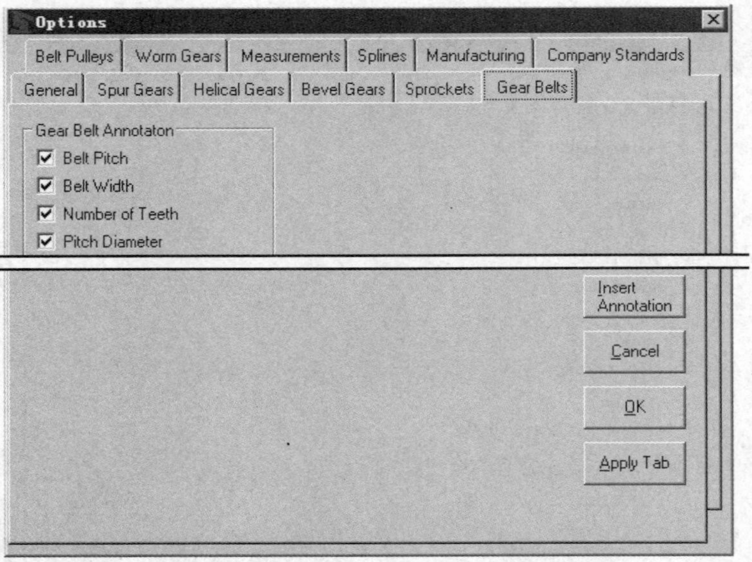

图 9.1.13 “Options”对话框（十二）

图 9.1.13 所示的Gear Belts选项卡的各选项说明如下：

- Gear Belt Annotaton：齿轮带注释。
  - ☑ Belt Pitch：带节距。
  - ☑ Belt Width：带宽度。
  - ☑ Number of Teeth：齿数。
  - ☑ Pitch Diameter：节圆直径。

9.1.2 创建直齿轮/斜齿轮

在设置好系统选项之后，就可以根据指定的参数，通过 GearTrax2014 插件直接生成齿轮。下面以图 9.1.14 所示的齿轮为例，讲解使用 GearTrax2014 插件创建直齿轮的一般过程。

图 9.1.14 齿轮模型

Step1. 打开 SolidWorks 2014 软件和 GearTrax2014 插件，并将 SolidWorks 2014 设置成英文状态。

Step2. 定义节距数值。在 GearTrax2014 插件Spur/Helical选项卡Pitch Data区域的第一个下拉列表中选择Diametral pitches选项，在Standards后的下拉列表中选择Fine Pitch Involute 20 deg选项，在Pitch Data区域的第二个下拉列表中选择32.0 Diametral Pitch选项。

说明：由于齿轮的各参数由标准公式驱动，当定义完节距参数后，系统会自动计算出一部分齿轮的其他参数，系统计算出的参数同样会显示出来，只是这些参数不能手动修改。

Step3. 定义齿轮类型。在Gear Type区域的下拉列表中选择Spur选项。

Step4. 定义齿轮齿数。在Number of Teeth区域Pinion后的文本框中输入值 20，在Gear后的文本框中输入值 32，系统自动计算出齿轮比和中心距。

Step5. 定义齿轮参数。

（1）在Gear Data区域Add. mod. coef.:后的文本框中单击□按钮，系统弹出图 9.1.15 所示的 Add mod coef 对话框，在Add Mod Coefficient, Gear和Add Mod Coefficient, Pinion后的文本框中均输入值 0.24，单击OK按钮，完成径向变位系数的定义。

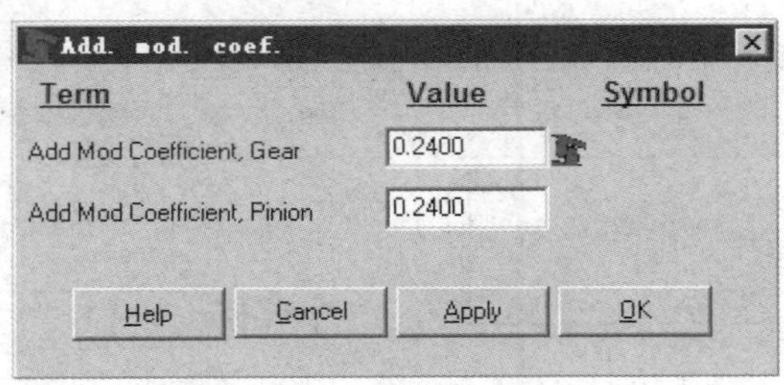

图 9. 1.15　Add mod coef 对话框

（2）在Backlash:后的文本框中单击□按钮，系统弹出图 9.1.16 所示的 Backlash 对话框，在Fine pitch backlash designation:后的文本框中输入“C”，此时在AGMA range:后的文本框中显示齿背隙范围为0.0254 - 0.0508mm，在Backlash, Gear:和Backlash, Pinion:后的文本框中输入一个在0.0254 - 0.0508mm范围内的数值，本例中两个文本框都输入值 0.038，单击OK按钮，完成齿背隙的定义。

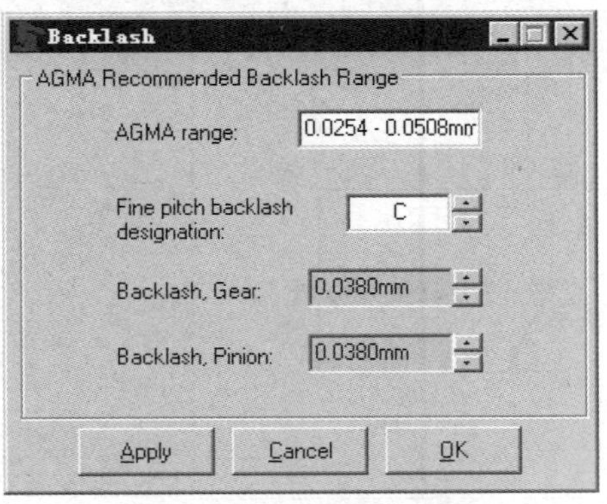

图 9. 1.16　Backlash 对话框

（3）在Face width:后的文本框中单击□按钮，系统弹出图 9.1.17 所示的 Face width 对话框，在Face Width, Gear和Face Width, Pinion后的文本框中均输入值 10，单击OK按钮，完成齿面宽的定义，其他参数采用系统默认设置值。

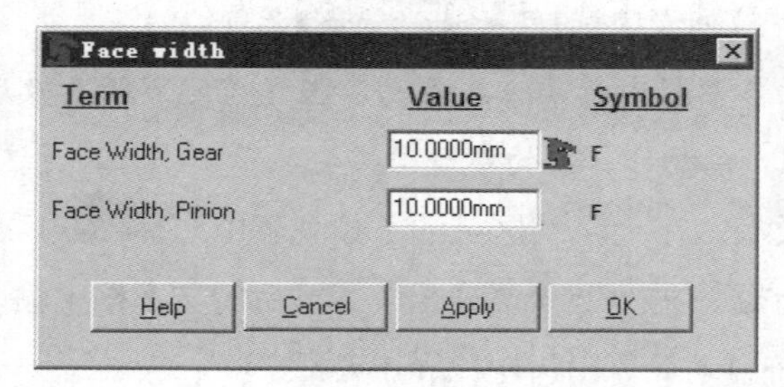

图 9.1.17　Face width 对话框

Step6. 定义齿轮凸缘参数。

（1）在 GearTrax2014 插件中单击Mounting选项卡，界面如图 9.1.18 所示。

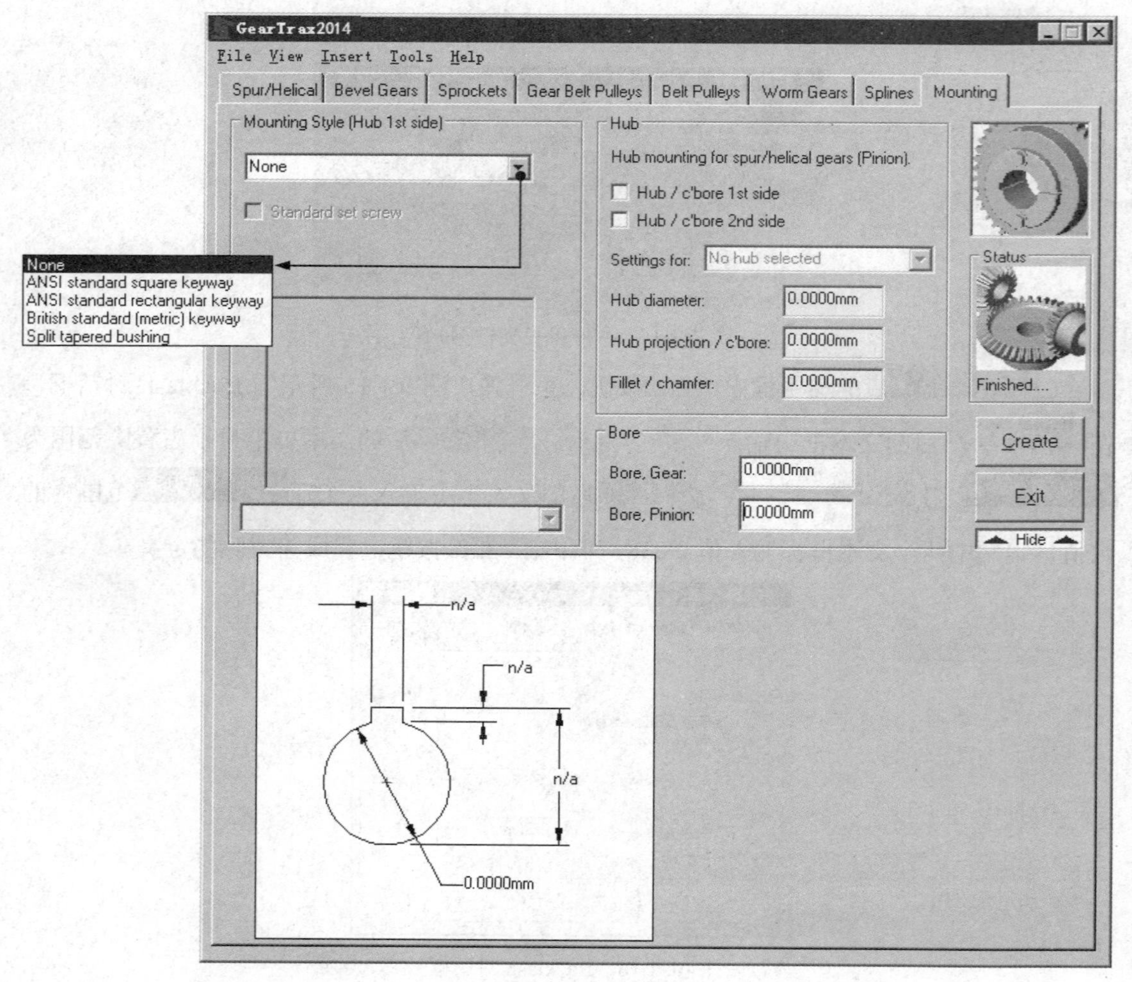

图 9. 1.18　Mounting 选项卡

图 9.1.18 所示的 Mounting 选项卡中的各选项说明如下：

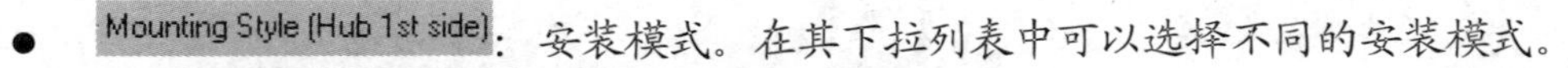

- Mounting Style (Hub 1st side)：安装模式。在其下拉列表中可以选择不同的安装模式。
  - ☑ Standard set screw：标准设置螺孔。
- Hub：轮毂。
  - ☑ Hub mounting for spur/helical gears (Gear)：直/斜齿轮安装轮毂方式。
  - ☑ Hub / c'bore 1st side：轮毂/c 镗孔第一侧。
  - ☑ Hub / c'bore 2nd side：轮毂/c 镗孔第二侧。
  - ☑ Settings for:：安装位置。
  - ☑ Hub diameter:：轮毂直径。
  - ☑ Hub projection / c'bore:：轮毂投影/c 镗孔。
  - ☑ Fillet / chamfer:：圆角/倒角。
- Bore：镗孔。
  - ☑ Bore, Pinion:：齿轮镗孔直径。
  - ☑ Bore, Gear:：小齿轮镗孔直径。

（2）定义凸缘类型。在Mounting Style (Hub 1st side)下拉列表中选择ANSI standard square keyway选项。

（3）定义镗孔直径。在Bore区域的Bore, Gear:文本框中输入值 13，在Bore, Pinion:后的文本框中输入值 8，其他参数采用系统默认设置。

Step7. 生成齿轮。在 GearTrax2014 插件中单击Create按钮，系统弹出 GearTrax2014 对话框，单击确定按钮，系统自动在 SolidWorks 软件中生成指定参数的齿轮。

Step8. 生成小齿轮。在 GearTrax2014 插件中单击Gear Active按钮，切换到创建小齿轮界面。单击Mounting按钮，展开轮毂设计界面，确认Mounting Style (Hub 1st side)区域中选择了ANSI standard square keyway选项，在Bore, Pinion:后的文本框中输入数值 8，单击Create按钮，系统弹出 GearTrax2014 对话框，单击确定按钮，系统自动在 SolidWorks 软件中生成指定参数的小齿轮。

Step9. 分别保存两个直齿轮模型。

说明：创建斜齿轮的方法同创建直齿轮，只是在选择齿轮类型时可以选择Helical R.H.（右旋）或者Helical L.H.（左旋）选项。

9.1.3 创建锥齿轮

通过 GearTrax2014 插件也可以创建锥齿轮，下面以图 9.1.19 所示的锥齿轮为例，讲解使用 GearTrax2014 插件创建锥齿轮的一般过程。

Step1. 同时打开 SolidWorks 2014 软件和 GearTrax2014 插件。

Step2. 进入锥齿轮创建环境。在 GearTrax2014 插件中单击Bevel Gears选项卡，界面如图 9.1.20 所示。

图 9.1.19　锥齿轮模型

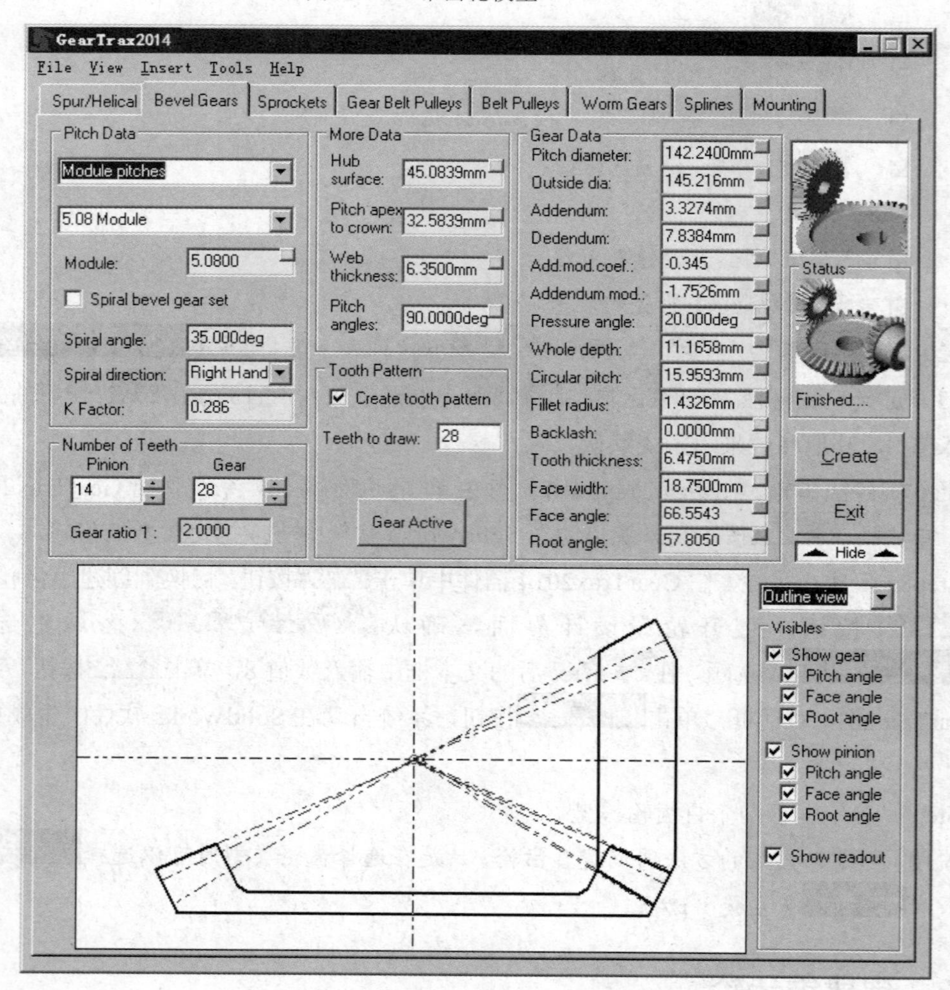

图 9.1.20　“Bevel Gears”选项卡

图 9.1.20 所示的 Bevel Gears 选项卡中的各选项说明如下：

- Pitch Data：节距参数。
    - ☑ Spiral bevel gear set：弧齿锥齿轮设置。
    - ☑ Spiral angle：螺旋角。
    - ☑ Spiral direction：旋向。
    - ☑ K Factor：K 因子。

- More Data：更多参数。
  - ☑ Hub surface:：轮毂面。
  - ☑ Web thickness:：Web 厚度。
  - ☑ Pitch angles:：螺旋角。
- Gear Data：齿轮参数。
  - ☑ Outside dia:：外径。
  - ☑ Face angle:：齿面角。
  - ☑ Root angle:：齿根锥角。

Step3. 定义节距数值。在 GearTrax2014 插件Pitch Data区域的第一个下拉列表中选择Module pitches选项，在第二个下拉列表中选择5.0 Module选项。

Step4. 定义齿轮齿数。在Number of Teeth区域Pinion后的文本框中输入值 20，在Gear后的文本框中输入值 30，系统自动计算出齿轮比。

Step5. 定义齿轮参数。

（1）在Backlash:后的文本框中单击□按钮，系统弹出图 9.1.21 所示的 Backlash 对话框，在AGMA Quality Number后的文本框中输入值 6，此时在AGMA range:后的文本框中显示齿背隙范围为0.1524 - 0.3302mm，在Backlash, Gear:后的文本框中输入一个在0.1524 - 0.3302mm范围内的数值，本例中输入值“0.038”，单击OK按钮，完成齿背隙的定义。

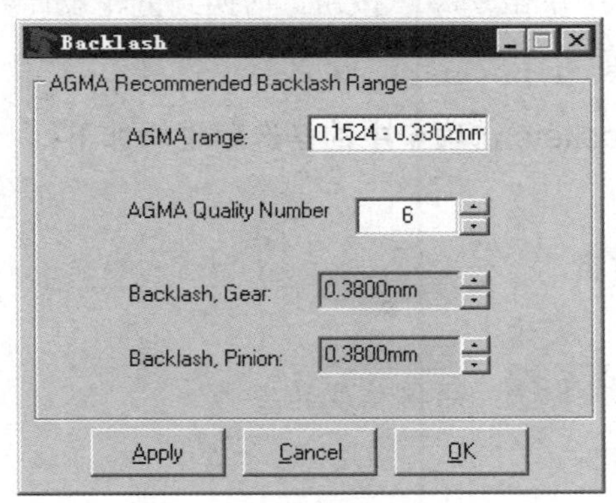

图 9.1.21 Backlash 对话框

（2） 在Face width:后的文本框中单击□按钮，在弹出的 Face width 对话框中Face Width, Gear和Face Width, Pinion后的文本框中均输入值 25，单击OK按钮，完成齿面宽的定义，其他参数采用系统默认设置值。

Step6. 定义锥齿轮凸缘参数。

（1）在 GearTrax2014 插件中单击Mounting选项卡，界面如图 9.1.18 所示。

（2）定义凸缘类型。在Mounting Style (Hub 1st side)区域中选择ANSI standard square keyway选项。

(3)定义轮毂参数。在Hub区域中选中☑ Hub / c'bore 1st side复选框，其他选项采用系统默认值。

(4)定义镗孔直径。在Bore区域Bore, Gear:后的文本框中输入值 35，在Bore, Pinion:后的文本框中输入值 20，其他参数采用系统默认设置。

Step7. 生成锥齿轮。在 GearTrax2014 插件中单击Create按钮，系统弹出 GearTrax2014 对话框，单击确定按钮，系统自动在 SolidWorks 软件中生成指定参数的齿轮。

Step8. 生成小锥齿轮。在 GearTrax2014 插件中单击Gear Active按钮，切换到创建小齿轮界面。单击Mounting选项卡，展开轮毂设计界面，在Mounting Style (Hub 1st side)区域中选择ANSI standard square keyway选项，在Hub区域中选中☑ Hub / c'bore 1st side复选框，并确认Bore, Pinion:后的文本框中输入的数值为 20，单击Create按钮，系统弹出 GearTrax2014 对话框，单击确定按钮，系统自动在 SolidWorks 软件中生成指定参数的小齿轮。

Step9. 分别保存两个锥齿轮模型。

9.1.4 GearTrax2014 其他功能

通过 GearTrax2014 插件不仅可以创建直齿轮、斜齿轮和锥齿轮，还可以创建链轮、齿轮传动带、带轮、蜗轮/蜗杆和栓槽等，下面将对其进行简要介绍。

在 GearTrax2014 插件中单击Sprockets按钮，切换到链轮设计界面，如图 9.1.22 所示，通过在此界面中输入各参数即可完成链轮的设计。

图 9.1.22 所示的 Sprockets 选项卡中的各选项说明如下：

- Chain Number：链数。
- Tooth Creation：创建齿。
  - ☑ ☐ Pointed tooth：尖齿。
  - ☑ ☐ Double pitch single duty：两倍程度的尖齿。
- Multiple-Strand：多股。
  - ☑ ☐ Multiple-strand：多股。
  - ☑ Number of strands:：股数。
- Chain/Sprocket Data：链/链齿轮的数量。
  - ☑ Chain pitch:：链节距。
  - ☑ Pitch diameter:：节圆直径。
  - ☑ Roller diameter:：滚筒直径。
  - ☑ Sprocket width:：链轮宽度。

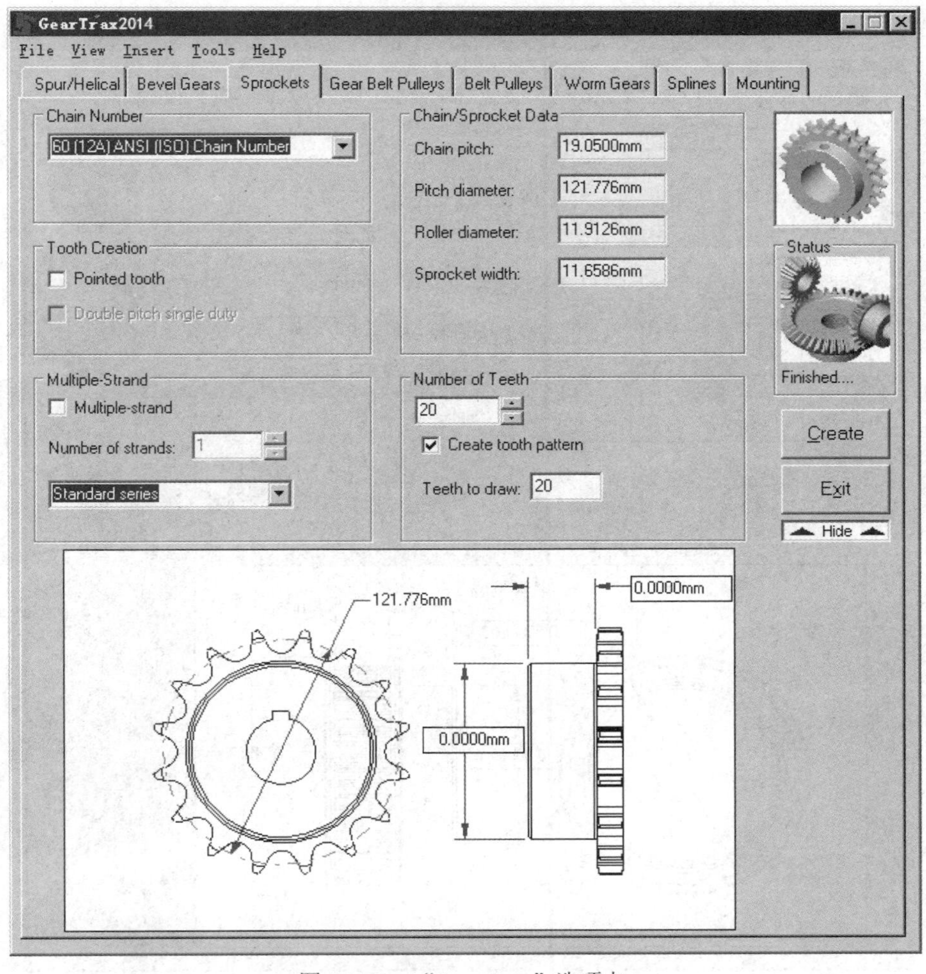

图 9.1.22 “Sprockets”选项卡

在 GearTrax2014 插件中单击Gear Belt Pulleys按钮，切换到齿轮传动带设计界面，如图 9.1.23 所示，通过在此界面中输入各参数即可完成齿轮传动带的设计。

图 9.1.23 所示的 Gear Belt Pulleys 选项卡中的各选项说明如下：

- Belt Pitch：带节距。
- Belt Width：带宽度。
- Number of Teeth：齿数。
- ☑ Create tooth pattern：是否绘制多齿。
- Flange Creation：轮缘创建。包括No flange（无轮缘）和Draw flange（绘制轮缘）。
- Gear Belt Data：齿轮带参数。
  - ☑ Pitch diameter：节圆直径。
  - ☑ Flange thickness：轮缘厚度。

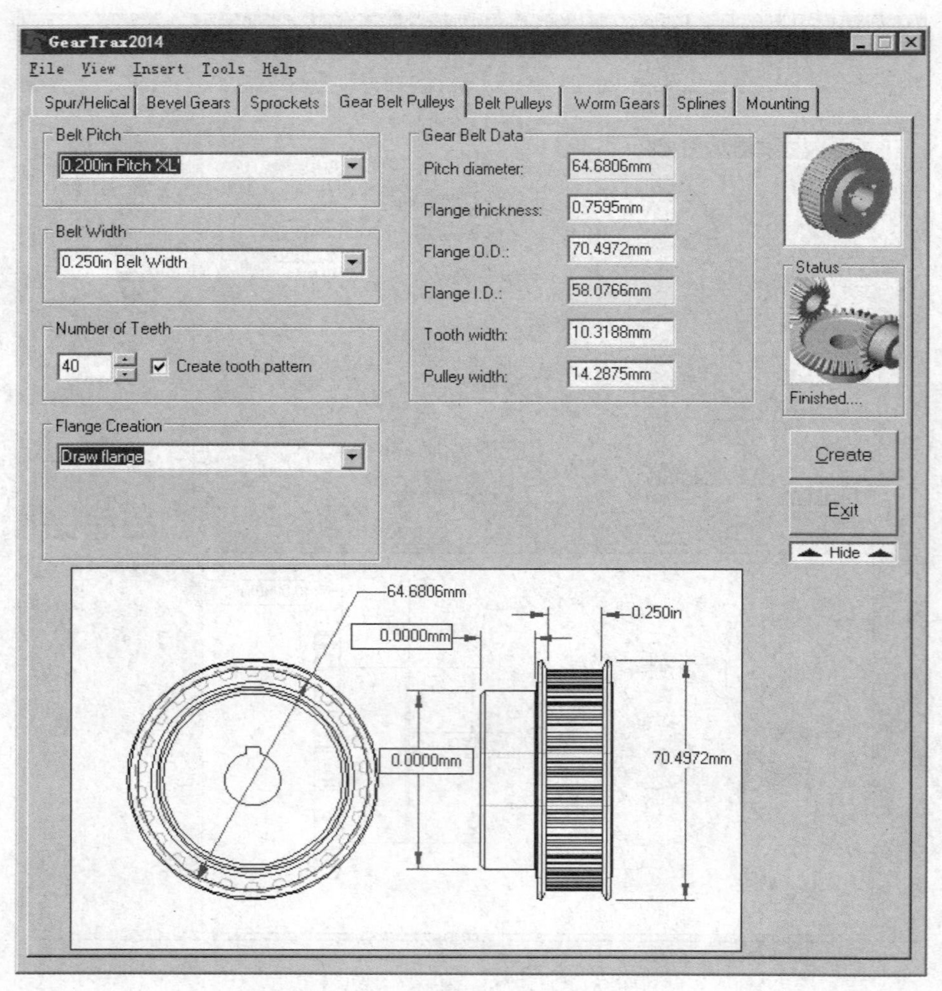

图 9.1.23　Gear Belt Pulleys 选项卡

☑ Flange O.D.：轮缘外径。

☑ Flange I.D.：轮缘内径。

☑ Tooth width：齿宽。

☑ Pulley width：轮宽。

在 GearTrax2014 插件中单击 Belt Pulleys 按钮，切换到带轮设计界面，如图 9.1.24 所示，通过在此界面中输入各参数即可完成带轮的设计。

图 9.1.24 所示的 Belt Pulleys 选项卡中的各选项说明如下：

- Belt Type：带类型。可在其下方的下拉列表中选择多种带类型。
- Groove Data：凹槽参数。

☑ Deep groove：深凹槽。

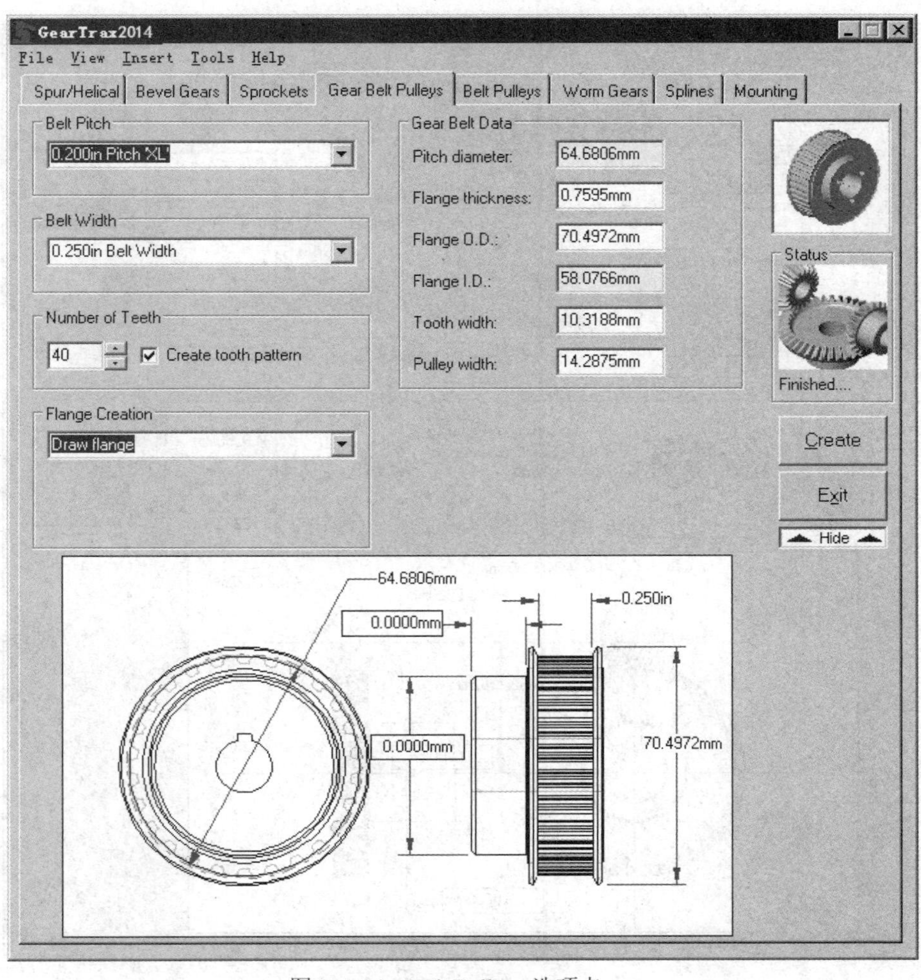

图 9. 1.24 Belt Pulleys 选项卡

☑ Multi groove：多凹槽。

☑ Number of grooves：凹槽数目。

- Pitch Diameter：节圆直径。
- Pulley O.D.：轮 OD。

在 GearTrax2014 插件中单击Worm Gears按钮，切换到蜗轮/蜗杆设计界面，如图 9.1.25 所示，通过在此界面中输入各参数即可完成蜗轮/蜗杆的设计。

图 9.1.25 所示的 Worm Gears 选项卡中的各选项说明如下：

- Create：创建。

☑ Worm w/Gear：蜗轮和蜗杆。

☑ Worm only：只有蜗杆。

☑ Gear only：只有蜗轮。

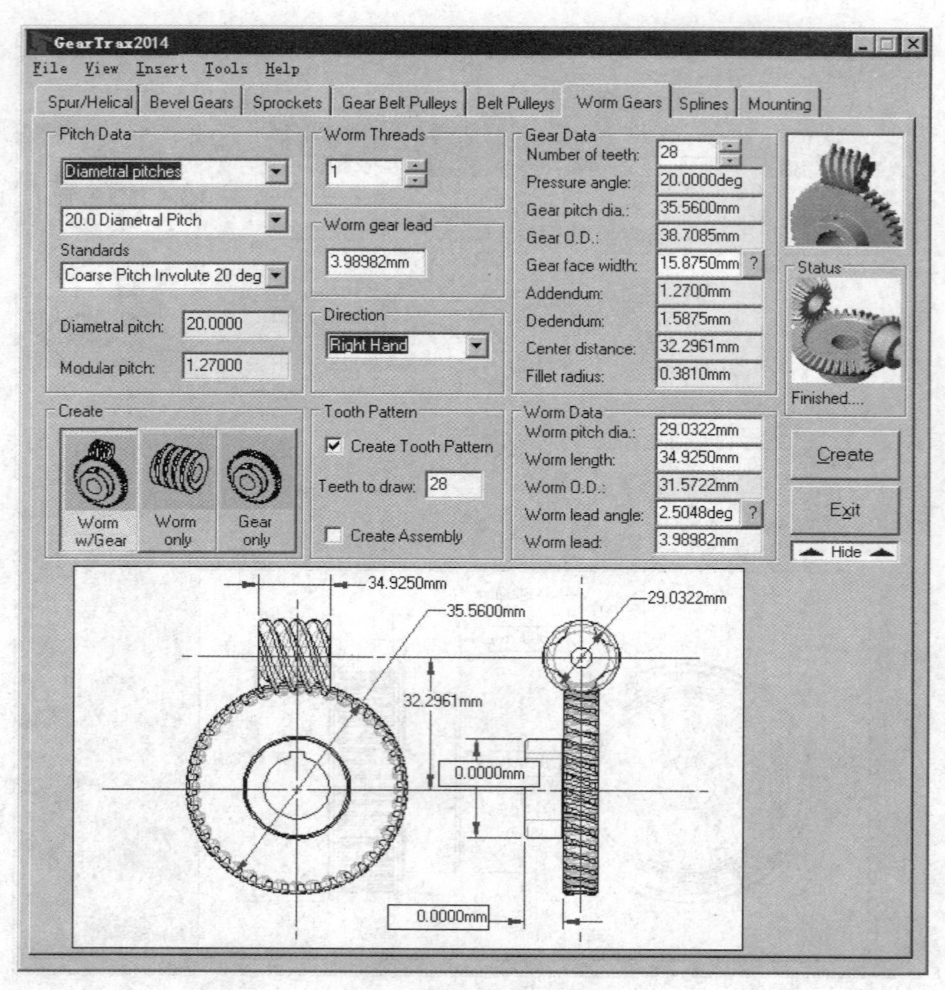

图 9.1.25　Worm Gears 选项卡

- Worm Threads：蜗杆线数。
- Worm gear lead：蜗轮导程。
- Direction：旋转方向。包括 Right Hand（右旋）和 Left Hand（左旋）两个方向。
- Worm Data：蜗杆参数。
  - ☑ Worm pitch dia.：蜗杆节径。
  - ☑ Worm length：蜗杆长度。
  - ☑ Worm O.D.：蜗杆 OD。
  - ☑ Worm lead angle：蜗杆导程角。
  - ☑ Worm lead：蜗杆导程。

在 GearTrax2014 插件中单击 Splines 按钮，切换到花键设计界面，如图 9.1.26 所示，通过在此界面中输入各参数即可完成栓槽的设计。

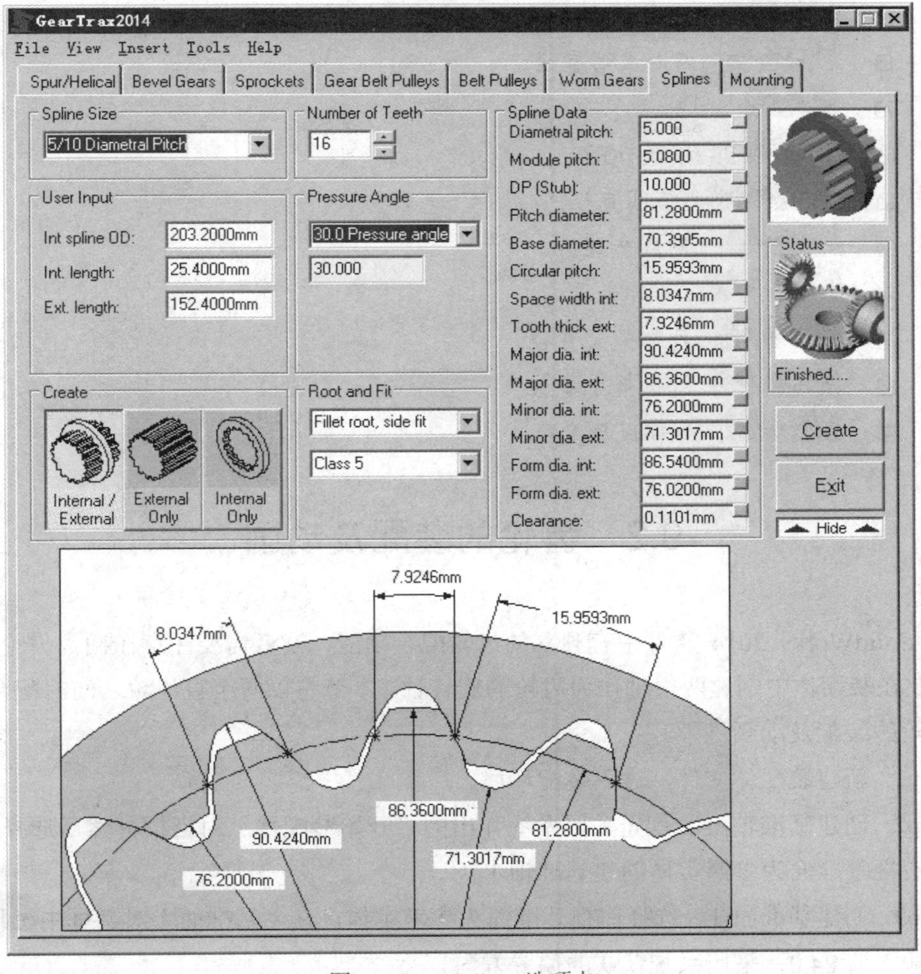

图 9.1.26 Splines 选项卡

图 9.1.26 所示的 Splines 选项卡中的各选项说明如下：

- Create：创建。
  - ☑ Internal / External：花键轴和花键套。
  - ☑ External Only：花键轴。
  - ☑ Internal Only：花键套。
- Root and Fit：齿根和匹配。
- Spline Data：花键轴参数。
  - ☑ Diametral pitch：径向节距。
  - ☑ DP (Stub)：短截径向节距。
  - ☑ Base diameter：基圆直径。
  - ☑ Space width int：内间隔宽度。
  - ☑ Major dia. int：内部最大直径。

☑ Minor dia. int: 内部最小直径。
☑ Form dia. int: 内部成形直径。
☑ Clearance: 间隙。
☑ Module pitch: 模数节距。
☑ Pitch diameter: 节圆直径。
☑ Circular pitch: 圆周齿距。
☑ Tooth thick ext: 外部齿厚。
☑ Major dia. ext: 外部最大直径。
☑ Minor dia. ext: 外部最小直径。
☑ Form dia. ext: 外部成形直径。

9.2 齿轮的装配及动画

在 SolidWorks 2014 软件中有独立的齿轮配合功能，读者需要注意在插入齿轮零件之前，先要在装配体中创建两根轴作为齿轮的旋转轴。本节将以两个直齿轮之间的配合为例，讲解齿轮的装配及动画过程。

Step1. 新建装配体文件，进入装配环境。

Step2. 创建基准轴 1。首先关闭系统弹出的“开始装配体”对话框，然后选择前视基准面和右视基准面为参照实体创建基准轴 1。

Step3. 创建基准面 1。选择前视基准面为参考实体，在“基准面”对话框中后的文本框中输入值 24.0，采用系统默认的偏置方向。

Step4. 创建基准轴 2。选择右视基准面和基准面 1 为参照实体创建基准轴 2。

说明：此处先创建两个基准轴是为了放置齿轮，两轴之间的距离即为两齿轮的中心距。

Step5. 插入第一个零件。

（1） 选择下拉菜单 插入(I) ➡ 零部件(O) ➡ 现有零件/装配体(E)... 命令，系统弹出“插入零部件”对话框。

（2）单击“插入零部件”对话框中的 浏览(B)... 按钮，打开图 9.2.1 所示的零件文件 D:\sw14.2\work\ch09.02\gear1.SLDPRT。

（3）在“插入零部件”对话框中单击✔按钮，将零部件固定在原点。

（4）在设计树中右击 (固定) gear1<1> 节点，从弹出的快捷菜单中选择 浮动(F) 命令，使零件浮动存在。

Step6. 添加配合，使齿轮 1 部分定位。

（1）选择下拉菜单 插入(I) ➡ 配合(M)... 命令，系统弹出“配合”对话框。

（2）添加“重合”配合。单击“配合”对话框中的 重合(C) 按钮，在模型中选择齿轮

1 的临时轴与基准轴 1 重合，单击快捷工具条中的按钮。

（3）添加“重合”配合。单击“配合”对话框中的重合(C)按钮，在模型中选择图 9.2.2 所示的面 1 与装配体的上视基准面重合，单击“配合”对话框中的按钮。

图 9.2.1 零件模型　　　　图 9.2.2 添加“重合”配合

Step7. 引入齿轮 2。

（1） 选择下拉菜单 插入(I) → 零部件(O) → 现有零件/装配体(E)... 命令，系统弹出“插入零部件”对话框。

（2）单击“插入零部件”对话框中的 浏览(B)... 按钮，在系统弹出的“打开”对话框中选取 D:\sw14.2\work\ch09.02\gear2.SLDPRT，单击 打开(O) 按钮，将零件放置到图 9.2.3 所示的位置。

Step8. 添加配合使齿轮 2 部分定位。

（1）选择下拉菜单 插入(I) → 配合(M)... 命令，系统弹出“配合”对话框。

（2）添加“重合”配合。单击“配合”对话框中的重合(C)按钮，选择齿轮 2 的临时轴和基准轴 2 重合，单击快捷工具条中的按钮。

（3）添加“重合”配合。单击“配合”对话框中的重合(C)按钮，在模型中选择图 9.2.4 所示的面 1 和面 2 重合，单击快捷工具条中的按钮。

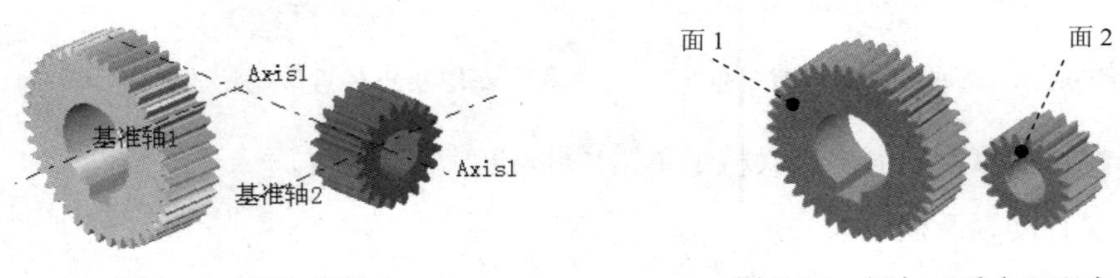

图 9.2.3 引入齿轮 2　　　　图 9.2.4 添加“重合”配合

Step9. 调整视图。将模型调整到上视图，如图 9.2.5 所示，然后手动调整两齿轮的位置大致如图 9.2.6 所示。

Step10. 添加齿轮配合。

（1）选择下拉菜单 插入(I) → 配合(M)... 命令，系统弹出“配合”对话框。

（2）在“配合”对话框中单击 机械配合(A)，展开机械配合选项，选择 齿轮(G) 命令。

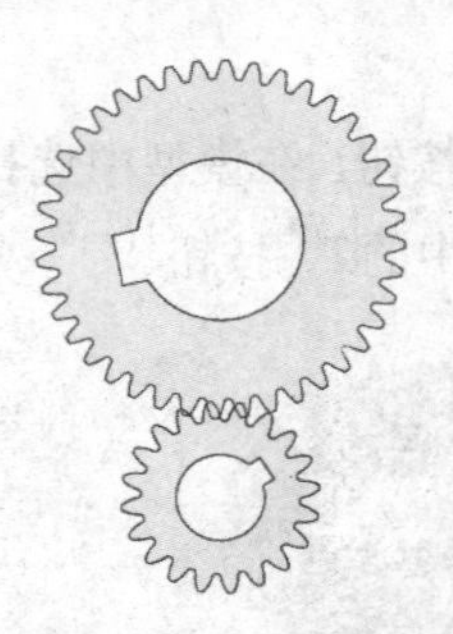

图 9.2.5　上视图位置

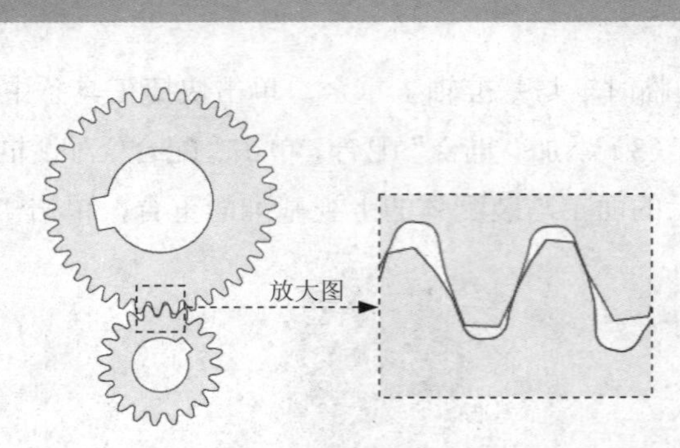

图 9.2.6　调整后的齿轮位置

（3）在模型中选择图 9.2.7 所示的两齿轮上的圆柱面为齿轮配合参考实体，然后在比率:下的文本框中输入 2mm：1mm，单击“配合”对话框中的✔按钮。

说明：此处的比率为创建齿轮时两齿轮的比率，一定要注意大小齿轮的比率关系，以免输入相反比率。

Step11. 展开运动算例界面。单击运动算例 1按钮，展开运动算例界面。

Step12. 添加马达。在运动算例工具栏中单击按钮，系统弹出“马达”对话框。

Step13. 编辑马达。在“马达”对话框的零部件/方向(D)区域中激活马达位置，然后在图形区选取图 9.2.8 所示的模型表面，在运动(M)区域的类型下拉列表中选择等速选项，调整转速为 100RPM，其他参数采用系统默认设置。在“马达”对话框中单击✔按钮，完成马达的添加。

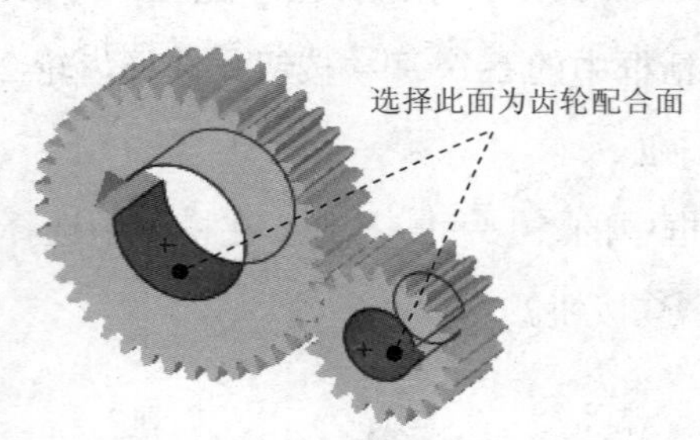

图 9.2.7　选取齿轮配合面

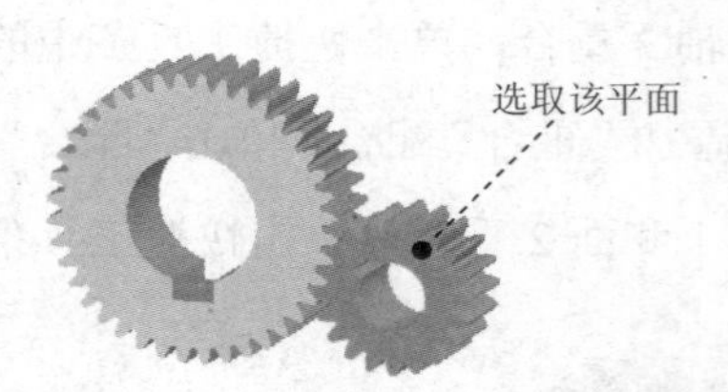

图 9.2.8　选取马达放置面

Step14. 在运动算例界面的工具栏中单击▶按钮，观察动画。

Step15. 保存动画及模型。

第10章 凸轮设计

本章提要 凸轮在机械传动中应用得非常广泛，手动设计凸轮存在着工作量大和设计周期长等缺点，利用 SolidWorks 2014 可使凸轮的设计更加可靠和快捷。本章将详细介绍各种凸轮的设计方法，包括以下内容：

- 利用 CamTrax64 插件创建凸轮。
- 利用 Toolbox 插件创建凸轮。
- 凸轮的装配及动画。

10.1 CamTrax64 凸轮设计插件

10.1.1 概述

CamTrax（凸轮生成器）是一款基于 SolidWorks 软件创建凸轮的第三方插件，打开插件后，只需输入凸轮的各项参数，系统便自动生成相应的凸轮模型。在创建凸轮的过程中，用户还可以查看或输出凸轮的各项数据参数，使凸轮的设计更加可靠和方便。

本书中使用的 CamTrax64 插件为英文版，为了能方便地生成完整的凸轮，在使用此插件之前，需要先将 SolidWorks 软件改为英文菜单。

使用 CamTrax（凸轮生成器）可以很方便地创建圆形凸轮（图 10.1.1）、圆柱形凸轮（图 10.1.2）和线性凸轮（图 10.1.3）。下面以线性凸轮为例介绍使用 CamTrax 创建凸轮的操作过程。

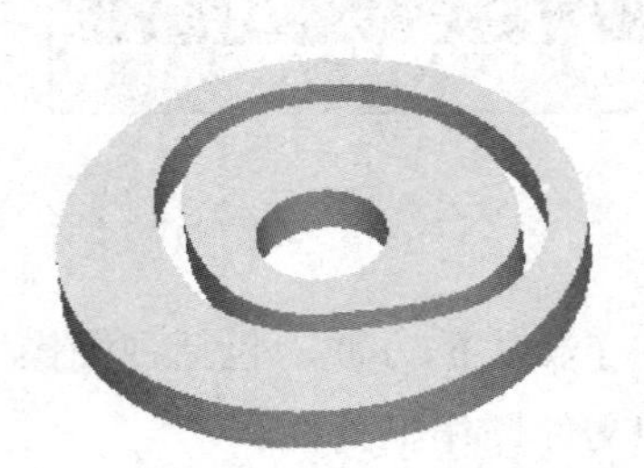

图 10.1.1 圆形凸轮

图 10.1.2 圆柱形凸轮

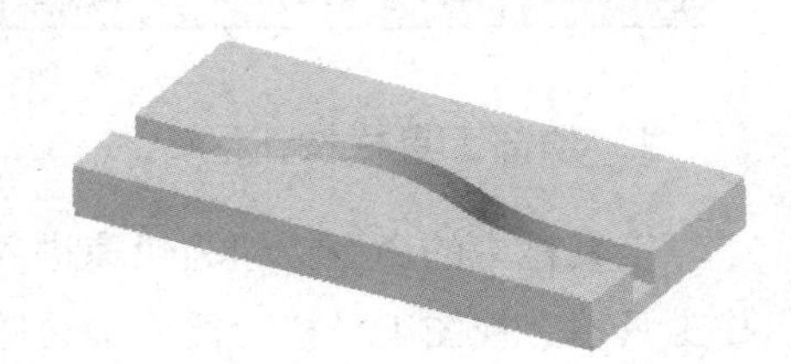

图 10.1.3 线性凸轮

10.1.2 创建线性凸轮

下面介绍创建线性凸轮的操作步骤。

Step1. 启动凸轮生成器（CamTrax64）。在 Windows 环境中选择 开始 → 所有程序 → Camnetics, Inc → CamTrax64-2013 命令，系统启动 CamTrax64（图 10.1.4）。

CamTrax64 界面主要包括顶部工具栏按钮区、下拉菜单区、一般选项区、参数设置区和图形区，如图 10.1.4 所示。

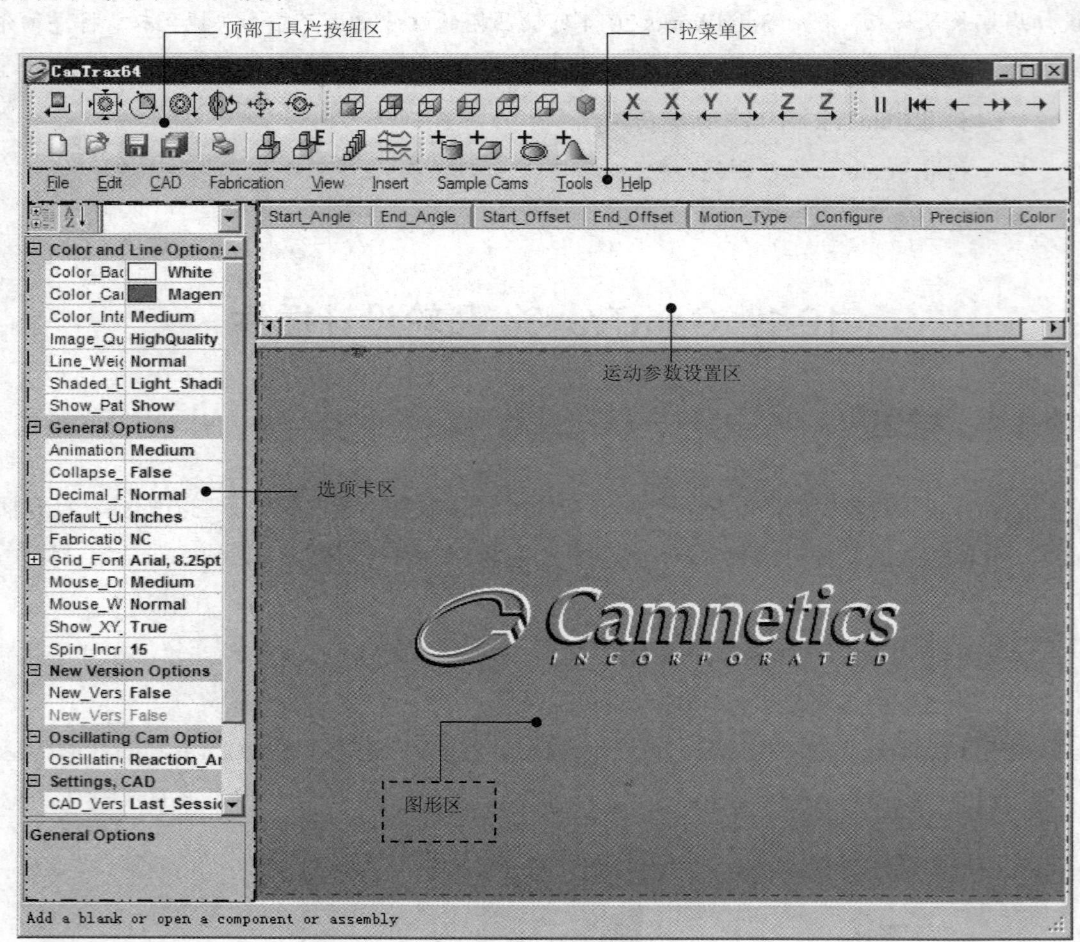

图 10.1.4 CamTrax64 界面

1. 顶部工具栏按钮区

工具栏中的命令按钮为快速进入命令及设置工作环境提供了极大的方便，包括视图操作工具栏、视图工具栏、播放工具栏、凸轮组件编辑工具栏和文件操作工具栏。

下面一一介绍这些工具栏的作用。

视图操作工具栏（图 10.1.5）主要用于对视图进行平移、缩放、旋转等操作，方便对模型进行查看。

视图工具栏（图 10.1.6）主要用于对模型进行定向放置，还可以将模型绕着 X、Y、Z

轴旋转。

图 10.1.5 视图操作工具栏

图 10.1.6 视图工具栏

播放工具栏（图 10.1.7）主要用于查看凸轮动画效果，还可以将模型绕着 X、Y、Z 轴旋转。

凸轮组件编辑工具栏（图 10.1.8）主要用于向凸轮组件中添加新的凸轮组件或路径，创建更加复杂的凸轮。

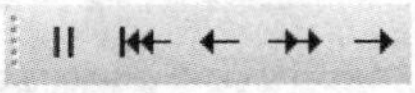

图 10.1.7 播放工具栏

图 10.1.8 凸轮组件编辑工具栏

文件操作工具栏（图 10.1.9）主要包括打开、保存、新建、创建 CAD 模型和编辑 CAD 模型等命令。

图 10.1.9 文件操作工具栏

2．下拉菜单区

下拉菜单区包含打开、保存、修改模型和设置凸轮参数的一些命令。

3．选项卡区

包括颜色和线型设置、一般设置、字体样式设置、可视化设置、摆动凸轮选项设置和 CAD 选项设置等；在进入到不同类型的凸轮创建环境后，该区域弹出不同的选项卡，可以设置不同类型凸轮的基本参数。

4．运动参数设置区

主要用于设置凸轮的开始角度、终止角度、开始偏移、终止偏移等参数。

5．图形区

CamTrax64 各种模型图像的显示区。

Step2. 进入线性凸轮环境。选择下拉菜单 Sample Cams → No Dwell ▸ → Linear 命令。系统进入到线性凸轮设计环境，在图形区出现线性凸轮预览图（图 10.1.10）。

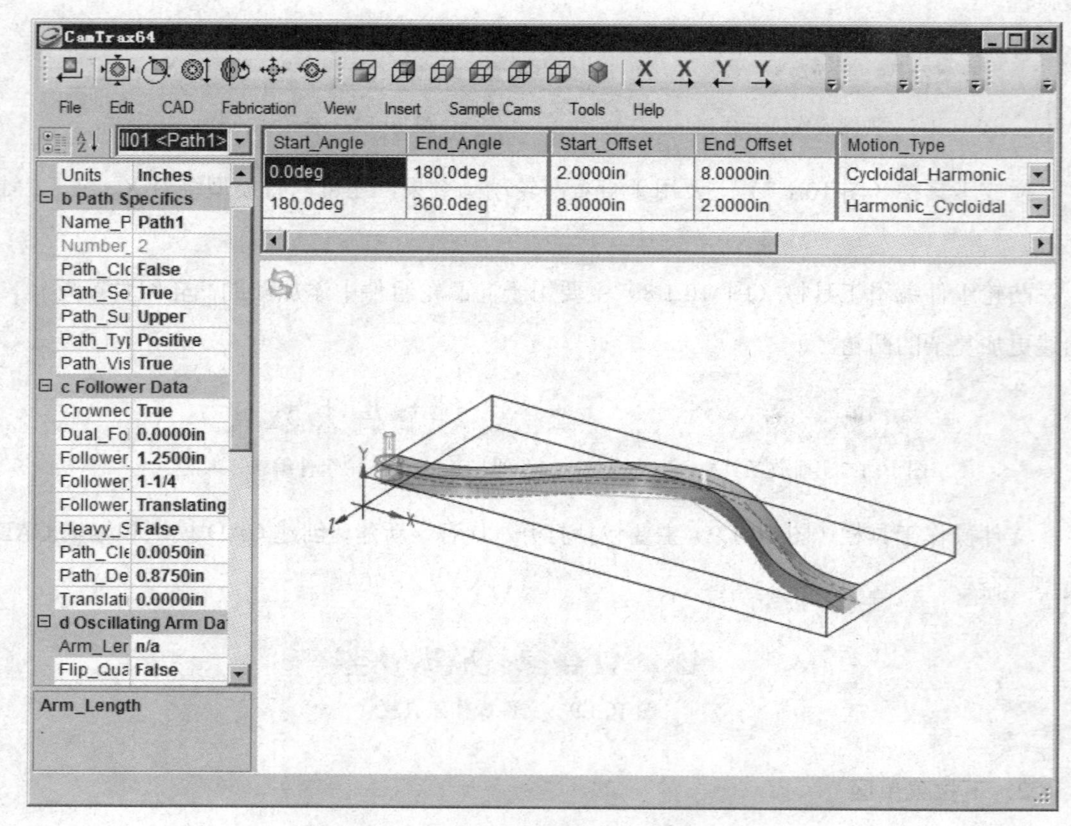

图 10.1.10　线性凸轮设计界面

说明：此处创建的是一个无停歇的线性凸轮，在 Sample Cams 下拉菜单中选择不同类型的凸轮可以进入到不同类型的凸轮设计环境。

Step3. 设置凸轮的路径参数。在选项区域顶部的下拉列表中选择 SampleLinearNoDwell01 <Path1> 选项，系统展开路径参数选项卡（图 10.1.11）。在 a Cam Blank Data 区域的 Units 下拉列表中选择 Metric （公制）选项；在 b Path Specifics 区域的 Path_Surface 下拉列表中选择 Upper （上部）选项，在 Path_Type 下拉列表中选择 Positive 选项。其他参数设置如图 10. 1.11 所示，此时的凸轮如图 10. 1.12 所示。

图 10. 1.11 所示的“凸轮路径参数”选项卡中的各选项说明如下：

- a Cam Blank Data 区域。在该区域的下拉列表中可设置凸轮的名称和尺寸单位。
  - ☑ Cam_Blank_Name ：设置凸轮名称。
  - ☑ Units ：设置凸轮尺寸单位，包括 Inches （英寸）和 Metric （公制）两种。

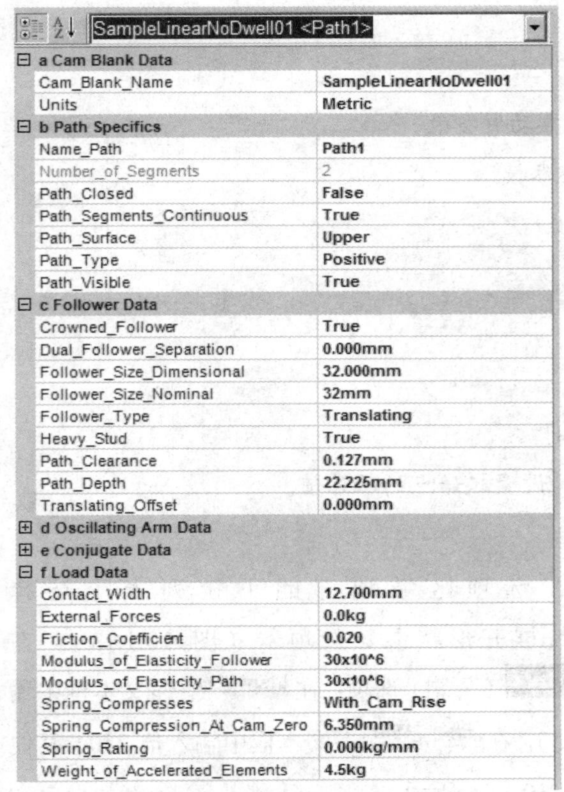

SampleLinearNoDwell01 <Path1>

⊟ a Cam Blank Data	
Cam_Blank_Name	SampleLinearNoDwell01
Units	Metric
⊟ b Path Specifics	
Name_Path	Path1
Number_of_Segments	2
Path_Closed	False
Path_Segments_Continuous	True
Path_Surface	Upper
Path_Type	Positive
Path_Visible	True
⊟ c Follower Data	
Crowned_Follower	True
Dual_Follower_Separation	0.000mm
Follower_Size_Dimensional	32.000mm
Follower_Size_Nominal	32mm
Follower_Type	Translating
Heavy_Stud	True
Path_Clearance	0.127mm
Path_Depth	22.225mm
Translating_Offset	0.000mm
⊞ d Oscillating Arm Data	
⊞ e Conjugate Data	
⊟ f Load Data	
Contact_Width	12.700mm
External_Forces	0.0kg
Friction_Coefficient	0.020
Modulus_of_Elasticity_Follower	30x10^6
Modulus_of_Elasticity_Path	30x10^6
Spring_Compresses	With_Cam_Rise
Spring_Compression_At_Cam_Zero	6.350mm
Spring_Rating	0.000kg/mm
Weight_of_Accelerated_Elements	4.5kg

图 10.1.11　“凸轮路径参数”选项卡

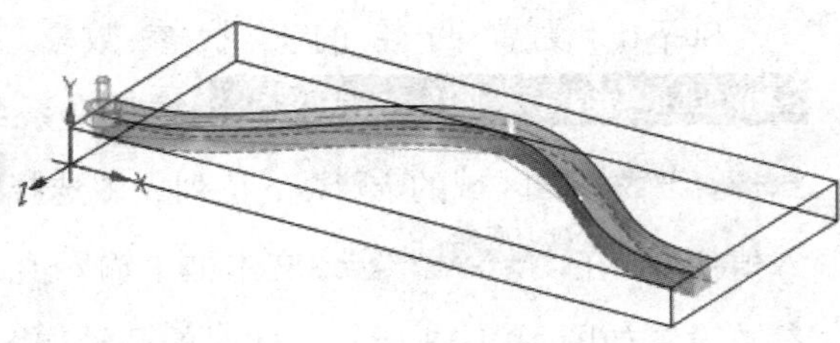

图 10.1.12　凸轮预览

- b Path Specifics 区域。定义凸轮路径。
  - ☑ Name_Path：设置路径名称。
  - ☑ Number_of_Segments：路径段数。
  - ☑ Path_Closed：闭合路径。
  - ☑ Path_Segments_Continuous：路径段连续性。
  - ☑ Path_Surface：路径生成面。
  - ☑ Path_Type：路径类型。
  - ☑ Path_Visible：路径可视化。
- c Follower Data 区域。定义与凸轮配合的从动件参数。
  - ☑ Crowned_Follower：从动件顶点。
  - ☑ Dual_Follower_Separation：分离从动件。
  - ☑ Follower_Size_Dimensional：从动件尺寸。
  - ☑ Follower_Size_Nominal：名义从动件尺寸。
  - ☑ Follower_Type：从动件类型。

- ☑ Path_Depth：与路径配合深度。
- ☑ Translating_Offset：偏移属性。

- d Oscillating Arm Data区域。用于设置摆动臂参数。
- e Conjugate Data区域。用于定义摩擦参数。
- f Load Data区域。用于定义负荷参数。
  - ☑ Contact_Width：接触宽度。
  - ☑ External_Forces：深凹槽。
  - ☑ Friction_Coefficient：负荷。
  - ☑ Spring_Compresses：弹性压缩属性。
  - ☑ Spring_Compression_At_Cam_Zero：设置起始点的压缩值。
  - ☑ Spring_Rating：设置弹性属性。

Step4. 设置凸轮的形状参数。在选项区域顶部的下拉列表中选择SampleLinearNoDwell01 <cam blank>选项，系统展开形状参数选项卡（图 10.1.13）。在a Cam Blank Data区域的Units下拉列表中选择Metric（公制）选项；在Blank_Length文本框中输入值 600，在Blank_Thickness文本框中输入值 35，在Blank_Width文本框中输入值 250。其他参数设置如图 10.1.13 所示，此时的凸轮如图 10.1.14 所示。

SampleLinearNoDwell01 <cam blank>

a Cam Blank Data	
Axis	Y
Blank_Length	600.000mm
Blank_Thickness	35.000mm
Blank_Width	250.000mm
Cam_Visible	True
Color_Cam_Blank	Black
Name_Cam_Blank	SampleLinearNoDwell01
Path_File	C:\Documents and Settings\u22\L
Units	Metric
b Cam Follower Direction	
Cycle_Time	1.000
Direction_Follower	Left_to_Right
k Mating Component	
X_Delta	0.000mm
Y_Delta	0.000mm
Z_Delta	0.000mm

图 10.1.13 “凸轮形状参数”选项卡

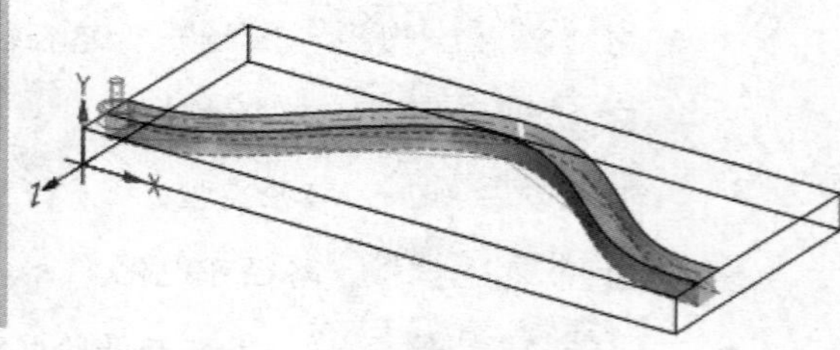

图 10.1.14 凸轮预览

图 10.1.13 所示的“凸轮形状参数”选项卡中的各选项说明如下：

- a Cam Blank Data区域。用于定义凸轮形状参数。
  - ☑ Axis：设置凸轮名称。
  - ☑ Blank_Length：凸轮长度。
  - ☑ Blank_Thickness：凸轮厚度。

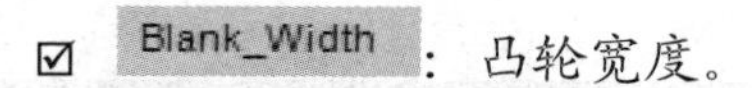

☑ Blank_Width：凸轮宽度。

☑ Cam_Visible：凸轮可视化。

☑ Color_Cam_Blank：凸轮颜色。

☑ Name_Cam_Blank：凸轮名称。

☑ Path_File：凸轮路径文件地址。

☑ Units：设置凸轮尺寸单位，包括 Inches（英寸）和 Metric（公制）两种。

- b Cam Follower Direction 区域。用于定义凸轮从动件参数。
- k Mating Component 区域。用于定义配合元件参数。

☑ X_Delta：X 方向增量。

☑ Y_Delta：Y 方向增量。

☑ Z_Delta：Z 方向增量。

Step5. 设置运动点参数。

（1）添加运动点。在运动参数区域的空白区域右击，系统弹出图 10.1.15 所示的快捷菜单，在快捷菜单中选择 Insert Segment 命令，插入两个运动点。

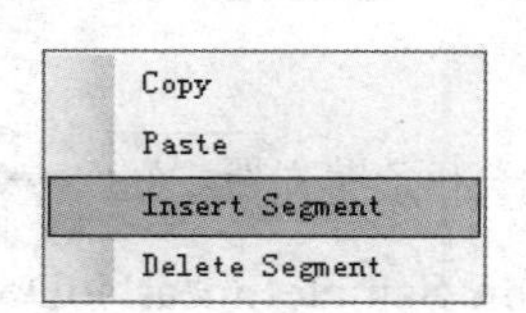

图 10.1.15 快捷菜单

（2）设置运动点参数。在运动参数区域的列表中输入图 10.1.16 所示的参数。结果如图 10.1.16 所示。

Start_Angle	End_Angle	Start_Offset	End_Offset	Motion_Type	Configure	Precision	Color
0.0deg	45.0deg	50.000mm	50.000mm	Dwell	Edit	1.0 Degree	Black
45.0deg	155.0deg	50.000mm	150.000mm	Harmonic	Edit	1.0 Degree	Black
155.0deg	300.0deg	150.000mm	50.000mm	Constant_Accelerat...	Edit	1.0 Degree	Black
300.0deg	360.0deg	50.000mm	50.000mm	Dwell	Edit	1.0 Degree	Black

图 10.1.16 设置运动点参数

说明：运动参数列表中 Start Angle 为起始角，End Angle 为终止角，Start Offset 为起始偏移量，End Offset 为终止偏移量，Motion Type 为运动类型（图 10.1.17），Configure 为配置，Precision 为精度，Color 为颜色。

英文	中文	英文	中文
By Pass	跳过（忽略）	Polynomial_8th_Power_rise	幂次多项式运动（上升）
Dwell	停歇	Polynomial_8th_Power_fall	幂次多项式运动（下降）
Cycloidal	摆线运动	Polynomial_345	多项式运动
Harmonic	简谐运动	Polynomial_4567	多项式运动
Modified_Sine	修正正弦运动	Polynomial_3456_rise	多项式运动（上升）
Modified_Trapezoid	修正梯形运动	Polynomial_3456_fall	多项式运动（下降）
Cycloidal_Harmonic	先摆线/后简谐运动	Constant_Acceleration	恒定加速度
Harmonic_Cycloidal	先简谐/后摆线运动	Double_Harmonic_Rise	双简谐运动（上升）
Constant_Velocity	等速度运动	Double_Harmonic_Fall	双简谐运动（下降）
Terminal_Velocity	终端速度（减速度）	User_Points	用户定义点

图 10.1.17　运动类型中英文对照

Step6. 查看凸轮轨迹图表。选择下拉菜单 View → Open Chart Window 命令。系统弹出图 10.1.18 所示的 Chart-Path1 on SampleLinearNoDwell01 对话框，在该对话框中可以查看轨迹相关数据图表，如位移、速度、加速度等。

说明：在 Chart-Path1 on SampleLinearNoDwell01 对话框中拖动图 10.1.18 所示的粉红色直线，可以查看任意位置的各项数据参数，在各图表左侧对应的文本框中显示查看点的具体数值。

Step7. 生成凸轮实体模型。当确认凸轮各项数据无误后，选择下拉菜单 CAD → Quick Create ▸ → Single Surface and Segments 命令。系统将在 SolidWorks 环境中自动生成图 10.1.19 所示的实体模型。

Step8. 数据输出。选择下拉菜单 Tools → Create Data Sheet ▸ → Excel File 命令。凸轮的数据以 Excel 表格的形式输出（图 10.1.20），保存并关闭 Excel 文件。

说明：选择下拉菜单 Tools → Create Data Sheet ▸ → Excel File 命令，凸轮数据以 TXT 文件形式输出（图 10.1.21）。

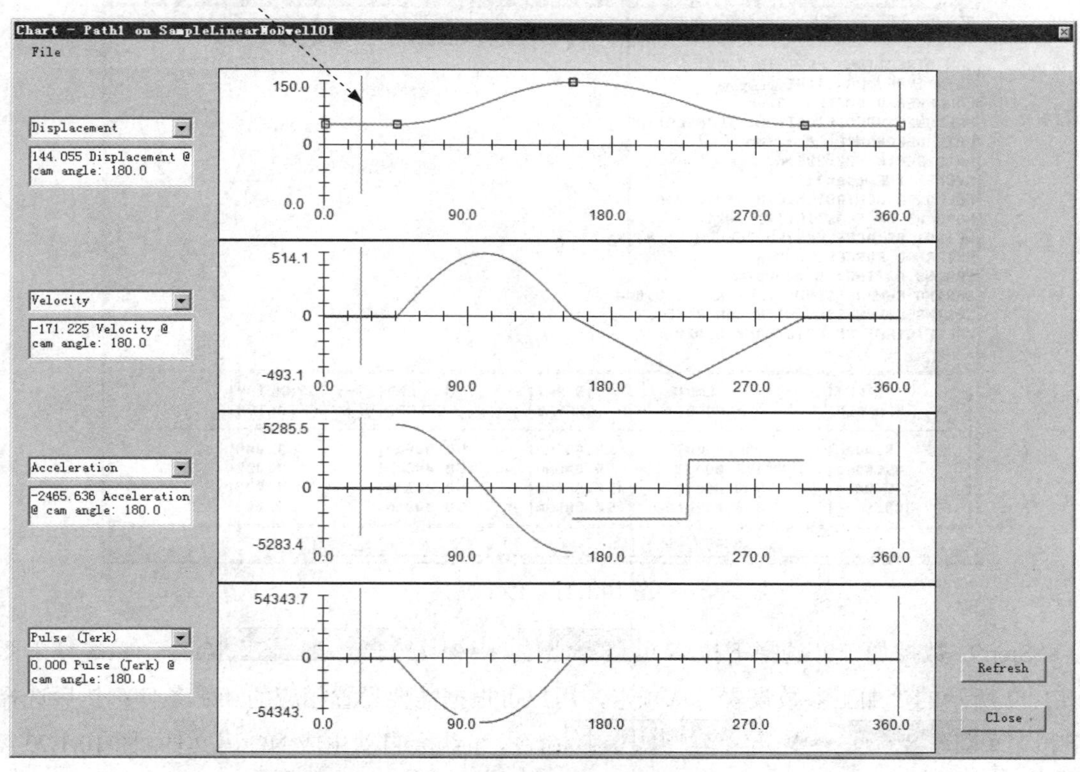

图 10.1.18 “Chart-Path1 on SampleLinearNoDwell01”对话框

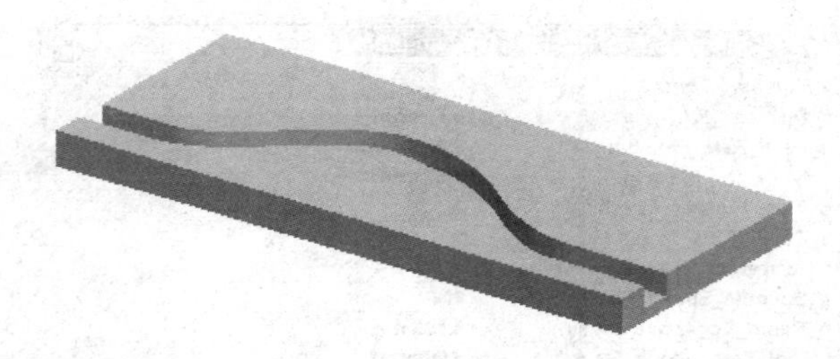

图 10.1.19 凸轮实体模型

Microsoft Excel - CamTrax64 SI Units

文件(F) 编辑(E) 视图(V) 插入(I) 格式(O) 工具(T) 数据(D) 窗口(W) 帮助(H) 键入需要帮助的问题

Arial 10

L8 fx

	Motion Parameters					Terminal/Constant Parameters			
Profile	Motion	Start Radius	End Radius	Start Angle	End Angle	Start Displ.	Start Angle	End Displ.	End Angle
1	Dwell	50.0000	50.0000	0.0	45.0				
2	Harmonic	50.0000	150.0000	45.0	155.0				
3	Constant_Accele	150.0000	50.0000	155.0	300.0				
4	Dwell	50.0000	50.0000	300.0	360.0				

Pressure Angle / Contact Stress / Normal Force / Pulse (jerk) / Radius of Curvature / Motion Shee

就绪 数字

图 10.1.20 Excel 文件

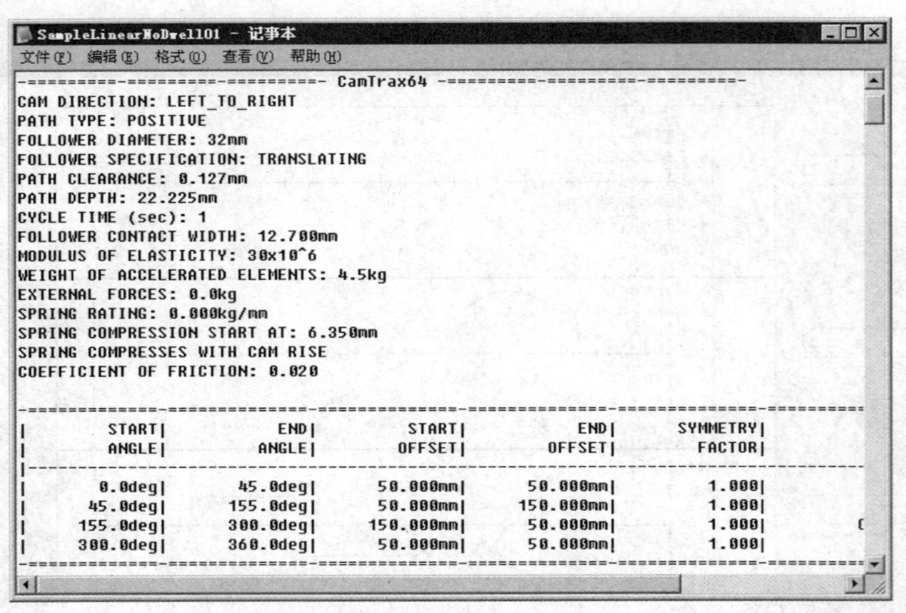

SampleLinearNoDwell01 - 记事本

文件(F) 编辑(E) 格式(O) 查看(V) 帮助(H)

```
-======================================- CamTrax64 -======================================-
CAM DIRECTION: LEFT_TO_RIGHT
PATH TYPE: POSITIVE
FOLLOWER DIAMETER: 32mm
FOLLOWER SPECIFICATION: TRANSLATING
PATH CLEARANCE: 0.127mm
PATH DEPTH: 22.225mm
CYCLE TIME (sec): 1
FOLLOWER CONTACT WIDTH: 12.700mm
MODULUS OF ELASTICITY: 30x10^6
WEIGHT OF ACCELERATED ELEMENTS: 4.5kg
EXTERNAL FORCES: 0.0kg
SPRING RATING: 0.000kg/mm
SPRING COMPRESSION START AT: 6.350mm
SPRING COMPRESSES WITH CAM RISE
COEFFICIENT OF FRICTION: 0.020

-=====================================================================================
|        START|          END|        START|          END|     SYMMETRY|
|        ANGLE|        ANGLE|       OFFSET|       OFFSET|       FACTOR|
|-------------------------------------------------------------------------------------
|       0.0deg|      45.0deg|     50.000mm|     50.000mm|        1.000|
|      45.0deg|     155.0deg|     50.000mm|    150.000mm|        1.000|
|     155.0deg|     300.0deg|    150.000mm|     50.000mm|        1.000|
|     300.0deg|     360.0deg|     50.000mm|     50.000mm|        1.000|
-=====================================================================================
```

图 10.1.21　TXT 文件

Step9. 数控加工。选择下拉菜单 Fabrication ➡ Activate Fabrication 命令。系统弹出图 10.1.22 所示的“加工参数设置”选项卡，用户可根据需要设置相应的加工条件；然后选择下拉菜单 Fabrication ➡ Process NC File 命令，系统会自动生成 NC 码文件（图 10.1.23），具体操作过程将不作赘述。

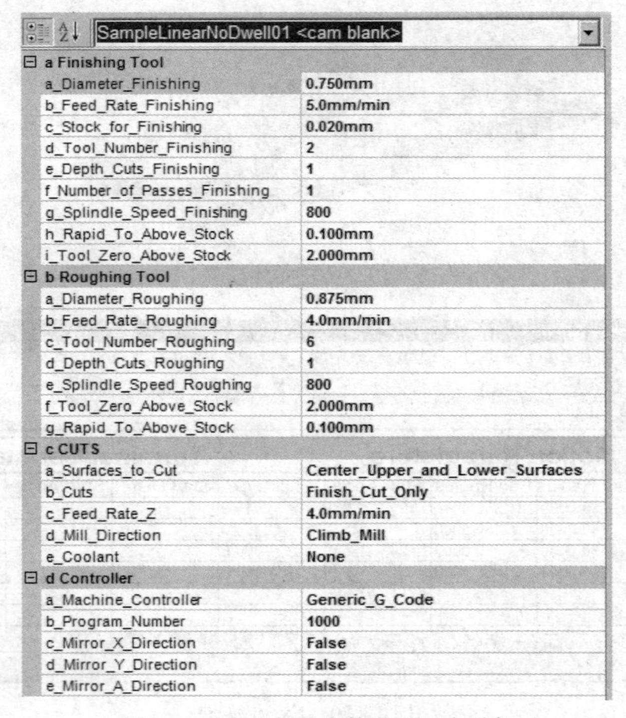

SampleLinearNoDwell01 <cam blank>

⊟ a Finishing Tool	
a_Diameter_Finishing	0.750mm
b_Feed_Rate_Finishing	5.0mm/min
c_Stock_for_Finishing	0.020mm
d_Tool_Number_Finishing	2
e_Depth_Cuts_Finishing	1
f_Number_of_Passes_Finishing	1
g_Splindle_Speed_Finishing	800
h_Rapid_To_Above_Stock	0.100mm
i_Tool_Zero_Above_Stock	2.000mm
⊟ b Roughing Tool	
a_Diameter_Roughing	0.875mm
b_Feed_Rate_Roughing	4.0mm/min
c_Tool_Number_Roughing	6
d_Depth_Cuts_Roughing	1
e_Splindle_Speed_Roughing	800
f_Tool_Zero_Above_Stock	2.000mm
g_Rapid_To_Above_Stock	0.100mm
⊟ c CUTS	
a_Surfaces_to_Cut	Center_Upper_and_Lower_Surfaces
b_Cuts	Finish_Cut_Only
c_Feed_Rate_Z	4.0mm/min
d_Mill_Direction	Climb_Mill
e_Coolant	None
⊟ d Controller	
a_Machine_Controller	Generic_G_Code
b_Program_Number	1000
c_Mirror_X_Direction	False
d_Mirror_Y_Direction	False
e_Mirror_A_Direction	False

图 10.1.22　“加工参数设置”选项卡

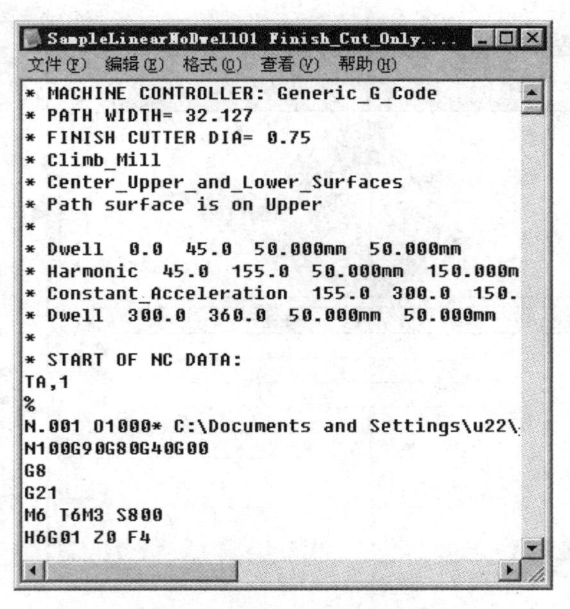
```
SampleLinearNoDwell01 Finish_Cut_Only....
文件(F) 编辑(E) 格式(O) 查看(V) 帮助(H)
* MACHINE CONTROLLER: Generic_G_Code
* PATH WIDTH= 32.127
* FINISH CUTTER DIA= 0.75
* Climb_Mill
* Center_Upper_and_Lower_Surfaces
* Path surface is on Upper
*
* Dwell  0.0  45.0  50.000mm  50.000mm
* Harmonic  45.0  155.0  50.000mm  150.000m
* Constant_Acceleration  155.0  300.0  150.
* Dwell  300.0  360.0  50.000mm  50.000mm
*
* START OF NC DATA:
TA,1
%
N.001 01000* C:\Documents and Settings\u22\
N100G90G80G40G00
G8
G21
M6 T6M3 S800
H6G01 Z0 F4
```

图 10.1.23 加工 NC 码文件

Step10. 保存零件模型，将零件模型命名为 linear。关闭 Solidworks 2014 和 CamTrax64。

10.2 使用 Toolbox 插件创建凸轮

使用 SolidWorks 2014 中的 Toolbox 插件也可以创建凸轮，与 CamTrax64 插件相比，Toolbox 插件中的凸轮功能少了圆柱形凸轮、轨迹参数的显示及加工功能。使用 Toolbox 插件创建凸轮前，先选择下拉菜单 工具(T) → 插件(D)... 命令，在弹出的“插件”窗口中选中 ☑ SolidWorks Toolbox 复选框，最后单击 确定 按钮。本节将详细介绍使用 Toolbox 插件创建圆形凸轮和线性凸轮的方法。

10.2.1 创建圆形凸轮

下面介绍创建圆形凸轮的一般操作步骤。

Step1. 新建一个零件文件，进入建模环境。

Step2. 选择命令。选择下拉菜单 Toolbox → 凸轮(C)... 命令，系统弹出图 10.2.1 所示的“凸轮-圆形”对话框（一）。

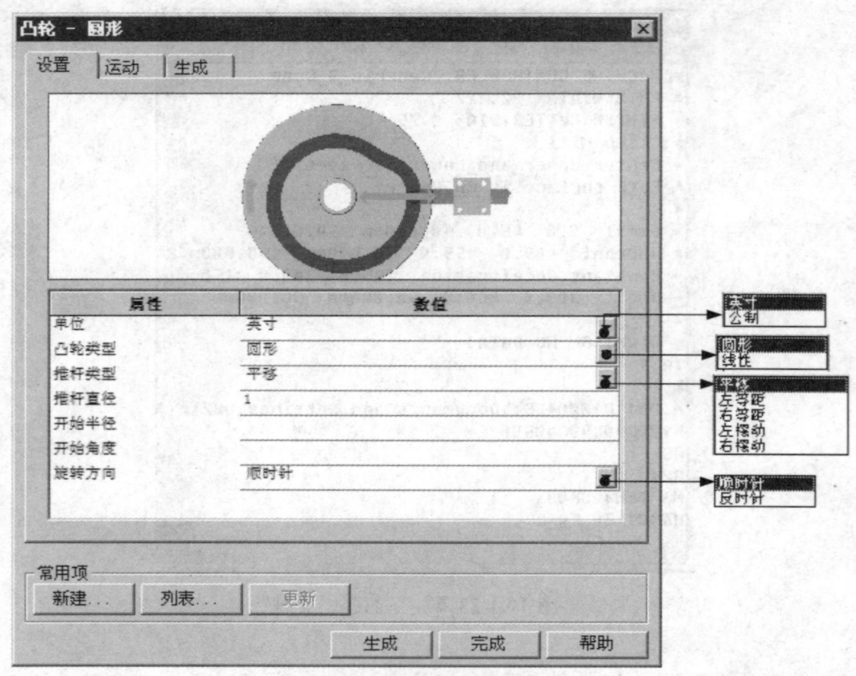

图 10.2.1 “凸轮-圆形”对话框（一）

图 10. 2.1 所示的“凸轮-圆形”对话框（一）的 设置 选项卡中的各选项说明如下：

- 单位：在该下拉列表中设置凸轮各参数所使用的单位类型，包括 英寸 和 公制。
- 凸轮类型：在该下拉列表中设置凸轮的类型，包括 圆形 和 线性。
- 推杆类型：在该下拉列表中设置推杆（从动件）的运动类型，包括 平移、左等距、右等距、左摆动 和 右摆动。
- 推杆直径：在其后的文本框中输入推杆的直径。
- 开始半径：开始半径为凸轮的旋转中心到推杆（滚轮）中心的距离。
- 开始角度：开始角度为凸轮旋转中心与推杆中心的连线与水平直线所成的角度。
- 当推杆类型为“左等距”或“右等距”时，对话框中会出现 等距距离 和 等距角度 文本框，其中“等距距离”为凸轮旋转中心到推杆的距离，“等距角度”为推杆与通过凸轮中心的水平线所成的角度。
- 当推杆类型为“左摆动”或“右摆动”时，可以在对话框出现的 臂枢轴 X 等距、臂枢轴 Y 等距 和 臂长度 文本框中设置相应的参数。

Step3. 设置基本参数。在“凸轮-圆形”对话框的 设置 选项卡中，设置图 10.2.2 所示的参数。

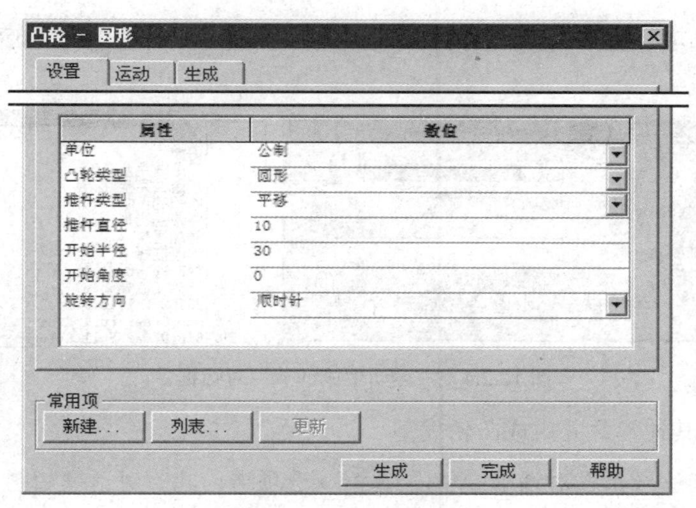

图 10.2.2　“凸轮-圆形”对话框（二）

Step4．设置运动参数。

（1）在“凸轮-圆形”对话框中单击 运动 选项卡，此时对话框如图 10.2.3 所示。

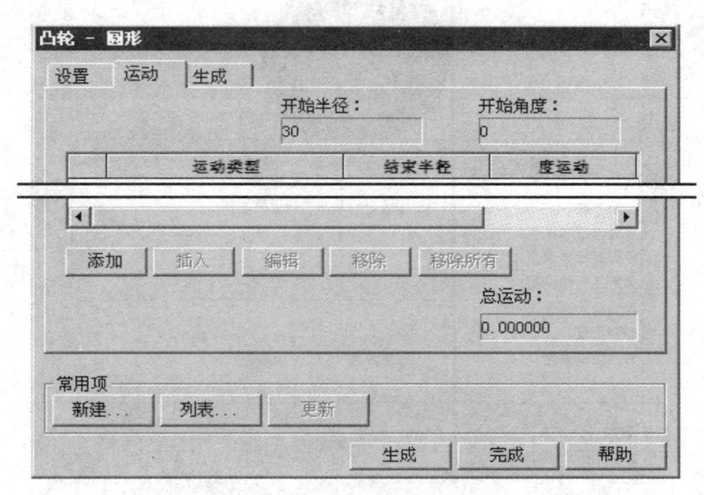

图 10.2.3　“凸轮-圆形”对话框（三）

（2）添加运动 1。在 运动 选项卡中单击 添加 按钮，系统弹出图 10.2.4 所示的“运动生成细节”对话框，在 运动类型： 后的下拉列表中选择 停顿 选项，在 度运动: 后的文本框中输入数值 110.0，其他参数采用系统默认值，单击 确定 按钮。

（3）添加运动 2。在 运动 选项卡中单击 添加 按钮，系统弹出“运动生成细节”对话框，在 运动类型： 后的下拉列表中选择 谐波 选项，在 结束半径: 后的文本框中输入数值 50.0，在 度运动: 后的文本框中输入数值 120.0，单击 确定 按钮。

（4）添加运动 3 和运动 4。运动 3 的设置为：在 运动类型： 后的下拉列表中选择 停顿 选项，在 度运动: 后的文本框中输入数值 10.0；运动 4 的设置为：在 运动类型： 后的下拉列表中

选择修改的正弦选项，在结束半径:后的文本框中输入数值 30.0，在度运动:后的文本框中输入数值 120.0。

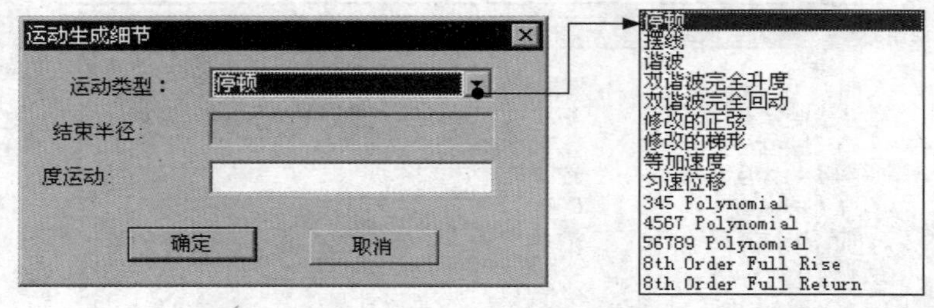

图 10.2.4 “运动生成细节”对话框

Step5. 设置其他参数并生成凸轮模型。

（1）在“凸轮-圆形”对话框中单击生成选项卡，此时对话框如图 10.2.5 所示。

图 10.2.5 “凸轮-圆形”对话框（四）

图 10.2.5 所示的“凸轮-圆形”对话框（四）的生成选项卡中的各选项说明如下：

- 说明：系统会根据运动选项卡和设置选项卡中的设置，自动在其后的文本框中显示凸轮的相关说明。
- 坯件外径和厚度：在其后的文本框中分别设置毛坯的外径和厚度。
- 近毂直径和长度：生成凸轮轨迹时，毛坯上先被切除的面为近端，靠近近端的毂为近毂，在近毂直径和长度后的文本框中分别设置近毂直径和近毂长度。
- 远毂直径和长度：与近端相反的一端为远端，靠近远端的毂为远毂，在远毂直径和长度后

的文本框中分别设置远毂的直径和长度。

- 通孔孔直径：在其后的文本框中输入凸轮中心孔（轴孔）的直径。
- 轨类型和深度：在其后的文本框中依次设置生成轨迹时，切除的类型和切除深度，其中切除类型分为给定深度和贯穿。
- 分辨类型和数值：分辨类型包括弦公差和角度增量，其中弦公差为凸轮轨迹上两个连续曲线点之间的弦和曲线的最大距离，角度增量为两个连续曲线点之间的最大角度。
- 轨道曲面：在其后的文本框中可设置凸轮轨道在毛坯上的位置类型，分为内部、外部和两者。
- 圆弧：选中其后的复选框后，系统将使用一系列相切的圆弧来生成凸轮轨迹，反之，将以一系列直线来生成凸轮轨迹。

（2）在对话框中添加图 10.2.6 所示的设置后，单击生成按钮，系统将自动生成图 10.2.7 所示的凸轮模型；在“凸轮-圆形”对话框中单击完成按钮，关闭对话框，完成圆形凸轮的创建。

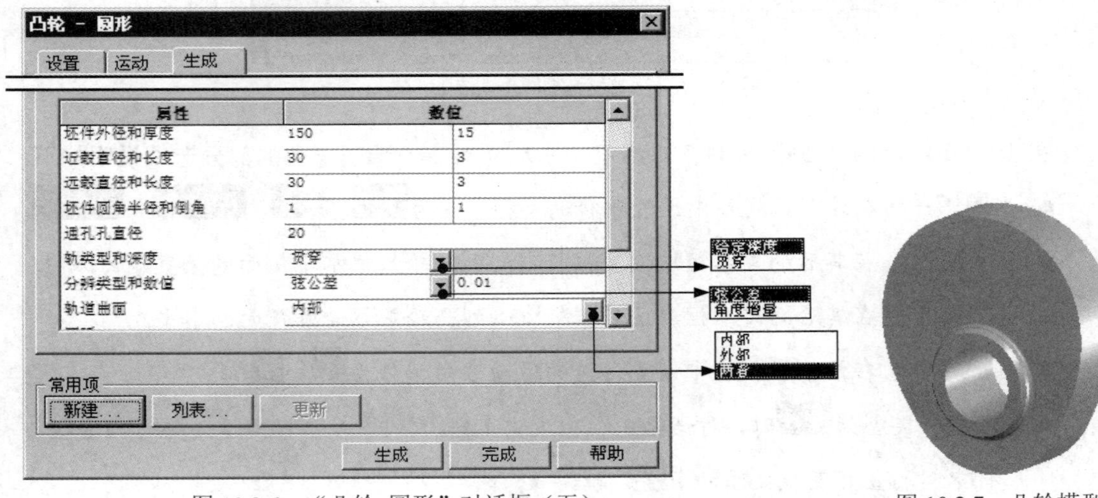

图 10.2.6 “凸轮-圆形”对话框（五）　　图 10.2.7 凸轮模型

Step6. 保存并关闭零件模型，将零件命名为 circle_02。

10.2.2 创建线性凸轮

下面介绍创建线性凸轮的一般操作步骤。

Step1. 新建一个零件文件，进入建模环境。

Step2. 选择命令。选择下拉菜单 Toolbox → 凸轮(C)... 命令，系统弹出“凸轮-圆形”对话框，在对话框的 凸轮类型 下拉列表中选择 线性 选项，此时对话框如图 10.2.8 所示。

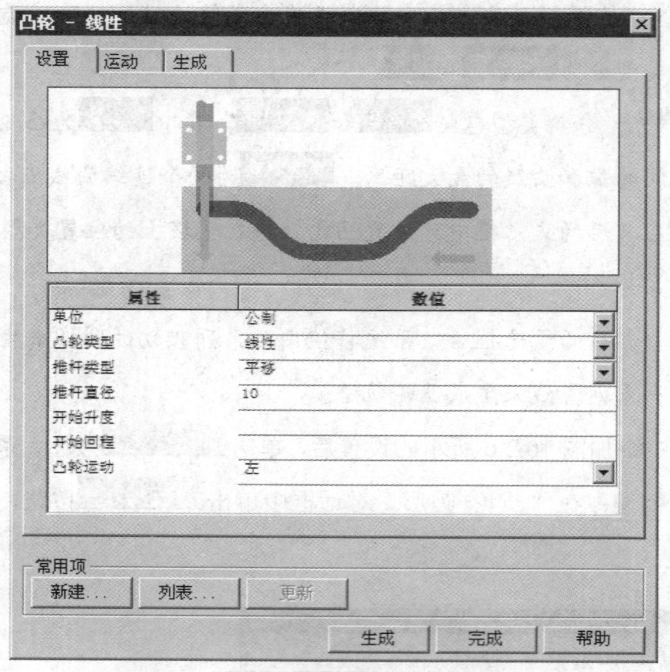

图 10.2.8 “凸轮-线性”对话框（一）

图 10.2.8 所示的“凸轮-线性”对话框（一）的 设置 选项卡中的部分选项说明如下：

- 推杆类型：在该下拉列表中设置推杆的类型，分为 平移、倾斜、摆动拖尾 和 摆动引导。
- 开始升度：在其后的文本框中设置推杆中心到凸轮基体水平侧面的竖直距离。
- 开始回程：在其后的文本框中设置推杆中心到凸轮基体竖直侧面的水平距离。
- 凸轮运动：在该下拉列表中设置凸轮的运动方向，分为 左 和 右。
- 当推杆类型为 倾斜 时，对话框中会出现文本框 推杆角度，推杆角度为推杆与通过推杆中心的竖直直线之间的角度。
- 当推杆类型为 摆动拖尾 或 摆动引导 时，对话框中会出现文本框 臂枢轴 X 等距、臂枢轴 Y 等距 和 臂长度，其中“臂枢轴 X 等距”为推杆末端中心到凸轮基体竖直侧边的水平距离，“臂枢轴 Y 等距”为推杆末端中心到凸轮基体水平侧边的竖直距离。

Step3. 设置基本参数。在“凸轮-线性”对话框的 设置 选项卡中，设置图 10.2.9 所示的参数。

Step4. 设置运动参数。

（1）添加运动 1。在“凸轮-线性”对话框中单击 运动 选项卡，然后在 运动 选项卡中单击 添加 按钮，系统弹出“运动生成细节”对话框，在 运动类型： 后的下拉列表中选择 等加速度 选项，在 结束升度 后的文本框中输入数值 60.0，在 行程距离 后的文本框中输入数值 70.0，单击 确定 按钮。

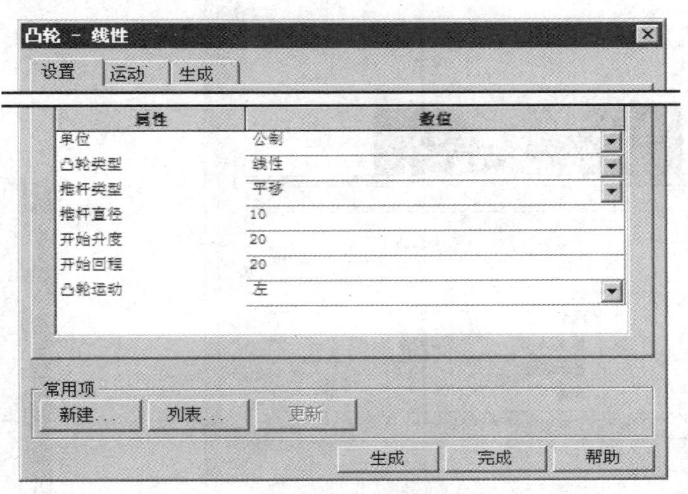

图 10.2.9 “凸轮-线性”对话框（二）

（2）添加运动 2 和运动 3。运动 2 的设置为：在 运动类型： 后的下拉列表中选择 停顿 选项，在 行程距离 后的文本框中输入数值 20.0；运动 3 的设置为：在 运动类型： 后的下拉列表中选择 双谐波完全升度 选项，在 结束升度 后的文本框中输入数值 20.0，在 行程距离 后的文本框中输入数值 70.0，结果如图 10.2.10 所示。

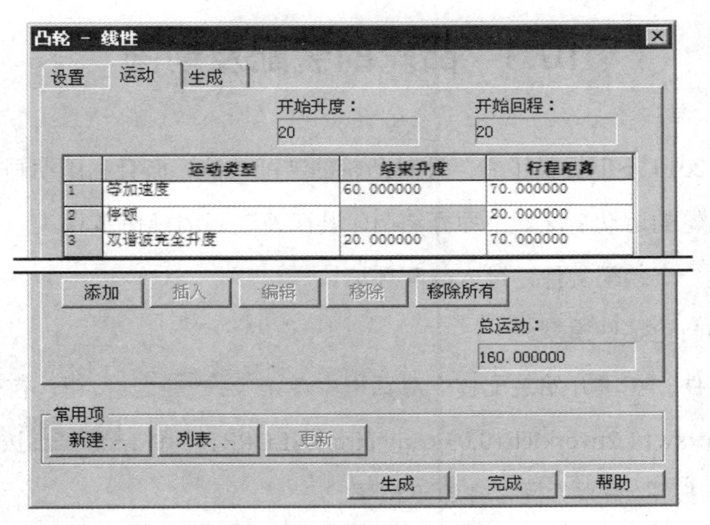

图 10.2.10 “凸轮-线性”对话框（三）

Step5. 设置其他参数并生成凸轮模型。在“凸轮-线性”对话框中单击 生成 选项卡，在对话框中添加图 10.2.11 所示的设置后，单击 生成 按钮，系统将自动生成图 10.2.12 所示的凸轮模型。

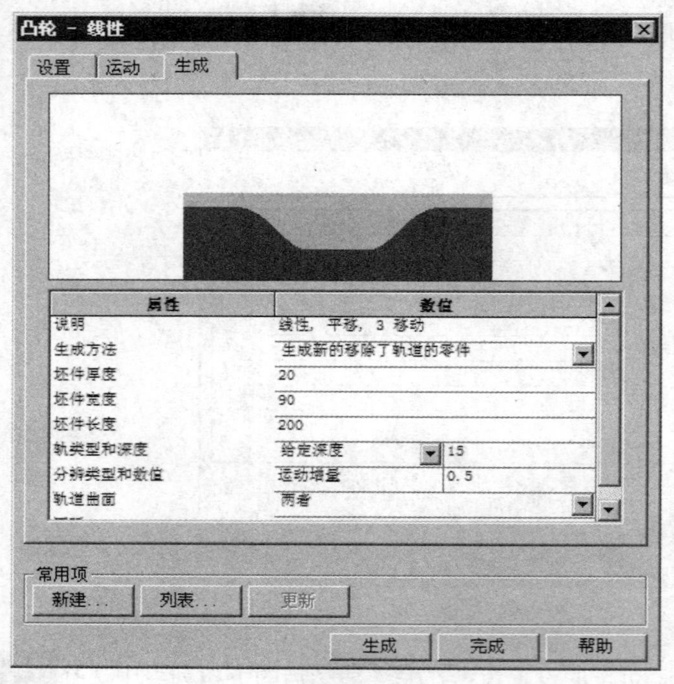

图 10.2.11 “凸轮-线性”对话框（四）

图 10.2.12 凸轮模型

Step6. 保存并关闭零件模型。将零件命名为 linear，在“凸轮-线性”对话框中单击 完成 按钮，关闭对话框，完成线性凸轮的创建。

10.3 凸轮的装配及动画

SolidWorks 2014 不但提供了专门针对凸轮的装配功能，而且利用动画仿真功能可以更加直观地观察凸轮的运动情况。下面介绍凸轮装配及动画的操作步骤。

Step1. 新建一个装配文件，进入装配环境。

Step2. 添加凸轮零件模型。

（1）引入零件。在“开始装配体”对话框中单击 浏览(B)... 按钮，在弹出的“打开”对话框中选取 D:\sw14.2\work\ch10.03\cam_circle.SLDPRT，单击 打开(O) 按钮。

（2）单击 ✔ 按钮，将零件固定在原点位置。

Step3. 浮动零部件。在设计树右击 (固定) cam_circle<1> (默认<<默认>_显示状态 1>)，在弹出的快捷菜单中选择 浮动(F) 命令，将零件由固定转为浮动。

Step4. 创建图 10.3.1 所示的基准轴 1（注：本步的详细操作过程请参见随书光盘中 video\ch10.03\reference\文件下的语音视频讲解文件 cam_circle-r01.avi）。

Step5. 创建图 10.3.2 所示的基准轴 2。（注：本步的详细操作过程请参见随书光盘中 video\ch10.03\reference\文件下的语音视频讲解文件 cam_circle-r02.avi）。

Step6. 添加图 10.3.3 所示的推杆装配体。选择下拉菜单 插入(I) → 零部件(O) → 现有零件/装配体(E)... 命令，在弹出的“插入零部件”窗口中单击 浏览(B)... 按钮，然后在“打开”对话框的 文件类型(T): 下拉列表中选择 装配体 (*.asm;*.sldasm) 选项，选取 D: \sw14.2\work\ch10.03\asm_01.SLDASM，单击 打开(O) 按钮，将装配体放置在图 10.3.3 所示的位置。

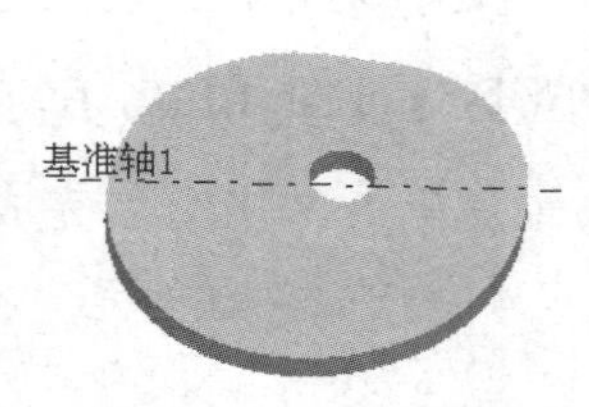

图 10.3.1 基准轴 1

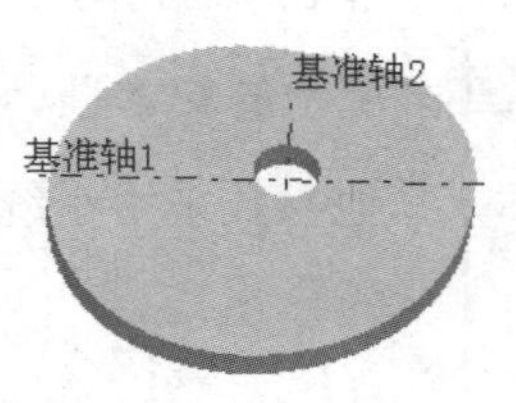

图 10.3.2 基准轴 2

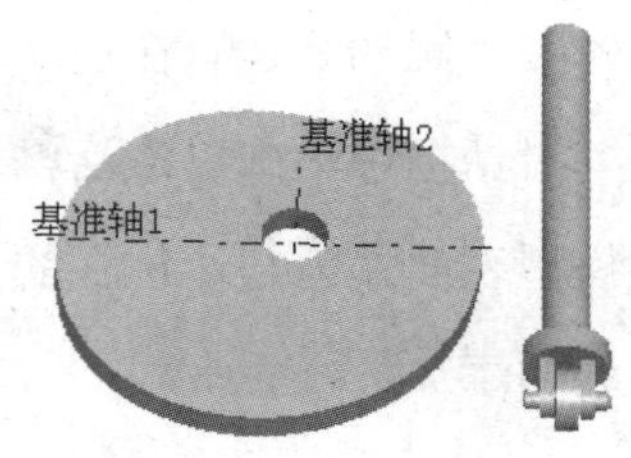

图 10.3.3 推杆装配体

Step7. 添加配合。

（1）添加“重合 1”配合。选择下拉菜单 插入(I) → 配合(M)... 命令，在设计树中先选取 基准轴2，然后展开 (-) cam_circle<1>，选取 基准轴1 作为参考实体，此时系统默认的配合类型为重合，在弹出的快捷工具条中单击 ✓ 按钮。

（2）添加“重合 2”配合。在设计树中选取 上视基准面，然后展开 (-) cam_circle<1> 节点，选取 上视基准面 作为参考实体，在弹出的快捷工具条中单击 ✓ 按钮。

（3）添加“重合 3”配合。选择下拉菜单 视图(V) → 临时轴(X) 命令（即显示临时轴），选取图 10.3.4 所示的基准轴 1 和临时轴作为参考实体，在弹出的快捷工具条中单击 ✓ 按钮并取消显示临时轴。

（4）添加“重合 4”配合。在设计树中先选取 上视基准面，然后展开 (-) asm_01<1> (默认<显示状态-1>)，选取 前视基准面 作为参考实体，在弹出的快捷工具条中单击 ✓ 按钮。

（5）添加“凸轮”配合。在“配合”对话框中展开 机械配合(A) 区域，单击（凸轮）按钮，选取图 10.3.5 所示的面组为要配合的实体，单击以激活 凸轮推杆: 文本框，选取图 10.3.5 所示的面作为凸轮推杆配合面。

（6）在“配合”对话框中单击✔按钮，完成凸轮配合的添加。

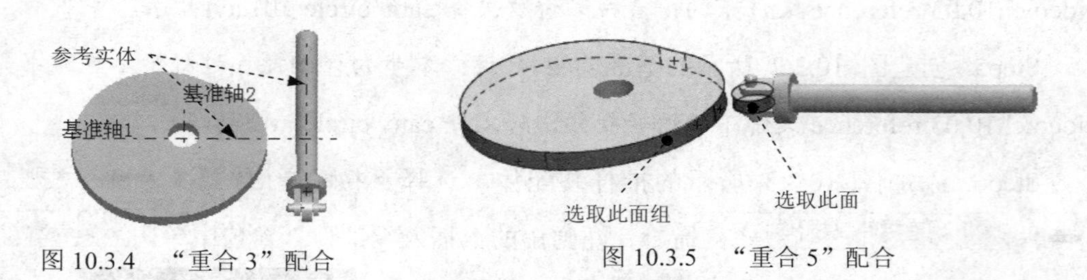

图 10.3.4 “重合 3”配合　　图 10.3.5 “重合 5”配合

Step8. 创建动画。

（1）展开运动算例界面。单击 运动算例 1 按钮，展开运动算例界面。

（2）添加马达。在运动算例工具栏中单击按钮，系统弹出“马达”对话框；在“马达”对话框中单击以激活 零部件/方向(D) 区域中的文本框，然后在图形区选取图 10.3.6 所示的模型表面作为马达位置的参考实体，其他参数采用系统默认值，最后单击✔按钮，完成马达的添加。

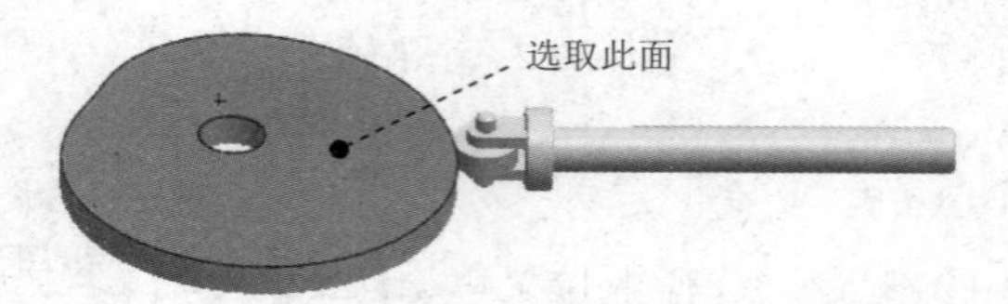

图 10.3.6 编辑马达

Step9. 在运动算例界面的工具栏中单击▶按钮，观察动画。

Step10. 保存并关闭装配体，将装配体命名为 cam。

第 11 章 有限元结构分析

本章包括

- SolidWorks Simulation 插件的激活和设置。
- 有限元分析一般过程。
- 有限元分析实例。

11.1 概　述

在现代先进制造领域中，我们经常会碰到的问题是计算和校验零部件的强度、刚度以及对机器整体或部件进行结构分析等。

一般情况下，我们运用力学原理已经得到了它们的基本方程和边界条件，但是能用解析方法求解的只是少数性质比较简单、边界条件比较规则的问题。绝大多数工程技术问题很少有解析解。

处理这类问题通常有两种方法：

一种是引入简化假设，达到能用解析解法求解的地步，求得在简化状态下的解析解，这种方法并不总是可行的，通常可能导致不正确的解答。

另一种途径是保留问题的复杂性，利用数值计算的方法求得问题的近似数值解。

随着电子计算机的飞跃发展和广泛使用，已逐步趋向于采用数值方法来求解复杂的工程实际问题，而有限元法是这方面的一个比较新颖并且十分有效的数值方法。

有限元法是根据变分法原理来求解数学物理问题的一种数值计算方法。由于工程上的需要，特别是高速电子计算机的发展与应用，有限元法才在结构分析矩阵方法的基础上，迅速地发展起来，并得到越来越广泛的应用。

有限元法之所以能得到迅速的发展和广泛的应用，除了高速计算机的出现与发展提供了充分有利的条件以外，还与有限元法本身所具有的优越性是分不开的。其中主要有：

（1）可完成一般力学中无法解决的对复杂结构的分析问题。

（2）引入边界条件的办法简单，为编编通用化的程序带来了极大的简化。

（3）有限元法不仅适应于复杂的几何形状和边界条件，而且能应用于复杂的材料性质问题。它还成功地用来求解如热传导、流体力学以及电磁场、生物力学等领域的问题。它几乎适用于求解所有关于连续介质和场的问题。

有限元法的应用与电子计算机紧密相关，由于该法采用矩阵形式表达，便于编制计算

机程序，可以充分利用高速电子计算机所提供的方便。因而，有限元法已被公认为工程分析的有效工具，受到普遍的重视。随着机械产品日益向高速、高效、高精度和高度自动化技术方向发展，有限元法在现代先进制造技术的作用和地位也越来越显著，它已经成为现代机械产品设计中的一种重要的且必不可少的工具。

11.2 SolidWorks Simulation 插件

11.2.1 SolidWorks Simulation 插件的激活

SolidWorks Simulation 是 SolidWorks 组件中的一个插件，只有激活该插件后才可以使用，激活 SolidWorks Simulation 插件后，系统会增加用于结构分析的工具栏和下拉菜单。激活 SolidWorks Simulation 插件的操作步骤如下：

Step1. 选择命令。选择下拉菜单 工具(T) → 插件(D)... 命令，系统弹出图 11.2.1 所示的“插件”对话框。

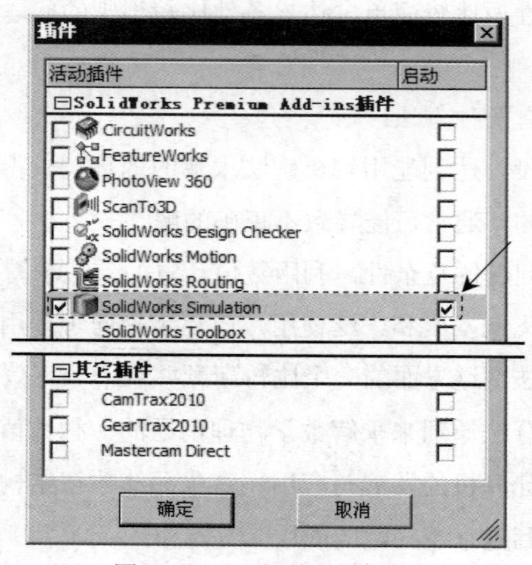

图 11.2.1 “插件”对话框

Step2. 在“插件”对话框中选中 SolidWorks Simulation 复选框，如图 11.2.1 所示。

Step3. 单击 确定 按钮，完成 SolidWorks Simulation 插件的激活。

11.2.2 SolidWorks Simulation 插件的工作界面

打开文件 D:\sw14.2\work\ch11.02\ok\analysis.SLDPRT。进入到 SolidWorks Simulation 环境后如图 11.2.2 所示。

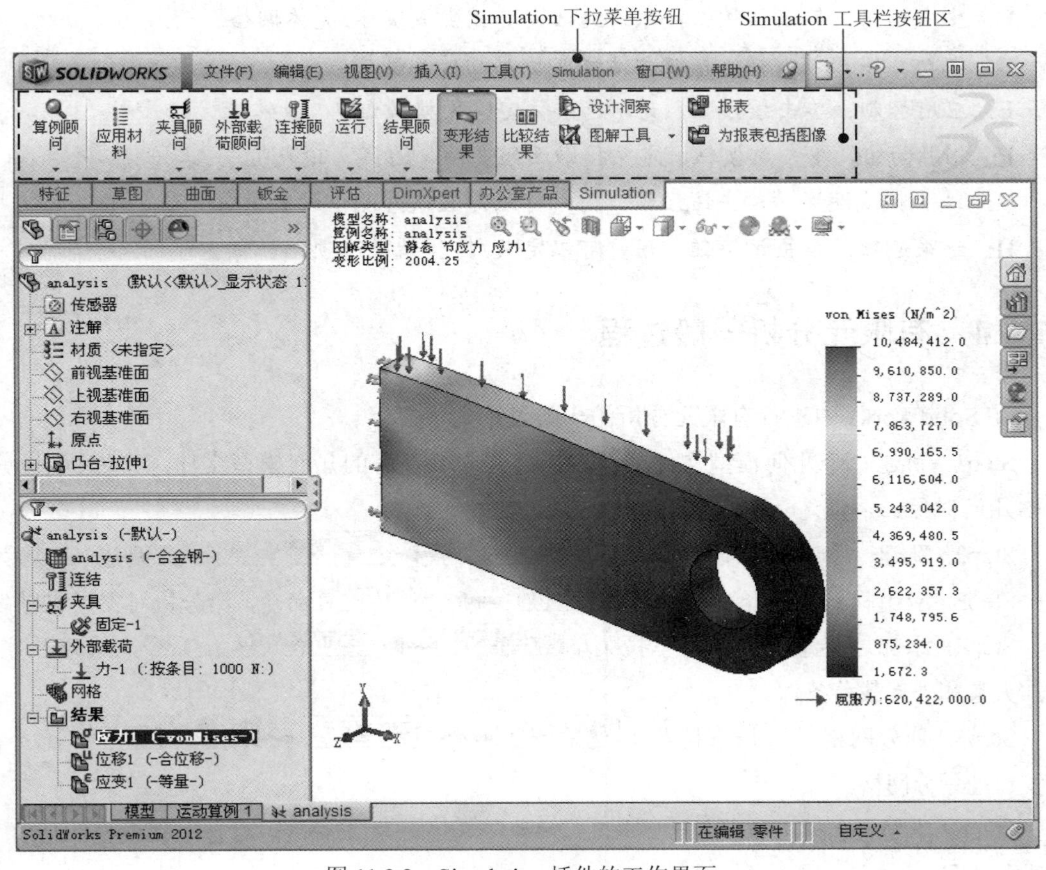

图 11.2.2 Simulation 插件的工作界面

11.2.3 SolidWorks Simulation 工具栏命令介绍

工具栏中的命令按钮为快速进入命令及设置工作环境提供了极大的方便，使用工具栏中的命令按钮能够有效地提高工作效率，用户也可以根据具体情况定制工具栏，如图 11.2.3 所示。

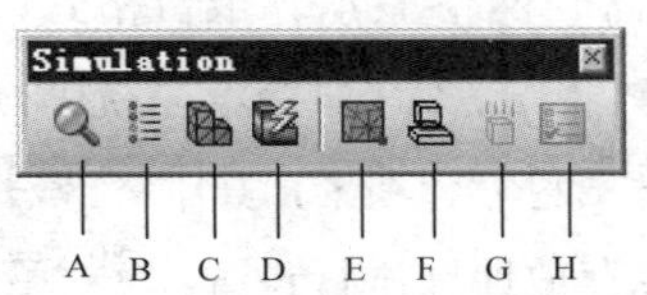

图 11.2.3 Simulation 工具栏

图 11.2.3 所示的 Simulation 工具栏中的按钮说明如下：

A：新算例。单击该按钮，系统弹出“算例”对话框，用户可以定义一个新的算例。

B：应用材料。单击该按钮，系统弹出“材料”对话框，用户可以给分析对象添加材

料属性。

C：生成网格。单击该按钮，系统为活动算例生成实体/壳体网格。

D：运行。单击该按钮，系统为活动算例启动解算器。

E：应用控制。单击该按钮，为所选实体定义网格控制。

F：相触面组。单击该按钮，定义接触面组（面、边线、顶点）。

G：跌落测试设置。单击该按钮，用户可以定义跌落测试设置。

H：结果选项。单击该按钮，用户可以定义/编辑结果选项。

11.2.4 有限元分析一般过程

在 SolidWorks 中进行有限元分析的一般过程如下：

Step1. 新建一个几何模型文件或者直接打开一个现有的几何模型文件，作为有限元分析的几何对象。

Step2. 新建一个算例。选择下拉菜单 Simulation → 算例(S)… 命令，新建一个算例。

Step3. 应用材料。选择下拉菜单 Simulation → 材料(T) 命令，给分析对象指定材料。

Step4. 添加边界条件。选择下拉菜单 Simulation → 载荷/夹具(L) 命令，给分析对象添加夹具和外部载荷条件。

Step5. 划分网格。选择下拉菜单 Simulation → 网格(M) → 生成(C)… 命令，系统自动划分网格。

Step6. 求解。选择下拉菜单 Simulation → 运行(U)… 命令，对有限元模型的计算工况进行求解。

Step7. 查看和评估结果。显示结果图解，对图解结果进行分析，评估设计是否符合要求。

11.2.5 有限元分析选项设置

在开始分析项目之前，应该对有限元分析环境进行预设置，包括单位、结果文件及数据库存放地址、默认图解显示方法、网格显示、报告格式以及各种图标颜色设置等。

选择下拉菜单 Simulation → 选项(O)... 命令，系统弹出“系统选项— 一般”对话框，在对话框中包括 系统选项 和 默认选项 两个选项卡，其中 系统选项 是针对所有算例的，可以对错误信息、网格颜色以及默认数据库存放地址进行设置；默认选项 只针对新建的算例，包括算例中的各种设置。

Step1. 选择下拉菜单 Simulation → 选项(O)... 命令，系统弹出“系统选项— 一般”对话框。

Step2. 在“系统选项— 一般”对话框中单击 系统选项 选项卡，在左侧列表中选择 普通 选

项，此时对话框如图 11.2.4 所示。

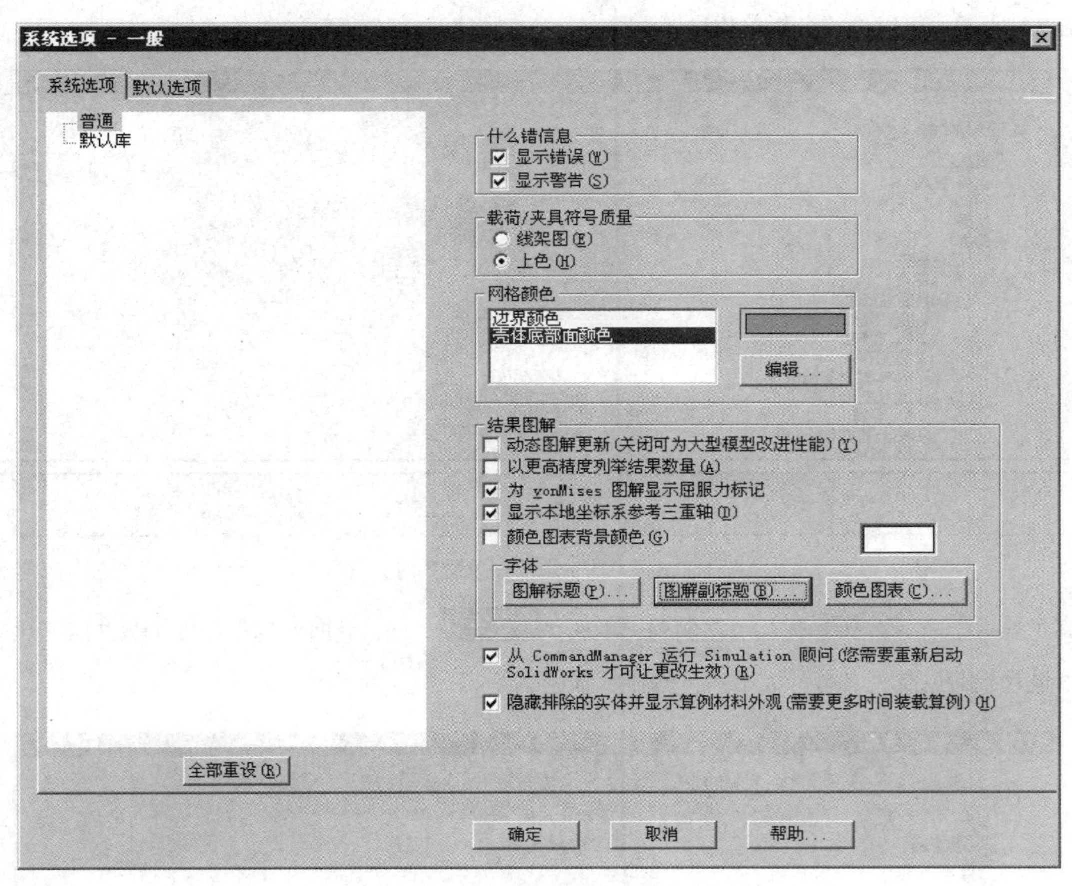

图 11.2.4 “系统选项——一般”对话框

Step3. 在“系统选项— 一般”对话框中左侧列表中选择默认库选项，此时对话框如图 11.2.5 所示，可以设置数据库的存放地址。

图 11.2.5 “系统选项—默认库”对话框

Step4. 在对话框中单击默认选项选项卡，在左侧列表中选择单位选项，此时对话框如图 11.2.6 所示。可以进行分析单位设置。

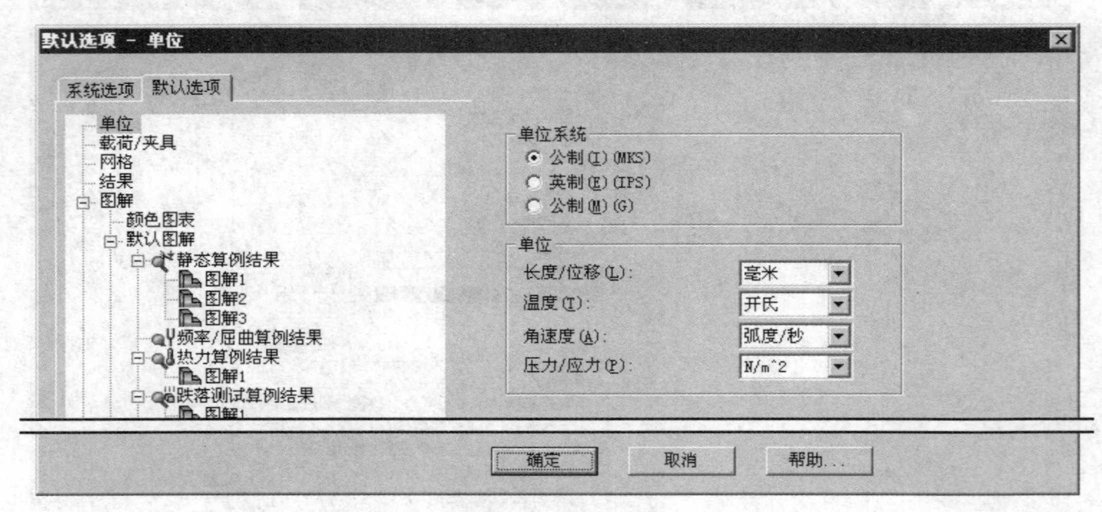

图 11.2.6　“默认选项—单位”对话框

Step5. 在默认选项选项卡左侧列表中选择载荷/夹具选项，此时对话框如图 11.2.7 所示。可以设置载荷以及夹具符号大小和符号显示颜色。

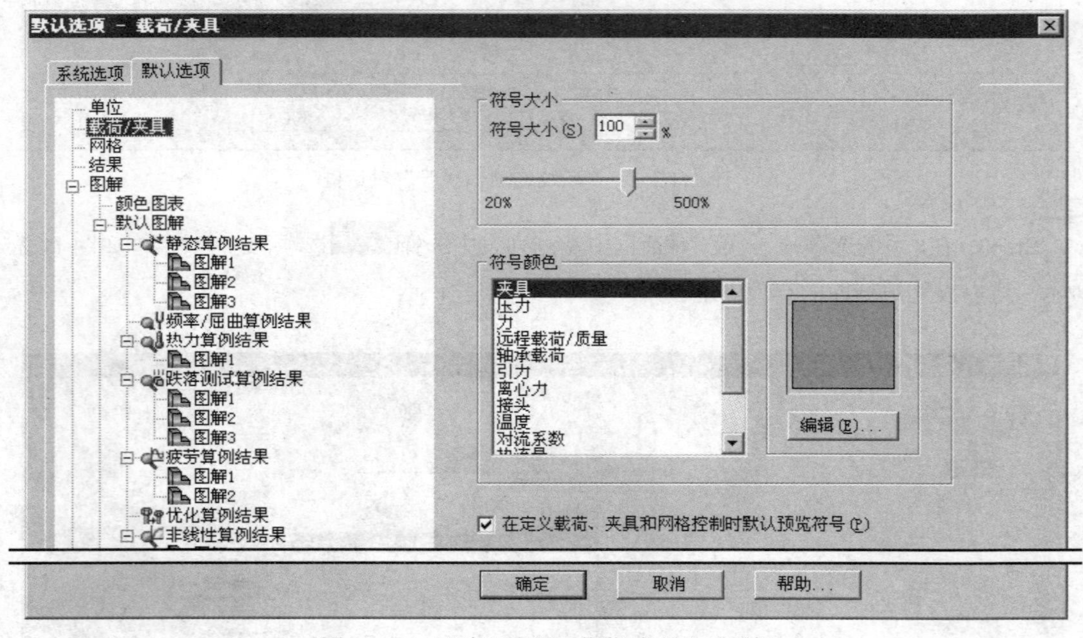

图 11.2.7　“默认选项—载荷/夹具”对话框

Step6. 在默认选项选项卡左侧列表中选择网格选项，此时对话框如图 11.2.8 所示。可以设置网格参数。

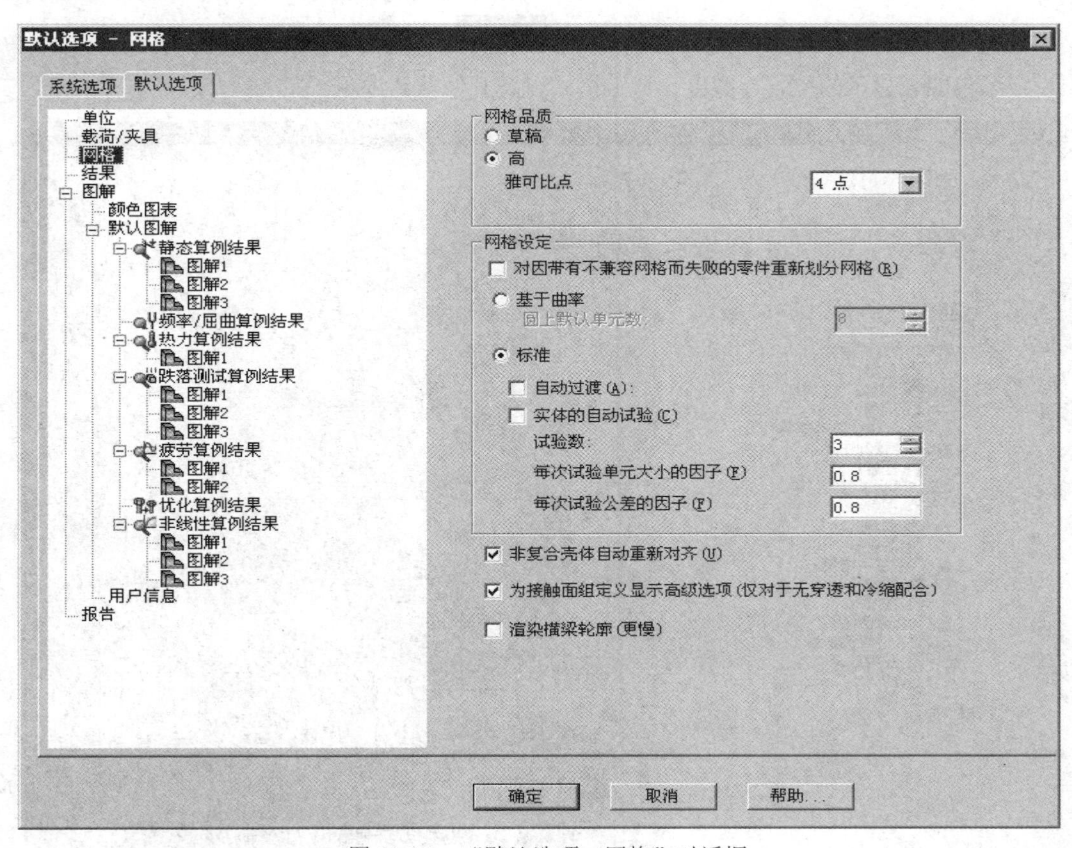

图 11.2.8 “默认选项—网格”对话框

Step7. 在默认选项选项卡左侧列表中选择结果选项，此时对话框如图 11.2.9 所示。可以设置默认解算器以及分析结果文件的存放地址。

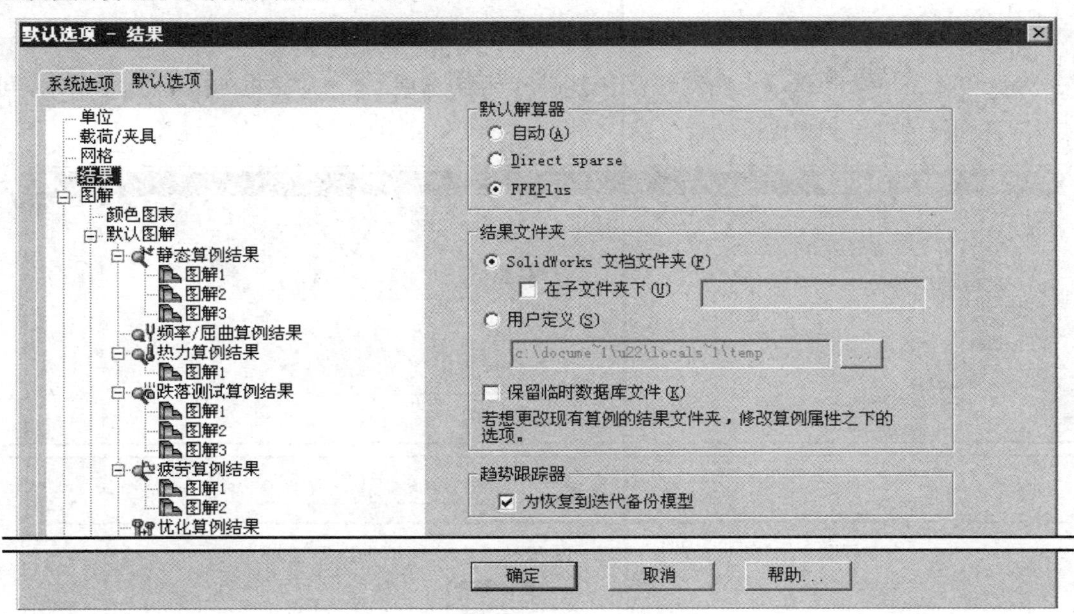

图 11.2.9 “默认选项—结果”对话框

Step8. 在默认选项选项卡左侧列表中选择颜色图表选项，此时对话框如图 11.2.10 所示。可以设置颜色图表显示的位置、宽度、数字格式以及其他默认选项。

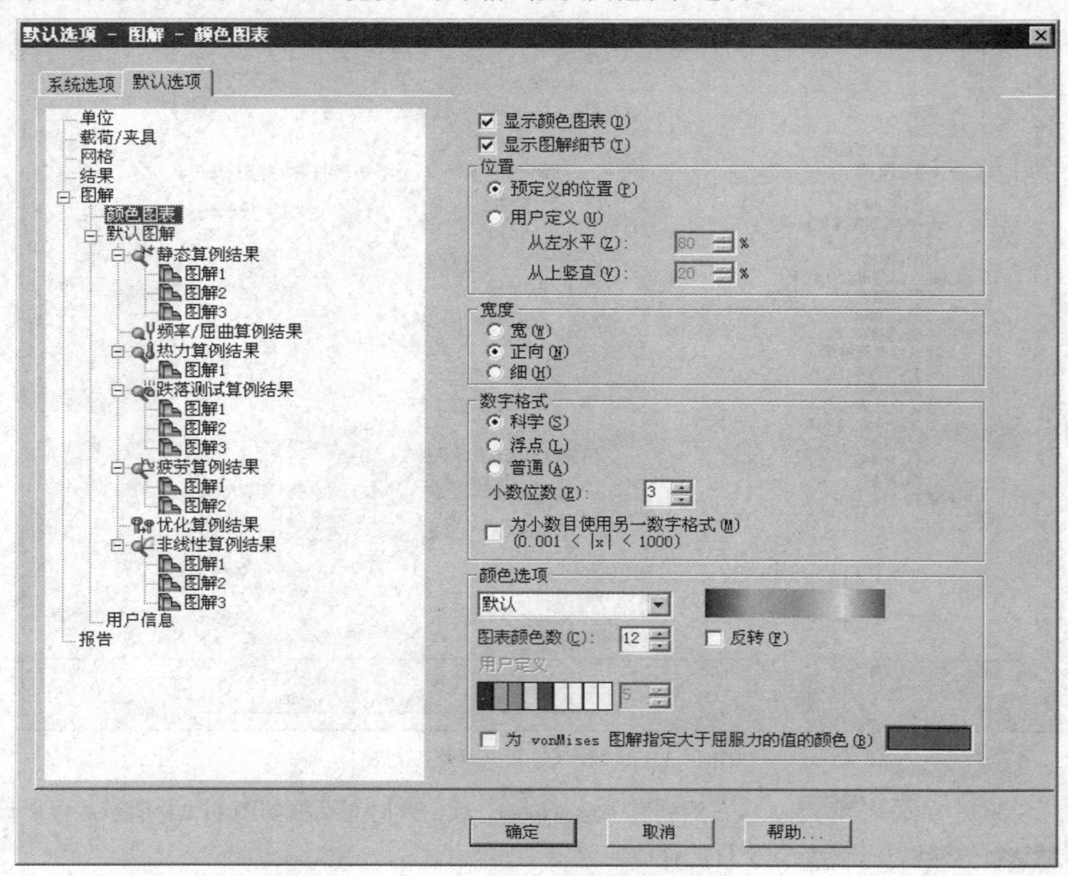

图 11.2.10 “默认选项—图解—颜色图表”对话框

Step9. 在默认选项选项卡左侧列表中选择图解1选项，此时对话框如图 11.2.11 所示。可以设置各图解的结果类型以及结果分量。

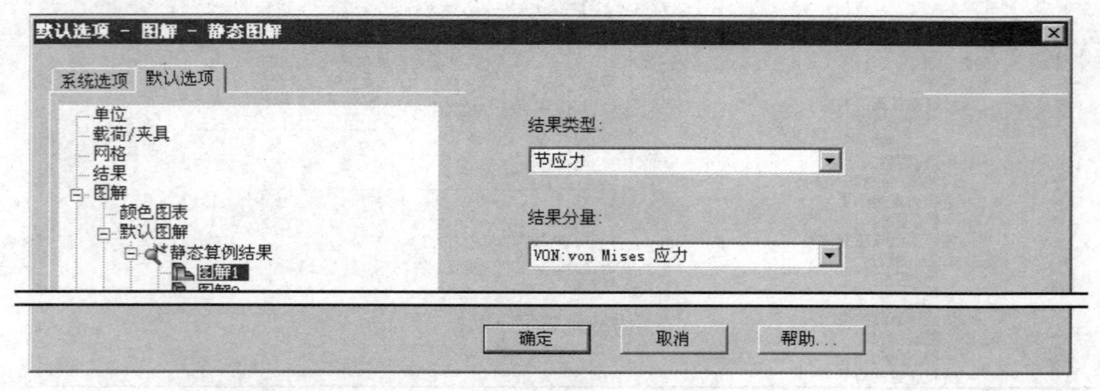

图 11.2.11 “默认选项—图解—静态算例结果”对话框

Step10. 在默认选项选项卡左侧列表中选择用户信息选项，此时对话框如图 11.2.12 所示。

可以设置用户基本信息，包括公司名称、公司标志以及作者名称。

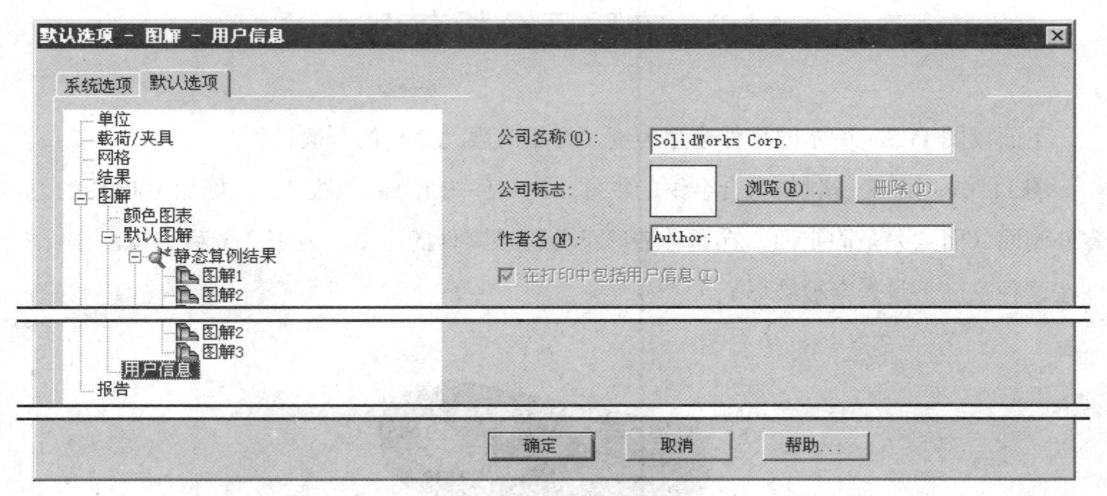

图 11.2.12 “默认选项—图解—用户信息”对话框

Step11. 在默认选项选项卡左侧列表中选择报告选项，此时对话框如图 11.2.13 所示。可以设置分析报告格式。

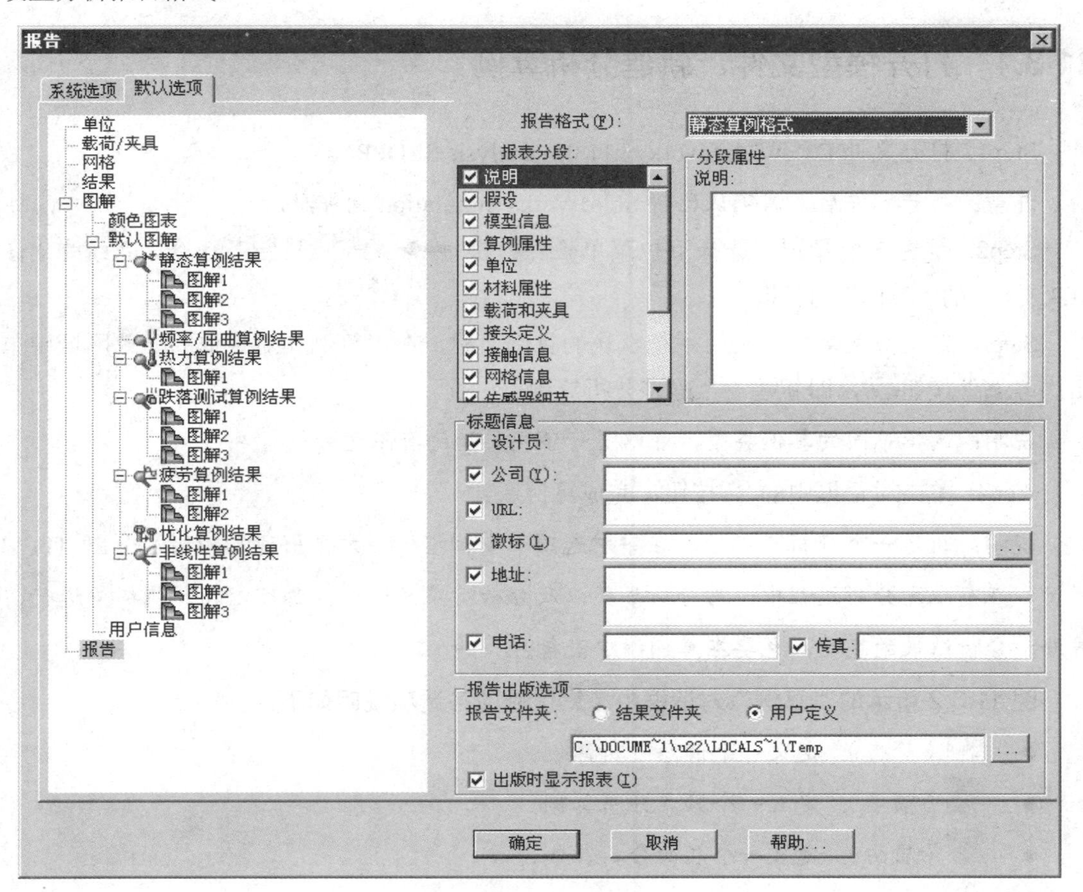

图 11.2.13 “报告”对话框

11.3 有限元分析范例 1

下面以图 11.3.1 所示的零件模型为例，介绍有限元分析的一般过程。

图 11.3.1 所示是一材料为合金钢的零件，在零件的上表面（面 1）上施加 1000N 的力，零件侧面（面 2）是固定面，在这种情况下分析该零件的应力、应变及位移分布，分析零件在这种工况下是否会被破坏。

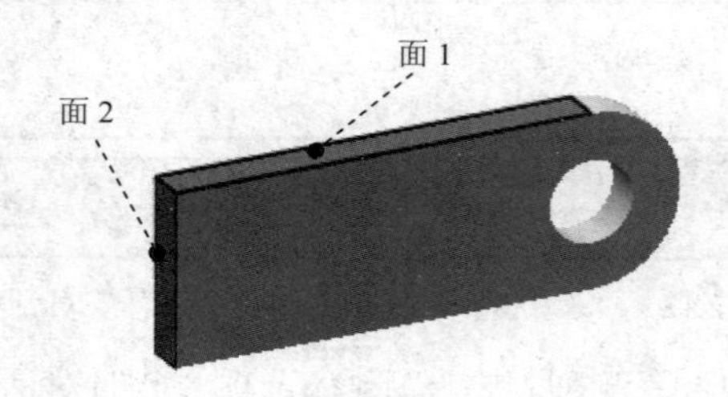

图 11.3.1 分析对象

11.3.1 打开模型文件，新建分析算例

Step1. 打开文件 D:\sw14.2\work\ch11.03\ analysis.SLDPRT。

注意：打开零件后，需确认已将 SolidWorks Simulation 插件激活。

Step2. 新建一个算例。选择下拉菜单 Simulation → 算例(S)… 命令，系统弹出图 11.3.2 所示的“算例”对话框。

Step3. 定义算例类型。采用系统默认的算例名称，在“算例”对话框的 类型 区域中单击“静态”按钮，即新建一个静态分析算例。

说明：选择不同的算例类型，可以进行不同类型的有限元分析。

Step4. 单击对话框中的 按钮，完成算例新建。

说明：新建一个分析算例后，在导航选项卡中模型树下方会出现算例树，如图 11.3.3 所示。在有限元分析过程中，对分析参数以及分析对象的修改，都可以在算例树中进行，另外，分析结果的查看，也要在算例树中进行。

图 11.3.2 所示的“算例”对话框中 类型 区域的各选项说明如下：

- （静态）：定义一个静态分析算例。
- （频率）：定义一个频率分析算例。
- （屈曲）：定义一个屈曲分析算例。
- （热力）：定义一个热力分析算例。

- （跌落测试）：定义跌落测试分析算例。
- （疲劳）：定义一个疲劳分析算例。
- （非线性）：定义一个非线性分析算例。
- （线性动力）：定义一个线性动力的分析算例。
- （压力容器设计）：定义一个压力容器分析算例。

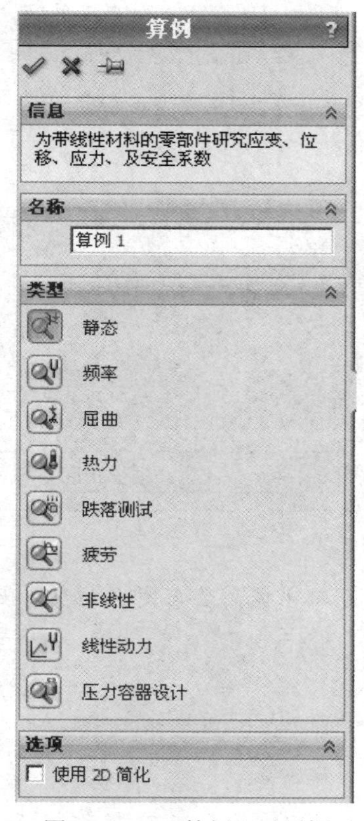

图 11.3.2　“算例”对话框

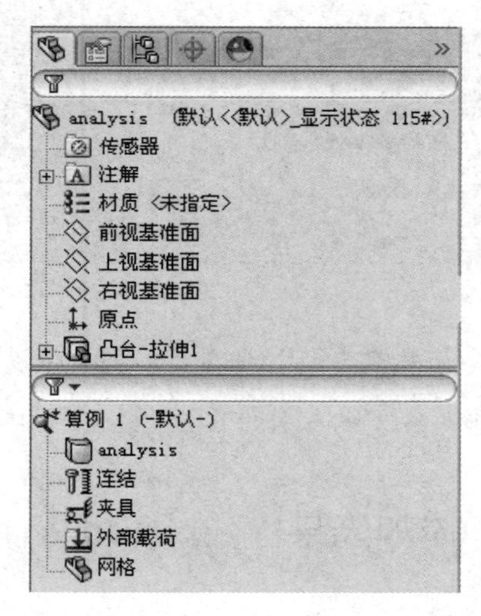

图 11.3.3　导航选项卡

11.3.2　应用材料

Step1. 选择下拉菜单 Simulation → 材料(T) → 应用材料到所有(Y)… 命令，系统弹出图 11.3.4 所示的“材料”对话框。

Step2. 在对话框中的材料列表中依次单击 solidworks materials → 钢 前的节点，然后在展开列表中选择 合金钢 材料。

Step3. 单击对话框中的 应用(A) 按钮，将材料应用到模型中。

Step4. 单击对话框中的 关闭(C) 按钮，关闭“材料”对话框。

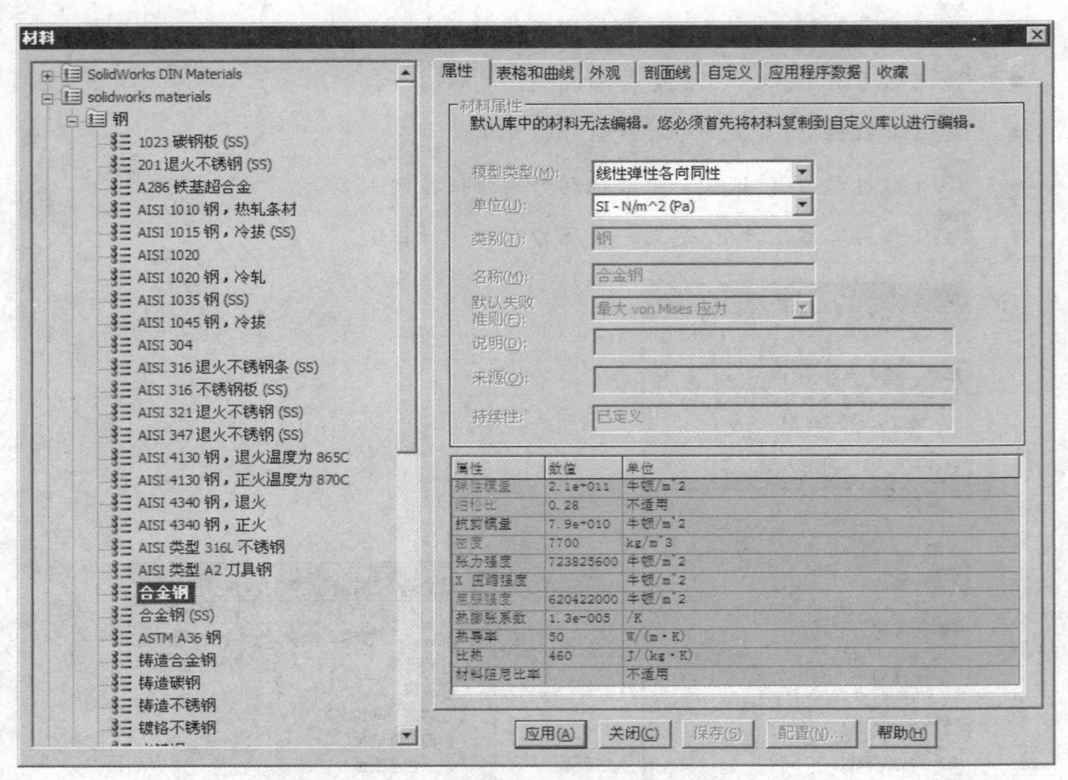

图 11.3.4 “材料”对话框

注意：如果需要的材料在材料列表中没有提供，可以根据需要自定义材料，具体操作请参看本书第 3 章的相关内容。

11.3.3 添加夹具

进行静态分析，模型必须添加合理约束，使之无法移动，在 SolidWorks 中提供了多种夹具来约束模型，夹具可以添加到模型的点、线和面上。

Step1. 选择下拉菜单 Simulation → 载荷/夹具(L) → 夹具(I)... 命令，系统弹出图 11.3.5 所示的“夹具”对话框。

Step2. 定义夹具类型。在对话框中的 **标准(固定几何体)** 区域下单击按钮，即添加固定几何体约束。

Step3. 定义约束面。在图形区选取图 11.3.6 所示的模型表面为约束面，即将该面完全固定。

说明：添加夹具后，就完全限制了模型的空间运动，此模型在没有弹性变形的情况下是无法移动的。

Step4. 单击对话框中的按钮，完成添加夹具。

图 11.3.5 “夹具”对话框（一）

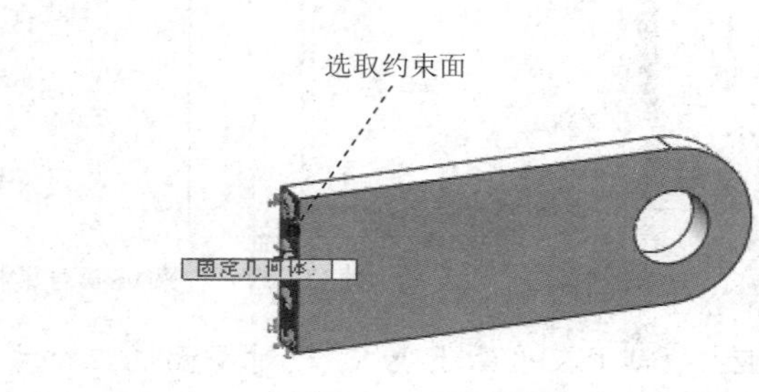

图 11.3.6 定义约束面

图 11.3.5 所示的“夹具”对话框（一）中各选项说明如下：

- 标准(固定几何体) 区域各选项说明如下：
  - ☑ （固定几何体）：也称为刚性支撑，即所有的平移和转动自由度均被限制。几何对象被完全固定。
  - ☑ （滚柱/滑杆）：使用该夹具使指定平面能够自由地在平面上移动，但不能在平面上进行垂直方向的移动。
  - ☑ （固定铰链）：使用铰链约束来指定只能绕轴运动的圆柱体，圆柱面的半径和长度在载荷下保持不变。
- 高级(使用参考几何体) 区域（图 11.3.7）各选项说明如下：
  - ☑ （对称）：该选项针对平面问题，它允许面内位移和绕平面法线的转动。
  - ☑ （圆周对称）：物体绕一特定轴周期性旋转时，对其中一部分加载该约束类型可形成旋转对称体。
  - ☑ （使用参考几何体）：这个约束保证约束只在点、线或面设计方向上，而在其他方向上可以自由运动，可以指定所选择的基准平面、轴、边、面上的约束方向。

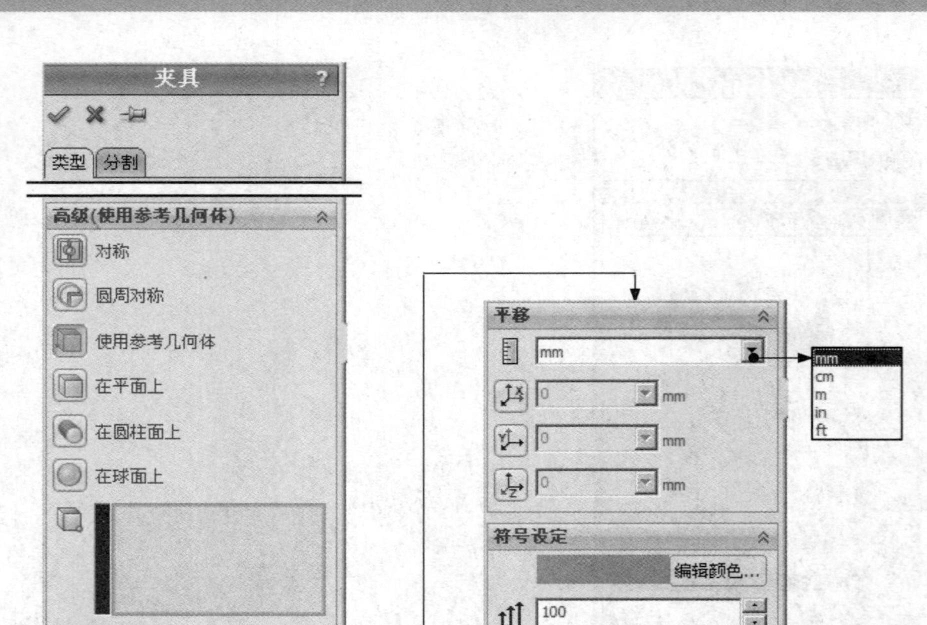

图 11.3.7 “夹具”对话框（二）

☑ （在平面上）：通过对平面的三个主方向进行约束，可设定沿所选方向的边界约束条件。

☑ （在圆柱面上）：与“在平面上”相似，但是圆柱面的三个主方向是在柱坐标系统下定义的，该选项在允许圆柱面绕轴线旋转的情况下非常有用。

☑ （在球面上）：与“在平面上”和“在圆柱面上”相似，但是球面的三个主方向是在球坐标系统下定义的。

- 平移 区域（图 11.3.7）：主要用于设置远程载荷。

☑ 文本框：用于定义平移单位。

☑ 按钮：单击该按钮，可以设置沿 X 方向的偏移距离。

☑ 按钮：单击该按钮，可以设置沿 Y 方向的偏移距离。

☑ 按钮：单击该按钮，可以设置沿 Z 方向的偏移距离。

- 符号设定 区域：用于设置夹具符号的颜色和显示大小。

11.3.4 添加外部载荷

在模型中添加夹具后，必须向模型中添加外部载荷（或力）才能进行有限元分析，在 SolidWorks 中提供了多种外部载荷，外部载荷可以添加到模型的点、线和面上。

Step1. 选择下拉菜单 Simulation → 载荷/夹具(L) → 力(F)... 命令，系统弹出

图 11.3.8 所示的“力/扭矩”对话框。

Step2. 定义载荷面。在图形区选取图 11.3.9 所示的模型表面为载荷面。

图 11.3.8 “力/扭矩”对话框

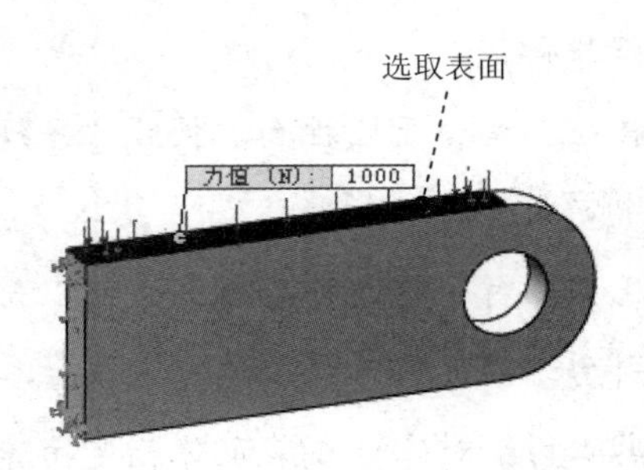

图 11.3.9 定义载荷面

Step3. 定义力参数。在对话框的 力/扭矩 区域的 文本框中输入力的大小值为 1000N，选中 法向 单选按钮，其他选项采用系统默认设置值。

Step4. 单击对话框中的 按钮，完成外部载荷力的添加。

图 11.3.8 所示的“力/扭矩”对话框中 力/扭矩 区域各选项说明如下：

- （力）：单击该按钮，在模型中添加力。
- （扭矩）：单击该按钮，在模型中添加扭矩。
- 法向 单选按钮：选中该选项，使添加的载荷力与选定的面垂直。
- 选定的方向 单选按钮：选中该选项，使添加的载荷力的方向沿着选定的方向。
- 下拉列表：用来定义力的单位制，包括以下三个选项：
  - ☑ SI（公制）：国际单位制。
  - ☑ English (IPS)（英制）：英寸镑秒单位制。
  - ☑ Metric (G)（公制）：米制单位制。
- 反向 复选框：选中该选项，使力的方向反向。

- 按条目 单选按钮：选中该选项，如果添加的载荷力作用在多个面上，则每个面上的作用力均为给定的力值。
- 总数 单选按钮：选中该选项，如果添加的载荷力作用在多个面上，则每个面上的作用力总和为给定的力值。

在 SolidWorks 中提供了多种外部载荷，在算例树中右击 外部载荷，系统弹出图 11.3.10 所示的快捷菜单，在快捷菜单中选择一种载荷即可向模型中添加该载荷。

图 11.3.10 所示的快捷菜单中各选项说明如下：

- 力：沿所选的参考面（平面、边、面或轴线）所确定的方向，对一个平面、一条边或一个点施加力或力矩，注意只有在壳单元中才能施加力矩，壳单元的每个节点有六个自由度，可以承担力矩，而实体单元每个节点只有三个自由度，不能直接承担力矩，如果要对实体单元施加力矩，必须先将其转换成相应的分布力或远程载荷。
- 扭矩：适合于圆柱面，按照右手规则绕参考轴施加力矩。转轴必须在 SolidWorks 中定义。
- 压力：对一个面作用压力，可以是定向的或可变的，如水压。
- 引力：对零件或装配体指定线性加速度。
- 离心力：对零件或装配体指定角速度或加速度。
- 轴承载荷：在两个接触的圆柱面之间定义轴承载荷。
- 远程载荷/质量：通过连接的结果传递法向载荷。
- 分布质量：分布载荷就是施加到所选面，以模拟被压缩（或不包含在模型中）的零件质量。

11.3.5 生成网格

模型在开始分析之前的最后一步就是网格划分，模型将被自动划分成有限个单元，默认情况下，SolidWorks Simulation 采用等密度网格，网格单元大小和公差是系统基于 SolidWorks 模型的几何形状外形自动计算的。

网格密度直接影响分析结果精度。单元越小，离散误差越低，但相应的网格划分和解算时间也越长。一般来说，在 SolidWorks Simulation 分析中，默认的网格划分都可以使离散误差保持在可接受的范围之内，同时使网格划分和解算时间较短。

Step1. 选择下拉菜单 Simulation → 网格(M) → 生成(C)… 命令，系统弹出图 11.3.11 所示的“网格”对话框，在对话框中采用系统默认参数设置值。

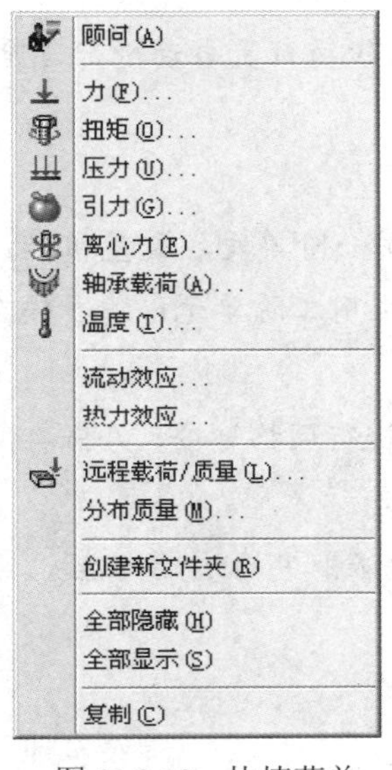

图 11.3.10　快捷菜单

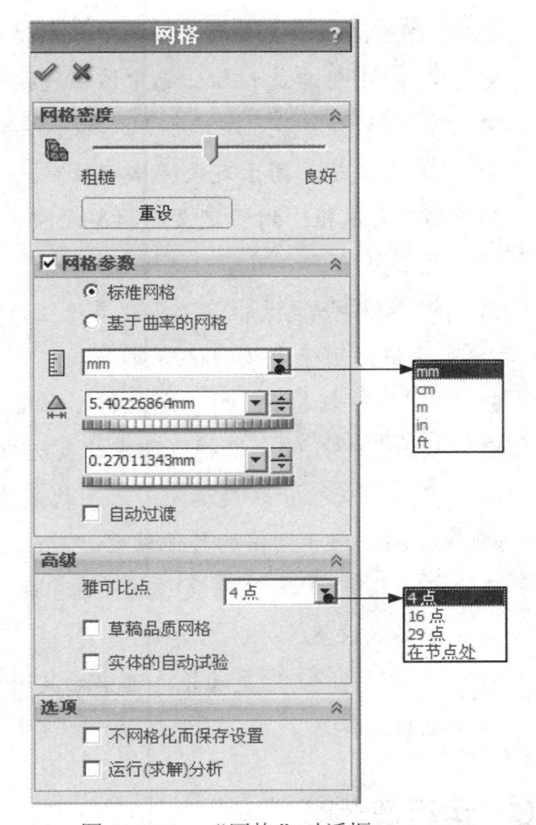

图 11.3.11　“网格”对话框

Step2. 单击对话框中的 ✔ 按钮，系统弹出图 11.3.12 所示的“网格进展”对话框，显示网格划分进展；完成网格划分，结果如图 11.3.13 所示。

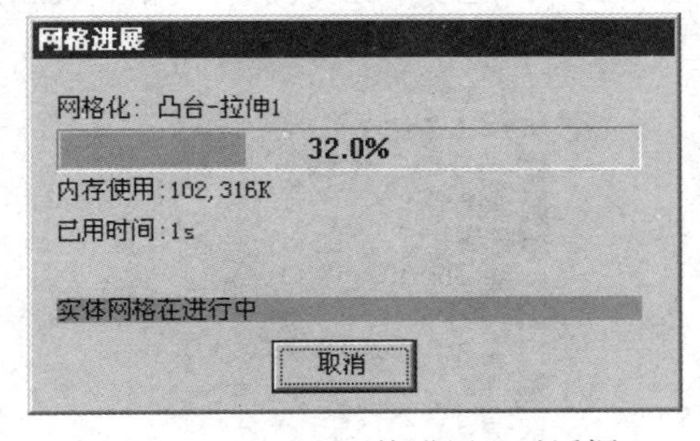

图 11.3.12　“网格进展”对话框

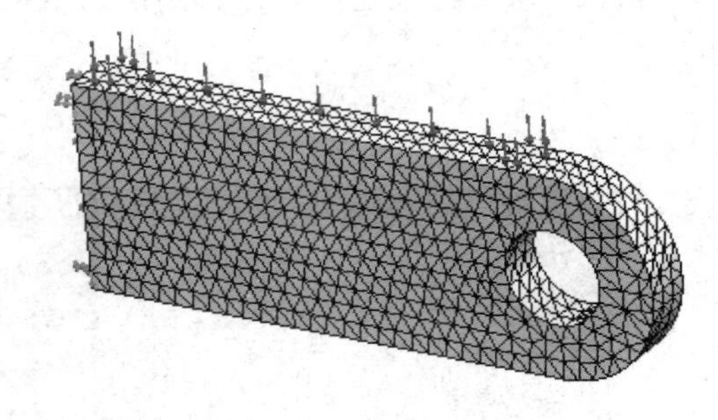

图 11.3.13　划分网格

图 11.3.11 所示的“网格”对话框中各选项说明如下：

- 网格密度 区域：主要用于粗略定义网格单元大小。
  - ☑ 滑块：滑块越接近粗糙，网格单元越粗糙；滑块越接近良好，网格单元越精细。
  - ☑ 重设 按钮：单击该按钮，网格参数回到默认值，重新设置网格参数。

- 网格参数 区域：主要用于精确定义网格参数。
  ☑ 标准网格 单选按钮：选中该单选按钮，用单元大小和公差来定义网格参数。
  ☑ 基于曲率的网格 单选按钮：选中该单选按钮，使用曲率方式定义网格参数。
  ☑ 文本框：用于定义网格单位制。
  ☑ 文本框：用于定义网格单元整体尺寸大小，其下面的文本框用于定义单元公差值。
  ☑ 自动过渡 复选框：选中此复选框，在几何模型锐边位置自动进行过渡。
- 高级 区域：用于定义网格质量。
  ☑ 雅可比点 文本框：用于定义雅可比值。
  ☑ 草稿品质网格 复选框：选中此复选框，网格采用一阶单元，质量粗糙。
  ☑ 实体的自动试验 复选框：选中此复选框，网格采用二阶单元，质量较高。
- 选项 区域：用于网格的其他设置。
  ☑ 不网格化而保存设置 复选框：选中此复选框，不进行网格划分，只保存网格划分参数设置。
  ☑ 运行(求解)分析 复选框：选中此复选框，单击对话框中的 ✔ 按钮后，系统即进行解算。

11.3.6 运行算例

Step1. 选择下拉菜单 Simulation → 运行(U)… 命令。系统弹出图 11.3.14 所示的对话框，显示求解进程。

Step2. 求解结束之后，在算例树的结果下面生成应力、位移和应变图解，如图 11.3.15 所示。

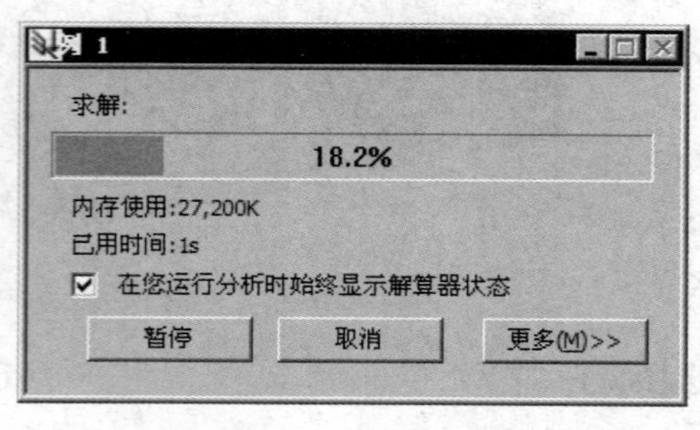

图 11.3.14 “求解”对话框

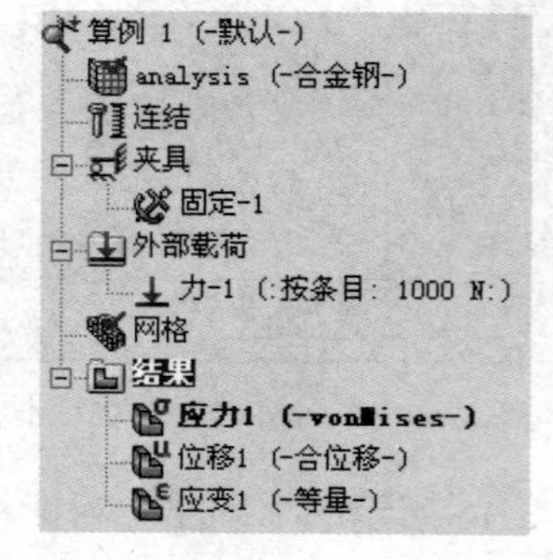

图 11.3.15 模型树

11.3.7 结果查看与评估

求解完成后，就可以查看结果图解，并对结果进行评估。下面介绍结果的一些查看方法。

Step1. 在算例树中右击应力1（-vonMises-），系统弹出图 11.3.16 所示的快捷菜单，在弹出的快捷菜单中选择显示(S)命令，系统显示图 11.3.17 所示的应力（vonMises）图解。

- 显示(S)
- 编辑定义(E)...
- 图表选项(O)...
- 设定(T)...
- 删除(D)...
- 复制(C)

图 11.3.16 快捷菜单

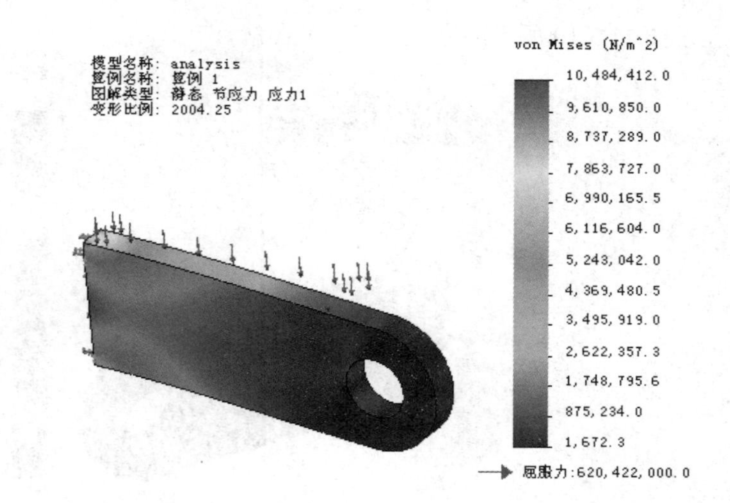

图 11.3.17 应力（vonMises）图解

注意：应力（vonMises）图解一般为默认显示图解，即解算结束之后显示出来的就是该图解了，所以，一般情况下，该步操作可以省略。

说明：从结果图解中可以看出，在该种工况下，零件能够承受的最大应力为 10.5MPa，而该种材料（前面定义的合金钢）的最大屈服应力为 620MPa，即在该种工况下，零件可以安全工作。

Step2. 在算例树中右击位移1（-合位移-），在弹出的快捷菜单中选择显示(S)命令，系统显示图 11.3.18 所示的位移（合位移）图解。

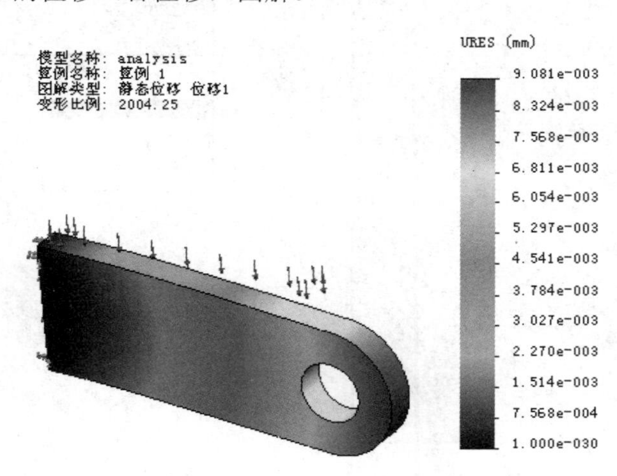

图 11.3.18 位移（合位移）图解

说明：位移（合位移）图解反映零件在该种工况下发生变形的趋势，从图解中可以看出，在该种工况下，零件发生变形的最大位移是 0.009mm，变形位移是非常小的，这种变形在实际中也是观察不到的，在图解中看到的变形实际上是放大后的效果。

Step3. 在算例树中右击 应变1 (-等量-)，在弹出的快捷菜单中选择 显示(S) 命令，系统显示图 11.3.19 所示的应变（等量）图解。

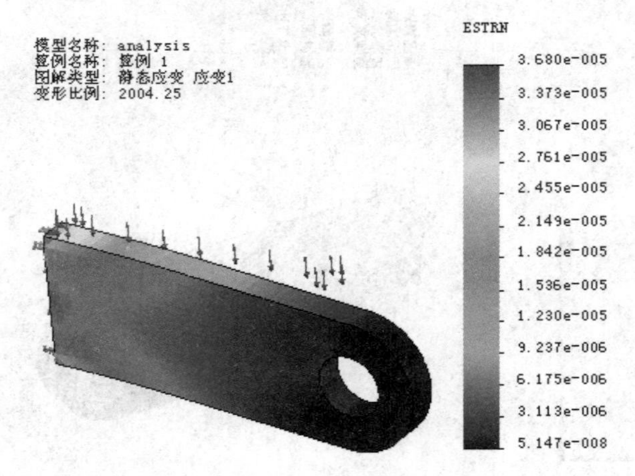

图 11.3.19 应变（等量）图解

结果图解可以通过几种方法进行修改，以控制图解中的内容、单位、显示以及注解。

在算例树中右击 应力1 (-vonMises-)，在弹出的快捷菜单中选择 编辑定义(E)... 命令，系统弹出图 11.3.20 所示的“应力图解”对话框。

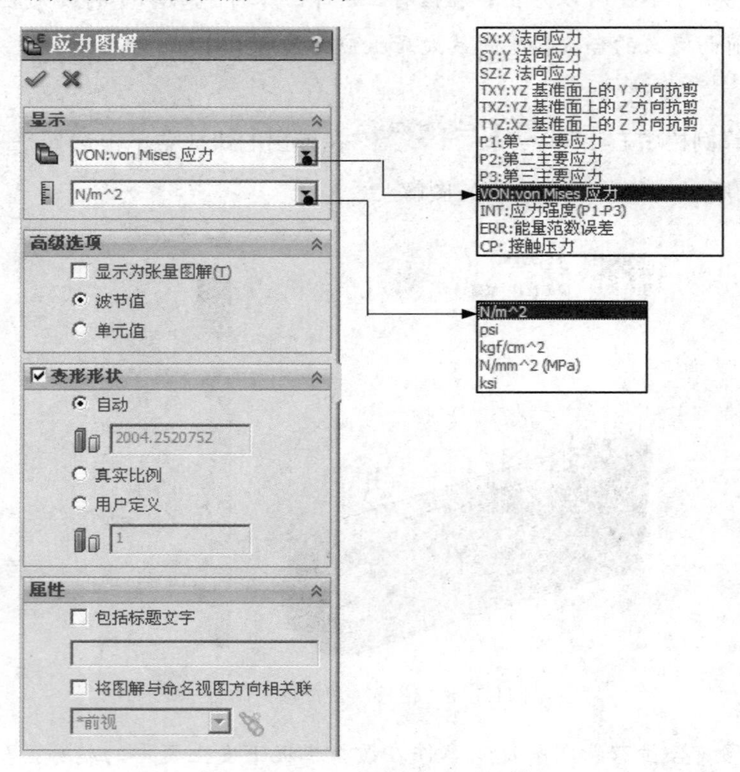

图 11.3.20 “应力图解”对话框

图 11.3.20 所示的“应力图解”对话框中各选项说明如下：

- 显示 区域主要选项说明如下：
  - ☑ 下拉列表：用于控制显示的分量。
  - ☑ 下拉列表：用于定义单位。
- 高级选项 区域主要选项说明如下：
  - ☑ 显示为张量图解(T) 复选框：选中该复选框，显示主应力的大小和方向，如图 11.3.21 所示。

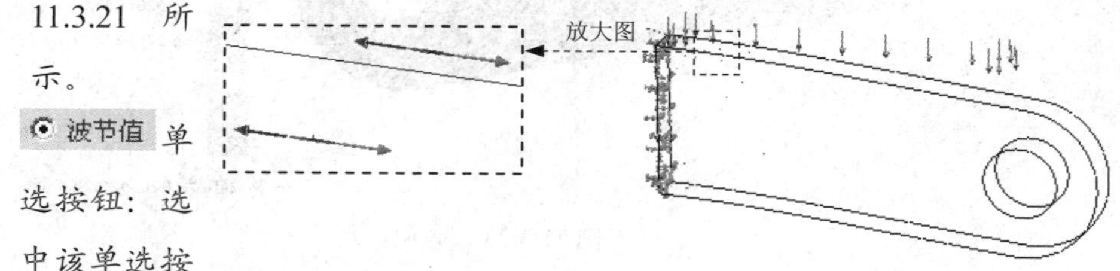

图 11.3.21 显示为张量图解

  - ☑ 波节值 单选按钮：选中该单选按钮，以波节值显示应力图解（图 11.3.22），此时应力图解看上去比较光顺。
  - ☑ 单元值 单选按钮：选中该单选按钮，以单元值显示应力图解（图 11.3.23），此时应力图解看上去比较粗糙。
- ☑变形形状 区域：主要用于定义图解变形比例。
  - ☑ 自动 单选按钮：选中该单选按钮，系统自动设置变形比例。
  - ☑ 真实比例 单选按钮：选中该单选按钮，图解采用真实比例变形。
  - ☑ 用户定义 单选按钮：选中该单选按钮，用户自定义变形比例，在 文本框中输入比例值。

说明：波节应力和单元应力一般是不同的，但是两者间的差异太大说明网格划分不够精细。

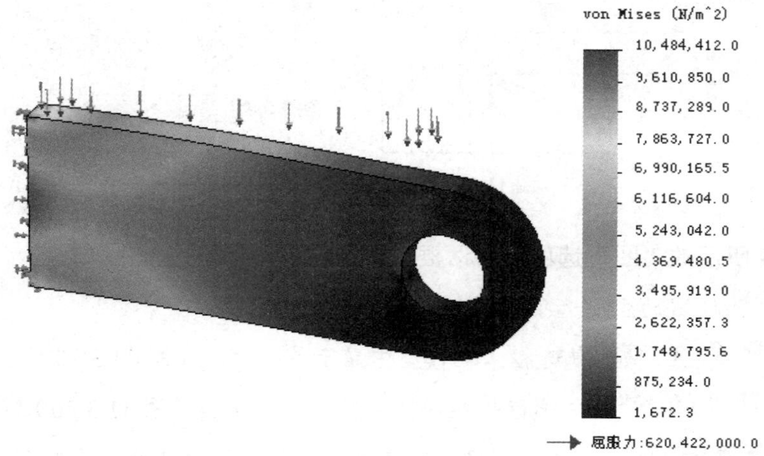

图 11.3.22 波节应力

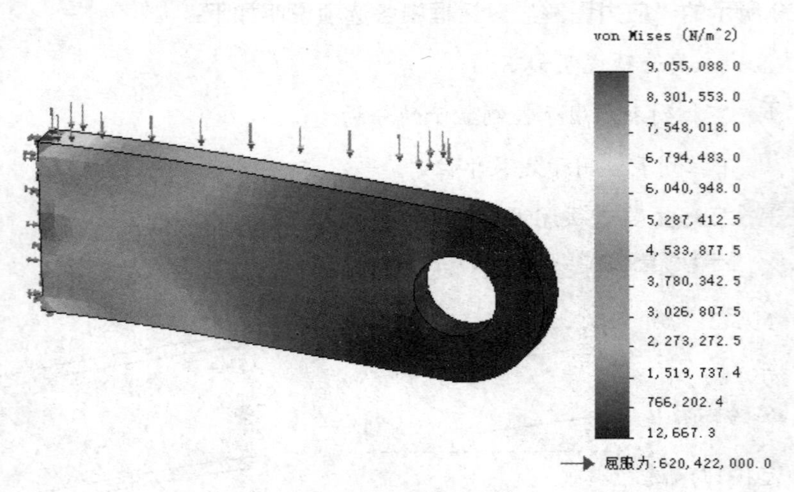

图 11.3.23　单元应力

在算例树中右击 应力1 (-vonMises-)，在弹出的快捷菜单中选择 图表选项(O)... 命令，系统显示图 11.3.24 所示的“图表选项”对话框。

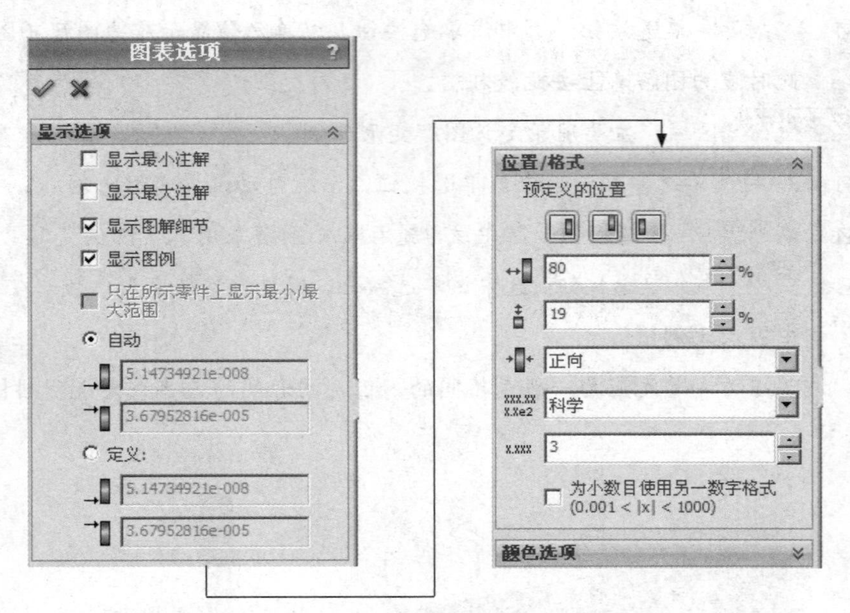

图 11.3.24　“图表选项”对话框

图 11.3.24 所示的“图表选项”对话框中各选项说明如下：

- 显示选项 区域的主要选项说明如下：
  - ☑ 显示最小注解 复选框：在模型中显示最小注解（图 11.3.25）。
  - ☑ 显示最大注解 复选框：在模型中显示最大注解（图 11.3.26）。
  - ☑ 显示图解细节 复选框：显示图解细节，包括模型名称、算例名称、图解类型

和变形比例（图 11.3.27）。

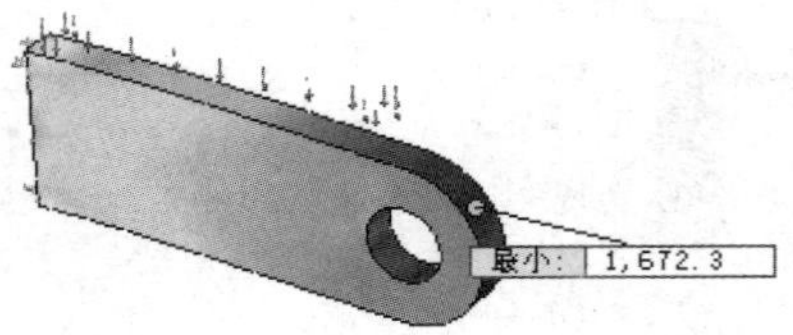

图 11.3.25 显示最小注解

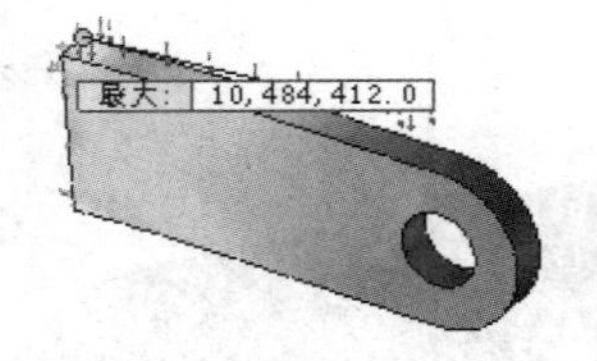

图 11.3.26 显示最大注解

模型名称: analysis
算例名称: 算例 1
图解类型: 静态 节应力 应力1
变形比例: 2004.25

图 11.3.27 显示图解细节

☑ 显示图例 复选框：显示图例（图 11.3.28）。

☑ 自动 单选按钮：选中该单选按钮，系统自动显示图例的最大值和最小值。

☑ 定义: 单选按钮：选中该单选按钮，用户自定义显示图例的最大值和最小值，在 文本框中输入图例最大值，在 文本框中输入图例最小值。

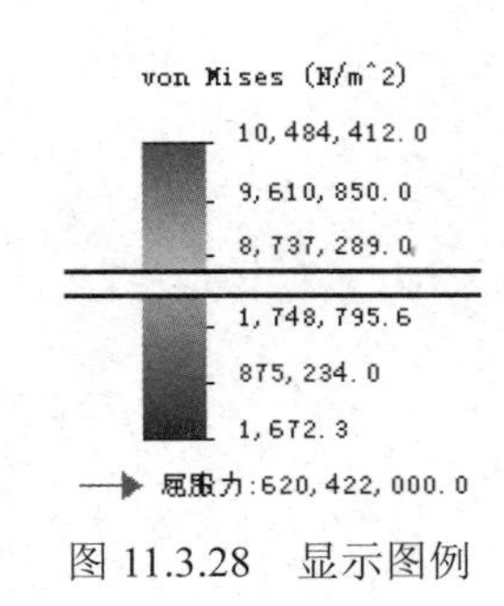

图 11.3.28 显示图例

- 位置/格式 区域的主要选项说明如下：

☑ 预定义的位置 区域：用于定义显示图例的显示位置。

☑ 下拉列表：用于定义数值显示方式，包括科学、浮点和普通三种方式。

☑ 文本框：用于定义小数位数。

- 颜色选项 区域：主要用于定义显示图例颜色方案（图 11.3.29）。

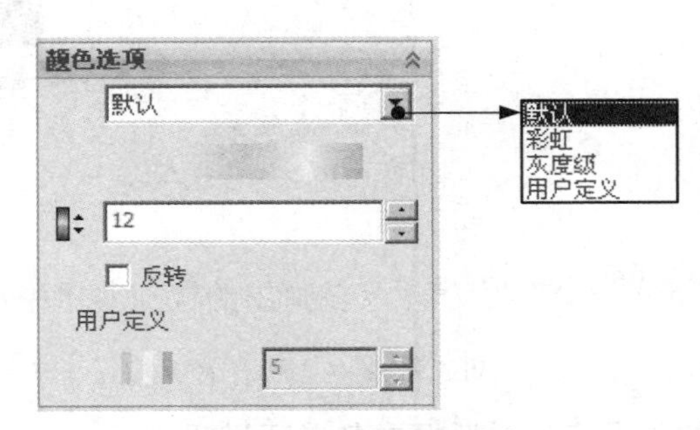

图 11.3.29 颜色选项区域

☑ 默认 选项：采用默认颜色方案显示图例，一般情况下，解算后的显示均为默认颜色方案显示。

☑ 彩虹 选项：采用彩虹颜色方案显示图例（图 11.3.30a）。

☑ 灰度级 选项：采用灰度颜色方案显示图例（图 11.3.30b）。

☑ 用户定义 选项：用户自定义颜色方案显示图例。

☑ 反转 复选框：反转颜色显示。

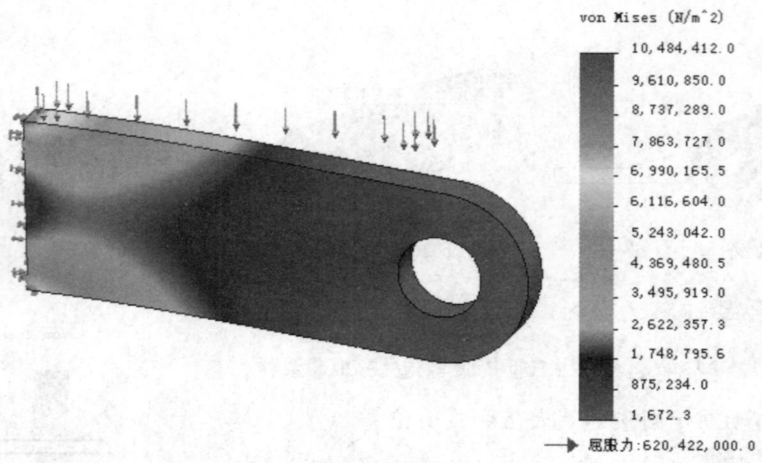

a）彩虹颜色显示

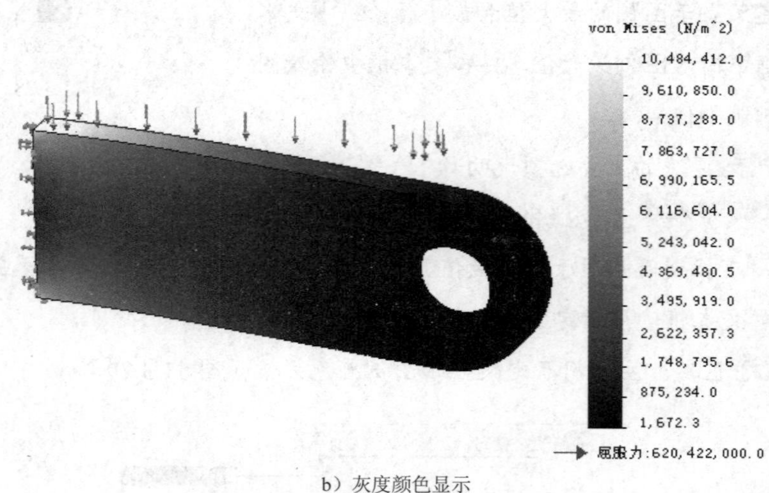

b）灰度颜色显示

图 11.3.30 颜色选项

在算例树中右击 应力1 (-vonMises-)，在弹出的快捷菜单中选择 设定(T)... 命令，系统显示图 11.3.31 所示的“设定”对话框。

图 11.3.31 所示的“设定”对话框中各选项说明如下：

- 边缘选项 区域：主要用于定义边缘显示样式。
  - ☑ 点 选项：边缘用连续点显示（图 11.3.32a）。
  - ☑ 直线 选项：边缘用曲线显示（图 11.3.32b）。
  - ☑ 离散 选项：边缘离散显示（图 11.3.32c）。
  - ☑ 连续 选项：边缘连续显示（图 11.3.32d）。

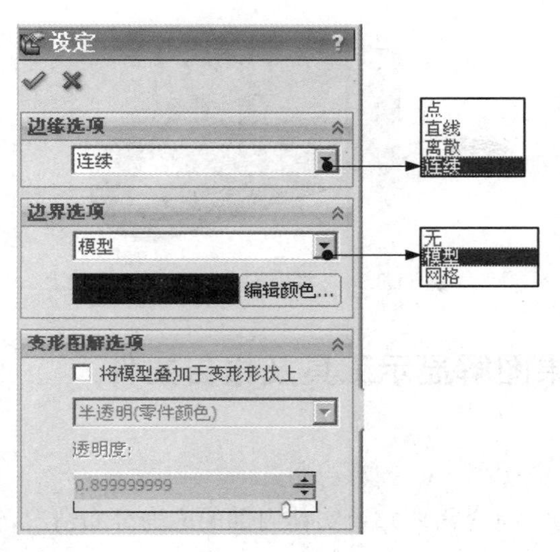

图 11.3.31 “设定”对话框

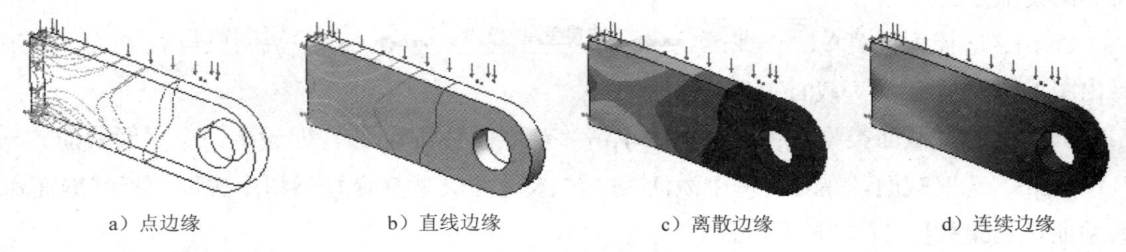

图 11.3.32 边缘类型

- **边界选项**区域：用于定义边界显示样式。
  - ☑ **无**选项：无边界显示（图 11.3.33a）。
  - ☑ **模型**选项：显示模型边界线（图 11.3.33b）。
  - ☑ **网格**选项：显示网格边线（图 11.3.33c）。
  - ☑ **编辑颜色...**按钮：单击该按钮，编辑边界线颜色。

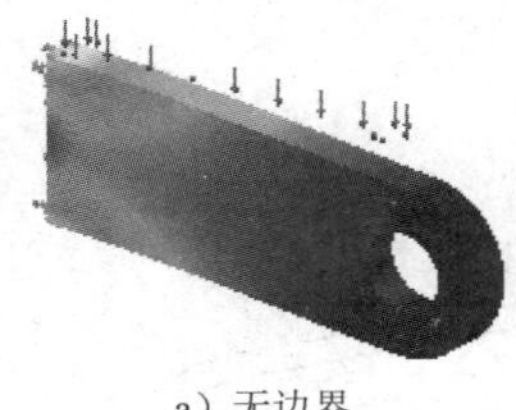

a）无边界

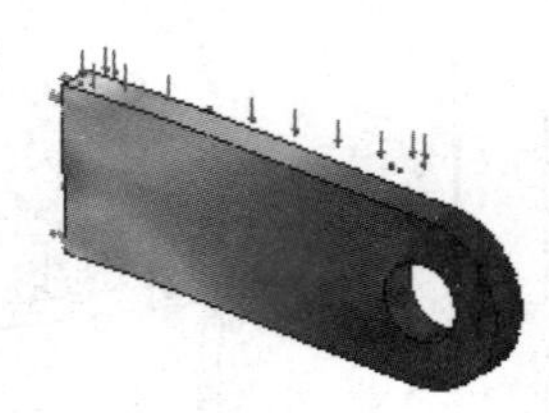

b）模型边界

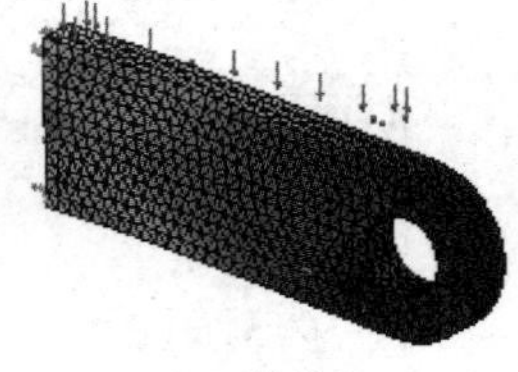

c）网格边界

图 11.3.33 边界类型

- **变形图解选项**区域：主要用于定义变形图解显示。
  - ☑ **将模型叠加于变形形状上**复选框：选中该复选框，原始模型显示在图解中（图 11.3.34）。

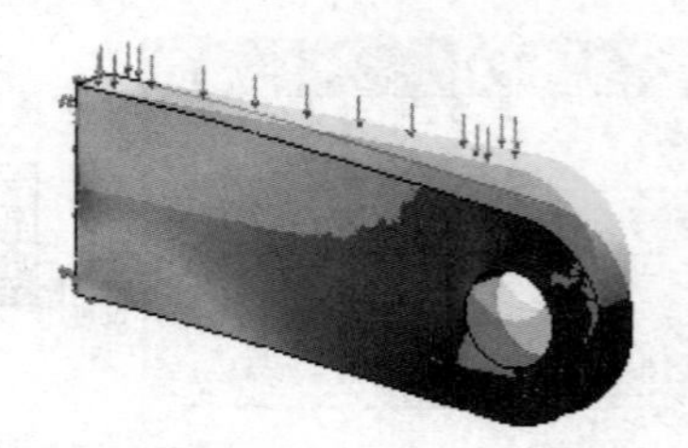

图 11.3.34　将模型叠加于变形形状上

11.3.8　其他结果图解显示工具及报告文件

1. 截面剪裁

在评估结果的时候，有时需要知道实体内部的应力分布情况，使用截面剪裁(C)...工具，可以定义一个截面去剖切模型实体，然后在剖切截面上显示结果图解。下面介绍截面剪裁工具的使用方法。

Step1. 选择下拉菜单Simulation → 结果工具(T) → 截面剪裁(C)...命令，系统弹出图 11.3.35 所示的“截面”对话框。

Step2. 定义截面类型。在对话框中单击“基准面”按钮，即设置一个平面截面。

Step3. 选取截面。在对话框中激活后的文本框，然后在模型树中选取上视基准面作为截面，结果如图 11.3.36 所示。

图 11.3.35　“截面”对话框

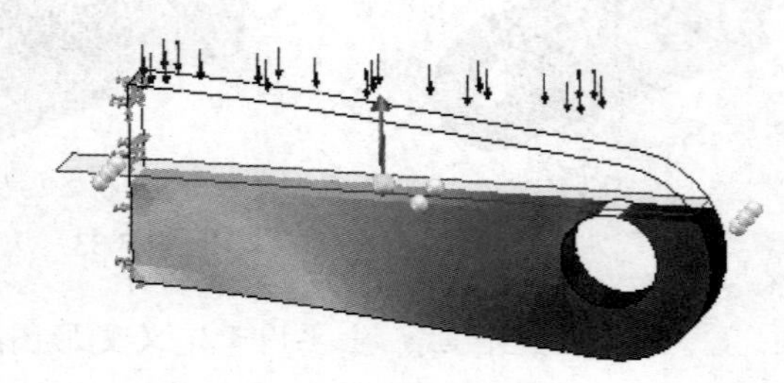

图 11.3.36　效果图

注意：剪裁截面可以根据需要最多添加六个截面。

图 11.3.35 所示的“截面”对话框中各选项说明如下：

- 截面 1 区域：用于定义截面类型和截面位置。
  - ☑ 按钮：定义一个平面截面来剖切实体（图 11.3.37a）。
  - ☑ 按钮：定义一个圆柱面截面来剖切实体（图 11.3.37b）。
  - ☑ 按钮：定义一个球截面来剖切实体（图 11.3.37c）。

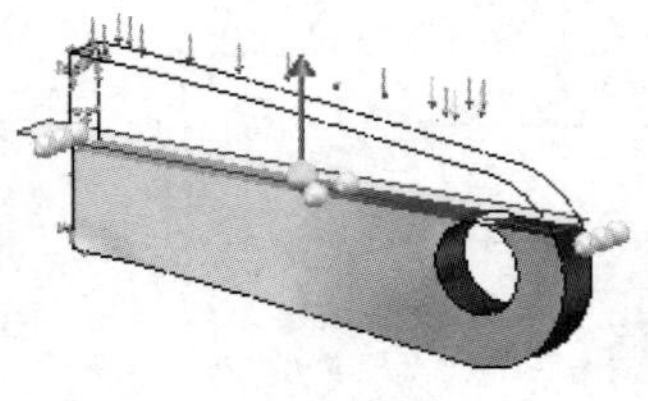

a）平面截面

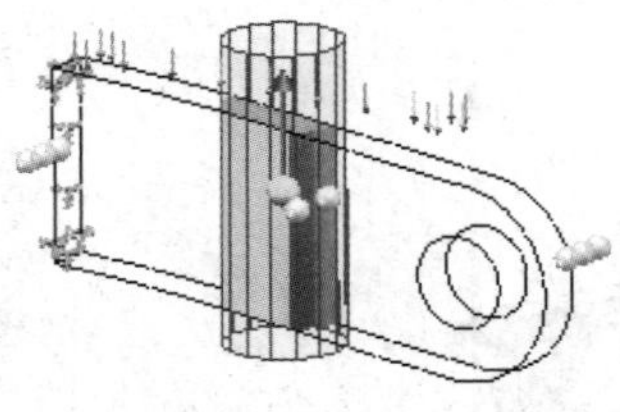

b）圆柱截面

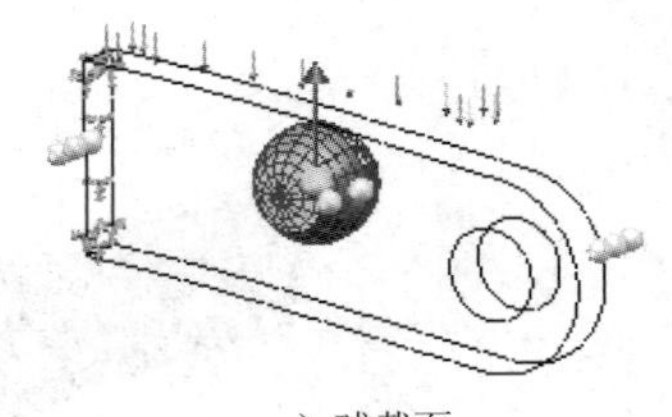

c）球截面

图 11.3.37 截面类型

- 选项 区域：用于定义剪裁截面显示方式。
  - ☑ 按钮：单击该按钮，系统图解显示多个截面交叉的部分（图 11.3.38a）。
  - ☑ 按钮：单击该按钮，系统图解显示多个截面联合的部分（图 11.3.38b）。
  - ☑ ☑ 显示横截面 复选框：选中该复选框，显示横截面。
  - ☑ ☑ 只在截面上加图解 复选框：选中该复选框，只在截面上显示图解（图 11.3.39）。
  - ☑ ☑ 在模型的未切除部分显示轮廓 复选框：选中该复选框，在未剖切部分显示轮廓（图 11.3.40）。
  - ☑ 按钮：截面显示开关。
  - ☑ 重设 按钮：单击该按钮，重新设置截面。

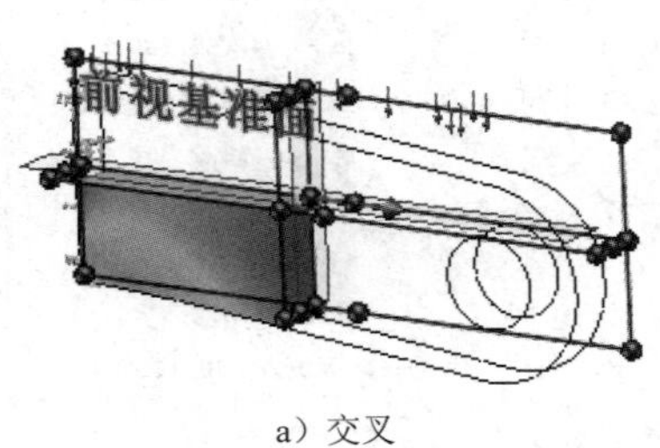

a）交叉

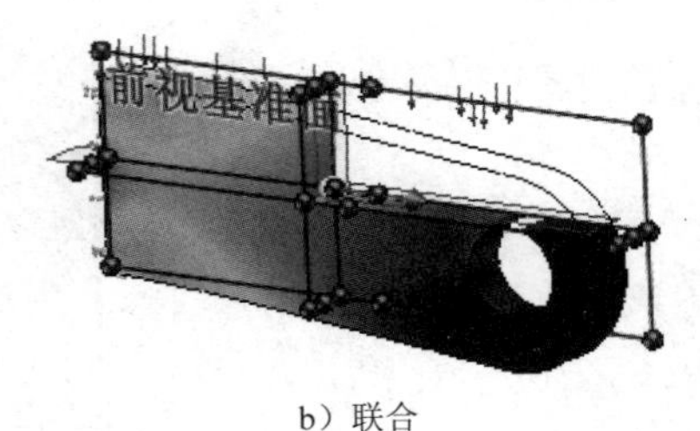

b）联合

图 11.3.38 截面显示方式

2. ISO 剪裁

在评估结果的时候，有时需要知道某一区间之间的图解显示，使用 Iso 剪裁(I)... 工具，可以定义若干个等值区间，以查看该区间的图解显示。下面介绍 ISO 剪裁工具的使用方法。

Step1. 选择下拉菜单 Simulation → 结果工具(T) → Iso 剪裁(I)... 命令，系统弹出图 11.3.41 的“ISO 剪裁”对话框。

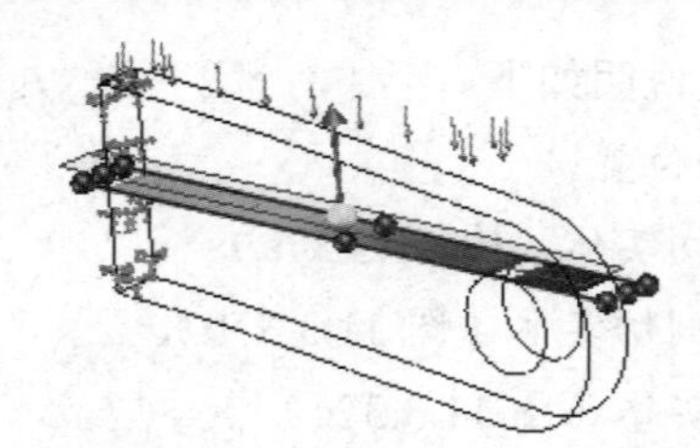

图 11.3.39　在截面上显示图解

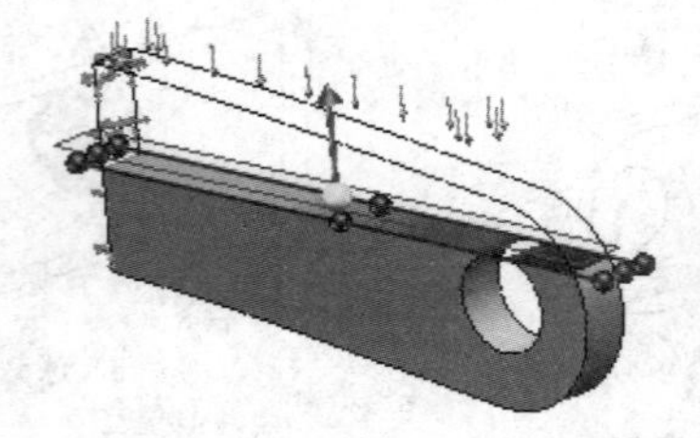

图 11.3.40　未切除部分显示轮廓

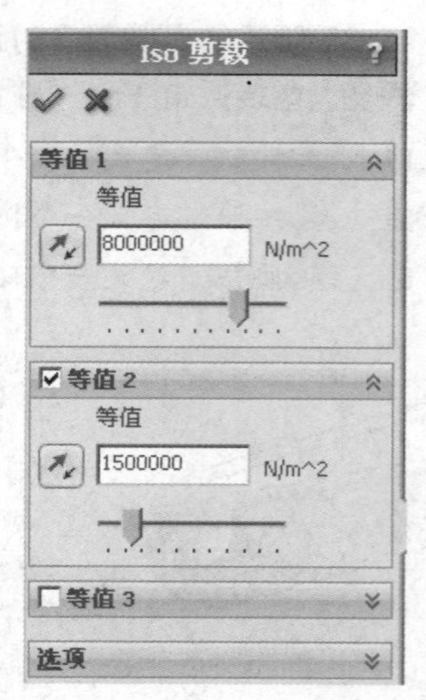

图 11.3.41　“ISO 剪裁“对话框

说明：在使用 ISO 剪裁工具时，应在应力显示的情况下进行。

Step2. 定义等值 1。在对话框中的等值 1文本框中输入数值 8000000（8MPa）。

Step3. 定义等值 2。在对话框中的☑ 等值 2文本框中输入数值 1500000（1.5MPa），图解结果如图 11.3.42 所示。

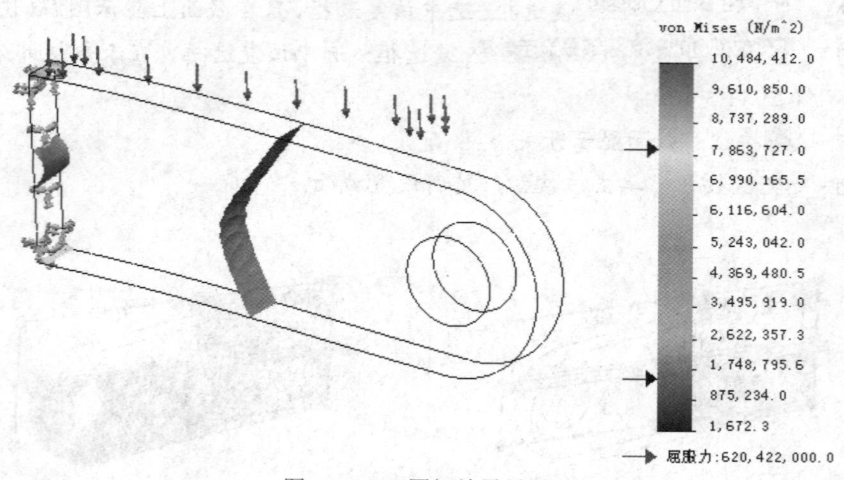

图 11.3.42　图解结果显示

注意：ISO 剪裁等值可以根据需要最多添加六个等值。

3．探测

在评估结果的时候，有时需要知道实体上某一特定位置的参数值，使用 探测(O)… 工具，可以探测某一位置上的应力值，还可以以表格或图解的形式显示图解参数值。下面介绍探测的使用方法。

Step1. 选择下拉菜单 Simulation → 结果工具(T) → 探测(O)… 命令，系统弹出图 11.3.43 所示的“探测结果”对话框。

Step2. 定义探测类型。在“探测结果”对话框的选项区域选中⊙在位置单选按钮。

Step3. 定义探测位置。在图 11.3.44 所示的模型位置单击，在对话框的结果区域显示探测结果，如图 11.3.44 所示。

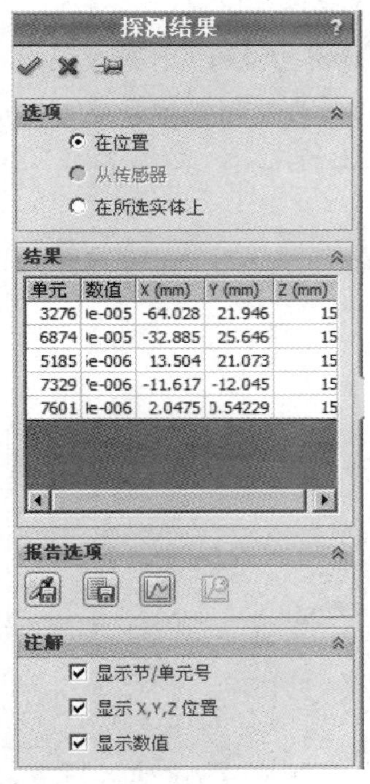

图 11.3.43 “探测结果”对话框

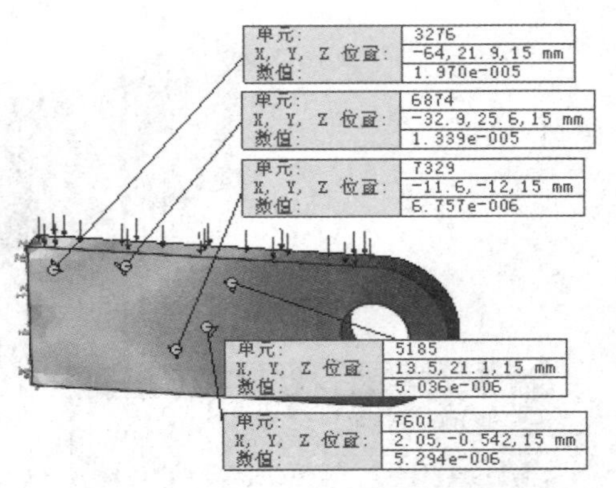

图 11.3.44 探测结果

Step4. 查看探测结果图表。在对话框的报告选项区域中单击“图解”按钮，系统弹出图 11.3.45 所示的探测结果图表。

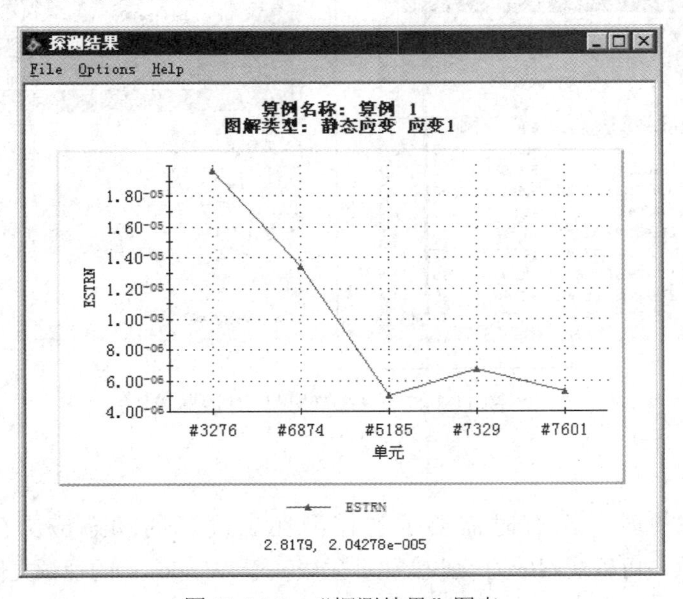

图 11.3.45 “探测结果”图表

图 11.3.43 所示的“探测结果”对话框中各选项说明如下：

- 选项 区域主要选项说明如下：
  - ☑ 在位置 单选按钮：选中该选项，选取特定的位置进行探测。
  - ☑ 从传感器 单选按钮：选中该选项，对传感器进行探测。
  - ☑ 在所选实体上 单选按钮：选中该选项，对所选择的点、线或面进行探测。选中该选项，然后选取图 11.3.46 所示的面为探测实体，单击对话框中的 更新 按钮，在 结果 区域显示该面上的探测结果，同时，在对话框中的 摘要 区域显示主要参数值（图 11.3.47）。
- 报告选项 区域：用于保存探测结果文件，可以将结果保存为一个文件、图表或传感器。

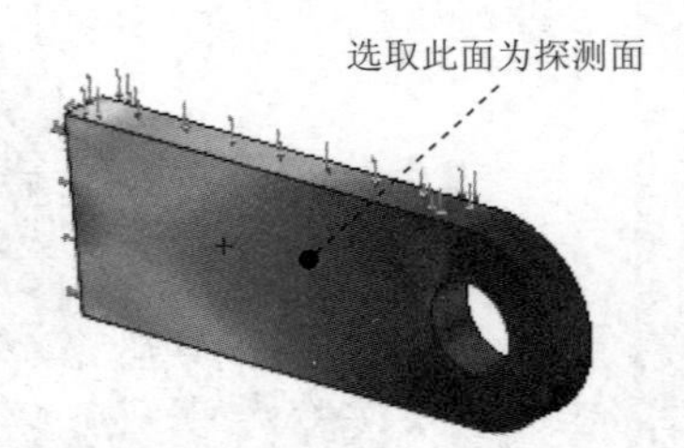

图 11.3.46 定义探测实体

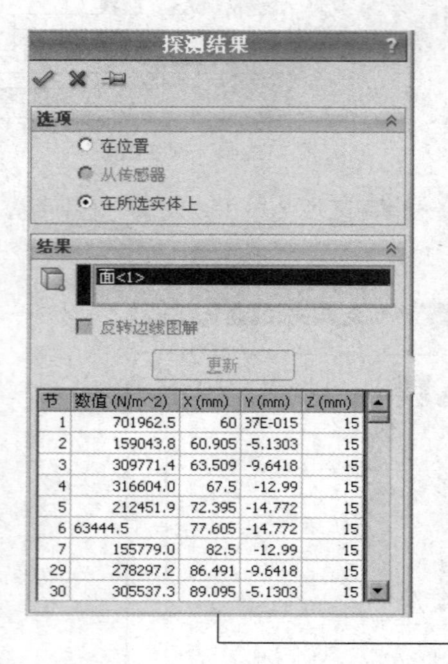

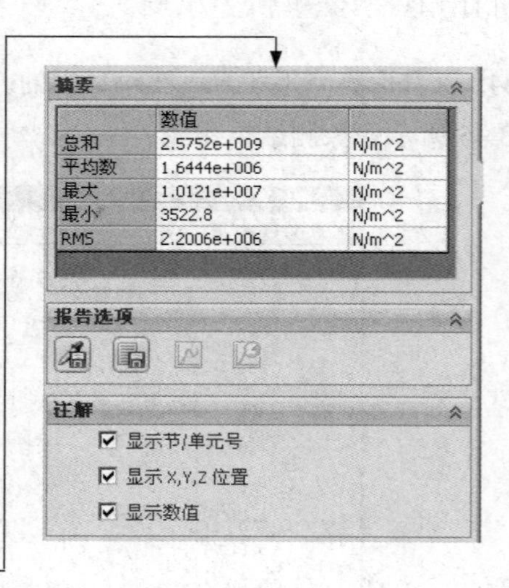

图 11.3.47 “探测结果”对话框

4．动画

在评估结果的时候，有时需要了解模型在工况下的动态应力分布情况，使用 ▷ 动画(A)... 工具，可以观察应力动态变化并生成基于 Windows 的视频文件。下面介绍动画的操作方法。

Step1. 选择下拉菜单Simulation → 结果工具(T) → 动画(A)...命令，系统弹出图 11.3.48 所示的“动画”对话框。

Step2. 在“动画”对话框的基础区域单击“停止”按钮，在文本框中输入画面数为 20，然后展开☑保存为 AVI 文件区域，单击选项...按钮，系统弹出图 11.3.49 所示的“视频压缩”对话框，单击确定按钮，然后单击...按钮，选择保存路径，单击“播放”按钮，观看动画效果，单击对话框中的✔按钮。

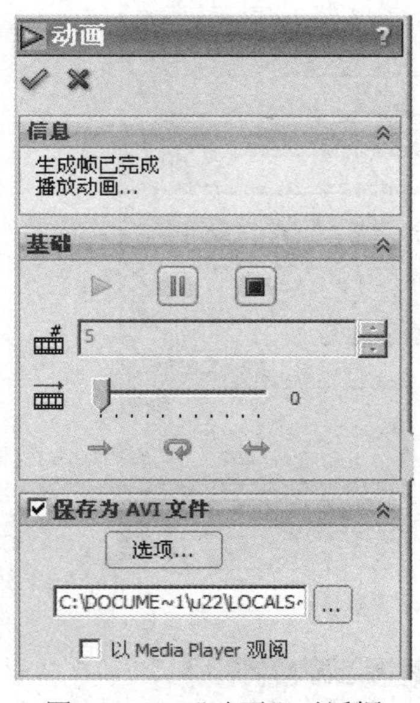

图 11.3.48 “动画”对话框

图 11.3.49 “视频压缩”对话框

5. 生成分析报告

在完成各项分析以及评估结束之后，一般需要生成一份完整的分析报告，以方便查阅、演示或存档。使用报告(R)...工具，可以采用任何预先定义的报表样式出版成 HTML 或 Word 格式的报告文件。下面介绍其操作方法。

Step1. 选择下拉菜单Simulation → 报告(R)...命令，系统弹出图 11.3.50 所示的“报告选项”对话框。

Step2. 对话框中各项设置如图 11.3.50 所示。

Step3. 单击对话框中的出版按钮，系统弹出图 11.3.51 所示的“报表生成”对话框，显示报表生成进度。

Step4. 选择下拉菜单文件(F) → 保存(S)命令，保存分析结果。

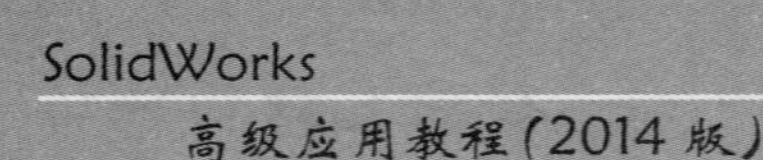

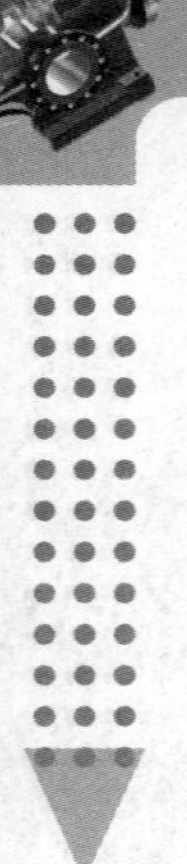

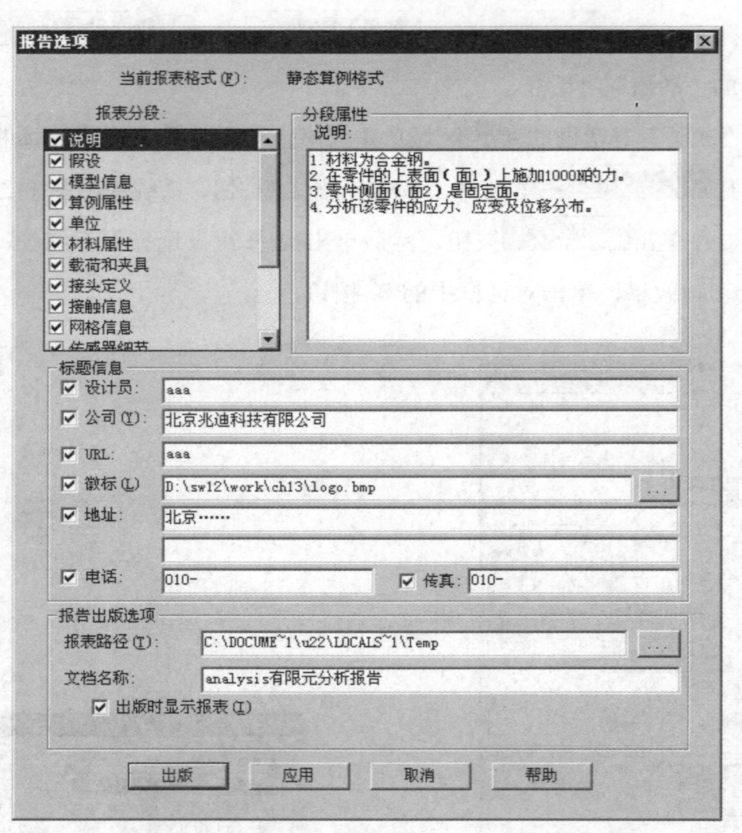

图 11.3.50 “报告选项”对话框

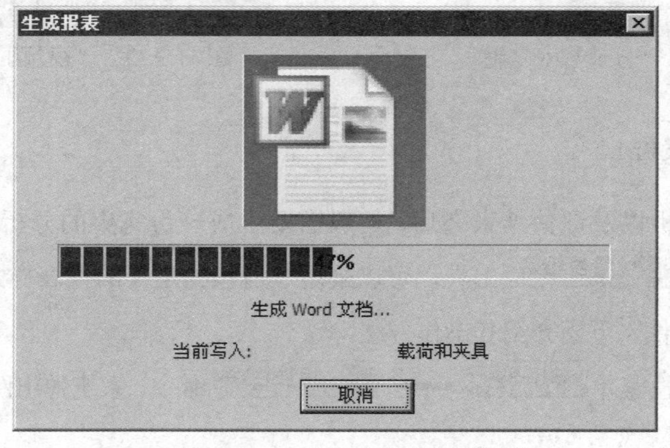

图 11.3.51 “生成报表”对话框

11.4 有限元分析范例 2

当分析一个装配体时，需要考虑各零部件之间是如何接触的，这样才能保证创建的数学模型能够正确计算接触时的应力和变形。

下面以图 11.4.1 所示的装配模型为例，介绍装配体的有限元分析的一般过程。

图 11.4.1 所示是一简单机构装置的简化装配模型，机构左端面固定，当 10000N 的拉力作用在连杆右端面时，分析连杆上的应力分布，设计强度为 120MPa。

Stage1．打开模型文件，新建算例

Step1．打开文件 D:\sw14.2\work\ ch11.04\asm_analysis.SLDASM。

Step2．新建一个算例。选择下拉菜单 Simulation → 算例(S)… 命令，系统弹出图 11.4.2 所示的“算例”对话框。

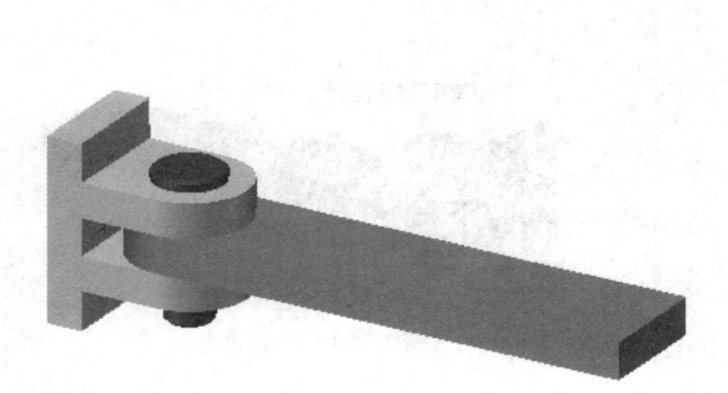

图 11.4.1　装配体分析

图 11.4.2　“算例”对话框

Step3．定义算例类型。输入算例名称为 asm_analysis，在“算例”对话框的类型区域中单击“静态”按钮，即新建一个静态分析算例。

Step4．单击对话框中的 ✔ 按钮，完成算例新建。

Stage2．应用材料

Step1．选择下拉菜单 Simulation → 材料(T) → 应用材料到所有(Y)… 命令，系统弹出“材料”对话框。

Step2．在对话框中的材料列表中依次单击 solidworks materials → 钢 前的节点，然后在展开列表中选择 合金钢(SS) 材料。

Step3．单击对话框中的 应用(A) 按钮，将材料应用到模型中。

Step4．单击对话框中的 关闭(C) 按钮，关闭“材料”对话框。

Stage3．添加夹具

Step1．选择下拉菜单 Simulation → 载荷/夹具(L) → 夹具(I)… 命令，系统弹

出图 11.4.3 所示的“夹具”对话框。

Step2. 定义夹具类型。在对话框中的 标准(固定几何体) 区域下单击 按钮，即添加固定几何体约束。

Step3. 定义约束面。在图形区选取图 11.4.4 所示的模型表面为约束面，即将该面完全固定。

图 11.4.3 “夹具”对话框

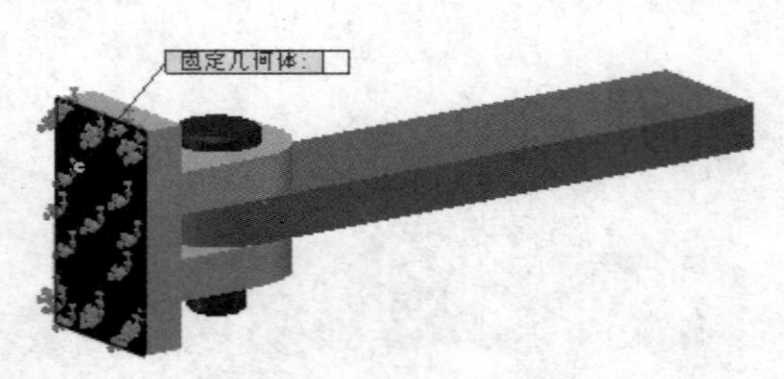

图 11.4.4 选取固定面

说明：添加夹具后，就完全限制了模型的空间运动，此模型在没有弹性变形的情况下是无法移动的。

Step4. 单击对话框中的 按钮，完成夹具添加。

Stage4. 添加外部载荷

Step1. 选择下拉菜单 Simulation → 载荷/夹具(L) → 力(F)... 命令，系统弹出图 11.4.5 所示的“力/扭矩”对话框。

Step2. 定义载荷面。在图形区选取图 11.4.6 所示的模型表面为载荷面。

Step3. 定义力参数。在对话框的 力/扭矩 区域的 文本框中输入力的大小值为 10000N，选中 法向 单选按钮，选中 反向 复选框，调整力的方向，其他选项采用系统默认设置值。

Step4. 单击对话框中的 按钮，完成外部载荷力的添加。

Stage5. 设置全局接触

对于装配体的有限元分析，必须考虑的就是各零部件之间的装配接触关系，只有正确添加了接触关系，才能够保证最后分析的可靠性。该实例中底座和连杆之间是用一销钉连

接的，三个零件之间两两接触，所以要考虑接触关系。

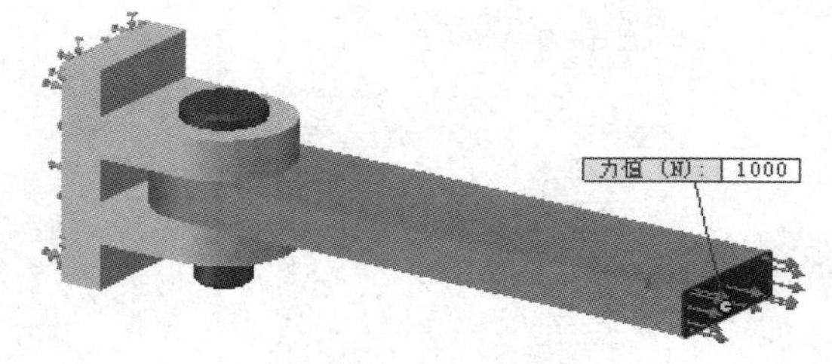

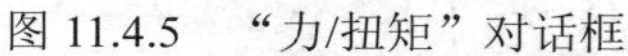

图 11.4.5 “力/扭矩”对话框　　图 11.4.6 定义载荷面

Step1. 在算例树中右击全局接触 (-接合-)，在弹出的快捷菜单中选择编辑定义(E)...命令，系统弹出图 11.4.7 所示的“零部件相触”对话框。

Step2. 在对话框的接触类型区域中选中接合(无间隙)单选按钮，然后激活零部件区域的文本框，在图形区选取三个零件作为接触零部件，单击对话框中的✔按钮。

图 11.4.7 所示的“零部件相触”对话框中各选项说明如下：

- 接触类型区域主要选项说明如下：
  - ☑ 无穿透单选按钮：选中该单选按钮，表示两个接触的对象只接触但不能相互穿透（相交）。
  - ☑ 接合(无间隙)单选按钮：选中该单选按钮，表示两个接触的对象接触之间无间隙。
  - ☑ 允许贯通单选按钮：选中该单选按钮，表示两个接触的对象之间是可以贯通的。
- 零部件区域主要选项说明如下：
  - ☑ 全局接触复选框：选中此复选框，启用全局接触。
- 选项区域主要选项说明如下：
  - ☑ 兼容网格单选按钮：选中此单选按钮，在划分网格时，各接触对象之间的网格是兼容的。
  - ☑ 不兼容网格单选按钮：选中此单选按钮，在划分网格时，各接触对象之间的网格是不兼容的。

Stage6．划分网格

在开始分析模型之前的最后一步就是网格划分，模型将被自动划分成有限个单元，默认情况下，SolidWorks Simulation 采用中等密度网格，在该实例中，对网格进行一定程度的细化，目的就是使分析结果更加接近于真实水平。

Step1．选择下拉菜单 Simulation → 网格(M) → 生成(C)… 命令，系统弹出图 11.4.8 所示的“网格”对话框。

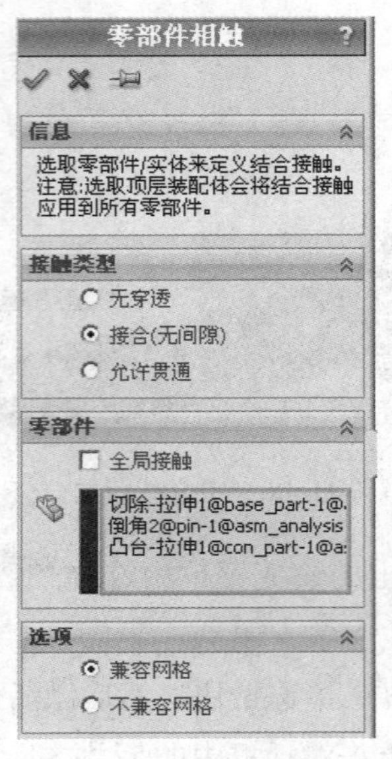

图 11.4.7 “零部件相触”对话框

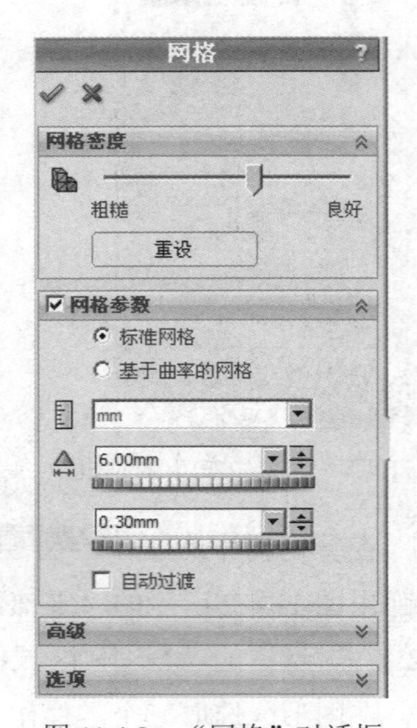

图 11.4.8 “网格”对话框

Step2．设置网格参数。在对话框中选中 网格参数 区域，选中 标准网格 单选按钮，然后在 文本框中输入单元大小为 6。

Step3．单击对话框中的 按钮，完成网格划分，结果如图 11.4.9 所示。

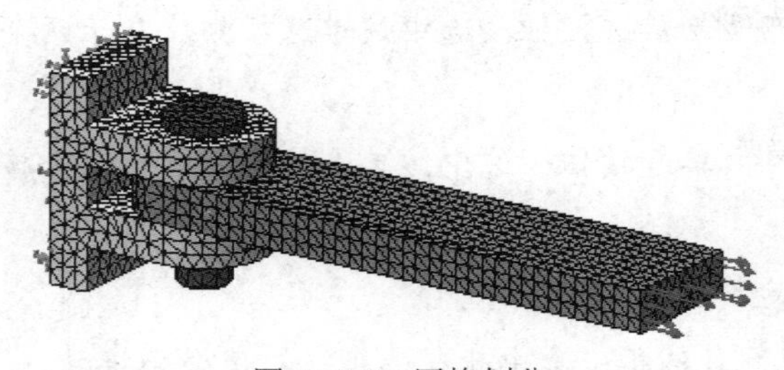

图 11.4.9 网格划分

Stage7．运行分析（注：本 Stage 的详细操作过程请参见随书光盘中 video\ch11.04\reference\文件下的语音视频讲解文件 asm_analysis -r01.avi）

读者意见反馈卡

尊敬的读者：

感谢您购买中国水利水电出版社的图书！

我们一直致力于 CAD、CAPP、PDM、CAM 和 CAE 等相关技术的跟踪，希望能将更多优秀作者的宝贵经验与技巧介绍给您。当然，我们的工作离不开您的支持。如果您在看完本书之后，有好的意见和建议，或是有一些感兴趣的技术话题，都可以直接与我联系。

策划编辑：杨庆川、杨元泓

注：本书的随书光盘中含有该"读者意见反馈卡"的电子文档，您可将填写后的文件采用电子邮件的方式发给本书的责任编辑或主编。

E-mail: 詹迪维 zhanygjames@163.com；宋杨: 2535846207@qq.com。

请认真填写本卡，并通过邮寄或 E-mail 传给我们，我们将奉送精美礼品或购书优惠卡。

书名：《SolidWorks 高级应用教程（2014 版）》

1. 读者个人资料：

姓名：________性别：___年龄：____职业：________职务：________学历：______

专业：_______单位名称：___________________电话：___________手机：_________

邮寄地址：__________________________邮编：____________E-mail：_____________

2. 影响您购买本书的因素（可以选择多项）：

☐内容　☐作者　☐价格

☐朋友推荐　☐出版社品牌　☐书评广告

☐工作单位（就读学校）指定　☐内容提要、前言或目录　☐封面封底

☐购买了本书所属丛书中的其他图书　☐其他____________

3. 您对本书的总体感觉：

☐很好　☐一般　☐不好

4. 您认为本书的语言文字水平：

☐很好　☐一般　☐不好

5. 您认为本书的版式编排：

☐很好　☐一般　☐不好

扫描二维码获取链接在线填写"读者意见反馈卡"，即有机会参与抽奖获取图书

6. 您认为 SolidWorks 其他哪些方面的内容是您所迫切需要的？

____

7. 其他哪些 CAD/CAM/CAE 方面的图书是您所需要的？

____

8. 您认为我们的图书在叙述方式、内容选择等方面还有哪些需要改进的？

如若邮寄，请填好本卡后寄至：

北京市海淀区玉渊潭南路普惠北里水务综合楼 401 室　中国水利水电出版社万水分社

宋杨（收）　邮编：100036　联系电话：（010）82562819　传真：（010）82564371

如需本书或其他图书，可与中国水利水电出版社网站联系邮购：

http://www.waterpub.com.cn　**咨询电话：**（010）68367658。